Renke Holert

Microsoft Project 2016

Renke Holert

Microsoft Project 2016

Projektmanagement mit Microsoft Project, Project Server und Project Online

Das Handbuch für Projektleiter, Projektmitarbeiter, Ressourcenmanager und Führungskräfte

Renke Holert: Microsoft Project 2016

10 9 8 7 6 5 4 3 2 1
21 20 19

ISBN: 978-3-9821251-0-7

Luise-Ullrich-Straße 20, 80636 München

Fachlektorat: Georg Weiherer, Münzenberg
Korrektorat: Dorothee Klein, Siegen
Umschlaggestaltung: Gerhard Alfes
Gesamtherstellung: Gerhard Alfes, mediaService, Siegen (www.mediaservice.tv)

Inhaltsverzeichnis

Einleitung und Danksagung

In diesem Kapitel:

Seit dem Erscheinen der fünften Auflage dieses Buchs hat Microsoft Project Server seinen Siegeszug als führenden Lösungen für das unternehmensweite Projektmanagement weiter ausgebaut[1]. Ein Grund hierfür ist zum einen die Veröffentlichung von Project Online. Zum anderen trägt hierzu aber auch die Verfügbarkeit von vielen Zubehörprodukten bei, die die Standardsoftware an die jeweiligen Unternehmensbedürfnisse anpassen. Auch die BARC-Studie weist im Vergleich zu Wettbewerbsprodukten der aktuellen Version des Project Servers eine umfassende Unterstützung des gesamten Projektlebenszyklus aus. Dies wird untermauert mit einem ebenfalls im Vergleich hohen Reifegrad in den untersuchten Bereichen. In der Gesamtzusammenfassung wird darüber hinaus u.a. die hohe Anpassbarkeit hervorgehoben[2].

Neben den technischen Verbesserungen hat sich Project in Unternehmen auch deshalb weiterverbreitet, da unsere von hoher Komplexität und Dynamik geprägte Umwelt einen kontinuierlich steigenden Reifegrad beim Management von Projekten erfordert. Diesen Anforderungen ist letztlich nur durch den Einsatz professioneller Methoden und Werkzeuge sowie einer stärkeren Einbeziehung aller Projektbeteiligten zu begegnen.

Bereits die erste Auflage dieses Buchs war darum konsequent rollenorientiert. Die vielen positiven Rückmeldungen der Leser und letztlich auch der gute Absatz des Buchs haben uns darin bestärkt, diesen Ansatz weiter zu verfolgen. So dürfen wir nicht ohne Stolz sagen, dass dieses Buch zu einem Standardwerk geworden ist, das bei fast jedem zu finden ist, der sich im deutschsprachigen Raum intensiv mit dem Einsatz von Project und Project Server/Online beschäftigt.

Mit dieser Auflage gehen wir neue, eigene Wege, da Microsoft seinen Verlag Microsoft Press 2014 in Deutschland aufgelöst hat. Wir haben uns daher entschieden, das Buch, aufgrund der großen Nachfrage von Lesern, selbst zu veröffentlichen. Im Gegensatz zu den früheren Auflagen konzentrieren wir uns jedoch in dieser Auflage nur auf die Anwenderkapitel.

Nachfolgend geben wir einen Überblick, warum es dieses Buch gibt und welche Zielsetzung wir im Allgemeinen und speziell für diese Auflage verfolgen. Zudem stellen wir die einzelnen Zielgruppen bzw. Rollen zu Ihrer Orientierung vor und geben ein paar Erläuterungen zur Benutzung des Buchs.

Ausgangslage und Zielsetzung

Wir setzen Project seit vielen Jahren im Unternehmen selbst ein und begleiten Unternehmen bei der Einführung und dem Betrieb von Projektmanagementsystemen in betriebswirtschaftlicher und technischer Hinsicht. Hierbei stellten wir immer wieder fest, dass die vorhandene Literatur nicht alles abdeckt, was in der Praxis benötigt wird. Dieses Buch hat sich darum zum Ziel gesetzt, Fehlendes zu ergänzen.

---

1 *http://www.gartner.com/DisplayDocument?doc_cd=234770.*

2 BARC 2013, S. 351–356.

Was es schon gibt und was nicht

Auf dem Markt existieren überwiegend Bücher, die sich in erster Linie an den Projektleiter wenden und diesem als Leitfaden durch das Programm dienen. In unterschiedlicher Ausprägung wird die Programmbedienung um eine allgemeine Einleitung in das Projektmanagement angereichert und es wird auf spezielle Problembereiche wie den Einsatz der Funktionen zur Teamkommunikation, Multiprojekttechnik und die Zusammenarbeit mit anderen Office-Programmen eingegangen. Einzelne Kapitel sind mitunter der Project Web App oder dem Project Server bzw. Project Online gewidmet. Je nach Konzept eignen sich diese Werke als Tutorium zum Selbstlernen bzw. als Seminarunterlage für eine Schulung oder dienen als Nachschlagewerk beim Einsatz von Project.

Neben der Literatur in Papierform existieren zahlreiche Quellen im Internet, wie z.B. Microsoft Docs zu Project, die Support Knowledge Base, die Foren, Twitter-Feeds sowie zahlreiche Websites mit häufig gestellten Fragen, Blogs, Videos, Glossaren und sonstigen Informationen zu Project von anderen Organisationen und Einzelpersonen.

Daneben existiert viel Erfahrungswissen in den Köpfen der Anwender, Berater, Administratoren und Entwickler, das beim Einsatz von Project gewonnen und nirgendwo niedergeschrieben wurde.

Folgende Informationen gibt es nach wie vor nicht in kompakter Darstellung als Buch:

- Eine **zielgruppenorientierte Darstellung** des Einsatzes von Project.
- Eine Schritt-für-Schritt-Anleitung für **alle Anwendergruppen**, auch die, die neben dem Projektleiter am Einsatz des Projektmanagementsystems partizipieren. Das sind in erster Linie Projektmitarbeiter, die als Ressourcen im Projekt eingeplant sind, Ressourcenmanager, die verantwortlich dafür sind, dass die Ressourcen möglichst gut ausgelastet sind, und Führungskräfte, die gewährleisten müssen, dass die Projekte im Kontext der übrigen Rahmenbedingungen profitabel durchgeführt werden.

Daneben fehlten uns innerhalb der vorhandenen Werke eine Beschreibung folgender Aspekte (oder zumindest Teile hiervon), die wir mit vorliegendem Buch aufgreifen wollen:

- **Aufgabenorientierte Darstellung** im Stile »Das sind meine Aufgaben als Projektleiter, Projektmitarbeiter usw., und so löse ich sie mit Project«.
- **Methodische Fundierung** auf Grundlage des Guide to the Project Management Body of Knowledge (PMBOK Guide), des Standard for Portfolio Management des Project Management Institutes (PMI).[3]
- Eine **Bewertung**, welche Funktionen von Project und seinen Begleitprodukten sich im Praxiseinsatz bis zu welcher Größenordnung bewährt haben und welche nicht.
- Bekannte **Programmfehler** und Wege, diese zu umschiffen.
- Häufige **Bedienungsfehler** und Vorschläge, diese durch Training oder Programmanpassung zu vermeiden.
- **Vollständige Integration** des Project Servers bzw. Project Online, dessen Komponenten, z.B. in SharePoint Server/Online, Office/Office 365, SQL Server/Power BI in das Nutzungskonzept und nicht Darstellung als angehängter Sonderteil.

[3] PMBOK 2017, PPM 2013.

- Eine gesamtheitliche Betrachtung des **standort- und unternehmensübergreifenden Einsatzes** von Project.
- Eine Aufteilung in **Schritt-für-Schritt-Anleitungen**, die nicht alle möglichen Wege und Funktionen beschreiben, sondern einen bewährten Weg.
- **Verweise auf weitere Informationsquellen**, insbesondere ergänzende Bücher und Internet-Quellen.

Ziel dieses Buchs

Wir haben uns mit der ersten Auflage dieses Buchs das Ziel gesetzt, ein Buch für Project zu schreiben, das die Anforderungen aus der Praxis erfüllt und diese Literatur-Lücke schließt.

Wenn wir vom **Praxiseinsatz** sprechen, dann haben wir eine Reihe von konkreten Unternehmen im Kopf, die wir bei unserer Arbeit kennen gelernt haben. Dies sind sowohl die Unternehmen, in denen wir selbst gearbeitet haben und arbeiten, als auch diejenigen, bei denen wir Project eingeführt haben und Unterstützung beim Betrieb leisten. Diese Unternehmen stammen aus unterschiedlichen Branchen und haben unterschiedliche Größen. Dennoch sind die Probleme, die mit einem Projektmanagementsystem gelöst werden sollen, in den Grundzügen immer gleich.

Der Projektleiter muss sicherstellen, dass das **Projektziel** innerhalb des gesteckten Rahmens von u.a. Inhalt und Umfang, Zeit sowie Kosten erreicht wird und somit der Kunde mit dem Ergebnis zufrieden ist. Aus Sicht der Unternehmensleitung müssen alle Projekte des Unternehmens so geleitet werden, dass erstens alle Kunden zufrieden sind und zweitens das Unternehmen profitabel arbeitet. Dies wird nur der Fall sein, wenn die verantwortlichen Ressourcenmanager dafür sorgen, dass die Auslastung möglichst hoch und gut verteilt ist. Und letztlich wird ein Projekt nur dann erfolgreich sein, wenn alle Projektbeteiligten (Stakeholder) frühzeitig in die Projektplanung involviert werden, stets über den Stand des Projekts und den sich daraus für sie ableitenden Aufgaben informiert sind, sowie die Voraussetzungen für ihre Aufgaben gegeben sind, und sie einen angemessenen Zeitraum zur Verfügung haben, um diese Aufgaben zu erfüllen.

Hierzu müssen die Projektbeteiligten (**Anwender**) mit den richtigen Werkzeugen und dem Wissen über deren Einsatz in die Lage versetzt werden, diese Aufgaben erfüllen zu können. Von diesem Ziel leiten sich folgende Teilziele ab:

- **Konzentration auf das Wesentliche** Project wird oft als »zu komplex« wahrgenommen. Dies führt dazu, dass Neulinge sich »im Wust der Funktionen« verlieren, für sie nicht nachvollziehbare Ergebnisse erzielen und schließlich das Vertrauen in das Projektplanungssystem verlieren. Wir beschränken uns in den Tutorien daher auf die Darstellung der Kernprozesse und des Basiswissens. Ferner geben wir Hinweise, wie die Dienstleister durch *Rightsizing* Project so anpassen und die Anwender so trainieren und coachen können, dass vom ersten Tag an eine hohe Akzeptanz und Nutzenwahrnehmung gewährleistet ist. Immer dort, wo man tiefer einsteigen kann, geben wir einen Hinweis auf andere Quellen. Dieses Buch bildet damit gewissermaßen eine Klammer um die bereits vorhandene Literatur.
- **Zielgruppenorientierte Darstellung** Nicht jeder muss und kann alles wissen. Project wird aber nur erfolgreich eingesetzt werden können, wenn alle Projektbeteiligten die Informationen bekommen, die sie zur Erfüllung ihrer Aufgaben benötigen. Wir haben das Buch daher nach Nutzergruppen aufgeteilt. Die ersten vier Kapitel stellen Project

aus Sicht der Anwender dar. Wir haben die Kernprozesse aus Sicht der jeweiligen Zielgruppe beschrieben und zeigen schrittweise, wie man die benötigten Informationen aus dem System zu Tage fördert (Anwender).

- **Einbettung in den Gesamtkontext** Projektmanagement ist niemals eine isolierte Einzeldisziplin im Unternehmen. Es bestehen vielmehr enge Zusammenhänge mit dem Unternehmensmanagement. Das Tagesgeschäft und die Abwesenheiten haben Einfluss auf das Projektmanagement; umgekehrt trägt die Projektarbeit zur Auslastung der Abteilungen bei. Wirtschaftlichkeitsanalysen durch das Unternehmenscontrolling durchspannen auch das Projektcontrolling und umgekehrt. Ebenso wenig wie die betriebswirtschaftlichen Aspekte des Projektmanagements isoliert im Unternehmen stehen, sind auch die technischen Aspekte eng mit der übrigen Infrastruktur verwurzelt. Ein vorhandenes ERP-System wie Microsoft Dynamics NAV oder SAP muss genauso integriert werden wie die allen Mitarbeitern vertraute Groupware wie Microsoft Outlook oder Lotus Notes.
- **Vollständige Orientierung an Project Server/Project Online** Wir beziehen uns in jedem Kapitel auf das gesamte Projektmanagementsystem, also sowohl die Anwendung Project Professional als auch die Project Web App in Verbindung mit Project Server bzw. Project Online.
- **Praxiserprobte Lösungen** Grau ist alle Theorie und nicht alles was Microsoft verspricht, funktioniert auch in jeder Situation. Wir beschreiben nur Lösungen, die wir auch wirklich schon in Unternehmen eingesetzt haben. Wenn es Einschränkungen, z.B. hinsichtlich der Menge oder Art der Projekte/Ressourcen gibt, dann erwähnen wir dies an den entsprechenden Stellen.

Ziele für die sechste Auflage

Speziell für die Überarbeitung des Manuskripts für die Project 2016 Version haben wir folgende ergänzende Ziele verfolgt und umgesetzt:

- **Neue Erfahrungen** Seit dem Erscheinen der fünften Auflage sind fast drei Jahre vergangen, in denen wir wieder durch Eigennutzung und in zahlreichen Projekten zusammen mit unseren Kunden Erfahrungen beim Praxiseinsatz gesammelt haben.
- **Neue Funktionen** Project 2016 und Project Server bzw. Project Online bringen eine Reihe Neuerungen mit sich. Auffällige neue Funktionen und weniger auffällige Detailverbesserungen. Wir haben diese an den Stellen im Buch eingearbeitet, an denen diese Nutzen bringen. Hierzu gehören, u.a. ein neues Berichtswesen mit Microsoft Power BI sowie verbesserte neue Funktionen für das Ressourcenmanagement, u.a. die Einsatzplanung. Auch Project Professional hat einige Detailverbesserungen erhalten, wie z.B. eine verbesserte Zeitachse.
- **Best Practices** Noch konsequenter beschreiben wir in diesem Buch das nach unseren Erfahrungen beste Vorgehen. Wir verzichten auf Alternativen, sodass Sie eine verlässliche Orientierung beim Einsatz von Project haben.
- **Gemeinschaft** Erfolg und auch Freude beim Management von Projekten hängt auch von einem regen Austausch mit Gleichgesinnten ab. Das mit Erscheinen der Vorgängerauflage geschaffene Onlineforum wurde gut angenommen. Zudem haben wir zahlreiche Mitglieder nach der Gründung der deutschen Microsoft Project User Group (MPUG) gefunden. An beiden Orten tauschen sich seitdem viele Project-Anwender

themenzentriert untereinander aus. Sie erreichen das Onlineforum unter *http://www.holert.com/community*. Gerne laden wir Project-Anwender auch zu einem der nächsten Treffen der MPUG ein, senden Sie uns bei Interesse einfach eine E-Mail an *info@holert.com*.

Zielgruppen und Vorgehen

Nachfolgend geben wir einen Überblick über das Modellunternehmen, an dem wir das Projektmanagement beschreiben und die Zielgruppen bzw. Rollen, die wir hierfür verwenden.

Das Musterunternehmen

Wenn wir von Unternehmen und Projekten sprechen, dann haben wir ein Modellunternehmen mit mehreren Standorten im Kopf, das einen Teil seiner Wertschöpfung über Projekte beim Kunden betreibt. Wir haben uns als Beispiel für ein Bauunternehmen entschieden, da sich die meisten Leser hierunter leicht etwas vorstellen können.

Die Projektleiter greifen mit ihrer lokalen Project Installation sowohl in der Zentrale als auch an externen Standorten über das Internet auf Project Online zu. Die Mitarbeiter und Kunden greifen über dieselbe Infrastruktur mit Microsoft Edge auf den Project Server zu. Alle Projektpläne werden in der Datenbank von Project Online abgespeichert und werden u.a. für den Offlinezugriff mit der lokalen Project-Installation synchronisiert. Das Unternehmen verwendet Windows 10 als Betriebssystem an den Arbeitsplätzen. Als Groupware ist Outlook 2016 in Verbindung mit Exchange Online im Einsatz. Project Web App wird auch für die Projektdokumentation und die Verfolgung von offenen Punkten verwendet. Als Verzeichnisdienst ist Azure Active Directory im Einsatz. Alle Projektleiter verfügen über Notebooks, viele Mitarbeiter besitzen zusätzlich ein Smartphone.

Dieses Unternehmen beschreibt den Maximalausbau und ist daher nur als Beispiel zu sehen. Project kann natürlich auch in einer gänzlich anders strukturierten Umgebung, wie auch bei Unternehmen mit anderer Ausrichtung und Größe, eingesetzt werden. In diesem Buch werden wir mögliche Abweichungen in Hinweistexten und Fußnoten erwähnen.

Zielgruppen

Wir unterscheiden als Zielgruppen die folgenden Projektbeteiligten: Projektleiter, Projektmitarbeiter, Ressourcenmanager und Führungskräfte.

Nicht in jedem Unternehmen werden die Projektbeteiligten auch einzelne Personen sein, vielmehr ist es so, dass bestimmte Menschen mehrere Rollen bekleiden. Aus diesem Grund werden wir ab jetzt nur noch von diesen Rollen sprechen. Je nach dem, welche Rolle der Leser einnimmt, sind folgende Kapitel für ihn von unterschiedlichem Interesse.

In den ersten vier Kapiteln wird das Basiswissen in einer Schritt-für-Schritt-Anleitung zusammengefasst. Neulinge lesen hier, was sie für den sicheren Einsatz von Project an Wissen benötigen. Für Leser anderer Project-Bücher, Nutzer mit fundierten Erfahrungen in Project eignen sich diese Kapitel als Repetitorium, um sich noch einmal die Kernprozesse zu vergegenwärtigen.

Project für Projektleiter

Der **Projektleiter** ist der Chef des Projekts. Der Projektplan ist sein Eigentum. Er muss dafür Sorge tragen, dass das Projekt innerhalb der gesteckten Ziele zum Abschluss gebracht wird. In Kapitel 1 erfährt er, wie er den Projektplan anlegt, die Vorgänge eingibt, diese strukturiert, Ressourcen einplant, diese informiert und ihre Rückmeldungen in den Plan einpflegt. Ein weiterer Abschnitt beschäftigt sich damit, wie der Projektleiter aus diesen Informationen Berichte wie z B. Projektstatusberichte generiert. Vertiefende Themen und spezielle Fragestellungen finden Sie in Kapitel 5.

Project für Projektmitarbeiter

Das Kapitel 2 richtet sich an **Projektmitarbeiter**. Sie werden je nach ihrer Qualifikation (Skill) angefragt (ob sie bestimmte Vorgänge übernehmen können und wie groß ihr Aufwand hierfür ist). Wenn sie einen Vorgang annehmen, wird dieser in ihre Vorgangsliste bzw. Arbeitszeittabelle übertragen. Über die Project Web App können sie sich einen Überblick über das verschaffen, was zeitlich vor ihren Vorgängen im Projekt abläuft und wofür sie die Voraussetzungen liefern müssen. Während und zum Abschluss ihrer Vorgänge melden sie ihren Ist- und Rest-Aufwand an den Projektleiter zurück.

Project für Ressourcenmanager

Ressourcenmanager sind verantwortlich für die Mitarbeiter- und Maschinendisposition (Kapitel 3). Sie sind die Projektleiter für die nicht projektbezogenen Tätigkeiten, wie z.B. Wartungsarbeiten, interne Termine und Abwesenheiten. Sie müssen sicherstellen, dass die Ressourcen ausgelastet sind und den Projekten ausreichend Ressourcen zur Verfügung stehen. Weiter müssen sie die Skills (Qualifikationen) ihrer Ressourcen bei den Projektleitern vermarkten und sie ggf. mit weiteren Qualifizierungsmaßnahmen an die Bedürfnisse des Projekts anpassen. Sie müssen Ein- und Umplanungen überwachen und Ressourcenkonflikte, z.B. infolge von Überplanung oder plötzlicher Abwesenheit durch Krankheit etc., auflösen.

Project für Führungskräfte

Die **Führungskräfte** aus der Unternehmensleitung oder ein Derivat hiervon, wie z.B. der Projekt- oder Lenkungsausschuss, müssen sicherstellen, dass das gesamte Projektportfolio profitabel ist (Kapitel 4). Sie legen die Rahmenbedingungen für das Projektmanagement fest. Sie priorisieren Projekte und fällen Entscheidungen bei Ressourcenkonflikten, die die Ressourcenmanager nicht klären können. Sie sorgen für die Integration des Projektmanagements in das Finanz-, Personal- und Marketingmanagement. Teilaspekte hiervon werden auch als Finanz- oder Budgetplanung bezeichnet. Sie erwarten von Ihren Projektleitern eine frühzeitige Information über Planabweichungen und Vorschläge zur Gegensteuerung sowie allgemeine Projektstatusinformationen über die Zielerreichung.

Vorgehen und Konventionen

In jedem der folgenden Kapitel mit Ausnahme der Referenzkapitel werden wir wie folgt vorgehen und folgende Konventionen verwenden. Zunächst werden wir den Personenkreis (Rollen), für den das Kapitel bestimmt ist, näher definieren und dessen Ziele darstellen. Dann werden wir die Hauptaufgabe, die dieser Personenkreis im Rahmen des Projektmanagements hat, näher beschreiben und die Teilaufgaben auflisten, die sich hieraus ableiten. Zu den Aufgaben, die sich mit Project lösen lassen, werden wir eine schrittweise Anleitung angeben. Auch wenn es mehrere Lösungswege gibt, zeigen wir stets nur einen, und zwar den, der uns für die jeweilige Aufgabenstellung am besten erscheint. Zu den Aufgaben, die nicht mit Project lösbar sind (und wo immer dies sonst möglich ist), werden wir Ansätze und Verweise auf weitere Quellen einfügen.

In der Marginalspalte werden wir folgende Bezeichnung verwenden:

ACHTUNG	Hinweise, um unerwünschte Effekte zu vermeiden
HINWEIS	Wissenswerte Zusatzhinweise für ein tieferes Verständnis
TIPP	Tipps und Tricks
NEU IN 2016	Neue Funktionen in Project 2016
BESSER IN 2016	In Project 2016 verbesserte Funktionen

Menübefehle, Optionen und Feldbezeichnungen in Project werden *kursiv* dargestellt, Listings in nicht-`proportionaler` Schrift. Wir verwenden geschlechtsneutrale Bezeichnungen. Ist dies nicht möglich, verwenden wir die maskuline, da diese in der Regel einfacher und kürzer sind, so z.B. beim Begriff »Projektleiter«. Wir meinen damit aber selbstverständlich auch die weiblichen Projektleiter.

Danksagung

Ich danke allen Mitarbeitern unseres Unternehmens, die diese Auflage erstellt und ihre Erfahrungen ins gesamte Werk einfließen lassen haben. Hierbei gebührt insbesondere Maximilian Münst besonderer Dank, der Großartiges bei der aktuellen Auflage geleistet hat.

Weiterhin sprechen wir hiermit allen Kunden und Partnern unseren Dank aus, die uns beim Korrigieren der Kapitel unterstützt haben und/oder durch ihre Problemstellungen häufig auch als Ideengeber mancher Inhalte des Buchs zur Verfügung standen.

Wir wünschen Ihnen und Ihren Kollegen viel Spaß bei der Lektüre und einen erfolgreichen Einsatz von Microsoft Project. Wir freuen uns über jedes Feedback, z.B. in unserer Online Community unter *http://www.holert.com/community*.

Im Namen aller Mitwirkenden

Renke Holert (renke@holert.com)

Kapitel 1

Project für Projektleiter

In diesem Kapitel:

Dieses Kapitel richtet sich an *Projektleiter* mit Vorkenntnissen im Umgang mit Microsoft Project sowie auch an Neueinsteiger in das Thema Projektmanagement. Für erstere eignet es sich als Repetitorium, um sich die Kernprozesse und die wichtigsten Funktionen für die tägliche Arbeit mit Project noch einmal zu vergegenwärtigen. Für die zweite Gruppe dient dieses Kapitel als Überblick über den Umgang mit Project und als Arbeitsunterlage für Qualifizierungsmaßnahmen im Unternehmen. Weitere Informationen können beide Gruppen über die angegebenen Querverweise beziehen.

Methodisch basiert das Kapitel auf dem Guide to the Project Management Body of Knowledge (PMBOK Guide Sixth Edition) des Project Management Institute (PMI). Wir verwenden in diesem Buch die Begrifflichkeit der offiziellen deutschen Übersetzung und nennen an wichtigen Stellen zusätzlich die englischsprachigen Bezeichnungen. Allerdings werden wir an einigen wenigen Stellen von der offiziellen Übersetzung u.a. dann davon abweichen, wenn es einen treffenderen deutschen Begriff gibt, der auch in Microsoft Project verwendet wird. Wir weisen an den entsprechenden Stellen in einer Fußnote darauf hin.

Projektphasen und Projektmanagementprozesse

Als *Projektleiter* wird von Ihnen im Unternehmen erwartet, dass Sie Ihre Projekte über den gesamten Projektablauf hinweg leiten und verwalten. Die Projektabläufe unterschiedlicher Projekte bestehen aus verschiedenen *Projektphasen*. Je nach Projekt variieren diese in der Bezeichnung und Anzahl. In unserem beispielhaften Bauprojekt heißen die ersten beiden Projektphasen *Bauplanung* und *Rohbau*.[1]

Abbildg. 1.1 Projektphasen und Projektmanagementprozessgruppen

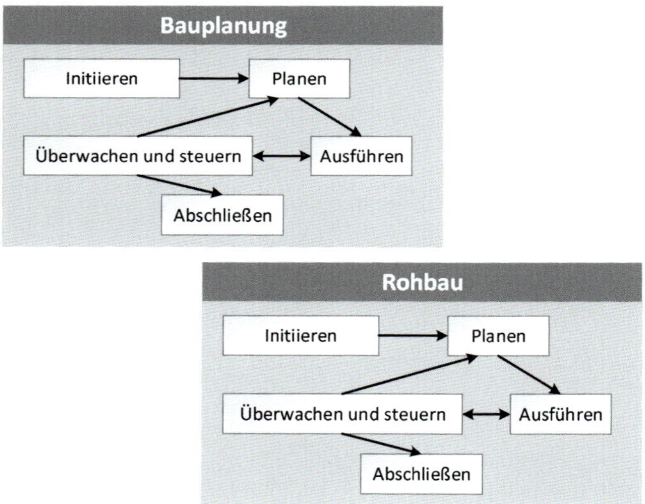

Auch wenn Anzahl und Bezeichnung der Projektphasen in jedem Projekt unterschiedlich sind, finden innerhalb der Phasen jeweils die gleichen Projektmanagementprozesse statt.

[1] Nach der Honorarordnung für Architekten und Ingenieure (HOAI) werden z.B. folgende Phasen unterschieden: *Grundlagenermittlung, Vorplanung, Entwurfsplanung, Genehmigungsplanung, Ausführungsplanung, Vorbereitung der Vergabe, Mitwirkung bei der Vergabe, Objektüberwachung* sowie *Objektbetreuung und Dokumentation* (vgl. HOAI 2013, § 34).

Entsprechend des PMBOK Guide werden diese Projektmanagementprozesse zu den folgenden Projektmanagementprozessgruppen zusammengefasst:[2]

- Initiierungsprozessgruppe
- Planungsprozessgruppe
- Ausführungsprozessgruppe
- Überwachungs- und Steuerungsprozessgruppe
- Abschlussprozessgruppe

Abbildg. 1.2 Projektmanagementprozessgruppen

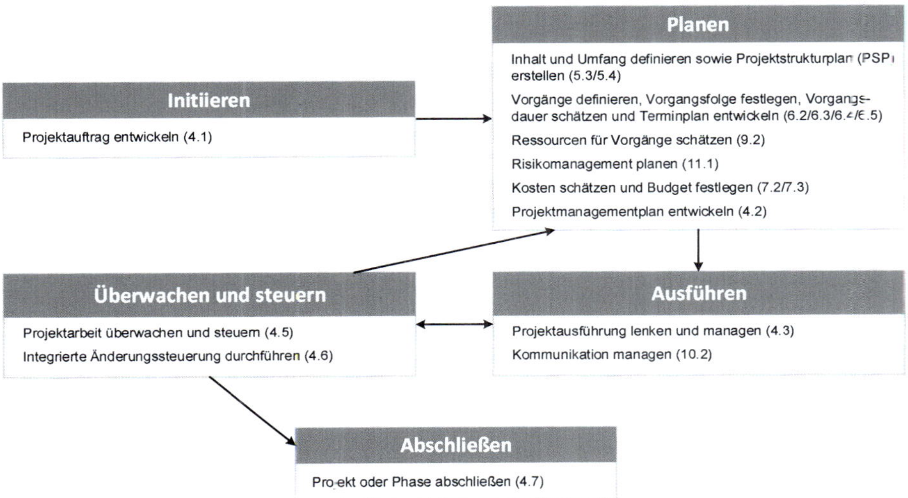

Jede dieser Projektmanagementprozessgruppen besteht aus verschiedenen Einzelprozessen.[3] In Abbildung 1.2 listen wir die Prozesse auf, die in diesem Kapitel beschrieben sind. Die Auswahl beruht auf der in vorherigen Ausgaben des PMBOK Guide getroffenen Unterscheidung nach Kernprozessen und Unterstützungsprozessen. Die Unterscheidung wurde zwar aufgehoben, dient uns jedoch weiterhin als Leitfaden für die Auswahl. Weiterhin konzentrieren wir uns auf die Prozesse, die durch Project unterstützt werden können. Das bedeutet jedoch nicht, dass Prozesse, die hier nicht beschrieben werden, nicht durch Microsoft Project unterstützt werden können. Wir weisen in den folgenden Abschnitten auf die nicht beschriebenen Prozesse hin und empfehlen, für weitergehende Vertiefung den Verweisen auf den PMBOK Guide zu folgen.

HINWEIS Die Prozesse für das Personalmanagement in Projekten (Project Human Resource Management), die in der Regel durch einen Ressourcenmanager unterstützt oder ausgeführt werden, finden Sie in Kapitel 3 im Abschnitt »Unterstützung des Projektleiters«. Diese sind im Einzelnen *Ressourcenmanagement*[4] *planen* (9.1 Plan Resource

[2] Vgl. PMBOK 2017, S. 25.
[3] Vgl. PMBOK 2017, S. 25.
[4] Vgl. PMBOK 2017, S. 643 und 647. Die sechste Ausgabe hat seinen vorherigen Fokus von Humanressourcen auf alle Arten von Ressourcen erweitert.

Management), *Ressourcenbeschaffung* (9.3 Acquire Resources), *Team entwickeln* (9.4 Develop Team) und *Team managen* (9.5 Manage Team). Zudem wird dort beschrieben, wie der Ressourcenmanager den Projektleiter beim Prozess *Ressourcen für Vorgänge schätzen* (9.2 Estimate Activity Resources) unterstützen kann.

Bevor wir die Unterstützung der Kernprozesse mithilfe von Microsoft Project beschreiben, stellen wir die Definition der wichtigsten Begriffe vor.

Inhalt und Umfang

Ein Projekt beginnt mit einer Idee, einer Anfrage oder Ähnlichem, die zunächst als grobe Beschreibung mündlich oder schriftlich festgehalten wird. Hieran knüpft sich eine stärkere Detaillierung dessen an, was als Ergebnis des Projekts entstehen soll (**Produkt**inhalt und -umfang) und dessen, was an Aktivitäten notwendig ist, um das Ergebnis zu erreichen (**Projekt**inhalt und -umfang).

Die Beschreibung des *Produktinhalts und -umfangs* (Product Scope) ist weitgehend synonym mit dem Begriff der Leistungsbeschreibung und umfasst sowohl Sach- als auch Dienstleistungen. Sie beschreibt die an den Kunden zu übergebende (Gesamtend-)Leistung mit ihren Bestandteilen (Teilleistungen).[5] Oft ist die Beschreibung von Produktinhalt und -umfang auch Bestandteil eines sogenannten Pflichten- oder Lastenhefts.

Der *Projektinhalt und -umfang* (Project Scope) ist die (Projektgesamt-)Leistung.[6] Diese umfasst also alle während der Projektlaufzeit zu erstellenden Teilleistungen, die in der deutschen Ausgabe des PMBOK Guide als Liefergegenstände (Deliverables) bezeichnet werden. In Microsoft Project heißen diese *Lieferumfänge*. Diese Liefergegenstände können im Projektstrukturplan (PSP=WBS=Work Breakdown Structure) hierarchisch dargestellt werden.[7] Einen Liefergegenstand auf unterster Ebene nennt man Arbeitspaket (Work package).[8]

Die zur Erstellung der Arbeitspakete nötigen Aktivitäten werden Vorgänge genannt, wobei die Begriffe Aufgabe (Task), Aktivität (Activity) und Vorgang weitestgehend synonym sind. Sofern ein Vorgang sich in weitere Vorgänge untergliedert, heißen diese in Project Teilvorgänge. Der übergeordnete Vorgang heißt dann Sammelvorgang.

In diesem Kapitel führen wir Sie durch die folgenden Prozesse:

Initiierungsprozesse

Planungsprozesse

- Inhalt und Umfang definieren sowie Projektstrukturplan erstellen
- Vorgänge festlegen, Vorgangsfolge festlegen, Ressourcen für Vorgänge schätzen, Vorgangsdauer schätzen und Terminplan entwickeln
  - Vorgänge definieren
  - Vorgangsfolge festlegen
  - Ressourcen für Vorgänge schätzen
  - Vorgangsdauer schätzen
  - Terminplan entwickeln

---

5 Vgl. PMBOK 2017, S. 167.
6 Vgl. PMBOK 2017, S. 167.
7 Im PS-Modul von SAP R/3 heißen die Liefergegenstände *PSP-Elemente*.
8 Vgl. DIN 69 901.

- Kosten schätzen und Budget festlegen
  - Kosten schätzen
  - Budget festlegen
- Risikomanagement planen
- Projektmanagementplan entwickeln
  - Versionsverwaltung
  - Festlegung der Zugriffsrechte

Ausführungsprozesse

- Kommunikation managen
- Projektausführung lenken und managen
  - Fortschrittsinformationen anfragen
  - Projektfortschritt aktualisieren

Überwachungs- und Steuerungsprozesse

- Projektarbeit überwachen und steuern
  - Darstellung der Prognose und Abweichungsanalyse zum Fertigstellungszeitpunkt
  - Darstellung des Fortschritts und Abweichungsanalyse zum Kontrollzeitpunkt
  - Detailanalyse von Abweichungen inkl. Trendanalyse und Ursachenermittlung
  - Ermittlung von Gegenmaßnahmen und Änderungsanträgen
- Integrierte Änderungssteuerung durchführen

Abschließende Prozesse

- Projekt oder Phase abschließen

Initiierungsprozesse

Ziel der *Initiierungsprozesse* ist es, u.a. eine Entscheidungsgrundlage zu schaffen, ob das Projekt freigegeben bzw. in die nächste Phase überführt wird oder nicht (Autorisierung). Die Freigabe in einer sehr frühen Phase kann beispielsweise bedeuten, dass als nächste Phase eine Machbarkeitsstudie und Aufwandschätzung erstellt wird. In einer späteren Phase kann diese Freigabe den Beginn der eigentlichen Planungsphase bedeuten.

Zur Initiierungsprozessgruppe gehört der Prozess *Projektauftrag entwickeln* (4.1 Develop Project Charter), den wir nachfolgend beschreiben. Der zweite Prozess ist *Stakeholder identifizieren* (13.1 Identify Stakeholders).[9]

Als Grundlage für den Prozess *Projektauftrag entwickeln* benötigt man u.a. die Leistungsbeschreibung und den Business Case (Eingangswerte). Am Ende des Prozesses gibt es ggf. einen Projektauftrag, der u.a. das Projekt rechtfertigt und den Projektleiter definiert (Ausgangswerte). Der Projektauftrag kann u.a. mithilfe von Expertenbeurteilung (Werkzeuge und Methoden) entwickelt werden.[10]

---

[9] Vgl. PMBOK 2017, S. 25, 75 und 507.

[10] Vgl. PMBOK 2017, S. 75–81.

Der Prozess *Projektauftrag entwickeln* erfolgt projektextern z.B. durch Experten im Rahmen des Programm- oder Portfolio-Managements (siehe Kapitel 4). Zu den Inhalten des Projektauftrags gehören u.a. die Festlegung der Projektziele, ein zugewiesener Projektmanager, ein Gesamtmeilensteinplan und ein Gesamtbudget.[11] Diese Inhalte können Sie in den Projektfeldern oder einem Dokument hinterlegen, das Sie in der Projektwebsite speichern. Voraussetzung hierfür ist, dass Sie einen Projektplan in Project Server speichern. Sofern Sie den Prozess der Erstellung über einen festgelegten Ablauf steuern möchten, können Sie hierzu das Vorschlagswesen der Project Web App einsetzen, wie in Kapitel 4 beschrieben.

In diesem Kapitel beschreiben wir, wie Sie die Projektstammdaten in Project erfassen, die Projektwebsite erstellen und den Projektvorschlag[12] in Form eines Dokuments mit den zugehörigen Dokumenten in der Projektwebsite ablegen. Führen Sie folgende Schritte aus:

1. Öffnen Sie Project mit Verbindung zu Ihrer Project Web App-Instanz und einem leeren Projekt.

HINWEIS Wenn Sie einen neuen Projektplan auf Basis einer Vorlage erstellen möchten, folgen Sie der Vorgehensweise, die im Abschnitt »Inhalt und Umfang definieren sowie Projektstrukturplan erstellen« beschrieben ist.

Falls Sie bereits aus einer vorherigen Phase einen Projektplan vorliegen haben, überspringen Sie das Speichern und Veröffentlichen und überarbeiten nur die vorhandenen Inhalte.

2. Klicken Sie auf das Symbol *Speichern* in der Symbolleiste, wie nebenstehend abgebildet.
3. Wählen Sie als Speicherort Ihre Project Web App-Instanz aus und klicken Sie auf die Schaltfläche *Speichern*.

Abbildg. 1.3 Projektstammdaten festlegen

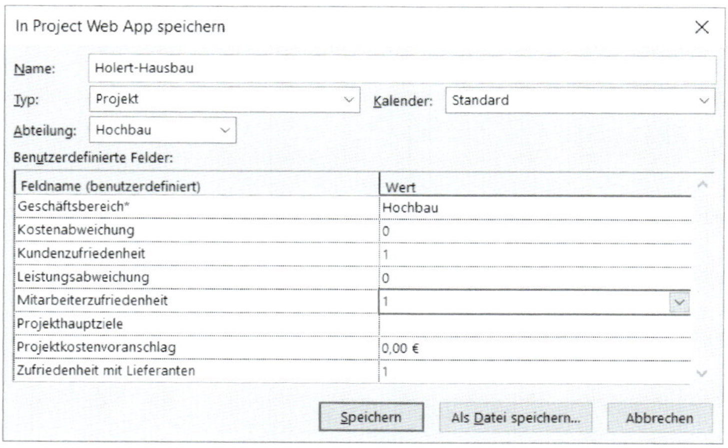

4. Geben Sie im Feld *Name* den Projektnamen ein.

[11] Wir verwenden Meilensteinplan und Gesamtbudget abweichend als Übersetzung für Summary milestone schedule und Summary budget (vgl. PMBOK 2017, S. 81).

[12] Wir verwenden den Begriff »Projektvorschlag« als Synonym u.a. für die Begriffe Projektantrag, Projektanforderung, Anforderung und Bedarfsmeldung.

5. Wählen Sie im Dropdown-Listenfeld die *Abteilung* aus, die das Projekt ausführt. Hierdurch werden nur die relevanten Projektfelder (Projektstammdaten) dieser Abteilung angezeigt.

HINWEIS Felder, die mit einem Sternchen gekennzeichnet sind, sind Pflichtfelder, die Sie zwingend ausfüllen müssen, bevor Sie den Projektplan speichern können.

6. Legen Sie die Stammdaten des Projekts wie z.B. *Geschäftsbereich* und *Projekthauptziele* fest (Abbildung 1.3) und klicken Sie auf die Schaltfläche *Speichern*.

HINWEIS Falls der Projektplan bereits in einer vorherigen Phase die Planungsprozesse durchlaufen hat, können Ihnen z.B. die berechneten Gesamtkosten aus der Projektstatistik (*Datei/Informationen/Projektinformationen/Projektstatistik*) für die Ermittlung des benötigten Gesamtbudgets helfen.

7. Nachdem der Projektplan abgespeichert wurde, rufen Sie im Menüband auf der Registerkarte *Datei* die Seite *Informationen* auf.

Abbildg. 1.4 Erweiterte Eigenschaften des Projektplans aufrufen

8. Wählen Sie im rechten Bereich der Seite im Dropdown-Listenfeld *Projektinformationen* den Befehl *Erweiterte Eigenschaften* aus.

Abbildg. 1.5 Projektleiter festlegen

9. Tragen Sie auf der Registerkarte *Zusammenfassung* im Feld *Manager* den Namen des vorgesehenen Projektleiters ein und bestätigen Sie das Dialogfeld mit *OK*.
10. Geben Sie ggf. Meilensteine in der Vorgangsliste ein, um einen Meilensteinplan zu erstellen (siehe hierzu den Abschnitt »Vorgänge festlegen, Vorgangsfolge festlegen, Ressourcen für Vorgänge schätzen, Vorgangsdauer schätzen und Terminplan entwickeln«).

BESSER IN ONLINE

Um den Projektauftrag und weitere Dokumente wie z.B. die Leistungsbeschreibung als Word-Dokument (*.docx*) oder eine technische Zeichnung als AutoCAD-Zeichnung (*.dwg*) auf Project Server abzulegen, gehen Sie dazu in folgenden Schritten vor. In Project Online wurden die Dateibibliotheken durch ein neues Design in den Bereichen Aussehen und der Benutzerfreundlichkeit verbessert.

1. Falls noch nicht geschehen, veröffentlichen Sie das Projekt (*Datei/Veröffentlichen*).

Abbildg. 1.6 Projektwebsite bei Projektveröffentlichung erstellen

2. Falls das Projekt ein Teilprojekt eines anderen Projekts ist, aktivieren Sie das Kontrollkästchen *Die Site als Unterwebsite eines anderen Projekts bereitstellen?* und wählen im Feld *Projekt auswählen* das übergeordnete Projekt aus.
3. Klicken Sie auf die Schaltfläche *Veröffentlichen*, um den Veröffentlichungsvorgang zu starten.

HINWEIS Es handelt sich beim Veröffentlichen um einen asynchronen Prozess, der im Hintergrund auf Project Server ausgeführt wird. In der Statusleiste von Project wird der Fortschritt angezeigt.

4. Klicken Sie im Menüband auf die Registerkarte *Datei* und wählen Sie die Seite *Informationen* aus. Rufen Sie im rechten Bereich der Seite *Informationen* unter *Verwandte Einträge* die Schaltfläche *Dokumente* auf (Abbildung 1.4).

Abbildg. 1.7 Auswahl des Ablageorts

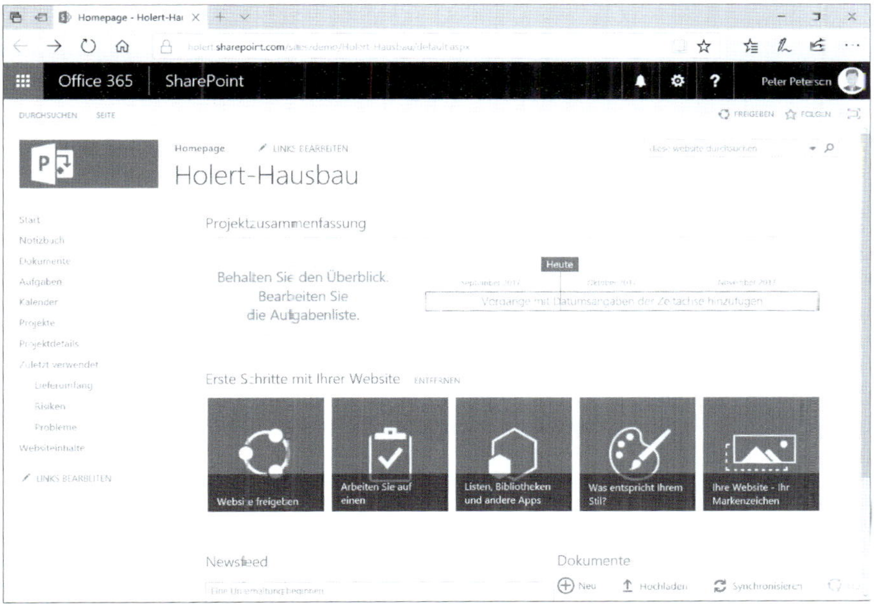

5. Wählen Sie die Dokumentbibliothek *Dokumente* aus (Abbildung 1.7), indem Sie in der Schnellstartleiste auf *Dokumente* klicken.

Abbildg. 1.8 Dokumentbibliothek *Dokumente*

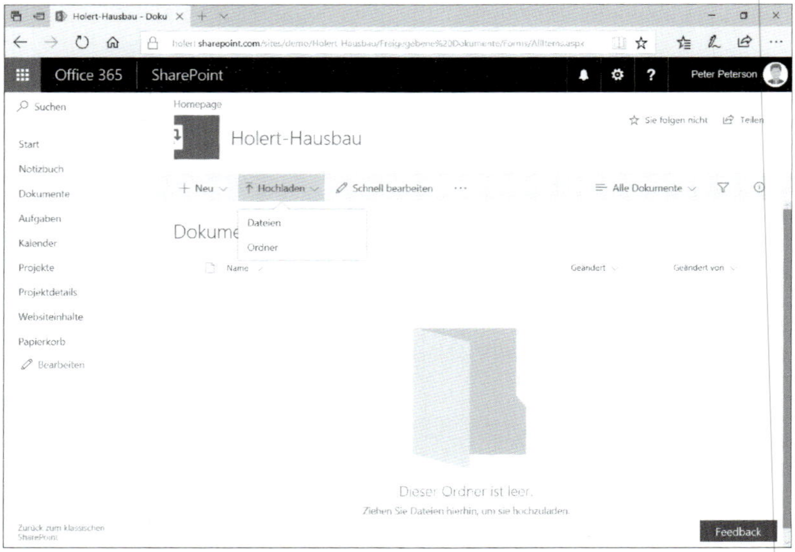

6. Klicken Sie auf die Schaltfläche *Hochladen* und wählen Sie *Dateien* aus.

TIPP Wenn Sie auf die Schaltfläche *Neu* klicken, können Sie Office-Dateien und Ordner direkt im Webbrowser hinzufügen.

Abbildg. 1.9 Neue Dateien direkt im Webbrowser erstellen

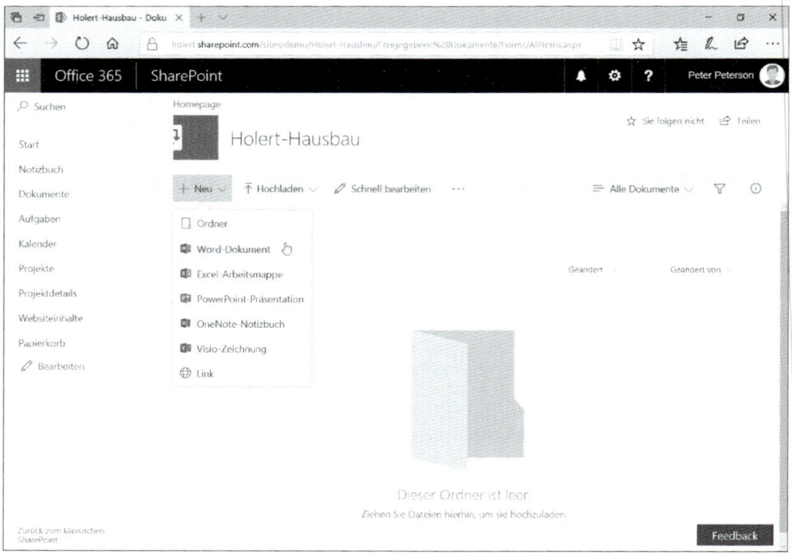

7. Wählen Sie das Dokument aus, und bestätigen Sie das Dialogfeld mit der Schaltfläche *OK*.

Abbildg. 1.10 Auswahl des Dokuments

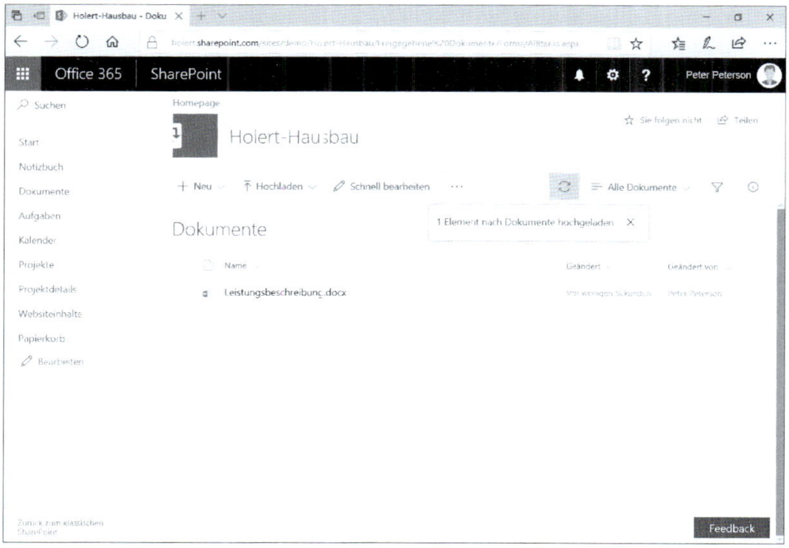

8. Nachdem Sie das Dokument in der SharePoint-Bibliothek abgelegt haben, klicken Sie in der Dokumentliste neben dem Dokumentnamen auf das Symbol mit den drei Auslassungspunkten (Ellipse), wie nebenstehend dargestellt.
9. Klicken Sie im folgenden Dialogfeld erneut auf das Ellipse-Symbol.

Abbildg. 1.11 Eingabe der Dokumenteigenschaften (1)

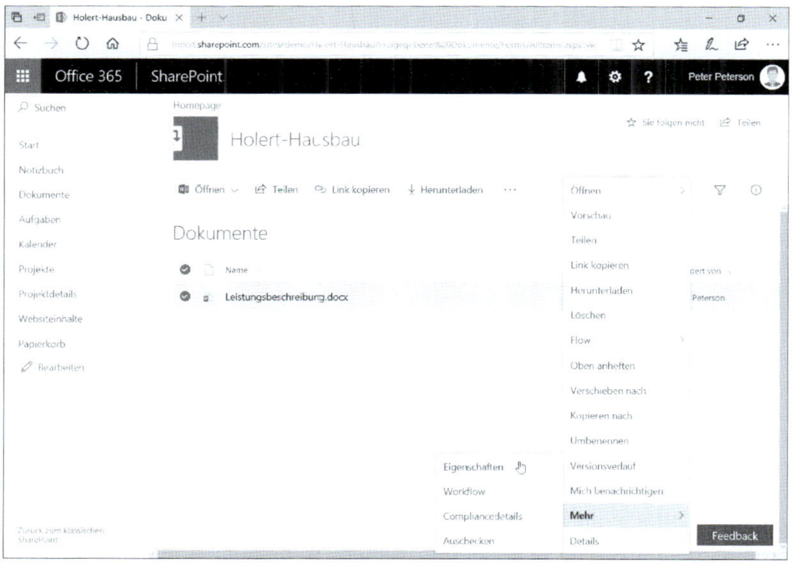

10. Wählen Sie im Popup-Menü den Eintrag *Eigenschaften*.

Abbildg. 1.12 Eingabe der Dokumenteigenschaften (2)

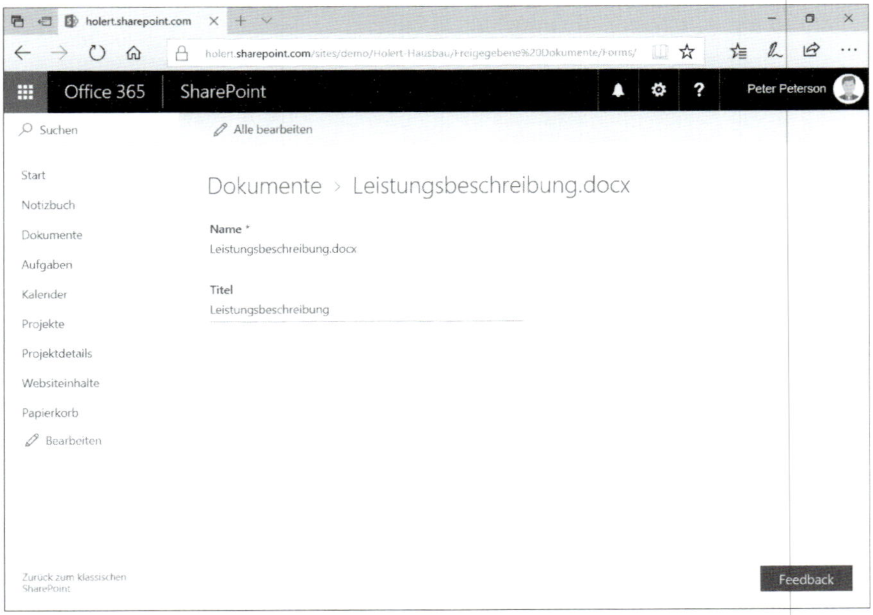

11. Geben Sie im Feld *Titel* den Dokumenttitel ein.
12. Die Eingabe wird automatisch gespeichert. Wenn Sie auf die Schaltfläche *Alle bearbeiten* klicken, können Sie außerdem noch den Dateinamen des Dokuments ändern.

Auf die gleiche Art und Weise können Sie weitere zum Projektauftrag gehörende Dokumente zentral ablegen, sodass diese für alle Projektbeteiligten zugänglich werden.[13]

Planungsprozesse

Nach der Freigabe in der Initiierung kann mit den *Planungsprozessen* (Planning processes) begonnen werden. Entsprechend der Definition des PMI müssen die Planungsprozesse in jeder Phase ausgeführt werden. Dabei sind diese tendenziell in einer frühen (Planungs-) Phase des Projekts, wie z.B. einer Pilotstudie, stärker ausgeprägt als in einer späteren, wie z.B. der Rohbauphase. Ziel ist eine möglichst präzise gedankliche Vorstrukturierung der späteren Ausführung. Hierzu gehören u.a. folgende Prozesse, die im Folgenden ausführlich darstellt werden:

1. *Inhalt und Umfang definieren* sowie *Projektstrukturplan erstellen* (5.3/5.4)
2. *Vorgänge festlegen*, *Vorgangsfolge festlegen*, *Ressourcen für Vorgänge schätzen*, *Vorgangsdauer schätzen* und *Terminplan entwickeln* (6.2/6.3/6.4/6.5/6.6)
3. *Kosten schätzen* und *Budget festlegen* (7.2/7.3)
4. *Risikomanagement planen* (11.1)
5. *Projektmanagementplan entwickeln* (4.2)

[13] Mehr Informationen zum Dokumentenmanagement finden Sie im Verlauf dieses Kapitels.

Weitere Prozesse sind *Inhalts- und Umfangsmanagement planen*, *Anforderungen sammeln* (5.1/5.2), *Terminplanmanagement planen* (6.1), *Kostenmanagement planen* (7.1), *Qualitätsmanagement planen* (8.1), *Personalmanagement planen* (9.1), *Kommunikationsmanagement planen* (10.1), *Risiken identifizieren*, *Qualitative Risikoanalyse* und *Quantitative Risikoanalyse durchführen*, *Risikobewältigungsmaßnahmen planen* (11.2/11.3/11.4/11.5) sowie *Beschaffungsmanagement planen* (12.1) als auch *Engagement der Stakeholder planen* (13.2).

Inhalt und Umfang definieren sowie Projektstrukturplan erstellen

Ziel der nachfolgend zusammengefassten Prozesse *Inhalt und Umfang definieren* (5.3 Define Scope) und *Projektstrukturplan erstellen* (5.4 Create WBS) ist die Detaillierung der Projektgesamtleistung.[14]

Eingangswerte der Prozesse sind u.a. Vorlagen und der Projektauftrag einschließlich der Leistungsbeschreibung. Ausgangswerte sind u.a. der Projektstrukturplan (PSP).[15] Dieser bricht Projektinhalt und -umfang in einzelne Liefergegenstände herunter, die während des Projektverlaufs erstellt werden müssen, um den Produktinhalt und -umfang zu erstellen. Als Werkzeuge und Methoden dienen u.a. die Zerlegung und die Fachurteile.[16]

Wenn nicht bereits in einer vorhergehenden Projektphase ein Projektstrukturplan erstellt worden ist, kann auf eine Vorlage (Enterprise-Vorlage) zurückgegriffen werden. Gehen Sie dazu folgendermaßen vor:

1. Öffnen Sie im Menüband die Registerkarte *Datei* und wählen Sie den Befehl *Neu*.

Abbildg. 1.13 Unternehmensvorlage auswählen

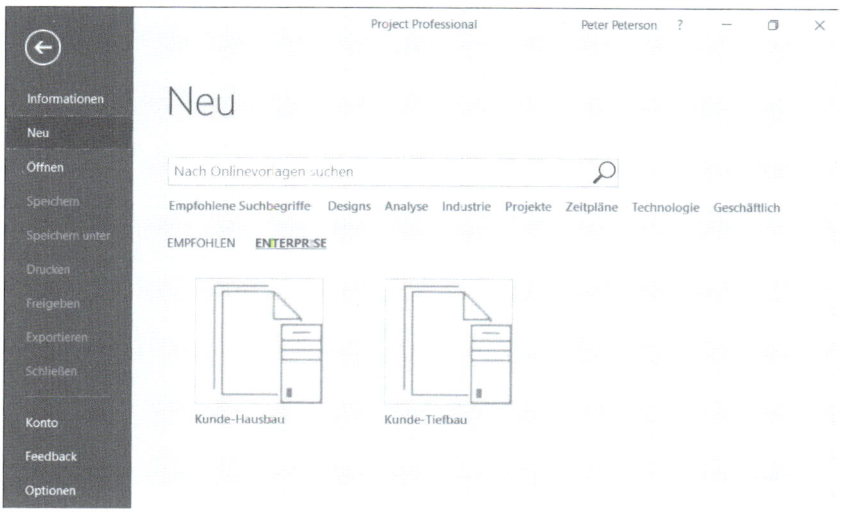

[14] Synonyme sind u.a. Projektarbeit sowie Projektinhalt und -umfang.

[15] Vgl. PMBOK 2017, S. 150–162.

[16] Bewährte Verfahren für die Strukturierung bzw. Zerlegung finden Sie z.B. im Buch »Practice Standard for Work Breakdown Structures« vom PMI.

2. Klicken Sie auf *ENTERPRISE.*
3. Wählen Sie eine geeignete Vorlage aus und bestätigen Sie mit *OK.*

HINWEIS Project Server-Vorlagen sind zentral in Ihrer Project Server- oder Project Online-Instanz gespeichert und stehen damit allen Projektleitern zur Verfügung. Typischerweise werden die Vorlagen vom Projektbüro erstellt und bereitgestellt.

Auf Basis der Vorlage oder eines aus einer früheren Phase vorliegenden Projektplans überarbeiten Sie die bestehende Struktur der Projektarbeit (Zerlegung). Als Gliederungskriterium können Sie z.B. den Reifegrad des Produkts (Phase, Projektlebenszyklus) oder die Struktur des Produkts (Leistung, Objekt) verwenden. Die Auswahl des Strukturierungskriteriums hängt von der Art des Projekts ab. Die Detaillierungstiefe (Detaillierungsgrad) sollte so bemessen werden, dass eine angemessene Schätzung der Kosten und Dauer möglich ist.

In Project gibt es keine spezielle Projektstruktur-Ansicht. Es ist jedoch möglich, die *Vorgangsliste* zu verwenden, die z.B. in den Gantt-Diagramm-Ansichten verfügbar und gliederbar ist. Die Darstellung ist somit nicht losgelöst von der Reihenfolge der später nach PMI zu definierenden Vorgänge. Sofern die Projektstruktur jedoch nach dem Reifegrad gebildet wird, wie in unserem Beispiel, stellt das keine Einschränkung dar. Wenn Sie jedoch die Projektstruktur objektorientiert ausprägen möchten, dann zeigen wir weiter unten, auf welche Art und Weise Sie dies umsetzen können.

Um die Vorgangsliste nach dem Reifegrad zu strukturieren (zu zerlegen), führen Sie folgende Schritte aus:

Abbildg. 1.14 Feststellen der Hauptliefergegenstände

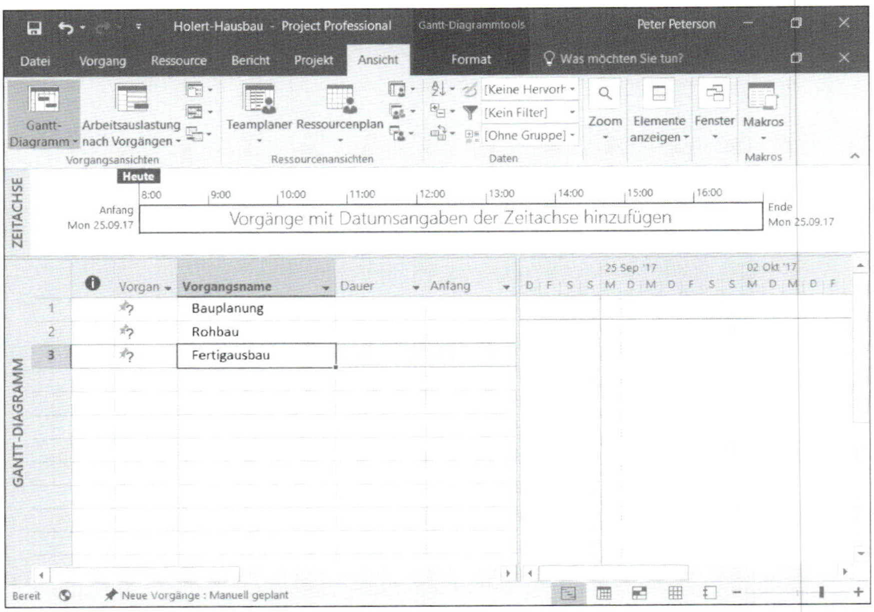

1. Wechseln Sie im Projektplan in die Ansicht *Gantt-Diagramm* (*Ansicht/Vorgangsansichten/Gantt-Diagramm*).

HINWEIS Standardmäßig werden Vorgänge mit dem Vorgangsmodus *Manuell geplant* angelegt. In diesem Modus werden nur die Daten angezeigt, die vom Benutzer eingegeben wurden und keine Daten aufgrund von anderen Einstellungen berechnet. Gerade im Prozess *Projektstrukturplan (PSP) erstellen* (5.4 Create WBS) steigert dies die Übersichtlichkeit.

2. Geben Sie in der Spalte *Vorgangsname* die Hauptliefergegenstände ein.

TIPP Wir empfehlen aus Gründen der Handhabbarkeit in Project, die Vorgangsliste chronologisch zu gliedern. In unserem Beispiel haben wir daher die Vorgänge der obersten Gliederungsebene entsprechend der Bauphasen »Bauplanung«, »Rohbau« und »Fertigausbau« angelegt.

3. Entscheiden Sie, ob im derzeitigen Detaillierungsgrad eine angemessene Schätzung der Kosten und der Dauer möglich ist. Falls dies nicht möglich ist, führen Sie Schritt 4 aus, andernfalls fahren Sie mit Schritt 6 fort.

ACHTUNG Gliedern Sie den Plan nicht zu fein und beschreiben Sie dafür die Teilleistungen ausführlich im Notizfeld. Falls dieses nicht ausreicht, erstellen Sie ein weiteres Dokument, z.B. in Microsoft Word, das Sie mit dem entsprechenden Vorgang verknüpfen (siehe den Abschnitt »Initiierungsprozesse«).

Versuchen Sie zudem, Teilleistungen so zu definieren, dass Sie möglichst wenige Abhängigkeiten mit anderen Teilleistungen haben. So vermeiden Sie bereits im Vorfeld eine schwer zu handhabende Komplexität.

HINWEIS Standardmäßig ist die Zeitachse in Project eingeblendet. Für die weiteren Screenshots blenden wir aus Platzgründen die Zeitachse aus. Aktivieren Sie hierzu in der Registerkarte *Ansicht* in der Gruppe *Elemente anzeigen* das Kontrollkästchen *Zeitachse*. Wie Sie die Zeitachse konfigurieren können, erfahren Sie in Kapitel 5.

Abbildg. 1.15 Ausblenden der Zeitachse

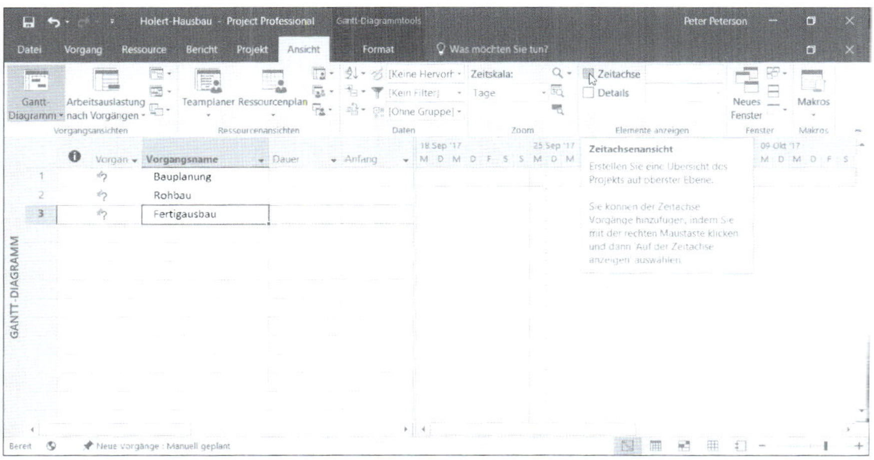

Abbildg. 1.16 Untergliedern des Liefergegenstands

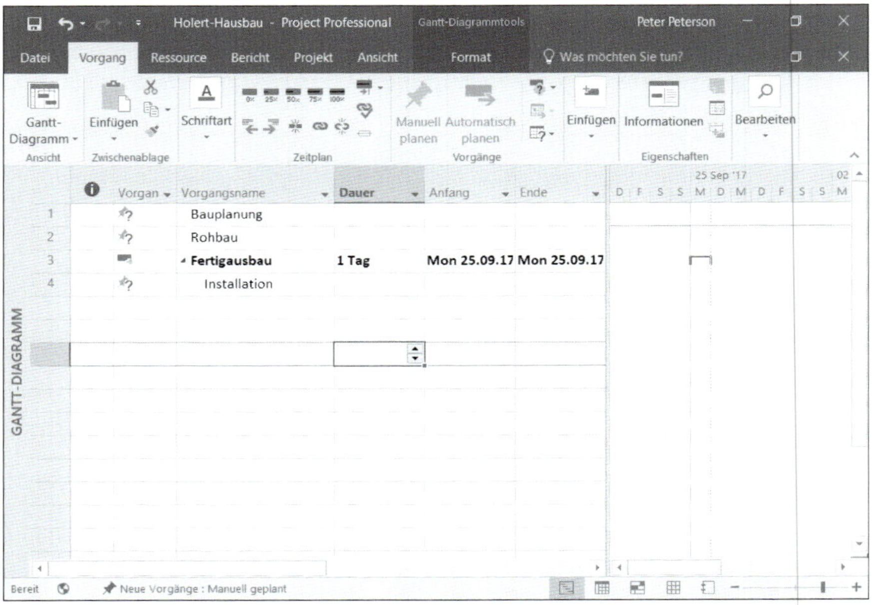

4. Fügen Sie neue Liefergegenstände ein (*Vorgang/Einfügen/Vorgang/Vorgang*).

5. Untergliedern Sie die neuen Liefergegenstände, indem Sie auf die nebenstehend gezeigte Schaltfläche *Vorgang herunterstufen* (*Vorgang/Zeitplan*) klicken.

HINWEIS Falls Ihnen beim Bearbeiten des Projektplans ein Fehler unterlaufen ist, können Sie standardmäßig bis zu 20 Schritte rückgängig machen. Wählen Sie dazu in der Symbolleiste für den Schnellzugriff das *Rückgängig*-Symbol aus. Sie können die Anzahl der Schritte bis auf 99 erhöhen (*Datei/Optionen/Erweitert/Allgemein/Ebenen rückgängig machen*). Mit dem Speichern des Projektplans verlieren Sie die Fähigkeit, Schritte zu widerrufen.

6. Prüfen Sie, ob die Strukturierung korrekt ist. Stufen Sie ggf. Vorgänge hoch oder verschieben Sie diese.

TIPP Mit dem Add-On *WBS Schedule Pro* können Sie die Projektstruktur auch grafisch in Form von Kästchen analog eines Organigramms darstellen.[17]

Falls Sie für Ihr Projekt eine reine Strukturansicht z.B. nach dem Objekt benötigen, können Sie die Struktur durch einen Gliederungscode nachbilden und eine spezielle Ansicht schaffen, die hiernach gruppiert. Gehen Sie dazu folgendermaßen vor:

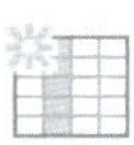

1. Öffnen Sie die Registerkarte *Projekt* und wählen in der Gruppe *Eigenschaften* den Befehl *Benutzerdefinierte Felder* aus.

[17] Vgl. *http://www.holert.com/wbschartpro.*

ACHTUNG Verwenden Sie kein Enterprise-Feld, da sonst die Struktur für alle Projekte, die in Ihrer Project Server-Instanz gespeichert sind, identisch definiert würde.

2. Wählen Sie im Feld *Typ* den Eintrag *Gliederungscode* aus.
3. Wählen Sie z.B. das Feld *Gliederungscode1* aus und benennen Sie dieses z.B. in *PSP* um, indem Sie auf die Schaltfläche *Umbenennen* klicken.

HINWEIS Sie können auch das Standardfeld *PSP-Code* (Registerkarte *Projekt* in der Gruppe *Eigenschaften/PSP-Code*) verwenden, allerdings bietet Ihnen dies nicht die Möglichkeit, eine Auswahlliste anzuzeigen.

4. Klicken Sie im Dialog *Benutzerdefinierte Felder* im Bereich *Benutzerdefinierte Eigenschaften* auf die Schaltfläche *Nachschlagen*.
5. Klicken Sie auf die Plus-Schaltfläche vor dem Abschnitt *Codeformat (optional)* und anschließend auf die Schaltfläche *Format bearbeiten*.
6. Legen Sie z.B. für die Ebene 1 bis 2 als *Zeichenfolge* den Wert *Zeichen* an und klicken Sie auf die Schaltfläche *OK*.

Abbildg. 1.17 Projektstruktur definieren

7. Klicken Sie – falls erforderlich – auf die Plus-Schaltfläche vor dem Abschnitt *Nachschlagetabelle* und geben Sie die Namen der Liefergegenstände hierarchisch ein (Abbildung 1.17).
8. Wenn Sie fertig sind, klicken Sie auf die Schaltfläche *Schließen* und danach auf die Schaltfläche *OK*.

9. Fügen Sie das Feld *PSP* in Ihre Tabelle ein (*Format/Spalten/Spalte einfügen*) und wählen Sie die passenden Liefergegenstände aus.

Abbildg. 1.18 Zuweisen der Projektstruktur zu den Liefergegenständen

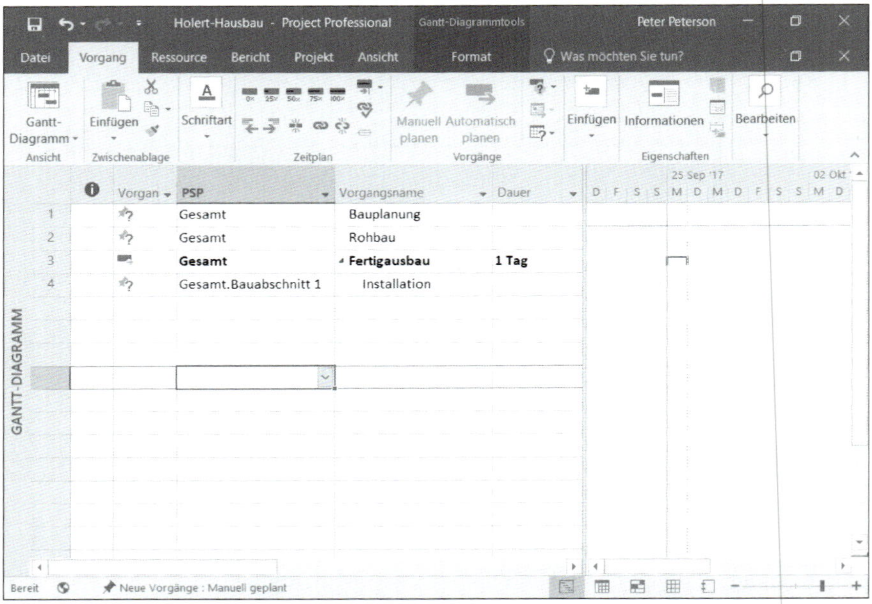

Abbildg. 1.19 Darstellung der Projektstruktur

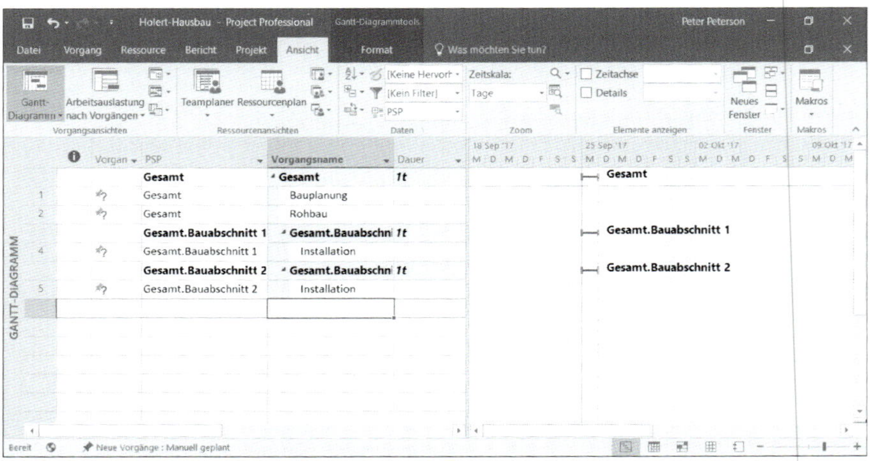

10. Erstellen Sie eine benutzerdefinierte Gruppierung (*Ansicht/Daten/Gruppieren nach/Neue Gruppe nach*), die nach dem Feld *PSP* gruppiert und wenden Sie diese an (Abbildung 1.19).

HINWEIS Mehr Informationen zum Erstellen von Gliederungscodes, Gruppierungen und Ansichten finden Sie in Kapitel 5.

Zu wichtigen Liefergegenständen auf unterster Ebene (Arbeitspaketen) können Sie auch in der Projektwebsite Einträge in der Liste *Lieferumfang* erstellen. Diese Liste hilft Ihnen u.a., Abhängigkeiten zwischen Liefergegenständen innerhalb des Projekts und projektübergreifend darzustellen (siehe Kapitel 5).

Die ergebnisorientierte Darstellung nach Liefergegenständen erleichtert die Definition und Ausführung der Vorgänge.

Vorgänge festlegen, Vorgangsfolge festlegen, Ressourcen für Vorgänge schätzen, Vorgangsdauer schätzen und Terminplan entwickeln

Auf Basis des detaillierten Projektstrukturplans wird jetzt für jeden Liefergegenstand auf unterster Ebene (Arbeitspaket) ermittelt, welche Vorgänge notwendig sind, um diesen zu erstellen. Ziel ist es u.a., eine möglichst präzise Aussage zu treffen, wie lange das Projekt dauert. Hierzu sind in Project folgende Schritte notwendig:

- *Vorgänge definieren* (6.2)
- *Vorgangsfolge festlegen* (6.3)
- *Ressourcen für Vorgänge schätzen* (9.2)
- *Vorgangsdauer schätzen* (6.4)
- *Terminplan entwickeln* (6.5)

Vorgänge definieren

Die zur Erbringung der Liefergegenstände notwendigen Vorgänge werden im Rahmen des Prozesses *Vorgänge definieren* (6.2 Define Activities) als Teilvorgänge unterhalb der Liefergegenstände gebildet.[18] Gehen Sie dazu folgendermaßen vor:

1. Fügen Sie neue Vorgänge unter dem entsprechenden Liefergegenstand ein.
2. Stufen Sie die neuen Vorgänge eine Ebene herunter (*Vorgang/Zeitplan/Vorgang herunterstufen*). Der Liefergegenstand wird damit zu einem Sammelvorgang.

Es ist nicht in jedem Projekt erforderlich, dass alle bzw. überhaupt Liefergegenstände in Vorgänge aufgeschlüsselt werden. Dies trifft zum Beispiel dann zu, wenn Liefergegenstände an Subunternehmer vergeben werden, die ihrerseits über ein eigenes Projektmanagement verfügen. Grundsätzlich empfehlen wir, die Vorgänge so zu definieren, dass der Aufwand für eine Ressource oder Ressourcengruppe leicht überschaubar ist und – sofern

[18] Vgl. PMBOK 2013, S. 183–186.

sinnvoll – nicht unter drei Personentagen liegt. Ausnahmen hiervon sind z.B. wichtige Präsentationen, Besprechungen und Einarbeitung von Mitarbeitern, bei denen mehrere Ressourcen mit einem Vorgang beschäftigt sind.

Abbildg. 1.20 Definition von Vorgängen

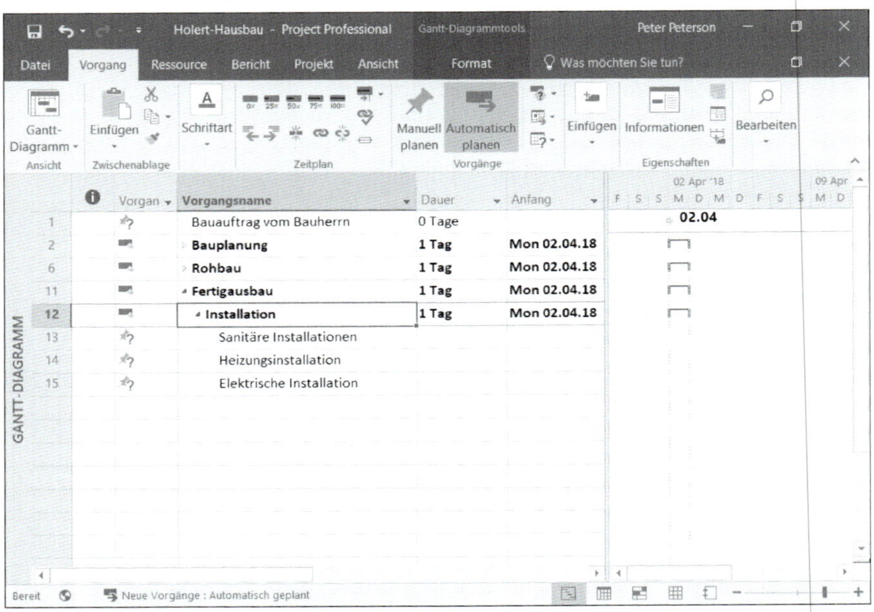

Handelt es sich um ein sehr umfangreiches Projekt, bei dem der Projektleiter durch Teilprojektleiter unterstützt wird, können auch Teilprojektpläne gebildet werden. Maßstab für die Größe eines Projektplans ist die Überschaubarkeit (zumeist Ausgangspunkt für ein Mandat zur Steuerung dieses Projektplans) für eine Person.

HINWEIS Sie können mehrere Teilprojektpläne in einem Gesamtprojektplan (*Hauptprojekt*) zusammenfassen (siehe in Kapitel 5 den Abschnitt »Multiprojektmanagement«).

WICHTIG Der Projektleiter ist der »Eigentümer« seines Projektplans und nur er darf diesen bearbeiten, sonst verliert er das Vertrauen in das Dokument. Schließlich hinterlegt er seine Zusagen im Projektplan, an denen er später gemessen wird. Lesen dürfen und sollen den Projektplan selbstverständlich möglichst alle Projektbeteiligten (Stakeholders). Das Lesen ist z.B. über die Project Web App von Project Server möglich, wie in Kapitel 2 und Kapitel 3 für Ressourcenmanager sowie Kapitel 4 für Führungskräfte beschrieben wird.

In der Project Web App können Projektpläne ebenfalls bearbeitet werden. Zu den Bearbeitungsmöglichkeiten gehören u.a. Unterstützung von Material- und Kostenressourcen, Stichtagen, Vorgangsart Feste Arbeit, Basispläne und Zuordnungen. Weiterhin ist es jedoch nicht möglich, periodenbezogen Daten einzugeben, Ressourcen abzugleichen etc. Zudem gibt es viele Einschränkungen hinsichtlich des Komforts wie z.B. fehlende Ansichten und Bildschirmteilung. Im Vergleich zu Project Pro ist die Web-Variante eine Alternative für Gelegenheitsnutzer, jedoch nach unserer Meinung insbesondere aufgrund der langsameren Reaktionszeit und des eingeschränkten Funktionsumfangs keine Alternative für einen Projektleiter mit den hier beschriebenen Aufgaben.

Vorgangsfolge festlegen

Im Anschluss an den Prozess *Vorgänge festlegen* folgt der Prozess *Vorgangsfolge festlegen* (6.3 Sequence Activities).[19] Ziel ist es, ein Modell der Realität im Projektplan abzubilden. Es sollten nur jene Abhängigkeiten aufgenommen werden, die unabdingbaren Einfluss auf den Ablauf haben, wie z.B. bei unserem Hausbau-Projekt. Hier kann erst mit »Mauerwerk und Stahlbetondecken« begonnen werden, wenn die Erstellung der »Fundamente« abgeschlossen ist (zwingende Abhängigkeiten). Fügen Sie nur in Ausnahmefällen Verknüpfungen aus anderen Gründen ein und nutzen Sie insbesondere keine Verknüpfungen, um sequentielle Abarbeitung von Vorgängen aufgrund von wahrscheinlich erachteten Ressourcenengpässen widerzuspiegeln. Externe Abhängigkeiten können Sie in Project über *projektübergreifende Verknüpfungen* oder *Abhängigkeiten zwischen Lieferumfängen* realisieren (siehe Kapitel 5).

TIPP Wir empfehlen *projektübergreifende Verknüpfungen* nicht als harte Verknüpfung (Hard link), sondern als weiche Verknüpfung festzulegen (Soft link), sodass der Projektleiter nur über etwaige Terminkonflikte informiert wird, sich die Vorgänge im Projektplan jedoch nicht automatisch verschieben (informatorische Verkettung).

ACHTUNG Bewahren Sie beim Einfügen von Verknüpfungen die Kapselung der einzelnen Projektphasen, vermeiden Sie insbesondere Verknüpfungen zwischen Teilvorgängen unterschiedlicher Phasen. Wenn Ihnen diese unabdingbar erscheinen, ist das ein Hinweis für eine nicht optimale Strukturierung der Vorgangsliste, die ggf. aus einem nicht optimalen Projektstrukturplan resultiert.

Legen Sie vor dem Verknüpfen für alle Vorgänge den Vorgangsmodus auf *Automatisch geplant* fest, damit die Vorgänge entsprechend der Vorgangsfolgen von Project berechnet werden. Führen Sie dazu folgende Schritte aus:

1. Markieren Sie alle Vorgänge, indem Sie auf die obere linke Ecke der Tabelle klicken.
2. Klicken Sie dann im Menüband auf der Registerkarte *Vorgang* in der Gruppe *Vorgänge* auf die Schaltfläche *Automatisch planen*.

Um neue Verknüpfungen zu erstellen oder ggf. aus früheren Phasen bestehende Verknüpfungen anzupassen, gehen Sie folgendermaßen vor:

[19] Vgl. PMBOK 2013, S. 187–194.

Abbildg. 1.21 Festlegen der Vorgangsfolgen

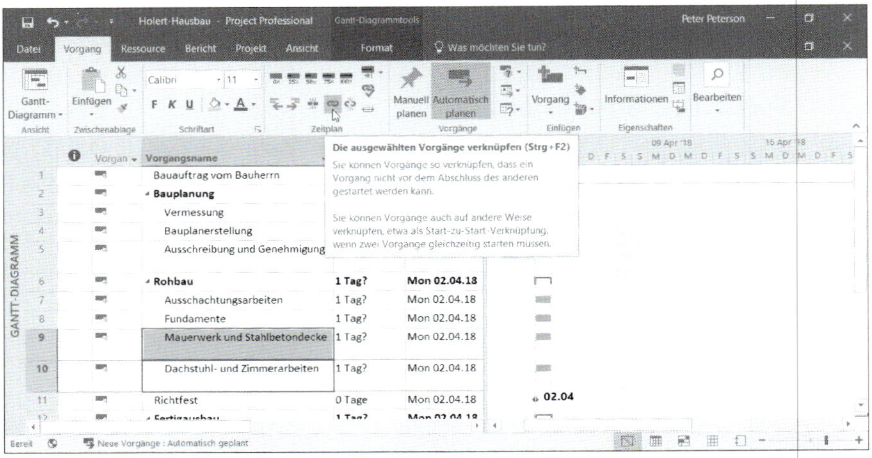

1. Markieren Sie den Vorgänger, indem Sie mit der linken Maustaste auf den Vorgang in der Tabelle klicken.
2. Halten Sie die [Strg]-Taste gedrückt und klicken Sie auf den Nachfolger (Abbildung 1.21).

3. Verknüpfen Sie die Vorgänge, indem Sie auf der Registerkarte *Vorgang* in der Gruppe *Zeitplan* auf die Schaltfläche *Die ausgewählten Vorgänge verknüpfen* klicken, wie nebenstehend abgebildet.

4. Lösen Sie Verknüpfungen, indem Sie auf die Schaltfläche *Vorgangsverknüpfung rückgängig machen* klicken, wie nebenstehend abgebildet.
5. Fügen Sie ggf. auch Meilensteine in die Vorgangsfolgen ein. Meilensteine sind wichtige Ereignisse, die besonders überwacht werden sollen. Ein Meilenstein in Project ist ein Vorgang mit der Dauer von 0 Tagen.

In besonderen Fällen, wie z.B. beim Simultaneous Engineering oder bei extremem Zeitdruck kann durch Überlappung (also negative Zeitabstände zwischen den Vorgängen) ein Kompromiss zwischen konfliktfreier Abwicklung und Projektbeschleunigung erreicht werden.

Ressourcen für Vorgänge schätzen

Ziel des Prozesses *Ressourcen für Vorgänge schätzen* (9.2 Estimate Activity Resources) ist die Ermittlung, welche Ressourcen in welchem Umfang und in welchen Zeiträumen benötigt werden (Ressourcenanforderungen). Dieser Prozess wird oft auch Aufwandschätzung genannt.

Die *Ressourcenanforderungen* (9.2.3.1 Resource Requirements) kann u.a. auf Grundlage der Vorgangsliste unter Berücksichtigung der Ressourcenkalender, also der Ressourcenverfügbarkeit ermittelt werden. Ausgangswerte sind beispielsweise der Ressourcenbedarf und die Aktualisierungen der Ressourcenkalender. Als Werkzeuge und Methoden können Sie u.a. das Urteil von Fachexperten einsetzen.

Je nach Phase des Projekts können Sie zunächst mit Unterstützung eines Experten alle Vorgänge bewerten. Ermitteln Sie, welche Qualifikationen überhaupt benötigt werden.

Legen Sie ggf. generische Ressourcen im Projektplan an oder lassen Sie generische Enterprise-Ressourcen auf dem Project Server von Ihrem Ressourcenmanager anlegen (siehe Kapitel 3, Abschnitt »Management des Ressourcenpools«). Weisen Sie dann diese generischen Ressourcen den entsprechenden Vorgängen zu. In einer späteren Phase können Sie geeignete und verfügbare natürliche Ressourcen auswählen und mit diesen die generischen Ressourcen ersetzen.

Um die infrage kommenden generischen Ressourcen auszuwählen, gehen Sie in Project folgendermaßen vor:

1. Überprüfen Sie jeden Vorgang in der Vorgangsliste und ermitteln Sie, welche Qualifikation eine Ressource benötigt, um diesen auszuführen.

2. Zeigen Sie alle bereits definierten Ressourcenqualifikationen an, indem Sie auf der Registerkarte *Ressource* in der Gruppe *Einfügen* im Dropdown-Listenfeld *Ressourcen hinzufügen* den Eintrag *Team von Unternehmensmitarbeitern zusammenstellen* (Teambuilder) auswählen.
3. Um alle vorhandenen Qualifikationen (generische Ressourcen) anzuzeigen, klicken Sie auf den Pfeil des Dropdown-Listenfelds *Gruppieren nach* und wählen Sie den Eintrag *Generisch* aus.
4. Wählen Sie alle infrage kommenden generischen Ressourcen in der linken Fensterhälfte aus (Mehrfachauswahl durch Halten der `Strg`-Taste) und klicken Sie auf die Schaltfläche *Hinzufügen*, um diese für Ihr Projekt auswählbar zu machen. Klicken Sie auf die Schaltfläche *OK*, um die Auswahl zu übernehmen.

Abbildg. 1.22 Auswahl der infrage kommenden Qualifikationen

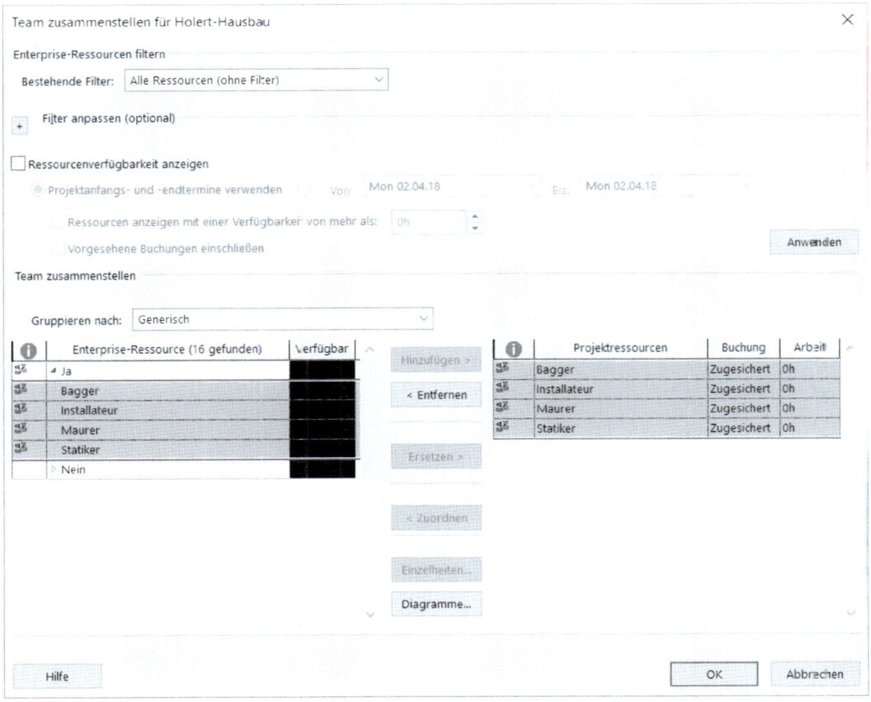

5. Falls von Ihnen benötigte Qualifikationen als generische Ressourcen nicht im Enterprise-Ressourcenpool vorhanden sind, senden Sie eine E-Mail an Ihren Ressourcenmanager mit der Bitte, diese anzulegen (siehe Kapitel 3, Abschnitt »Management des Ressourcenpools«).

Definieren Sie auf folgende Art und Weise für jeden Vorgang den Ressourcenbedarf nach Arbeit und benötigter Ressource:

1. Wählen Sie den Vorgang in der Vorgangsliste aus.
2. Schätzen Sie den Ressourcenbedarf in Personentagen (*Arbeit*). Geben Sie den Wert z.B. in der Einheit *w* für Woche in der Spalte *Dauer* ein.[20] Bei der nachfolgenden Zuordnung mit 100 % wird entsprechend der Wert im Feld *Arbeit* errechnet (siehe die Erläuterungen im folgenden Kasten).

3. Rufen Sie das Dialogfeld *Ressourcen zuweisen* auf, indem Sie im Menüband auf der Registerkarte *Ressource* in der Gruppe *Zuweisungen* auf das nebenstehend abgebildete Symbol klicken. Das Dialogfeld kann während der weiteren Zuordnungen geöffnet bleiben.

Abbildg. 1.23 Zuordnen der benötigten Qualifikation zu den Vorgängen

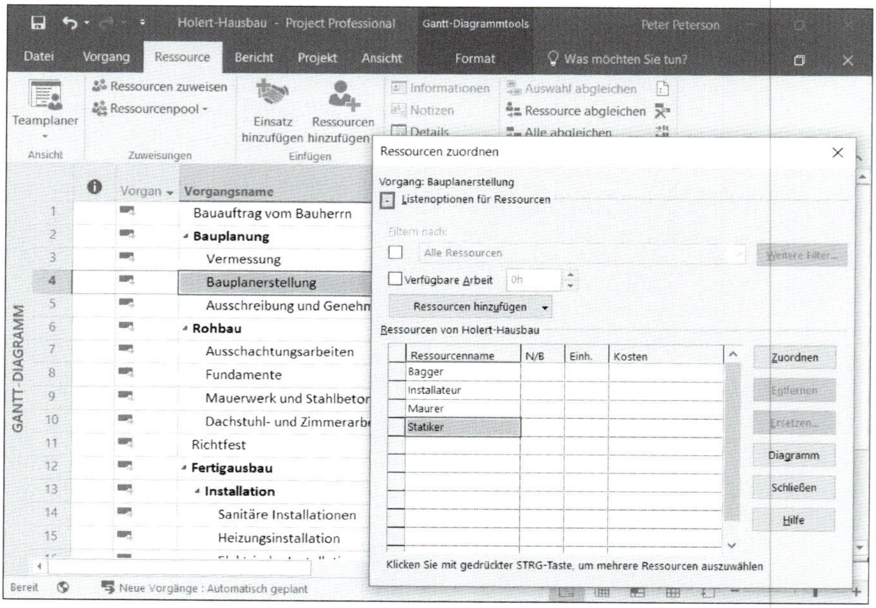

4. Wählen Sie die generische Ressource aus, für die Sie die Schätzung erstellt haben, und klicken Sie auf die Schaltfläche *Zuordnen.*

Alle durch die gerade vorgenommene Aktion geänderten Zellen werden farbig hinterlegt (*Änderungshervorhebung*).

20 Weitere Einheiten sind *m* für Monat, *t* für Tag, *h* für Stunde und *min* für Minute.

Verhalten im Vorgangsmodus *Automatisch berechnen* beim Erstellen und Ändern von Zuordnungen

Project verhält sich beim ersten Zuordnen anders als bei allen weiteren Zuordnungen. Mit dem ersten Zuordnen definieren Sie die Arbeit. Änderungen an den *Zuordnungseinheiten* sind auch bei der Vorgangsart *Feste Einheiten* erlaubt und haben den gleichen Effekt wie bei der Vorgangsart *Feste Arbeit.* Das heißt, der Vorgang ändert seine Dauer.

HINWEIS In vielen Dialogfeldern wird das Feld *Zuordnungseinheiten* aus Platzgründen nur mit der Kurzform *Einheiten* oder *Einh.* beschriftet.

Standardmäßig wird auch die Zuordnung weiterer Ressourcen als Erhöhung der Zuordnungseinheiten gewertet und führt dazu, dass sich die Dauer des Vorgangs verkürzt. Für diesen Fall lässt sich dieses Verhalten jedoch ausschalten, indem man die Eigenschaft *Leistungsgesteuert* des jeweiligen Vorgangs deaktiviert. Die Eigenschaft *Leistungsgesteuert* können Sie z.B. über das Dialogfeld *Informationen zum Vorgang* auf der Registerkarte *Erweitert* setzen.

Wenn Sie die Eigenschaft *Leistungsgesteuert* für alle bestehenden Vorgänge deaktivieren möchten, markieren Sie alle Vorgänge und klicken im Menüband auf der Registerkarte *Vorgang* in der Gruppe *Eigenschaften* auf den Befehl *Informationen.* Holen Sie im Dialogfeld *Informationen zu mehreren Vorgängen* die Registerkarte *Erweitert* in den Vordergrund und deaktivieren Sie das Kontrollkästchen *Leistungsgesteuert.* Sie können die Eigenschaft *Leistungsgesteuert* auch für alle neuen Vorgänge deaktivieren. Die Einstellung *Neue Vorgänge sind leistungsgesteuert* finden Sie unter der Registerkarte *Datei/Optionen/Terminplanung* im Bereich *Planungsoptionen für dieses Projekt.* Ihr Administrator kann diese Option auch standardmäßig für Ihre Project-Installation deaktivieren oder Ihre Projektvorlagen entsprechend anpassen.

Zuordnungen haben immer drei Parameter, und zwar die *Arbeit*, die geleistet wird, die Anzahl der zugeordneten *Zuordnungseinheiten* und die *Dauer*, die sich daraus ergibt. Je nachdem, welchen Parameter Sie ändern und welcher als fix über die Vorgangsart definiert ist, ändert sich der dritte. Nach dem Zuordnen von Ressourcen zu einem Vorgang berechnet Project die Größen immer entsprechend des physikalischen Zusammenhangs $W = P * t$ nach der Formel: *Arbeit = Zuordnungseinheiten * Dauer.*

Einfluss hierauf haben die Vorgangsart und die Leistungssteuerung. Die *Vorgangsart* legt fest, welche der Größen in dieser Formel als fix angenommen wird. Die Vorgangsart *Feste Arbeit* fixiert z.B. die Arbeit und ändert die Dauer, wenn Sie die Einheiten verändern. Die *Leistungssteuerung* wirkt sich nur aus, wenn Sie mehr als eine Ressource einem Vorgang zuordnen. Wenn Sie beim ersten Zuordnen gleichzeitig mehrere Ressourcen zuordnen, wirkt sich die Leistungssteuerung ebenfalls nicht aus. Ist sie aktiviert, wird unter der Prämisse, dass die Vorgangsart *Feste Einheiten* ist, die Arbeit bei der Zuordnung einer weiteren Ressource als konstant angenommen und die Dauer des Vorgangs entsprechend der Formel angepasst. Hieraus ergeben sich in Project fünf verschiedene Verhaltensweisen.

Sofern Sie die Zuordnungseinheiten nicht manuell ändern, sondern diese durch Project berechnet werden, wird das Feld *Zuordnungseinheiten* nicht mehr automatisch aktualisiert, sondern zeigt den zuletzt manuell eingegeben Wert an. Den aktuellen Wert finden Sie dann im Feld *Höchstwert.*

TIPP Überprüfen Sie nach dem Zuordnen immer, ob das, was Sie gerade getan haben, dem entspricht, was Sie wollten. Dies können Sie anhand der o.g. drei Parameter erledigen. Sollten Sie einmal durcheinandergeraten, entfernen Sie die Zuordnung der Ressourcen, stellen die ursprüngliche Dauer wieder her und weisen dann die Ressourcen erneut zu. Die Feld *Arbeit* können Sie u.a. anzeigen, indem Sie auf der Registerkarte *Ansicht* in der Gruppe *Elemente anzeigen* das Kontrollkästchen *Details* aktivieren.

Abbildg. 1.24 Überprüfen der Zuordnungsänderung über die Aktionsschaltfläche

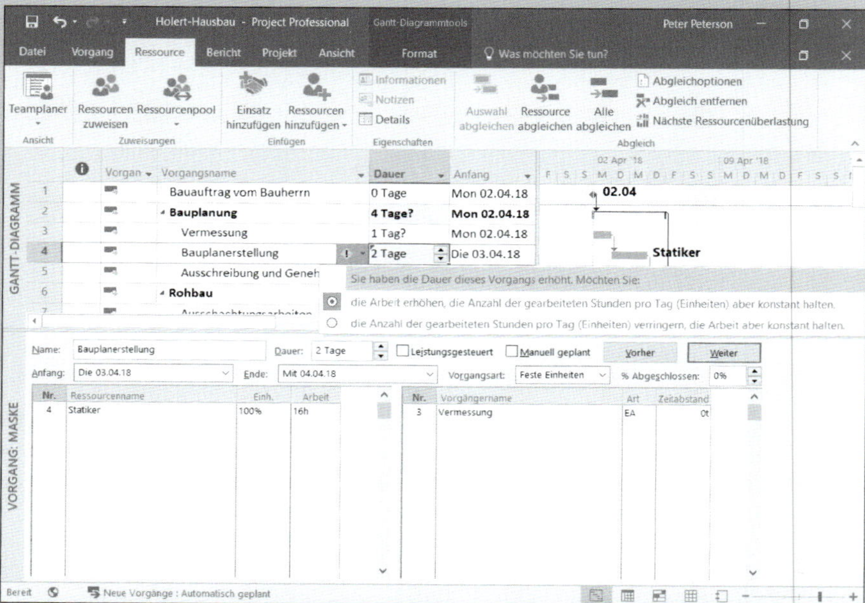

Project zeigt nach der Änderung der Ressourcenzuordnung ein Smarttag, das nachfragt, ob die daraus resultierende Änderung der übrigen Parameter Ihrer Absicht entspricht und schlägt Alternativen vor (vgl. Abbildung 1.24).

ACHTUNG Voraussetzung für eine verlässliche Information über die Ressourcenverfügbarkeit ist, dass die Ressourcen alle projekt- und nicht projektbezogenen Tätigkeiten wie z.B. Urlaub, Krankheit, Besprechungen, Wartung usw. mit Project erfassen (siehe in Kapitel 2 den Abschnitt »Abwesenheit durch Urlaub, Krankheit oder andere nicht projektbezogene Tätigkeiten zurückmelden« sowie in Kapitel 3 den Abschnitt »Management von Abwesenheitszeiten und anderen nicht projektbezogenen Zeiten«.

Durch die Zuweisung der generischen Ressourcen zu den Vorgängen errechnet Project automatisch den Gesamtbedarf für jede Qualifikation. Je nach Anforderung kann es jedoch nötig sein, auch den Ressourcenbedarf weiter zu konkretisieren.

Um passend qualifizierte und zudem verfügbare natürliche Ressourcen für das Projekt auszuwählen, gehen Sie folgendermaßen vor:

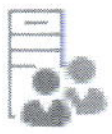

1. Öffnen Sie das Dialogfeld *Team zusammenstellen*, indem Sie auf der Registerkarte *Ressource* in der Gruppe *Einfügen* im Dropdown-Listenfeld *Ressourcen hinzufügen* den Eintrag *Team von Unternehmensmitarbeitern zusammenstellen* auswählen.
2. Wählen Sie in der rechten Hälfte des Dialogfelds die benötigte Qualifikation aus und klicken Sie auf die Schaltfläche *Zuordnen*, um alle entsprechend qualifizierten Ressourcen anzuzeigen.
3. Aktivieren Sie das Kontrollkästchen *Ressourcenverfügbarkeit anzeigen* und klicken Sie auf die Schaltfläche *Anwenden*.

Abbildg. 1.25 Auswahl geeigneter und verfügbarer Ressourcen

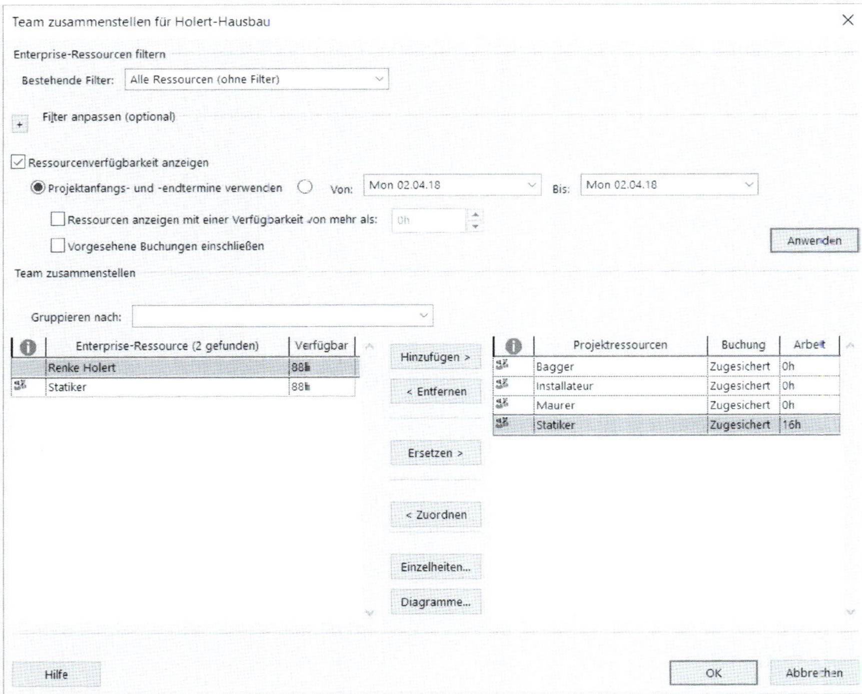

4. Lesen Sie in der Spalte *Verfügbar* die Restkapazität der Ressource während der gesamten Projektlaufzeit ab. Sie können den Zeitraum auch weiter einschränken, indem Sie die Felder *Von* und *Bis* entsprechend anpassen.
5. Wählen Sie ggf. weitere Kriterien über Filter aus, z.B. um nur Ressourcen eines bestimmten Standorts anzuzeigen.
6. Um die gewünschte Enterprise-Ressource in das Projektteam zu übernehmen, wählen Sie in der linken Hälfte des Dialogfelds die betreffende Ressource aus und klicken auf die Schaltfläche *Hinzufügen*.

HINWEIS Für den Fall, dass Sie alle Vorgänge, die einer bestimmten Ressource zugewiesen sind, durch eine spezielle natürliche Ressource ersetzen möchten, klicken Sie stattdessen auf die Schaltfläche *Ersetzen*.

7. Wiederholen Sie diese Schritte für jede benötigte Qualifikation.

Sie können Ihr Projektteam auch durch Nicht-Enterprise-Ressourcen, sogenannte *lokale Ressourcen*, ergänzen, indem Sie den Ressourcennamen in der Ansicht *Ressource: Tabelle* in das Projektteam aufnehmen (*Ansicht/Ressourcenansichten/Ressource: Tabelle*).

HINWEIS Andere Wege zur Darstellung der Verfügbarkeit finden Sie auch in Kapitel 3 in den Abschnitten »Personalbedarfsplan entwickeln« und »Notwendigkeit für Umdisponierungen erkennen«.

Nachdem Sie passende natürliche Ressourcen ausgewählt und hieraus Ihr Projektteam zusammengestellt haben, ordnen Sie diese den einzelnen Vorgängen zu, um hierdurch die Planung zu verfeinern. Wenn Sie bei der Zuordnung unter Berücksichtigung der Qualifikation auch die Verfügbarkeit beachten, reduzieren Sie den Umfang eines im Rahmen des Prozesses *Terminplan entwickeln* nötigen Kapazitätsabgleichs.

Für die Zuordnung führen Sie folgende Schritte aus:

1. Markieren Sie den ersten Vorgang mit der Maus z.B. in einer Balkendiagramm-Ansicht.

2. Öffnen Sie das Dialogfeld *Ressourcen zuordnen* (Registerkarte *Ressource*/Gruppe *Zuweisungen*).
3. Zeigen Sie die *Listenoptionen für Ressourcen* an, indem Sie auf die *Plus-Schaltfläche* klicken. Es erscheint dann u.a. ein Filterfeld.

Abbildg. 1.26 Generische Ressourcen ersetzen

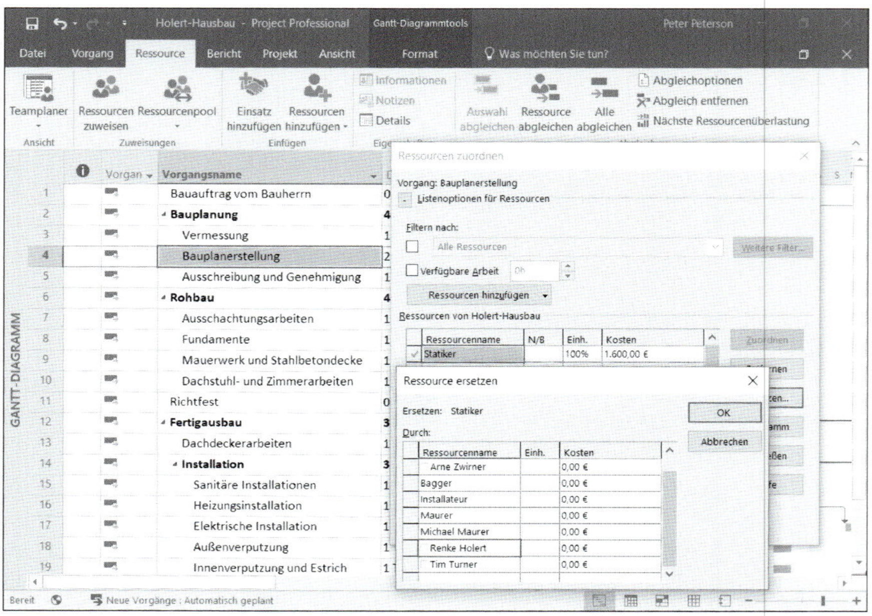

4. Wählen Sie im Feld *Filtern nach* den Enterprise-Filter *Qualifikation* aus. Dieser Filter ist nicht Bestandteil des Lieferumfangs von Project, Ihr Administrator kann diesen allerdings unternehmensweit bereitstellen.
5. Wählen Sie im Dialogfeld *Qualifikation* die benötigte Qualifikation aus und bestätigen Sie mit *OK*.

HINWEIS Sie können im Dialogfeld *Ressourcen zuordnen* nicht die Verfügbarkeit der infrage kommenden Ressource erkennen. Stattdessen können Sie generische durch natürliche Ressourcen im Rahmen dieses Prozesses ersetzen oder im Rahmen des nachfolgenden Prozesses *Terminplan entwickeln* mit dem Teamplaner gemeinsam durchführen. Zum anderen können Sie alternativ z.B. die Ressourcenverfügbarkeit im Ressourcencenter der Project Web App anzeigen oder bei Einsatz von Allocatus (siehe in Kapitel 6 den Abschnitt »Allocatus« sowie *http://www.allocatus.com*) den Outlook- oder Lotus Notes-Kalender der entsprechenden Ressourcen hierfür heranziehen.

ACHTUNG Verwenden Sie zum Ersetzen von Ressourcen immer das Dialogfeld für die Zuordnung und nicht die Spalte *Ressourcennamen*. Nur so ist sichergestellt, dass die Zuordnungsinformationen wie z.B. Basisplanwerte erhalten bleiben.

6. Haben Sie eine passende Ressource gefunden, wählen Sie die zugewiesene generische Ressource aus und klicken auf die Schaltfläche *Ersetzen* (Abbildung 1.26).
7. Wählen Sie nun die natürliche Ressource aus und bestätigen Sie mit *OK*, um den Ersetzungsvorgang abzuschließen.

Abbildg. 1.27 Anzeige der Diskrepanz zwischen Ressourcenbedarf und Ressourcenverfügbarkeit

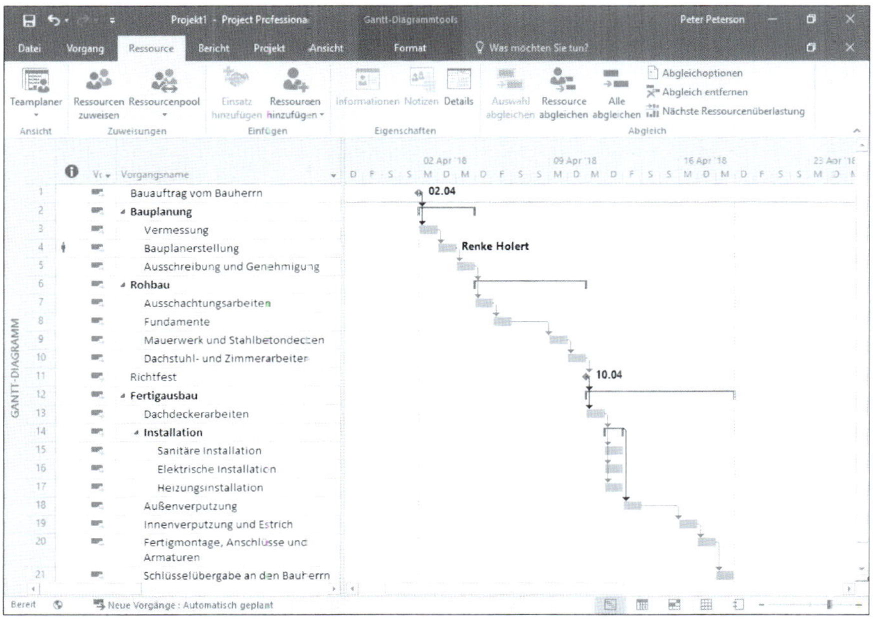

Sollte durch die Zuordnung eine Ressourcenüberlastung entstehen, wird dies in der Indikatorspalte durch ein kleines rotes Personensymbol angezeigt (Abbildung 1.27).

HINWEIS Das Hinweissymbol in der Indikatorspalte zeigt immer dann eine Überlastung an, wenn die Kapazität der Ressource pro definierte Zeiteinheit überschritten ist. Der Standardwert ist Tag. Sie können die Empfindlichkeit der Warnfunktion frei festlegen, und zwar über die Abgleichoptionen (*Ressource/Abgleich/Abgleichoptionen/Abgleichsberechnung/Abgleichen von Überlastungen pro <Zeiteinheit>*).

Vorgangsdauer schätzen

Nachdem die Vorgänge definiert und in eine logische Reihenfolge gebracht wurden sowie ihr Ressourcenbedarf geschätzt wurde, folgt der Prozess *Vorgangsdauer schätzen* (6.4 Estimate Activity Durations).[21] Ziel ist es, u.a. auf Grundlage der Ressourcenanforderungen und der Ressourcenkalender für jeden Vorgang die voraussichtliche Dauer zu ermitteln bzw. festzulegen. Als Methoden und Werkzeuge können hierfür u.a. das Fachurteil beispielsweise von den später ausführenden Ressourcen und die Analyse der Reserven eingesetzt werden.

Durch die Zuordnung der Ressourcen zu einem Vorgang berechnet Project automatisch die Vorgangsdauer anhand des Ressourcenkalenders, d.h., die Arbeit wird automatisch an arbeitsfreien Tagen unterbrochen, was sich auf den Endtermin des Vorgangs auswirkt. Arbeitsfreie Tage im Ressourcenkalender spiegeln z.B. Feiertage wider und je nach Konfiguration auch andere Abwesenheitszeiten wie Urlaub und Krankheit.

ACHTUNG Wenn durch den Ressourcenkalender die Arbeit unterbrochen wird, ändert sich das Feld *Dauer* jedoch nicht, da dieses Feld nur die Dauer der Arbeitszeit und nicht die Kalenderzeit wiedergibt. Auch wird der Vorgang nicht als unterbrochen im Kalender dargestellt. Sie können die Unterbrechung am einfachsten in der Ansicht *Vorgang: Einsatz* ablesen.

Belegungen durch andere Projekte oder auch Sonderprojekte, die ebenfalls Abwesenheitszeiten abbilden können, führen in der Standardeinstellung nicht automatisch zu Unterbrechungen oder zu Verschiebungen. D.h. Terminkonflikte werden als Überlastungen nur angezeigt und können dann manuell oder automatisch durch den Kapazitätsabgleich bereinigt werden, um die Dauer des Vorgangs zu ermitteln. Die Überlastung selbst wird u.a. in der Indikatorspalte den Balkendiagrammansichten durch ein rotes Personensymbol (Abbildung 1.27) und in der Ansicht *Ressource: Einsatz* durch ein gelbes Karosymbol mit Ausrufezeichen angezeigt.

Mehr hierzu finden Sie auch im nachfolgenden Prozess »Terminplan entwickeln« und in Kapitel 3 im Abschnitt »Notwendigkeit für Umdisponierungen erkennen«.

HINWEIS Wenn Sie das Fachurteil der Projektmitarbeiter einholen und das Feld *Dauer* anpassen, wird dabei je nach Einstellung die Arbeit und damit der Ressourcenbedarf neu berechnet, was u.U. nicht beabsichtigt ist (siehe den Kasten oben).

Um auszudrücken, dass der Vorgang länger in der Kalenderzeit dauert, da nicht durchgängig mit vollem Einsatz an diesem gearbeitet wird, unterbrechen Sie ggf. den Vorgang oder erstellen stattdessen einen periodischen Vorgang. Vermeiden Sie prozentuale Zuordnungen, da hierdurch u.a. der Abgleich und damit die optimale Nutzung der Ressourcenkapazität erschwert wird.

[21] Vgl. PMBOK 2017, S. 195–204.

Um spätere Terminverschiebungen zu minimieren, ist es in der Regel sinnvoll, Puffer einzuplanen. Im Rahmen der Analyse der Reserve können Sie beispielsweise nachfolgende Vorgänge verschieben, sodass hierdurch ein Puffer entsteht (siehe auch den nachfolgenden Abschnitt).

TIPP Wenn Ihnen noch keine ausreichend genaue Schätzung vorliegt, kann das durch die Vorgangseigenschaft *Geschätzt* deutlich gemacht werden, die dann ein Fragezeichen hinter dem Zahlenwert anzeigt. Diese Eigenschaft kann über das Dialogfeld *Informationen zum Vorgang* festgelegt werden, welches z.B. über einen Doppelklick auf den Vorgang aufgerufen wird.

Terminplan entwickeln

Das bisherige Ergebnis des Terminplans wird bezüglich des Fertigstellungstermins aller Voraussicht nach nicht den Kundenwünschen entsprechen. Zudem sind nicht alle äußeren Faktoren berücksichtigt worden, die Einfluss auf den Projektverlauf haben. Ziel des Prozesses *Terminplan entwickeln* (6.5 Develop Schedule) ist es nun, den Terminplan weiter auszuarbeiten, damit dieser die äußeren Einflussfaktoren berücksichtigt und genehmigt werden kann.[22] Methoden und Werkzeuge sind u.a. die Verdichtung des Terminplans, Anwendung von Vor- und Nachlaufzeiten, der Einsatz von Kalendern[23] und der Kapazitätsabgleich.[24] Daneben empfehlen wir, Phasen durch das Setzen von Termineinschränkungen zu entkoppeln und externe Termine als Stichtage zu hinterlegen.

Zur Verdichtung des Terminplans prüfen Sie u.a., ob nicht durch Überlappung, also das Setzen negativer Zeitabstände, oder die Parallelisierung von Vorgängen eine Beschleunigung erreicht werden kann. Ein negativer Zeitabstand kann beispielsweise dann definiert werden, wenn gewisse Folgearbeiten vor Beendigung des aktuellen Vorgangs begonnen werden können. Die Lesbarkeit des Plans wird dadurch allerdings nicht verbessert. Unter Umständen kann es daher ratsam sein, den aktuellen Vorgang in zwei oder mehrere Vorgänge zu zerlegen, damit etwaige Folgearbeiten eindeutig verbunden werden können. Prüfen Sie zudem, ob Vor- und Nachlaufzeiten berücksichtigt, also (positive) Zeitabstände eingefügt werden müssen. Ein Beispiel für einen positiven Zeitabstand wäre etwa beim Hausbau der Zeitraum, der verstreichen muss, bis der Estrich getrocknet ist. Verfahren Sie in Project wie folgt:

1. Fügen Sie Zeitabstände ein, indem Sie mit der Spitze des Mauszeigers einen Doppelklick im Balkendiagramm auf die Verknüpfungslinie der betroffenen Vorgänge ausführen. Daraufhin öffnet sich das Dialogfeld *Anordnungsbeziehung* (Abbildung 1.28). Geben Sie negative Werte für Überlappungen und positive Werte für einen tatsächlichen Abstand zwischen den Vorgängen ein.

HINWEIS Wenn Sie den Zeitabstand nicht in Arbeitstagen, sondern in Kalendertagen eingeben möchten, fügen Sie zwischen dem Zahlenwert und der Zeiteinheit ein *f* für fortlaufend, also z.B. *4ft* für vier fortlaufende Tage ein.

[22] Vgl. PMBOK 2017, S. 205–221.

[23] Der Einsatz von Kalendern wird als Methode im PMBOK 2017 nicht mehr explizit genannt, kann jedoch unter dem Werkzeug zur Terminplanung subsummiert werden (S. 209ff). Weiterhin werden Kalender als Ausgangswert genannt (S. 220).

[24] Wir verwenden als Übersetzung von »Resource Leveling« die in Project verwendete Bezeichnung »Kapazitätsabgleich« anstelle des in der deutschen Übersetzung gewählten Begriffs »Auslastungsglättung«.

2. Parallelisieren Sie Vorgänge, die zeitgleich ausgeführt werden können, indem Sie den Vorgängen die gleichen Vorgänger und Nachfolger zuweisen oder Vorgänge durch einen Sammelvorgang klammern, den Sie mit dem Vorgänger und Nachfolger verknüpfen.

Abbildg. 1.28 Anordnungsbeziehung

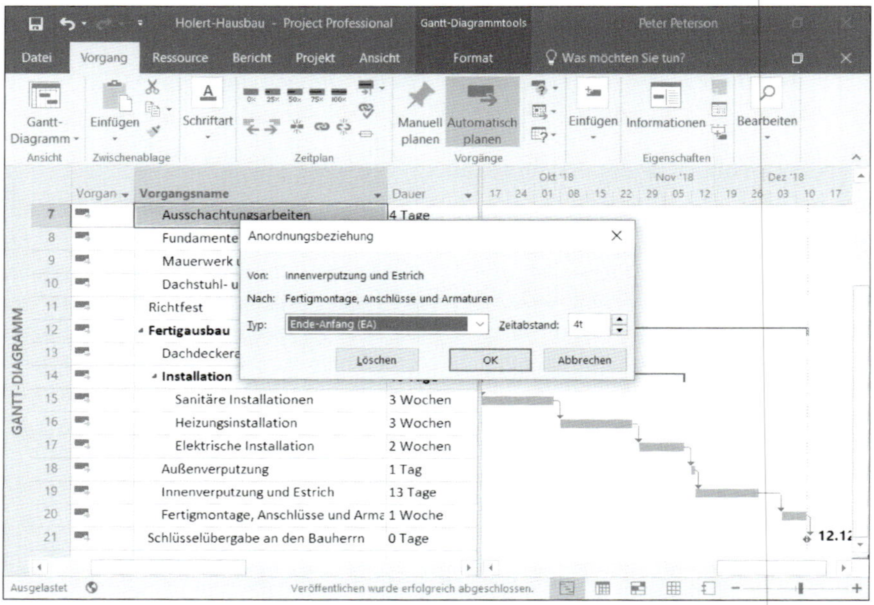

Als weiteren Einflussfaktor über die logische Reihenfolge der Vorgänge hinaus berücksichtigen Sie die Arbeitszeiten durch den Einsatz von Kalendern. Der PMBOK Guide unterscheidet zwischen Projektkalendern und Ressourcenkalendern. Dabei wird in der Regel angenommen, dass sich Projektkalender auf alle Vorgänge auswirken und Ressourcenkalender nur auf die entsprechenden Ressourcen.

Project unterscheidet zwischen Projekt-, Vorgangs- und Ressourcenkalendern. Project-Projektkalender wirken sich nur auf Vorgänge aus, denen keine Ressourcen zugeordnet sind. Sind Ressourcen einem Vorgang in Project zugeordnet, gilt in diesem Fall nur der Ressourcenkalender. Ist ein Kalender einem Vorgang zugeordnet, gilt die Schnittmenge aus Vorgangs- und Ressourcenkalender. Dies bedeutet, die Ressource wird nur eingeplant, wenn sowohl ihr Kalender als auch der Vorgangskalender Arbeitszeit vorsieht. Als Ausnahme gilt: Ist die Option *Terminplanung ignoriert Ressourcenkalender* aktiviert, wird die Ressource immer dann so eingeplant, wie es im Vorgangskalender definiert ist.

ACHTUNG Project unterscheidet zwischen Enterprise-Kalendern und lokalen Kalendern. Enterprise-Kalender können nur über die Project Web App bearbeitet werden. Lokale Kalender dürfen nur angelegt werden, wenn die Option *Weitere Servereinstellungen/Für Projekte die Verwendung lokaler Kalender zulassen* in den Servereinstellungen aktiviert ist.

Um die Arbeitszeit für alle Vorgänge ohne Ressourcenzuordnung festzulegen, erstellen Sie zunächst einen neuen Basiskalender und legen diesen dann als Projektkalender für das Projekt fest. Gehen Sie dazu folgendermaßen vor:

1. Rufen Sie im Menüband über die Registerkarte *Projekt* in der Gruppe *Eigenschaften* das Dialogfeld *Arbeitszeit ändern* auf.

Abbildg. 1.29 Erstellen eines neuen Basiskalenders

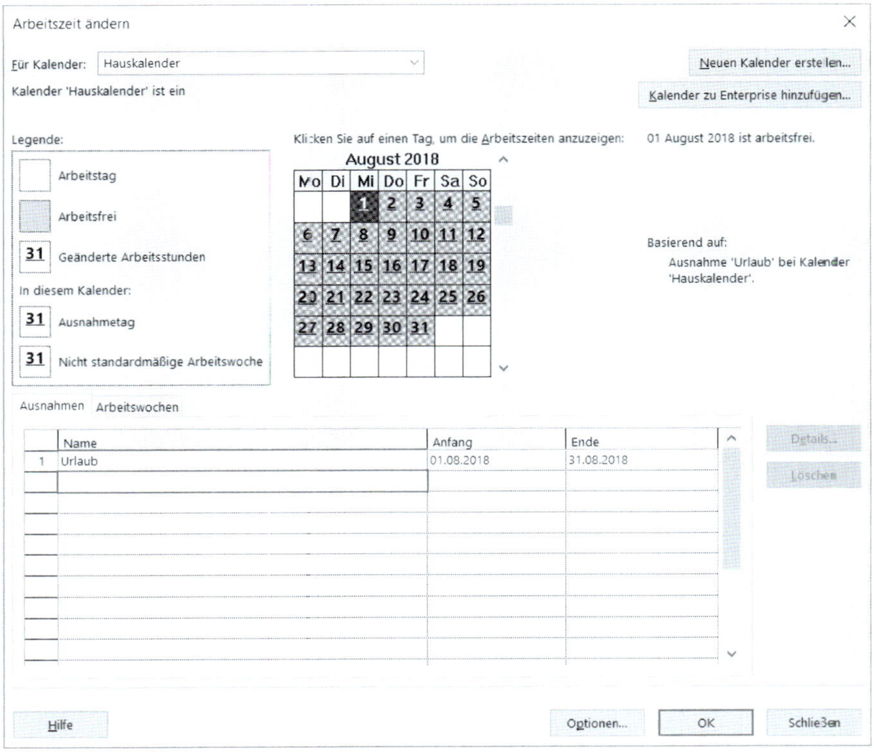

2. Klicken Sie auf die Schaltfläche *Neuen Kalender erstellen*, um einen neuen Basiskalender anzulegen.
3. Geben Sie im Feld *Name* einen neuen Namen für den Kalender ein, z.B. »Hauskalender«.
4. Behalten Sie die Einstellung bei, dass dieser als Kopie des Standardkalenders erstellt werden soll, und klicken Sie auf *OK*.
5. Geben Sie im unteren Bereich des Dialogfelds auf der Registerkarte *Ausnahmen* in der Spalte *Name* die Bezeichnung für die Ausnahme von der Standardarbeitszeit ein, z.B. »Urlaub«.
6. Bestimmen Sie in den Spalten *Anfang* und *Ende* den Zeitraum.
7. Klicken Sie auf die Schaltfläche *Details*.

Abbildg. 1.30 Ausnahmedetails festlegen

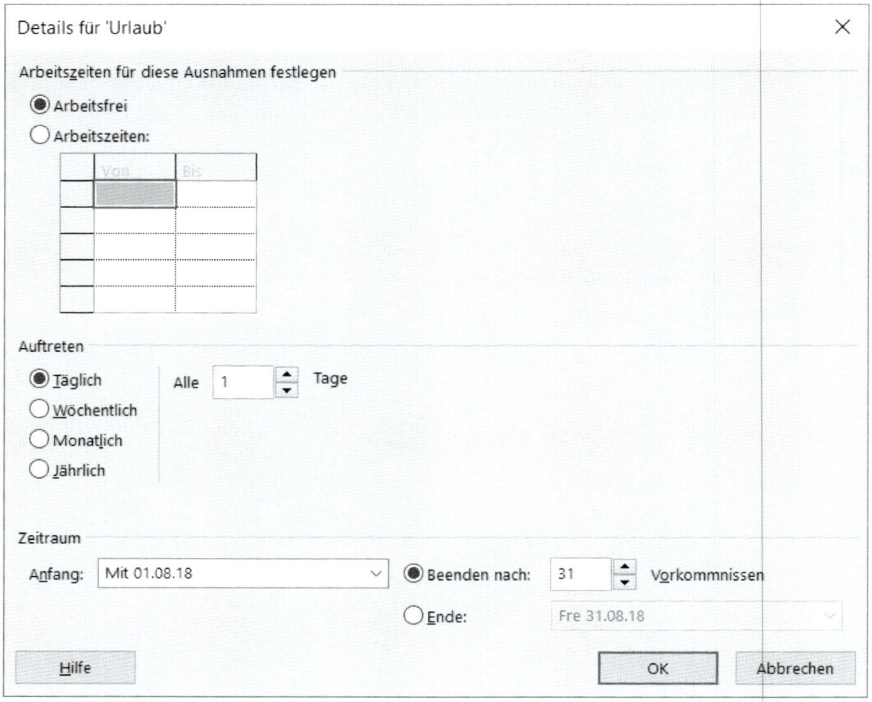

8. Stellen Sie sicher, dass im Bereich *Arbeitszeiten für diese Ausnahmen festlegen* die Option *Arbeitsfrei* ausgewählt ist.
9. Schließen Sie die Erstellung des neuen Basiskalenders ab, indem Sie die jeweils geöffneten Dialogfelder mit *OK* bestätigen.

10. Klicken Sie im Menüband auf der Registerkarte *Projekt* in der Gruppe *Eigenschaften* auf die Schaltfläche *Projektinformationen*.
11. Wählen Sie im Dropdown-Listenfeld *Kalender* den neu erstellen Basiskalender aus, um diesen als Projektkalender festzulegen, und klicken Sie auf die Schaltfläche *OK*.

12. Öffnen Sie im Menüband die Registerkarte *Ansicht* und wählen Sie in der Gruppe *Zoom* im Dropdown-Listenfeld *Zeitskala* den Eintrag *Zeitskala* aus.

Abbildg. 1.31 Projektkalender definieren

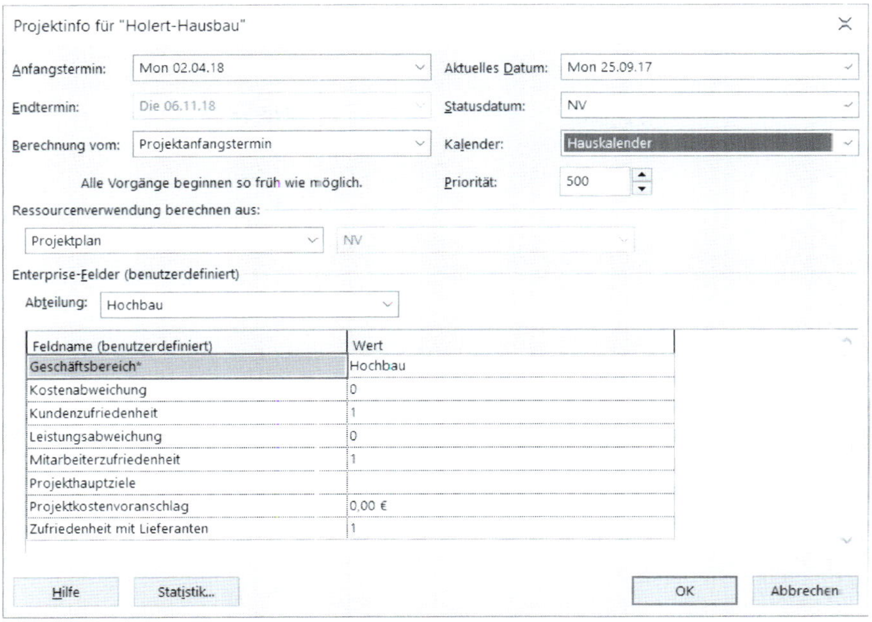

13. Wechseln Sie im Dialogfeld zur Registerkarte *Arbeitsfreie Zeit*.

Abbildg. 1.32 Darstellung der arbeitsfreien Zeit des Projektkalenders

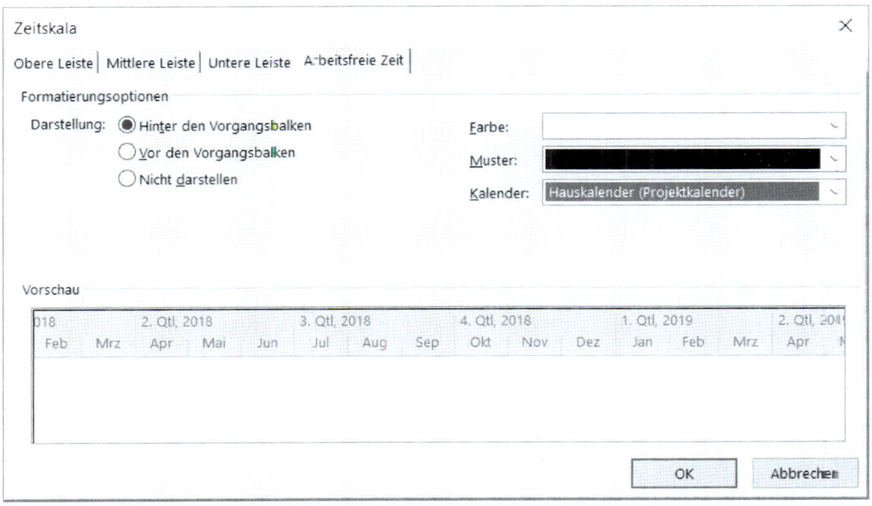

14. Wählen Sie im Feld *Kalender* den neu erstellen Basiskalender aus, sodass in den Balkendiagramm- und Einsatzansichten die arbeitsfreie Zeit analog dargestellt wird.

HINWEIS Die Verfügbarkeit von Ressourcen können Sie analog durch Definition von arbeitsfreien Kalenderausnahmen im Ressourcenkalender abbilden. Da Ressourcenkalender von Enterprise-Ressourcen global gelten, sollten Sie hier nur arbeitsfreie Zeiten definieren, die für die jeweilige Ressource für alle Projekte gelten. In Kapitel 2 ist im Abschnitt »Abwesenheit durch Urlaub, Krankheit oder andere nicht projektbezogene Tätigkeiten zurückmelden« beschrieben, wie Projektmitarbeiter arbeitsfreie Zeit selbst erfassen können. Eine Darstellung aus Sicht der Rolle des Ressourcenmanagers finden Sie in Kapitel 3 im Abschnitt »Pflege der Verfügbarkeitsinformationen«.

Alternativ können Sie die arbeitsfreien Zeiten der Ressourcen genauso wie die Belegung durch andere Projekte anhand der Einplanung der Ressourcen auf Abwesenheitsprojekte abbilden. In diesem Fall werden die Vorgänge während der Abwesenheit nicht automatisch verlängert, sondern müssen (wie andere Ressourcenkonflikte auch) über einen Kapazitätsabgleich gelöst werden, der ggf. die Vorgänge in Ihrem Projekt entsprechend unterbricht (siehe in Kapitel 3 den Abschnitt »Notwendigkeit für Umdisponierungen erkennen«).

Um den Terminplan weiterzuentwickeln, führen Sie im Anschluss einen Kapazitätsabgleich durch, um etwaig verbliebene Ressourcenkonflikte zu beseitigen. Für einen automatischen Kapazitätsabgleich können Sie die gleichnamige Funktion von Project einsetzen. Alternativ können Sie für einen manuellen Abgleich den Teamplaner nutzen.

Um einen automatischen Kapazitätsabgleich auszuführen, gehen Sie folgendermaßen vor:

1. Stellen Sie sicher, dass nur das Projekt geöffnet ist, das Sie abgleichen möchten.
2. Speichern Sie ggf. einen Basisplan, um später leicht Änderungen erkennen zu können (*Projekt/Zeitplan/Basisplan festlegen/Basisplan festlegen*).

TIPP Sofern der Basisplan bereits verwendet wird, können Sie auf den Basisplan 1-10 ausweichen. Der automatische Kapazitätsabgleich setzt keine Vorgangseinschränkungen, sondern Abgleichsverzögerungen. Diese können Sie auch in der Ansicht *Balkendiagramm: Abgleich* ablesen (*Ansicht/Ressourcenansichten/Andere Ansichten/ Weitere Ansichten*).

3. Wählen Sie im Menüband die Registerkarte *Ressource* aus und rufen Sie in der Gruppe *Abgleich* den Befehl *Abgleichoptionen* auf, um das Dialogfeld *Kapazitätsabgleich* zu öffnen.
4. Wählen Sie als Abgleichsreihenfolge den Eintrag *Nur Nr.* aus. In diesem Fall werden Vorgänge, die weiter oben im Projektplan stehen, bei der Ressourcenzuteilung bevorzugt.

Abbildg. 1.33 Kapazitätsabgleich durchführen

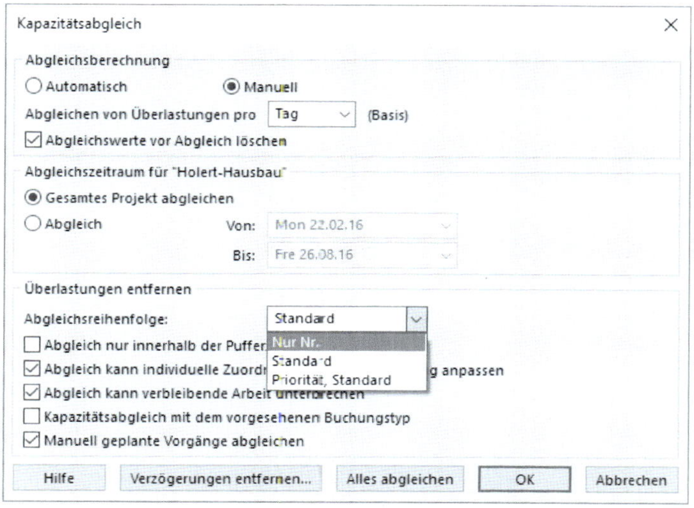

5. Bestätigen Sie mit *OK*.

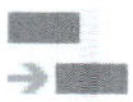

6. Klicken Sie danach im Menüband auf der Registerkarte *Ressource* in der Gruppe *Abgleich* auf den Befehl *Alle abgleichen*.

Project verschiebt nun jeden Vorgang der Ressource bzw. aller Ressourcen soweit in die Zukunft, bis ein freies Zeitfenster hierfür gefunden wird. Die eingefügten Abgleichsverzögerungen können Sie im gleichnamigen Feld ablesen. Hieran ist leicht erkennbar, dass einem Vorgang die spätere Position nicht aus inhaltlichen, sondern aus kapazitiven Gründen zugewiesen wurde.

In den Vorgangsansichten, wie z.B. *Gantt-Diagramm*, können Sie den Fokus des Kapazitätsabgleichs auch auf einzelne Vorgänge beschränken und so schrittweise den Projektplan von oben nach unten abgleichen (*Ressource/Abgleich/Auswahl abgleichen*).

Um einen manuellen Kapazitätsabgleich im Teamplaner durchzuführen, führen Sie folgende Schritte aus:

1. Wählen Sie im Menüband die Registerkarte *Ressource* aus und klicken Sie in der Gruppe *Ansicht* auf die Schaltfläche *Teamplaner*.
2. Führen Sie einen Bildlauf zum Projektanfang durch und ermitteln Sie die erste Überlastung einer Ressource in Ihrem Projekt (Ressourcenkonflikt). Sie erkennen den Konflikt daran, dass die betroffenen Vorgänge mit einer gemeinsamen eckigen roten Klammer umschlossen sind (Abbildung 1.34).

Abbildg. 1.34 Manueller Kapazitätsabgleich mit dem Teamplaner (1)

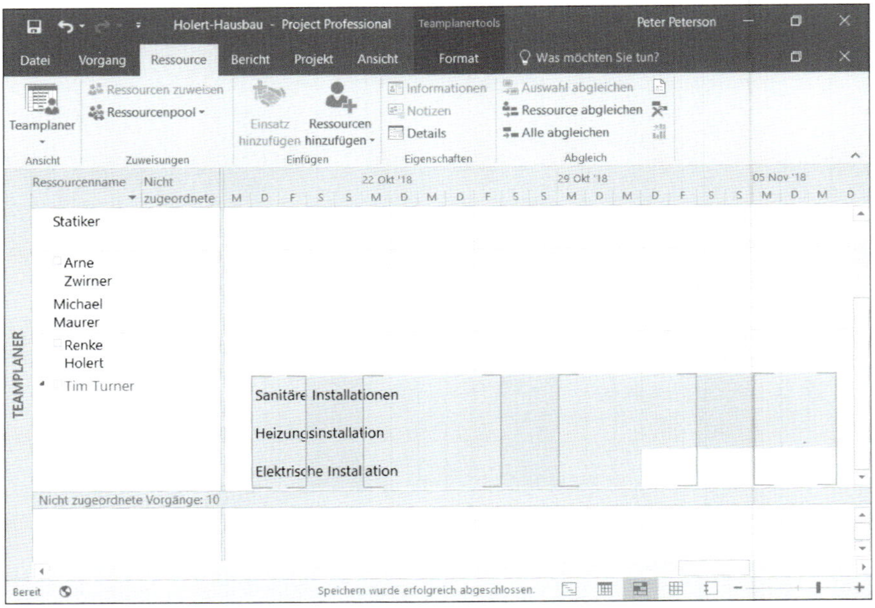

Abbildg. 1.35 Manueller Kapazitätsabgleich mit dem Teamplaner (2)

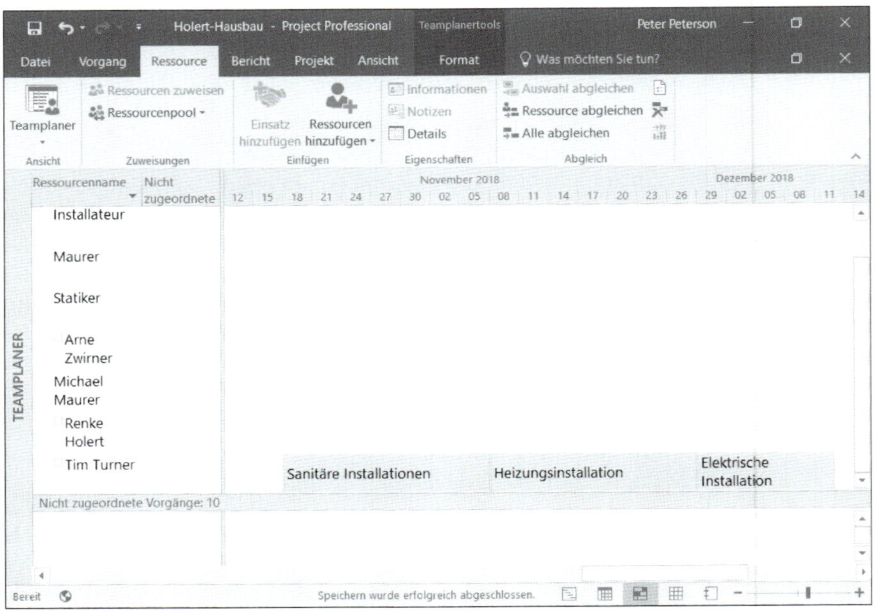

3. Verschieben Sie den Vorgang oder die Vorgänge, die im Konflikt stehen, per Ziehen und Ablegen mit der Maus auf einen späteren Termin.

HINWEIS Beim manuellen Kapazitätsabgleich mit dem Teamplaner wird dem Vorgang beim Verschieben eine Termineinschränkung zugewiesen.

Alternativ können Sie auch im Teamplaner Vorgänge einer anderen verfügbaren und geeignet qualifizierten Ressource durch Ziehen und Ablegen zuweisen. Beachten Sie, dass Sie ggf. den Ressourcenbedarf abhängig von der gewählten Ressource anpassen müssen. Die Zuordnungsinformationen, wie z.B. die Basisplanwerte, bleiben dabei wie beim Ersetzen der Ressource mit dem Zuordnungsdialog erhalten.

Wenn es zeitliche Verschiebungen im Verlauf des Projekts gibt, sind unter Umständen Umplanungen erforderlich. Verringern Sie die Zahl der Umplanungen, indem Sie Puffer bilden und damit die Teilleistungen zeitlich entkoppeln. Puffer bilden Sie durch das Setzen von Termineinschränkungen, also z.B. durch feste Terminierung des Richtfests. Um eine Termineinschränkung festzulegen, führen Sie folgende Schritte aus:

Abbildg. 1.36 Setzen einer Termineinschränkung

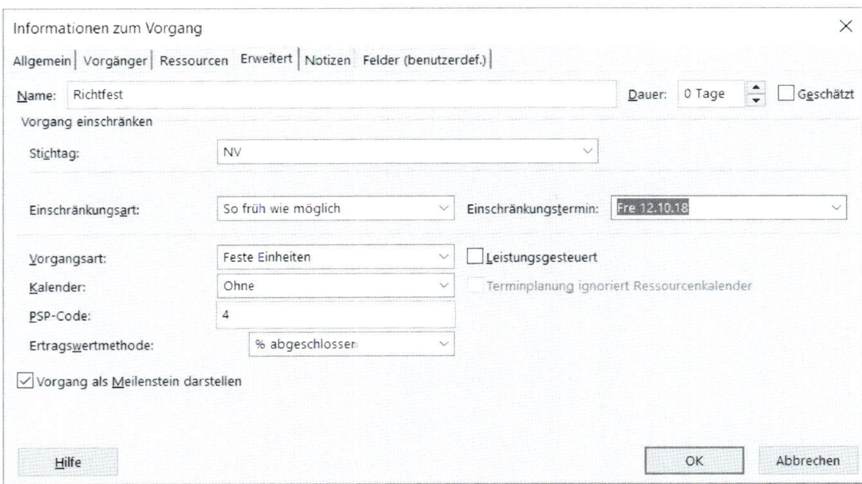

1. Rufen Sie das Dialogfeld *Informationen zum Vorgang* auf, indem Sie auf den entsprechenden Vorgang doppelklicken.
2. Wechseln Sie im Dialogfeld zur Registerkarte *Erweitert* und tragen Sie den Einschränkungstermin im gleichnamigen Feld ein.

HINWEIS Sie können Einschränkungstermine nur für Vorgänge mit dem Planungsmodus *Automatisch geplant* setzen.[25] Die Einschränkungsart *Anfang nicht früher als* wird auch beim Editieren der Spalte *Anfang* gesetzt. Beim Editieren der Spalte *Ende* wird die Einschränkungsart *Ende nicht früher als* gesetzt.

Sie können eingeschränkte Vorgänge am Kalendersymbol in der Indikatorspalte in den Vorgangstabellen erkennen.

[25] Im Dialogfeld *Informationen* heißt diese Vorgangseigenschaft *Planungsmodus*. Das zugehörige Feld heißt jedoch *Vorgangsmodus*.

TIPP Termineinschränkungen lassen sich auch für mehrere Vorgänge gleichzeitig setzen. Gehen Sie dazu folgendermaßen vor:

1. Markieren Sie die gewünschten Vorgänge.
2. Klicken Sie im Menüband auf der Registerkarte *Vorgang* in der Gruppe *Eigenschaften* auf den Befehl *Informationen*, um das Dialogfeld *Informationen zu mehreren Vorgängen* aufzurufen.
3. Wechseln Sie im Dialogfeld zur Registerkarte *Erweitert* und wählen Sie dort z.B. die Einschränkungsart *Anfang nicht früher als* oder *Muss anfangen am*, je nach Anforderung.

Wenn Sie als Einschränkungsart *Anfang nicht früher als* wählen, wird im Projektplan nicht hervorgehoben, zu welchem Zeitpunkt der Vorgang seinen Einschränkungstermin überschreitet.

Durch das Setzen von Stichtagen werden Sie bei berechneter Überschreitung dieser Termine optisch informiert. Geben Sie hierzu beim betreffenden Vorgang oder Meilenstein im Feld *Stichtag* (Deadline) den spätesten Fertigstellungstermin ein.

Es erscheint dann bei Überschreitung ein rotes Karo mit einem weißen Ausrufungszeichen in der Indikatorenspalte der Vorgangsansichten (Abbildung 1.37).

Abbildg. 1.37 Überschreiten des Stichtags

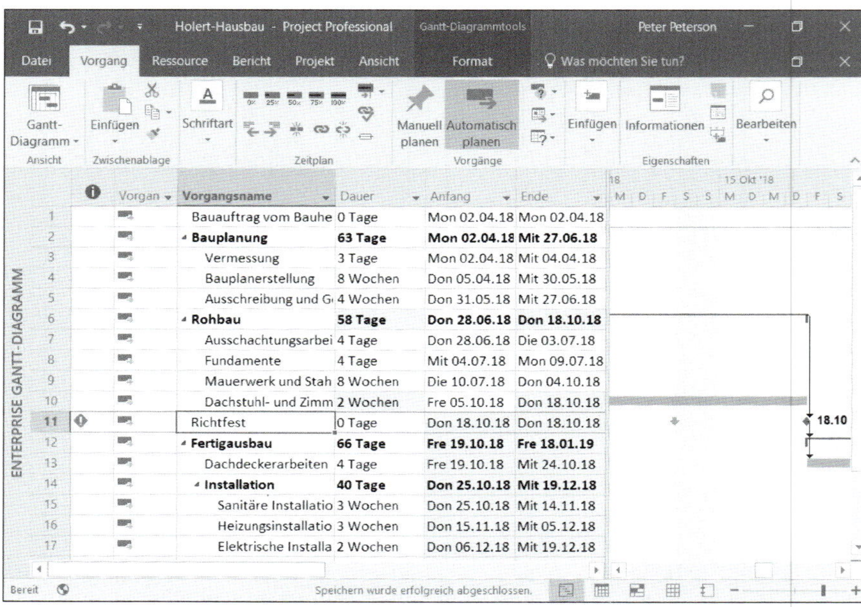

Der Stichtag selbst wird als grüner Pfeil im Balkendiagramm angezeigt.

Nachdem Sie die Terminplanung abgeschlossen haben, wäre der richtige Zeitpunkt, um den Basisplan, wie zuvor beschrieben, zu speichern. Da Project jedoch nicht nach verschiedenen Basisplanarten unterscheiden kann, sondern immer alle berechneten Werte in den Basisplan kopiert, also u.a. Anfang, Ende, Dauer, Arbeit und Kosten, genügt es, in Project den Basisplan im Rahmen von *Kosten schätzen* und *Budget festlegen* zu speichern.

Kosten schätzen und Budget festlegen

Im Rahmen der Prozesse *Kosten schätzen* (7.2 Estimate Costs) und *Budget festlegen* (7.3 Determine Budget) wird u.a. der Ressourcenbedarf monetär bewertet und daraus ein Kostenentwicklungsbasisplan (Cost Performance Baseline) abgeleitet.[26]

Kosten schätzen

Ziel des Prozesses *Kosten schätzen* (7.2 Estimate Costs) ist es, für jeden Vorgang die Kosten zu schätzen.[27] Auch wenn als Ergebnis im Allgemeinen eine monetäre Größe erwartet wird, wird in einer frühen Phase dieser Prozess auch oft Aufwandschätzung genannt.

Grundlage für die Schätzung bildet u.a. der Projektterminplan, der u.a. den Ressourcenbedarf (Resource Requirements) und die Schätzung der Dauer jedes Vorgangs ausweist. Ergebnis ist u.a. die Vorgangskostenschätzung, die z.B. durch Bestimmung der Kostensätze der Ressourcen und Bottom-up-Schätzung ermittelt werden kann.

Gehen Sie folgendermaßen vor, um die Kostensätze der Ressourcen zu bestimmen:

1. Wechseln Sie in eine Ressourcen-Ansicht, z.B. *Enterprise-Ressourcen: Tabelle.*

HINWEIS Die Ansicht ist nicht Bestandteil des Lieferumfangs von Project Server. Das Neu-Erstellen, Anpassen und Bereitstellen von Ansichten erfolgt in der Regel durch den Administrator.

2. Führen Sie einen Doppelklick auf die Zeile mit der gewünschten Ressource aus und wechseln Sie zur Registerkarte *Kosten.*

Abbildg. 1.38 Kostensätze der Ressourcen überprüfen

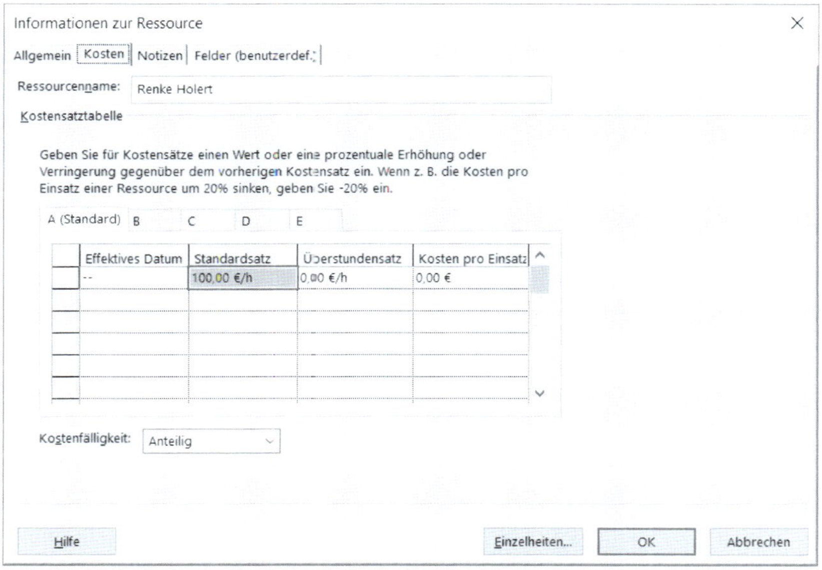

[26] Vgl. PMBOK 2017, S. 240–256.
[27] Vgl. PMBOK 2017, S. 240–247.

3. Lesen Sie den Standardkostensatz ab. Falls dieser Kostensatz nicht korrekt ist oder für dieses Projekt ein spezieller Kostensatz (B-E) angelegt werden soll, bitten Sie den verantwortlichen Ressourcenmanager oder Administrator mit Schreib-/Leserecht für den Enterprise-Ressourcenpool, die entsprechenden Werte anzupassen (Abbildung 1.38[28]).

Um im Rahmen der Bottom-up-Schätzung für jeden Vorgang die Kosten zu schätzen, gehen Sie folgendermaßen vor:

1. Wechseln Sie in die Ansicht *Vorgang: Einsatz (Ansicht/Vorgangsansichten/Arbeitsauslastung nach Vorgängen)*.
2. Blenden Sie das Feld *Kostensatztabelle* ein (*Format/Spalten/Spalte einfügen*).
3. Wählen Sie als *Einzelheitenart* den Wert *Kosten* aus (*Format/Details/Kosten*).

Abbildg. 1.39 Festlegen der Kostensätze der Ressource für den jeweiligen Vorgang

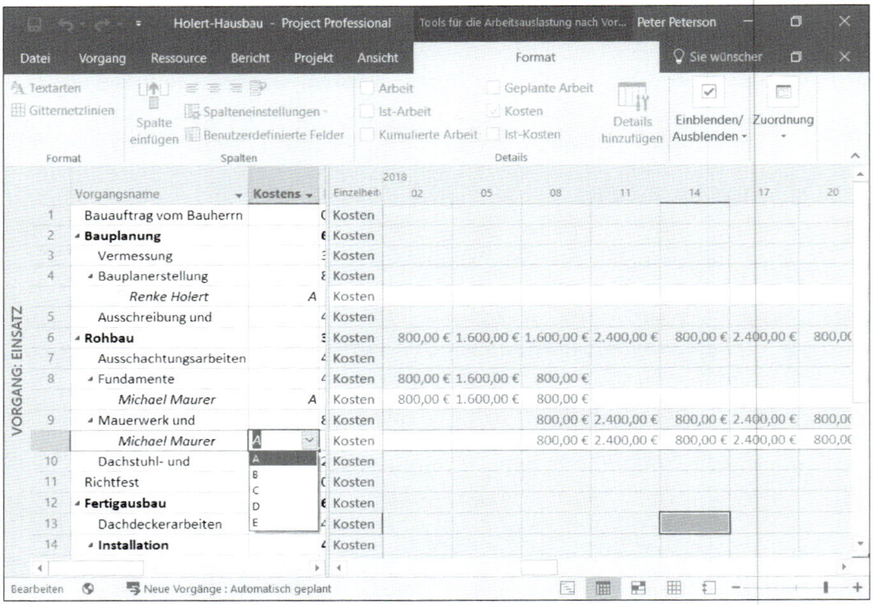

4. Passen Sie ggf. die für die jeweilige Zuordnung verwendete Kostensatztabelle an (Abbildung 1.39).
5. Wählen Sie die Tabelle *Kosten* über die Registerkarte *Ansicht* in der Gruppe *Daten* im Dropdown-Listenfeld *Tabellen* aus.
6. Geben Sie Fixkosten (z.B. Festpreise) in der Spalte *Feste Kosten* ein (Abbildung 1.40).
7. Wählen Sie in der Spalte *Fälligkeit fester Kosten* die Fälligkeitsart aus. Dies wird in der Regel die Endfälligkeit bei vorleistungspflichtigen Subunternehmern sein.

[28] Vgl. PMBOK 2017, S. 240–247.

Abbildg. 1.40 Eingabe von pauschalen Fixkosten

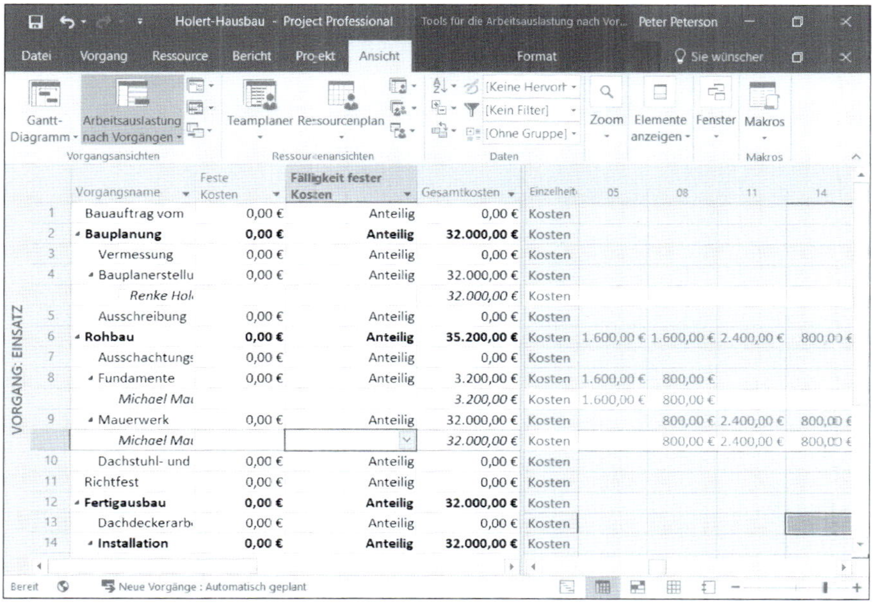

Wenn Sie die Fixkosten pro Vorgang weiter differenzieren möchten, z.B. nach Kostenarten, können Sie dem Vorgang auch Kostenressourcen zuweisen. Gehen Sie dazu folgendermaßen vor:

1. Wählen Sie den Vorgang aus.
2. Öffnen Sie das Dialogfeld *Ressourcen zuordnen* (*Ressource/Zuweisungen/Ressourcen zuweisen*).
3. Wählen Sie im Dialogfeld die entsprechende Kostenressource aus.
4. Geben Sie im Feld *Kosten* den entsprechenden Betrag ein und klicken Sie auf die Schaltfläche *Zuordnen*.

Die Kosten für jeden Vorgang errechnet Project automatisch auf Basis des Ressourcenbedarfs und der Kostensätze sowie der eingegebenen Fixkosten.

Abbildg. 1.41 Zuordnung von Kostenressourcen zu Vorgängen

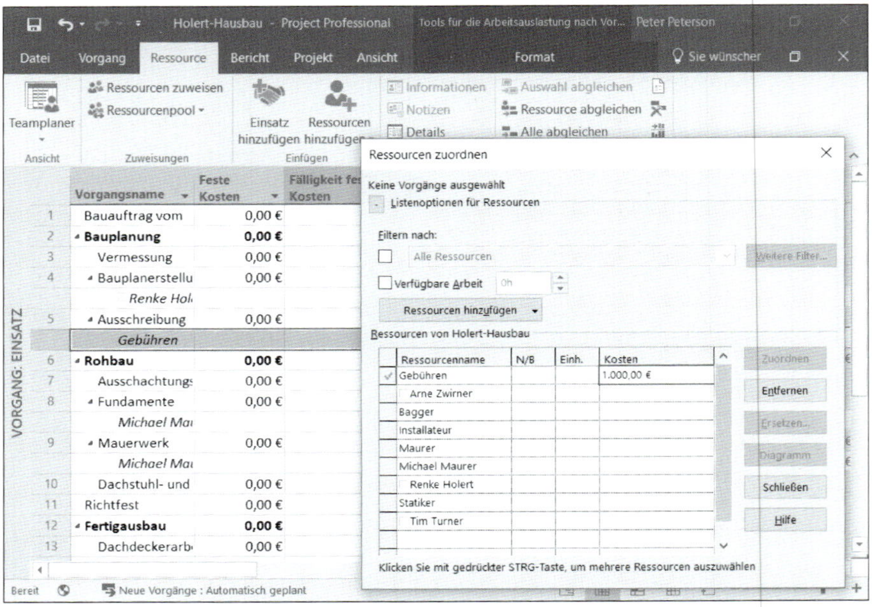

Budget festlegen

Ziel des Prozesses *Budget festlegen* (7.3 Determine Budget) ist es, die Kosten aller Vorgänge zu aggregieren und einen Kostenentwicklungsbasisplan (Cost Performance Baseline) zu erstellen.[29]

Grundlage hierfür ist u.a. die zuvor erstellte Schätzung der Kosten auf Vorgangsebene (Vorgangskostenschätzung). Ausgangswerte sind u.a. der Kostenentwicklungsbasisplan und die Projektfinanzierungsanforderungen. Werkzeuge und Methoden sind u.a. die Kostenzusammenfassung und die Analyse der Reserven.

Die *Kostenzusammenfassung* (Cost Aggregation) wird von Project automatisch im Hintergrund durchgeführt, d.h., die Kosten werden auf allen Aggregationsebenen automatisch errechnet. Sie können z.B. die geschätzten Kosten für das gesamte Projekt im Dialogfeld *Projektstatistik* (*Projekt/Eigenschaften/Projektinformationen/Statistik*) oder im Projektsammelvorgang (Vorgang mit der Nummer 0) in der Ansicht *Vorgang: Einsatz* zeitbezogen ablesen.

HINWEIS Den Projektsammelvorgang blenden Sie über die Registerkarte *Format* in der Gruppe *Einblenden/Ausblenden* ein, indem Sie das Kontrollkästchen *Projektsammelvorgang* aktivieren.

Um einen Kostenentwicklungsbasisplan aus den aggregierten geschätzten Kosten zu erstellen, speichern Sie in Project einen *Basisplan*.

[29] Vgl. PMBOK 2017, S. 248–256. Beachten Sie, dass in Project auch der Begriff der »budgetierten Kosten« in den Ertragswertfeldern verwendet wird.

TIPP Speichern Sie den Basisplan und den Basisplan 1. Davon ausgehend, dass Sie den Basisplan 0 regelmäßig nach einem Statusmeeting aktualisieren, erhalten Sie so den ursprünglichen Stand im Basisplan 1. Im weiteren Verlauf können Sie so bis zu zehn Basispläne speichern und behalten die Historie aller Änderungen.

Mit dem Speichern des Basisplans wird u.a. der zeitliche Verlauf der geschätzten Kosten aus dem berechneten Feld *Kosten* in das Feld *Geplante Kosten* übertragen. Dies sowohl für die Gesamtsumme als auch periodenbezogen Kosten, die in Project als Zeitphasen bezeichnet werden. Die so gespeicherten Kostendaten bleiben fixiert und können grafisch dargestellt und für einen späteren Vergleich verwendet werden (siehe in Kapitel 4 die Abschnitte »Abweichungsanalyse zum Kontrollzeitpunkt« und »Abweichungsanalyse zum Fertigstellungszeitpunkt«).

ACHTUNG Der Basisplanwert geht verloren, wenn Sie einen Vorgang oder eine Zuordnung löschen. Um den Verlust der Basisplanwerte auf Vorgangsebene zu verhindern, deaktivieren Sie daher stattdessen nicht mehr benötigte Vorgänge (*Vorgang/Zeitplan/Deaktivieren*). Um den Verlust eines Basisplanwerts auf Zuordnungsebene zu verhindern, setzen Sie das Feld *Restarbeit* auf 0 oder ersetzen mit dem Zuordnungsdialog Ressourcen. Verwenden Sie keinesfalls die Spalte *Ressourcennamen*, da hierdurch die bestehende Zuordnung inklusive dem Basisplanwert gelöscht wird und eine neue Zuordnung ohne Basisplan erstellt wird. Die Basisplanwerte auf Zuordnungsebene sind besonders wichtig, da nur diese im Berichtswesen der Project Web App aggregiert werden. Dies bedeutet, selbst wenn ein Vorgang mit seinem Basisplanwert erhalten bleibt, wird der Basisplanwert z.B. in einem Excel Services-Bericht reduziert, wenn nur eine Zuordnung dieses Vorgangs gelöscht wird.

Um einen Basisplan zu erstellen, zu prüfen und darzustellen, gehen Sie folgendermaßen vor:

1. Speichern Sie den Basisplan über die Registerkarte *Projekt*. In der Gruppe *Zeitplan* klicken Sie auf das Dropdown-Listenfeld *Basisplan festlegen* und wählen den Eintrag *Basisplan festlegen* aus.

Abbildg. 1.42 Speichern der Planwerte

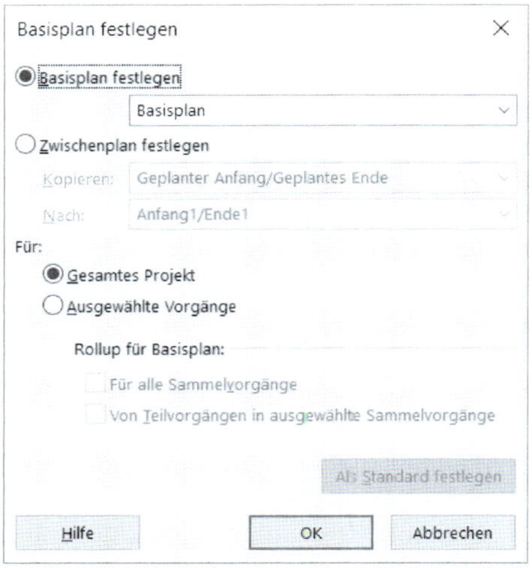

2. Wählen Sie im folgenden Dialogfeld im Dropdown-Listenfeld *Basisplan festlegen* den gewünschten Basisplan aus. Aktivieren Sie im Abschnitt *Für* die Option *Gesamtes Projekt* und bestätigen Sie mit *OK*.
3. Überprüfen Sie, ob die Tabelle *Kosten* noch ausgewählt ist.

Abbildg. 1.43 Planwerte ablesen

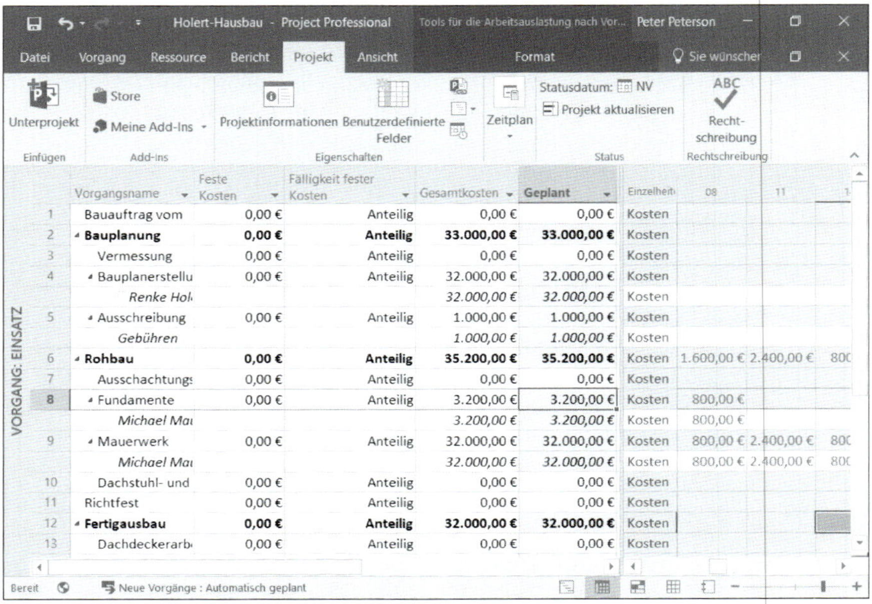

4. Stellen Sie sicher, dass die Kosten von der Spalte *Kosten* in die Spalte *Geplante Kosten* übertragen worden sind (die Spalte *Geplante Kosten* ist standardmäßig in der Tabelle *Kosten* in *Geplant* umbenannt).
5. Lesen Sie die geplanten Kosten auf den jeweiligen Ebenen der Vorgangsliste ab. Sie können die Ansicht auch nach PSP-Elementen (Arbeitspaketen) gliedern, wie im Abschnitt »Inhalt und Umfang definieren sowie Projektstrukturplan erstellen« beschrieben wurde.
6. Überprüfen Sie, ob in der Projektstatistik diese Werte auf Projektebene ebenfalls übernommen wurden (*Projekt/Projektinformationen/Statistik*).
7. Rufen Sie den Bericht *Vorgangskosten* (*Bericht/Berichte anzeigen/Kosten/Vorgangskosten*) auf. Dieser zeigt u.a. die Basisplankosten für das gesamte Projekt (*Geplante Kosten*), die berechneten Kosten nach Quartalen sowie die kumulierten Kosten (Abbildung 1.44).

Abbildg. 1.44 Basisplankosten und Projektkosten nach Quartalen

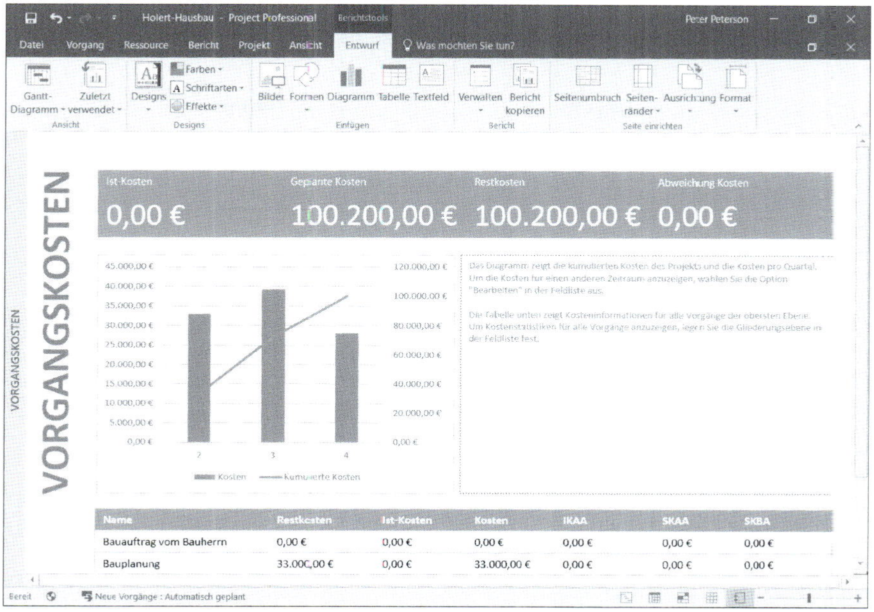

TIPP Sie können die Daten auch nach Excel exportieren. rufen Sie hierzu die Microsoft Excel-Berichtsvorlage *Bericht: Vorgangskosten* auf (*Bericht/Exportieren/Grafische Berichte).*

Abbildg. 1.45 Berechnete und geplante Termine

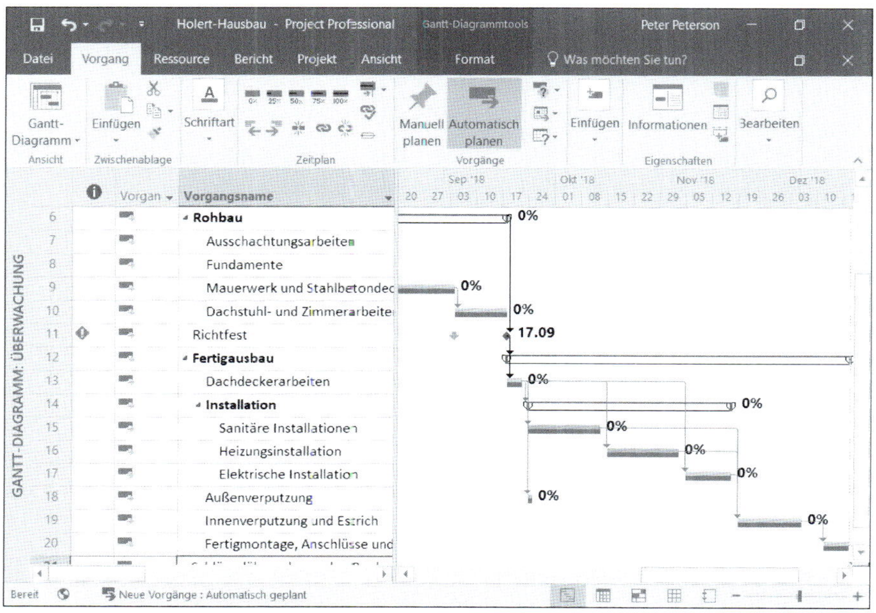

HINWEIS Neben den Kosten sind auch die Termine in die entsprechenden Planfelder wie z.B. *Geplanter Anfang* und *Geplantes Ende* übertragen worden. Sie können zudem in der Ansicht *Gantt-Diagramm: Überwachung* die Plantermine in Form von grauen Balken unter den normalen blauen bzw. roten Vorgangsbalken sehen, die die berechneten Termine repräsentieren (Abbildung 1.45).

Im Rahmen des Prozesses *Analyse der Reserven* (Reserve Analysis) werden Risikoreserven wie z.B. die Managementrisikoreserve gebildet. Diese deckt beispielsweise ungeplante Kosten ab und ist damit im Kostenentwicklungsbasisplan nicht enthalten. Die Reserve ist jedoch als Zuschlag gegenüber den geplanten Kosten im Projektbudget enthalten.

In Project können Sie die Managementrisikoreserve z.B. als Budgetressourcen dem Projektsammelvorgang zuweisen (siehe Kapitel 5, Abschnitt »Budgetierung«).

Die Managementrisikoreserve und der Gesamtkostenbasisplan bilden gemeinsam die Projektfinanzierungsanforderungen.

Risikomanagement planen

Im Rahmen des Prozesses *Risikomanagement planen* (11.1 Plan Risk Management)[30] wird ein Plan entwickelt, wie in diesem Projekt Risikomanagement betrieben werden soll.[31] Dieser *Risikomanagementplan* (11.1.3 Risk Management Plan) sollte folgende Inhalte umfassen:

- *Methodik* (Methodology) – Allgemeine Methodik und Quellen hierfür.
- *Rollen und Verantwortlichkeiten* (Roles and responsibilities) – Zuordnung von Personen zu bestimmten Aktionen im Risikomanagementplan.
- *Budgetieren* (Budgeting) – Festlegung des Ressourcenbedarfs und Kosten schätzen für das Risikomanagement.
- *Zeitplanung* (Timing) – Definition, wann und wie oft im Projekt Risikomanagement betrieben werden soll.
- *Risikokategorien* (Risk categories) – Kategorisierung typischer Risiken.
- *Definitionen von Risikowahrscheinlichkeit und -auswirkung* (Definitions of risk probability and impact) – Festlegung, wie die Eintrittswahrscheinlichkeit und das Ausmaß der Auswirkung beschrieben wird.
- *Wahrscheinlichkeits- und Auswirkungsmatrix* (Probability and impact matrix) – Matrixdarstellung von Gefahren und Chancen, bewertet nach Wahrscheinlichkeit.
- *Überarbeitete Stakeholdertoleranzen* (Revised stakeholder's tolerances) – Festlegung der Schwellwerte in Abhängigkeit von der Risikoakzeptanz der Projektbeteiligten, wann Aktionen unternommen werden sollen.
- *Berichtsformate* (Reporting Formats) – Beschreibung von Inhalt und Form des Risikoregisters, der Risikoberichte und Festlegung, wie die Ergebnisse der Risikomanagementprozesse dokumentiert, analysiert und kommuniziert werden.

[30] Vgl. PMBOK 2017, S. 401–408.

[31] Börsennotierte Aktiengesellschaften sind durch das Gesetz zur Kontrolle und Transparenz im Unternehmensbereich (KonTraG) verpflichtet, ein Risikomanagementsystem einzurichten.

- *Nachverfolgung* (Tracking) – Beschreibung wie alle Aktivitäten des Risikomanagements dokumentiert werden, um u.a. eine Wissensbasis für zukünftige Projekte zu schaffen.

Der Risikomanagementplan selbst kann beispielsweise mit Word verfasst und in der integrierten Dokumentenverwaltung von Project Server oder Project Online abgelegt werden. Das Vorgehen wurde bereits im Abschnitt »Initiierungsprozesse« beschrieben.

Sie können das Dokument mit dem zugehörigen Vorgang verknüpfen. Gehen Sie dazu folgendermaßen vor:[32]

HINWEIS Standardmäßig wird der Befehl *Link einfügen* im Menüband nicht mehr angezeigt. Sie können diesen jedoch über *Datei/Optionen/Symbolleiste für den Schnellzugriff/Befehle auswählen/Alle Befehle/Link einfügen* in die gleichnamige Symbolleiste hinzufügen.

1. Öffnen Sie das Dokument mit Word. Rufen Sie auf der Registerkarte *Datei* den Befehl *Informationen* auf. Klicken Sie auf den Dokumentpfad und wählen Sie im Dropdown-Listenfeld den Eintrag *Link in die Zwischenablage kopieren* aus.
2. Klicken Sie mit der rechten Maustaste auf den Vorgang, an den Sie den Link anfügen möchten, und wählen Sie im Kontextmenü den Befehl *Link* aus.

Abbildg. 1.46 Link einfügen

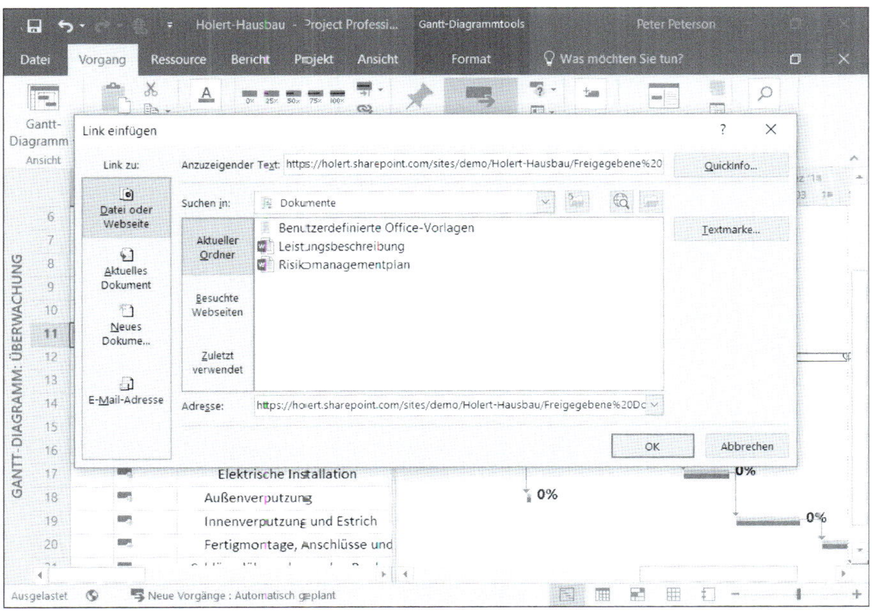

[32] Das Verknüpfen von Dokumenten mit einem oder mehreren Vorgängen im Projektplan über die SharePoint-Dokumenteigenschaften ist in der zur Drucklegung vorliegenden Version von Project Online nicht möglich.

3. Wählen Sie im Dialogfeld *Link einfügen* das Feld *Adresse* aus und fügen Sie die Adresse ein ([Strg]+[V]).

Abbildg. 1.47 Link zur Dokumentliste des Vorgangs

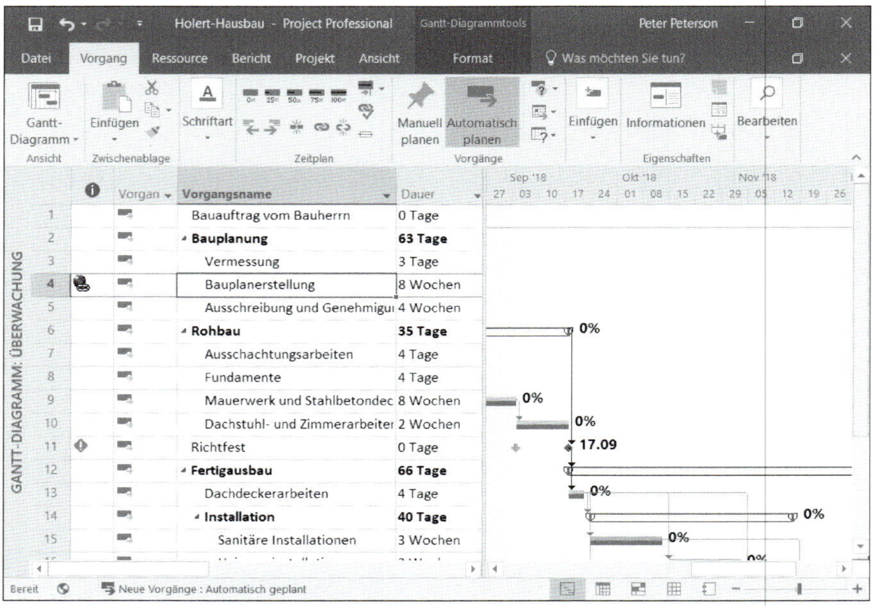

4. Sie können jetzt über einen einfachen Klick auf das Hyperlink-Symbol in der Indikatorspalte das Dokument anzeigen.

Der Risikomanagementplan sollte, wie auch die gesamte übrige Projektdokumentation, für alle Projektbeteiligten lesbar und kommentierbar sein. Es dürfen jedoch keine Änderungen ohne Einwilligung des Projektleiters bzw. des verantwortlichen Erstellers vorgenommen werden. Das geht zum Beispiel, indem das Dokument in einem der folgenden Formate gespeichert ist:

- Word-Dokument mit aktiviertem Überarbeitungsmodus
- Portable Document Format (PDF)

TIPP Ein Projektplan kann von Project standardmäßig ohne zusätzliche Werkzeuge als PDF-Dokument gespeichert werden.

Sie können für einen eingeschränkten Zugriff auch für jede Benutzergruppe eine Dokumentbibliothek erstellen und für diese entsprechenden Zugriffsrechte festlegen (siehe den Abschnitt »Festlegung der Zugriffsrechte«).

Project kann auch bei den Prozessen *Risiken identifizieren* (11.2), *Qualitative Risikoanalyse durchführen* (11.3), *Quantitative Risikoanalyse durchführen* (11.4) sowie *Risikobewältigungsmaßnahmen planen* (11.5) Hilfe leisten. Sie können z.B. die eigentlichen Risiken in der Risikoliste der Project Web App von Project Server/Online ablegen. Gehen Sie dazu folgendermaßen vor:

1. Klicken Sie im Menüband auf die Registerkarte *Datei* und wählen Sie unter *Informationen* im rechten Bereich unter *Verwandte Einträge* den Eintrag *Risiken* aus.
2. Klicken Sie auf die Schaltfläche *Neues Element.*

Abbildg. 1.48 Neuen Eintrag für ein Risiko erstellen

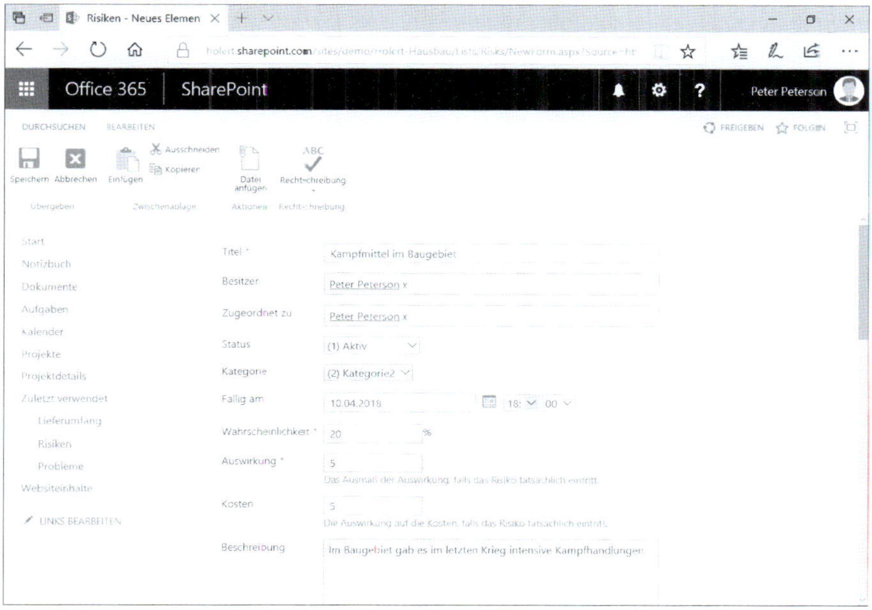

3. Geben Sie im Feld *Titel* eine Bezeichnung des Risikos ein und füllen Sie die übrigen Felder aus. Sie können das Risiko auch mit einem Vorgang verknüpfen (*Element anzeigen/Verwandtes Element hinzufügen*). Es wird dann wie bei den Dokumenten über das oben in der Marginalspalte abgebildete Symbol u.a. in Bereich *Vorgänge* und in der Projektansicht darauf hingewiesen, dass zu dem Vorgang Risiken hinterlegt wurden (siehe Kapitel 2).

Projektmanagementplan entwickeln

Es schließt sich der Prozess *Projektmanagementplan entwickeln* (4.2 Develop Project Management Plan) an.[33] Ziel ist es, alle gesammelten Daten zu integrieren, zu überarbeiten und in einer Gesamtübersicht darzustellen. Da die Kerndaten bereits in Project eingegeben wurden und Project diese automatisch integriert, reduziert sich die Arbeit auf das Zusammenstellen aller Dokumente und Verknüpfung mit dem Projektplan. Zum Projektmanagementplan gehört auch der Kommunikationsplan, der im Rahmen des Prozesses *Kommunikationsmanagement planen*[34] (10.1 Plan Communications Management) erstellt wird. In diesem wird u.a. auch festgelegt, wie Projektinformationen erfasst und abgelegt

[33] Vgl. PMBOK 2017, S. 82–89.
[34] Vgl. PMBOK 2017, S. 366–378.

werden sowie wer welche Informationen benötigt und wie er Zugang hierzu erhält. Wir gehen nachfolgend davon aus, dass die Entwicklung des Projektmanagementplans u.a. folgende Teilschritte erfordert:

- Versionsverwaltung
- Festlegung der Zugriffsrechte

Versionsverwaltung

Um die noch fehlenden Dokumente in den Dokumentbibliotheken der Projektwebsite abzulegen, gehen Sie wie im Abschnitt »Initiierungsprozesse« beschrieben wurde vor. Eine ausführliche Auflistung aller Teilpläne und sonstigen Dokumente finden Sie im PMBOK Guide.[35] Falls Sie Dokumente überarbeiten, können Sie den alten Stand des Dokuments als Version sichern und für das aktuelle Dokument eine neue Version erstellen (Versionsverwaltung).

HINWEIS Standardmäßig ist die Versionsverwaltung für die Projektwebsite nicht aktiviert. Aktivieren Sie die Versionsverwaltung ggf. über die Einstellungen der Dokumentbibliothek (*Bibliothek/Einstellungen/Bibliothekeinstellungen/Versionsverwaltungseinstellungen*). Wir empfehlen den Versionslauf auf eine Anzahl von jeweils fünf Hauptversionen bzw. Entwürfe von Hauptversionen festzulegen.

Führen Sie dazu die folgenden Schritte aus:

Abbildg. 1.49 Dokument zur Bearbeitung öffnen

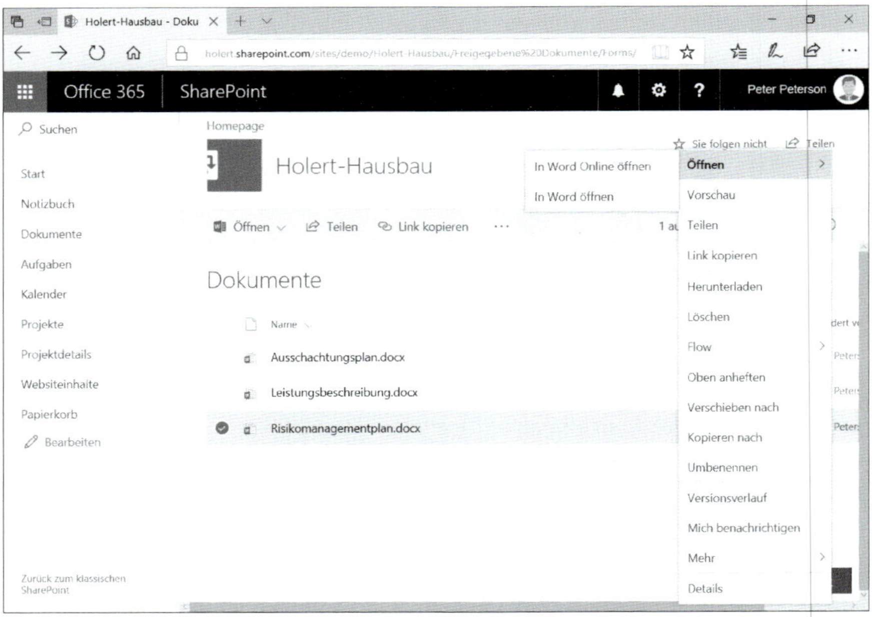

---

35 Vgl. PMBOK 2017, S. 76.

1. Klicken Sie auf das Symbol mit den drei Punkten hinter dem betreffenden Dokument zum Öffnen des Menüs, und klicken Sie in diesem Menü auf *Öffnen/In Word öffnen*.

HINWEIS Sie können Dokumente gleichzeitig mit anderen Personen bearbeiten. Wenn Sie es alleine ändern wollen, müssen Sie es zu Beginn der Bearbeitung unter *Datei/Informationen/Dokument verwalten/Auschecken* auschecken und nach dem Speichern wieder einchecken.

Abbildg. 1.50 Überarbeiten des Dokuments

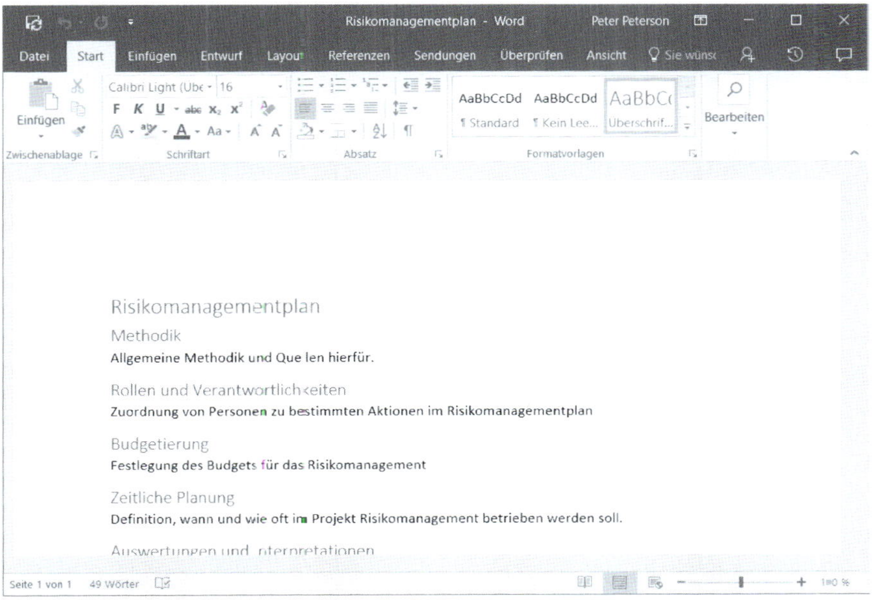

2. Bearbeiten Sie das Dokument.

TIPP Wenn Sie diese Dokumentversion mit einer anderen vergleichen möchten, wählen Sie im Menüband von Word auf der Registerkarte *Überprüfen* in der Gruppe *Vergleichen* den Befehl *Vergleichen* aus.

3. Speichern Sie das Dokument.

4. Um den Versionsverlauf anzuzeigen, klicken Sie im unter Schritt 1 genannten Dialogfeld auf die drei Punkte zum Aufruf des Kontextmenüs und dort auf *Versionsverlauf*.

Abbildg. 1.51 Versionsverlauf

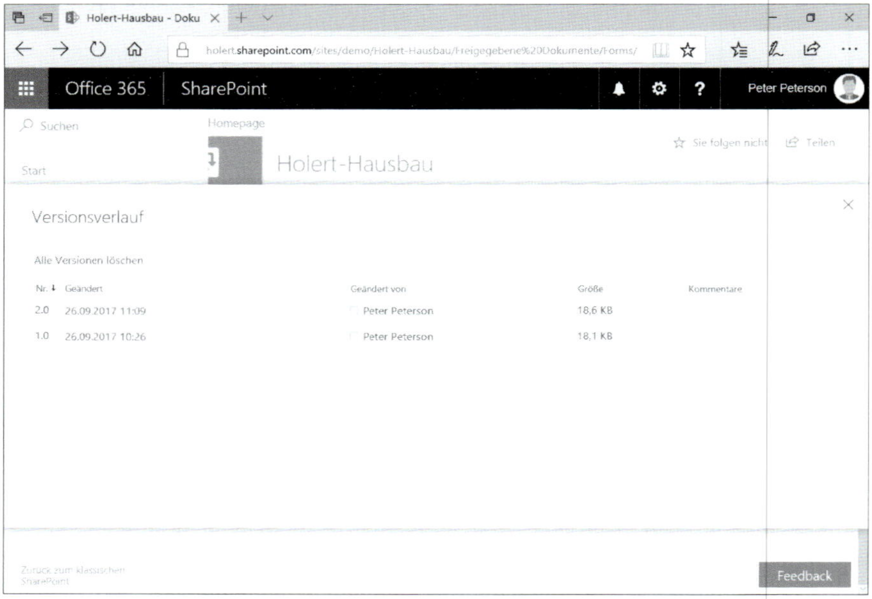

5. Die einzelnen Versionen und die zugehörigen Kommentare können Sie in der Liste ablesen und ggf. alte Versionen wiederherstellen oder löschen.

HINWEIS Beachten Sie, dass bei aktivierten Haupt- und Nebenversionen, je nach Konfiguration in den Bibliothekseinstellungen, Benutzer mit Lesezugriff, also z.B. Projektteammitglieder ohne Vorgangszuordnungen, ggf. nur Hauptversionen sehen können.

Verknüpfen Sie – falls noch nicht geschehen – die Dokumente mit dem zugehörigen Vorgang, wie im Abschnitt »Risikomanagement planen« beschrieben.

Festlegung der Zugriffsrechte

Projektbeteiligte, die Mitglieder des Projektteams sind, erhalten automatisch Zugang zur Project Web App und der Projektwebsite.[36] In der Project Web App erhalten diese u.a. sowohl lesenden Zugriff auf den Projektplan im Project Center als auch schreibenden Zugang zum Bereich *Vorgänge* in der Project Web App. Darüber hinaus können standardmäßig u.a. alle Dokumente und Listen in der Projektwebsite einsehen und bearbeiten.

HINWEIS Die automatische Vergabe von Berechtigungen findet nur statt, wenn Sie den Project Server-Berechtigungsmodus verwenden. Bei Verwendung des SharePoint-Berechtigungsmodus wie in unserem Beispielunternehmen können Sie jedoch die Berechtigungen manuell vergeben, wie weiter unten beschrieben. Project Online kann nur im SharePoint-Berechtigungsmodus betrieben werden. Als Zusatzfunktion erlaubt die Online-Version die Freigabe an externe Benutzer über einen Gastlink. Hiermit kön-

[36] Vgl. Abschnitt »Ressourcen für Vorgänge schätzen«.

nen externe Benutzer, die über kein Active Directory-Konto in Ihrer Organisation verfügen, nach Erstellung eines Microsoft-Kontos auf Dokumente und andere Inhalte in Ihrer Projektwebsite zugreifen.

In der Regel sind diese Standardberechtigungen bereits zutreffend und durch die automatische Berechtigungsvergabe durch Project Server werden Sie davon entlastet, diese Berechtigungen manuell zu vergeben. Sofern Sie jedoch die Standardberechtigungen anpassen möchten, gehen Sie folgendermaßen vor:

1. Wählen Sie in Project auf der Registerkarte *Datei* die Kategorie *Informationen* aus. Klicken Sie dann im Abschnitt *Berechtigungen* auf den Befehl *Berechtigungen verwalten*. Anschließend öffnet sich in der Project Web App die Registerkarte *Berechtigungen*.

Abbildg. 1.52 Abweichende Projektberechtigungen festlegen

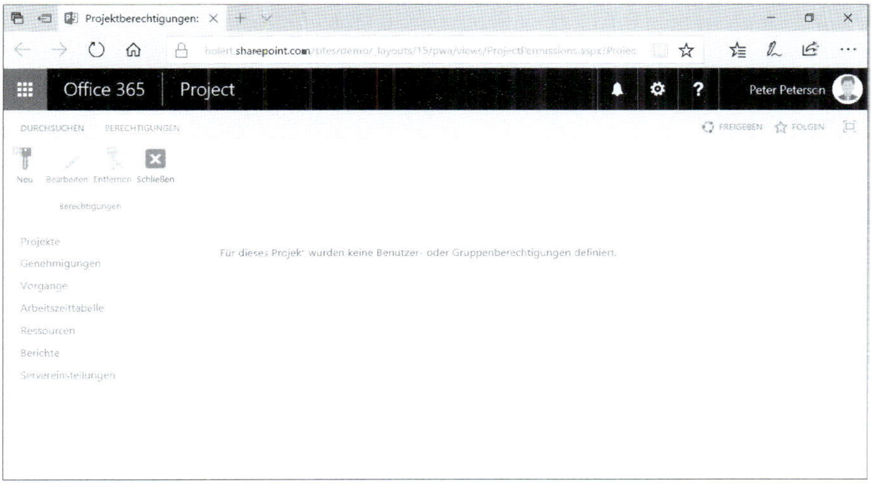

2. Klicken Sie auf der Registerkarte *Berechtigungen* in der Gruppe *Berechtigungen* auf den Befehl *Neu*.

HINWEIS Um mehr Platz auf den Abbildungen zu haben, haben wir in einigen der folgenden Bilder die Funktion ***Fokus auf Inhalt*** aktiviert. Diese lässt sich oben rechts durch Klick auf das nebenstehende Symbol aktivieren. Wenn diese Ansicht aktiviert ist, werden die Schnellstartleiste links und die Kontrollleiste oben ausgeblendet.

3. Wählen Sie einzelne Benutzer oder eine Gruppe aus, für die Sie die Standardberechtigungen überschreiben möchten, und klicken Sie dann auf die Schaltfläche > zum Hinzufügen.
4. Aktivieren Sie das Kontrollkästchen vor der gewünschten Berechtigung.

Abbildg. 1.53 Festlegen der Zugriffsrechte für den Projektplan sowie Projektdokumente und -listen

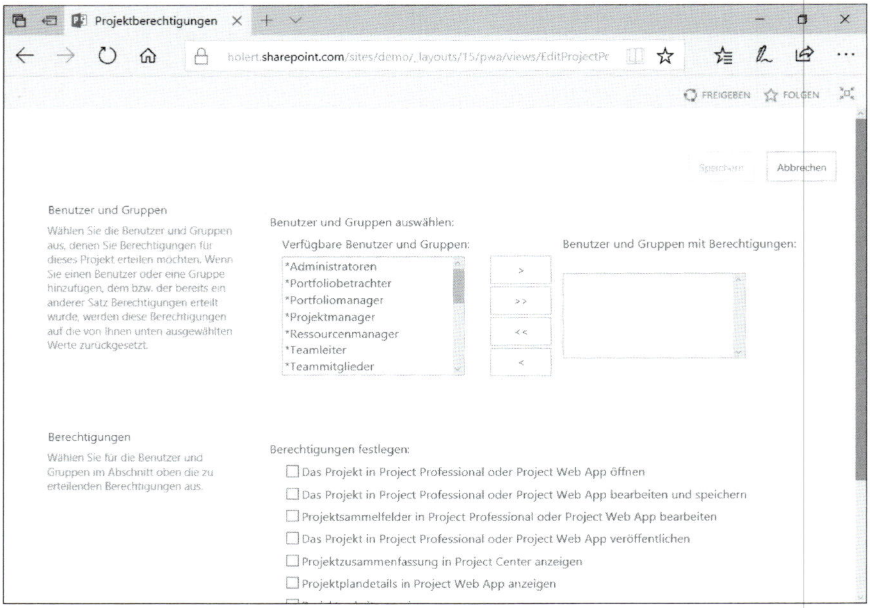

Hinsichtlich der Projektwebsite können Sie das Recht *Projektwebsite anzeigen* vergeben. Hiermit erhalten der Benutzer bzw. die Gruppe von Benutzern u.a. das Recht, in jeder Dokumentbibliothek Dokumente zu lesen, hinzuzufügen, zu ändern und zu löschen.

HINWEIS Technisch vergibt Project Server für den schreibenden Zugriff die Berechtigungsstufe *Teammitglieder (Microsoft Project Web App)*. Als Projektleiter bekommen Sie standardmäßig die Berechtigungsstufe *Projektmanager (Microsoft Project Web App) zugewiesen*. Diese Berechtigungsstufe umfasst standardmäßig die Websiteberechtigung *Berechtigungen verwalten*, d.h., Sie können als Projektleiter unabhängig von vorgenannten Berechtigungsstufen auch nicht synchronisierte Berechtigungen vergeben.

Wenn die standardmäßigen Sicherheitseinstellungen nicht die Anforderungen Ihres Kommunikationsmanagementplans erfüllen, können Sie diese abweichend definieren. Um z.B. den Zugriff auf eine Dokumentbibliothek auf bestimmte Projektbeteiligte zu reduzieren, gehen Sie folgendermaßen vor:

1. Wechseln Sie die entsprechende Dokumentbibliothek.

2. Klicken Sie im Menüband auf das Symbol für *Einstellungen* und dann auf den Befehl *Bibliothekeinstellungen.*
3. Klicken Sie auf der folgenden Seite im Bereich *Berechtigung und Verwaltung* auf die Verknüpfung *Berechtigungen für Dokumentbibliothek.*

4. Wählen Sie im Menüband in der Gruppe *Vererbung* den Befehl *Berechtigungsvererbung beenden.*

Abbildg. 1.54 Entfernung der Zugriffsrechte für einen Projektbeteiligten auf Dokumentbibliotheksebene

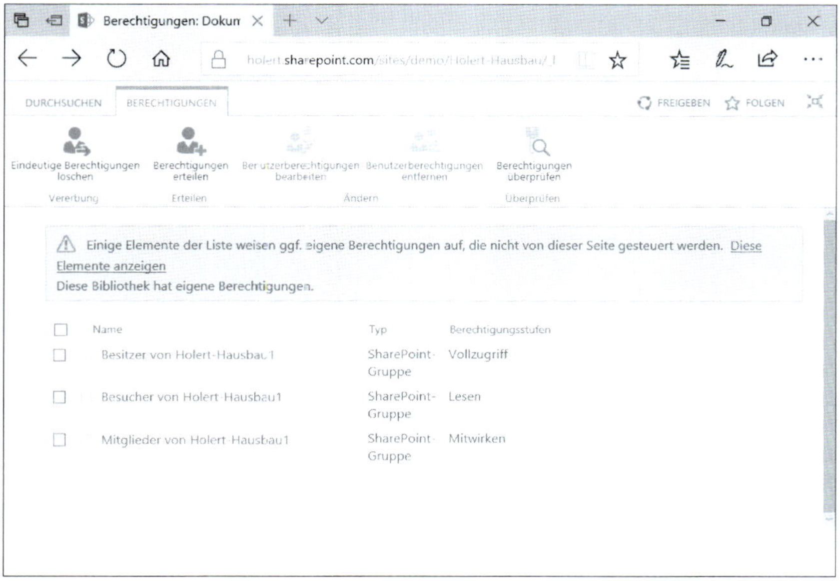

5. Aktivieren Sie das Kontrollkästchen vor der Gruppe, deren Benutzerberechtigungen Sie entfernen wollen, und wählen Sie anschließend die Befehlsfolge *Berechtigungen/Ändern/Benutzerberechtigungen entfernen*.

Abbildg. 1.55 Festlegung der Zugriffsrechte für einen Projektbeteiligten auf Dokumentbibliotheksebene

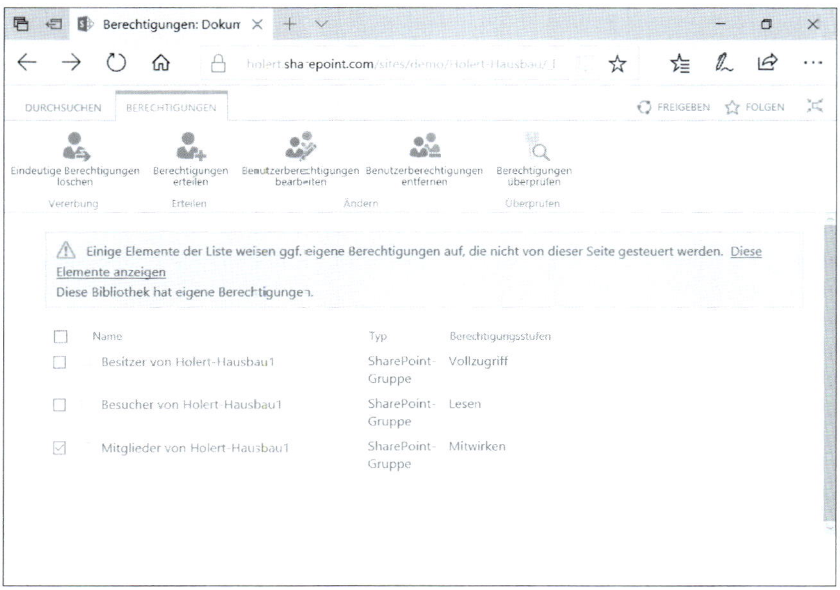

6. Aktivieren Sie das Kontrollkästchen vor der Gruppe *Mitglieder von <Projektname>* und klicken Sie auf *Berechtigung erteilen* (*Berechtigungen/Erteilen/Berechtigungen erteilen*).
7. Geben Sie im Feld *Personen einladen* die Namen der Personen ein, denen Sie Schreib- und Lesezugriff auf alle Dokumente in dieser Bibliothek erteilen möchten.
8. Klicken Sie auf *Optionen anzeigen* und deaktivieren Sie ggf. das Kontrollkästchen vor *Eine E-Mail-Einladung senden.*

Sie können Berechtigungen auch auf Dokumentebene vergeben. Klicken Sie hierzu auf die Symbolschaltfläche mit den drei Punkten in der Dokumentliste neben dem gewünschten Dokument, klicken Sie auf den Befehl *Freigeben* und führen Sie die analogen Schritte aus, wie zuvor beschrieben.

TIPP Project Server kann in regelmäßigen Abständen den Projektplan sichern. In Project Online ist diese Funktion zum Zeitpunkt der Drucklegung nicht verfügbar.

Mit dem konsolidierten Projektplan sind die Planungsprozesse für die jeweilige Phase abgeschlossen. Damit kann mit den Ausführungsprozessen begonnen werden.

Ausführungsprozesse

Die *Ausführungsprozessgruppe* besteht aus den Prozessen, die die Fertigstellung der Projektarbeit entsprechend des Projektmanagementplans sicherstellen sollen. Hierzu gehören u.a. die Prozesse:

- *Kommunikation managen* (10.2 Manage Communications)
- *Projektausführung lenken und managen* (4.3 Direct and Manage Project Work)

Weitere Prozesse sind *Qualität managen* (8.2 Manage Quality), *Ressourcen für Vorgänge schätzen* (9.2 Estimate Activity Resources), *Ressourcen beschaffen* (9.3 Acquire Resources), *Team entwickeln* (9.4 Develop Team), *Beschaffungen durchführen* (12.2 Conduct Procurements), *Engagement der Stakeholder managen* (13.3 Manage Stakeholder Engagement).[37]

Kommunikation managen

Ziel des Prozesses *Kommunikation managen* (10.2 Manage Communications) ist es, den effektiven und effizienten Kommunikationsfluss zwischen allen Projektbeteiligen (Project Stakeholders) sicherzustellen.[38] Grundlage hierfür sind u.a. der Kommunikationsmanagementplan und die Arbeitsleistungsberichte.[39] Ausgangswerte sind u.a. die Projektkommunikation und die Aktualisierungen der Projektmanagementpläne. Als Werkzeug zur Kommunikation und für das Berichtswesen können Sie Project bzw. Project Web App einsetzen.

Wie zuvor beschrieben stellt der Project Server als Bestandteil des SharePoint Servers eine Plattform, um den Projektplan und alle begleitenden Dokumente allen Projektbeteiligten zugänglich zu machen. Seit Project 2013 gibt es die Skype for Business-Integration. Diese erlaubt u.a., dass Sie direkt aus der Spalte *Ressourcennamen* in Project eine Kommunikation

---

[37] Vgl. PMBOK 2017, S. 25.

[38] Vgl. PMBOK 2017, S. 379–387.

[39] Arbeitsleistungsberichte sind Ausgangswerte des Prozesses *Projektarbeit überwachen und steuern.*

mit alle Projektbeteiligten aufnehmen können, sofern diese über ein Konto für Microsoft Skype for Business oder ein kompatibles Kommunikationssystem verfügen. Darüber hinaus kann der Project Server u.a. E-Mails an alle Projektteammitglieder versenden, wenn diese neu eingeplant werden (Terminanfrage) oder sich an Zuordnungen etwas ändert.

Um allen Projektteammitgliedern eine Terminanfrage[40] per E-Mail zu senden, ihre Vorgänge im Bereich Vorgänge und die Arbeitszeittabelle der Project Web App einzutragen sowie ihnen Zugang zum Projektplan und den Projektdokumenten zu geben, gehen Sie folgendermaßen vor:

1. Wählen Sie im Menüband die Registerkarte *Datei* aus.
2. Klicken Sie auf den Befehl *Veröffentlichen.*

Durch die Veröffentlichung werden auch die Zuordnung in den Zuordnungsansichten, z.B. für den Ressourcenmanager (siehe Kapitel 3), und der Projektplan, z.B. für Führungskräfte, im Projektcenter sichtbar (siehe Kapitel 4).

ACHTUNG Standardmäßig werden immer alle Informationen veröffentlicht, auch die *Ist-Arbeit* der Teammitglieder wird immer überschrieben, wenn diese zuvor in Project geändert wurde. Beachten Sie, dass durch Änderung des Feldes *% Abgeschlossen* auch die *Ist-Arbeit* automatisch errechnet wird.

Der Administrator kann in den Servereinstellungen jedoch für den Projektleiter das Ändern der *Ist-Arbeit* zentral sperren, wenn Sie die entsprechende Servereinstellung (*Vorgangseinstellungen und -anzeige/Vorgangsaktualisierungen nur über "Vorgänge" und "Arbeitszeittabellen" zulassen*) festlegen. Zudem können Sie über das Feld *Veröffentlichen* festlegen, welche Vorgänge Sie veröffentlichen möchten. Rückmeldungen wie Vorgangsaktualisierungen erhält immer derjenige, der im Feld *Status-Manager* festgelegt ist.

Mit dem Veröffentlichen sind alle Beteiligten über den aktuellen Status informiert.

Projektausführung lenken und managen

Ziel des Prozesses *Projektausführung lenken und managen* (4.3 Direct and Manage Project Work) ist das Sicherstellen, dass die Projektarbeit entsprechend des Projektmanagementplans unter Berücksichtigung der genehmigten Änderungsanträge ausgeführt wird. Dies verlangt u.a., Arbeitsleistungsdaten zu erzeugen, ungeplante Tätigkeiten zu managen sowie die Auswirkungen von Änderungen zu prüfen.[41]

Grundlage sind somit u.a. der Projektmanagementplan und genehmigte Änderungsanträge. Ausgangswerte sind u.a. *Arbeitsleistungsdaten* (4.3.3.2 Work Performance Data) und *Änderungsanträge* (4.3.3.4 Change Requests). Arbeitsleistungsdaten können im Rahmen von Besprechungen und mithilfe von Project Server generiert werden.

Die Generierung von Arbeitsleistungsdaten gliedert sich mit Project in zwei Schritte, und zwar

- Fortschrittsinformationen anfragen
- Projektfortschritt aktualisieren

[40] Oft auch als »Ressourcenanfrage« oder »Vorgangsanfrage« bezeichnet.
[41] Vgl. PMBOK 2017, S. 90–97.

Was ist eigentlich »Arbeit«?

Zunächst ein paar Vorbemerkungen: Leistung ist gemäß dem physikalischen Zusammenhang definiert als der Quotient von Arbeit und Zeit (P = W/t).[42] Wie beim Prozess *Ressourcen für Vorgänge schätzen* bereits erläutert, heißt dieser Zusammenhang, umgestellt nach der Leistung in Project, *Zuordnungseinheiten = Arbeit/Dauer*. Die Leistung resultiert also immer aus der geleisteten *Arbeit* in Bezug auf die benötigte *Zeit*.

Abbildg. 1.56 Definition der Arbeit

Projektstatistik für "Holert-Hausbau"

	Anfang	Ende
Berechnet	Mon 02.04.18	Mon 17.12.18
Geplant	Mon 02.04.18	Die 18.12.18
Aktuell	Mon 02.04.18	NV
Abweichung	0t	-1t

	Dauer	Arbeit	Kosten
Berechnet	163t	1.008h	101.800,00 €
Geplant	164t	992h	100.200,00 €
Aktuell	1,78t	16h	1.600,00 €
Verbleibend	161,22t	992h	100.200,00 €

Prozent abgeschlossen:

Dauer: 1% Arbeit: 2%

Schließen

Die Arbeit entspricht im betriebswirtschaftlichen Sprachgebrauch oft dem (Arbeits-)*Aufwand* und ist damit eine bestimmende Größe für die (Projekt-)*Kosten*. Zu der *Zeit* gehören neben der *Dauer* auch die *Termine*, also die Zeitpunkte, an denen ein Vorgang anfängt oder endet. Diese beiden Termine werden bei Project in den Feldern *Anfang* bzw. *Ende* gespeichert. Besondere Bedeutung hat der (Projekt-)Endtermin. Project berechnet alle Werte stets automatisch anhand der o.g. Zusammenhänge und übrigen Randbedingungen, wie z.B. Vorgangsverknüpfungen und Kostensätze. Die berechneten Werte werden in Project oft ohne das Adjektiv »berechnet« dargestellt.

HINWEIS Bitte beachten Sie, dass das Feld *Zuordnungseinheiten* durch Project nicht automatisch berechnet wird und stattdessen der berechnete Wert im Feld *Höchstwert* steht (siehe Abschnitt »Ressourcen für Vorgänge schätzen« in diesem Kapitel).

Um die Leistung anhand dieser Messgrößen bewerten zu können, greifen wir auf den Basisplan zurück (siehe Abschnitt »Terminplan entwickeln« in diesem Kapitel). Dieser enthält u.a. die zum Zeitpunkt der Festlegung berechneten Werte der Größen Arbeit, Termine (*Anfang*/*Ende*) und Kosten. Entsprechend des betriebswirtschaftlichen Gebrauchs heißen diese Werte *Plan-Werte*, die den *Ist-* bzw. *Soll-Werten* gegenübergestellt werden.

Ihre Aufgabe ist es nun sicherzustellen, dass im Verlauf der Ausführung die Ressourcen den *Ist-Aufwand* (*Ist-Arbeit*) und den geschätzten *Rest-Aufwand* (*Restarbeit*) regelmäßig

[42] Der in der deutschsprachigen Betriebswirtschaftslehre übliche Begriff der *Leistung*, also der Bezeichnung einer Sach- oder Dienstleistung, entspricht nicht dem Begriff der *Leistung* im hier gebrauchten physikalischen Sinn.

zurückmelden.[43] Aus der Summe bildet Project dann wiederum den Gesamt-Aufwand, also (berechnete Gesamt-)*Arbeit* (Abbildung 1.56).

Fortschrittsinformationen anfragen

Project Server stellt zwei Zeitberichtssysteme bereit, und zwar die Bereiche *Vorgänge* und *Arbeitszeittabelle*. Arbeitszeittabellen fokussieren die Zeiterfassung. Sie können für die Kommunikation zwischen dem Projektmitarbeiter und dem Ressourcenmanager eingesetzt werden. Der Bereich *Vorgänge* legt den Schwerpunkt auf die Kommunikation mit dem Projektleiter.

Im Folgenden gehen wir davon aus, dass beide Bereiche durch die Mitarbeiter, wie in Kapitel 2 beschrieben, eingesetzt werden und die beiden Bereiche automatisch miteinander synchronisiert werden (*Einfacher Eingabemodus*, einstellbar in »Servereinstellungen/ Zeit- und Vorgangsverwaltung«).

HINWEIS Die Project Web App (PWA) bietet als Funktion auch Statusberichte. Diese haben sich in der Praxis jedoch nicht bewährt, weil sie u.a. unzureichend in die Zeitberichtssysteme der PWA integriert sind. Aus diesem Grund empfehlen wir nicht, diese einzusetzen.

In der aktuellen Version können Sie nicht explizit für einen Vorgang den Fortschritt anfragen. Trainieren Sie Ihre Mitarbeiter daher, dass sie in der Project Web App täglich den Fortschritt erfassen und den Status senden (vgl. Kapitel 2). So können Sie jederzeit den Projektplan aktualisieren.

Projektfortschritt aktualisieren

TIPP Bevor Sie die Rückmeldungen in den Projektplan übernehmen, stellen Sie auf jeden Fall sicher, dass Sie einen Basisplan abgespeichert haben, damit Sie später Änderungen erkennen können.

Um den Fortschrittsbericht in Ihren Projektplan zu übernehmen und zu überprüfen, führen Sie folgende Schritte aus:

1. Öffnen Sie im Menüband die Registerkarte *Datei* und klicken Sie im Bereich *Informationen* auf die Schaltfläche *Fortschritt überprüfen*. Daraufhin wird die Project Web App mit dem Genehmigungsfenster gestartet.

TIPP Sie können den Befehl *Projektfortschritt aktualisieren* auch in die Symbolleiste für Schnellzugriff über *Datei/Optionen/Symbolleiste für den Schnellzugriff* in die gleichnamige Symbolleiste hinzufügen.

---

[43] In der deutschen Project-Version 2013 wurden erstmals die Begriffe *Aktuell* und *Verbleibend* treffender mit *Ist* und *Rest* übersetzt. Leider ist zum einen die Schreibweise nicht ganz einheitlich. So gibt es bei der *Ist-Arbeit* eine Getrenntschreibung, während *Restarbeit* zusammengeschrieben wird. Zudem gibt es Bereiche in Project, die bei der Übersetzung offenbar übersehen wurden, so z.B. das Dialogfeld *Projektstatistik*, wo weiterhin die Begriffe *Aktuell* und *Verbleibend* verwendet werden oder die Arbeitszeittabelle, die weiterhin das Feld *Verbleibende Arbeit* ausweist.

2. Gleichzeitig wird in Project Professional ein Dialogfeld geöffnet, welches den Start des Genehmigungscenters ankündigt. Bestätigen Sie dieses Dialogfeld und wechseln Sie zurück in die Project Web App.

Abbildg. 1.57 Fortschrittsinformationen anzeigen

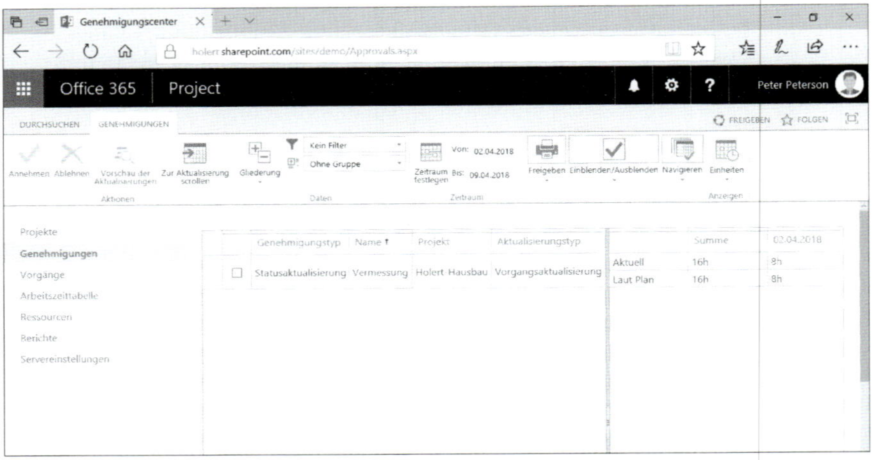

3. Wählen Sie die Vorgänge, deren Fortschritt Sie in den Projektplan übernehmen möchten, indem Sie in der ersten Spalte das Kontrollkästchen aktivieren.

Abbildg. 1.58 Vorgangsdetails anzeigen

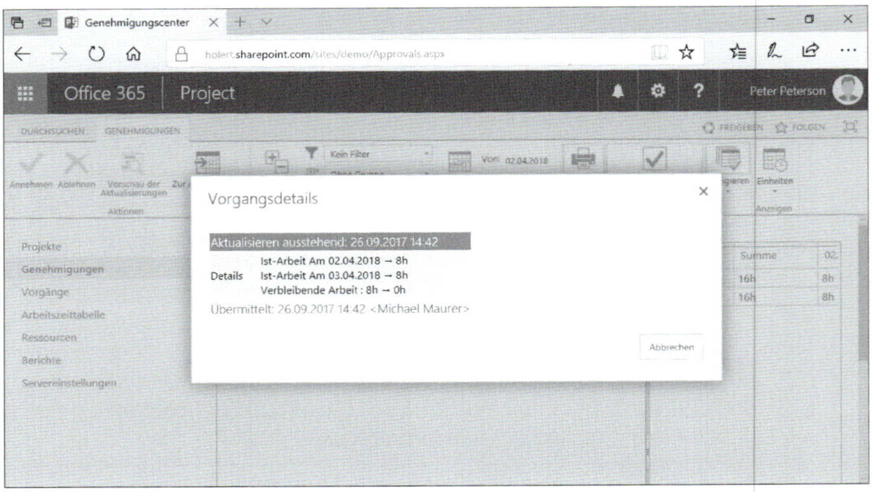

4. Klicken Sie auf den als Verknüpfung hinterlegten Vorgangsnamen, um den Verlauf und etwaige Kommentare des Mitarbeiters anzuzeigen.

5. Wenn Sie eine erste Abweichungsanalyse durchführen möchten, überprüfen Sie den zurückgemeldeten Ist-Aufwand (Zeile *Aktuell*) pro Periode und Rest-Aufwand (Spalte *Verbleibende Arbeit*).

HINWEIS Die Spalte *Summe* zeigt den gesamten Ist-Aufwand, nicht jedoch den gesamten Aufwand für den Vorgang (*Arbeit*).

Wenn Sie über das Menüband in der Gruppe *Einblenden/Ausblenden* die Einzelheitenart *Geplant* einblenden, sehen Sie in der Zeile *Geplant* die bereits aufgrund der Rückmeldung neue berechnete Arbeit. Somit also weder den derzeitigen Wert der (berechneten) Arbeit noch den Wert des Felds *Geplante Arbeit* (Basisplan) aus dem Projektplan, der für eine Abweichungsanalyse an dieser Stelle wäre.

6. Um eine aussagekräftigere Abweichungsanalyse durchzuführen, um z.B. die Rückmeldungen mit dem aktuellen Stand im Projektplan vergleichen zu können, klicken Sie, nachdem Sie die gewünschten Vorgänge markiert haben, im Menüband auf der Registerkarte *Genehmigungen* in der Gruppe *Aktionen* auf den Befehl *Vorschau der Aktualisierungen.*

Abbildg. 1.59 Vorschau anzeigen

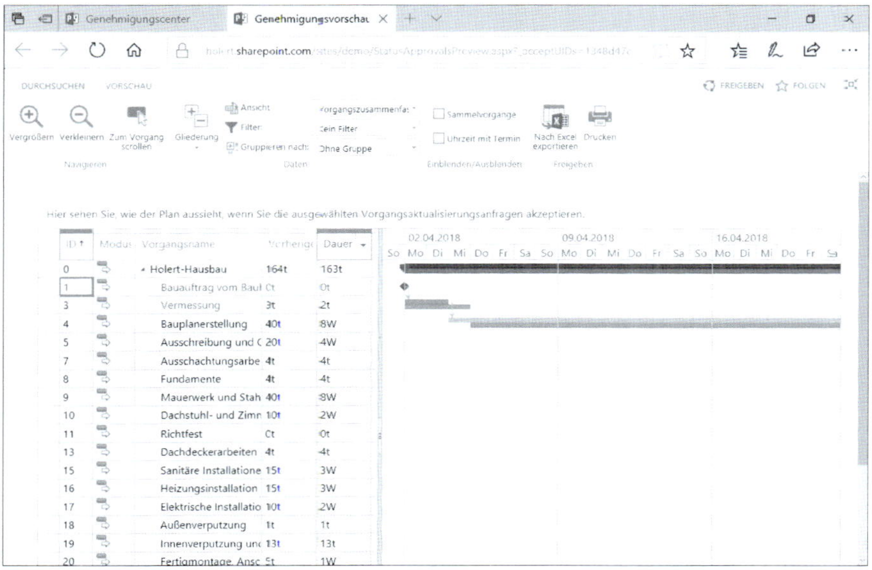

7. Auf der Seite *Genehmigungsvorschau* wird der letzte Stand aus dem Projektplan als grauer Balken dargestellt. Der sich aus der Rückmeldung ergebende neue Stand wird durch den blauen Balken dargestellt. Der dunkelblaue Anteil des blauen Balkens spiegelt den neuen Stand wider.

8. Um neben den zeitlichen Abweichungen auch die Abweichungen hinsichtlich des Aufwands darzustellen (*Abweichung Arbeit*), wählen Sie im Menüband auf der Registerkarte *Vorschau* in der Gruppe *Daten* im Dropdown-Listenfeld *Ansicht* den Eintrag *Vorgänge: Arbeit* aus. In der Ansicht *Vorgänge: Arbeit* wird die voraussichtliche Gesamtarbeit (Arbeit) – also die Summe aus *Ist*- und geschätztem Rest-Aufwand (*Ist-Arbeit* und *Restarbeit*) – den im Basisplan gespeicherten Planwerten gegenübergestellt (*Geplante Arbeit*).

TIPP Die Ansichten der Aktualisierungsvorschau kann Ihr Administrator für Sie anpassen. So können Sie z.B. das Feld *Abweichung Ende* oder *Stichtag* in die Ansicht *Vorgangsnachverfolgung* einblenden. Für eine Abweichungsanalyse nach der Methode des Managements des Fertigstellungswerts können Sie in der Ansicht *Vorgänge: Ertragswert* die Leistungsabweichung (*PA*) und die Kostenabweichung (*KA*) ablesen.[44]

9. Um die Ansicht zu schließen, schließen Sie das Fenster des Edge Browsers.
10. Wenn Sie die Rückmeldung übernehmen möchten, klicken Sie auf die Schaltfläche *Annehmen*.

HINWEIS Sie können Regeln definieren, um den Genehmigungsprozess zu automatisieren. Sie finden die entsprechende Funktion im Menüband unter *Genehmigungen/Navigieren/Regeln verwalten*.

Abbildg. 1.60 Bestätigungsdialogfeld

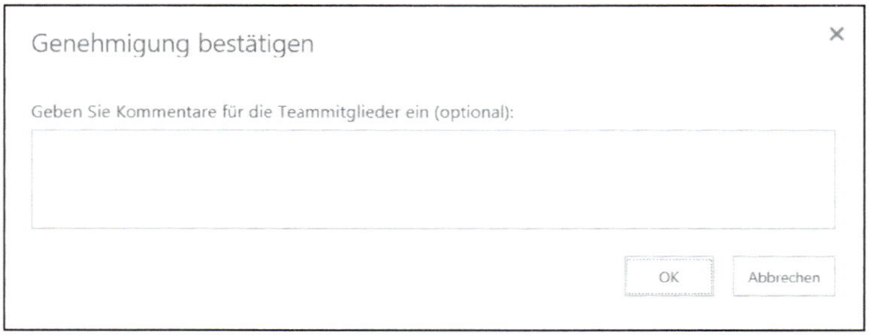

11. Geben Sie ggf. einen (Transaktions-)Kommentar ein und bestätigen Sie mit *OK*.

HINWEIS Der Mitarbeiter kann den Kommentar im Bereich *Vorgänge* sehen, indem er auf die Verknüpfung des Vorgangsnamens klickt. Als Projektleiter können Sie den Verlauf jederzeit im Genehmigungscenter über den Befehl *Genehmigungen/Navigieren/Verlauf/Statusaktualisierungen*, gefolgt von einem Klick auf den Vorgangsnamen, aufrufen.

12. Um die Aktualisierungen in den Projektplan zu übernehmen, checken Sie den Projektplan ein (*Datei/Schließen* und danach ggf. *Speichern und Einchecken*).

HINWEIS Bevor Sie den Projektplan wieder öffnen können, müssen Sie warten, bis der Server die genehmigten Fortschrittsinformationen übernommen hat. Sie können den Fortschritt in der Project Web App unter *Einstellungen/PWA Einstellungen/Meine Warteschlangenaufträge* verfolgen.

13. Wenn Sie danach das Projekt anzeigen möchten, öffnen Sie den Projektplan erneut (*Öffnen/Zuletzt verwendete Projekte*).

[44] Die Earned Value Analysis wird auch als Leistungswertanalyse oder Arbeitswertanalyse bezeichnet.

Abbildg. 1.61 Darstellung der berechneten und geplanten Arbeit

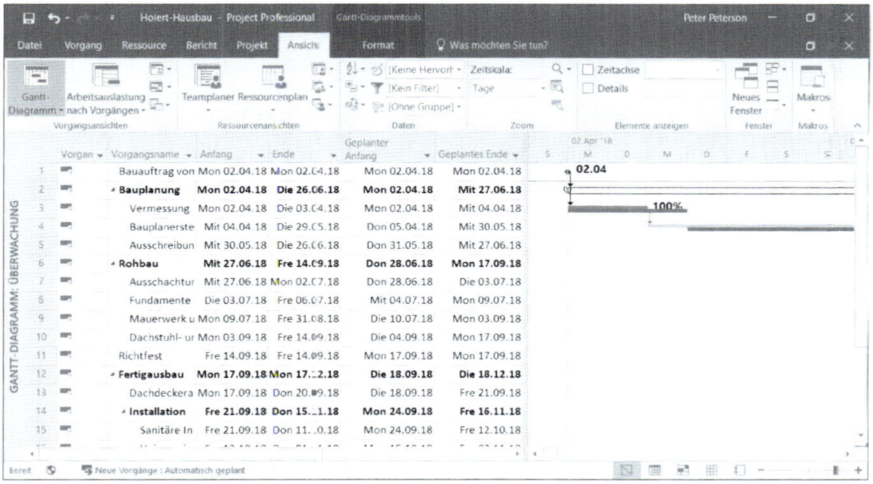

HINWEIS Vorgänge, die zwar für den Berichtszeitraum geplant waren, aber an denen nicht oder nur vermindert gearbeitet wurde, werden in den Standardeinstellungen von Project nicht automatisch in die Zukunft geschoben. Sie können diese Restarbeiten z.B. über *Projekt/Status/Projekt aktualisieren/Anfang nicht abgeschlossener Arbeiten verschieben auf Datum nach* in die Zukunft schieben und danach im Rahmen der Planungsprozesse erneut planen.

Bei Vorgängen, die noch nicht begonnen wurden, können die Projektmitarbeiter den verspäteten Beginn über die PWA zurückmelden, indem Sie die Spalte *Anfang* editieren. In diesem Fall werden Zuordnungsverzögerungen einfügt, d.h. der Vorgangsanfang bleibt auf dem ursprünglich geplanten Anfang, jedoch wird der Anfang der Zuordnung entsprechend verschoben.

Bei Ausführung der Projektaktualisierung bleibt diese Zuordnungsverzögerung erhalten. Sie müssen also vor der Aktualisierung in einer Zuordnungsansicht, wie z.B. *Vorgang: Einsatz* das Feld *Zuordnungsverzögerung* auf 0 setzen und können die Vorgänge dann wie zuvor beschrieben aktualisieren.

14. Im Projektplan wechseln Sie in die Ansicht *Gantt-Diagramm: Überwachung* (*Vorgang/Ansicht/Gantt-Diagramm: Überwachung*) und betrachten dort die Auswirkungen der Rückmeldung, indem Sie grafische Unterschiede zwischen den oberen und unteren Balken feststellen. Der obere Balken gibt den berechneten Wert an, der untere, graue Balken zeigt den Plan-Wert aus dem Basisplan an (Abbildung 1.61). Terminliche Abweichungen können Sie auch in der Tabelle *Abweichung* anzeigen lassen, die Sie über *Ansicht/Tabelle/Abweichung* erreichen.

15. Die aktuellen Zahlen auf Projektebene können Sie über die Projektstatistik ablesen (*Projekt/Eigenschaften/Projektinformationen/Statistik*).

Abbildg. 1.62 Projektstatus in der Projektstatistik

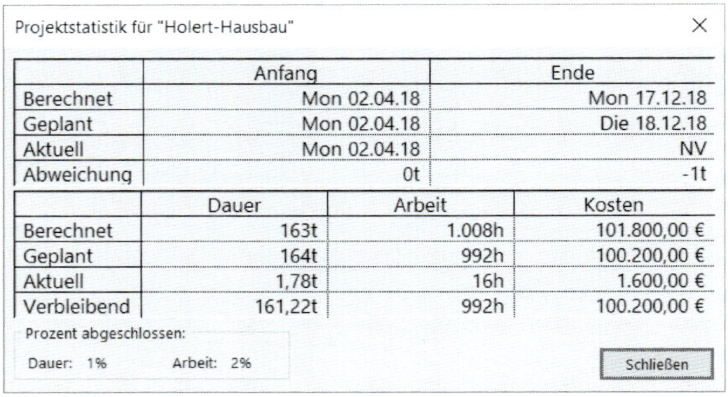

	Anfang	Ende
Berechnet	Mon 02.04.18	Mon 17.12.18
Geplant	Mon 02.04.18	Die 18.12.18
Aktuell	Mon 02.04.18	NV
Abweichung	0t	-1t

	Dauer	Arbeit	Kosten
Berechnet	163t	1.008h	101.800,00 €
Geplant	164t	992h	100.200,00 €
Aktuell	1,78t	16h	1.600,00 €
Verbleibend	161,22t	992h	100.200,00 €

HINWEIS Bei der Aktualisierung von Vorgängen, also dem Eintragen von Ist-Werten, gelten in Project zwei Regeln:

- **Was bereits abgeschlossen ist, ändert sich nicht mehr** Wenn für einen Vorgang bereits Arbeit geleistet wurde und damit der Fortschritt größer als 0 % ist, dann bleibt dieser Teil unverrückbar dort stehen, auch wenn sich der (Rest-)Vorgang verschiebt.
- **So, wie etwas stattgefunden hat, wird es auch in den Projektplan übernommen** Melden die Ressourcen Ist-Aufwand außerhalb des berechneten Termins zurück, werden diese Rückmeldungen ohne Berücksichtigung von Einschränkungen so in den Plan übernommen, wie sie gemeldet wurden.

TIPP Insbesondere in der Anfangsphase des Umgangs mit Project besteht die Gefahr, dass Sie nicht genau nachvollziehen können, welche Änderungen am Plan automatisch durch Project bzw. Project Server/Online vorgenommen werden. Das ist insbesondere der Fall, wenn die Vorgänge miteinander verknüpft sind und z.B. eine Reihe von nachfolgenden Vorgängen sich automatisch verschieben, weil beispielsweise ein Vorgänger seine Terminlage verändert hat. Damit Sie nicht das Vertrauen in Ihren Projektplan aufgrund solcher Kettenreaktionen verlieren, wenden Sie folgenden Tipp an:

Versehen Sie verknüpfte Vorgänge mit einer Termineinschränkung *Muss anfangen am* (rotes Kalendersymbol in der Indikatorspalte), verschieben sich zwar aktualisierte Vorgänge entsprechend der Stundenbuchung der Projektmitarbeiter, jedoch werden verknüpfte Vorgänge nicht ohne Ihr Einwirken in der Lage verändert. Sie verzichten damit zwar auf Vorteile des automatischen Verschiebens und haben etwas mehr manuellen Aufwand, bekommen dafür aber als Vorteil eine stärkere Kontrolle über Ihren Projektplan.

Sie können mehrere Vorgänge gleichzeitig einschränken. Gehen Sie dazu folgendermaßen vor:

1. Markieren Sie die Vorgänge, die Sie fixieren möchten.
2. Klicken Sie im Menüband auf der Registerkarte *Vorgang* in der Gruppe *Eigenschaften* auf den Befehl *Informationen*.
3. Wechseln Sie in dem folgenden Dialogfeld *Informationen zum Vorgang* auf die Registerkarte *Erweitert*.

4. Legen Sie als Einschränkungsart *Muss anfangen am* fest, werden alle diese Vorgänge mit ihrem jeweiligen berechneten Anfangstermin eingeschränkt.

Da im »wirklichen Projektleben« in der Regel weiterhin Verschiebungen und Verzögerungen auftreten, müssen diese wie bisher in den Plan übernommen werden. Da Project die hieraus resultierenden Konflikte durch die Vorgangseinschränkungen nicht mehr automatisch durch Verschiebung lösen kann, macht die Software durch die Meldung eines Terminplankonflikts auf Ihren Handlungsbedarf aufmerksam.

Beachten Sie, dass diese Meldung nur einmal beim Auftreten angezeigt wird. Nach dem Bestätigen der Meldung können Sie Vorgänge mit einem Terminplankonflikt an ihrer negativen *Gesamten Pufferzeit* erkennen. Lösen Sie den Konflikt jedoch besser sofort, indem Sie nachfolgende Vorgänge manuell verschieben oder sonstige Umplanungen vornehmen (z.B. Vorgangsverkürzung durch den Einsatz von zusätzlichen Ressourcen).

Alternativ können Sie Vorgänge auch im Modus *Manuell geplant* erstellen. Damit erreichen Sie, dass Project keine automatischen Terminberechnungen durchführt. Sie aktivieren die manuell geplanten Vorgänge im Menüband unter *Vorgang/Vorgänge/Manuell planen*.

Eine regelmäßige Fortschrittsberichterstattung der Projektmitarbeiter und Planaktualisierung stellt sicher, dass Sie als Projektleiter mit geringem Aufwand und hoher Qualität Arbeitsleistungsdaten für die Überwachung- und Steuerungsprozesse bereitstellen können.

Überwachungs- und Steuerungsprozesse

Ziel der *Überwachungs- und Steuerungsprozesse* (Monitoring and Controlling Processes) ist es, Abweichungen der tatsächlichen Leistung gegenüber dem Projektmanagementplan zu ermitteln und korrektive Prozesse einzuleiten.[45] Der Projektleiter muss regelmäßige Rückmeldung und Korrekturen auf Ebene der Liefergegenstände sicherstellen und, falls Abhängigkeiten bestehen, diese über die Projektebene miteinander abstimmen. Zu der Überwachungs- und Steuerungsprozessgruppe gehören u.a. die folgenden Prozesse:

- *Projektarbeit überwachen und steuern* (4.5 Monitor and Control Project Work)
- *Integrierte Änderungssteuerung durchführen* (4.6 Perform Integrated Change Control)

Weitere Prozesse sind *Inhalt und Umfang validieren* (5.5 Validate Scope), *Inhalt und Umfang steuern* (5.6 Control Scope), *Terminplan steuern* (6.6 Control Schedule), *Kosten steuern* (7.4 Control Costs), *Qualität lenken* (8.3 Control Quality), *Kommunikation überwachen* (10.3 Control Communications), *Risiken überwachen* (11.7 Control Risks), *Beschaffungen steuern* (12.3 Control Procurements) und *Engagement der Stakeholder überwachen* (13.4 Monitor Stakeholder Engagement).[46]

---

[45] Wir folgen hier eng der deutschen Übersetzung des PMBOK Guide und verwenden für den englischen Begriff »Controlling« den deutschen Begriff »Steuerung« bzw. bei 8.3 »Lenkung«. Oft wird in der deutschsprachigen betriebswirtschaftlichen Literatur (z.B. Baetge, Jörg 1992) der Begriff »Controlling« auch mit »Überwachung« übersetzt. In Project wird der Begriff »Überwachung« als Übersetzung von »Tracking« verwendet.

[46] Vgl. PMBOK 2017, S. 25.

Projektarbeit überwachen und steuern

Ziel des Prozesses *Projektarbeit überwachen und steuern* (4.5 Monitor and Control Project Work) ist es u.a., in den Steuerungsprozessen erarbeitete Arbeitsleistungsinformationen und Prognosewerte für alle Projektbeteiligen (Stakeholders) so zu einem Arbeitsleistungsbericht aufzubereiten, dass diese den aktuellen Projektstatus verstehen. Zusätzlich liefert er die Änderungsanträge für den Prozess *Integrierte Änderungssteuerung durchführen*.[47] Basis hierfür sind u.a. der Projektmanagementplan, Terminprognosen, Kostenprognosen, Arbeitsleistungsinformationen und validierte Änderungsanträge. Ausgangswerte sind u.a. Änderungsanträge (Change Requests) und Arbeitsleistungsberichte. Als Werkzeuge und Methoden können Sie beispielsweise das Fachurteil von Experten und analytische Methoden einsetzen.

Project unterstützt Sie dadurch, dass es u.a. analog zu den Prozessen *Terminplan steuern* und *Kosten steuern* den Fortschritt,[48] Abweichungen und Prognosewerte errechnet. Die Software führt u.a. eine integrierte Kosten- und Leistungsrechnung nach dem Instrumentarium des Managements des Fertigstellungswerts (Earned Value Management) durch.[49] Zudem aggregiert Project die Informationen u.a. auf der Ebene Projekt, Arbeitspaket, Sammelvorgang, Vorgang, Zuordnung und Ressource. Zur Auswertung können Sie dabei u.a. auf die Ansicht *Gantt-Diagramm: Überwachung*, die *Projektstatistik*, die Project-*Berichte*, die *Grafischen Berichte*, die Funktion *Projekte vergleichen* und die Listen der Projektwebsite zurückgreifen. Die Auswertungen können Sie dann zum Beispiel nach PowerPoint übertragen, um sie im Rahmen des Prozesses *Kommunikation managen* in Besprechungen einzusetzen.

Inhaltlich müssen Sie dabei u.a. auf die Erreichung der drei Projektziele Umfang und Inhalt, Termine und Kosten eingehen und auch Änderungen hinsichtlich der Qualität und der Risiken aufzeigen.

Passen Sie die Darstellung der Ergebnisse der *Zielgruppe* an. Reduzieren Sie die Informationen für Führungskräfte auf die Kernaussagen auf Projektebene, während Sie für die jeweiligen Mitarbeiter aus deren Sicht die wichtigsten Informationen zusammenstellen.[50]

Um einen Arbeitsleistungsbericht zu erstellen und Änderungsaufträge abzuleiten, gehen Sie wie folgt vor:

- Darstellung der Prognose und Abweichungsanalyse zum Fertigstellungszeitpunkt
- Darstellung des Fortschritts und Abweichungsanalyse zum Kontrollzeitpunkt
- Detailanalyse von Abweichungen inkl. Trendanalyse und Ursachenermittlung
- Ermittlung von Gegenmaßnahmen und Änderungsanträgen

---

47 Vgl. PMBOK 2013, S. 113–120.

48 Synonyme: tatsächliche Projektleistung, Ist-Projektleistung.

49 Vgl. Kapitel 4, Abschnitt »Provide Portfolio Oversight«. Die Analyse des Fertigstellungswertes (Earned Value Analysis) wird in Project übersetzt als *Ertragswertanalyse.*

50 Weitere Berichte für Einzel- und Multiprojektcontrolling finden Sie in Kapitel 4 in den Abschnitten »Abweichungsanalyse zum Kontrollzeitpunkt« und »Abweichungsanalyse zum Fertigstellungszeitpunkt« und in Kapitel 5 im Abschnitt »Berichtswesen« sowie für das Ressourcencontrolling in Kapitel 3 im Abschnitt »Notwendigkeit für Umdisponierungen erkennen«.

Darstellung der Prognose und Abweichungsanalyse zum Fertigstellungszeitpunkt

Zu den wichtigsten Zielgrößen gehören auf Projektebene die Prognose des Fertigstellungszeitpunktes (Schedule Forecast) und der voraussichtlichen Gesamtkosten (Cost Forecast). Zur Bewertung vergleichen Sie diese mit den Planwerten. Führen Sie dazu folgende Schritte aus:

1. Klicken Sie auf der Registerkarte *Datei* auf den Befehl *Projektinformationen.*
2. Klicken Sie anschließend auf die Schaltfläche *Projektstatistik.*

Abbildg. 1.63 Projektstatistik

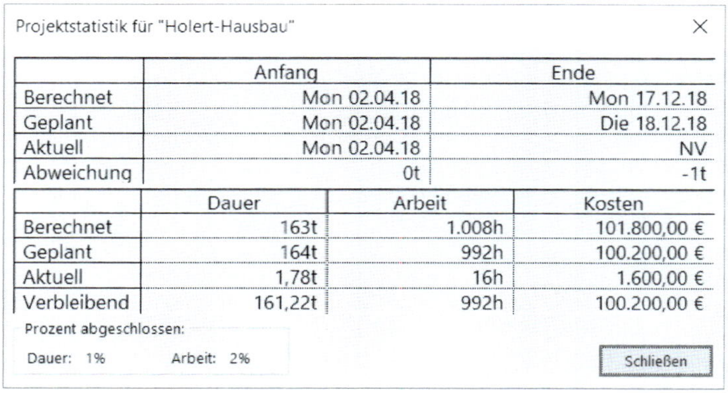

Projektstatistik für "Holert-Hausbau"

	Anfang	Ende
Berechnet	Mon 02.04.18	Mon 17.12.18
Geplant	Mon 02.04.18	Die 18.12.18
Aktuell	Mon 02.04.18	NV
Abweichung	0t	-1t

	Dauer	Arbeit	Kosten
Berechnet	163t	1.008h	101.800,00 €
Geplant	164t	992h	100.200,00 €
Aktuell	1,78t	16h	1.600,00 €
Verbleibend	161,22t	992h	100.200,00 €

Prozent abgeschlossen:

Dauer: 1% Arbeit: 2%

Schließen

Lesen Sie den von Project errechneten voraussichtlichen Fertigstellungstermin in der Zeile *Berechnet* und in der Spalte *Ende* ab. Die voraussichtlichen Gesamtkosten werden in der Spalte *Kosten* angezeigt. Die Abweichung gegenüber dem zuletzt gespeicherten Basisplan können Sie jeweils in der Zeile *Abweichung* erkennen (Abbildung 1.63).

Ausgehend von der Projektebene können Sie diese Kennzahlen auch auf Arbeitspaketebene ausweisen. Verwenden Sie hierzu z.B. die im Abschnitt »Inhalt und Umfang definieren sowie Projektstrukturplan erstellen« erstellte Gruppierung nach PSP in der Ansicht *Gantt-Diagramm: Überwachung* mit den vorgenannten Feldern[51].

Je nachdem, gegen welchen Stand Sie vergleichen möchten, können Sie auch die Abweichung gegenüber dem Basisplan 1-10 darstellen. Sie können in den weiteren Basisplänen z.B. den ursprünglichen Stand, den Stand zum Zeitpunkt der letzten Besprechung oder den aktuellen Stand vor der Einarbeitung von Gegenmaßnahmen speichern.

Die vorgenannten Größen enthalten jedoch genauso wenig wie der Vergleich der Ist-Kosten mit den Plan-Kosten eine Aussage darüber, wie groß die Abweichung zum gegenwärtigen Zeitpunkt (Statusdatum) ist.

[51] Die Kostenabweichung kann auch näherungsweise in der Größe Arbeit, also z.B. nach Personenstunden dargestellt werden. Die Darstellung des Projektarbeitsfortschritts als Project-Bericht (Ist-, Rest- und Plan-Arbeit) finden Sie in Kapitel 5, Abschnitt »Berichtswesen«.

Darstellung des Fortschritts und Abweichungsanalyse zum Kontrollzeitpunkt

Um den Fortschritt zum Kontrollzeitpunkt zu ermitteln und mit den Planwerten zu vergleichen, ist die Ermittlung der Ist-Leistung erforderlich. Diese wird standardmäßig durch den Quotienten der *Ist-Dauer* durch die (Gesamt-)*Dauer* (*% Abgeschlossen*) ermittelt. Sofern die Projektmitarbeiter, wie in Kapitel 2 beschrieben, regelmäßig den Rest-Aufwand zurückmelden, eignet sich dieser Wert gut hierfür.

HINWEIS Die Ist-Leistung kann auch im Feld *Physisch abgeschlossen (%)* einzeln für jeden Vorgang eingegeben werden. Damit Project diesen Wert für die Berechnung verwendet, muss dies unter *Datei/Optionen/Erweitert/Ertragswertoptionen/Standard-Ertragswertmethode* für Vorgänge festgelegt werden. An dieser Stelle können Sie auch den Basisplan, der für die Ermittlung der Abweichung verwendet wird, definieren.

Die Ermittlung der Ist-Leistung ist deshalb erforderlich, da zum Kontrollzeitpunkt sonst nur die Gesamtabweichung in einer bestimmten Höhe bekannt ist. Eine Überschreitung der Plankosten kann bedeuten, dass die Leistungen teuer wurden als geplant (Kostenabweichung). Es kann aber auch bedeuten, dass die Leistungen zu gleichen Kosten, jedoch vor dem geplanten Termin erbracht wurden (Leistungsabweichung). Die Abweichungen kann Project automatisch der Fertigstellungswertmethode ermitteln.[52] Gehen Sie dazu folgendermaßen vor:

1. Wechseln Sie zur Registerkarte *Bericht.*
2. Wählen Sie in der Gruppe *Berichte anzeigen* im Dropdown-Listenfeld *Kosten* den Eintrag *Ertragswertbericht.* [53]

Sie können in dem Bericht im zweiten Diagramm von oben in der Linie *KA* die Kostenabweichung ablesen und in der Linie *PA* die Leistungsabweichung.[54]

TIPP Sie können den Bericht z.B. in PowerPoint übernehmen, indem Sie auf der Registerkarte *Berichtstools* in der Gruppe *Bericht* den Befehl *Bericht kopieren* auswählen.

---

[52] Eine ausführliche Darstellung zur Abweichungsanalyse in Verbindung mit dem Management des Fertigstellungswertes und alle verwendeten Größen finden Sie in Kapitel 4 im Abschnitt »Provide Portfolio Oversight«. Dort finden Sie auch eine Visualisierung der Leistungs- und Kostenabweichung mit Ampelindikatoren.

[53] In Project wird abweichend von der DIN 69901 nicht der Begriff *Fertigstellungswert* als Übersetzung des Begriffs *Earned Value* verwendet, sondern der Begriff *Ertragswert.* Ein weiteres Synonym ist *Leistungswert.*

[54] Project verwendet als Übersetzung der Schedule Variance (SV) den Begriff *Planabweichung* (*PA*). Wir folgen hier Fiedler 2005, S. 157ff. mit dem Begriff *Leistungsabweichung* und nicht dem der deutschen Übersetzung der sechsten Auflage des PMBOK Guides, der den Begriff *Terminplanabweichung* verwendet (vgl. PMBOK 2017, S. 262).

Abbildg. 1.64 Ertragswert als Bericht

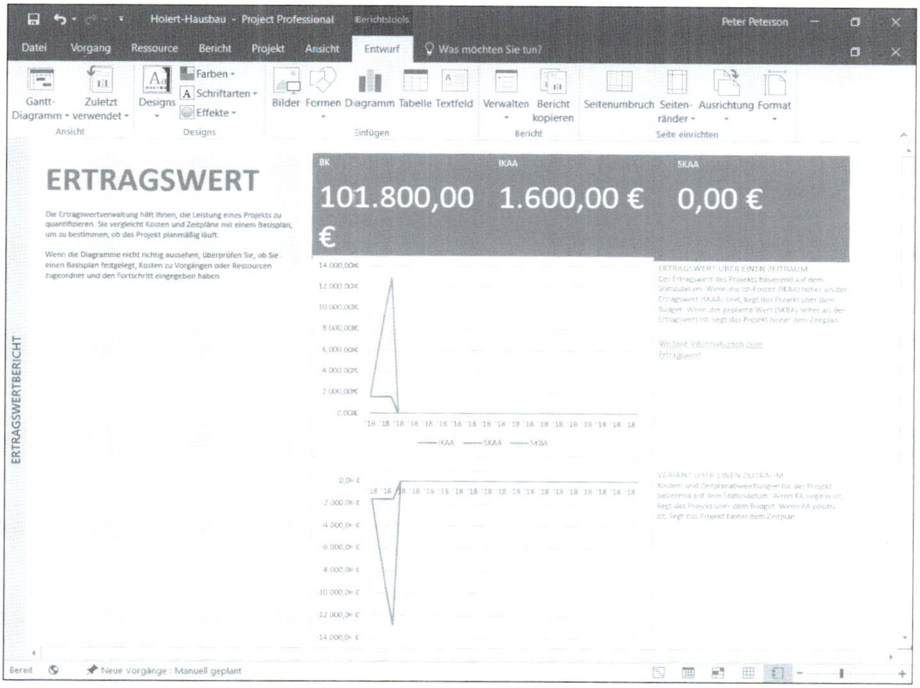

Die Werte verwenden als Bewertungsgröße eine monetäre Einheit, d.h., die Leistungsabweichung wird nicht in Tagen ausgewiesen, sondern mit den Kosten der Arbeit, die abweichend gegenüber dem Plan zu früh oder zu spät erbracht wurde. Diese Auswertung ist hilfreich, da sie sich auf die Vergangenheitswerte bezieht und daher nicht durch eine bereits durchgeführte Gegenmaßnahme oder noch nicht durchgeführte Umplanung verdecken lässt. Zudem trifft sie eine Aussage darüber, in welchem Umfang Arbeit abweichend erbracht wird. Es macht beispielsweise einen großen Unterschied, ob sich eine Verzögerung von drei Tagen ergibt, in der nur 10 oder 100.000 Personenstunden erbracht werden müssen.

TIPP Sie können unter Anwendung des PSP-Codes die Abweichungen auch nach Arbeitspaketen und in Bezugnahme anderer Planungsstände (Basisplan 1-10) darstellen.

Die Analyse der Abweichung auf Projekt- oder Vorgangsebene wird es in der Regel erforderlich machen, auf Vorgangsebene die Ursachen zu ermitteln.

Detailanalyse von Abweichungen inkl. Trendanalyse und Ursachenermittlung

Um die Ursache für die Abweichungen zu ermitteln, können u.a. folgende Auswertungen helfen:

- Neue Vorgänge
- Vorgänge mit Mehraufwand
- Verspätete Vorgänge
- Liste offener Punkte
- Rückgang des Rest-Aufwands (Burndown)

TIPP Im Folgenden wird erläutert, wie Sie mithilfe von Filtern die jeweiligen Sichten erstellen können. Sie können diese dann auf einfache Art und Weise in Ihren Arbeitsleistungsbericht in Word oder PowerPoint übernehmen. Führen Sie dazu folgende Schritte aus:

1. Beginnen Sie in *Project* und wählen Sie alle Zeilen aus, indem Sie auf den Eckpunkt der Tabelle links oben klicken.
2. Kopieren Sie alle Vorgänge, indem Sie die Tastenkombination `Strg`+`C` drücken.
3. Wechseln Sie zu *PowerPoint* bzw. *Word*.
4. Fügen Sie die Vorgänge inklusive Balkendiagramm in PowerPoint bzw. Word als Bild ein, indem Sie z.B. im Menüband von Word auf der Registerkarte *Start* in der Gruppe *Zwischenablage* im Dropdown-Listenfeld auf den Eintrag *Inhalte einfügen* klicken und im folgenden Dialogfeld im Listenfeld *Als* den Eintrag *Bild (Erweiterte Metadatei)* auswählen.
5. Ergänzen Sie Kommentare zu den Abbildungen.
6. Speichern und/oder drucken Sie die Datei als PDF-Dokument, ggf. mit elektronischer Signatur.

Diese Vorgehensweise hat den Vorteil, dass Sie Ansichten aus Project auch Projektbeteiligten zur Verfügung stellen können, die keinen Zugang zu Project oder zur Project Web App besitzen.

Neue Vorgänge

Zusätzliche Vorgänge gegenüber der ursprünglichen Planung können Sie sehr einfach über einen *AutoFilter* in Project darstellen.

In Project gehen Sie dazu folgendermaßen vor:

1. Wechseln Sie in die Ansicht *Gantt-Diagramm: Überwachung* (*Ansicht/Vorgangsansichten/Gantt-Diagramm*).
2. Wählen Sie die Tabelle *Abweichung* aus (*Ansicht/Daten/Tabelle*).
3. Stellen Sie den *AutoFilter* für die Spalte *Geplanter Anfang* auf *NV*.

Jetzt werden ausschließlich die Vorgänge angezeigt, die am Ende der letzten Planungsprozesse noch nicht geplant wurden (Abbildung 1.65).

Abbildg. 1.65 Neue Vorgänge gegenüber der vorangegangenen Planung

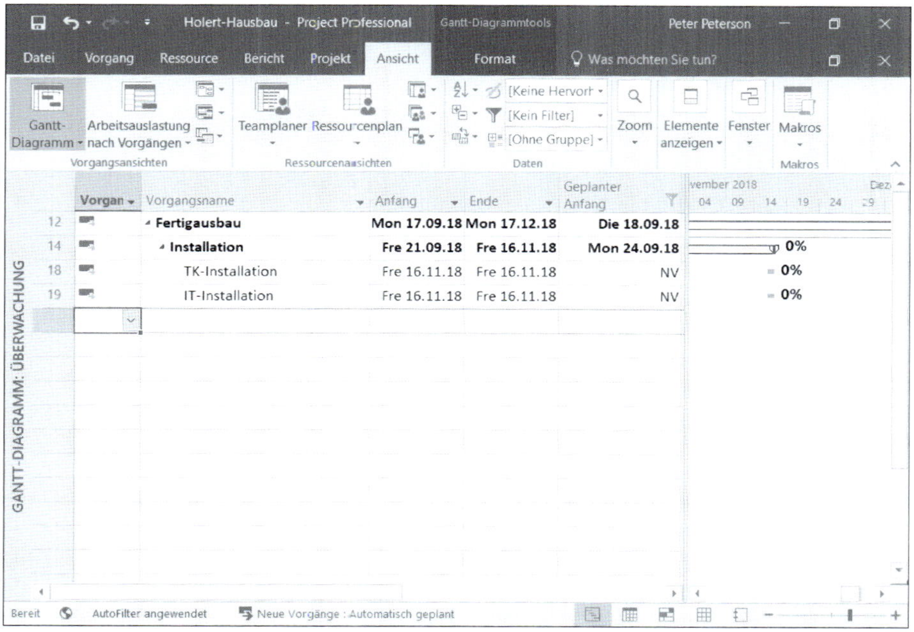

TIPP Wenn Sie nur die Unterschiede gegenüber einem anderen Planungsstand ermitteln möchten, wie z.B. dem Stand bei der letzten Besprechung, gehen Sie analog unter Verwendung eines anderen Basisplans vor. Voraussetzung ist, dass Sie nach der letzten Besprechung einen anderen Basisplan gespeichert haben, wie im Abschnitt »Budget festlegen« beschrieben wurde.

Vorgänge mit Mehraufwand

Vorgänge, bei denen die Summe des Ist- und voraussichtlichen Rest-Aufwands über dem Plan-Aufwand liegt (*Mehraufwand*), können in derselben Ansicht über den Filter *Arbeitsrahmen überschritten* bzw. *Arbeitsrahmen überschritten im Terminbereich* ermittelt werden.[55] Gehen Sie dazu folgendermaßen vor:

1. Deaktivieren Sie den AutoFilter.

2. Wählen Sie im Menüband auf der Registerkarte *Ansicht* in der Gruppe *Daten* im Dropdown-Listenfeld den Eintrag *Weitere Filter* aus.
3. Wählen Sie im Dialogfeld *Weitere Filter* den Eintrag *Arbeitsrahmen überschritten* aus und klicken Sie auf die Schaltfläche *Anwenden*.

[55] Der Filter *Arbeitsrahmen überschritten* wurde angepasst auf *Arbeit Größer [Geplante Arbeit] Und Geplante Arbeit Ungleich 0h*. Der Filter *Arbeitsrahmen überschritten im Terminbereich* ist neu erstellt und enthält analog zum Filter *Terminbereich* als Und-Kriterium die Festlegung *Ende Größer oder Gleich "Anzeige von Vorgängen mit Anfang oder Ende nach"? Und Anfang Kleiner oder Gleich "Und vor:"?*.

Abbildg. 1.66 Vorgänge mit voraussichtlichem oder bereits eingetretenem Mehraufwand

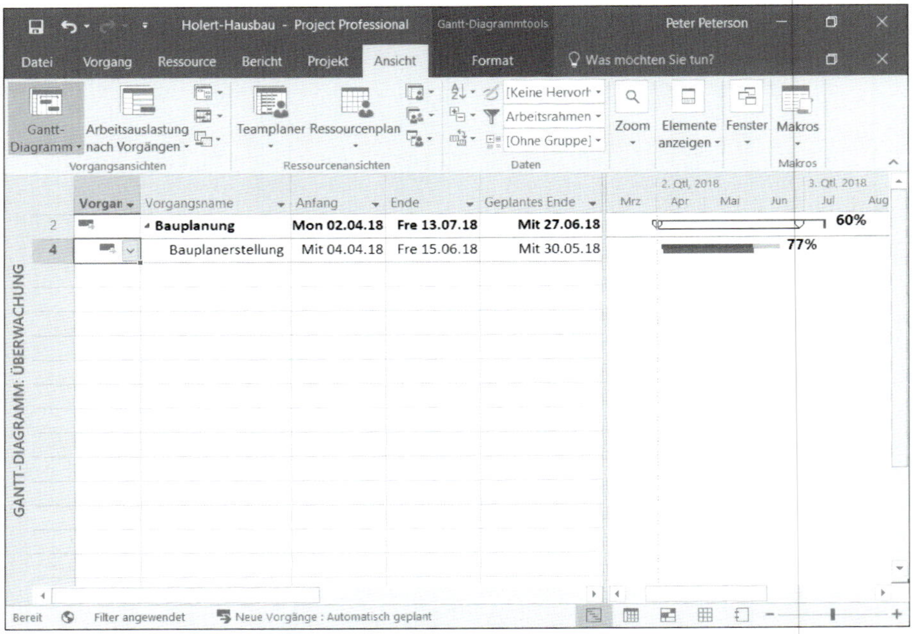

Je nach Zielsetzung können Sie auch die entsprechenden Filter für die Kosten verwenden, um Vorgänge zu ermitteln, die die geplanten Kosten überschritten haben.

Verspätete Vorgänge

Um Vorgänge zu ermitteln, die verspätet sind, blenden Sie das Feld *Status* ein, aktivieren Sie den AutoFilter und filtern Sie auf den Wert *Verspätet*. Der Filter zeigt alle Vorgänge an, deren Fortschritt nicht bis zum Statusdatum geht. Das heißt, es werden nur Vorgänge angezeigt, bei denen Arbeit liegen geblieben ist. Dieser Filter ist unabhängig vom Basisplan.

Die Spalte *Statusanzeige* zeigt diesen Status grafisch an. Das nebenstehend abgebildete Symbol bedeutet dabei, dass der Vorgang verspätet ist.

TIPP Mit der Funktion *Projekte vergleichen* (*Bericht/Projekt/Projekte vergleichen*) können Sie Unterschiede zwischen zwei Projektplänen ermitteln (mehr dazu in Kapitel 5, Abschnitte »Terminmanagement« und »Projektversionen vergleichen«).

Eine Ursache für verspätete Vorgänge kann sein, dass neue offene Punkte entstanden sind.

Abbildg. 1.67 Verspätete Vorgänge

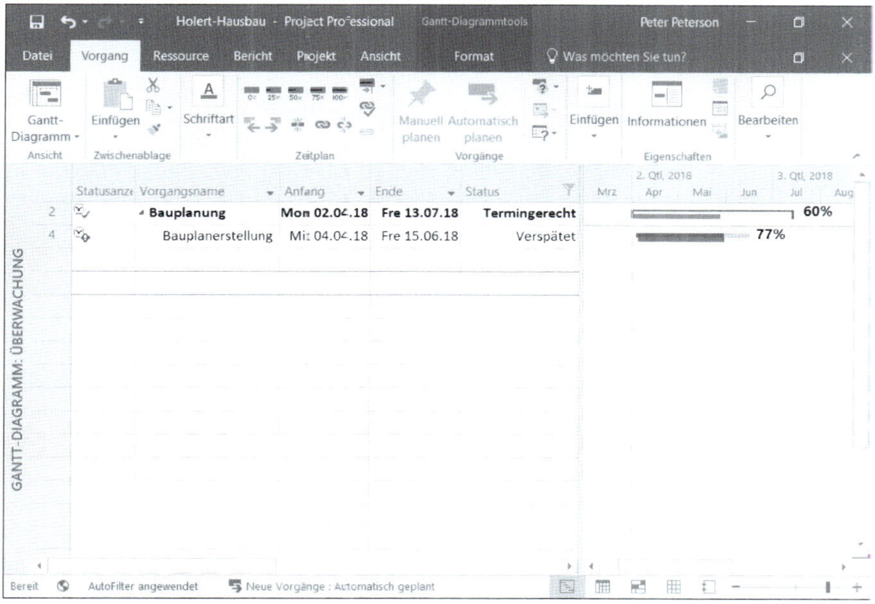

Liste offener Punkte

Offene Punkte stellen einen Detaillierungsgrad unterhalb von Vorgängen dar, können jedoch auch mehrere Vorgänge betreffen. Gründe für die Erfassung von offenen Punkten können Probleme sein, aber auch Änderungswünsche. Prüfen Sie die offenen Punkte und ermitteln Sie, ob diese bereits in einer Restaufwandschätzung enthalten sind, sei es in ohnehin geplanten Vorgängen oder in Änderungsanträgen.

Um die Problemliste in Excel anzuzeigen, gehen Sie folgendermaßen vor:

1. Klicken Sie im Menüband auf *Datei/Informationen/Verwandte Einträge/Probleme.*

Abbildg. 1.68 Liste offener Punkte

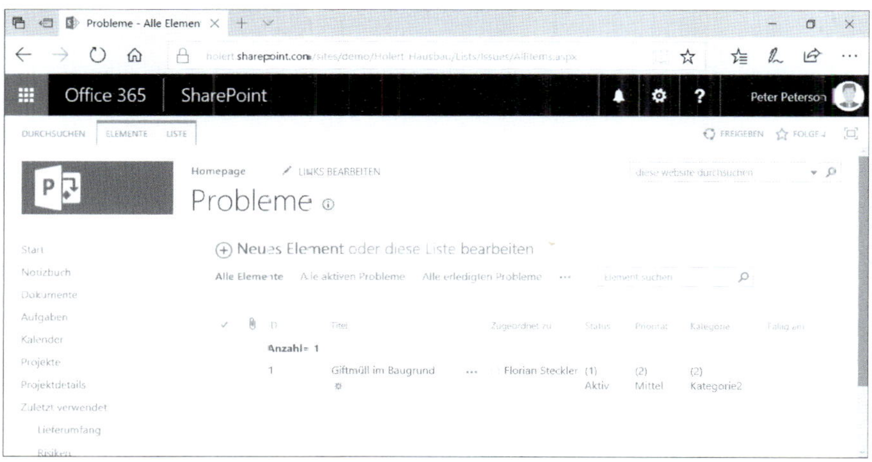

2. Um die Liste nach Excel zu exportieren, klicken Sie im Menüband auf der Registerkarte *Liste* in der Gruppe *Verbinden und exportieren* auf die Schaltfläche *Nach Excel exportieren.*
3. Bestätigen Sie die folgenden zwei Dialogfelder.
4. Danach erscheint die Liste in einer Excel-Arbeitsmappe.

Abbildg. 1.69 In Excel exportierte Liste offener Punkte

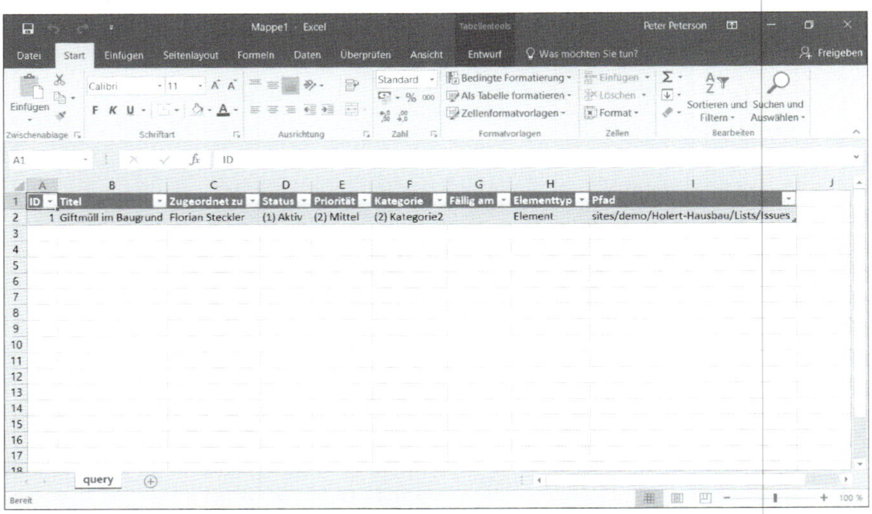

Sie können die Liste als Grundlage für die Prüfung des geplanten Rest-Aufwands (*Restarbeit*) verwenden.

■ **Rückgang des Rest-Aufwands (Work Burn Down)**

In einem planmäßig verlaufenden Projekt sinkt der Rest-Aufwand kontinuierlich entsprechend des Basisplans. Stagnation oder gar Anstieg können Indikatoren sein, dass Mängel vorliegen, z.B. in Anforderungsdefinition, dem Design, der Qualifikation der Mitarbeiter.

Voraussetzung für den Vergleich des geplanten Verlaufs des Rest-Aufwands ist u.a., dass der Basisplanwert der kumulierten Arbeit gespeichert werden kann.

Um den Verlauf des Burndown-Berichts anzuzeigen, gehen Sie folgendermaßen vor:

1. Öffnen Sie im Menüband die Registerkarte *Bericht.*
2. Wählen Sie in der Gruppe *Berichte anzeigen* im Dropdown-Listenfeld *Dashboards* den Eintrag *Burndown* aus.

Im linken Diagramm sehen Sie in der grauen Linie den geplanten Verlauf des Restaufwands im Feld *Geplante verbleibende Arbeit (kumuliert)* dargestellt. Die blaue Linie zeigt den berechneten Verlauf des Restaufwands im Feld *Verbleibende Arbeit (kumuliert).* Die orangefarbene Linie spiegelt den tatsächlichen Verlauf des Restaufwands des Felds *Verbleibende Ist-Arbeit (kumuliert)* wider.[56]

---

[56] In der zur Drucklegung vorliegenden deutschen Version wurde dieses Feld ebenfalls als *Verbleibende Arbeit (kumuliert)* bezeichnet. Sie können das Feld im Bericht jedoch über die Feldeinstellungen umbenennen.

Abbildg. 1.70 Burndown-Bericht

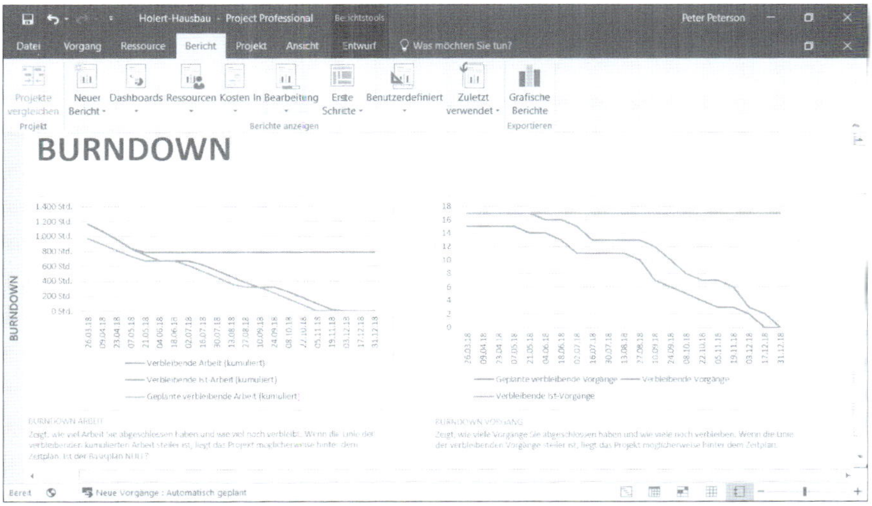

Diese Trendanalyse und die vorgegangenen Analysen können Ihnen helfen, für die ermittelten Abweichungen Gegenmaßnahmen zu entwickeln.

Ermittlung von Gegenmaßnahmen und Änderungsanträgen

Um passende Gegenmaßnahmen entwickeln zu können, stellen Sie die gesamte Planung auf den Prüfstein (u.a. Inhalt und Umfang, Termine, Kosten) und beleuchten Sie, welche Auswirkungen diese haben können. Prüfen Sie die validierten Änderungsanträge. Prüfen Sie zudem die weiteren übermittelten Arbeitsleistungsinformationen, u.a. Risiken und offene Punkte, und stellen Sie sicher, dass diese in den Änderungsanträgen berücksichtigt sind.

TIPP Wenn Sie im Folgenden Änderungen an der Planung vornehmen, speichern Sie einen Basisplan, damit Sie im Nachgang noch die Prognose ohne Eingriff darstellen können.

Auf der Suche nach Möglichkeiten zur Projektbeschleunigung kann Ihnen der durch Project berechnete kritische Pfad (*Kritischer Weg*) helfen.

HINWEIS Der *kritische Weg* kennzeichnet alle Vorgänge, die Einfluss auf den Projektendtermin haben. In der Ansicht *Gantt-Diagramm: Überwachung* werden diese Vorgänge automatisch rot dargestellt. Wenn Sie ein Projekt in mehrere Phasen eingeteilt haben, dann wird standardmäßig der kritische Weg nur für die letzte Phase angezeigt, da nur diese unmittelbar Einfluss auf den Projektendtermin hat. Wenn Sie auch innerhalb der vorhergehenden Phasen einen kritischen Weg anzeigen möchten, aktivieren Sie im Menüband unter *Datei/Optionen/Erweitert/Berechnungsoptionen für dieses Projekt* das Kontrollkästchen *Mehrere kritische Wege berechnen*.

Um nur die Vorgänge darzustellen, die sich zur Projektbeschleunigung eignen, gehen Sie wie folgt vor:

1. Wechseln Sie zu *Gantt-Diagramm: Überwachung*.
2. Wählen Sie auf der Registerkarte *Ansicht* im der Gruppe *Daten* im Dropdown-Listenfeld *Filter* den Filter *Kritisch* aus.

Abbildg. 1.71 Kritische Vorgänge

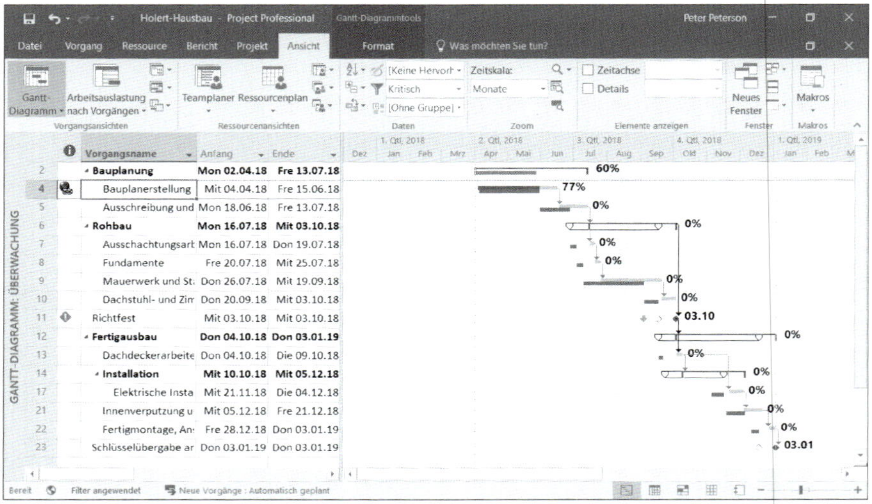

Untersuchen Sie jeden Vorgang auf dem kritischen Weg, ob dieser nicht durch den Einsatz von mehr Ressourcen verkürzt werden kann. Prüfen Sie zudem, ob sich durch die Überlappung zu Vorgängern oder Nachfolgern das Projekt beschleunigen lässt (Abbildung 1.71).

Um die Abhängigkeiten der Vorgänge zu ermitteln, können Sie die neue Funktion *Vorgangspfad hervorheben* einsetzen. Damit können Sie Vorgänge, die mit dem aktuell markierten Vorgang verknüpft sind, optisch hervorheben lassen. Um alle Vorgänger eines Vorgangs anzuzeigen, gehen Sie wie folgt vor:

1. Wählen in der Vorgangsliste den Vorgang aus, zu welchem Sie Informationen angezeigt haben möchten.
2. Klicken Sie auf der Registerkarte *Format* in der Gruppe *Balkenarten* auf das Dropdown-Listenfeld *Vorgangspfad* und wählen Sie dann den Eintrag *Vorgänge* aus.

Sie sehen, dass dann im Balkendiagramm die Vorgänger gelborange dargestellt werden.

TIPP Wenn Sie zum jetzigen Zeitpunkt den aktuellen Stand des Projektplans veröffentlichen, können sofort alle Projektbeteiligten die gleichen Informationen über die Project Web App sehen. Je nach Berechtigung und Filterung auch entsprechend personalisiert.

Die Arbeitsleistungsberichte können als Fortschrittsberichte (Performance Reports) im Rahmen des Prozesses *Kommunikation managen* zur Kommunikation im Rahmen von Projektbesprechungen verwenden werden.[57] Sie werden zudem zusammen mit den Änderungsanträgen für die nachfolgenden Prozesse als Eingangswert benötigt.

Integrierte Änderungssteuerung durchführen

Zu den Zielen von *Integrierte Änderungssteuerung durchführen* (4.6 Perform Integrated Change Control) gehören u.a. Folgendes:[58]

- Feststellen, dass eine Änderung geschehen muss oder geschehen ist
- Verhindern, dass die Änderungssteuerung umgegangen wird, sodass nur genehmigte Änderungen umgesetzt werden
- Managen von Änderungsanträgen (Change Requests) und aller daraus folgenden Maßnahmen

Mit der Sammlung und Aufbereitung der Leistungsinformationen haben Sie die Grundlage geschaffen. Ausgangswerte sind u.a. genehmigte und abgelehnte Änderungsanträge. Als Methoden und Werkzeuge können Sie u.a. das Fachurteil von Kunden, Sponsoren und Experten einsetzen.

Wenn einem Änderungsantrag zugestimmt wird, aktualisieren Sie alle hiervon betroffenen Plandaten. Gehen Sie dazu folgendermaßen vor:

1. Überprüfen Sie in Project, ob sich alle genehmigten Änderungen im Basisplan widerspiegeln bzw. ob nicht genehmigte Änderungen dort auch nicht zu finden sind.
2. Stellen Sie sicher, dass die mit dem Projektplan verknüpften Dokumente aktualisiert wurden. Überprüfen Sie, ob alle aktuellen Versionen inklusive der zugehörigen Korrespondenz und Vertragsinformationen in der Dokumentenverwaltung der Project Web App abgelegt und alle betroffenen Personen von den Änderungen informiert worden sind.

TIPP In der Dokumentverwaltung können sich Nutzer für bestimmte Dokumente als Abonnenten registrieren lassen, sodass sie automatisch über Änderungen informiert werden (*Benachrichtigungen*). Nachträglich lassen sich Änderungen zwischen Projektplänen durch die Funktion *Projekte vergleichen* ermitteln. Änderungen zwischen Word-Dokumenten können durch die standardmäßig vorhandene Funktion *Dokumente vergleichen* herausgefunden werden. Diese erreichen Sie in Word über die Registerkarte *Überprüfen* in der Gruppe *Vergleichen*. Über das Dropdownmenü zur Schalfläche *Vergleichen* wählen Sie den Befehl *Vergleichen*.

Eine lückenlose Dokumentation der Änderungen vermeidet Missverständnisse bzw. hilft diese schnell aufzuklären. Sie schaffen darüber hinaus eine Wissensbasis für zukünftige Projekte.

[57] Synonyme und Teilsynonyme von »Fortschrittsbericht« sind »Statusbericht«, »Projektstatusbericht« und »Projektbericht«.

[58] Vgl. PMBOK 2017, S. 113–120.

Abschließende Prozesse

Die Abschlussprozessgruppe besteht aus den Prozessen, die dem formellen Abschluss aller Vorgänge eines Projekts oder einer Projektphase, der Übergabe der fertig gestellten Leistung oder dem Abschluss eines abgebrochenen Projekts dienen.[59] Sie besteht aus dem folgenden Prozess:

- *Projekt oder Phase abschließen* (4.7 Close Project or Phase)

Projekt oder Phase abschließen

Mit dem Prozess *Projekt oder Phase abschließen* (4.7 Close Project or Phase) beenden Sie auch auf Seiten Ihrer Organisation das Projekt oder die Phase und damit das Projektmanagement formell.[60] Hierzu gehört auch die Überprüfung, ob im Rahmen des Projekts oder der vorangegangenen Phase alle Leistungen erbracht und gesteckten Ziele erreicht wurden. Dies umfasst auch die Prüfung, ob die im Rahmen eines Werkvertrags erforderlichen Abnahmen durch den Kunden vorliegen, die im Rahmen des Prozesses *Inhalt und Umfang validieren* (5.5 Validate Scope) eingebracht wurden.

Prüfen Sie hierzu den Projektplan und alle relevanten Dokumentbibliotheken und offenen Punkte (Problemliste) in der Projektwebsite, wie oben beschrieben wurde, um u.a. sicherzustellen, dass die nötigen Dokumente vorliegen und keine die Abnahme verhindernde Mängel mehr bestehen.

TIPP Um sicherzugehen, dass der Projektplan auch formell abgeschlossen ist, prüfen Sie, ob noch Vorgänge mit Rest-Aufwand im Projekt bzw. der Phase vorhanden sind, indem Sie die Spalte *Status* auf *Verspätet filtern* (siehe den Abschnitt »Detailanalyse von Abweichungen inkl. Trendanalyse und Ursachenermittlung«). Falls das der Fall ist, führen Sie ggf. folgende Aktionen aus:

- Setzen Sie die *Restarbeit* der Vorgänge auf 0 und legen Sie ggf. in einer Folgephase bzw. Anschlussprojekt einen neuen Vorgang dafür an.
- Löschen Sie Vorgänge ohne Ist-Arbeit oder verschieben Sie diese in die Folgephase bzw. ein Anschlussprojekt (Ausnahme: Meilensteine).
- Löschen Sie Vorgänge ohne Ressourcenzuweisung oder verschieben Sie diese in die Folgephase bzw. ein Anschlussprojekt und weisen Sie diese neuen Ressourcen zu (Ausnahme: Meilensteine).

Prüfen Sie zudem die formelle Korrektheit der Vorgangsinformationen, indem Sie Folgendes kontrollieren:

- Die chronologische Reihenfolge der Vorgänge. Sortieren Sie ggf. die Vorgänge nach dem Feld *Ende*.
- Die korrekte Zuordnung der Vorgänge. Verschieben Sie ggf. Vorgänge unter die korrekten Sammelvorgänge.
- Die korrekte Angabe von Stammdaten. Pflegen Sie – falls erforderlich – Abrechnungsinformationen und weitere Daten nach.

[59] Vgl. PMBOK 2017, S. 25.
[60] Vgl. PMBOK 2017, S. 121–128.

Schließen Sie zudem alle Vorgänge des Projekts bzw. der Phase. Die Vorgänge werden dann u.a. im Arbeitsvorrat, in den Ansichten *Arbeitszeittabelle* und *Vorgänge* der jeweiligen Ressource nicht mehr angezeigt, was die Übersichtlichkeit für die Projektmitarbeiter erhöht und Fehlbuchungen verhindert. Um einen Vorgang schließen zu können, gehen Sie folgendermaßen vor:

1. Wechseln Sie in das Project Center (PWA/Projekte) und klicken Sie auf den Projektnamen des Projekts, für welches Sie Vorgänge schließen möchten.
2. Wählen Sie in der Schnellstartleiste *Terminplan* zur Anzeige des Projektplans.
3. Klicken Sie auf der Registerkarte *Vorgang* in die Gruppe *Projekt* und wählen Sie in der Dropdown-Liste *Bearbeiten* den Eintrag *Im Browser* aus.
4. Wählen Sie die Ansicht *Zu aktualisierende Vorgänge schließen.*

Abbildg. 1.72 Vorgänge schließen

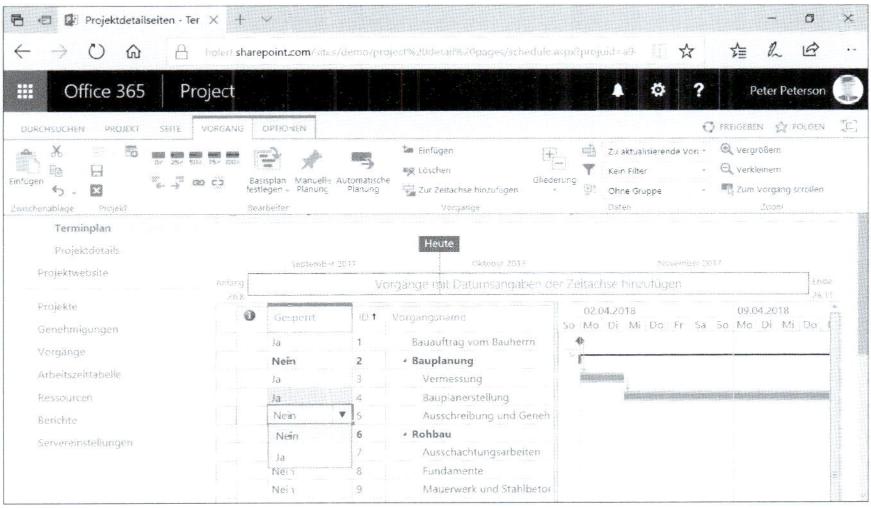

5. Ändern Sie für die zu schließenden Vorgänge den Eintrag in der Spalte *Gesperrt* auf *Ja* (Abbildung 1.72).
6. Speichern und veröffentlichen Sie die vorgenommenen Änderungen (*Vorgang/Projekt/Speichern* bzw. *Veröffentlichen*), damit die Änderungen auch für die betreffende Ressource sichtbar werden.

NEU IN 2016 Diese Spalte lässt sich in Project 2016 auch im Client bearbeiten. Blenden Sie dazu in Project die Spalte *Gesperrt* ein.

Verschieben Sie ggf. das Projekt nach Abschluss inkl. der Projektwebsite ins Archivsystem. Aktualisieren Sie Qualifikationsangaben in Ihrem Ressourcenpool, falls sich Änderungen ergeben haben. Lassen Sie noch einmal alle Änderungen Revue passieren und überlegen Sie, ob Ihre Projektvorlage für diesen Projekttyp ggf. noch ergänzt werden kann, um die Planungsqualität für das nächste Projekt oder die nächste Phase steigern zu können.

Kapitel 2

Project für Projektmitarbeiter

In diesem Kapitel:

Die Zielgruppe für dieses Kapitel sind alle Projektbeteiligten, die in Projekten mitarbeiten. Dies sind im engeren Sinne die *Projektmitarbeiter*, welche als Fachkräfte mit einer speziellen Qualifikation bestimmte Aufgaben im Projekt übernehmen. In gleichem Maße sind dies aber auch alle anderen Projektbeteiligten (Stakeholder). Wir zählen hierzu auch Kunden, die einzelne Teilleistungen abnehmen oder an Konzepten mitwirken, Teamleiter, Mitglieder des Lenkungsausschusses oder Führungskräfte, die in Besprechungen bzw. Audits beratend tätig werden. Ferner gehören hierzu auch Ressourcen-Manager und die Projektleiter selbst, die Projektmanagementaufgaben wahrnehmen. Zusammengefasst ist dieses Kapitel für alle Anwender gedacht, die für Aufgaben (=Vorgänge) in Projekten eingeplant werden und die beispielsweise hierzu den Fortschritt zurückmelden sollen (siehe in Kapitel 1 den Abschnitt »Projektausführung lenken und managen«).

Projektmitarbeiter gehören zu den *Ressourcen* eines Projekts. Der Begriff Ressourcen beschreibt neben diesen Humanressourcen (Ressourcenart *Arbeit*) auch Sachressourcen (Ressourcenart *Arbeit* oder *Material*) und Finanzressourcen (Ressourcenart *Kosten*). Im Folgenden beschreiben wir, wie diese Humanressourcen ihre administrativen Aufgaben mit Project lösen können. Die wichtigsten Voraussetzungen hierfür sind, dass ein Projektmitarbeiter Mitglied der Gruppe (Rolle) Teammitglied im Project Server ist und die Zuweisung veröffentlicht wurde. Ihre Aufgabe als Projektmitarbeiter ist es unter anderem, Ihre Vorgänge in Bezug auf Inhalt und Umfang, Qualität, Aufwand und Termin zur Zufriedenheit des Auftraggebers fertig zu stellen. Sie erwarten, dass Ihnen hierfür eine angemessene Zeit und geplanter Aufwand zur Verfügung steht. Damit dies der Fall ist, müssen Sie in erster Linie während der Ausführungs-, Steuerungs- und abschließenden Prozesse eine Reihe von Aufgaben im Rahmen des Projektmanagements neben der eigentlichen, fachlichen Tätigkeit wahrnehmen, aber auch während der Planungsprozesse kann eine Einbindung von Teammitgliedern beispielsweise zur Einschätzung oder Bestätigung der geschätzten Arbeit erfolgen.[1]

Während der Ausführungsprozesse beantworten Sie Terminanfragen des Projektleiters. Damit der Projektleiter das Projekt treffsicher ins Ziel steuern kann, geben Sie ihm im Rahmen der Überwachungs- und Steuerungsprozesse regelmäßig Rückmeldung über den Status Ihrer Vorgänge, indem Sie für alle Ihnen zugewiesenen Vorgänge den Ist-Aufwand (*Ist-Arbeit* oder *Aktuelle Arbeit*) und Rest-Aufwand (*Restarbeit* oder *Verbleibende Arbeit*) zurückmelden.[2] Sollten unerwartete Probleme auftreten, melden Sie diese ebenfalls zurück und unterbreiten Lösungsvorschläge, beispielsweise in Form neuer Vorgangsanfragen oder indem Sie den Rest-Aufwand bereits existierender Vorgänge anpassen. Zum Abschluss setzen Sie ggf. den Rest-Aufwand auf »0« und übergeben die zum Vorgang erforderliche Dokumentation an den Projektleiter, bzw. laden diese in den Projektarbeitsbereich hoch (siehe in Kapitel 1 den Abschnitt »Abschließende Prozesse«).

In der Project Web App (PWA) von Project Server stehen für Ihre administrativen Aufgaben im Rahmen des Projektmanagements als Projektmitarbeiter zwei Bereiche zur Verfügung. Zum einen gehört hierzu der Bereich *Vorgänge* und zum anderen der Bereich *Arbeitszeittabellen*. Beide Bereiche können über die Schnellstartleiste über die entsprechenden Verknüpfungen aufgerufen werden.

---

[1] Die Fortschrittsrückmeldung der Mitarbeiter unterstützt auch den Ausführungsprozess *Projektausführung lenken und managen*.

[2] Das Feld *Aktuelle Arbeit* wurde z.T. in *Ist-Arbeit* und das Feld *Verbleibende Arbeit* in *Restarbeit* umbenannt (Vgl. Kapitel 1).

Der Bereich *Vorgänge* ist dabei für die Kommunikation von Ihnen, des Projektmitarbeiters, mit dem Projektleiter gedacht. Der Bereich *Arbeitszeittabellen* ist in erster Linie für die Kommunikation des Projektmitarbeiters mit dem Ressourcen-Manager, wie z.B. dem Linienvorgesetzten gedacht. Beide Bereiche können getrennt oder gemeinsam eingesetzt werden. Wenn in den Servereinstellungen der *Einfache Eingabemodus* aktiviert ist, werden Eingaben in der Arbeitszeittabelle in die Vorgangsliste automatisch übertragen.[3]

HINWEIS Eingaben im Feld *Ist-Arbeit* in der Vorgangsliste werden auch im *Einfachen Eingabemodus* nicht automatisch in die Arbeitszeittabelle übertragen.

Für unser Beispielunternehmen haben wir folgende Festlegungen getroffen, da sich diese in der Praxis bewährt haben: Wir setzen beide Bereiche ein und haben den einfachen Eingabemodus aktiviert. Wir gehen davon aus, dass der Projektmitarbeiter schwerpunktmäßig zu Beginn des Arbeitstages den Bereich *Vorgänge* verwendet, um einen Überblick über die geplanten Tätigkeiten zu bekommen (Arbeitsvorrat) und diese zu prüfen. Zum Ende des Tages nutzt der Projektmitarbeiter den Bereich *Arbeitszeittabellen*, um die geleistete Arbeit zu erfassen (Zeiterfassung). Wir ermitteln den Fortschritt in unserem Beispielunternehmen durch taggenaue Eingabe des Ist-Aufwands und anschließender Schätzung des Rest-Aufwands. Wir erlauben bei der Eingabe die Differenzierung nach Überstundenarbeit. Wir erlauben jedoch nicht die Differenzierung nach Fakturierbarkeit, da die Entscheidung in der Praxis meist beim Projektleiter liegt.

Im Einzelnen sind in den nachstehenden Prozessgruppen folgende Schritte erforderlich:

Ausführungsprozesse

- Terminanfragen annehmen
- Vorgangsabhängigkeiten prüfen
- Terminüberschneidungen feststellen
- Terminanfrage ablehnen
- Vorgang für aktuellen Tag ermitteln
- Terminänderungen und -absagen bearbeiten
  - Terminänderungen bearbeiten
  - Terminabsagen bearbeiten

Überwachungs- und Steuerungsprozesse

- Fortschritt zurückmelden und Genehmigung oder Ablehnung vom Projektleiter (Status-Manager) bearbeiten
  - Fortschrittsrückmeldung senden/Zeiterfassung
  - Projektaktualisierung oder Ablehnung einer Statusmeldung bearbeiten
- Mehraufwand, Überstunden und/oder Probleme zurückmelden

---

[3] Sowohl der Bereich *Vorgänge* als auch die *Arbeitszeittabellen* umfassen Teilaspekte, die im allgemeinen Sprachgebrauch oft als Aufgabenliste, Vorgangsliste, Arbeitsvorrat, Einsatzplan, Zeiterfassung, Leistungs-, Fortschritts- oder Stundenerfassung bezeichnet werden. Im Folgenden verwenden wir den Begriff »Vorgangsliste« oder »Vorgänge« für den Bereich *Vorgänge* und »Arbeitszeittabelle« für den Bereich *Arbeitszeittabelle*.

  - Mehraufwand für Rest-Aufwand ohne Überstunden zurückmelden
  - Probleme zurückmelden
  - Mehraufwand für Ist-Aufwand mit Überstunden zurückmelden
- Minderaufwand für Rest-Aufwand zurückmelden
- Verzögerten Anfang, Unterbrechungen der Arbeit und Rest-Arbeiten zurückmelden
  - Verzögerten Anfang und Unterbrechungen zurückmelden
  - Neuen Vorgang für Rest-Aufwand erstellen
- Vertretung zurückmelden
- Abwesenheit durch Urlaub, Krankheit oder andere nicht projektbezogene Tätigkeiten zurückmelden
  - Arbeitszeittabelle an Ressourcenmanager senden und nachträglich korrigieren
  - Arbeitszeittabelle absenden
  - Arbeitszeittabelle zurückrufen

Abschließende Prozesse

- Vorgänge formell abschließen
- Dokumentation abschließen

Ausführungsprozesse

Im Rahmen der Ausführungsprozesse besteht Ihre Aufgabe darin, Ihre Vorgänge möglichst termintreu entsprechend der zuvor abgestimmten Planung zu erledigen.

Ihre eigentliche inhaltliche Tätigkeit während der Ausführungsprozesse kann in einer Planungsphase (z.B. Ausführungsplanung) auch die Planung einer späteren Ausführungsphase (Realisierung) sein.

Führen Sie hierzu folgende Schritte aus:

- Terminanfragen annehmen
- Vorgangsabhängigkeiten prüfen
- Terminüberschneidungen feststellen
- Terminanfrage ablehnen
- Vorgang für aktuellen Tag ermitteln
- Terminänderungen und -absagen bearbeiten

Terminanfragen annehmen

Wenn der Projektleiter im Rahmen der Ausführungsprozesse Zuordnungen auf dem Project Server veröffentlicht, um Ihnen eine Terminanfrage[4] zu senden, werden diese Vorgänge bei Ihnen in der PWA angezeigt. Sie erhalten außerdem eine E-Mail mit dem Betreff *Zuordnungen für Projekt <Holert-Hausbau> wurden aktualisiert.*

Abbildg. 2.1 Terminanfrage

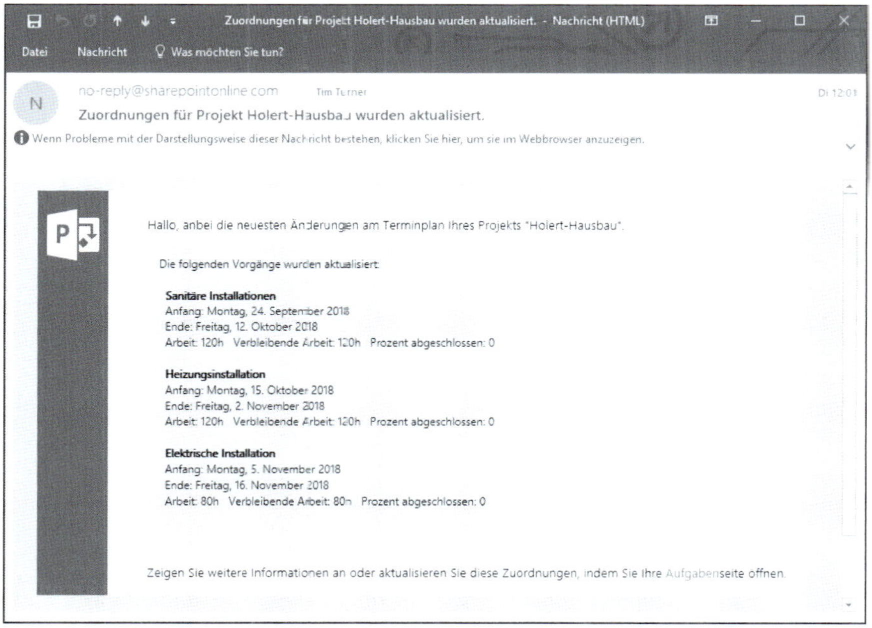

Um die neuen Vorgänge anzuzeigen, gehen Sie folgendermaßen vor:

1. Öffnen Sie die Project Web App und klicken Sie auf die Verknüpfung *Aufgaben*.

TIPP Sie können den Platz auf dem Bildschirm besser ausnutzen, wenn Sie die Schnellstartleiste ausblenden. Klicken Sie hierzu auf das das Symbol »Fokus auf Inhalt« rechts oberhalb der Arbeitszeittabelle wie in der Marginalspalte abgebildet.

2. Klicken Sie in der linken Schnellstartleiste auf die Verknüpfung *Vorgänge*. Neue Vorgänge erkennen Sie an dem grünen Ausrufezeichen mit dem Zusatztext *NEU* hinter dem Vorgangsnamen (Abbildung 2.2). Der Status *neu* bleibt so lange gesetzt, bis die Vorgangsdetails angezeigt wurden oder eine erste Rückmeldung bzw. Änderung erfolgt ist.

[4] Der Begriff »Terminanfrage« wird hier als Synonym für »Vorgangsanfrage«, »Aufgabenanfrage« verwendet.

Abbildg. 2.2 Neue Vorgänge im Bereich *Vorgänge*

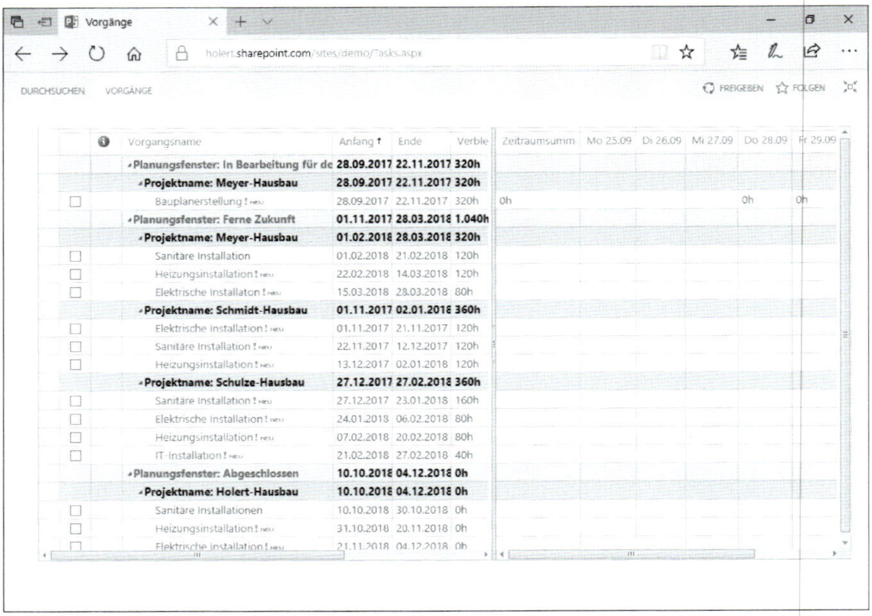

HINWEIS Standardmäßig ist im Bereich *Vorgänge* die Gruppierung *Planungsfenster/Projektname* aktiviert, d.h., Sie sehen alle Vorgänge nach Zeitbereich und Projekt gegliedert. Wenn Sie dies als unpassend empfinden, können Sie eine benutzerdefinierte Gruppierung unter *Daten/Benutzerdefinierte Gruppierung* in der Befehlsgruppe *Daten* einstellen.

Project bzw. der Projektleiter gehen standardmäßig davon aus, dass Sie alle angefragten Vorgänge annehmen. Sofern Sie einen oder mehrere Vorgänge nicht annehmen können, müssen Sie dies ausdrücklich mitteilen, wie weiter unten beschrieben wird. Gründe, die Terminanfrage nicht anzunehmen, können nicht berücksichtigte Vorgangsabhängigkeiten oder Terminüberschneidungen sein.

TIPP Die Spalte *Prozessstatus* (siehe Abbildung 2.3) zeigt an, welchen Status der Vorgang hat. Der Prozessstatus kann unter anderem folgende Werte einnehmen:

- Speichern ist erforderlich
- Vom Manager aktualisiert
- Nicht übermittelt
- Abgelehnt
- Wartet auf Genehmigung

Abbildg. 2.3 Spalte *Prozessstatus*

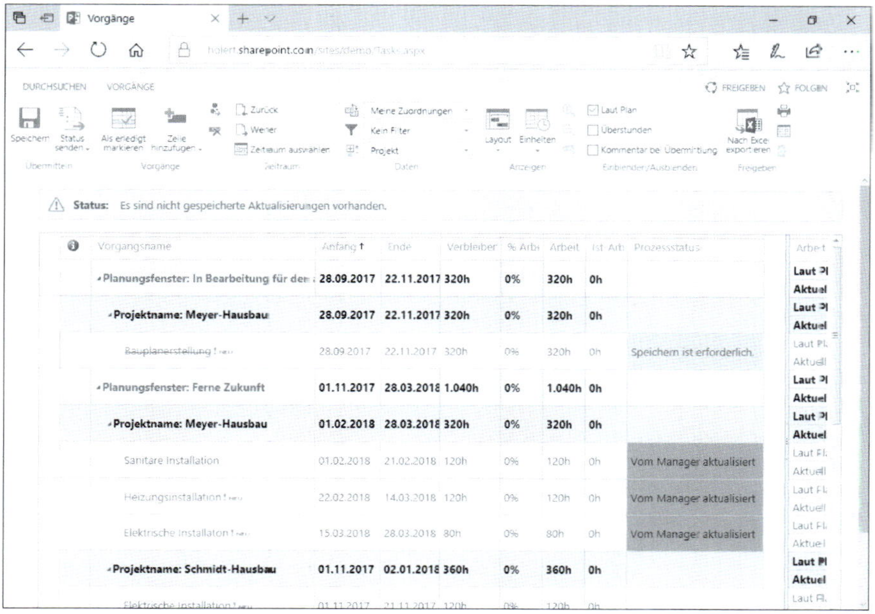

Vorgangsabhängigkeiten prüfen

Prüfen Sie, dass die Vorgangsabhängigkeiten korrekt in der Planung erfasst sind, also beispielsweise alle Vorleistungen für Ihre Vorgänge erbracht wurden, bevor deren Beginn geplant ist. In der Terminanfrage sehen Sie nicht direkt, von welchen Vorgängen Ihr Vorgang abhängig ist oder welche anderen Vorgänge von der Fertigstellung Ihres Vorgangs abhängig sind.

Um die Vorgänger und Nachfolger eines Vorgangs anzuzeigen, gehen Sie wie folgt vor:

1. Klicken Sie in der Vorgangsliste auf den als Verknüpfung hinterlegen Vorgangsnamen.
2. Prüfen Sie in der Ansicht *Vorgangsdetails* im Bereich *Verwandte Zuordnungen* unter *Vorgänge, die enden müssen, bevor dieser Vorgang anfangen kann*, ob alle notwendigen Vorgänger gelistet sind.

HINWEIS Hier werden nur direkt verknüpfte Vorgänger angezeigt, d.h., Vorgänger, die bereits Vorgänger anderer Vorgänger sind, sehen Sie hier nicht. Zudem können Sie keine Vorgänger sehen, die über Sammelvorgänge verknüpft sind. Darüber hinaus kann es sein, dass ein Vorgänger überhaupt nicht verknüpft ist, jedoch von der Planung ausreichend früh berücksichtigt ist.

Abbildg. 2.4 Anzeige der Vorgänger und Nachfolger in den Vorgangsdetails

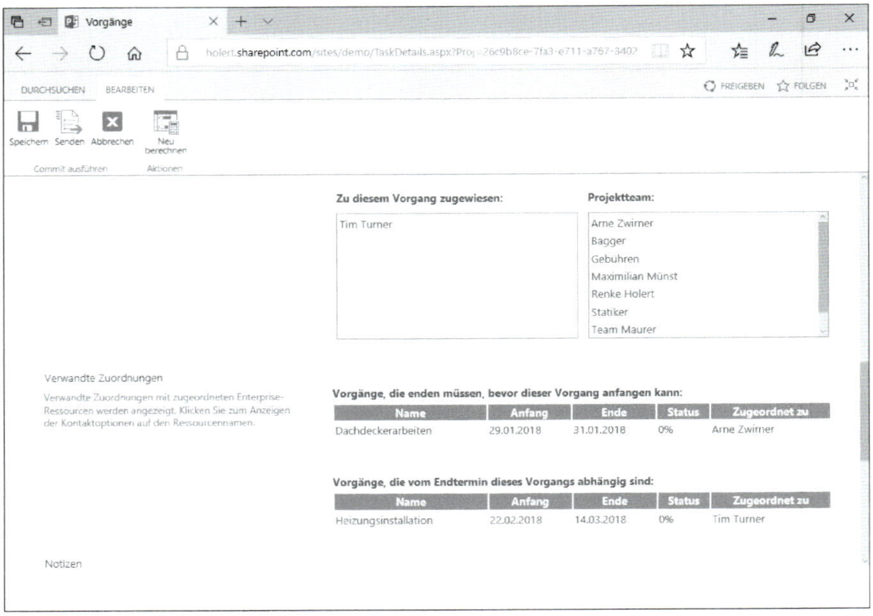

Um auch Abhängigkeiten zu prüfen, die über ein direktes Vorgänger-/Nachfolger-Verhältnis hinausgehen, können Sie je nach Konfiguration[5] auch den Gesamtplan einsehen. Gehen Sie zu dessen Anzeige folgendermaßen vor:

1. Klicken Sie auf die Verknüpfung *Projekte* in der Schnellstartleiste.
2. Klicken Sie auf den als Verknüpfung hinterlegten Namen des Projekts, das Sie anzeigen möchten.
3. Klicken Sie auf die Registerkarte *Vorgang* und wählen Sie in der Befehlsgruppe *Zoom* den Befehl *Verkleinern*, um einen größeren Abschnitt des Balkendiagramms zu sehen.
4. Verschieben Sie ggf. die vertikale Trennlinie weiter nach links, um die Abhängigkeiten auf einer Bildschirmseite darzustellen.
5. Um die Ihnen zugewiesenen Vorgänge leichter zu finden, können Sie z.B. in der Ansicht *Sammelvorgang* in der Spalte *Ressourcennamen* auf Ihren Namen filtern.

[5] Standardmäßig sehen Projektmitarbeiter nur die Übersichten im Projektcenter und mit dem Terminplan einen Teil der Projektdetaildaten. Um die im diesem Abschnitt beschriebenen Schritte mit identischer Darstellung auszuführen, werden – ergänzend zu den Standard-Berechtigungen der Rolle – noch weitere Rechte benötigt, hier: Project öffnen.

Abbildg. 2.5 Anzeige des gesamten Projektplans in PWA

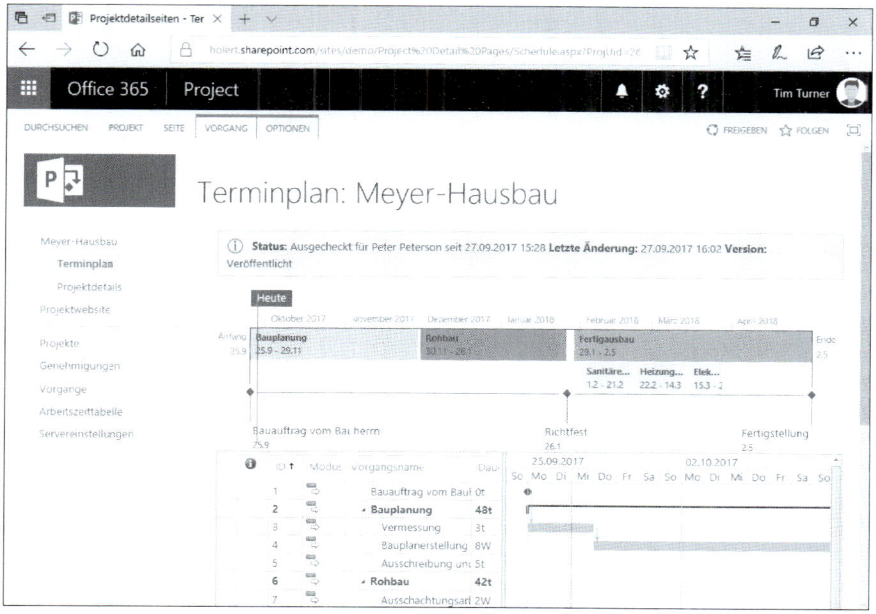

6. Prüfen Sie nun, ob die Vorleistungen mit ausreichendem Vorlauf vor Ihren Vorgängen erbracht werden.

Neben Vorgangsabhängigkeiten prüfen Sie zudem, ob Terminüberschneidung für Ihre Vorgänge bestehen.

Terminüberschneidungen feststellen

In der Terminanfrage wird nicht automatisch angezeigt, ob Vorgänge sich möglicherweise mit bereits zuvor zugesagten Vorgängen überschneiden. Sie können zwar davon ausgehen, dass der Projektleiter auf Basis des zentralen Ressourcenpools Überbuchungen im Vorfeld verhindert, dennoch sollten Sie stets überprüfen, ob Terminüberschneidungen vorliegen. Gehen Sie dazu folgendermaßen vor:

1. Wählen Sie in der Schnellstartleiste der PWA den Eintrag *Vorgänge*.
2. Klicken Sie in der Gruppe *Anzeigen* auf *Layout/Gantt-Diagramm*, um die Terminlage der Vorgänge grafisch als Balkendiagramm darzustellen.
3. Sortieren Sie die Vorgänge innerhalb der Gruppierung nach dem Anfangsdatum, indem Sie auf die Spaltenüberschrift *Anfang* klicken.

TIPP Heben Sie ggf. die Gruppierung nach Projekt auf, sodass die Vorgänge aus allen Projekten chronologisch dargestellt werden (*Vorgänge/Daten/Benutzerdefinierte Gruppierung*) und alle Balken zu den jeweiligen Vorgängen im Balkendiagramm angezeigt werden (*Vorgänge/Anzeigen/Bildlauf zu Vorgang*).

Abbildg. 2.6 Feststellen von Terminüberschneidungen im aktuellen Zeitraum

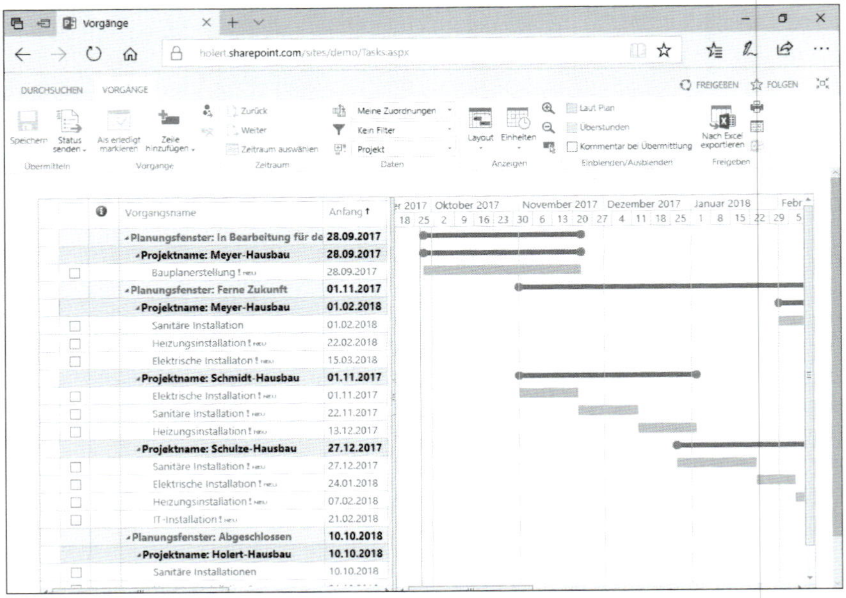

4. Für den aktuellen Zeitraum kann ein Hinweis auf eine Terminüberschneidung sein, dass zwei Vorgänge parallel laufen (Abbildung 2.6). Es lässt sich jedoch nicht auf einen Blick erkennen, ob Ihre verfügbare Arbeitszeit für einen der Tage überschritten ist.

Abbildg. 2.7 Auf Periodenphasen/Zeitphasen bezogene Darstellung der berechneten Arbeit in der Vorgangstabelle

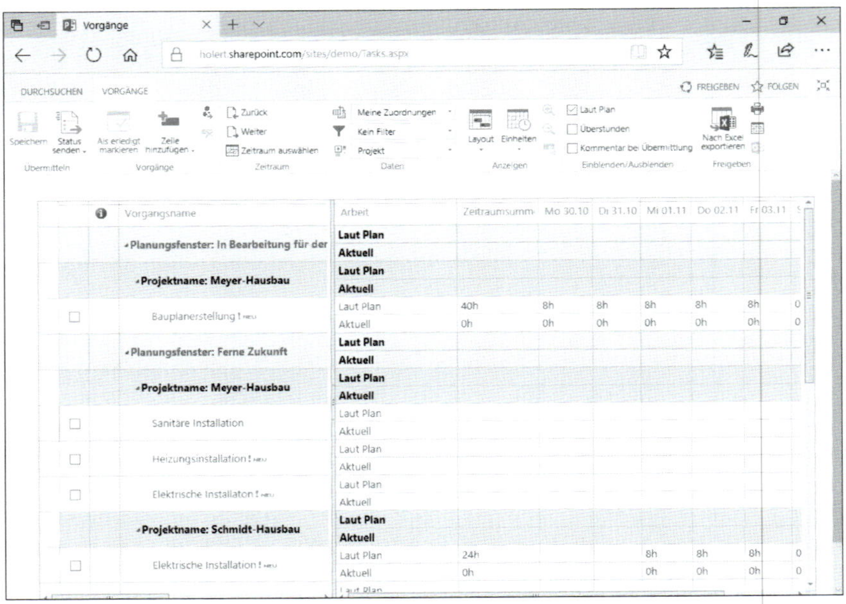

5. Um den genauen Planwert der Arbeit für den jeweiligen Zeitraum zu ermitteln, wechseln Sie bei parallel verlaufenden Vorgängen wieder in das Layout *Daten mit Zeitphasen* und blenden die Planwerte mit ein, indem Sie das Auswahlfeld *Laut Plan* in der Befehlsgruppe *Einblenden/Ausblenden* aktivieren.

HINWEIS Das Feld *Laut Plan* heißt normalerweise (berechnete) *Arbeit*. Im Feld *Laut Plan* wird demnach also nicht die geplante Arbeit aus dem Basisplan verwendet.

6. Die berechnete Arbeit können Sie dann in der rechten Bildschirmhälfte in den Zeilen mit der Beschriftung *Laut Plan* in der Spalte *Arbeit* ablesen.[6]

HINWEIS Die Summe der Arbeit pro Tag oder für den Gesamtzeitraum kann hier leider nicht angezeigt werden.

TIPP Synchronisieren Sie mit Allocatus Ihre Vorgänge mit Ihrem elektronischen Kalender. So können Sie auf einen Blick Überschneidungen erkennen. Mehr Informationen dazu finden Sie in Kapitel 6 im Abschnitt »Allocatus« sowie unter *https://www.allocatus.com*.

Terminanfrage ablehnen

Um einen oder mehrere Vorgänge aus der Terminanfrage ggf. mit einem Kommentar abzusagen, gehen Sie folgendermaßen vor:

Abbildg. 2.8 Ablehnen einer Terminanfrage

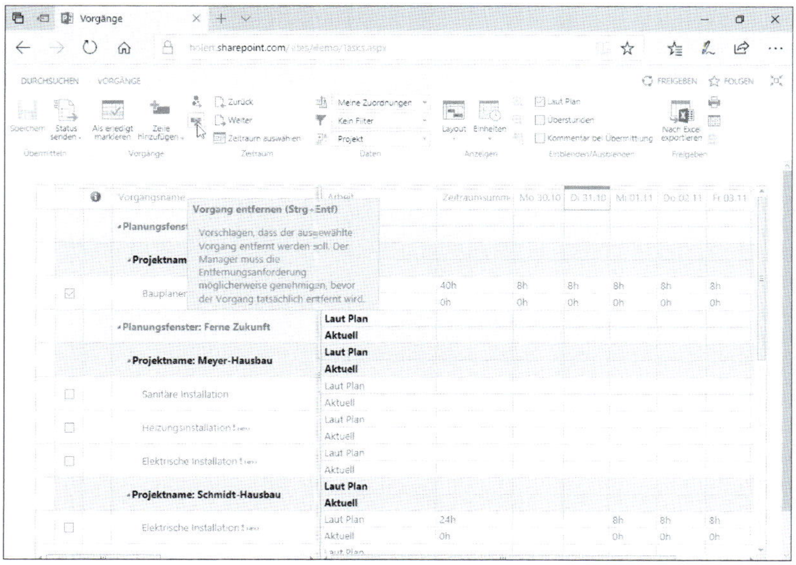

[6] Obwohl hier oft die Bezeichnung »geplante Arbeit« verwendet wird, ist hier nicht die im Basisplan gespeicherte Planarbeit gemeint, sondern die von Project bzw. dem Projektleiter für den Zeitraum aktuell vorgesehene (berechnete) Arbeit.

1. Zeigen Sie die Ihnen zugeordneten Vorgänge an, indem Sie in der PWA in der linken Schnellstartleiste auf die Verknüpfung *Vorgänge* klicken.
2. Markieren Sie den entsprechenden Vorgang, indem Sie das Kontrollkästchen in der ersten Spalte aktivieren.

3. Klicken Sie auf die Schaltfläche *Vorgang entfernen* in der Gruppe *Vorgänge*.

Abbildg. 2.9 Bestätigung der Terminablehnung

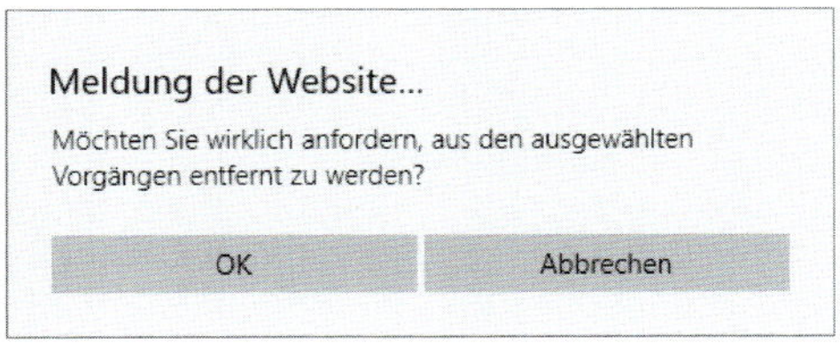

HINWEIS Die Funktion bedeutet nicht, dass der Vorgang aus dem Projektplan entfernt wird, sondern nur, dass Sie dem Vorgang nicht mehr zugeordnet sind. Sofern der Vorgang nur Ihre Zuordnung hatte, sieht der Projektleiter nach Annahme einen Vorgang ohne Zuordnungen.

4. Klicken Sie im Bestätigungsdialogfeld auf die Schaltfläche *OK*.

Abbildg. 2.10 Absenden der Terminablehnung

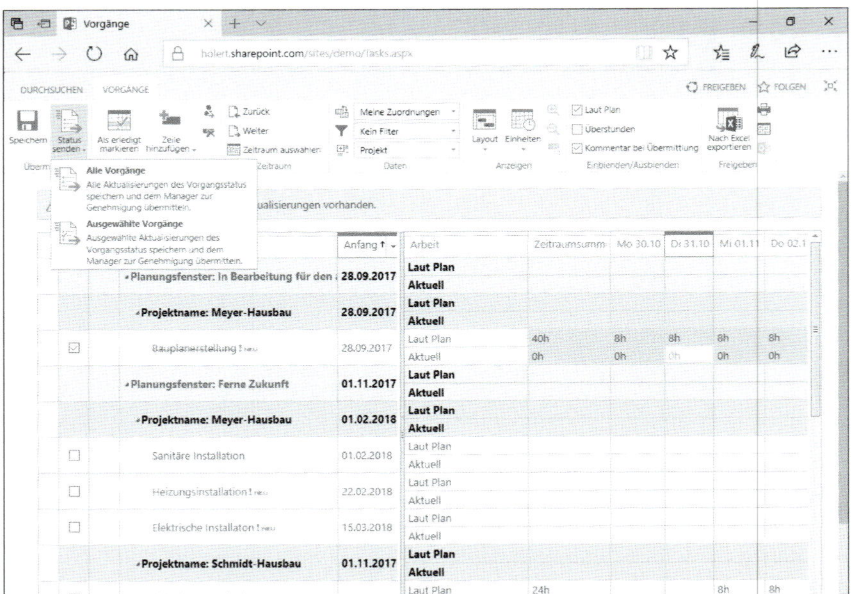

5. Stellen Sie sicher, dass das Kontrollkästchen *Kommentar bei Übermittlung* in der Gruppe *Einblenden/Ausblenden* aktiviert ist, damit Sie auch eine Begründung an den Projektleiter senden können.[7]

6. Klicken Sie auf die Schaltfläche *Status senden/Ausgewählte Vorgänge*, um die Terminablehnung abzusenden.

Abbildg. 2.11 Eingabe eines Kommentars zur Übermittlung

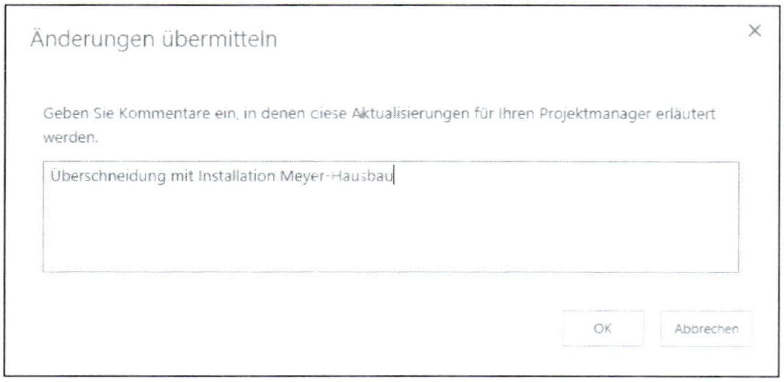

HINWEIS Dieser Kommentar erscheint beim Projektleiter bzw. Status-Manager in der E-Mail-Benachrichtigung, die er für diese Vorgangsaktualisierung erhält. Außerdem sieht der Projektleiter den Kommentar im Bereich *Genehmigungen*, in dem er die Änderung annehmen oder ablehnen kann. Beachten Sie aber, dass diese leicht übersehen werden können, z.B. weil die E-Mail-Benachrichtigungen gefiltert oder auch deaktiviert sein können und dass Rückmeldungen ggf. automatisch über Regeln angenommen werden. Es hat sich daher bewährt, stattdessen Vorgangsnotizen zu verwenden, wie wir im Abschnitt »Terminänderungen bearbeiten« beschrieben haben.

7. Geben Sie eine Begründung für die Absage ein (Transaktionskommentar) und klicken Sie auf die Schaltfläche *OK*.

Der Projektleiter wird jetzt automatisch darüber informiert, dass Sie den Vorgang nicht annehmen. Dies heißt, der Text wird für ihn im Verlauf zu dem Vorgang sichtbar, den er beispielsweise über das Genehmigungscenter aufrufen kann sowie in der Benachrichtigungs-E-Mail angezeigt wird (siehe Kapitel 1). Falls Sie den Kommentar ins Notizfeld des Vorgangs eintragen möchten, gehen Sie wie im Abschnitt »Terminänderungen bearbeiten« beschrieben vor.

HINWEIS Der Vorgang bleibt solange unter *Vorgänge* sichtbar, bis der Projektleiter[8] die Terminabsage genehmigt und den Projektplan erneut veröffentlicht hat.

Den Status können Sie in der Spalte *Prozessstatus* ablesen. Dieser ist bis zur Genehmigung oder Ablehnung mit *Wartet auf Genehmigung angezeigt*. Nach Genehmigung ist die Spalte leer, nach Ablehnung erscheint *Abgelehnt*.

Hiermit sind im Vorfeld erkennbare Planungsfehler ausgeräumt, so dass Sie sich nun der direkt bevorstehenden Arbeit zuwenden können.

7 Alternativ können Sie auch den Vorgangsnamen anklicken und in der Detailseite zum Vorgang im Bereich Notizen eine Notiz zum Vorgang hinterlegen. Diese Art von Notiz hat den Vorteil, direkt in den Projektplan geschrieben zu werden und somit schnell zur späteren Referenz wieder abrufbar zu sein.

8 Genauer: Der als Statusmanager des Vorgangs hinterlegte Benutzer.

Vorgang für aktuellen Tag ermitteln

An jedem Arbeitstag haben Sie nun mindestens zwei administrative Aufgaben: Zum einen gilt es, zu Beginn Ihrer Arbeitszeit zu ermitteln, wofür Sie an diesem Tag eingeplant sind. Zum anderen sollten Sie spätestens am Ende eines Arbeitstages zurückmelden, wie viel Arbeit Sie für welche Vorgänge aufgewendet haben (Ist-Aufwand) und wie groß der voraussichtliche Rest-Aufwand ist.

HINWEIS Ihr Tagesplan kann u.U. Lücken oder Blocker für ungeplante Tätigkeiten ausweisen. Diese können Sie für Anfragen nutzen, die über andere Wege wie z.B. der direkten Kommunikation oder der offenen Punkte-Liste kommen. In diesem Fall können Sie z.B. einen neuen Vorgang für den aktuellen Tag erstellen, wie im Abschnitt »Verzögerten Anfang, Unterbrechungen der Arbeit und Rest-Arbeiten zurückmelden« beschrieben ist. Bei etwaigen Terminkonflikten eskalieren Sie diese an den betroffenen Projektleiter, z.B. auf die im vorangegangenen Abschnitt beschriebene Art und Weise. Wichtig ist, dass Ihre Arbeit vollständig in der Vorgangliste erfasst ist, bevor Sie mit der Arbeit beginnen, damit ggf. noch steuernd von Projektleitern eingegriffen werden kann.

Ihren Tagesplan können Sie auf folgende Art und Weise nachschlagen:

1. Öffnen Sie den Bereich *Vorgänge*.
2. Aktivieren Sie ggf. das Kontrollkästchen *Laut Plan* in der Gruppe *Einblenden/Ausblenden*, um die berechnete Arbeit anzuzeigen.

Abbildg. 2.12 Vorgänge für den aktuellen Tag ermitteln

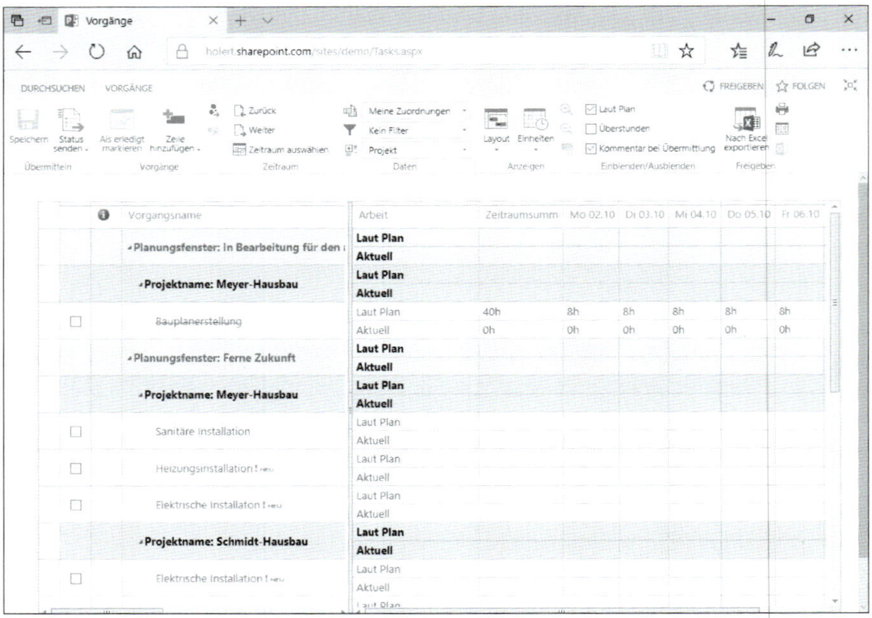

Die aktuellen Vorgänge sehen Sie unter der Gruppierung *Planungsfenster: In Bearbeitung für den aktuellen Zeitraum.* Die Vorgänge für den aktuellen Tag haben in der Spalte des aktuellen Tags in der Zeile *Geplant* einen Wert größer 0 h.

Sie sehen hier alle Vorgänge, die der Projektleiter Ihnen zugeordnet und veröffentlicht hat. Unter dieser Gruppierung sehen Sie neben fälligen *Vorgängen* auch alle überfälligen Vorgänge. Vorgänge, die vom Projektleiter gesperrt wurden, werden hier nicht mehr angezeigt.

Die Liste enthält alle Vorgänge, für die Sie der Zuordnungsbesitzer sind, d.h., es werden nicht nur Vorgänge angezeigt, die ihnen persönlich zugeordnet sind, sondern es können auch Vorgänge vorhanden sein, die einer anderen Ressource zugeordnet sind, für die Sie verantwortlich sind, z.B. externe Mitarbeiter ohne Systemzugriff, Maschinen, Team oder generische Ressourcen.

Abbildg. 2.13 Meine Warnungen und Einstellungen verwalten

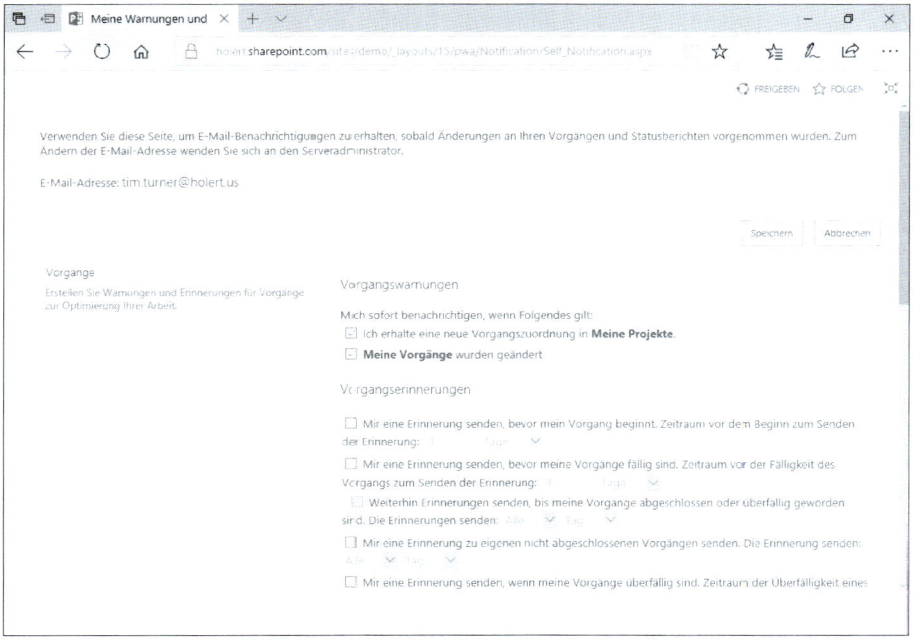

Sie können sich von Project Server und Project Online auch per E-Mail an fällige Vorgänge erinnern lassen. Wenn Ihr Administrator die Funktion aktiviert hat, dann finden Sie unter *Servereinstellungen* im Bereich *Persönliche Einstellungen* die Verknüpfung *Meine Warnungen und Erinnerungen verwalten.* Hier können Sie im Abschnitt *Vorgangswarnungen* den Benachrichtigungsmodus entsprechend Ihrer Wünsche festlegen.

TIPP In früheren Versionen konnten Sie Ihre Vorgänge bzw. Zuordnungen auch als *Aufgaben* in Outlook oder in der SharePoint Liste *Mein Inhalt* anzeigen lassen. Diese Funktion wurde von Microsoft ausgebaut.

Alternativ trägt das Add-On *Allocatus* Project-Vorgänge als Termin oder Aufgabe in Outlook und Lotus Notes entsprechend der in Project berechneten Arbeit ein. Hierdurch können Sie in Ihrer gewohnten Umgebung ggf. auch auf Ihrem Mobiltelefon die für den aktuellen Tag eingeplanten Vorgänge sehen. Mehr Infos zu Allocatus finden Sie in Kapitel 6 im Abschnitt »Allocatus« sowie unter *https://www.allocatus.com*.

Terminänderungen und -absagen bearbeiten

Für den Fall, dass einige Vorgänge nicht innerhalb des vorgesehenen Zeitraums abgeschlossen werden können, wird der Projektleiter die Auswirkungen auf seine ursprüngliche Planung mithilfe von Project ermitteln und ggf. Umplanungen vornehmen. Dies kann beispielsweise zur Folge haben, dass sich Termine für Ihre Vorgänge verschieben (Abschnitt »Terminänderungen bearbeiten«) oder Ihre Zuweisung zu bestehenden Vorgängen entfernt wird (Abschnitt »Terminabsagen bearbeiten«).

Terminänderungen bearbeiten

Eine Terminänderung (Abbildung 2.14) erkennen Sie im Posteingang an der Betreffzeile *Zuordnungen für Projekt »<Projektname>« wurden aktualisiert.*

Abbildg. 2.14 Terminänderung

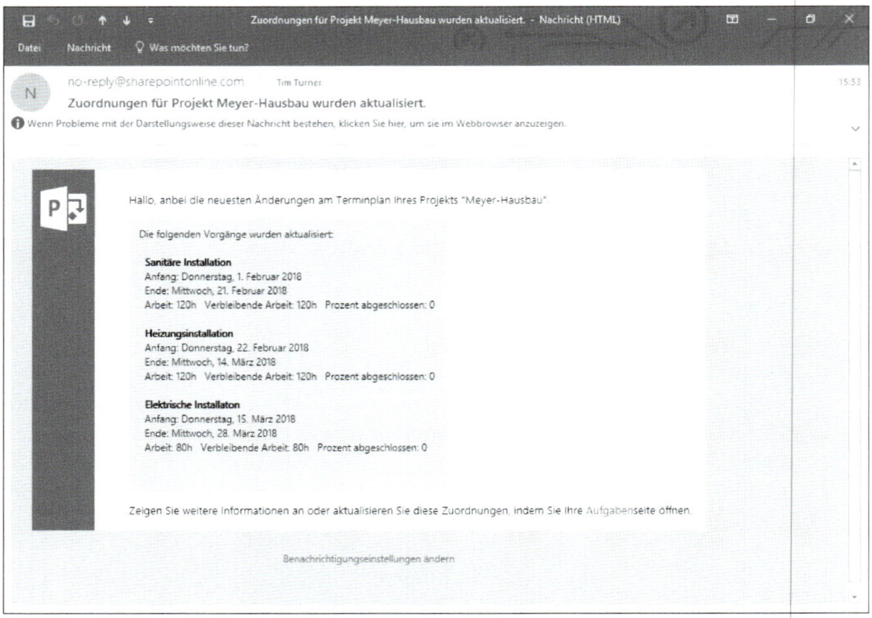

Falls Ihnen Ihr Projektleiter Aktualisierungen schickt, sehen Sie dies außerdem unter ihren Vorgängen. Zur Bearbeitung der Terminänderung führen Sie folgende Schritte aus:

1. Öffnen Sie den Bereich *Vorgänge*.

Abbildg. 2.15 Geänderte Vorgänge in der Vorgangsliste

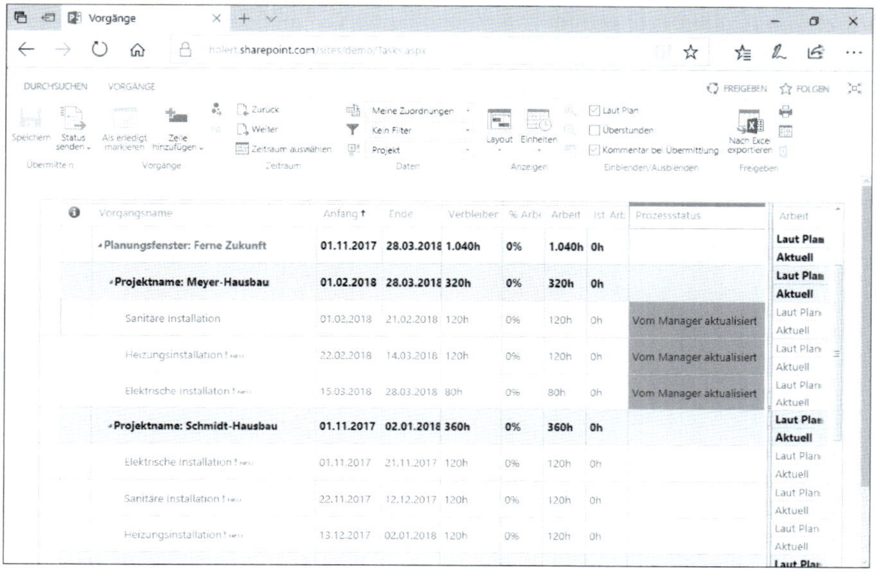

2. Geänderte Vorgänge erkennen Sie am Eintrag *Vom Manager aktualisiert* in der Spalte *Prozessstatus* (Abbildung 2.15).

Sie können an dieser Stelle nur erkennen, wo der Vorgang nach neuester Planung liegt, jedoch nicht, wie der Vorgang vorher zeitlich lag. Wenn Sie überprüfen möchten, ob der Termin eine Überschneidung verursacht, gehen Sie wie im Abschnitt »Terminüberschneidungen feststellen« beschrieben vor.

TIPP Wenn Sie alle Vorgänge, die vom Projektleiter (*Statusmanager*) geändert wurden, zusammen darstellen möchten, wählen Sie im Menüband auf der Registerkarte *Vorgänge* in der Gruppe *Daten* im Dropdown-Listenfeld *Gruppieren nach* den Eintrag *Status* aus.

Sofern sich Probleme durch den Termin ergeben, teilen Sie dies dem Projektleiter durch eine Vorgangsnotiz mit. Gehen Sie dazu folgendermaßen vor:

1. Klicken Sie auf den Vorgangsnamen, um die Seite *Details* anzuzeigen.
2. Führen Sie einen Bildlauf bis zum Abschnitt *Notizen* durch und geben den Notiztext im Feld *Notizen* ein.

HINWEIS Auf der Seite *Details* können Sie im Abschnitt *Kontakte* den Namen des Projektleiters (*Projektmanager*) und den Namen des Rückmeldungsempfängers (*Status-Manager)* im Feld *Genehmigender Manager* ablesen.

Abbildg. 2.16 Eingeben einer Vorgangsnotiz

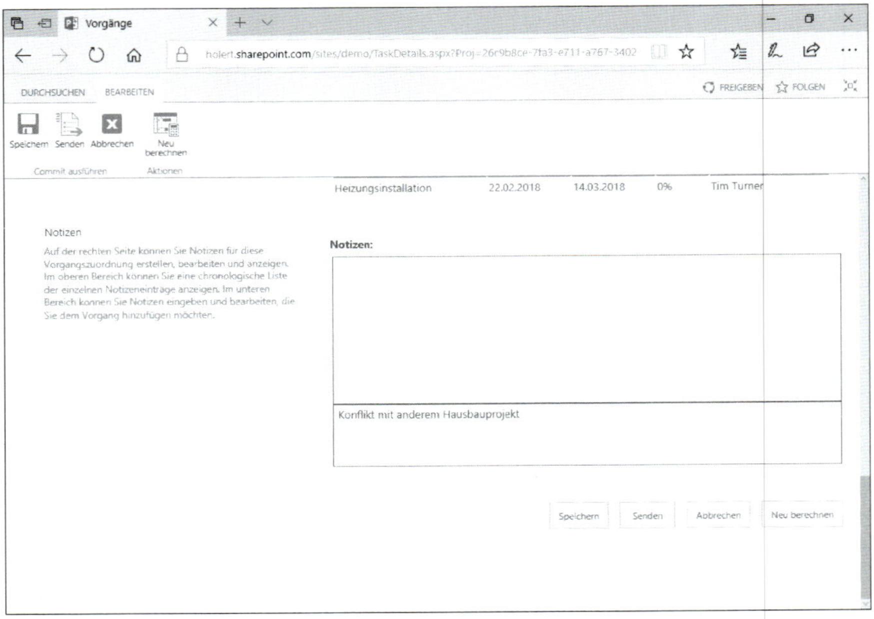

3. Klicken Sie auf die Schaltfläche *Speichern*.

Abbildg. 2.17 Vorgang mit Notiz

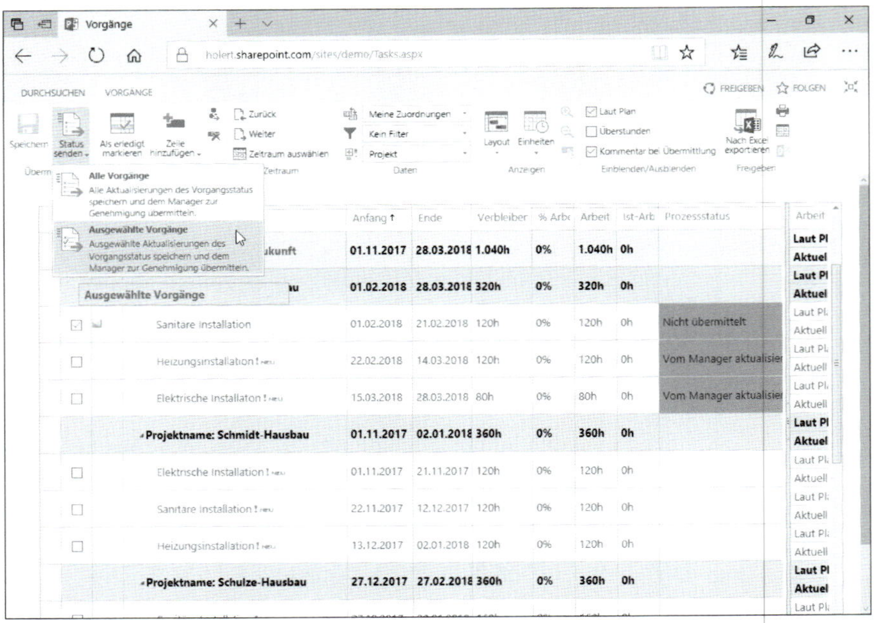

4. Markieren Sie den Vorgang und klicken Sie auf der Registerkarte *Vorgänge* in der Befehlsgruppe *Übermittlung* im Dropdown-Listenfeld *Status senden* auf den Eintrag *Ausgewählte Vorgänge*.

HINWEIS Die Notiz wird bei Genehmigung durch den Projektleiter in das Notizfeld des Vorgangs eingetragen – im Gegensatz zu (Transaktions-) Kommentaren (siehe beispielsweise den Abschnitt »Terminanfrage ablehnen«), die nur im Verlauf zum Vorgang gespeichert werden.

Terminabsagen bearbeiten

Für den Fall, dass Sie von einem zuvor zugewiesenen Vorgang entbunden werden (Terminabsage), erhalten Sie ebenfalls eine E-Mail mit dem Betreff *Zuordnungen für Projekt <Projektname> wurden aktualisiert.*[9]

Abbildung 2.18 Terminabsage bearbeiten

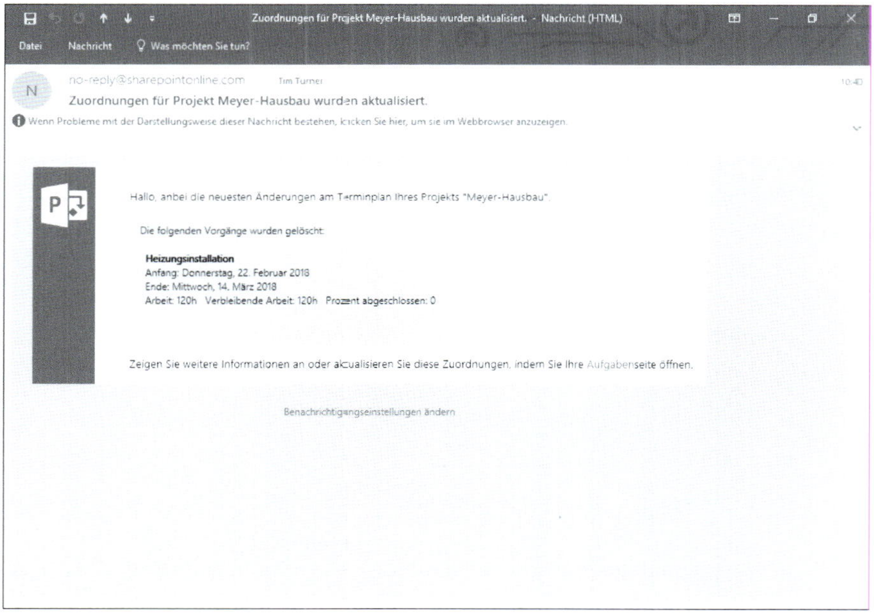

Der Abschnitt *Ihre folgenden Vorgänge wurden gelöscht* listet alle Terminabsagen auf.

Mit dem Versand der E-Mail-Benachrichtigung wird der Vorgang aus dem Bereich *Vorgänge* gelöscht. Sie können somit in der Project Web App nicht erkennen, dass eine ursprüngliche Zuordnung aufgehoben wurde.

[9] Die Mail erhalten Sie beim Löschen einer Zuweisung, aber nicht bei der Neuzuweisung auf einen anderen Mitarbeiter.

Falls Sie zu einem späteren Zeitpunkt wieder zu einem zuvor abgesagten Vorgang eingeplant werden, erhalten Sie für diesen erneut eine Terminanfrage. Der Bereich *Vorgänge* zeigt also stets den neuesten Stand Ihrer Termine, die sich aus der Gesamtprojektplanung des Unternehmens ergeben.

Somit sind von administrativer Seite alle Voraussetzungen gegeben, damit Sie Ihre Vorgänge entsprechend der Vorgaben der Projektleiter termingenau erledigen können. Damit der Projektleiter auf Änderungen reagieren kann, geben Sie ihm regelmäßig ein Feedback, wie im nachfolgenden Abschnitt »Überwachungs- und Steuerungsprozesse« beschrieben wird.

Überwachungs- und Steuerungsprozesse

Ziel der *Überwachungs- und Steuerungsprozesse* ist es, frühestmöglich Informationen über Planabweichungen zu gewinnen, damit entsprechend zeitnah gegengesteuert werden kann.[10] Ihre Aufgabe als Projektmitarbeiter besteht u.a. darin, regelmäßig das Erreichte zu reflektieren, mögliche Probleme zu identifizieren und auf dieser Basis den Ist- und Rest-Aufwand zurückzumelden. Aus der Summe dieser beiden Größen ermittelt der Projektleiter mit Project den voraussichtlichen Gesamt-Aufwand (*Arbeit*) und vergleicht diesen mit dem Plan-Aufwand (*Geplante Arbeit*). Hierdurch kann er Abweichungen bereits ermitteln, bevor »das Kind in den Brunnen gefallen ist« und Maßnahmen ergreifen, die Sie entlasten und das Projekt wieder auf Kurs bringen.

Nachfolgend beschreiben wir die häufigsten Fälle, die Sie im Rahmen der Überwachungs- und Steuerungsprozesse antreffen:

- Fortschritt zurückmelden und Genehmigung oder Ablehnung vom Projektleiter (Status-Manager) bearbeiten
- Mehraufwand, Überstunden und/oder Probleme zurückmelden
- Minderaufwand für Rest-Aufwand zurückmelden
- Verzögerten Anfang, Unterbrechungen der Arbeit und Rest-Arbeiten zurückmelden
- Vertretung zurückmelden
- Abwesenheit durch Urlaub, Krankheit oder andere nicht projektbezogene Tätigkeiten zurückmelden
- Arbeitszeittabelle an Ressourcen-Manager senden und nachträglich korrigieren

[10] Ihre Rückmeldungen werden im Rahmen des Ausführungsprozesses *Projektausführung lenken und managen* generiert (Vgl. PMBOK 2013, S.79-86).

Fortschritt zurückmelden und Genehmigung oder Ablehnung vom Projektleiter (Status-Manager) bearbeiten

Nachfolgend beschreiben wir, wie Sie den Fortschritt an Ihren Projektleiter zurückmelden können und auf dessen Genehmigung oder Ablehnung warten.

Die Eingabe des Fortschritts muss im einfachen Eingabemodus in der Arbeitszeittabelle erfolgen, da nur dann der Fortschritt mit dem Bereich *Vorgänge* automatisch synchronisiert wird.

Wie eingangs erwähnt, haben wir uns für den *einfachen Eingabemodus* entschieden bei dem der Fortschritt vom Bereich *Arbeitszeittabelle* in den Bereich *Vorgänge* automatisch übertragen wird.

ACHTUNG Wenn Sie den Ist-Aufwand im Bereich *Vorgänge* eingeben, dann wird auch im einheitlichen Modus der Ist-Aufwand nicht automatisch in den Bereich *Arbeitszeittabelle* übertragen, wie das umgekehrt der Fall ist.

Vorteile bei der Erfassung über die Arbeitszeittabelle sind u.a.:

- eine bessere Übersicht, da beispielsweise die Gesamtsumme des Ist-Aufwands pro Tag errechnet wird.
- Nach dem Senden der Arbeitszeittabelle wird der Ist-Aufwand eingefroren und kann vom Projektleiter nicht mehr verändert werden.
- Sie können leicht feststellen, ob Sie den Ist-Aufwand für einen Berichtszeitraum, wie z.B. eine Woche, bereits versendet haben.

HINWEIS Anforderungen und Prozesse zur Zeiterfassung und Fortschrittsmeldung können sich zwischen verschiedenen Projektorganisationen erheblich unterscheiden. Unter dem Namen »Smart Timesheet« bieten wir Lösungen zur Anpassung der Arbeitszeittabelle und der Vorgangsliste an.[11]

Der Projektleiter bzw. nach der Begrifflichkeit von Project der Status-Manager erwartet somit, dass Sie folgende Aufgaben wahrnehmen:

- Fortschrittsrückmeldung senden/Zeiterfassung
- Projektaktualisierung oder Ablehnung einer Statusmeldung bearbeiten

Fortschrittsrückmeldung senden/Zeiterfassung

Um für einen aktuellen Vorgang den Fortschritt zurückzumelden, empfehlen wir die folgende Vorgehensweise:

1. Führen Sie im Bereich *Arbeitszeittabelle* einen Bildlauf zu dem Vorgang durch, den Sie heute bearbeitet haben.
2. Klicken Sie auf die Zelle, die zu dem Tag und diesem Vorgang gehört.

[11] Mehr zum Smart Timesheet unter *https://www.holert.com*.

Abbildg. 2.19 Fortschritt zurückmelden

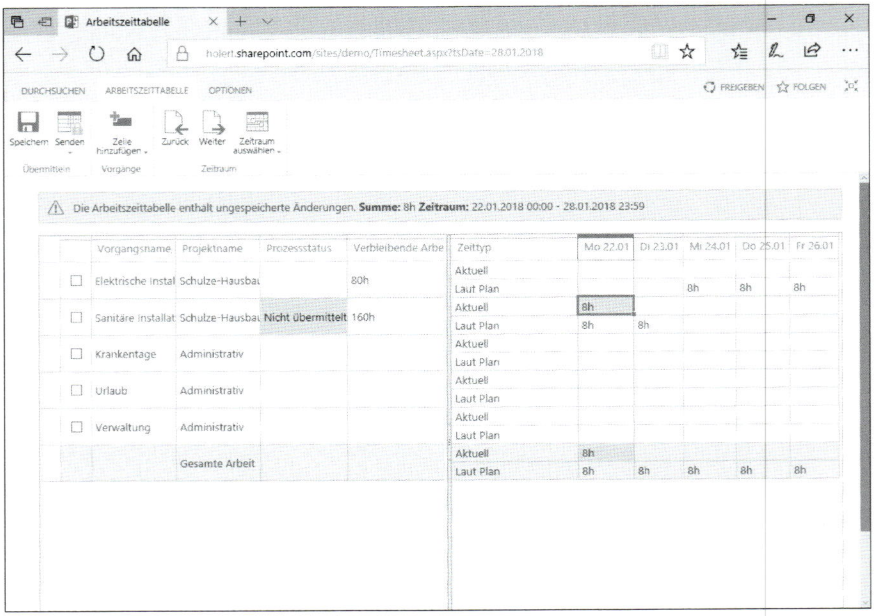

3. Geben Sie in der Zeile *Aktuell* in der Spalte des heutigen Tages in Stunden den Ist-Aufwand ein (*Aktuelle Arbeit)*, den Sie heute für diesen Vorgang aufgewendet haben (Abbildung 2.19).

Abbildg. 2.20 Speichern der Änderungen

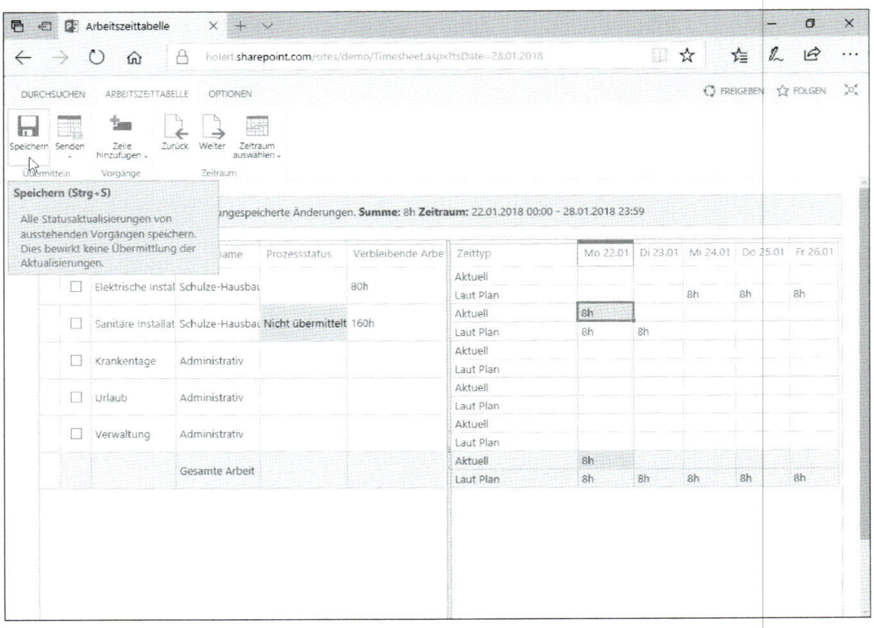

4. Speichern Sie die Eingabe, indem Sie auf die Schaltfläche *Speichern* in der Gruppe *Übermitteln* klicken. Durch das Speichern werden die abhängigen Werte, wie *Verbleibende Arbeit* und *% Arbeit abgeschlossen*, neu berechnet.

HINWEIS Beim Speichern gehen eine manuell geänderte Spaltenreihenfolge sowie Vorgangsauswahl verloren.

Abbildg. 2.21 Geschätzten Rest-Aufwand eingeben

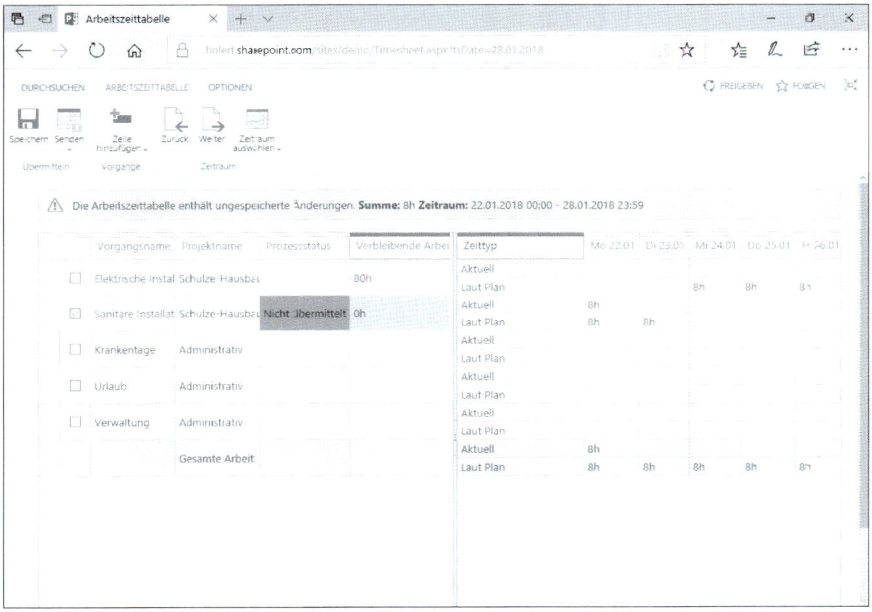

5. Klicken Sie nun in die Spalte *Verbleibende Arbeit* desselben Vorgangs. Schätzen Sie aufgrund der aktuellen Sachlage den Rest-Aufwand für den Vorgang. Für den Fall, dass sich Ihre Schätzung mit dem errechneten Wert deckt, brauchen Sie nichts zu unternehmen; im Falle von Mehr- oder Minderaufwand hingegen passen Sie den Wert in der Spalte *Verbleibende Arbeit* an, wie nachfolgend in den Abschnitten »Mehraufwand, Überstunden und/oder Probleme zurückmelden« bzw. »Minderaufwand für Rest-Aufwand zurückmelden« beschrieben wird. Die verbleibende Arbeit sollte 0 sein, bzw. zu null von Ihnen gesetzt werden, wenn der Vorgang abgeschlossen ist.[12]

HINWEIS Sollte die Spalte *Verbleibende Arbeit* nicht angezeigt werden, wechseln Sie z.B. in die Ansicht *Meine Arbeit* in der Gruppe *Daten* der Registerkarte *Optionen*, die dieses Feld enthält.

[12] Das Abschließen eines Vorgangs hat weitere Auswirkungen und Wertänderungen einiger Felder zur Folge, beispielsweise wird das aktuelle Ende Datum gleich dem Ende Datum gesetzt.

Abbildg. 2.22 Vorgangsaktualisierungen übermitteln

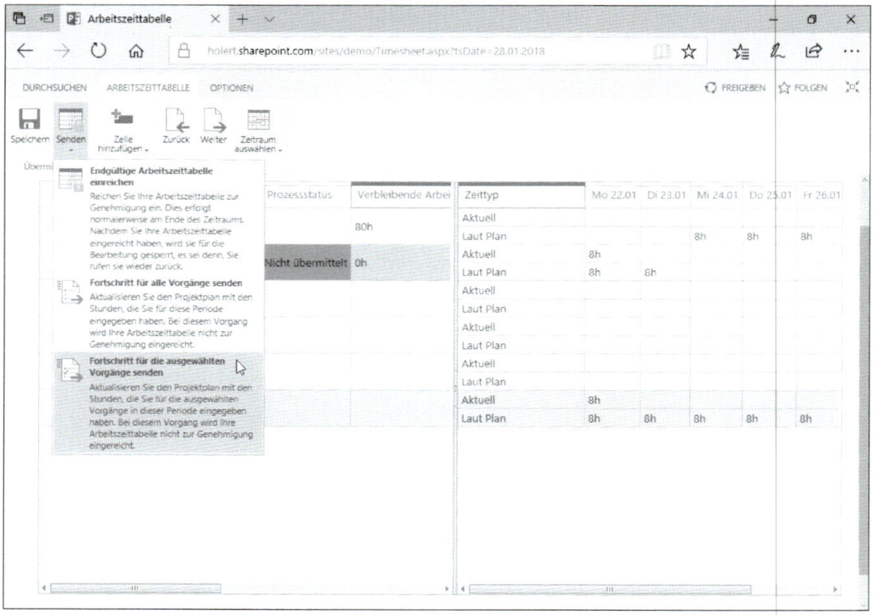

6. Senden Sie spätestens am Ende der Woche die Aktualisierungen an Ihren Projektleiter, indem Sie auf die Schaltfläche *Senden/Endgültige Arbeitszeittabelle einreichen* klicken. Um vorab am besten täglich die Projektleiter über den Fortschritt zu informieren, aktivieren Sie das Kontrollkästchen vor dem Vorgang und klicken Sie auf die Schaltfläche *Senden/Fortschritt für die ausgewählten Vorgänge senden.*

Abbildg. 2.23 Transaktionskommentar eingeben

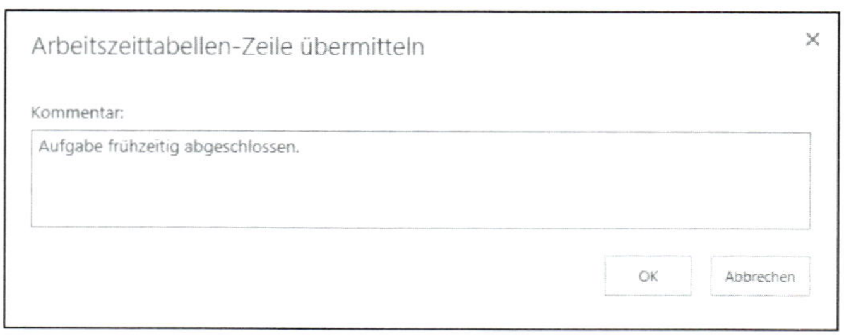

7. Geben Sie ggf. noch einen Kommentar ein. Klicken Sie anschließend auf die Schaltfläche *OK*.

HINWEIS Das Dialogfeld zur Eingabe des Kommentars wird nur angezeigt, wenn das Kontrollkästchen *Kommentar bei Übermittlung* in der Gruppe *Einblenden/Ausblenden Daten* der Registerkarte *Optionen* auswählt ist.

Abbildg. 2.24 Abgesendete Vorgangsaktualisierung

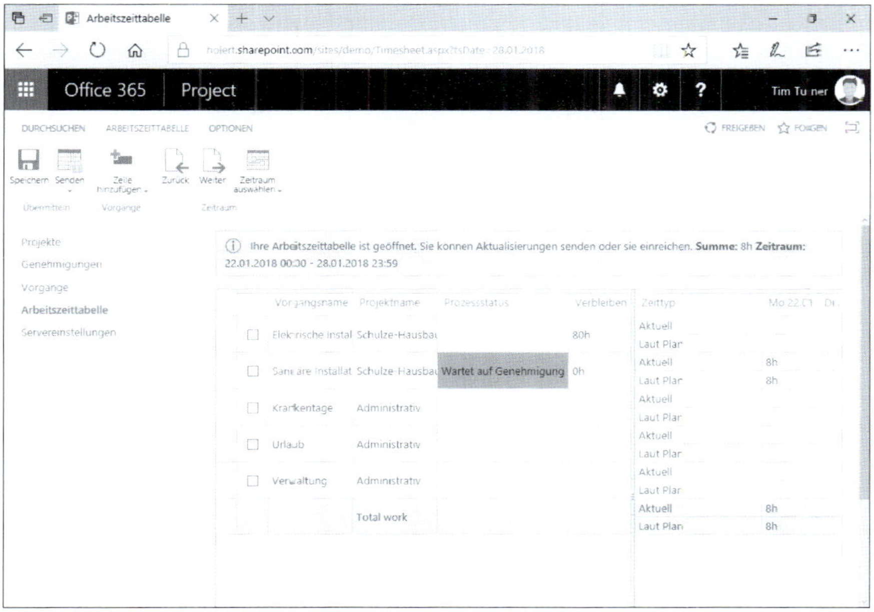

8. In der Spalte *Prozessstatus* erscheint daraufhin *Wartet auf Genehmigung*.

Der Projektleiter bekommt nun eine E-Mail mit dem Betreff *Aktualisierte Zuordnungen wurden von Ressourcen übermittelt*. Er ist über den aktuellen Stand Ihres Ist- und Rest-Aufwands informiert und kann über die Bearbeitung der Vorgangsaktualisierung die Werte automatisch in den Projektplan übernehmen. Wann dies der Fall ist, können Sie an dieser Stelle nicht erkennen. Jedoch können Sie, wie nachfolgend beschrieben, ermitteln, ob der Projektleiter den Projektplan nach der Aktualisierung veröffentlich hat oder Ihre Vorgangsaktualisierung abgelehnt hat.

Projektaktualisierung oder Ablehnung einer Statusmeldung bearbeiten

Den Status der Genehmigung oder Ablehnung Ihrer Rückmeldung können Sie im Bereich *Arbeitszeittabelle* auf folgende Art und Weise ermitteln:

1. Wählen Sie in der Schnellstartleiste der Project Web App die Verknüpfung *Arbeitszeittabelle*.

2. Führen Sie einen Bildlauf zur Spalte *Prozessstatus* aus.

Abbildg. 2.25 Genehmigte Rückmeldung

3. Wenn der Projektleiter die Rückmeldung annimmt, ist der Prozessstatus leer.

HINWEIS Wenn der Projektleiter den Projektplan erneut veröffentlicht, bleibt der Prozessstatus in der *Arbeitszeittabelle* für den Vorgang leer. Im Bereich *Vorgänge* wird der Vorgang mit einem Prozessstatus *Vom Manager aktualisiert* gekennzeichnet (siehe den Abschnitt »Terminänderungen bearbeiten«).

Abbildg. 2.26 Abgelehnte Rückmeldung

	Vorgangsname/Besch	Projektname	Prozessstatus
☐	Elektrische Installation	Schulze-Hausbau	Abgelehnt

Falls der Projektleiter die Rückmeldung (Vorgangsaktualisierungsanfrage) ablehnt, wird dies mit einem Prozessstatus *Abgelehnt* gekennzeichnet.

Abbildg. 2.27 E-Mail mit Information zur abgelehnten Rückmeldung

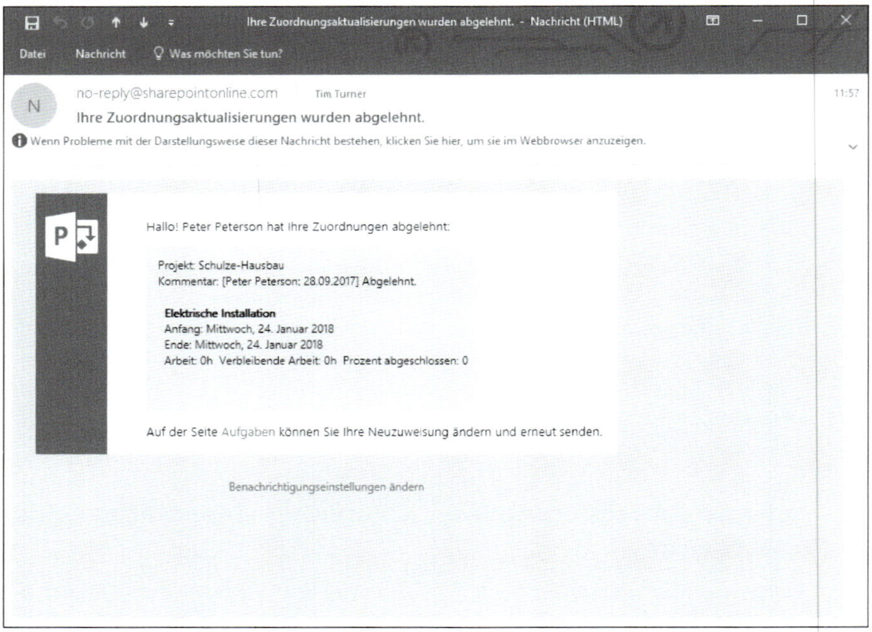

Sie erhalten zudem eine E-Mail mit dem Betreff *Ihre Zuordnungsaktualisierungen wurden abgelehnt*. Als Konsequenz wurde die zuletzt gesendete Änderung nicht in den Projektplan übernommen und die Zuordnung bleibt wie vorher bestehen.

Abbildg. 2.28 Kommentar zum Genehmigungsprozess

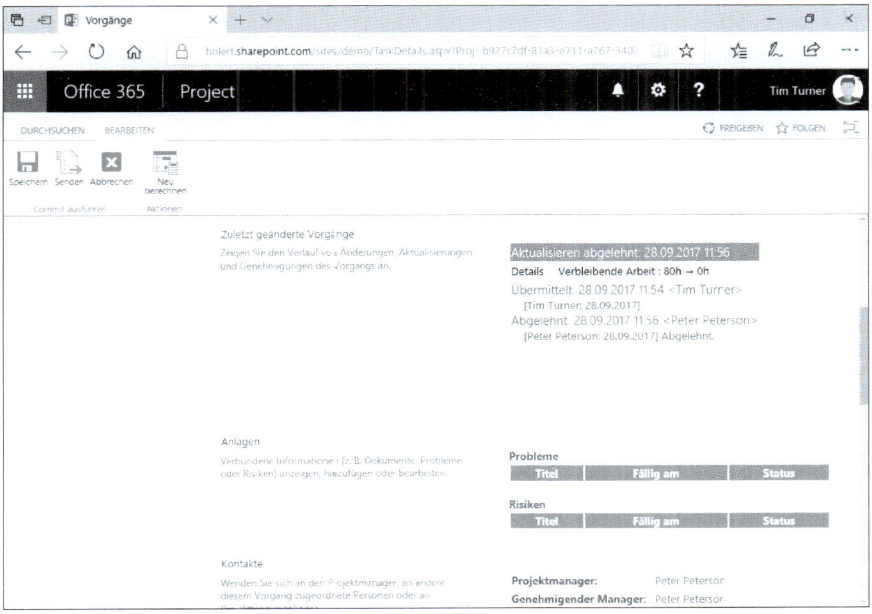

Einen etwaigen Kommentar des Projektleiters können Sie ablesen, indem Sie auf den Vorgangsnamen klicken und dann in der Ansicht *Details* einen Bildlauf zum Abschnitt *Zuletzt geänderte Vorgänge* durchführen. Sie können die Rückmeldung, wie zuvor beschrieben, anpassen und erneut senden.

HINWEIS Sofern Sie vor der Aktualisierung des Projektplans durch den Projektleiter noch Änderungen an den Arbeitswerten vornehmen, wird die bereits übermittelte Vorgangsaktualisierung nachträglich aktualisiert. Der Projektleiter übernimmt bei Aktualisierung dann ganz automatisch die neuesten Werte.

Mehraufwand, Überstunden und/oder Probleme zurückmelden

Unter Umständen schätzen Sie den Aufwand für einen Vorgang größer als vom Projektleiter vorgegeben und/oder möchten offene Punkte (*Probleme*) zentral melden. Nachfolgend beschreiben wir die Rückmeldung des erhöhten Rest-Aufwands, die Erfassung eines Problems und die Rückmeldung von Überstunden nach einem separaten Kostensatz.

Mehraufwand für Rest-Aufwand ohne Überstunden zurückmelden

Für den Fall, dass unerwartete Probleme auftreten und Sie den Rest-Aufwand höher einschätzen (Mehraufwand) als von der Project Web App im Feld *Verbleibende Arbeit* berechnet, sollten Sie den Projektleiter frühestmöglich hiervon in Kenntnis setzen. Gehen Sie dazu wie oben im Abschnitt »Fortschrittsrückmeldung senden/Zeiterfassung« beschrieben vor:

Abbildg. 2.29 Mehraufwand zurückmelden über die Arbeitszeittabelle

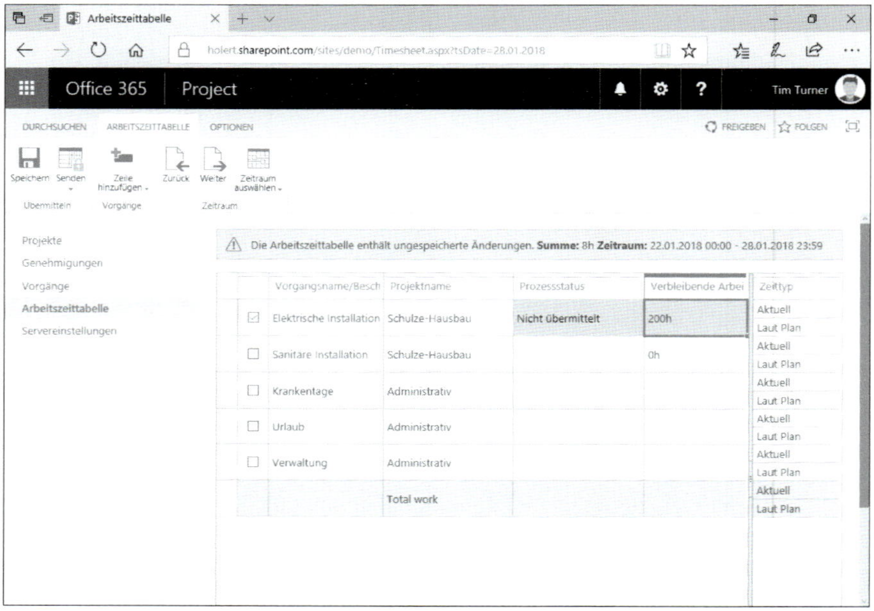

1. Tragen Sie in die Spalte *Verbleibende Arbeit* Ihren geschätzten Restwert ein. Beachten Sie, dass sich hierbei die (Gesamt-) Arbeit erhöht und sich ggf. der Endtermin für diesen Vorgang entsprechend nach hinten verschieben kann (vgl. Kasten weiter unten).
2. Fügen Sie ggf. eine Notiz ein, wie im Abschnitt »Terminänderungen bearbeiten« beschrieben, und begründen Sie, weshalb Sie den Rest-Aufwand höher einschätzen. Nennen Sie nicht nur Erschwernisse, Probleme oder Risiken, die bereits aufgetreten sind, sondern auch diejenigen Faktoren, die Ihrer Ansicht nach höchstwahrscheinlich auftreten werden. Fügen Sie – wenn möglich – Lösungsvorschläge hinzu.

3. Senden Sie die Aktualisierung an den Projektleiter, damit er ggf. Folgemaßnahmen einleiten kann. Aktiveren Sie das Kontrollkästchen vor dem Vorgangsnamen und klicken Sie in der auf der Registerkarte *Arbeitszeittabelle* in der Gruppe *Übermitteln* auf *Senden/Fortschritt für die ausgewählten Vorgänge senden.*

Verhalten im Vorgangsmodus »Automatisch berechnen bei Änderung des Rest-Aufwands«

Wenn Sie den Aufwand höher schätzen, berechnet die Project Web App den Rest-Aufwand des Vorgangs entsprechend der Vorgangseinstellungen und -abhängigkeiten neu. D.h., nachfolgende Vorgänge verschieben sich ggf. entsprechend.

Nur der Projektleiter kann den Rest-Aufwand in den Einsatzeinsichten exakt, z.B. tagesgenau, verteilen. Eine Fortschreibungsoption gibt es nicht, d.h., Sie können als Projektmitarbeiter die Verteilung des Rest-Aufwands nicht bzw. nur sehr begrenzt vorgeben (vgl. Abschnitt »Verzögerten Anfang, Unterbrechungen der Arbeit und Rest-Arbeiten zurückmelden«.

Sobald Sie dem Projektleiter die aktuellen Werte schicken, kann er im Genehmigungscenter die Auswirkungen Ihrer Änderungen in der Vorschau erkennen. Nach Übernahme in den Projektplan muss er u.U. die Arbeit neu planen. Sobald er das gemacht hat, wird das in der Spalte *Prozessstatus* mit dem Hinweis *Vom Manager aktualisiert* angezeigt. Prüfen Sie hiernach die Änderungen wie im Abschnitt »Terminänderungen bearbeiten« beschrieben.

Behandeln Sie die berechneten Arbeitszeiten als verbindliche Vorgaben und wägen Sie Handlungsalternativen ab, bevor Sie nicht termingerechte Arbeit abliefern. Mögliche Handlungsalternativen sind z.B. die Reduktion des Leistungsumfangs und die Verschiebung der Rest-Arbeiten auf einen späteren Termin, an dem Sie oder eine andere Ressource wieder frei verfügbar ist (vgl. Abschnitt »Terminüberschneidungen feststellen«).

Wenn Sie durch längere Arbeit an einzelnen Tagen den Mehraufwand auffangen möchten, geben Sie an den entsprechenden Tagen für die Ist-Arbeit im Feld *Akt. Arbeit* eine entsprechend höhere Arbeit ein und passen Sie danach entsprechend den Rest-Aufwand (*Verbleibende Arbeit*) auf den ursprünglichen Wert an.

Probleme zurückmelden

Wenn Sie sicherstellen möchten, dass ein offener Punkt (Problem) durch den Projektleiter weiterverfolgt wird, fügen Sie diesen in der Problemliste des betreffenden Projekts als ein neues Problem ein. Eine solche Liste wird auch oft als *Liste offener Punkte* bezeichnet. Führen Sie hierzu folgende Schritte aus:

1. Klicken Sie in der Arbeitszeittabelle auf den als Verknüpfung hinterlegten Namen des entsprechenden Vorgangs.
2. Führen Sie einen Bildlauf zum Abschnitt *Anlagen* durch.

Abbildg. 2.30 Anlagen zum Vorgang anzeigen

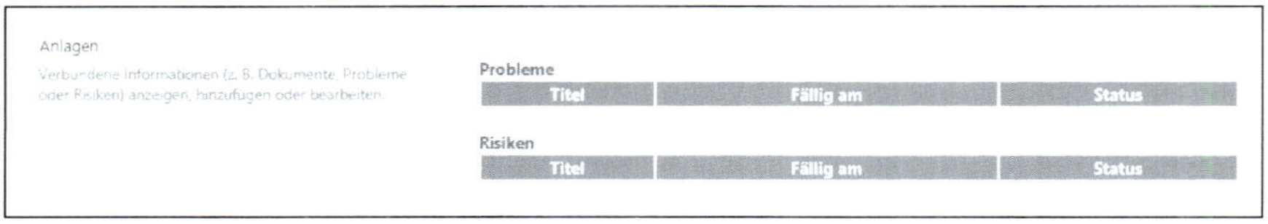

3. Klicken Sie auf die Verknüpfung *Probleme*.

Abbildg. 2.31 Offenen Punkt oder Problem erstellen

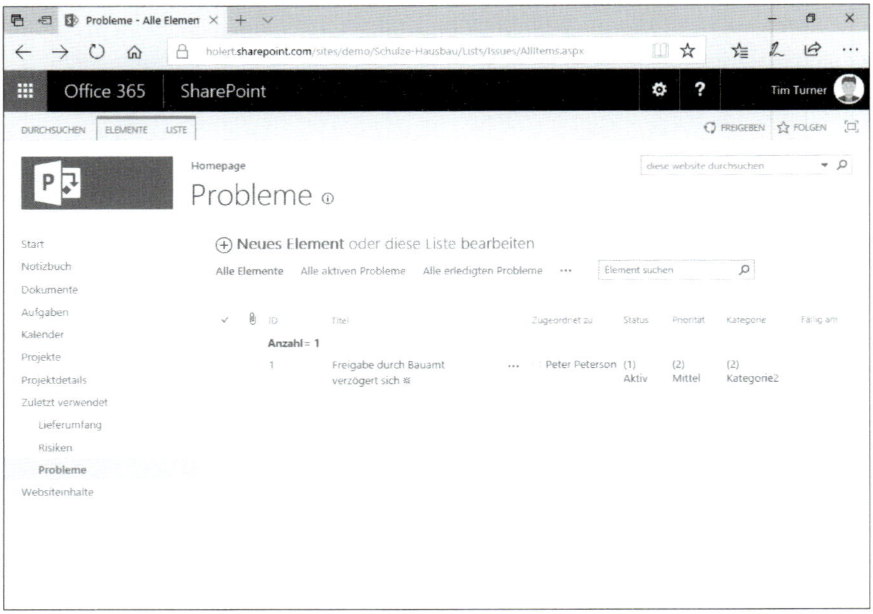

4. Klicken Sie auf der folgenden Seite auf die Verknüpfung *Neues Element hinzufügen* (Abbildung 2.31).

Abbildg. 2.32 Neuen offenen Punkt erstellen

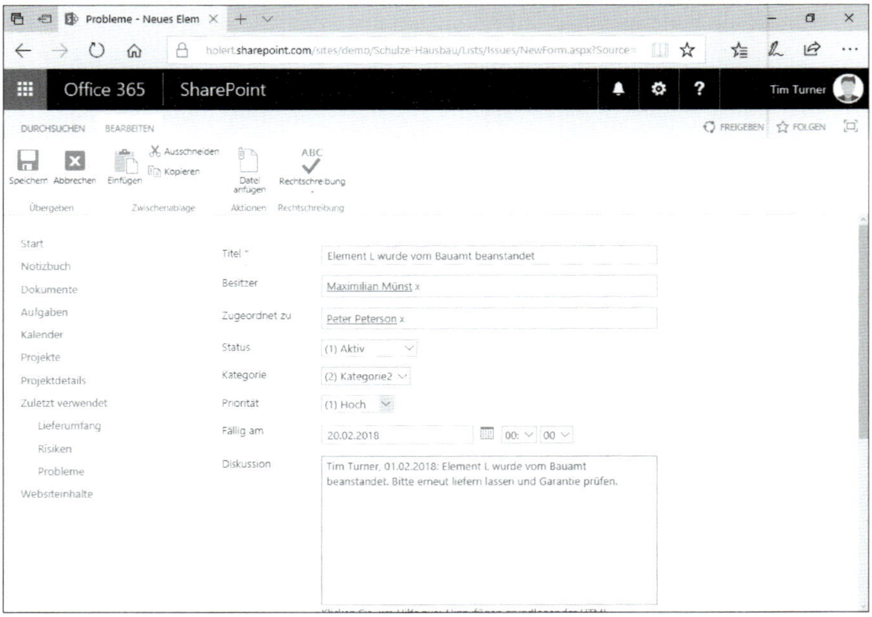

5. Füllen Sie auf der folgenden Seite die Felder *Titel*, *Besitzer*, *Zugeordnet zu*, *Status*, *Kategorie*, *Priorität*, *Fällig am* und *Diskussion* aus (Abbildung 2.32).

6. Klicken Sie auf *Speichern* in der Befehlsgruppe *Übergeben*, um die Eingabe des Problems abzuschließen.

...

TIPP Sie können einen offenen Punkt (*Problem*) auch mit einem oder mehreren Vorgängen oder anderen offenen Punkten (*Problemen*) verknüpfen. Sie erreichen den Verknüpfungsdialog über die Ellipsis neben dem Listeneintrag. Wählen Sie im dann den Eintrag *Element anzeigen*. Wählen Sie auf der nachfolgenden Seite die Verknüpfung *VERWANDTES ELEMENT HINZUFÜGEN* und führen Sie dann die Verknüpfung durch.

Mehraufwand für Ist-Aufwand mit Überstunden zurückmelden

Grundsätzlich können Sie bereits angefallenen Mehraufwand in der Zeile *Aktuell* erfassen, hierbei wird der Mehraufwand nicht gesondert ausgewiesen und u.a. entsprechend Ihres Standardkostensatzes in Project berechnet. Sofern der Mehraufwand gesondert ausgewiesen werden soll, erfassen Sie diesen als Überstunden in der Project Web App. Sie können Überstunden sowohl in der Vorgangsliste als auch in der Arbeitszeittabelle erfassen. Um die Überstunden in der Arbeitszeittabelle zu erfassen, gehen Sie folgendermaßen vor:

Abbildg. 2.33 Überstunden eingeben

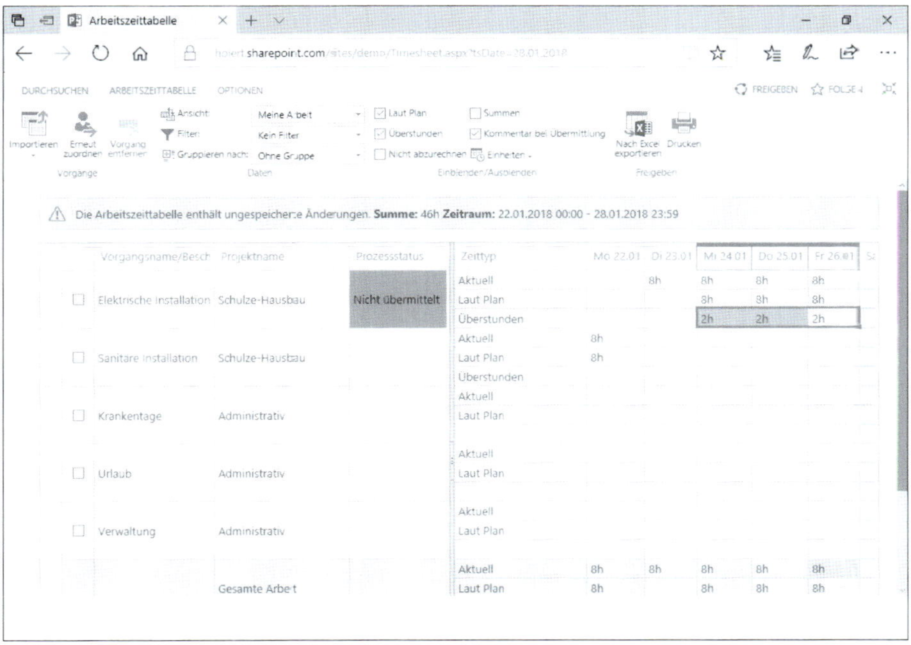

1. Wechseln Sie in den Bereich *Arbeitszeittabelle*.
2. Aktivieren Sie das Kontrollkästchen *Überstunden* in der Gruppe *Einblenden/Ausblenden* auf der Registerkarte *Optionen*.
3. Geben Sie in der Zeile *Überstunden* zu den jeweiligen Tagen und Vorgängen den entsprechenden Arbeitswert ein.

Beachten Sie, dass durch die Eingabe der Überstunden ggf. auch die Projektkosten entsprechend Ihres *Überstundensatzes* beeinflusst werden. Überstunden werden nach Neuberechnung der Arbeitszeittabelle der (berechneten) Arbeit (Zeile *Geplant*) hinzugerechnet und in Project im Feld *Aktuelle Überstundenarbeit* auf Vorgangs- und Zuweisungsebene kumuliert (Zeile *Überstunden*).

TIPP Wenn Sie keine Überstunden berechnen können, aber dennoch die Mehrarbeit protokollieren möchten, bitten Sie den Ressourcen-Manager, den Überstundenkostensatz auf 0 € festzulegen. Auf diese Art und Weise bleiben auch bei Mehrarbeit die Projektkosten konstant.

Minderaufwand für Rest-Aufwand zurückmelden

Schätzen Sie den *Rest-Aufwand* geringer als den berechneten Wert ein (Minderaufwand), gehen Sie folgendermaßen vor, um dies dem Projektleiter mitzuteilen:

1. Wechseln Sie in die *Arbeitszeittabelle.*
2. Reduzieren Sie entsprechend den Arbeitswert im Feld *Verbleibende Arbeit.*
3. Senden Sie die Änderung an den Projektleiter, indem Sie den Vorgang markieren und in der Befehlsgruppe *Übermitteln* im Dropdown-Listenfeld *Senden* den Eintrag *Fortschritt für die ausgewählten Vorgänge senden* klicken.

Beachten Sie, dass auch in diesem Fall die Arbeit und andere Felder neu berechnet werden und sich ggf. nachfolgend verknüpfte Vorgänge verschieben (vgl. den Kastenhinweis im Abschnitt »Mehraufwand für Rest-Aufwand ohne Überstunden zurückmelden«).

Verzögerten Anfang, Unterbrechungen der Arbeit und Rest-Arbeiten zurückmelden

Im Projektverlauf kann es dazu kommen, dass Sie Ihre Arbeit nur abweichend von der Planung des Projektleiters ausführen können. Nachfolgend beschreiben wir, wie Sie einen verzögerten Anfang mit Unterbrechung und einen neuen Vorgang für Rest-Arbeiten zurückmelden können.

Verzögerten Anfang und Unterbrechungen zurückmelden

Wenn erkennbar ist, dass Sie einen Vorgang nur verspätet beginnen können (verzögerter Anfang) oder einen bereits begonnenen Vorgang entgegen den Vorgaben unterbrechen müssen, gehen Sie folgendermaßen vor, um dies an Ihren Projektleiter zurückzumelden:

HINWEIS Sie können das Anfangsdatum nur ändern, wenn auf den Vorgang noch keine *Aktuelle Arbeit* gebucht wurde, da sich andernfalls der Ist-Aufwand verschieben würde.

Abbildg. 2.34 Anfangsdatum des Vorgangs ändern

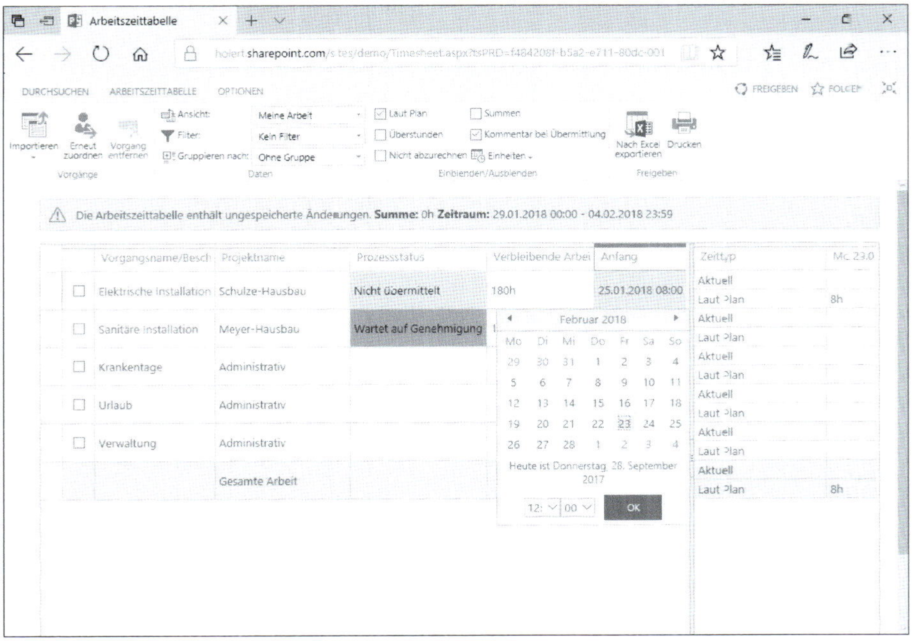

1. Falls der Vorgang noch nicht begonnen hat, ändern Sie das Anfangsdatum im Feld *Anfang*.

Abbildg. 2.35 Vorgang mit Unterbrechung nach Eingabe

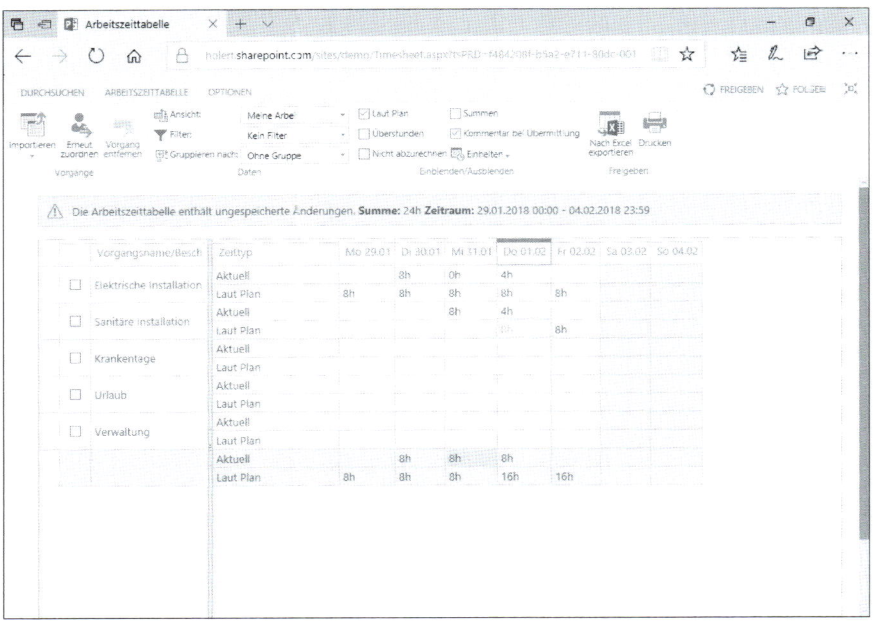

2. Falls Sie bereits am Vorgang gearbeitet haben, tragen Sie genau an den Tagen in der Zeile *Aktuell* den Ist-Aufwand ein, an denen Sie tatsächlich gearbeitet haben (Abbildung 2.35).

Abbildg. 2.36 Vorgang mit Unterbrechung nach Speichern bzw. Senden

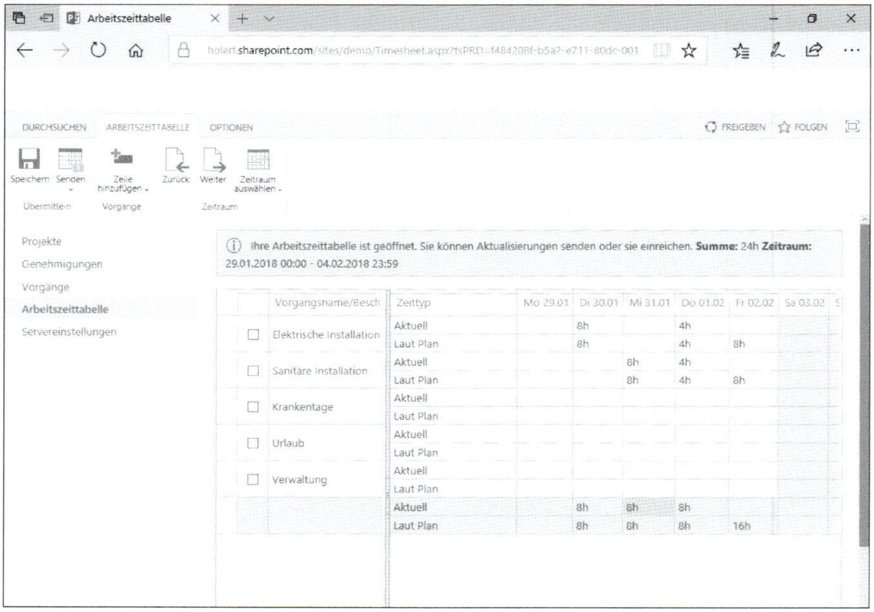

3. Senden Sie die Rückmeldung ggf. inklusive eines Kommentars an den Projektleiter, indem Sie den Vorgang markieren und in der Befehlsgruppe *Übermitteln* im Drop-down-Listenfeld *Senden* den Eintrag *Fortschritt für die ausgewählten Vorgänge senden* klicken.

HINWEIS Mit dem Speichern oder Senden werden auch die Planwerte (u.a. Zeile *Geplant*) angepasst. Die Project Web App hat den Rest-Aufwand jetzt entsprechend der Vorgangsart neu berechnet, sodass ggf. Planänderungen vorgenommen werden müssen (vgl. Kasten im Abschnitt »Mehraufwand für Rest-Aufwand ohne Überstunden zurückmelden«).

Eine Möglichkeit, eine Verzögerung aufzufangen ist es, nur die unbedingt nötigen Arbeiten auszuführen und den Rest-Aufwand auf eine spätere Phase zurückzustellen. Hierfür empfehlen wir einen neuen Vorgang zu erstellen.

Neuen Vorgang für Rest-Aufwand erstellen

Um für den für Rest-Aufwand einen neuen Vorgang bzw. eine Vorgangsanfrage zu erstellen, führen Sie folgende Schritte aus:

1. Wählen Sie in der Schnellstartleiste *Arbeitszeittabelle* aus.
2. Schätzen Sie den Rest-Aufwand und ermitteln Sie einen freien Termin entsprechend der Beschreibung im Abschnitt »Terminüberschneidungen feststellen«. Achten Sie darauf, dass Sie nicht versehentlich ein Wochenende auswählen. Notieren Sie sich dieses Datum.

Abbildg. 2.37 Neuen Vorgang für Rest-Aufwand erstellen

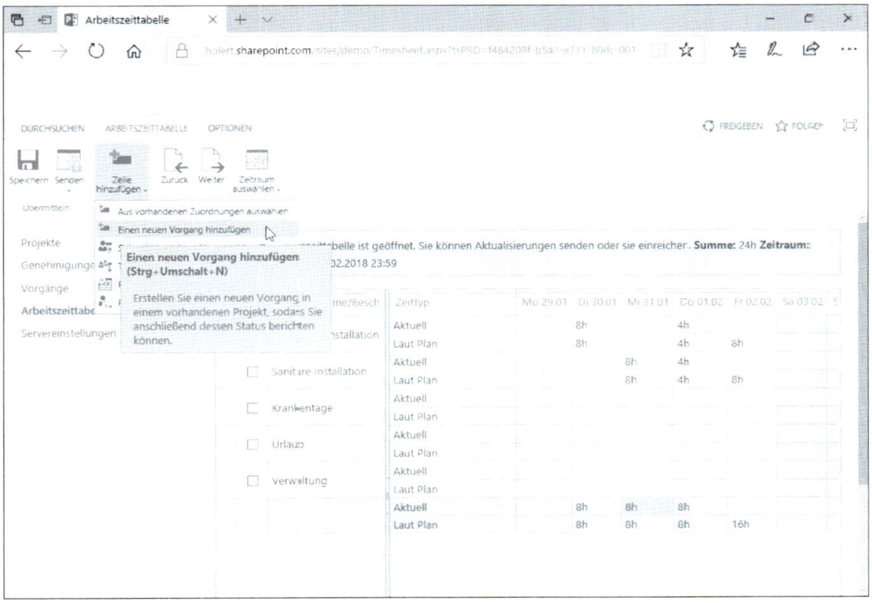

3. Klicken Sie auf der Registerkarte *Arbeitszeittabelle* in der Gruppe *Vorgänge* auf *Zeile einfügen* und dann auf *Einen neuen Vorgang hinzufügen* (siehe Abbildung 2.37).

Abbildg. 2.38 Erstellung des neuen Vorgangs als Teilvorgang für die entsprechende Projektphase (unter einem Sammelvorgang)

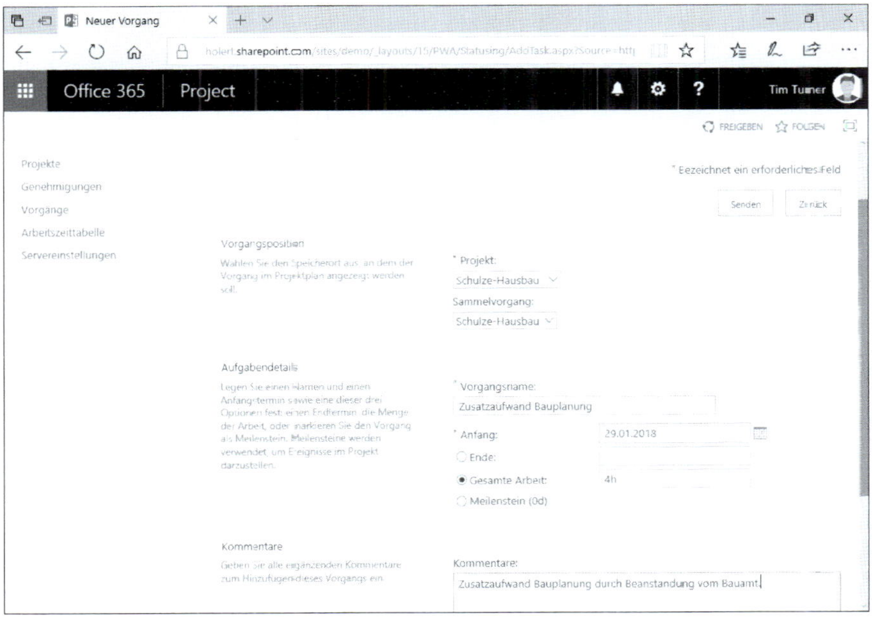

4. Wählen Sie im Bereich *Vorgangsposition* im Feld *Projekt* das zugehörige Projekt aus und im Feld *Sammelvorgang* den Sammelvorgang für die zeitlich passende Projektphase (Abbildung 2.38).

HINWEIS Wenn Sie keine passende Phase (Sammelvorgang) für den Rest-Aufwand finden, können Sie auch einen Vorgang auf Projektebene erstellen. Der Projektleiter kann im Nachgang auch einen neuen Sammelvorgang erstellen und den Vorgang entsprechend einordnen.

5. Geben Sie im Bereich *Aufgabendetails* einen aussagekräftigen Namen für den Vorgang im Feld *Vorgangsname* ein.
6. Geben Sie im gleichen Bereich den zuvor ermittelten Anfangstermin im Feld *Anfang* ein.
7. Geben Sie im Feld *Gesamte Arbeit* den geschätzten Rest-Aufwand ein.

HINWEIS Wenn Sie im Feld *Gesamte Arbeit* keine Einheit angeben, dann bucht die Project Web App die Zahl als Stundenwert. Sie können alternativ auch eine Einheit angeben, wie z.B. *t* für Tag.

Wenn Sie statt des Aufwands im Feld *Gesamte Arbeit* den Endtermin im Feld *Ende* vorgeben, dann verteilt die Project Web App den Aufwand nicht anhand des Ressourcenkalenders, d.h., der Endtermin muss so bemessen sein, dass in dem Zeitraum die Arbeitstage den geschätzten Aufwand widerspiegeln. Die Zuordnung erfolgt mit 100 %, d.h. die maximalen Einheiten der Ressource werden nicht beachtet.

8. Ergänzen Sie, falls sinnvoll, noch einen Kommentar.
9. Klicken Sie auf die Schaltfläche *Senden, um die Vorgangsanfrage an den Projektleiter zu senden.*

Der Projektleiter erhält jetzt eine E-Mail mit dem Betreff *Sie haben eine neue Aufgabenanfrage von <Projektmitarbeiter>* mit der Aufforderung, die Anfrage anzunehmen oder abzulehnen.

Der Vorgang wird jetzt mit dem Prozessstatus *Wartet auf Genehmigung* dargestellt. Sie können nicht erkennen, dass Sie diesen Vorgang selbst erstellt haben und nur anhand des Prozessstatus prüfen, ob der Projektleiter diesen bereits genehmigt hat (vgl. Abschnitt »Fortschrittsrückmeldung senden/Zeiterfassung«).

Bei Annahme durch den Projektleiter wird der Vorgang automatisch im Projektplan an unter dem gewählten Sammelvorgang angelegt, bei Ablehnung existiert der Vorgang weiterhin nur in der Weboberfläche.

HINWEIS Sie können den Vorgang über den Befehl *Vorgang entfernen* löschen (*Optionen/Vorgänge/Vorgang entfernen*). Der Vorgang wird dann sofort aus der Arbeitszeittabelle gelöscht, bleibt aber, bis der Projektleiter den Projektplan das nächste Mal veröffentlicht hat, als durchgestrichener Vorgang im Bereich *Vorgänge* sichtbar (vgl. Abschnitt »Terminanfrage ablehnen«).

Abbildg. 2.39 Neuer Vorgang in der Arbeitszeittabelle

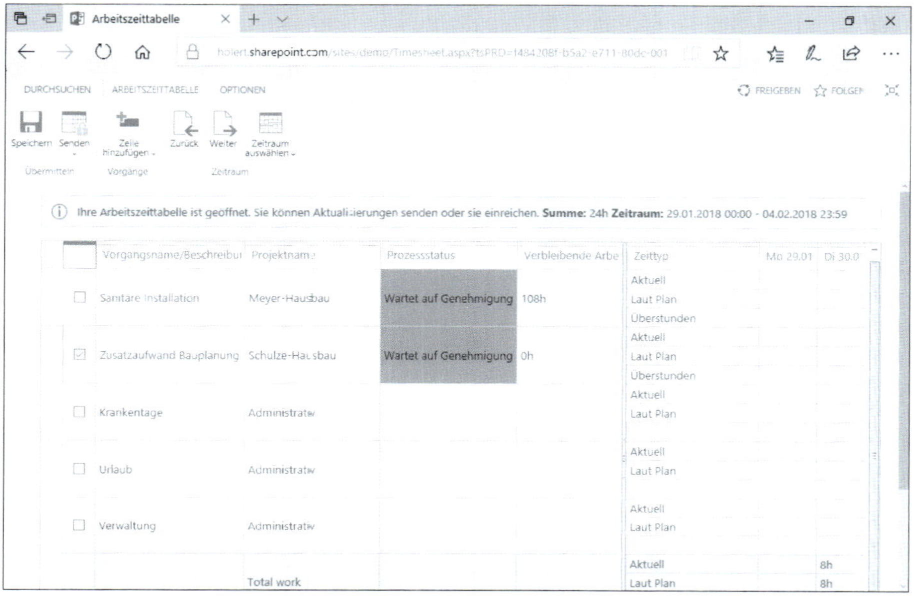

Das Erstellen neuer Vorgänge für Sonderprojekte, wie z.B. Urlaub oder Krankheit, entspricht einem Urlaubsantrag bzw. einer Krankheitsmeldung. Mehr dazu im Abschnitt »Abwesenheit durch Urlaub, Krankheit oder andere nicht projektbezogene Tätigkeiten zurückmelden« und in Kapitel 3 im Abschnitt »Management von Abwesenheitszeiten und anderen nicht projektbezogenen Zeiten«.

Vertretung zurückmelden

Für den Fall, dass Sie nicht in der Lage sind, einen Vorgang wahrzunehmen, können Sie dem Projektleiter für Vorgänge eine Vertretung vorschlagen (Vorgangsdelegierung). Sie können eine Vorgangsdelegierung sowohl im Bereich *Vorgänge* als auch *Arbeitszeittabelle* ausführen. In der Vorgangsliste gehen Sie dazu folgendermaßen vor:

1. Klicken Sie in der Schnellstartleiste auf *Arbeitszeittabelle*.

2. Markieren Sie den zu delegierenden Vorgang, indem Sie das Kontrollkästchen vor dem Vorgangsnamen aktivieren. Klicken Sie anschließend auf Schaltfläche *Erneut zuordnen* in der Gruppe *Vorgänge*.

Abbildg. 2.40 Vorgangsdelegierung aufrufen

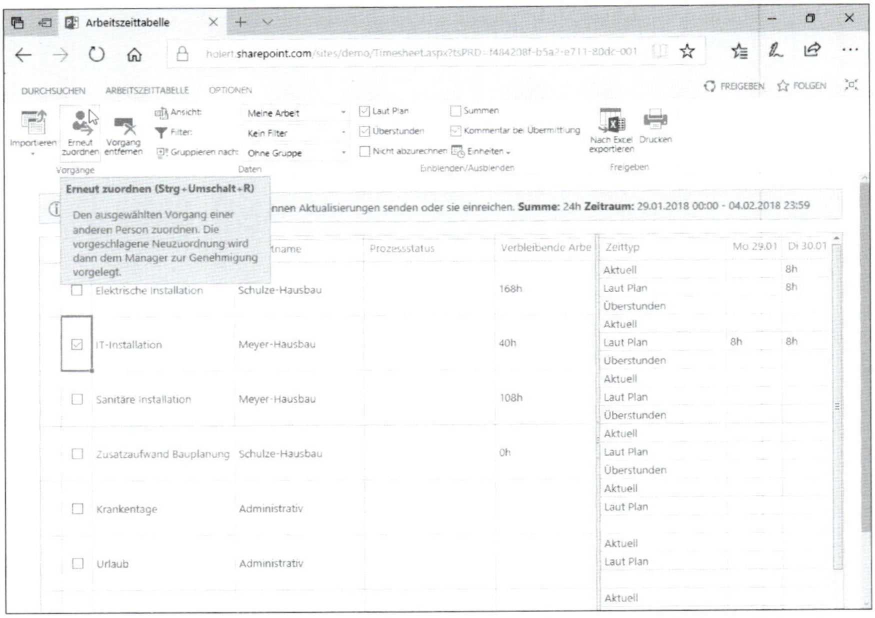

Abbildg. 2.41 Vorgang delegieren

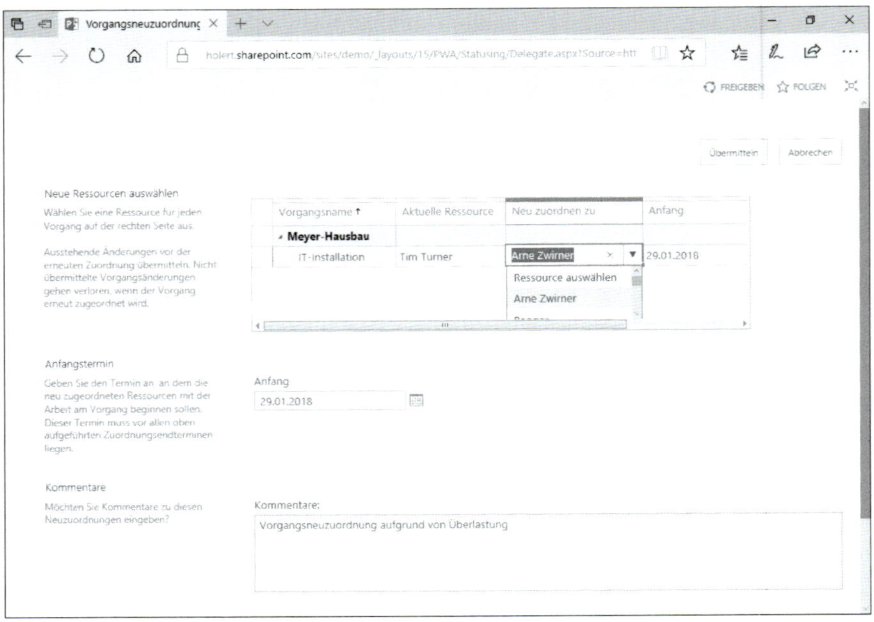

3. Wählen Sie im Feld *Neu zuordnen zu* die neue Ressource für den Vorgang aus.

HINWEIS An dieser Stelle werden alle veröffentlichten Arbeitsressourcen aus dem Projektteam angezeigt, d.h., die entsprechende Ressource muss zum Projektteam gehören und der Projektplan muss veröffentlicht worden sein.

4. Geben Sie ggf. einen Kommentar ein und klicken Sie auf die Schaltfläche *Übermitteln*.

Der Projektleiter bekommt eine E-Mail mit dem Betreff *Sie haben eine Anfrage zur Vorgangsneuzuordnung von <Ressourcenname>*.

Der Vorgang erscheint jetzt nicht mehr in Ihrer Arbeitszeittabelle und Vorgangsliste. Unter bestimmten Umständen beispielsweise, wenn der Vorgang bereits von Ihnen bebucht wurde, verbleibt der Vorgang mit dem Prozessstatus *Abgeschlossen* in der Liste Ihrer Vorgänge.

Wenn der Projektleiter die Delegierungsanfrage genehmigt und den Projektplan veröffentlicht hat, steht der Vorgang im Bereich *Vorgänge* und *Arbeitszeittabelle* der neuen Ressource. Sofern der Projektleiter der Delegierung nicht zustimmt, bekommen Sie eine gesonderte Nachricht per E-Mail und sehen den Vorgang einschließlich der verbleibenden Arbeit auch wieder in Ihrer Vorgangsliste und Arbeitszeittabelle.

Abwesenheit durch Urlaub, Krankheit oder andere nicht projektbezogene Tätigkeiten zurückmelden

Um dem Projekt- bzw. Ressourcen-Manager ein aussagekräftiges Ressourcenmanagement zu erlauben, ist es erforderlich, neben der Projektarbeit auch alle anderen Zeiten zu erfassen. Hierzu gehören Abwesenheitszeiten wie Urlaub, Krankheit, Weiterbildung, Besprechungen und andere nicht projektbezogene Tätigkeiten.

Um diese Zeiten zurückzumelden, erstellen Sie in einem Abwesenheitsprojekt einen entsprechenden Vorgang und senden Sie diesen dem Projektleiter zur Übernahme in den Projektplan zu, wie im Abschnitt »Neuen Vorgang für Rest-Aufwand erstellen« dargestellt. Ein Urlaubsantrag entspricht dann beispielsweise dem Erstellen eines Vorgangs »Urlaub« im Abwesenheitsprojekt.

HINWEIS Abwesenheitszeiten und andere nicht projektbezogene Zeiten kann man über administrative Zeiten oder Sonderprojekte abbilden. Der von uns empfohlene Weg ist es, für Abwesenheitszeiten ein spezielles Projekt pro Jahr anzulegen (Linien-, Verwaltungs- oder Sonderprojekt). Es kann z.B. den Namen »Abwesenheiten2019« haben. Im Folgenden finden Sie die Vor- und Nachteile der Verwendung von Administrativen Zeit und Sonderprojekten. Weitere Informationen zum Management von Abwesenheitszeiten finden Sie in Kapitel 3 im Abschnitt »Management von Abwesenheitszeiten und anderen nicht projektbezogenen Zeiten«.

Arbeitszeittabelle an Ressourcenmanager senden und nachträglich korrigieren

Die bisher beschriebene Kommunikation ist nur auf den Projektleiter ausgerichtet, damit dieser zeitnah Kenntnis über den aktuellen Status Ihrer Arbeiten bekommt. Neben dem Projektleiter erwartet jedoch auch der Ressourcen-Manager am Ende einer Abrechnungsperiode einen genauen Tätigkeitsnachweis (Arbeitszeittabelle). Nachfolgend beschreiben wir, wie Sie die Arbeitszeittabelle absenden können und zurückrufen können, sofern Fehler nach der Übermittlung der Arbeitszeittabelle korrigiert werden müssen.

Arbeitszeittabelle absenden

Um die Arbeitszeittabelle an den Ressourcen-Manager (Arbeitszeittabellen-Manager) zu senden, führen Sie folgende Schritte aus:

1. Wählen Sie in der Schnellstartleiste der Project Web App die Verknüpfung *Arbeitszeittabelle*.

HINWEIS Sie können die Arbeitszeittabelle nur absenden, wenn in keiner Zeile der Prozessstatus *Abgelehnt* steht. Ist das der Fall, müssen Sie zunächst die Zeile ändern oder löschen.

2. Rufen Sie auf der Registerkarte *Arbeitszeittabelle* in der Gruppe *Übermitteln* das Dropdown-Listenfeld *Senden* auf und wählen Sie den Eintrag *Endgültige Arbeitszeittabelle einreichen* aus.
3. Geben Sie im Dialogfeld *Arbeitszeittabelle senden* ggf. einen Kommentar ein und bestätigen Sie dieses mit einem Klick auf die Schaltfläche *OK*.

Mit dem Absenden der Arbeitszeittabelle wird im einheitlichen Modus auch der letzte Stand an den Projektleiter (Status Manager) gesendet. Sie erkennen dies in der Spalte *Prozessstatus* (vgl. Abschnitt »Fortschrittsrückmeldung senden/Zeiterfassung«). Durch das Absenden der Arbeitszeittabelle wird diese für Ihre Eingaben gesperrt. Um etwaige Eingabefehler, die man selbst oder der Arbeitszeittabellen-Manager erkannt hat, zu korrigieren, muss die Arbeitszeittabelle zurückgerufen werden.

Arbeitszeittabelle zurückrufen

Um die Arbeitszeittabelle zurückzurufen, führen Sie folgende Schritte aus:

1. Klicken Sie in der Schnellstartleiste der Project Web App auf *Servereinstellungen* und wählen Sie dann im Bereich *Zeit- und Vorgangsverwaltung* auf die Verknüpfung *Arbeitszeittabellen verwalten*.

Abbildg. 2.42 Arbeitszeittabellen verwalten

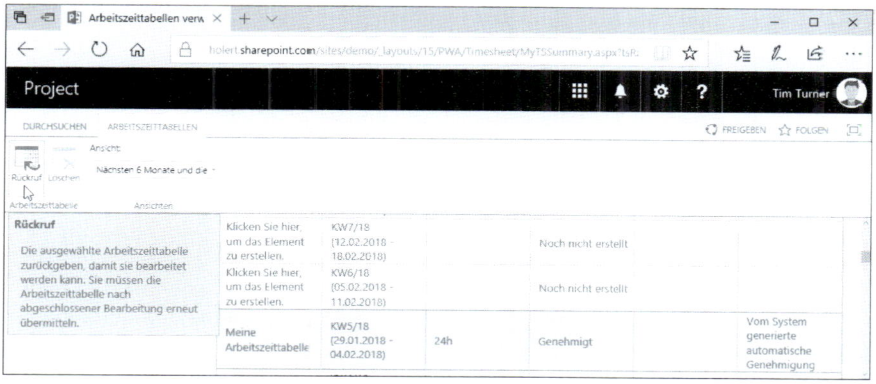

2. Markieren Sie die Zeile der Arbeitszeittabelle, die Sie zurückrufen möchten.

3. Klicken Sie in der Gruppe *Arbeitszeittabelle* auf den Befehl *Rückruf*.
4. Bestätigen Sie das folgende Dialogfeld mit *OK*.
5. Klicken Sie in der Spalte *Name der Arbeitszeittabelle* auf den als Hyperlink hinterlegten Namen.
6. Passen Sie die Werte an und senden Sie die Arbeitszeittabelle wie zuvor beschrieben ab.

HINWEIS Die Arbeitszeittabelle kann nur so lange zurückgerufen werden, bis die Abrechnungsperiode geschlossen wurde.

Abschließende Prozesse

Im Rahmen der Abschlussprozessgruppe führen Sie folgende Aufgaben aus:

- Vorgänge formell abschließen
- Dokumentation abschließen

Vorgänge formell abschließen

Um sicherzustellen, dass alle Vorgänge formell abgeschlossen sind, führen Sie die im Folgenden beschriebenen Schritte aus. Da eine Arbeitszeittabelle standardmäßig aber nur Vorgänge mit geplanter Arbeit im aktuellen Zeitraum enthält, führen Sie folgende Schritte aus:

1. Setzen Sie den Rest-Aufwand auf null, indem Sie den Wert »0« in das Feld *Verbleibende Arbeit* eintragen (Abbildung 2.43).

2. Markieren Sie alle geänderten Vorgänge und senden Sie diese Nachricht per Klick auf die Schaltfläche *Status senden/Ausgewählte Vorgänge* an den Projektleiter.

Abbildg. 2.43 Vorgang als abgeschlossen markieren

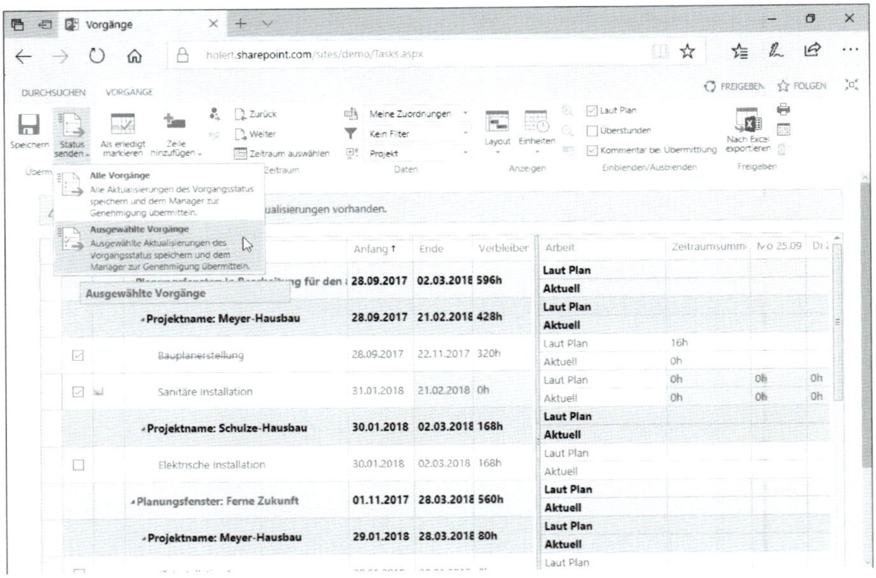

3. Fügen Sie ggf. noch einen Kommentar ein und bestätigen Sie mit der Schaltfläche *OK*.

Sie erkennen anhand des Werts *100%* in der Spalte *% Arbeit abgeschlossen*, dass der Vorgang abgeschlossen wurde.

HINWEIS Wenn als Überwachungsmethode *Prozent Arbeit abgeschlossen* für dieses Projekt festgelegt wurde, können Sie auch im Feld *% Arbeit abgeschlossen* den Prozentsatz auf 100 % setzen. Beachten Sie, dass hierbei auch implizit der Ist-Aufwand zurückgemeldet wird. Der Ist-Aufwand (*Aktuelle Arbeit*) wird in diesem Fall anhand der berechneten Arbeit ermittelt (siehe Kapitel 1).

Dokumentation abschließen

Überprüfen Sie am Ende, ob Sie die Projektdokumentation auf den aktuellen Stand gebracht haben. Sie können auf die Dokumentbibliotheken der Projektwebsite u.a. über die Bereiche *Vorgänge* und *Arbeitszeittabelle* zugreifen. Um von der Arbeitszeittabelle aus zuzugreifen, gehen Sie hierzu folgendermaßen vor:

1. Wechseln Sie in der PWA in der Schnellstartleiste auf *Projekte*. Wählen Sie dort das gewünschte Projekt aus und wechseln Sie dann auf die *Projektwebsite*.

Abbildg. 2.44 Projektwebsite

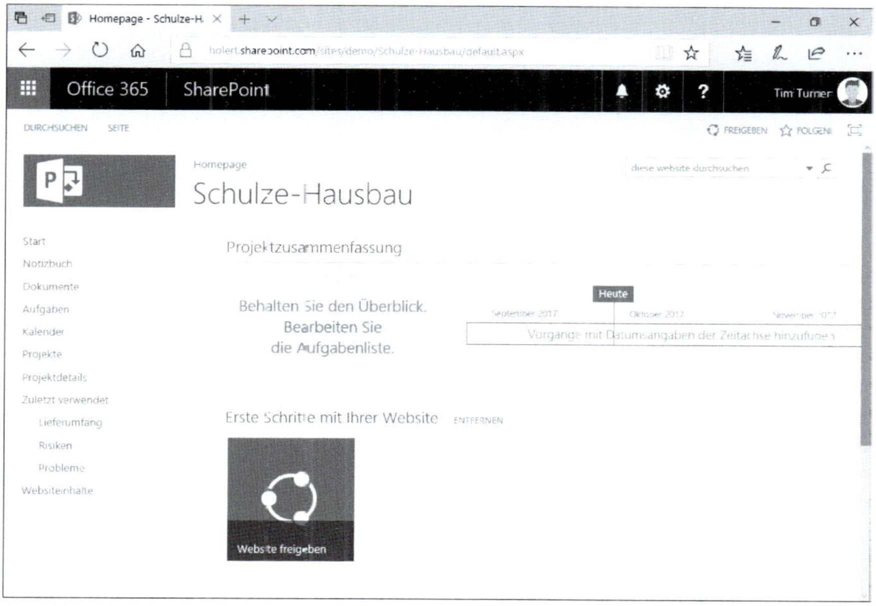

2. Klicken Sie in der Schnellstartleiste auf *Dokumente*.

Abbildg. 2.45 Dokument bearbeiten

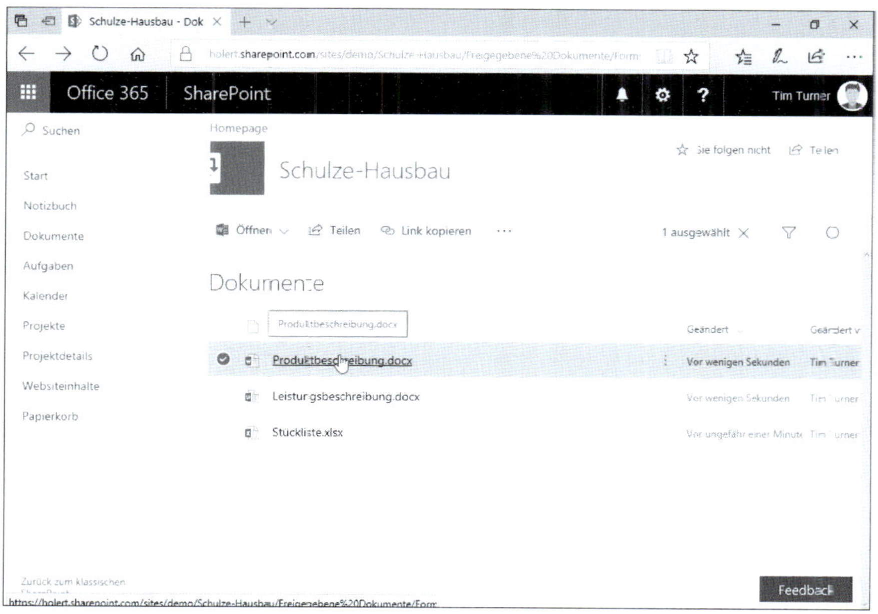

3. Klicken Sie auf das zu bearbeitende Dokument. Das Dokument öffnet sich und Sie können es bearbeiten.

...

4. Bearbeiten Sie das Dokument. Speichern und schließen Sie es danach.

Abbildg. 2.46 Dokument markieren

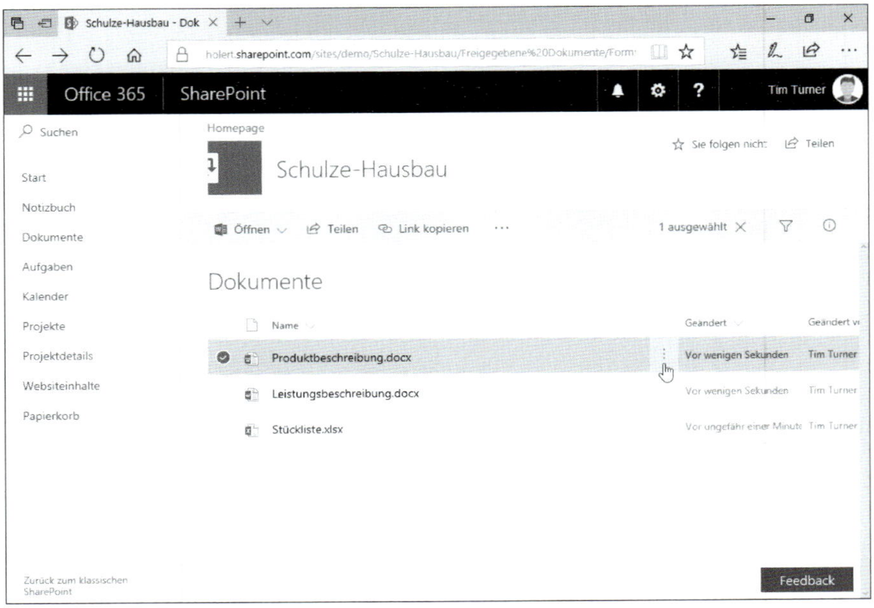

5. Selektieren Sie dann das Dokument in der Dokumentenliste.

Abbildg. 2.47 Dokumenteigenschaften bearbeiten

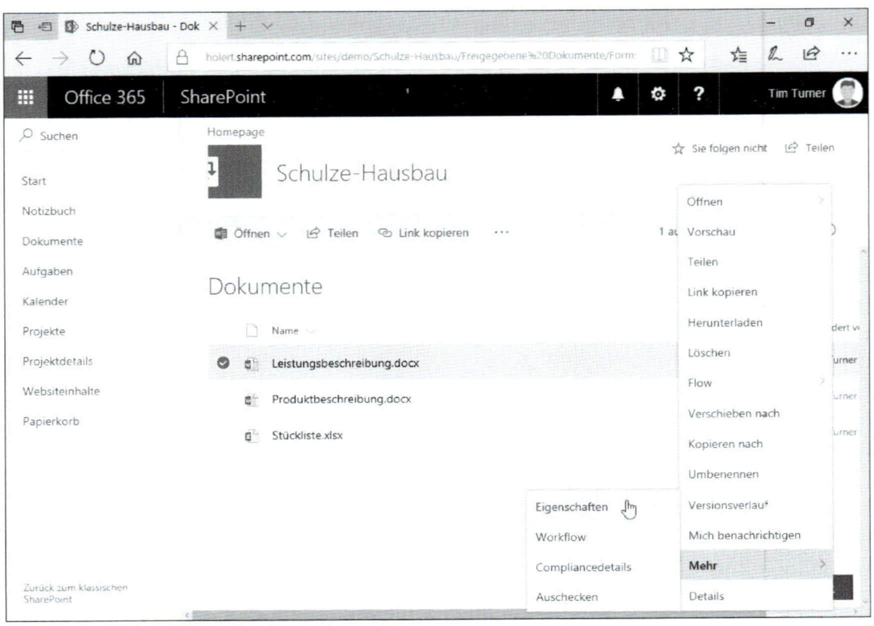

6. Klicken Sie in der Befehlsgruppe *Verwalten* auf die Schaltfläche *Eigenschaften bearbeiten*.

Abbildg. 2.48 Dokumenteigenschaften bearbeiten

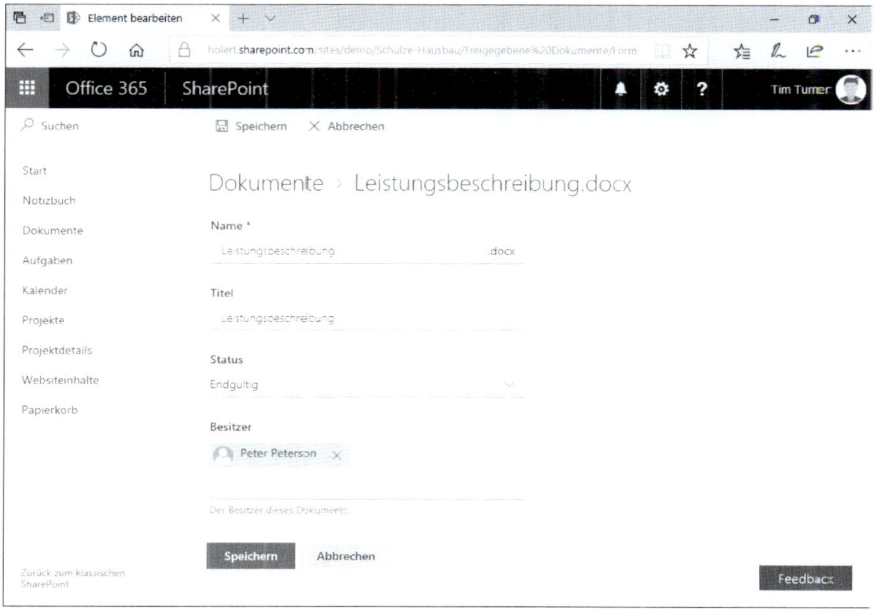

7. Setzen Sie den Status auf *Endgültig* und klicken Sie zum Abschluss Ihrer Änderungen auf die Schaltfläche *Speichern*.

Mit dem Überarbeiten der Projektdokumentation haben Sie die Grundlage für einen erfolgreichen Projektabschluss gelegt und eine Wissensbasis für neue Projekte geschaffen.

Kapitel 3

Project für Ressourcenmanager

In diesem Kapitel:

Dieses Kapitel richtet sich an diejenigen Personen, die im Unternehmen projektübergreifend für die Ressourcen verantwortlich sind. Die *Ressourcenmanager* können z.B. Leiter von Organisationseinheiten (Abteilung, Gruppe etc.), spezielle Stabsstellen oder Agenturen in Kooperationsnetzwerken oder in serviceorientierten Organisationen Service-Manager sein. Oft wird diese Aufgabe auch von Projektbüros (Project Offices) wahrgenommen.

Ihr Ziel als Ressourcenmanager ist es, Ihre Ressourcen möglichst profitabel einzusetzen. Das gelingt nur, wenn die Ressourcen einerseits für den (internen oder externen) Markt richtig qualifiziert und andererseits gut ausgelastet sind. Hieraus leiten sich für die Rolle des Ressourcenmanagers drei Hauptaufgabenbereiche ab:

- **Unterstützung des Projektleiters** – Dies umfasst z.B. die Beratung bei der Auswahl geeigneter Ressourcen.
- **Management des Ressourcenpools** – Hierbei geht es in erster Linie darum, die Auslastung über alle Ressourcen aus dem zur Verfügung stehenden Pool nach wirtschaftlichen Gesichtspunkten zu optimieren.
- **Management von Abwesenheitszeiten und anderen nicht projektbezogenen Zeiten** – Zum Beispiel Urlaub, Krankheit, Weiterbildung oder Linientätigkeiten.

Alle drei Bereiche hängen eng miteinander zusammen und beeinflussen sich gegenseitig.

Ressourcen sind u.a. Menschen, Maschinen und Material. Im Zusammenhang mit Menschen spricht man auch vom Personalmanagement (Human Resource Management); bei Maschinen und Material sowie bei Zukaufdienstleistungen von Beschaffungsmanagement (Procurement Management)[1].

Ressourcenarten

Menschen (Humanressourcen) und Maschinen (Sachressourcen) gehören in Project zur Ressourcenart *Arbeit*; Material gehört in Project zur gleichnamigen Ressourcenart *Material*.

Daneben gibt es auch die Ressourcenart *Kosten* und die Ressourceneigenschaft *Budget*. Kostenressourcen können dazu verwendet werden, einem Vorgang differenziert Fixkosten zuzuweisen (Kapitel 1). Mithilfe von Budgetressourcen können Budgets pro Projekt und Zeitphase aufgestellt werden (Kapitel 5).

Ressourcen werden oft auch danach unterschieden, ob sie intern oder extern oder aber in natürliche oder generische Ressourcen unterteilt sind.

Unter internen Ressourcen versteht man im Allgemeinen eigene Ressourcen, also diejenigen, mit denen man einen Dienstvertrag (z.B. Arbeitsvertrag) hat. Externe Ressourcen sind hingegen weniger an die Unternehmung gebunden. Interne Ressourcen werden in Project stets im Enterprise-Ressourcenpool (Enterprise-Ressourcen) gepflegt.[2] Externe Ressourcen können ebenfalls als Enterprise-Ressourcen geführt werden oder nur im Projektplan eingetragen werden (lokale Ressourcen). Im Laufe des Projektplanungsprozesses werden zunächst nur Qualifikationen von Ressourcen geplant (generische Ressourcen). Danach werden diese durch namentlich benannte (natürliche) Ressourcen ersetzt.

[1] Vgl. PMBOK 2017 zum Personalmanagement in Projekten die Seiten 307-358 und zum Beschaffungsmanagement in Projekten die Seiten 459–502.

[2] Der Enterprise-Ressourcenpool wird an verschiedenen Stellen u.a. in Project im Menüband auch als *Unternehmensressourcenpool* bezeichnet.

Im Folgenden werden wir die zuvor genannten Hauptaufgabenbereiche für den Ressourcenmanager darstellen. Für weitere unterstützende Prozesse, wie z.B. Personaleinstellung und -freistellung oder Vertragsgestaltung mit Zulieferern, sei hiermit auf die entsprechende Literatur aus den Bereichen Personal- und Beschaffungsmanagement verwiesen.[3]

Unterstützung des Projektleiters

Die Kunden des Ressourcenmanagers sind die Projektleiter. Ihr Ziel als Ressourcenmanager muss also sein, den einzelnen Projektleiter bestmöglich bei seiner Arbeit zu unterstützen. Dies können Sie, indem Sie entlang der Projektmanagementprozesse den Projektleiter beraten und ihm Ressourcen in der richtigen Menge, Qualifikation und zum richtigen Zeitpunkt bereitstellen. Idealerweise stehen Sie dem Projektleiter auch als Fachexperte des Themengebiets Ihres Ressourcenpools zur Seite. Zudem entlasten Sie den Projektleiter von ressourcenbezogenen administrativen Arbeiten. Sie können den Projektleiter insbesondere während der folgenden Prozessgruppen unterstützen:

- Planungsprozesse
- Ausführungsprozesse
- Überwachungs- und Steuerungsprozesse
- Abschließende Prozesse

Planungsprozesse

Ressourcenbezogene Prozesse sind während der Planungsprozesse u.a. der Prozess *Ressourcen für Vorgänge schätzen* (9.2 Estimate Activity Resources) und der Prozess *Terminplan entwickeln* (6.5 Develop Schedule).[4]

Ressourcen für Vorgänge schätzen

Im Rahmen des Prozesses *Ressourcen für Vorgänge schätzen* (9.2 Estimate Activity Resources) muss der Projektleiter identifizieren, welche Ressourcen mit welcher Qualifikation (Skills) in welcher Menge benötigt werden.[5] Ziel ist es, für jeden der zuvor definierten Vorgänge genau die passenden Ressourcen einzuplanen – weder mit zu hohen noch mit zu geringen Qualifikationen, denn dies kann in beiden Fällen zu Mehrkosten führen. Ressourcen können dabei je nach Phase generisch, also nur als Qualifikationsangabe oder natürlich, also als konkrete Ressource, eingeplant werden. Ein Sonderfall zur generischen Planung ist auch die Angabe des Teamnamens statt der Qualifikation (Teamressourcen[6]). Ausgangswert des Prozesses sind u.a. die Ressourcenanforderungen[7].

---

[3] Vgl. z.B. Hilb 2011.

[4] Vgl. PMBOK 2017, S. 320ff und 205ff. Der Prozess 9.2 wird auch als Ressourcenbedarfschätzung oder Aufwandschätzung bezeichnet

[5] Vgl. PMBOK 2017, S. 320–327.

[6] Teamressourcen sind im PMBOK 2017 als menschliche Ressourcen definiert, in Project sind es Ressourcen, die für ein ganzes Team stehen.

[7] Wird auch als Ressourcenbedarf, Arbeit oder Aufwand bezeichnet.

Als Ressourcenmanager sorgen Sie dafür, dass dem Projektleiter geeignete natürliche und generische Ressourcen zur Verfügung stehen.

Die Vorgehensweise für das Anlegen von Ressourcen und Pflege der Ressourceneigenschaften für natürliche Ressourcen ist im Abschnitt »Informationen über den Ressourcenpool pflegen« beschrieben. Für das Anlegen von generischen Ressourcen gehen Sie analog vor, setzen jedoch die Eigenschaft *Generisch* für die entsprechende Ressource und ordnen der Ressource die gleichnamige Qualifikation zu. Die Anlage und Pflege der Qualifikationsliste (als sogenannte *Nachschlagetabelle*) erfolgt unter Servereinstellungen.

Die Pflege der Informationen über den Ressourcenpool wird nicht unbedingt vom Ressourcenmanager selbst umgesetzt, sondern oft vom Projektbüro, einem Administrator oder den Ressourcen selbst. Unter Umständen wird die Aktualität der Daten in Project Server auch durch Synchronisation mit einem anderen, für die Ressourcenstammdaten führenden System, z.B. Active Directory oder einer ERP-Software erzielt. Als Ressourcenmanager müssen Sie regelmäßig die Aktualität des Qualifikationsprofils, die Beschreibungsqualität Ihrer Ressourcen sowie die Vollständigkeit des Ressourcenpools und das Kapazitätsangebot überprüfen.

Terminplan entwickeln

Eine Aufgabe des Ressourcenmanagers beim Prozess Terminplan entwickeln (6.5 Develop Schedule) ist die Unterstützung des Projektleiters bei der Ressourcenoptimierung. Dabei kann er die Notwendigkeit für Umdisponierungen erkennen/ansprechen oder Vorschläge für alternative Ressourcen einbringen. Eingangsgrößen bei diesem Prozess sind u.a. die Ressourcenkalender und die Ressourcenanforderungen. Im Ergebnis sind unter Umständen Projektdokumente, die Ressourcenanforderungen beschreiben, zu aktualisieren.

Der Terminplan in Verbindung mit Ressourcenanforderungen drückt aus, wann und in welchem Umfang die Ressourcen im Projekt benötigt werden.[8] Die Ressourcenanforderungen (Resource Requirements) mit Bezug auf die Zeitachse können mit natürlichen oder generischen Ressourcen ausgedrückt werden (Kapitel 1).

Eine Möglichkeit, um Ressourcenüberlastungen festzustellen, ist das Ressourcenhistogramm. Auf dieser Basis können Sie, z.B. durch Kapazitätsabgleich[9], die Ressourcenauslastung anpassen. Sie können das Ressourcenhistogramm in Project oder der Project Web App darstellen. Um das Ressourcenhistogramm in Project darzustellen, gehen Sie folgendermaßen vor:

HINWEIS Standardmäßig hat die Gruppe *Ressourcenmanager* nicht das Recht, Projekte mit Project zu öffnen.

1. Wechseln Sie in die Ansicht *Ressource: Grafik*, indem Sie im Menüband auf der Registerkarte *Ansicht* in der Gruppe *Ressourcenansichten* zunächst *Andere Ansichten* und dann *Ressource: Grafik* auswählen.
2. Wählen Sie als Einzelheitenart *Arbeit* aus (Rechtsklick im Bereich des Diagramms und dann Auswahl von *Arbeit*).

---

8 Vgl. PMBOK 2017, S. 221.

9 Wir verwenden als Übersetzung von »Resource Leveling« die in Project verwendete Bezeichnung »Kapazitätsabgleich« statt der in der deutschen Übersetzung gewählten Übersetzung »Auslastungsglättung«.

Abbildg. 3.1 Ressourcenhistogramm in Project

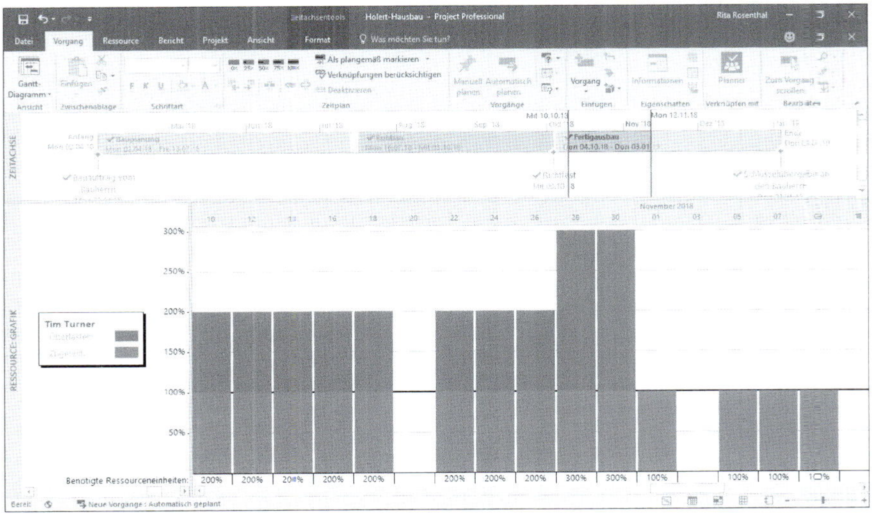

3. Wählen Sie über die linke Bildlaufleiste die gewünschte Ressource aus.

In der Darstellung sehen Sie den gesamten Ressourcenbedarf für die gewählte Ressource und den gewählten Zeitraum.

TIPP Falls Sie die Zeitachse verwenden, können Sie den angezeigten Zeitraum auch mithilfe der Zeitachse auswählen. Klicken Sie hierzu auf die grünen Balken in der Zeitachse und verschieben Sie diese. Mehr Informationen zur Verwendung der Zeitachse finden Sie in Kapitel 5.

HINWEIS Beachten Sie, dass hier die Belastung der Ressource aus allen in Ihrer Project Web App Instanz gespeicherten Projekten dargestellt wird, wenn Sie mit Project Server bzw. Project Online verbunden sind.

Um das Ressourcenhistogramm in der Project Web App anzuzeigen, gehen Sie folgendermaßen vor:

1. Wählen Sie in der Project Web App in der Schnellstartleiste den Abschnitt *Ressourcen* und filtern Sie auf die gewünschten Ressourcen, wie beispielhaft in den folgenden Schritten gezeigt.

Abbildg. 3.2 Auswahl einer Ressource

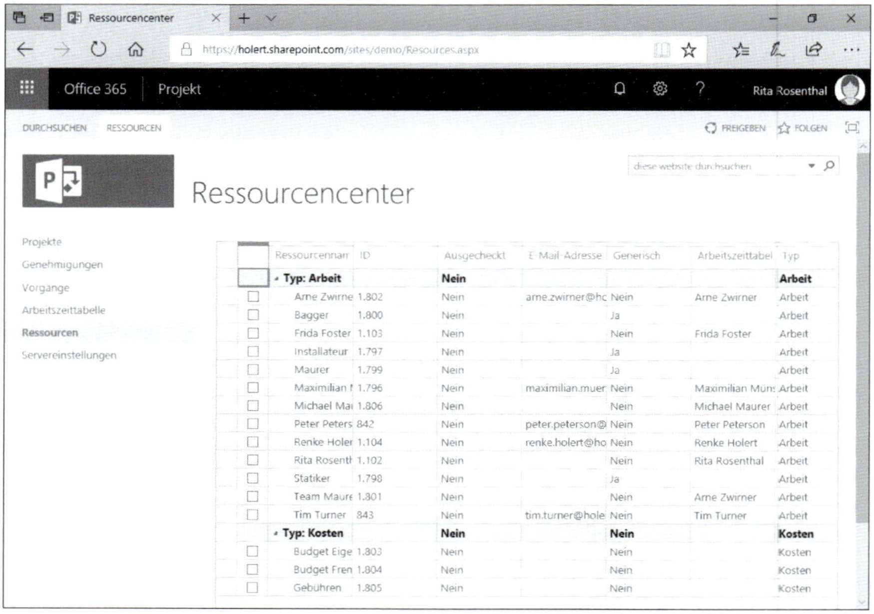

2. Wählen Sie in der Spaltenüberschrift *Generisch* im AutoFilter den Eintrag *Ja*.

Abbildg. 3.3 Auswahl von generischen Ressourcen

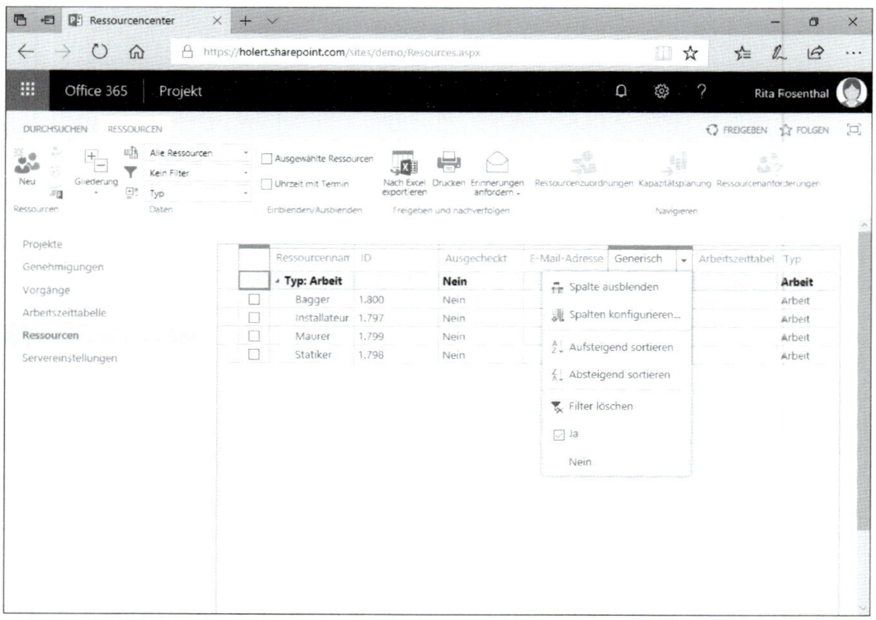

3. Aktiveren Sie das Kontrollkästchen vor den gewünschten Ressourcen und rufen Sie im Menüband auf der Registerkarte *Ressourcen* in der Gruppe *Navigieren* den Befehl *Kapazitätsplanung* auf.

Abbildg. 3.4 Anzeige des Ressourcenhistogramms für ein Projekt

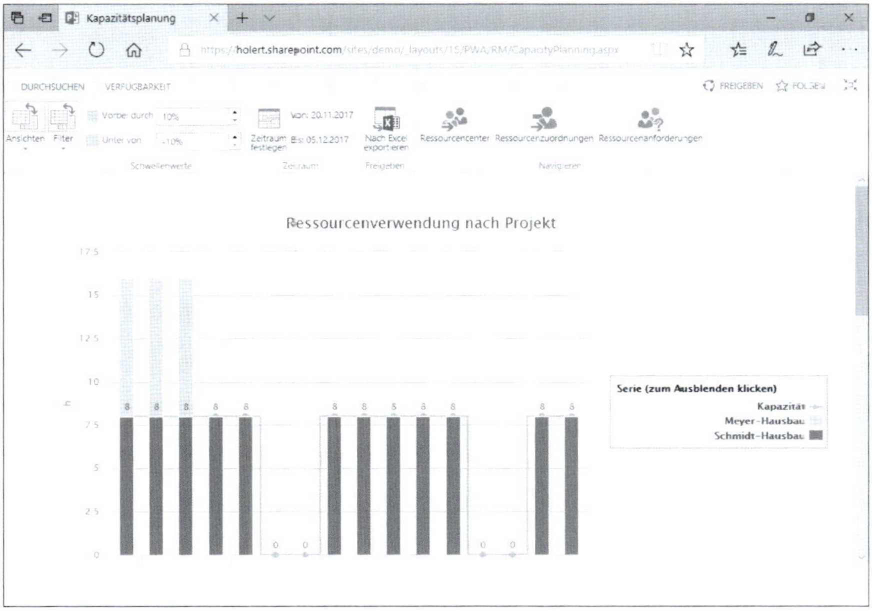

4. Wählen Sie ggfs. im Dropdown-Listenfeld *Ansichten* den Eintrag *Ressourcenverwendung nach Projekt*, um die Projekte anzuzeigen, die die Überlastungen verursachen.
5. Passen Sie ggf. den Zeitraum und die Einheiten im Menüband in den Gruppen *Zeitraum* und *Filter* an.

Das Ergebnis ist das Ressourcenhistogramm für die ausgewählte Ressource und das ausgewählte Projekt. Die blaue Linie kennzeichnet die Kapazitätsgrenze der Ressource.

BESSER IN 2016

Wenn Sie mit dem Mauszeiger auf das Diagramm zeigen, werden Ihnen zu den jeweiligen Tagen genauere Informationen angezeigt.

Ausführungsprozesse

Während der Ausführungsprozesse können Sie den Projektleiter beim Ressourcenmanagement u.a. bei den Prozessen *Ressourcen beschaffen* (9.3 Acquire Resources), *Team entwickeln* (9.4 Develop Team), *Projektausführung lenken und managen* (4.3. Direct and Manage Project Work) sowie *Team managen* (9.5. Manage Team) unterstützen.[10]

[10] Vgl. PMBOK 2017, S. 25.

Ressourcenbeschaffung

Ziel des Prozesses *Ressourcenbeschaffung* (9.3 Acquire Resources) ist die Beschaffung der für das Projekt benötigten Teammitglieder, Einrichtungen, Ausrüstungen, Materialien, Betriebsmitteln und sonstigen Ressourcen.[11] Grundlage hierfür sind die Projektdokumente, die u.a. auch die zuvor ermittelten Ressourcenanforderungen enthalten. Ausgangswerte sind u.a. die Zuweisungen physischer Ressourcen, Projektteamzuweisungen, Ressourcenkalender, der aktualisierte Ressourcenmanagementplan und die aktualisierten Ressourcenanforderungen. Geeignete Ressourcen können u.a. durch Verhandlung mit Linien-Managern oder Multi-Kriterien-Entscheidungsanalyse, z.B. in ihrer Rolle als Ressourcenmanager und anderen Projektteams gewonnen werden.

Project und die Project Web App können Sie unterstützen, auf Basis der im Personalmanagementplan aggregierten Ressourcenanforderungen geeignete Ressourcen zu finden. Wenn Sie geeignete Ressourcen gefunden haben, können sie diese in das Projektteam des Projektes aufnehmen und ggf. noch generische durch natürliche Ressourcen ersetzen.

Das Akquirieren der Ressourcen kann durch den Projektleiter im Teambuilder mit Project umgesetzt werden, wie in Kapitel 1 beschrieben wird. Sofern Sie als Ressourcenmanager diese Aufgabe übernehmen, setzen Sie hierzu den Teambuilder der Project Web App ein. Nachfolgend beschreiben wir, wie Sie als Ressourcenmanager die geeigneten Ressourcen auswählen und zum Projektteam hinzufügen.

Um geeignete Ressourcen für das Projekt auszuwählen und dem Projektteam hinzuzufügen, gehen Sie folgendermaßen vor:

1. Wechseln Sie in das Project Center der Project Web App, indem Sie in der Schnellstartleiste auf die Verknüpfung *Projekte* klicken.

Abbildg. 3.5 Auswahl des Projekts

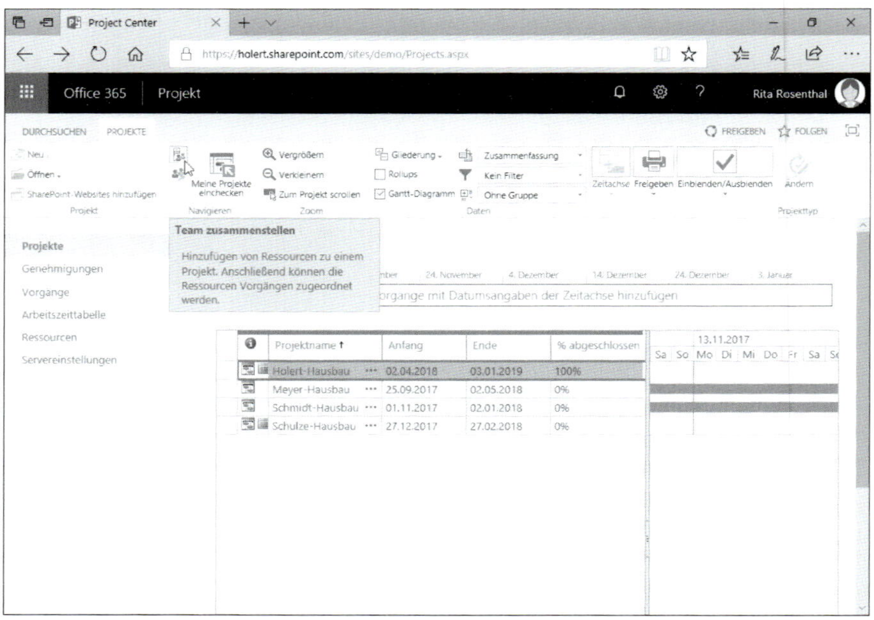

[11] Vgl. PMBOK 2017, S. 328-335

2. Markieren Sie das Projekt, für das Sie das Projektteam zusammenstellen möchten.

3. Klicken Sie im Menüband auf der Registerkarte *Projekte* in der Gruppe *Navigieren* auf den Befehl *Team zusammenstellen*.

Abbildg. 3.6 Geeignete Ressourcen für Projektteam suchen

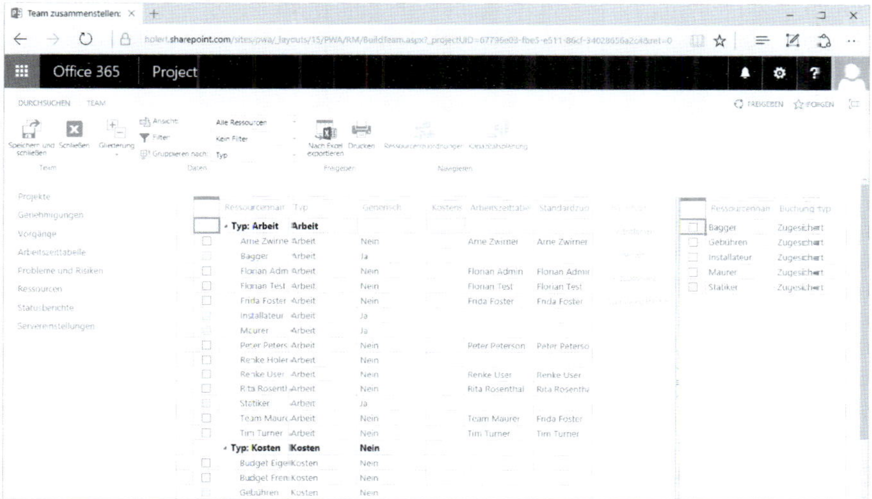

4. Vergegenwärtigen Sie sich, wann der Projektleiter welche Qualifikationen bereits für das Projekt eingeplant hat (Ressourcen in der Spalte *Ressourcenname* in der rechten Liste).

TIPP Um zu ermitteln, ob infrage kommende Ressourcen zu den benötigten Zeiten verfügbar sind, wählen Sie ggf. die generische und natürliche Ressource aus und rufen im Menüband in der Gruppe *Navigieren* den Befehl *Ressourcenverfügbarkeit* auf. Mit der vollständigen Version des Teambuilders in Project können Sie zudem geeignete und im Projektzeitraum verfügbare Ressourcen aufgrund des Vergleichs des Gesamtbedarfs und der Gesamtverfügbarkeit ermitteln (siehe Kapitel 1).

5. Um passende natürliche Ressourcen zu ermitteln, markieren Sie die erste generische Ressource in der rechten Liste und klicken auf die Schaltfläche *Zuordnung*.

TIPP Wenn die Liste der angezeigten Ressourcen sehr lang ist oder Sie spezielle Eigenschaften als Auswahlkriterium verwenden möchten, können Sie auch die Filterfunktion verwenden.

Abbildg. 3.7 Geeignete natürliche Ressourcen für das Projektteam anzeigen

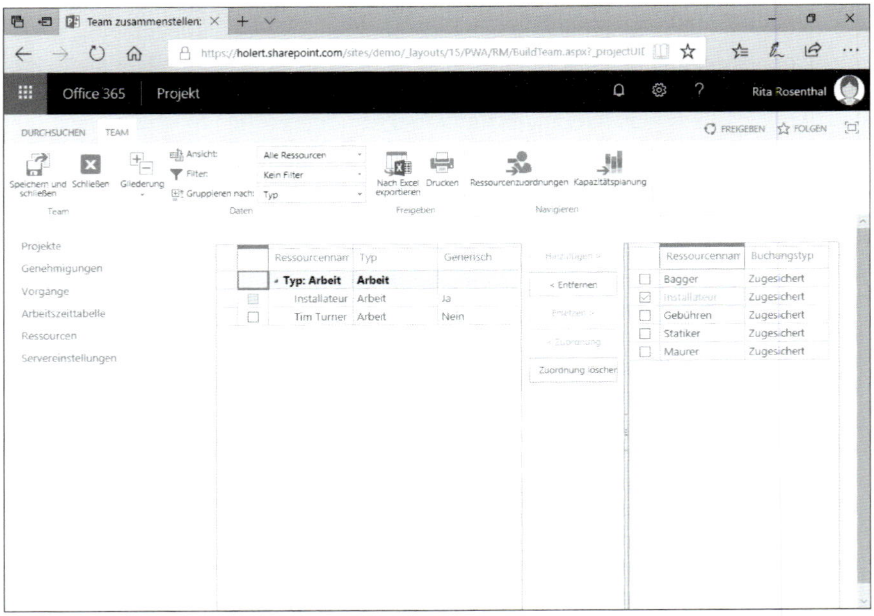

6. Wenn Sie eine generische Ressource für das gesamte Projekt durch eine entsprechende natürliche Ressource ersetzen möchten, selektieren Sie die natürliche Ressource im linken Bereich und klicken auf die Schaltfläche *Ersetzen*.

HINWEIS Wenn Sie mehr als eine natürliche Ressource für die entsprechende generische Ressource einsetzen möchten, fügen Sie die natürliche Ressource zum Projektteam hinzu (Schaltfläche *Hinzufügen*), anstatt Sie als Ersatz für die generische zu verwenden. Der Projektleiter kann diese dann später manuell nach eigenen Kriterien austauschen, wie in Kapitel 1 beschrieben.

7. Falls eine Ressource als Ersatz eingeplant ist oder noch nicht zugesagt hat, klicken Sie in die Spalte *Buchungstyp* der entsprechenden Ressource und wählen Sie den Eintrag *Vorgeschlagen*. Ist die Ressource bestätigt oder genehmigt wurde, dann wählen Sie den Eintrag *Zugesichert*.
8. Wiederholen Sie die Schritte für jede benötigte Qualifikation.
9. Klicken Sie danach in der Gruppe *Team* auf die Schaltfläche *Speichern und schließen*.

Damit haben Sie das Projektteam erfolgreich ausgewählt und zusammengestellt. Sie können im Nachgang den Projektleiter dabei unterstützen, die Ressourcen einzelnen Vorgängen im Projekt passende Ressourcen zuzuordnen, sofern diese nicht bereits zuvor ersetzt wurden (Kapitel 1).

Abbildg. 3.8 Buchungstyp der Ressource ändern

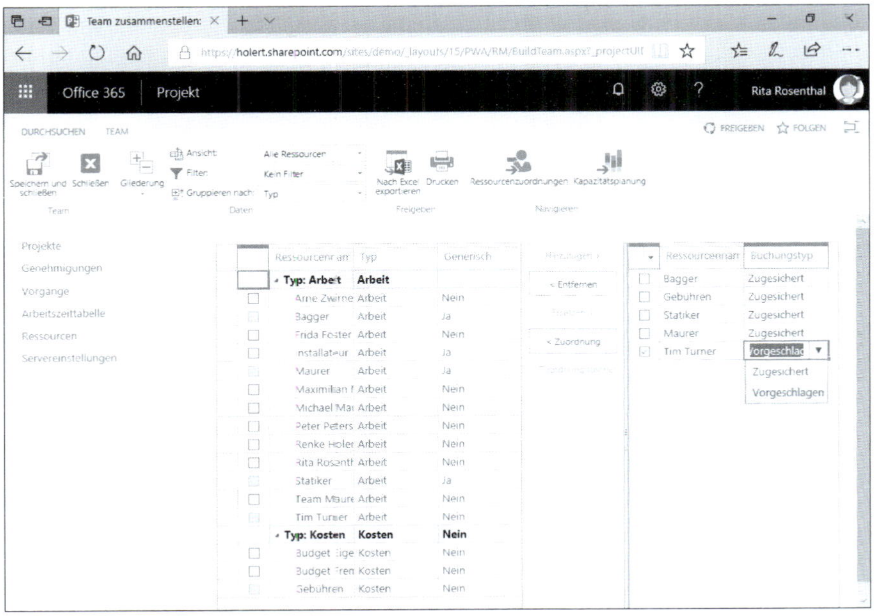

Team entwickeln

Im Rahmen des Prozesses *Team entwickeln* (9.4 Develop Team) können Sie den Projektleiter dabei unterstützen, dass sich aus der Summe der Einzelpersonen ein echtes Team entwickelt.[12] Stellen Sie den Kontakt zwischen »ihren« Ressourcen und den Projektleiter her, indem Sie ein bzw. zwei persönliche oder zumindest virtuelle Treffen organisieren, damit das Team, das so vorher vielleicht nicht zusammengearbeitet hat, schnell zusammen wachsen kann. Als Plattform für die mediale Kommunikation können Sie Projektwebsites von SharePoint einsetzen. Diese stellen neben der in PWA integrierten Liste offener Punkte, Risikolisten und Dokumentbibliotheken auch Diskussionsforen, Newsfeeds sowie Listen für Ankündigungen, Ereignisse, Links und Kontakte bereit. Zudem ist Teams mit SharePoint integriert und erlaubt damit den einfachen Aufbau von Kommunikationskanälen.

TIPP Mit der Holert Teams-Schnittstelle können Sie automatisiert für jedes Projekt auch ein Team in Microsoft Teams anlegen. Mehr Infos finden Sie unter *http://www.holert.com/teams*.

Um den Projektleiter zu unterstützen erfassen Sie z.B. teamrelevante offene Punkte. Gehen Sie dazu wie folgt vor:

1. Wechseln Sie in das Project Center der Project Web App.
2. Öffnen Sie das Projekt indem Sie auf dessen Namen klicken.
3. Wechseln Sie auf die Registerkarte *Projekt*.

[12] PMBOK 2017, S. 336–344.

HINWEIS Um auf Projektwebsites zugreifen zu dürfen, müssen Sie Mitglied des Projektteams sein und der Projektplan muss veröffentlicht sein. Alternativ können Sie sich auch über Ihre Gruppenmitgliedschaft in der Gruppe ***Ressourcenmanager*** die Berechtigungen ***Projekt öffnen*** und ***Projektwebsite öffnen*** erteilen lassen.

Abbildg. 3.9 Projektwebsite auswählen

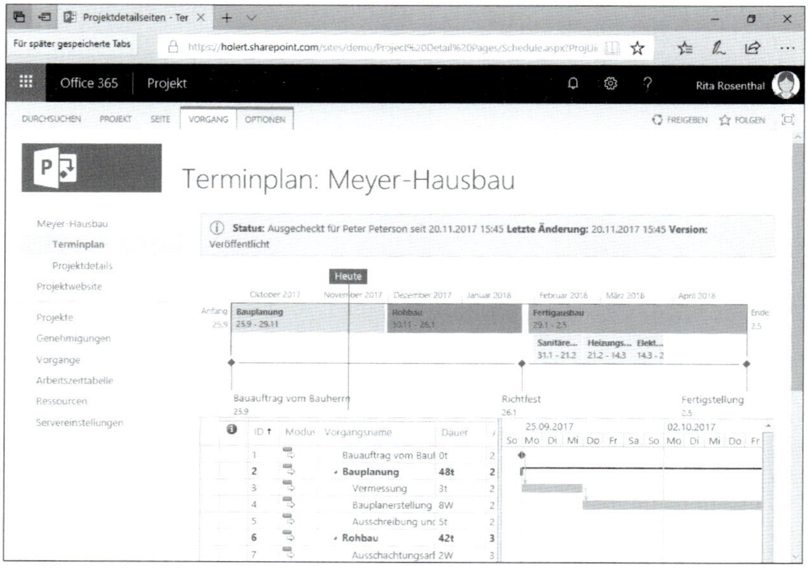

4. Klicken Sie im Menüband in der Gruppe *Navigieren* auf die Schaltfläche *Projektwebsite*.

Abbildg. 3.10 Startseite einer Projektwebsite

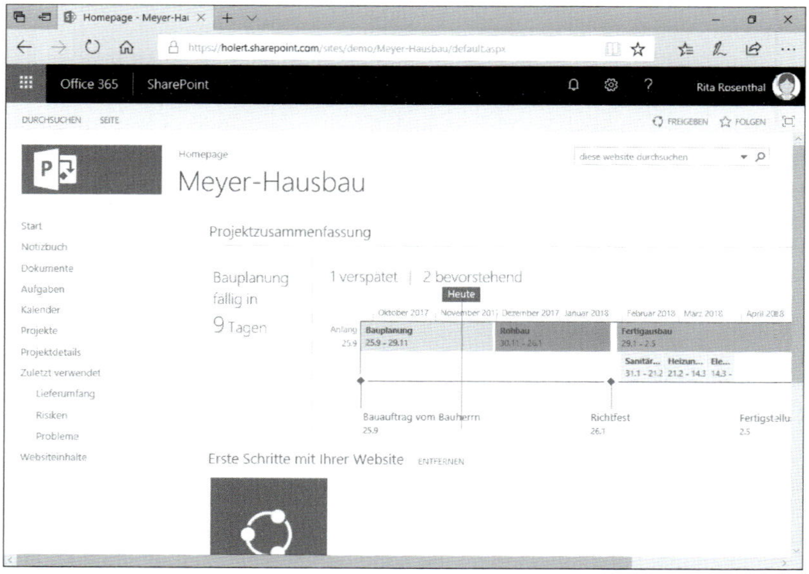

5. Danach sehen Sie die Startseite der SharePoint-Projektwebsite.
6. Um zur Liste offener Punkte zu gelangen, klicken Sie in der linken Schnellstartleiste auf die Verknüpfung *Probleme*.

Abbildg. 3.11 Liste offener Punkte einer Projektwebsite

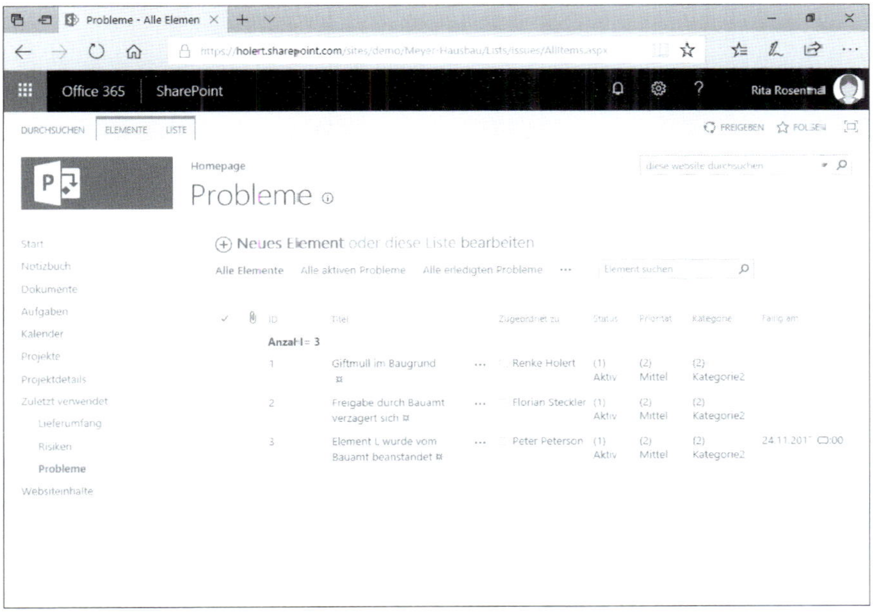

7. Danach sehen Sie die Liste offener Punkte, auf der Sie alle für das Projekt relevanten offenen Punkte einsehen und ablegen können.

Die Verwendung eines zentralen Orts für die Teamkommunikation erleichtert den Wissensaustausch und leistet damit einen Beitrag für die Entwicklung des Projektteams. Stellen Sie daher sicher, dass jeder Projektmitarbeiter Zugang zu dieser Plattform inklusive der Project Web App hat und mit deren Handhabung vertraut ist.

Projektarbeit lenken und managen

Beim Prozess *Projektarbeit lenken und managen* (4.3. Direct and Manage Project Work)[13] können Sie den Projektleiter beim Sammeln von Arbeitsleistungsdaten dadurch unterstützen, dass Sie Projektmitarbeiter identifizieren, die noch keine Arbeitsleistungsdaten erfasst haben, also mit Ihrer Zeiterfassung im Rückstand sind.[14]

Wenn der Projektmitarbeiter im Rückstand mit der Zeiterfassung ist, erkennen Sie dies u.a. daran, dass zum Statusdatum die Arbeitszeittabellen nicht vollzählig übermittelt wurden. Aber auch wenn dies der Fall ist, kann u.U. die Ist-Arbeit nicht vollständig erfasst worden sein. Nachfolgend beschreiben wir, wie Sie zum einen die Vollständigkeit der Arbeitszeittabellen ermitteln und zum anderen die erfassten Zeiten auf Plausibilität prüfen können.

[13] Im PMBOK 2017 heißt dieser Prozess *Projektausführung lenken und managen*.
[14] Vgl. PMBOK 2017, S.90–97.

HINWEIS Da in unserem Musterunternehmen der einheitliche Eingabemodus aktiviert wurde, werden beim Absenden der Arbeitszeittabelle auch die Rückmeldungen an den Projektleiter automatisch übermittelt (Status senden). D.h., Sie können in diesem Fall als Ressourcenmanager (***Arbeitszeittabellen-Manager***) davon ausgehen, wenn Ihnen alle Arbeitszeittabellen vorliegen, dass auch alle Arbeitsleistungsdaten vollständig an die Projektleiter (***Status-Manager***) übermittelt wurden.

Fehlende Arbeitszeittabellen ermitteln

Ressourcenmanager können die Arbeitszeittabellen der ihnen zugeordneten Ressourcen über die *Arbeitszeittabellenanpassung* aufrufen. Zugeordnete Ressourcen sind diejenigen, bei denen der Ressourcenmanager als Arbeitszeittabellen-Manager festgelegt ist. Um die Arbeitszeittabellenanpassung aufzurufen, führen Sie folgende Schritte aus:

1. Wählen Sie in der Project Web App in der linken Schnellstartleiste die Verknüpfung *Genehmigungen*.

Abbildg. 3.12 Genehmigungscenter

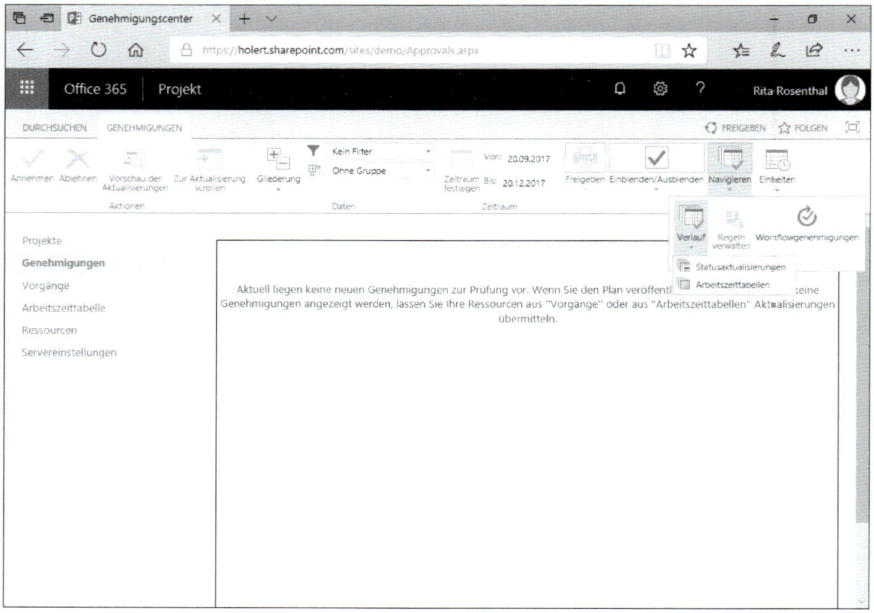

2. Rufen Sie auf der Registerkarte *Genehmigungen* in der Befehlsgruppe *Navigieren* im Dropdown-Listenfeld *Verlauf* den Befehl *Arbeitszeittabellen* auf.
3. Klicken Sie auf *Arbeitszeittabellen/Daten/Filter.*

Abbildg. 3.13 Anzeige noch nicht vollständig übermittelter Arbeitszeittabellen

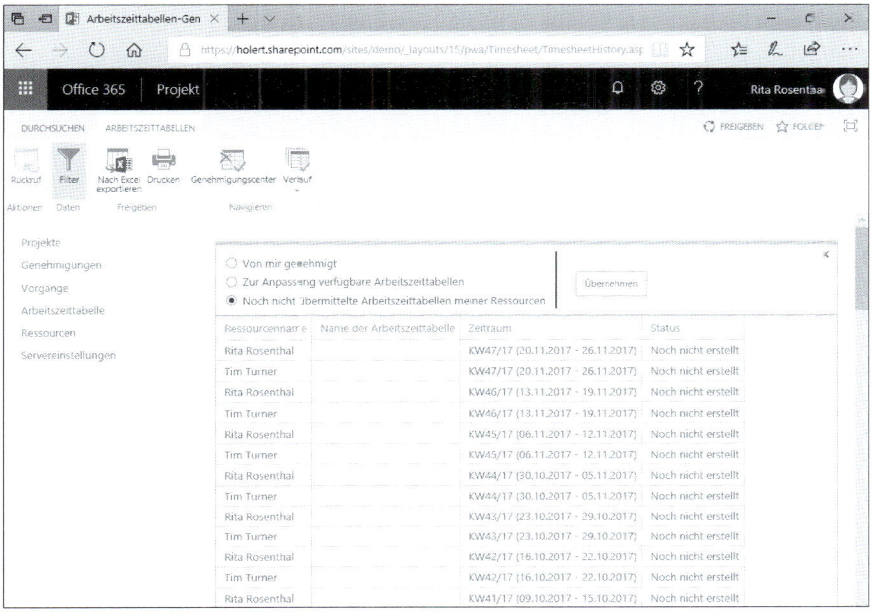

4. Um zum Ende eines Leistungszeitraumes (z.B. einer Woche) die Vollständigkeit der Arbeitszeittabellen Ihrer Ressourcen zu prüfen, wählen Sie die Filteroption *Noch nicht übermittelte Arbeitszeittabellen meiner Ressourcen* und klicken Sie auf die Schaltfläche *Übernehmen* zur Aktivierung des Filters.

HINWEIS Arbeitszeittabellen sind auch nach der Genehmigung durch den Arbeitszeittabellen-Manager durch Ressourcen rückrufbar und daraufhin änderbar. Sie können noch solange geändert werden, bis der Zeitraum durch den Administrator geschlossen wurde.

Wenn die Liste leer ist, bedeutet das, dass Ihnen alle fälligen Arbeitszeittabellen vorliegen. Damit ist jedoch nicht zwingend sichergestellt, dass die gesamte Ist-Arbeit erfasst wurde.

Plausibilitätscheck der Arbeitsleistungsdaten

Die Plausibilität der Arbeitsleistungsdaten können Sie prüfen, indem sie den Unterschied zwischen *Ist-Arbeit* und der *Kapazität* ermitteln. Bei einer Vollzeiterfassung darf es zwischen der Kapazität des Mitarbeiters und der Ist-Arbeit keine Differenz geben, da ja auch Abwesenheitszeiten und andere nicht projektbezogene Zeiten erfasst werden.

HINWEIS Je nach gewählter Erfassungsmethode (Abwesenheitsprojekt/administrative Zeit), spiegelt sich Nicht-Projekt-Zeit als verminderte Kapazität oder als eine Buchung von Arbeitszeit wider (siehe den Abschnitt »Management von Abwesenheitszeiten und anderen nicht projektbezogenen Zeiten«). In beiden Fällen muss bei einer Vollzeiterfassung die Differenz zwischen *Ist-Arbeit* und *Kapazität* jedoch nahe Null sein.

Um fehlende Arbeitsleistungsdaten zu ermitteln, gehen Sie folgendermaßen vor:

1. Klicken Sie in der Schnellstartleiste auf die Verknüpfung *Berichte*.
2. Klicken Sie auf den Ordner *Deutsch (Deutschland)*.
3. Klicken Sie auf den Bericht *Fehlende Arbeitsleitungsdaten*

HINWEIS Der Bericht *Fehlende Arbeitsleitungsdaten* gehört nicht zum Lieferumfang von Project Server. Die Vorgehensweise für die Erstellung von Berichten auf Basis von Excel Services ist in Kapitel 5 beschrieben.

Abbildg. 3.14 Anzeige eines auf den Excel Services basierenden Berichts

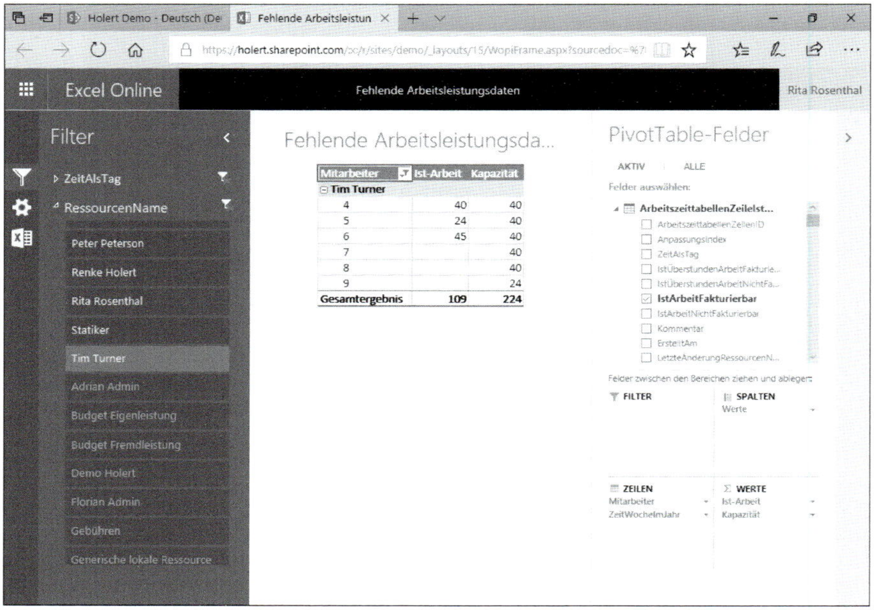

Prüfen Sie im Nachgang die Rückmeldungen bei allen Ressourcen, bei denen zwischen den Feldern *Ist-Arbeit* und *Kapazität* signifikante Abweichungen bestehen.

TIPP Wenn Sie die tatsächlich erfassten Ist-Arbeitszeiten für die Auszahlung der leistungsabhängigen Entgelte zugrunde legen, können Sie einen Anreiz für die regelmäßige Pflege der Daten schaffen.

Stellen Sie zudem sicher, dass die Projektmitarbeiter neben der Ist-Arbeit auch die Rest-Arbeit (*Restarbeit*) zurückmelden, da diese für die Schätzung der voraussichtlichen Gesamtdauer, -kosten und -aufwand von großer Bedeutung ist.

Neben der Verfolgung der Vollständigkeit und Plausibilität von Rückmeldungen können Sie den Projektleiter auch dabei unterstützen, dass Sie größere Abweichungen zwischen der geplanten Arbeit und der von Project auf Basis der Rückmeldung errechneten voraussichtlichen Arbeit ermitteln.

Team managen

Beim Prozess *Team managen* (9.5 Manage Team) können Sie den Projektleiter dadurch entlasten, indem Sie z.B. im Rahmen von Projektleistungsbeurteilungen Planabweichungen ermitteln. Die Ergebnisse können dann für die Weiterbildungsplanung der Mitarbeiter verwendet werden.[15]

Zu dem Zeitpunkt, an dem der Projektplan durch den Kunden erstmalig oder nach einem Änderungswunsch genehmigt wurde, speichert der Projektleiter den Basisplan. Dieser Plan ist die Messlatte für die Beurteilung der berechneten Werte, also der Summe aus aktuellen und verbleibenden Werten. Durch den Vergleich der berechneten Werte mit den geplanten Werten können Sie die Abweichung ermitteln (Kapitel 4).

Um die Abweichungen nach Ressourcen darzustellen, gehen Sie folgendermaßen vor:

1. Wählen Sie in der Project Web App unter *Ressourcen* die Ressourcen aus, die Sie analysieren möchten, und klicken Sie dann auf die Schaltfläche *Ressourcenzuordnungen*.

Abbildg. 3.15 Schätzabweichungen nach Ressourcen

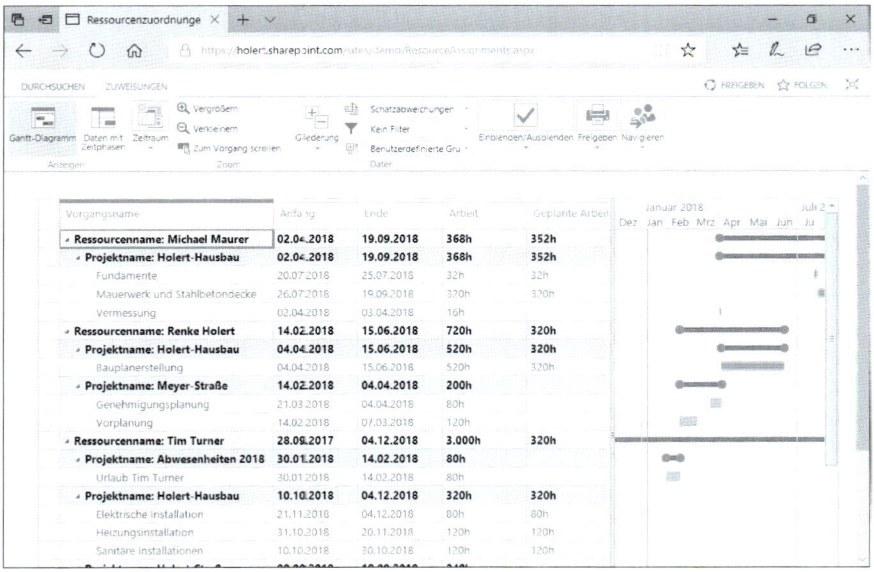

2. Wählen Sie im Dropdown-Listenfeld *Ansicht* in der Gruppe *Daten* den Eintrag *Schätzabweichungen* aus.
3. Wählen Sie auf der *Zeitachse* den aktuellen Betrachtungszeitraum aus.

Eine hohe Differenz zwischen den Feldern *Arbeit* und *Geplante Arbeit* kann ein Hinweis auf eine geringe Schätzqualität (siehe den Prozess *Ressourcen für Vorgänge schätzen*) sein. Prüfen Sie, wenn es häufiger zu hohen Abweichungen kommt, ob durch eine bessere methodische Unterstützung oder ein Schätztraining die Schätzqualität verbessern werden kann.

[15] Vgl. PMBOK 2017, S. 345–350.

HINWEIS Die Planabweichungen orientieren sich an den genehmigten Basisplanwerten. Es kann sein, dass eine Abweichung zum Basisplan bereits vom Projektleiter akzeptiert und die berechneten Werte bereits angepasst wurden und damit als Vorgabe für den Projektmitarbeiter festgelegt sind. Die Planabweichung ist damit u.U. nicht vom Projektmitarbeiter zu vertreten.

Weitere Auswertungen für Abweichungsanalysen sind u.a. auch auf Basis von Excel-Berichten in Kapitel 4 und Kapitel 5 beschrieben.

Überwachungs- und Steuerungsprozesse

Im Rahmen der Überwachungs- und Steuerungsprozesse ermittelt der Projektleiter Abweichungen gegenüber dem Projektmanagementplan und steuert wo nötig gegen. Eine zentrale Rolle spielt dabei dem Prozess *Projektarbeit überwachen und steuern* (4.5 Monitor and Control Project Work). Grundlage hierfür sind die Arbeitsleistungsdaten, die in den anderen Steuerungsprozessen zu Arbeitsleistungsinformationen aufbereitet werden. Der Projektleiter erstellt hieraus dann Arbeitsleistungsberichte.

Mit der Unterstützung des Vorgängerprozesses *Projektausführung lenken und managen* und der Nachverfolgung von fehlenden Arbeitsleistungsdaten haben Sie hierfür bereits einen Beitrag geleistet. Darüber hinaus können Sie analog zum Ausführungsprozess *Projektteam managen* die Abweichungen bezogen auf ihre Ressourcen ermitteln und in Abstimmung mit dem Projektleiter korrektive Maßnahmen einleiten.

Abschließende Prozesse

Im Rahmen der abschließenden Prozesse muss der Projektleiter überprüfen, ob die gesamten Arbeiten zufriedenstellend fertig gestellt wurden. Dies kann z.B. im Rahmen von Kunden-Audits stattfinden, für die Sie die Ressourcen (Räumlichkeiten usw.) als Unterstützung bereitstellen können.

Holen Sie sich zudem im Rahmen der Qualitätssicherung Feedback vom Projektleiter ein, ob er bzw. die Kunden mit den Leistungen Ihrer Ressourcen zufrieden sind. Hiermit schaffen Sie die Grundlage für den erneuten Einsatz Ihrer Ressourcen und können diese in zukünftigen Projekten angemessen einsetzen. Dies hat möglicherweise auch Einfluss auf die Verfügbarkeits- und Qualifikationsinformationen zu den Ressourcen. Aktualisieren Sie diese, falls erforderlich. Ggf. können Sie auch Qualifikationsmaßnahmen vorschlagen. Diese und weitere Aufgaben zum Management des Ressourcenpools werden im Folgenden ausführlicher beschrieben.

Management des Ressourcenpools

Ein Ziel des Ressourcenmanagers ist es, die Ressourcenauslastung zu optimieren. Hieraus resultieren – unabhängig von den konkreten Tätigkeiten für ein einzelnes Projekt – folgende Aufgaben:

- Informationen über den Ressourcenpool pflegen
- Management der Ressourcen
- Notwendigkeit für Umdisponierungen erkennen
- Ressourcen umdisponieren

Informationen über den Ressourcenpool pflegen

Eine gute Ressourcenauslastung werden Sie nur erreichen können, wenn Sie die Kompetenzen und Kapazitäten (Qualifikationen und Verfügbarkeiten) optimal nutzen. Diesem kommen Sie nach, indem Sie zum einen, wie zuvor beschrieben, das Feedback der Projektleiter über den Bedarf und die Qualität der Ressourcen auswerten. Ferner werden Sie die Ziele nur erreichen, wenn Sie sich der anderen Instrumente des Marketingmix bedienen. Dies sind Product (Ressourcenauswahl und Weiterbildung), Place (Verteilung über Standorte), Price (Marktgerechte Kostensätze) und Promotion (Werbung und PR). Siehe hierzu auch den Abschnitt »Management von Abwesenheitszeiten und anderen nicht projektbezogenen Zeiten«. Zu den operativen Aufgaben der Promotion gehören daneben noch die Pflege der

- Qualifikationen,
- Verfügbarkeitsinformationen,
- Arbeitszeiten,
- Kostensätze und
- weiterer Stammdaten

im Enterprise-Ressourcenpool.

Enterprise-Ressourcenpool pflegen

Um die Ressourcenstammdaten bearbeiten zu können, müssen Sie zunächst die entsprechenden Ressourcen auschecken, indem Sie den Enterprise-Ressourcenpool öffnen.

Um den Enterprise-Ressourcenpool zu öffnen, gehen Sie folgendermaßen vor:

1. Wählen Sie in der Project Web App die Verknüpfung *Ressourcen* in der Schnellstartleiste.

Abbildg. 3.16 Enterprise-Ressourcen auschecken

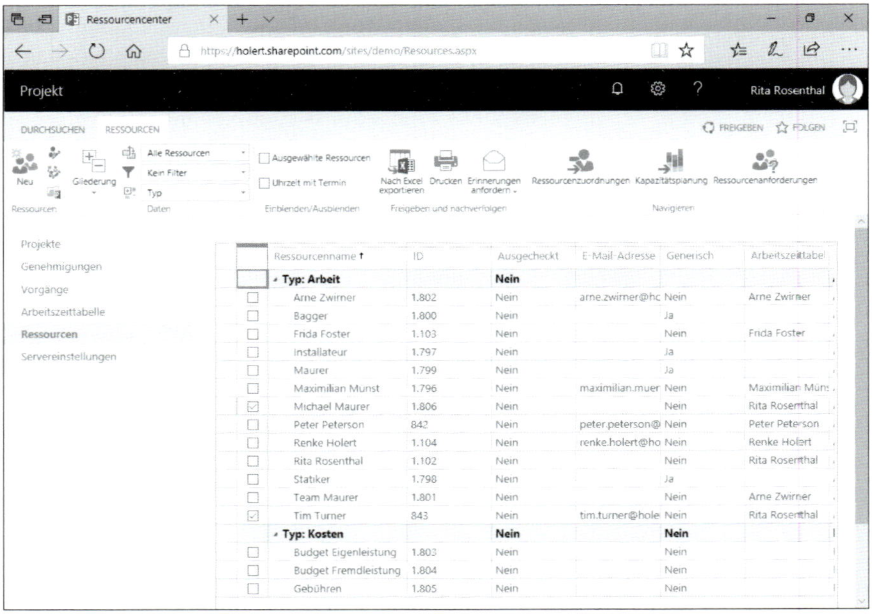

2. Aktivieren Sie jeweils die Kontrollkästchen vor jenen Ressourcen, die Sie auschecken möchten, um z.B. deren Qualifikationen, Kostensätze, Verfügbarkeiten usw. zu bearbeiten.
3. Klicken Sie in der Gruppe *Ressourcen* auf die Schaltfläche *Öffnen*.

HINWEIS An dieser Stelle können Sie auch neue Ressourcen erstellen, indem Sie auf die Schaltfläche *Neu* klicken oder indem Sie im sich öffnenden Project Fenster neue Zeilen einfügen.

Pflege der Qualifikationen

Um die *Qualifikationsangaben* der Ressourcen zu aktualisieren, führen Sie folgende Schritte aus:

1. Wechseln Sie in Project in die Ansicht *Enterprise-Ressource: Tabelle* (angepasste Ansicht). Falls diese nicht ausgewählt ist, rufen Sie sie auf der Registerkarte *Ansicht* in der Gruppe *Ressourcenansichten* über das Dropdown-Listenfeld *Ressource: Tabelle* auf.
2. Überprüfen Sie, ob sich beispielsweise eine Ressource nach dem Abschluss eines Projekts, einer Projektphase oder der Teilnahme an einer Weiterbildung neue Fähigkeiten angeeignet hat und passen Sie ggf. die Spalte *Qualifikation* bzw. *Skill* an.

Abbildg. 3.17 Pflege der Ressourcendaten im Ressourcenpool

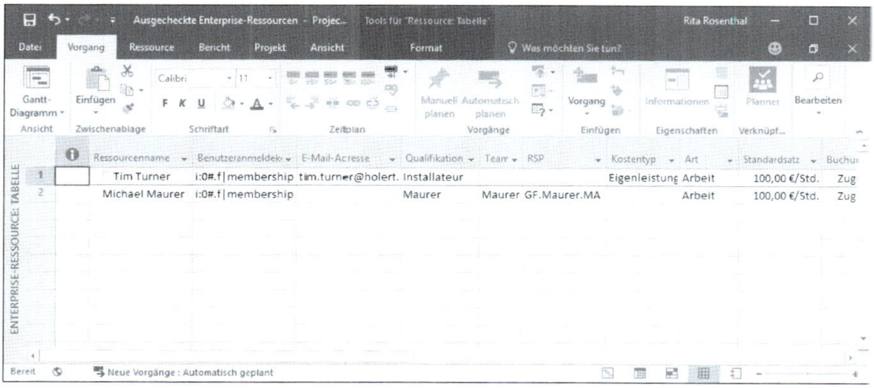

HINWEIS Wenn eine Person mehr als eine Qualifikation hat, können Sie das benutzerdefinierte Feld so konfigurieren, dass es mehrere Werte akzeptiert.

Sie können auch mehrere Ebenen des Feldes verwenden, um einzelne Qualifikationen näher zu spezifizieren, also z.B. »Installateur.Elektro.Azubi« oder »Installateur.Elektro.Meister«.

3. Wählen Sie im Feld *RSP* (Ressourcenstrukturplan) die organisatorische Zuordnung der Ressource aus.
4. Überprüfen und modifizieren Sie ggf. die weiteren Stammdaten der Ressourcen.

HINWEIS Anlegen der natürlichen, generischen, Team-, Budget- und Kostenressourcen sowie Festlegen des Windows-Kontos und der E-Mail-Adresse, Qualifikation und Organisationseinheit (RSP) und Teamzugehörigkeit werden im Unternehmensressourcenpool durchgeführt.

Aktualisieren oder erstellen Sie bei Bedarf auch *generische Ressourcen*, also die Arten von Qualifikationen, die Sie Ihren Projektleitern zur Verfügung stellen. Diese sollten identisch mit der obersten Ebene der Qualifikationen sein, die Sie in der Spalte *Qualifikationen* eingeben. Generische Ressourcen werden durch das nebenstehend dargestellte Symbol gekennzeichnet. Sie markieren eine Ressource als generisch, indem Sie auf der Registerkarte *Allgemein* des Dialogfelds *Informationen zur Ressource* ein Häkchen in dem Kontrollkästchen *Generisch* setzen.

Fügen Sie externe Ressourcen nur in den Enterprise-Ressourcenpool ein, wenn diese in mehreren Projekten verwendet werden. Andernfalls geben Sie diese direkt in der Ansicht *Ressource: Tabelle* des Projekts ein. Diese werden dann durch ein kleines Symbol, das nebenstehend abgebildet ist, als *lokale Ressourcen* darstellt.

Pflege der Verfügbarkeitsinformationen

Zum Anpassen der Verfügbarkeit gehen Sie folgendermaßen vor (Abbildung 3.18):

1. Öffnen Sie das Dialogfeld *Informationen zur Ressource* beispielsweise, indem Sie einen Doppelklick auf eine Ressource ausführen.

Abbildg. 3.18 Pflege der Ressourcenverfügbarkeit

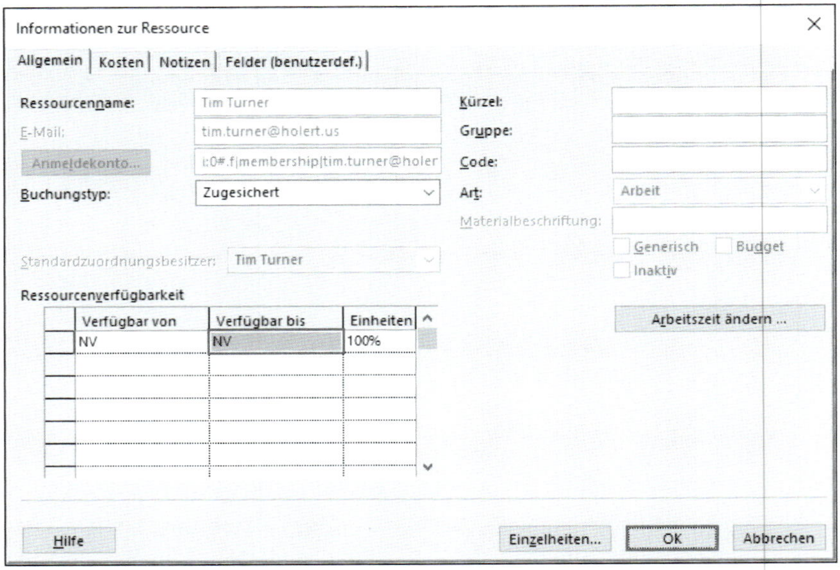

2. Tragen Sie in die erste Zeile der Tabelle *Ressourcenverfügbarkeit* im Feld *Verfügbar von* das Datum ein, ab wann die Ressource für Ihren Pool zur Verfügung steht (Eintritt). Sie können auch »NV« (Nicht verfügbar) für einen unbestimmten Zeitpunkt eingeben.
3. Falls sich die Verfügbarkeit für eine Ressource zu einem Zeitpunkt ändert, z.B. weil sie nur noch halbtags arbeitet (Teilzeit-Projektmitarbeiter), können Sie durch eine zusätzliche Zeile den Anfangs- und Endtermin mit dem entsprechenden Prozentsatz eintragen. Wenn Sie detaillierter festlegen möchten, wann eine Ressource arbeitet oder nicht, können Sie mit der Schaltfläche *Arbeitszeit ändern* die Arbeitszeiten entsprechend überarbeiten, wie nachfolgend beschrieben wird.
4. Sofern kein Austritt aus Ihrem Ressourcenpool feststeht, bleibt in der untersten Zeile in der Spalte *Verfügbar bis* der Wert *NV* stehen. Sollte die Ressource aus dem Pool ausscheiden, können Sie an dieser Stelle das Austrittsdatum eintragen.

Pflege der Arbeitszeiten

Um die *Arbeitszeiten* innerhalb des zuvor festgelegten Verfügbarkeitsrahmens näher zu bestimmen, wählen Sie zunächst als *Basiskalender* den Kalender aus, der die Standardarbeitszeit der Ressource bzw. Ressourcengruppe repräsentiert. In diesem Kalender sollten auch schon die Tage als arbeitsfrei markiert sein, an denen nicht gearbeitet wird. Dies können z.B. Feiertage oder Betriebsferien sein.

Um den Basiskalender für die Ressource festzulegen, gehen Sie folgendermaßen vor:

1. Klicken Sie im Dialogfeld *Informationen zur Ressource* auf die Schaltfläche *Arbeitszeit ändern.*

Abbildg. 3.19 Basiskalender für Ressource festlegen

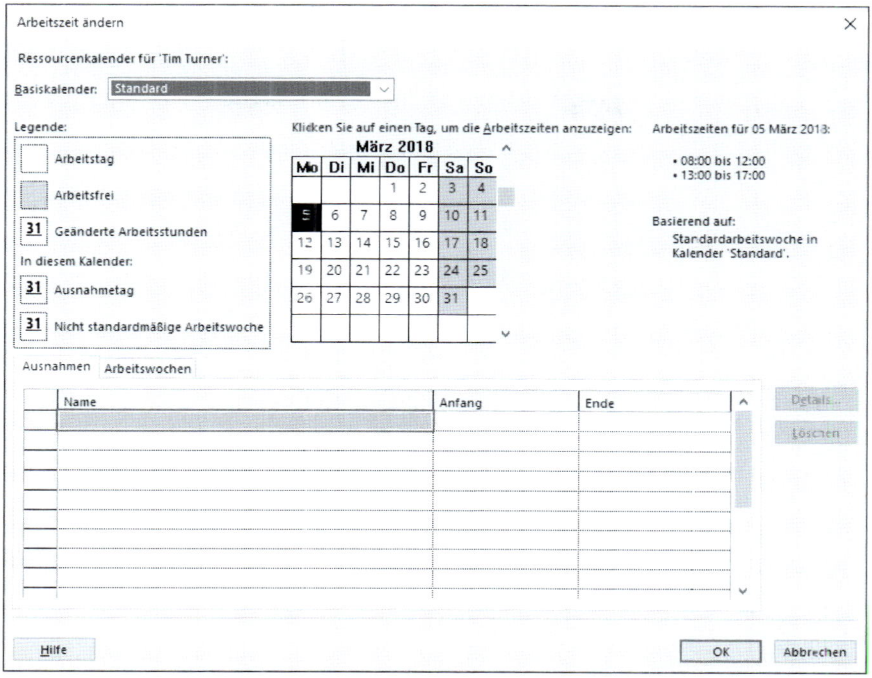

2. Wählen Sie im Feld *Basiskalender* den entsprechenden Kalender aus.

Um ressourcenindividuelle Abweichungen vom Basiskalender zu berücksichtigen, gehen Sie folgendermaßen vor:

1. Holen Sie die Registerkarte *Arbeitswochen* im *Dialogfeld Arbeitszeit* ändern in den Vordergrund.
2. Markieren Sie den Eintrag *[Standard]*.
3. Klicken Sie auf die Schaltfläche *Details*.

Abbildg. 3.20 Kalenderausnahmen festlegen

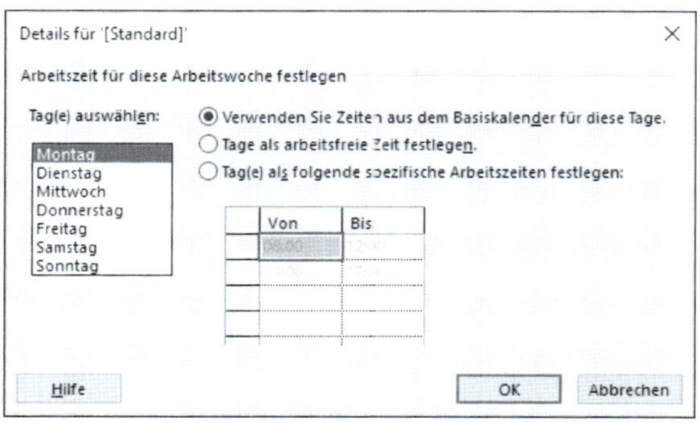

4. Markieren Sie im Listenfeld *Tag(e) auswählen* den entsprechenden Wochentag, für den Sie die Arbeitszeit ändern möchten.

5. Wählen Sie die Option *Tage als arbeitsfreie Zeit festlegen*, um diesen Tag generell als arbeitsfrei für die Ressource zu definieren.

HINWEIS Durch die Eingabe von abweichenden Arbeitszeiten (Option *Tag(e) als folgende spezifische Arbeitszeiten festlegen*) können Sie auch Nacht- oder Wochenendarbeit einplanen.

6. Klicken Sie auf die Schaltfläche *OK*, um die Änderungen im Dialogfeld *Details für '[Standard]'* zu übernehmen und dieses zu schließen.

Abbildg. 3.21 Ressourcenkalender mit Ausnahmen

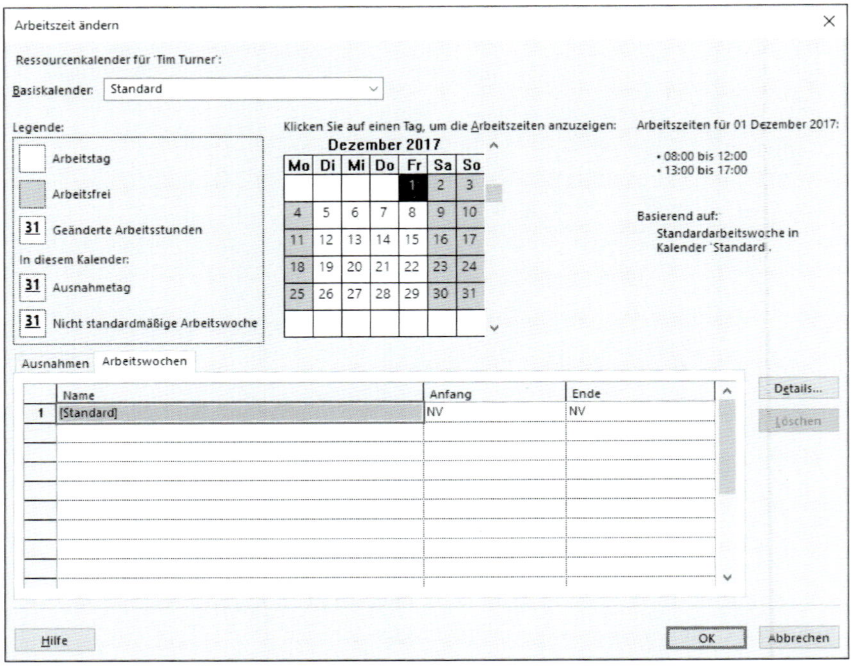

7. Klicken Sie auf die Schaltfläche *OK*, um die Änderungen im Dialogfeld *Arbeitszeit ändern* zu übernehmen und dieses zu schließen.

HINWEIS Über die Registerkarte *Ausnahmen* können Sie zusätzlich hiervon abweichende Arbeitszeiten, z.B. für Abwesenheitszeiten wie Urlaub von Ressourcen einplanen. Kalenderausnahmen können auch durch die administrativen Zeiten in den Arbeitszeittabellen erzeugt werden. Eine alternative Vorgehensweise ist es, Abwesenheitszeiten in separaten Sonderprojekten zu pflegen und die Ressourcen auf diese Arbeit buchen zu lassen. Dies hat den Vorteil, dass die Änderungen in der Arbeitszeit leichter nachzuvollziehen sind und Projekttermine aufgrund arbeitsfreier Zeiten von Ressourcen nicht automatisch verschoben werden. Zudem können Sie Urlaubspläne in Form eines Projektes auch ausdrucken, was bei den Abwesenheitszeiten im Ressourcenkalender nicht geht. Mehr dazu im Abschnitt »Management von Abwesenheitszeiten und anderen nicht projektbezogenen Zeiten« später in diesem Kapitel.

TIPP Mit dem Add-On *Allocatus* können Sie u.a. Abwesenheitszeiten automatisch mit dem Kalender in Outlook/Exchange bzw. Lotus Notes/Domino Server synchronisieren. Mehr hierzu in Kapitel 6 und unter *http://www.allocatus.com*.

Pflege der Kostensätze

Mitunter ändern sich beispielsweise infolge besserer Qualifikation die Kostensätze der Ressourcen. Sie können die genauen Raten auf der Registerkarte *Kosten* festlegen.

Gehen Sie dazu folgendermaßen vor:

1. Holen Sie im Dialogfeld *Informationen zur Ressource* die Registerkarte *Kosten* in den Vordergrund.

Abbildg. 3.22 Eingabe eines geänderten Tagessatzes

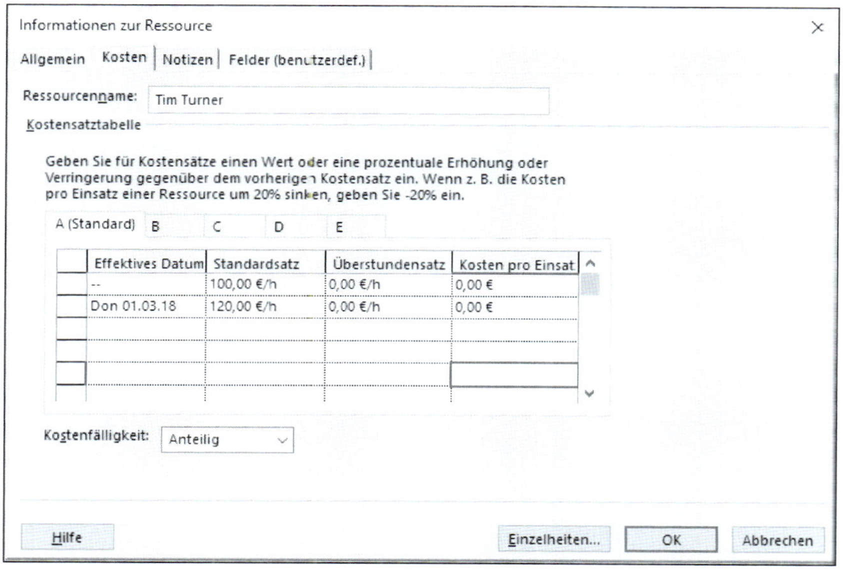

2. Klicken Sie in die zweite Zeile und gegeben Sie in der Spalte *Effektives Datum* den Zeitpunkt der Änderung des Kostensatzes an (Abbildung 3.22).
3. Tragen Sie in der Spalte *Standardsatz* den Stunden- oder Tagessatz der Ressource ein, indem Sie den Eurobetrag gefolgt von »/h« bzw. »/t« eingeben.
4. Tragen Sie ggf. noch in der Spalte *Kosten pro Einsatz* die Fixkosten ein, die pro Vorgang anfallen, an dem die Ressource eingesetzt wird. Dieses können z.B. *Reisekosten* bei Humanressourcen oder *Rüstkosten* bei Sachressourcen sein. Für spezielle Kostenarten, können Sie ergänzend auch benutzerdefinierte Kostenfelder oder Kostenressourcen verwenden.

HINWEIS Durch die Verwendung des Enterprise-Ressourcenpools können Sie für Ressourcen keine unterschiedlichen Kostensätze für verschiedene Projekte festlegen. Sie können aber in den einzelnen Projekten über die Einsatzansichten die Zuordnungen aus verschiedenen *Kostensatztabellen* (A bis E) vornehmen und auf diese Art und Weise variierende Kostensätze für unterschiedliche Projekte bzw. Zuweisungen festlegen. Dieses Verfahren eignet sich auch, um die Differenz aus Selbstkosten und fakturierbaren Kosten zu ermitteln. Darüber hinaus ist es geeignet, um unterschiedliche Kostensätze einer Ressource in Abhängigkeit der jeweils eingesetzten bzw. fakturierbaren Qualifikation zuzuweisen.

Pflege weiterer Stammdaten

Auf den Registerkarten *Notizen* und *Felder (benutzerdef.)* können Sie weitere Stammdaten der Ressourcen als Freitext bzw. strukturiert eingegeben.

Abbildg. 3.23 Eingabe von Notizen

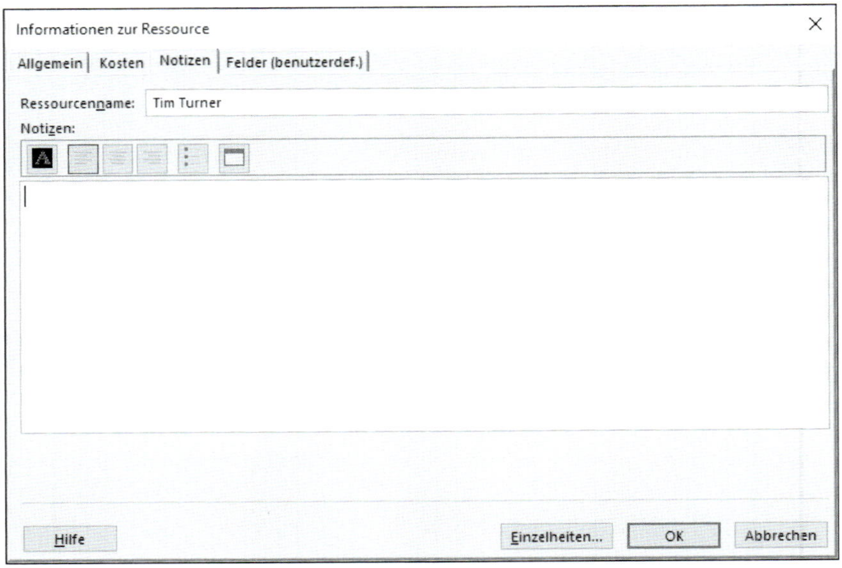

Die Registerkarte *Felder (benutzerdef.)* zeigt alle benutzerdefinierten Ressourcenfelder an, z.B. RSP, Teamname, Kostentyp, Standort und Qualifikation.

Wenn Sie *Nachschlagetabellen* für die Enterprise-Felder verwenden, können Sie die Standardisierung der Schreibweisen sicherstellen. Sie können zudem definieren, dass einzelne Felder ausgefüllt werden müssen. Dies ist insbesondere dann sinnvoll, wenn mehrere Personen den Ressourcenpool bearbeiten, damit eine konsistente Datenbasis sichergestellt wird.

Verwenden Sie den *AutoFilter* oder die *Gruppierungsfunktion*, um größere Ressourcenpools übersichtlich darzustellen. Definieren Sie ggf. benutzerdefinierte Filter oder Gruppierungen, falls Sie mit den Standards keine zufriedenstellenden Ergebnisse erzielen. Diese Filter können Sie auch für die Auswahl beim Auschecken verwenden.

Abbildg. 3.24 Eingabe benutzerdefinierter Enterprise-Felder

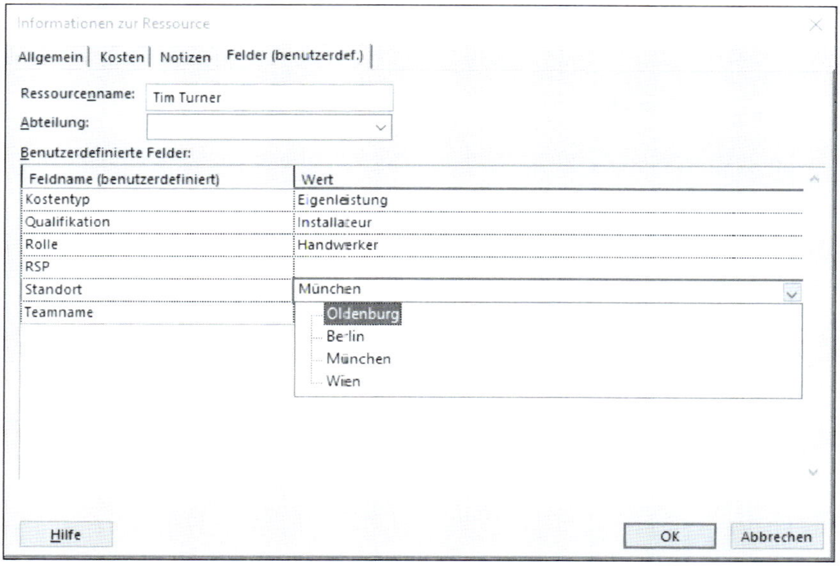

ACHTUNG Alle Änderungen an Ansichten, Tabellen, Gruppierungen, Filtern usw. müssen Sie in der *Enterprise-Global* vornehmen. Änderungen an Enterprise-Feldern können Sie in den Servereinstellungen von Project Server vornehmen. Dies wird in der Konfiguration beschrieben.

Management der Ressourcen

Als Ressourcenmanager wird oft an Sie die Anforderung gestellt, dass Sie Ressourcen selbst disponieren sollen, d.h. dass Sie Ressourcen einzelnen Vorgängen in den Projekten zuordnen sollen. Ein möglicher Grund hierfür ist, dass die Projektleiter nicht direkt auf Ressourcen zugreifen können, sondern Sie als Ressourcenmanager sozusagen als verlängerter Arm der Geschäftsleitung die Buchung der Ressourcen genehmigen sollen. Hintergrund ist, dass Sie als neutraler Dritter den Zugriff auf die knappen Ressourcen regeln, da die Projektleiter tendenziell versuchen, einzelne besonders gute oder knappe Ressourcen bereits im Vorfeld in größerem Umfang für ihr eigenes Projekt einzuplanen (zu »bunkern«) und damit den Zugriff für die anderen Projektleiter blockieren. Diesem Verhalten kann man organisatorisch auch entgegenwirken, indem man festlegt, dass das Buchen auch zur Zahlung verpflichtet.

Aus der Sicht des Projektleiters als Projektverantwortlichem ist es andererseits verständlich, dass er nicht möchte, dass Sie eigenständig Ressourcen in seinen Projekten disponieren oder umdisponieren. Es wird nicht einverstanden sein, wenn Sie z.B. gute, begehrte Ressourcen durch weniger begehrte und möglicherweise weniger qualifizierte Ressourcen ersetzen und auf diese Art und Weise den Projekterfolg gefährden.

Management der Ressourcen durch den Projektleiter

In der Praxis hat es sich bewährt, dass die Projektleiter die technische Disposition selbst vornehmen (vgl. Kapitel 1), aber die Ressourcenmanager darüber ein wachendes Auge haben, auf Ressourcenkonflikte hinweisen und als neutrale Stelle zur Lösung beratend beitragen.

HINWEIS Project bietet Ihnen als Ressourcenmanager flankierend drei Optionen, um die Überwachung zu vereinfachen. Das sind die Felder *Buchungstyp*, *Nachfrage/Bedarf* sowie der *Einsatzstatus*.

Eine einfache Steuerung der Buchung auf Projektebene ist über die Ressourceneigenschaft *Buchungstyp* möglich. Sie können für jedes Projekt über den *Team Builder* in Project und der Project Web App festlegen, ob in dem betreffenden Projekt *alle* Zuordnung einer Ressource *vorgesehen* (= angefragte Buchungen) oder *zugesichert* (= genehmigte Buchungen) sind.

Sie können den eigentlichen Buchungsvorgang auf Zuordnungsebene darüber steuern, dass der Projektleiter den Zuordnungsstatus auf *Nachfrage* (= angefragte Buchung) setzt und nur Sie als Ressourcenmanager den Status auf *Bedarf* (= genehmigte Buchung) setzen können (Zuordnungsfeld *Nachfrage/Bedarf*). Man kann diesen Prozess auch programmgesteuert unterstützen. Hierdurch wird erzwungen, dass bei Änderungen an den Vorgängen durch Projektleiter der Status der zugehörigen Zuordnungen immer auf *Nachfrage* gesetzt wird. Zudem lässt sich so sicherstellen, dass nur die Ressourcenmanager den Status auf *Bedarf*, also gebucht setzen dürfen.

Neu in 2016

Das Feld *Einsatzstatus* gehört zu der Funktion Einsatzplanung. Mit dieser kann der Projektleiter den Ressourcenbedarf bei Ihnen als Ressourcenmanager anfragen (*Ressourcenanforderungen*). Sie können dann technisch die Anfrage ganz oder teilweise genehmigen oder ablehnen. Im weiteren Verlauf kann der Projektleiter sehen, ob zwischen der seiner Vorgangsplanung und dem von Ihnen genehmigten Einsätzen Abweichungen bestehen. In Kapitel 5 finden Sie mehr Informationen zu dieser Funktion.

Wenn man die zuvor vorgeschlagene Vorgehensweise anwendet, liegt das Ziel für den Einsatz von Project primär darin, den Ressourcenmanager und Projektleiter dabei zu unterstützen, auftretende *Konfliktsituationen* zu erkennen. Die eigentliche Lösung wird dann im direkten Dialog zwischen dem Projektleiter, dem betroffenen Projektmitarbeiter und Ihnen als Ressourcenmanager gefunden.

Management der Ressourcen durch den Ressourcenmanager

Es gibt auch Situationen, in denen unbedingt gewünscht ist, dass die Ressourcen direkt durch den Ressourcenmanager gemanagt werden. Die ist häufig in Matrixorganisationen so.

Um dies abzubilden, kann z.B. die oben beschriebene Funktion zu Einsatzplanung eingesetzt werden. Hierdurch wird der Aspekt berücksichtigt, dass der Ressourcenmanager den Einsatz genehmigt und ggf. auch die Ressourcenauswahl trifft, indem namentliche benannten Ressourcen oder generische Ressourcen durch von ihm ausgewählte Ressourcen ersetzt. Zudem kann auch der Umfang gesteuert werden.

HINWEIS Hierdurch wird die Delegation von Arbeit vom Projekt in die Linie nicht ermöglicht. Dort tritt der Projektleiter in eine Art Kundenrolle. Er gibt durch einen Vorgang im Projektplan nur vor, was in welchem Zeitrahmen umgesetzt werden soll. Dann delegiert er den Vorgang an die entsprechende Abteilung oder Gruppe, die setzt die Arbeit dann um. Sie nehmen als Ressourcenmanager hier noch fachliche Aufgaben wahr und sind sozusagen Teilprojektleiter für Ihren Kompetenzbereich. Dazu haben Sie einen unabhängigen Linienplan, also einen Projektplan, der nur Ihre Zuarbeiten zu den Projekten beinhaltet. In diesem Detaillieren Sie Ihre Zuarbeiten ggf. in weitere Teilvorgänge und weisen Ihre Ressourcen zu.

TIPP Da Project den Prozess der Delegation eines Vorgangs vom Projekt- zum Ressourcenmanager bzw. vom Projekt- zum Linienplan nicht erlaubt, wird der Prozess vom Add-On *Service Agreements* auf einfache Art und Weise unterstützt. Mehr Informationen finden Sie unter *https://www.holert.com/sa*.

Notwendigkeit für Umdisponierungen erkennen

Generell gibt es nur zwei Fälle, in denen Sie als Ressourcenmanager tätig werden müssen. Zum einen ist das der oben beschriebene Ressourcenkonflikt, wenn zwei oder mehr Projekt-Manager zeitgleich auf dieselben Ressourcen zugreifen möchten (Überlastung); zum anderen ist dies der Fall, wenn die Ressourcen nicht ausgelastet sind (Unterlastung).

Überlastung erkennen

Überlastungen können neben einer zeitgleichen Erstverplanung einer Ressource in zwei oder mehr Projekten auch daraus resultieren, dass sich Termine in Projekten verschoben haben oder Ressourcen krank geworden sind. Die eigentlichen Überlastungen können Sie sowohl in Project als auch in der Project Web App dargestellt werden. Sofern Sie die Teammanagementfunktionen von Project bzw. Project Server und Project Online verwenden, können Konflikte auch schon durch die Ressourcen selbst erkannt und an den Projektleiter zurückgemeldet werden. In diesem Fall können die Projektmitarbeiter Terminanfragen ablehnen (Kapitel 2).

Ressourcenüberlastung in Project erkennen

Um eine Ressourcenüberlastung in Project in den Ansichten *Teamplaner* und *Ressource: Einsatz* zu erkennen, gehen Sie folgendermaßen vor

1. Öffnen Sie ein Projekt, das alle Ressourcen enthält, also z.B. ein Abwesenheitssonderprojekt (siehe hierzu den Abschnitt »Management von Abwesenheitszeiten und anderen nicht projektbezogenen Zeiten«).

HINWEIS Vorgänge, die einen Ressourcenkonflikt verursachen, werden in den Vorgangsansichten durch ein rotes Ressourcensymbol in der Indikatorspalte gekennzeichnet. So kann der Projektleiter bei der Terminplanung erkennen, welche Vorgänge Überlastungen hervorrufen (Kapitel 1).

Abbildg. 3.25 Vorgänge mit Ressourcenüberlastung in der Ansicht *Teamplaner*

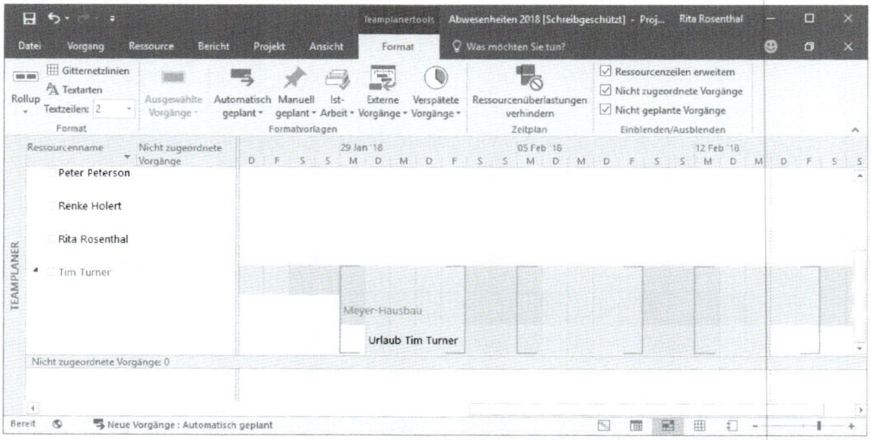

2. Wechseln Sie in die Ansicht *Teamplaner,* indem Sie auf die Registerkarte *Ressource* in der Befehlsgruppe *Ansicht* den Befehl *Teamplaner* aufrufen.
3. Öffnen Sie ggf. die Details der Zuweisungen und Sammelzuweisungen[16] der Ressourcen, die Sie analysieren möchten, indem Sie auf das kleine Dreieckssymbol vor dem Ressourcennamen klicken.

TIPP Zur einfacheren Übersicht bei externen Vorgängen lässt sich die Farbe von externen Vorgängen anpassen. Wechseln Sie dazu in die Teamplanertools. Unter *Externe Vorgänge* können Sie die Formatierung anpassen.

Der Teamplaner bietet eine gute Übersicht über die Auslastungssituation. Überlaste Ressourcen werden rot dargestellt und die betroffenen Vorgänge durch eckige rote Klammern eingefasst. In dieser Ansicht können sie jedoch nicht erkennen, um wie viele Stunden die entsprechenden Ressourcen überlastet sind. Um dies darzustellen, gehen Sie folgendermaßen vor:

1. Wechseln Sie in die Ansicht *Enterprise-Ressource: Einsatz* indem Sie auf die Registerkarte *Ansicht* auf das Symbol *Ressource: Einsatz* klicken.
2. Markieren Sie alle Ressourcen, indem Sie auf den linken oberen Eckpunkt der Tabelle klicken.
3. Klicken Sie im Menüband auf der Registerkarte *Ansicht* in der Gruppe *Daten* im Dropdown-Listenfeld *Gliederung* auf das nebenstehend gezeigte Symbol *Teilvorgänge ausblenden*, um nur die Ressourcennamen und die Sammelressourcenzuweisungen zu sehen.

TIPP Bei einer größeren Anzahl von Ressourcen, können Sie die Anzeige nur auf überlastete Ressourcen beschränken, wenn Sie den Filter *Überlastete Ressourcen* auswählen (Registerkarte *Ansicht//Filter*).

[16] Sammelressourcenzuweisungen = Kumulierte Zuweisungen auf Projektebene.

Jetzt sehen Sie die überlasteten Ressourcen rot dargestellt. Um die Ursache zu finden, weshalb die jeweilige Ressource überlastet ist, gehen Sie folgendermaßen vor:

1. Klicken Sie mit der Maus in den rechten Teil des Bildschirms, und zwar genau in die Zeile, in der auf der linken Seite des Bildschirms der Ressourcenname steht.
2. Blättern Sie beispielsweise mit der Taste [→] so lange, bis Sie einen Zeitpunkt gefunden haben, an dem der Arbeitswert ebenfalls rot dargestellt ist.

TIPP Sie können der Reihe nach von Überlastung zu Überlastung springen, indem Sie den Befehl *Nächste Ressourcenüberlastung* verwenden. Sie können diesen Befehl über die Registerkarte *Ressource* in der Gruppe *Abgleich* aufrufen.

Abbildg. 3.26 Ursache für Überlastung ermitteln

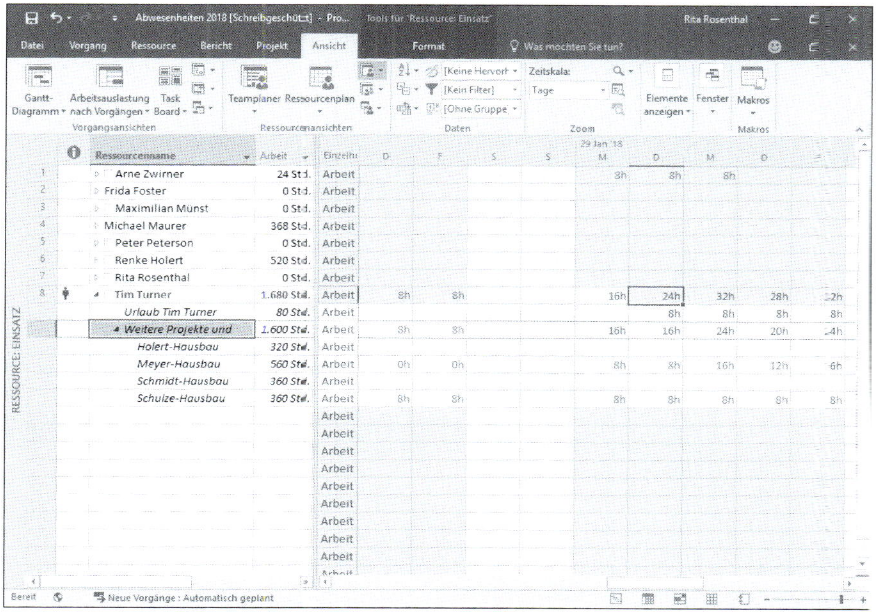

3. Klicken Sie nun auf das Ausklappsymbol vor dem Ressourcennamen, um die zugehörigen Zuordnungen aufzuklappen und die Ursache für die Überlastungen zu finden.

Die Ursache für die Überlastung sind nun die Vorgänge, die an diesem Tag ebenfalls Arbeitswerte haben. Informieren Sie die betroffenen Projektleiter über die identifizierten Überlastungen, damit Sie gemeinsam eine Lösung herbeiführen können.

ACHTUNG Die Werte unter *Weitere Projekte und Zusicherungen* werden nur aktualisiert, wenn die Zuordnungen in den anderen Projekten veröffentlicht wurden.

Für nicht geöffnete Projekte werden nur Sammelressourcenzuweisungen in den Einsatzansichten angezeigt. Damit Sie die Ursache für die Überlastung auf Vorgangsebene ablesen können, öffnen Sie das betroffene Projekt.

Sie können die Projektleiter in der Lösungsfindung unterstützen, indem Sie ihnen gleich qualifizierte verfügbare Ressourcen vorschlagen oder – falls das nicht möglich ist – Alternativtermine nennen. Ist keine geeignete Ressource verfügbar, bleibt nur noch die Terminverschiebung (siehe im nachfolgenden Abschnitt »Ressourcen umdisponieren«).

Kommt das nicht infrage, können Sie durch kurzfristige Maßnahmen wie Urlaubssperre und Beschaffung externer Ressourcen dem Engpass entgegnen. Als mittel- und langfristige Maßnahmen kommen z.B. die Einstellung neuer Ressourcen oder die Weiter- bzw. Umqualifizierung vorhandener Ressourcen in Frage.

TIPP Blenden Sie sich die Spalten *Projekt* und *Nr.* ein. In der Spalte *Projekt* können Sie erkennen, zu welchem Projekt der Vorgang gehört, der an der Überlastung beteiligt ist. In der Spalte *Nr.* können Sie erkennen, welche Vorgangsnummer dieser Vorgang hat. Übermitteln Sie dem Projektleiter diese beiden Informationen, damit dieser den Vorgang schneller in seinem Projektplan wiederfinden kann.

Mit jeder Zuordnung wird auch die benötigte Qualifikation gespeichert. Diese kann bei der Auswahl helfen.

Ressourcenüberlastung in der Project Web App erkennen

Um Ressourcenüberlastungen im Enterprise-Ressourcenpool über Project Web Access von Project Server zu erkennen, gehen Sie folgendermaßen vor:

1. Wechseln Sie in das *Ressourcencenter* der Project Web App (Schnellstartleiste *Ressourcen*).

Abbildg. 3.27 Ressource(n) auswählen

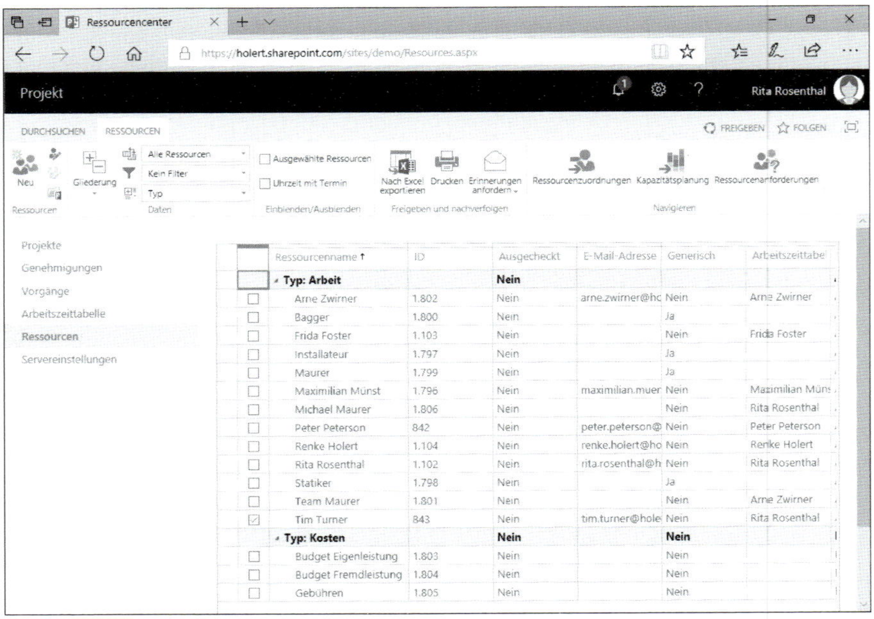

2. Aktivieren Sie das Kontrollkästchen vor den Ressourcen, deren Auslastung Sie ermitteln möchten.
3. Rufen Sie in der Gruppe *Navigieren* den Befehl *Kapazitätsplanung* auf.

Abbildg. 3.28 Ressourcenverfügbarkeit nach Projekt auf Tagesbasis

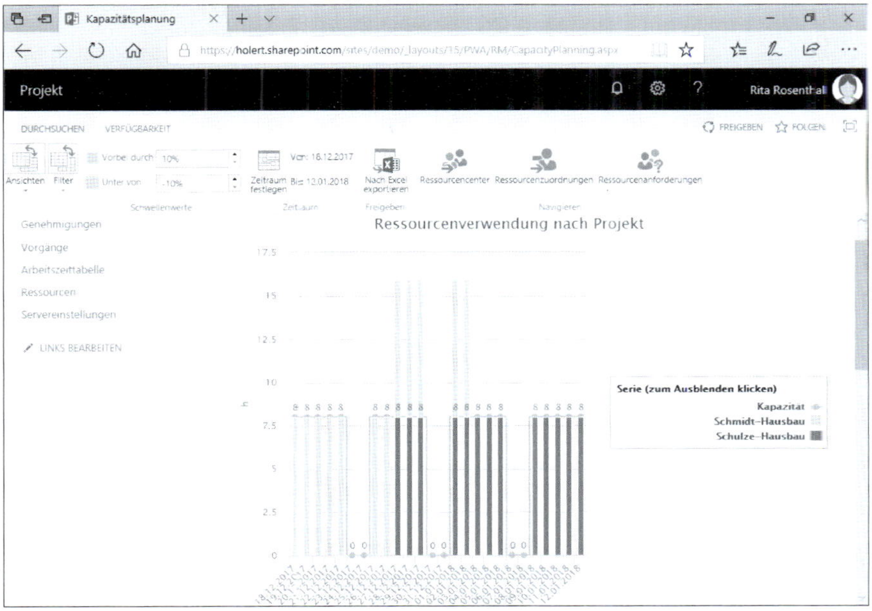

4. Wählen Sie in der Gruppe *Ansichten* im Dropdown-Listenfeld *Ansicht* den Eintrag *Ressourcenverwendung nach Projekt* aus, um die Ressourcenverfügbarkeit nach Projekt anzuzeigen.

Alle Balken, die die orangefarbene Kapazitätslinie überschreiten, stellen eine Überlastung dar. Wenn Sie die Ressourcen auf Wochenbasis planen, können Sie das Intervall auf eine Woche festlegen. Gehen Sie dazu folgendermaßen vor:

1. Klicken Sie in der Gruppe *Zeitraum* auf die Schaltfläche *Zeitraum festlegen* und legen Sie im sich öffnenden Dialogfenster den Wert *Von* auf den Montag einer Woche und im Feld *Bis* das Ende auf einen Sonntag einer Woche fest.
2. Wählen Sie in der Gruppe *Filter* im Dropdownmenü *Zeitskala* den Wert *Wochen* aus.

Abbildg. 3.29 Ressourcenverfügbarkeit nach Projekt auf Wochenbasis

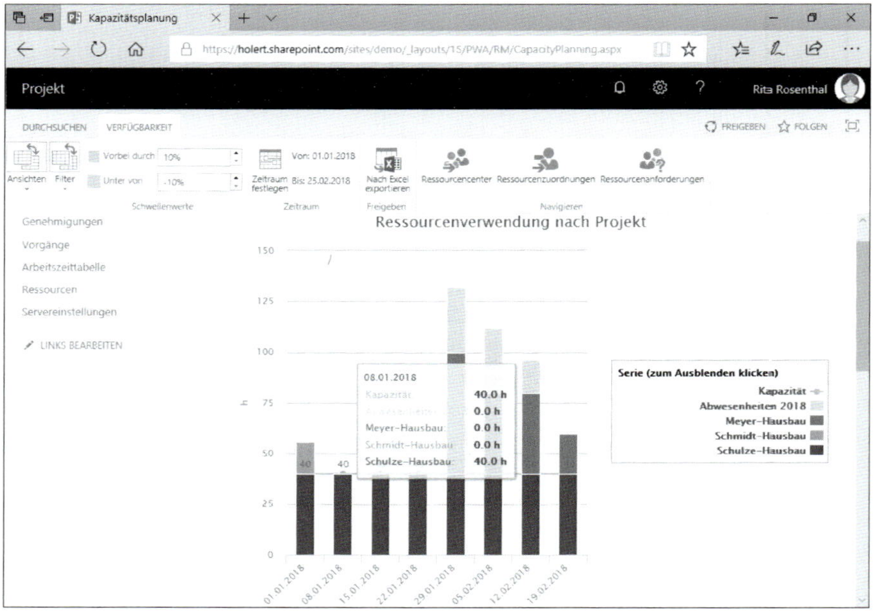

TIPP Wenn Sie mit dem Mauszeiger über die Balken fahren, werden Ihnen Details zum jeweiligen Balken angezeigt.

Um die Ressourcenauslastung als Excel-Bericht darzustellen, gehen Sie folgendermaßen vor:

1. Klicken Sie auf der Startseite der Project Web App auf die Verknüpfung bzw. Kachel *Berichte*.

HINWEIS Der Bericht »Ressourcenkapazität« ist nicht im Standardumfang von Project Online enthalten. Sie müssen diesen selbst erstellen.

Abbildg. 3.30 Beispielberichte auf Basis der Excel Services

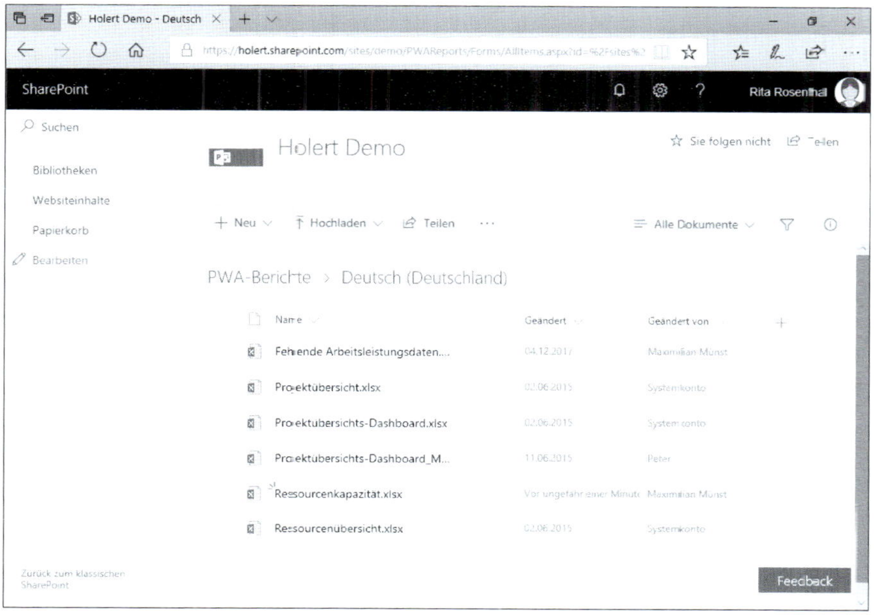

2. Wählen Sie in der Schnellstartleiste unter *Berichte* im Ordner *Deutsch (Deutschland)* den Bericht *Ressourcenkapazität* aus.

Abbildg. 3.31 Ressourcenauslastung dargestellt als Pivot Chart

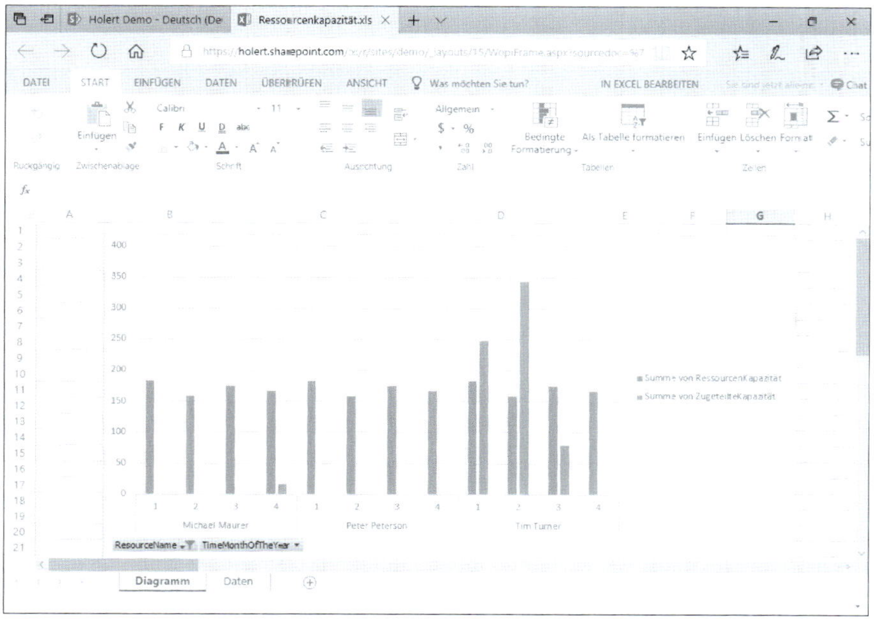

Es wird hier grafisch die Summe der berechneten Arbeit und der Kapazität der Ressourcen angezeigt. Die blauen Balken drücken die Kapazität, die orangefarbenen Balken die berechnete Arbeit aus. Eine Überlastung lässt sich also daran erkennen, dass der rote Balken höher als der blaue Balken ist.

Abbildg. 3.32 Ressourcenauslastung dargestellt als Pivot-Tabelle

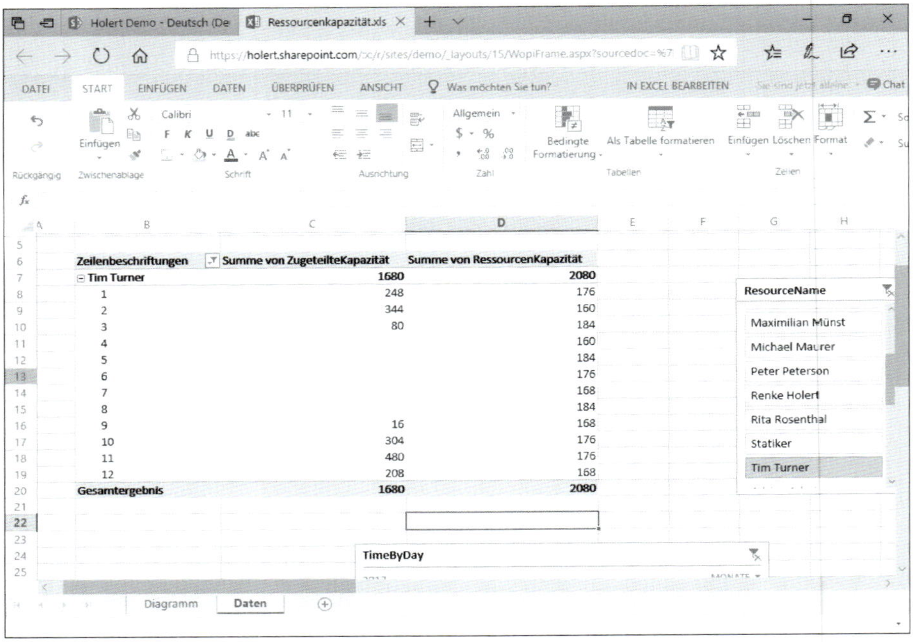

Wenn Sie am unteren Bildrand auf den Registerreiter *Daten* klicken, sehen Sie die gleichen Daten tabellarisch dargestellt.

Unterlastungen erkennen

Eine Unterlast (Restkapazität) erkennen Sie daran, dass zwischen der Verfügbarkeit und der zugeordneten Arbeit eine Lücke bleibt, also die verbleibende Verfügbarkeit größer als Null ist. Sie können die Unterlast sowohl in Project als auch in der Project Web App erkennen.

Erkennen von Unterlastung in Project

Um die verbleibende Verfügbarkeit in Project zu ermitteln, gehen Sie folgendermaßen vor:

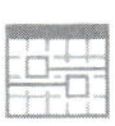

1. Wechseln Sie in Project Professional zur Ansicht *Ressource: Einsatz* (*Ansicht/Ressourcenansichten/Ressource: Einsatz*).
2. Teilen Sie das Fenster, indem Sie auf der Registerkarte *Ansicht* in der Gruppe *Elemente anzeigen* das Kontrollkästchen *Details* aktivieren und im dazu gehörigen Dropdown-Listenfeld *Ressource: Grafik* auswählen. Stellen Sie ggf. noch bei aktivem oberen Bereich des Fensters eine geeignete Zeitskalierung, hier Wochen, ein.

Abbildg. 3.33 Auslastungsdetails einer Ressource

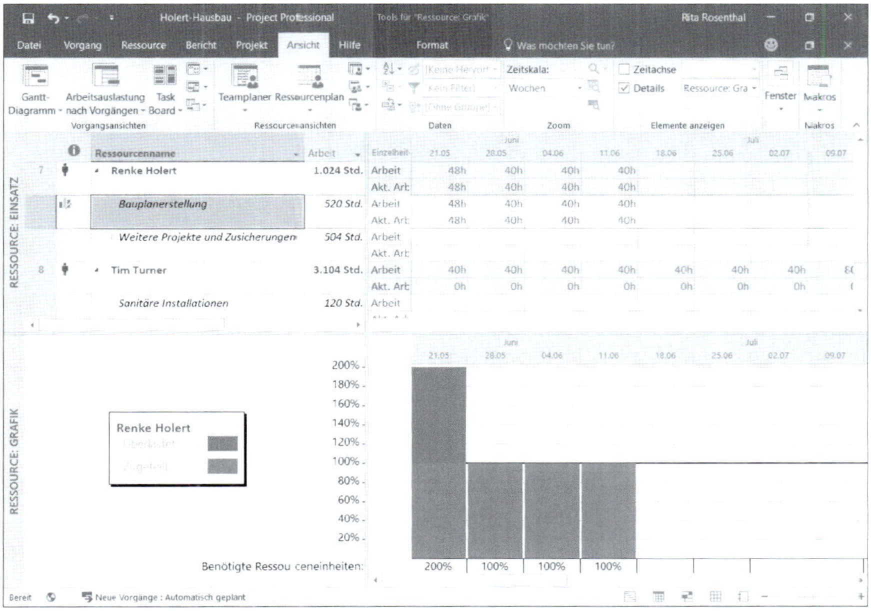

HINWEIS An manchen Stellen im Programm ist die Übersetzung inkonsistent. So wird *Verfügbarkeit* gelegentlich als *verbleibende Verfügbarkeit* bzw. *Verbl. Verfgb.* oder *Restkapazität* bezeichnet.

3. Markieren Sie eine Ressource oder Ressourcengruppe und lesen Sie die verbleibende Verfügbarkeit als Differenz zwischen der Verfügbarkeitslinie und den Balken ab (siehe zur grafischen Darstellung der Arbeit bzw. verbleibenden Verfügbarkeit einer Ressourcengruppe auch Kapitel 1).

Wenn Sie die verbleibende Verfügbarkeit sowohl numerisch als auch grafisch als Positivwert anzeigen möchten (Verbleibende Verfügbarkeit3.34), führen Sie noch die folgenden Schritte aus:

1. Klicken Sie mit der rechten Maustaste in den Tabellenbereich der Ansicht *Ressource: Einsatz* und wählen Sie im Kontextmenü die Einzelheitenart *Restverfügbarkeit* aus.
2. Wählen Sie danach im Kontextmenü die Einzelheitenart *Arbeit* und *Ist-Arbeit* ab, so dass nur noch die verbleibende Verfügbarkeit angezeigt bleibt.

Abbildg. 3.34 Verbleibende Verfügbarkeit

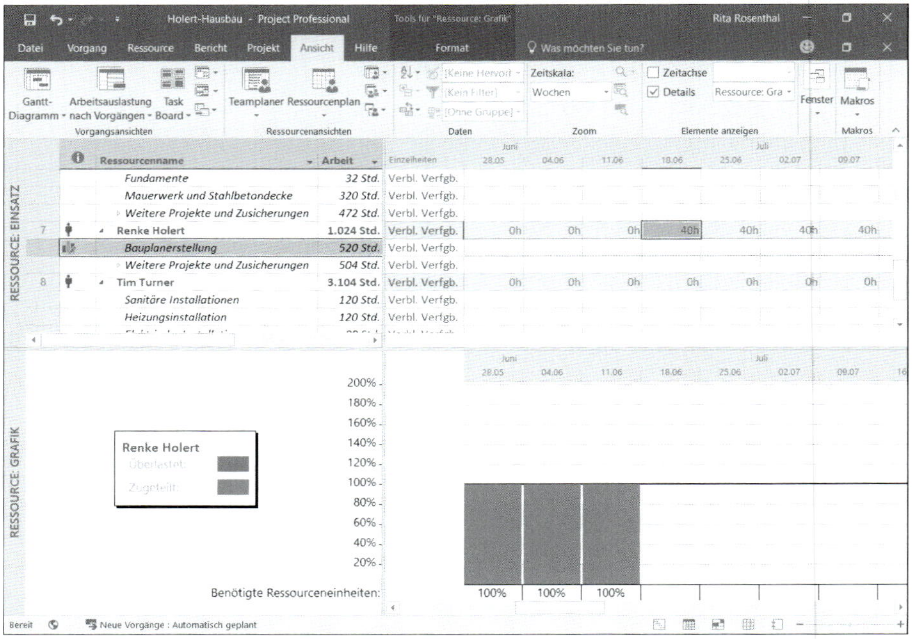

Die Tage, an denen in der Zeile *Verbl. Verfgb.* ein positiver Wert steht, haben für die betreffende Ressource oder Ressourcengruppe eine Unterlastung.

Erkennen von Unterlastung in der Project Web App

Um die verbleibende Verfügbarkeit mithilfe der Project Web App anzuzeigen, gehen Sie folgendermaßen vor:

1. Wechseln Sie – wie zuvor beschrieben – in das Ressourcencenter und wählen Sie die Ressourcen aus, die Sie analysieren möchten.
2. Rufen Sie in der Gruppe *Navigieren* den Befehl *Kapazitätsplanung* auf.
3. Wechseln Sie in die Ansicht *Verfügbarkeit* (*Ansichten/Ansicht*).

Verbleibende Verfügbarkeit wird im Diagramm als positiver Wert dargestellt, über die Kapazität hinausgehende Arbeit als negativer Wert. Unterhalb des Diagramms finden Sie eine Tabelle, in der die verbleibende Verfügbarkeit auch numerisch abgebildet ist.

Abbildg. 3.35 Unterlast im Ressourcenpool

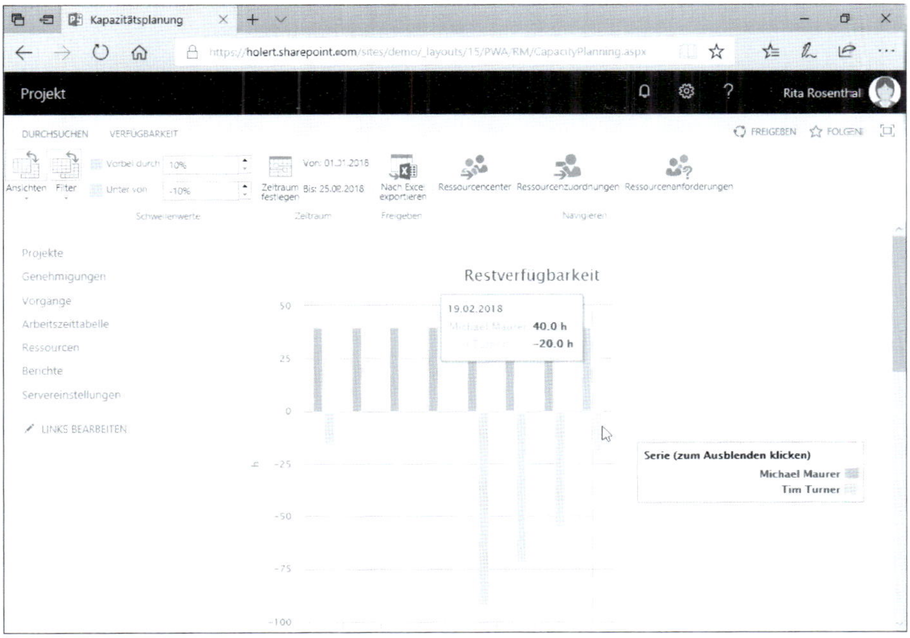

Abbildg. 3.36 Verbleibende Verfügbarkeit

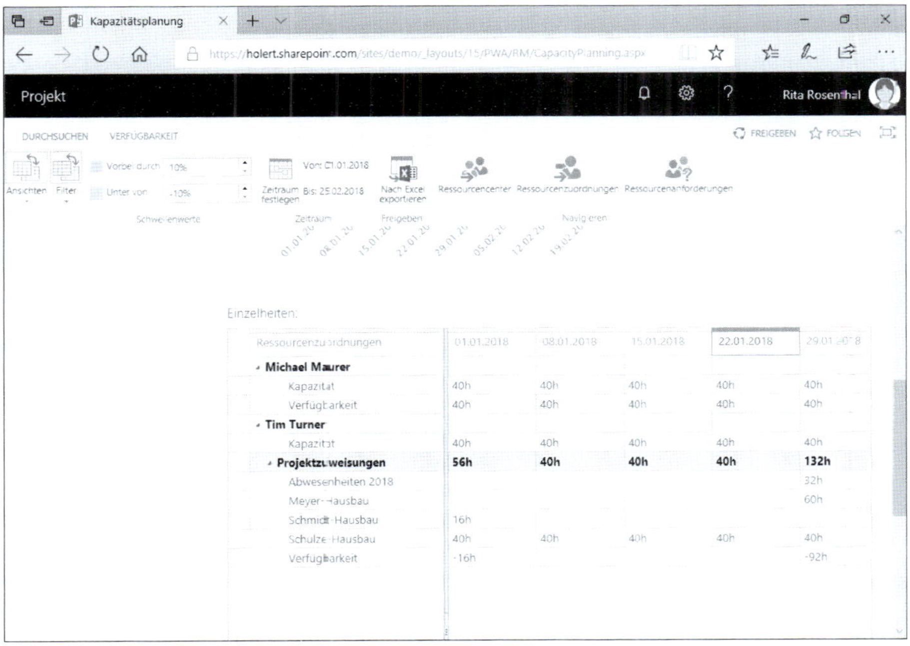

Als Handlungsmaßnahmen, um die verbleibende Verfügbarkeit optimal zu nutzen, können Sie in Abstimmung mit den Beteiligten z.B. Urlaub, Weiterbildung und Beteiligung an Marketingaktivitäten vorschlagen. Mehr dazu im Abschnitt »Management von Abwesenheitszeiten und anderen nicht projektbezogenen Zeiten«. Im besten Fall können Sie mangelnde Auslastungen dadurch ausgleichen, dass Sie Vorgänge von überlasteten Ressourcen voll- oder teilweise auf unterlastete Ressourcen übertragen.

Ressourcen umdisponieren

Wenn Sie Über- und Unterlastungen ermittelt und Lösungen mit den Beteiligten gefunden haben, ist bereits die notwendige Vorarbeit geleistet, um diese in Project umzusetzen.

Jeder Projektleiter muss nun die resultierenden Änderungen in seinem Plan vornehmen, d.h. Ressourcen ersetzen oder Termine verschieben.

Bei der Verteilung von Arbeit auf Ressourcen unterstützt Projektleiter die neue Ansicht Teamplaner in Project Professional.

Nachdem die Projektleiter den Projektplan gespeichert und veröffentlicht haben, werden die Zuordnungsinformationen automatisch im Ressourcenpool aktualisiert. Mit der Veröffentlichung werden die Ressourcen auch automatisch von den Änderungen informiert.

Wenn sich Änderungen in Sonderprojekten wie Urlaub, Krankheit, Weiterbildung, etc. ergeben, sind Sie als Ressourcenmanager oft Projektleiter für diese Projekte und führen die Umdisponierungen entsprechend selbst durch.

Zuletzt überprüfen Sie, ob die einzelnen Aktionen wirklich korrekt ausgeführt und die Über- und Unterlastungen in den zuvor dargestellten Ansichten ausgeglichen wurden.

ACHTUNG Wichtig ist, dass Sie die Ressourcenkonflikte zumindest für den direkt vor Ihnen liegenden Zeitraum (mindestens zwei Wochen) sehr akkurat beseitigen, denn dies sind echte Planungsfehler, die im konkreten Einzelfall erhebliche Zusatzkosten generieren können, z.B. falsche Anreise, nicht termingerechte Fertigstellung usw.

Management von Abwesenheitszeiten und anderen nicht projektbezogenen Zeiten

Zu Ihren Aufgaben als Ressourcenmanager gehört es auch, die Zeiten zu verwalten, an denen die Ressourcen nicht an Projekten arbeiten. Zu diesen nicht projektbezogenen Zeiten gehören u.a. Abwesenheiten z.B. durch Urlaub, Krankheit und Weiterbildung sowie Restzeiten – auch Grundlasten genannt – durch Linientätigkeiten und allgemeine Tätigkeiten wie Unterstützung, Wartung und Verwaltung.

Sie können für nicht projektbezogene Zeiten über Sonderprojekte, Administrative Zeiten oder Einsätze abbilden.

Sonderprojekte

Sonderprojekte werden als normaler Projektplan angelegt und auf dem Project-Server gespeichert. Da diese »Projekte« kein natürliches Anfangs- und Enddatum haben, empfehlen wir diese durch eine Periode, wie z.B. das Kalenderjahr, zu begrenzen. Geeignete Namen für Sonderprojekte sind z.B. »Abwesenheiten2017« und »Restzeiten2017«. Die Belegung der Ressourcen sehen die Projektleiter entsprechend wie die bei jedem anderen Projekt, d.h. z.B. die Sammelressourcenzuweisung in der Ansicht *Ressource: Einsatz* zeigen, dass die Ressource im Projekt »Abwesenheiten2017« arbeitet.

Sie können somit den Projektplan Abwesenheiten ganz normal mit Project öffnen, komfortabel bearbeiten und drucken. Etwaige Konflikte mit anderen Projekten werden als Überlastung angezeigt, führen aber in den jeweiligen Projekten nicht zu ggf. vom Projektleiter unbemerkten automatischen Verschiebungen. Dadurch dass die nicht projektbezogenen Tätigkeiten auf die gleiche Art und Weise behandelt werden, stellt diese Vorgehensweise keinen Sonderfall dar, was die Handhabung für alle Beteiligten vereinfacht.

Administrative Zeit: Arbeitstag

Werden nicht projektbezogenen Tätigkeiten als administrative Zeit der Arbeitszeittabelle mit der Art *Arbeitstag* geplant (standardmäßig die Kategorie *Administrativ*), erscheint die Belegung in der Ansicht *Ressource: Einsatz* als Sammelressourcenzuweisung *Meine Arbeitszeittabelle.*

Die Zeiten können nicht von zentraler Seite in Project geöffnet, bearbeitet oder gedruckt werden. Führen die administrativen Zeiten der Arbeitszeittabelle mit der Art Arbeitstag zu Überlastung in anderen Projekten, werden die Vorgänge in anderen Projekten nicht automatisch verschoben bzw. unterbrochen. Da die Vorgehensweise von der Handhabung normaler Vorgänge abweicht, handelt es sich um einen Sonderfall, der prinzipiell die Komplexität des Systems erhöht.

Administrative Zeit: Arbeitsfrei

Werden nicht projektbezogenen Tätigkeiten als administrative Zeit der Arbeitszeittabelle mit der Art *Arbeitsfrei* geplant (standardmäßig die Kategorien *Krankentage und Urlaub*), erscheinen die Belegung in der Sammelressourcenzuweisung in der Ansicht *Ressource: Einsatz* nicht der Einzelheitenart *Arbeit*, sondern reduzieren die *Verfügbare Arbeitszeit.*

Die Zeiten können nicht von zentraler Seite in Project geöffnet, bearbeitet oder gedruckt werden. Führen die administrativen Zeiten der Arbeitszeittabelle mit der Art *Arbeitstag* zu Überlastung in anderen Projekten, wird dieser nicht angezeigt, sondern die Vorgänge in anderen Projekten automatisch verschoben bzw. unterbrochen. Da die Vorgehensweise von der Handhabung normaler Vorgänge abweicht, handelt es sich um einen Sonderfall, der prinzipiell die Komplexität des Systems erhöht. Welche der einzelnen Wahlmöglichkeiten in der Summe optimal ist, muss im Einzelfall individuell entschieden werden.

Einsätze

NEU IN 2016

Einsätze können in Project in der Ansicht *Ressourcenplan* oder in der PWA im *Ressourcencenter* unter *Ressourcenanforderungen* erstellt werden (Einsatzliste). Ein Einsatz muss einem Projekt zugeordnet werden, z.B. »Abwesenheiten2017« oder »Restzeiten2017«. Es stellt dann aber eine vorgangsunabhängige Belegung einer Ressource dar. Ist das Projekt für Einsätze konfiguriert (*Projekt/Projektinfo/Ressourcenverwendung berechnen aus Ressourceneinsätze*), dann werden in anderen Projekten in der Ansicht *Ressource: Einsatz* die Belegung aus den Einsätzen angezeigt. Sie als Ressourcenmanager können in der Einsatzliste im PWA zentral alle Einsätze bearbeiten (inkl. Genehmigungsfunktion). Drucken ist eingeschränkt u.a. über die Druckfunktion des Browsers möglich. Etwaige Konflikte mit anderen Projekten werden durch Überlastungen angezeigt. Einsätze können nicht bebucht oder in der Zeiterfassung angezeigt werden. Die Funktion Einsätze führt in eine völlig unabhängige neue Datenwelt ein. Mehr Informationen zu den Einsätzen finden Sie in Kapitel 5 im Abschnitt »Einsatzplanung«.

Nach unserer Erfahrung ist die Vorgehensweise aus den vorgenannten Gründen das einfachste und damit beste Vorgehen. Wir beschreiben darum im Nachfolgenden, wie Abwesenheitszeiten (Urlaub, Krankheit und Weiterbildung) sowie Grundlasten bzw. Restzeiten mit Sonderprojekten geplant werden. Hierbei ist es gleich, ob Sie für jede Art der nicht projektbezogenen Tätigkeit ein separates Projekt anlegen oder innerhalb eines Plans unterschiedlich benannte Vorgänge anlegen. Entscheidend dafür ist, wie groß der Umfang ist und wie differenziert die Sichtweise für andere Projektbeteiligte sein soll bzw. darf.

TIPP Wenn alle nicht projektbezogenen Zeiten in einem Projekt zusammengefasst sind, sollten Sie ***standardisierte Vorgangsnamen*** verwenden – so können Sie später leicht über einen Auto-Filter *Übersichten* erstellen (zu den rechtlichen Aspekten gemäß des Betriebsverfassungsgesetzes siehe den Abschnitt »Krankheit und Krankmeldung«).

Bevor wir auf die Planung mit Sonderprojekte eingehen, zunächst noch die Darstellung der Stellvertretungsfunktion.

Als Stellvertreter agieren

Oft ist der Ressourcenmanager die Person, bei der die Informationen zu Vertretungsregelungen zusammenlaufen, beispielsweise bei Abwesenheit aufgrund von Urlaub. Mit der Stellvertretungsfunktion können Sie z.B. anstelle eines Mitarbeiters einen Stundenzettel (Arbeitszeittabelle) absenden, wenn dieser das vor Antritt seines Urlaubs vergessen haben sollte.

Nachfolgend beschreiben wir, wie Sie eine Stellvertretung einrichten, als Stellvertreter Aufgaben anderer wahrnehmen und die Stellvertretersitzung beenden können. Wir nehmen in diesem Beispiel an, dass Sie selbst als Stellvertreter für einen Kollegen für einen bestimmten Zeitraum agieren möchten. Gehen Sie folgendermaßen vor:

1. Klicken Sie in der Project Web App auf *Servereinstellungen/Persönliche Einstellungen/Stellvertretungen verwalten.*

Abbildg. 3.37 Stellvertretungen verwalten

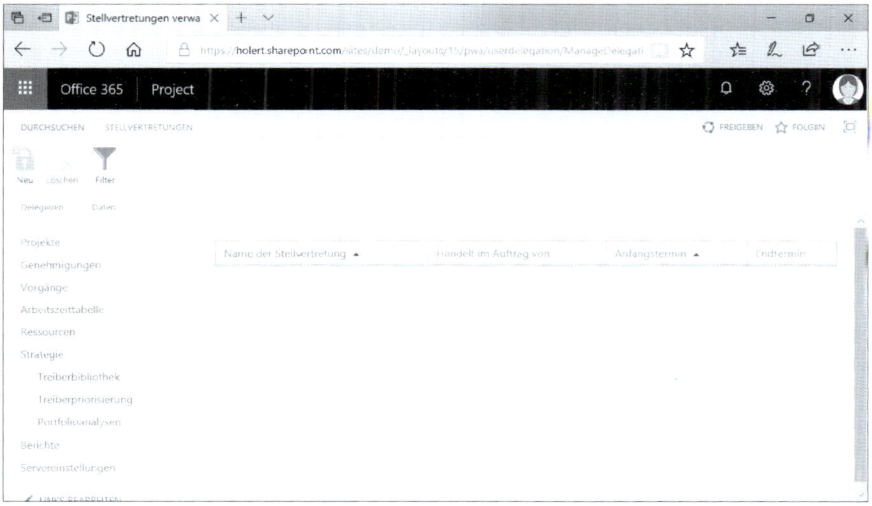

2. Klicken Sie im Menüband auf *Stellvertretungen/Delegieren/Neu.*
3. Geben Sie unter *Stellvertretungszeitraum festlegen* einen Zeitraum an, währenddessen die Stellvertretungsregelung gelten soll.
4. Geben Sie unter *Stellvertretung festlegen* im Feld *Name der Stellvertretung* die Person an, die als Stellvertreter agieren soll, also z.B. Ihr eigener Name.

Abbildg. 3.38 Stellvertretung hinzufügen

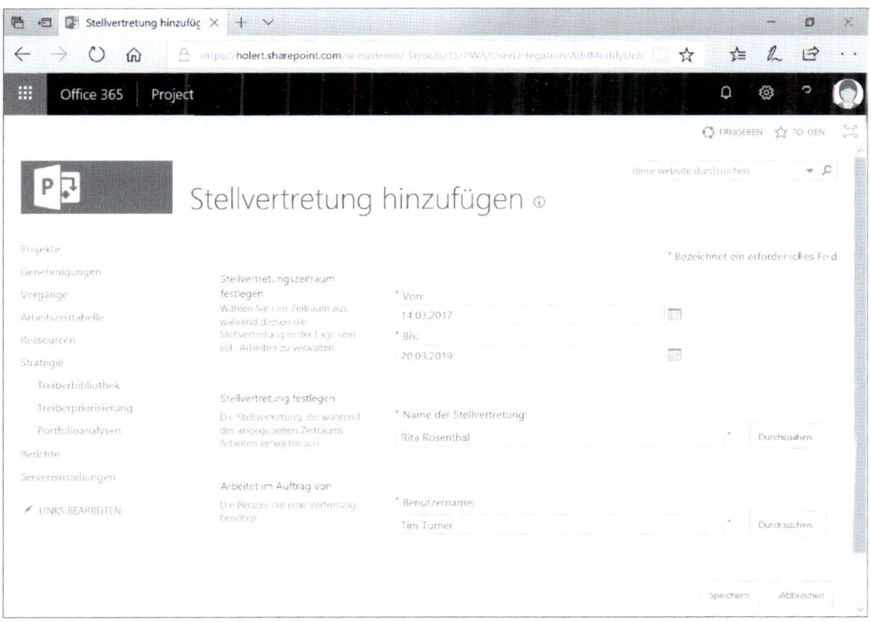

5. Geben Sie unter *Arbeitet im Auftrag von* im Feld *Benutzername* die Person an, die vertreten werden soll.
6. Klicken Sie auf die Schaltfläche *Speichern*

Wenn Sie für eine andere Person als Stellvertreter eingerichtet wurden und in dessen Namen auf die Project Web App zugreifen möchten, gehen Sie folgendermaßen vor:

1. Klicken Sie in der Project Web App auf *Servereinstellungen/Persönliche Einstellungen/ Als Stellvertretung agieren.*

Abbildg. 3.39 Als Stellvertretung agieren

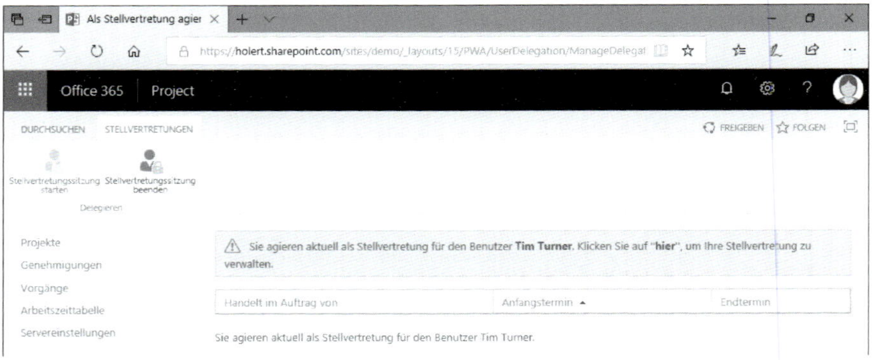

1. Wählen Sie in der Tabelle die Stellvertretung aus und klicken Sie im Menüband auf *Stellvertretungen/Delegieren/Stellvertretungssitzung* starten.

Hiermit können Sie in der Project Web App alle Aktionen wie die vertretene Person ausführen. Ausgenommen ist jedoch der Zugriff auf die Projektwebsites wie auch der Zugriff mit Project Professional auf den Project Server.

Die Stellvertretersitzung können Sie auf folgende Art und Weise beenden:

1. Klicken Sie in der Statuszeile *Sie agieren aktuell als Stellvertretung für den Benutzer Tim Turner. Klicken Sie auf "hier", um Ihre Stellvertretung zu verwalten* auf das als Verknüpfung hinterlegte Wort *hier.*

2. Klicken Sie dann im Menüband auf *Stellvertretungen/Delegieren/Stellvertretungssitzung beenden.*

Nun aber zu den Sonderprojekten für Abwesenheiten (Urlaub/Krankheit/Weiterbildung) und Grundlasten bzw. Restzeiten.

Urlaub und Urlaubsantrag

Urlaubszeiten tragen Sie z.B. in einem Projekt mit dem Namen »Urlaub2017« ein (Urlaubsplan). Überprüfen Sie zunächst, ob die Ressource in diesem Zeitraum nicht schon anderweitig gebucht ist und legen Sie dazu einen Vorgang mit dem Namen »Urlaub« bzw. wenn sachlich richtig »Sonderurlaub« an. Weisen Sie die entsprechende Ressource diesem Vorgang zu. Über den Ressourcenpool ist die Ressource dann automatisch geblockt bzw. im Konfliktfall werden Überlastungen im Ressourcenpool angezeigt.

TIPP Falls mit einem automatischen Kapazitätsabgleich gearbeitet wird, achten Sie darauf, dass dieses Projekt zum Zeitpunkt des Abgleichs geschlossen ist, damit keine automatischen Verschiebungen im Urlaubsplan vorgenommen werden.

Den Genehmigungsprozess von Urlaubsanträgen können Sie auch über die Project Web App abbilden lassen, indem Sie sich von den Projektmitarbeitern neue Vorgänge im Bereich *Vorgänge* erstellen lassen. Ein neuer Vorgang für das Projekt »Urlaub« bzw. ein neuer Vorgang »Urlaub« für das Projekt »Abwesenheiten« entspricht dann einem *Urlaubsantrag* (mehr zur Vorgehensweise in Kapitel 2).

TIPP Wenn Sie bereits ein anderes System für die Verwaltung von Urlaubszeiten im Einsatz haben, lässt sich dieses durch die offene Architektur von Project in der Regel integrieren. Sie vermeiden so Mehrfacherfassung und tragen zu einer hohen Akzeptanz bei.

Krankheit und Krankmeldung

Sofern der Mitarbeiter sich vom Krankenbett noch auf die Project Web App einloggen kann, kann er die Krankmeldung auch selbst übernehmen, indem er analog zum Urlaubsantrag einen neuen Vorgang »krank« für das Projekt »Abwesenheiten« erstellt. Ist das nicht möglich, legen Sie als Ressourcenmanager einen Vorgang an und weisen Sie die Ressource diesem zu. Sie können dann sofort feststellen, in welchem Projekt dieser Vorgang eine Überlastung verursacht und ermitteln, welche alternative Ressource diesen Vorgang übernehmen kann. Daraufhin informieren Sie den Projektleiter und schlagen diesem einen Ersatz vor oder, falls dies nicht möglich ist, besprechen Sie mit ihm alternative Maßnahmen, wie z.B. Verschiebung des Vorgangs oder sagen Sie den Termin ab.

TIPP Sie müssen Abwesenheitszeiten erfassen, damit Sie eine aussagekräftige Ressourcenplanung durchführen können. Das Pflege personenbezogener Informationen, die dazu geeignet sind, Informationen über die Leistung eines einzelnen Mitarbeiters zu ermitteln, unterliegen der Zustimmung des Betriebsrats.[17]

Wenn Sie die Differenzierung zwischen den unterschiedlichen Abwesenheitsarten verbergen möchten, erfassen Sie nur für jede Art von Abwesenheit einen Vorgang mit dem Namen »Abwesenheit« in dem Abwesenheitsprojekt.

Weiterbildung

Als Ressourcenmanager haben Sie ein Interesse daran, Ihren Ressourcenpool hinsichtlich der Qualifikation und Kapazität an die Marktgegebenheiten bzw. (zukünftigen) Projektanforderungen fortzuentwickeln. Für den Fall, dass Ressourcen nicht durch die laufenden (und ggf. fakturierbaren) Projekte ausgelastet sind, sollten die Spielräume u.a. dazu genutzt werden, um die Ressourcen entsprechend weiter zu qualifizieren. Führen Sie Personalgespräche, um entsprechend der Fähigkeiten (und Wünsche der Mitarbeiter) die Weiterbildung zu planen und fassen Sie diese Weiterbildungsprojekte in einem Sonderprojekt »Weiterbildung« zusammen.

[17] Vgl. Betriebsverfassungsgesetz.

Grundlasten und Restzeiten

Grundlasten oder Restzeiten beschreiben die Zeiten, die über die Abwesenheiten hinaus nicht für die Projektarbeit zur Verfügung stehen. Je nach Rolle des Mitarbeiters und Art der Organisation kann das ein kleiner bis sehr großer Teil der verfügbaren Arbeitszeit, also der Kapazität eines Mitarbeiters sein. Beispiele für Grundlasten oder Restzeiten können z.B. Linientätigkeiten wie z.B. Unterstützungs-, Wartungs- und Verwaltungstätigkeiten, aber auch allgemeine administrative Aufgaben sein, die unabhängig von Projekten anfallen.

Oft werden diese Zeiten pauschaliert mit z.B. 20 % angegeben. Sie könnten dies z.B. durch eine Zuordnung eines Mitarbeiters zu einem ganzjährigen Vorgang abbilden. Dies hat jedoch den Nachteil, dass Sie in vielen Fällen nicht mehr vom Kapazitätsabgleich profitieren können. Grund ist, dass der Kapazitätsabgleich die Zuordnung nicht auf 100 % auffüllen, sondern nur Vorgänge verschieben bzw. unterbrechen kann. Daher ist es besser, wenn Sie hierfür periodische Vorgänge verwenden. Sie können z.B. eine Belegung von 20 % dadurch ausdrücken, dass Sie einen wöchentlichen Vorgang erstellen, dem Sie den Mitarbeiter zu 100 % zuordnen.

Wenn Sie so alle Zeiten erfasst haben, die nicht für die Projekte zur Verfügung stehen, dann können die Projektleiter mit größerer Verlässlichkeit Ihre Projektzeiten in den verbleibenden Zeiten planen.

Kapitel 4

Project für Führungskräfte und Controller

In diesem Kapitel:

Dieses Kapitel richtet sich an Führungskräfte.[1] Dies können z.B. Geschäftsleiter, Bereichsleiter, Niederlassungsleiter, Geschäftsstellenleiter oder Profitcenter-Leiter sein, die für ihre Organisationseinheit (OE) persönlich Verantwortung tragen. Gleichmaßen richtet sich dieses Kapitel an die Personen und Gremien, die von den Führungskräften zur Wahrnehmung ihrer Projektmanagementaufgaben eingesetzt werden, wie z.B. Lenkungs- oder Investitionsausschüsse, Portfolio-Manager, Controller und Mitglieder des Projektbüros. Ziel der Führungskräfte ist es, den langfristigen Erfolg ihrer Organisationseinheit sicherzustellen. Es liegt in der Hand der Führungskräfte, Strategien zu entwickeln, um dies zu erreichen.

Abbildg. 4.1 Organisatorischer Kontext des Portfolio Managements

Das systematische Management aller Projekte, Programme und Portfolios einer Organisationseinheit mit Ausrichtung auf die von diesen Strategien abgeleiteten Geschäftsziele kann hierfür einen Beitrag leisten (Abbildung 4.1[2]). Es gilt also, zu gewährleisten, dass die richtigen Projekte durchgeführt und die Ressourcen der Organisationseinheit hierfür zielgerichtet eingesetzt werden.

Im Rahmen des organisationsweiten Projektmanagements fällt dem Projektportfolio-Management (PPM) als oberste Instanz die leitende Rolle zu. Es muss somit die untergeordnete Komponenten (Abbildung 4.2[3]) entsprechend der Geschäftsziele auswählen und ausrichten (Defining Process Group und Aligning Process Group) sowie diese während des gesamten Lebenszyklus überwachen und steuern (Authorizing & Controlling Process Group[4]).

---

[1] Der Begriff »Führungskraft« wird hier entsprechend der juristischen Definition verwendet (»Geschäftsführung«) und umfasst alle Leitungsfunktionen (= Managementfunktionen) nach betriebswirtschaftlicher Definition.

[2] OPM 2013, S. 4, in Anlehnung an Abbildung 1-2.

[3] Vgl. PPM 2013, S. 3, in Anlehnung an Abbildung 1-1.

[4] Vgl. PPM 2013, S. 31–32.

Abbildg. 4.2 Portfolios, Programme und Projekte

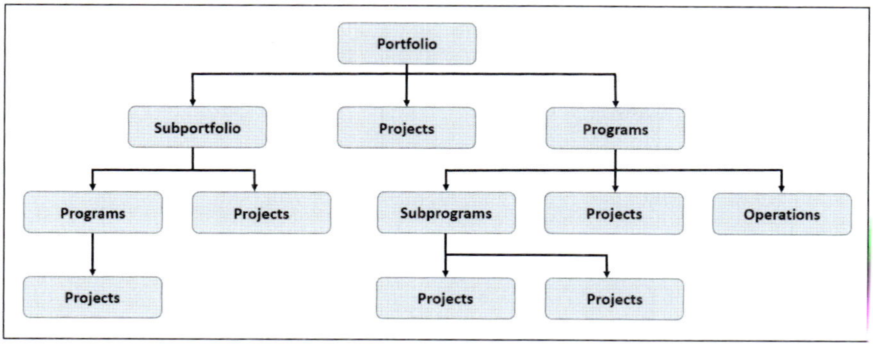

Abbildg. 4.3 Prozessgruppen und Wissensgebiete des Projektportfolio-Managements

	Defining Process Group	Aligning Process Group	Authorizing and Controlling Process Group
Portfolio Strategic Management	4.1 Develop Portfolio Strategic Plan 4.2 Develop Portfolio Charter 4.3 Define Portfolio Roadmap	4.4 Manage Strategic Change	
Portfolio Governance Management	5.1 Develop Portfolio Management Plan **5.2 Define Portfolio**	**5.3 Optimize Portfolio**	**5.4 Authorize Portfolio** **5.5 Provide Portfolio Oversight**
Portfolio Performance Management	6.1 Develop Portfolio Performance Management Plan	6.2 Manage Supply and Demand 6.3 Manage Portfolio Value	
Portfolio Communication Management	7.1 Develop Portfolio Communication Management Plan	7.2 Manage Portfolio Information	
Portfolio Risk Management	8.1 Develop Portfolio Risk Management Plan	8.2 Manage Portfolio Risks	

Zu jeder dieser Prozessgruppen gehören die in Abbildung 4.3 dargestellten Prozesse.[5]

Der Project Server stellt hierzu Funktionen zur Abbildung der Strategie, spezielle Seiten zur Erfassung der Projektstammdaten (*Projektdetailseiten*) und eine Ablaufsteuerung (*Workflowmanagement*) bereit. Um die Strategie der Organisation abzubilden, können in der *Treiberbibliothek* Geschäftsziele (*Business-Treiber/Faktoren*) zentral erfasst und ihre Ausprägung (*Projektauswirkungsanweisung*) definiert werden.[6] Jede Komponente wie Projektvorschläge und laufende Projekte kann anhand ihres Beitrags zu diesen Geschäftszielen bewertet werden. Damit eine Gesamtbewertung des Portfolios möglich wird, können diese Faktoren zueinander in einer Bewertungsmatrix (*Treiberpriorisierung*) gewichtet werden. Die Bewertung kann für das gesamte Portfolio oder Teile hieraus durchgeführt werden (*Portfolioanalysen*). Zu jeder Analyse können unterschiedliche Szenarien erstellt werden (*Portfolioauswahlszenario*).

Um die Projektstammdaten für das Portfoliomanagement auf einfache Art und Weise zu erfassen, stellt Project Server Stammdatenblätter für jede Komponente bereit (*Projektdetailseiten*). Auf diesen Projektdetailseiten können alle benutzerdefinierten Felder und Fak-

[5] PPM 2013, S. 31, in Anlehnung an Tabelle 3-1.

[6] In der Oberfläche der Project Web App z.T. als *Business Treiber* und als *Faktor* bezeichnet.

toren zu einem Projekt als Felder dargestellt werden. Diese können auch mehrzeiligen Text enthalten.

Der Ablauf des Projektmanagements kann zudem über den gesamten Lebenszyklus einer Komponente (Projekt) durch den Server gesteuert werden. Dazu unterteilt Project Server den Projektlebenszyklus standardmäßig in fünf *Workflowphasen*. In jeder dieser Workflowphasen kann das Projekt unterschiedliche Zustände einnehmen (*Workflowstufen*).

Abbildg. 4.4 Workflowphasen

Für unser Beispielunternehmen haben wir diese Workflowphasen angepasst auf *Erstellen, Auswählen, Planen, Verfolgen, Beendet* (Abbildung 4.4[7]). Der eigentliche Ablauf (*Workflow*) und die Workflowstufen sind jedoch nicht festlegt.

Tabelle 4.1 Zuordnung der Portfoliomanagementprozesse mit ausgewählten Aufgaben zu den Workflowphasen und -stufen

Portfolio-Management-Prozesse	Aufgaben	Workflowphase	Workflowstufe
Define Portfolio	Komponenten identifizieren und kategorisieren	Erstellen	Eingangsdetails
	Komponenten bewerten		Projektdetails
	Komponenten auswählen	Auswählen	Projektauswahl
Optimize Portfolio	Bewertung prüfen		Portfolioauswahl
	Kosten prüfen		
	Ressourcen prüfen		
	Komponenten priorisieren		
Authorize Portfolio	Portfolio genehmigen		
		Planen	
Provide Portfolio Oversight	Portfolio überwachen	Verfolgen	Ausführen
		Beendet	Automatisch abgelehnt
			Projekt abgelehnt
			Abgeschlossen

Für unser Beispielunternehmen haben wir einen sehr einfachen Workflow mit dem Namen *Projektworkflow* und die Workflowstufen *Eingangsdetails, Projektdetails, Projektauswahl, Portfolioauswahl, Ausführen, Automatisch abgelehnt, Projekt abgelehnt* und *Abgeschlossen festgelegt*.

7 Die Workflowphase *Verwalten* haben wir umbenannt in *Verfolgen* (vgl. KAP09).

Der Ablauf beginnt in der Workflowstufe *Eingangsdetails* der Workflowphase *Erstellen*. Nach jeder manuellen oder automatischen Genehmigung wird die nächste Workflowstufe bzw. -phase erreicht (*Workflow-Genehmigungen*). Der Endzustand ist die Workflowstufe *Abgeschlossen* in der Workflowphase *Beendet* (Tabelle 4.1).

Tabelle 4.2 Zuordnung der Projektdetailseiten und deren Inhalt zu Workflowphasen

Projektdetailseite	Erfasster Inhalt	Workflowphase
Eingangsinformationen	Name und Beschreibung des Projektvorschlages, Anfangs- und Endtermin, Besitzer	Erstellen
Eingangsdetails	Eingangsinformationen, Projektabteilungen, Projekthauptziele, Projektkostenvoranschlag	Erstellen
Strategische Auswirkungen	Bewertung der Business-Treiber: Erschließung neuer Märkte und Segmente, Kostenreduktion, Verbesserung der Kundenzufriedenheit	Erstellen
Strategiedetails	Strategische Auswirkungen, Projektziele, Projektrahmenbedingungen	Erstellen
Terminplan	erster Terminplan des Projektvorschlags	Erstellen

Ein jeder Workflowstufe werden bestimmte Projektdetailseiten eingeblendet, die die Erfassung von Daten erlauben bzw. erzwingen (Tabelle 4.2).

Nachfolgend beschreiben wir, wie Sie die Projektportfolio-Managementprozesse aus dem Wissensgebiet *Portfolio Governance Management* mithilfe von Project Server umsetzen können (Abbildung 4.3). Die Prozesse aus den Wissensgebieten *Portfolio Strategic Management, Portfolio Performance Management, Portfolio Communication Management und Portfolio Risk Management* werden in diesem Kapitel nicht beschrieben. Während dieser Prozesse werden die Workflowphasen *Erstellen*, *Auswählen* und *Verfolgen* durchlaufen. Die Workflowphasen *Planen* und *Beendet* werden nicht beschrieben.

In unserem Beispiel nehmen Sie einen Projektvorschlag in Ihr Projektportfolio auf und bewerten diesen zusammen mit bereits existierenden Projekten. Der Vorschlag wird auf Grundlage eines Enterprise-Projekttyps *Tiefbauprojekte (Workflow)* erstellt, der auf unserem *Beispiel-Workflow Projektworkflow* basiert.

Während der Portfoliomanagementprozesse werden beim Übergang zu einigen Workflowstufen manuelle Genehmigungen notwendig. Voraussetzung dafür, dass Sie die Workflow-Genehmigungen ausführen können, ist die Mitgliedschaft in der Gruppe *Portfolio-Manager*. Im Einzelnen führen wir Sie durch die folgenden Prozesse:

- Define Portfolio
- Optimize Portfolio
- Authorize Portfolio
- Provide Portfolio Oversight Portfolio Oversight

Define Portfolio

Zielsetzung des Prozesses *Define Portfolio* (Portfolio definieren) ist es, eine aktuelle, qualifizierte Liste aller für das Portfolio Management relevanten Komponenten (Projekte, Projektvorschläge etc.) zu erstellen. Hierzu müssen diese identifiziert, kategorisiert und bewertet werden.[8] In diesem Rahmen muss auch Sorge dafür getragen werden, dass keine Komponenten aufgenommen werden, die nicht den für Ihre Organisation gültigen Strategien und Auswahlkriterien entsprechen.[9] Des Weiteren gilt es sicherzustellen, dass für jede Komponente die für die Organisation gewählten Stammdaten vollständig erfasst werden (Key descriptors).

Nachfolgend beschreiben wir, wie Sie in der Workflowphase *Erstellen* für einen Projektvorschlag zunächst die wichtigsten Stammdaten erfassen (Workflowstufe *Eingangsdetails*), wie die erste automatische Genehmigung erfolgt und wie Sie dann die restlichen Stammdaten erfassen (Workflowstufe *Projektdetails*). Im Anschluss wird der Projektvorschlag in die Workflowphase *Auswählen* überführt und liegt dann dem Portfolio-Manager zur manuellen Genehmigung vor (Workflowstufe *Projektauswahl*). Nach erfolgter Genehmigung ist dieser Antrag aufgenommen (Workflowstufe *Portfolioauswahl*).

HINWEIS Die Liste der zu erfassenden Stammdaten basiert auf den Standardfeldern von Project Server mit Anpassungen. Die Anlage der Geschäftsziele (*Business-Treiber*) wird im Abschnitt »Business-Treiber definieren« weiter unten beschrieben.

Im Einzelnen beschreiben wir die folgenden Aufgaben:

- Komponenten identifizieren
- Komponenten kategorisieren und bewerten
- Komponenten auswählen

Komponenten identifizieren

Zunächst müssen alle potenziellen Komponenten identifiziert werden. Um einen Projektvorschlag überhaupt beurteilen zu können, müssen die wichtigsten Informationen vorliegen. Diese Projektstammdaten erfassen Sie in der Workflowphase *Erstellen*, Workflowstufe *Eingangsdetails*. Dazu gehen Sie wie folgt vor:

1. Öffnen Sie *Project Web App*.
2. Klicken Sie in der Schnellstartleiste auf die Verknüpfung *Projekte*.

[8] PPM 2013, S. 64.
[9] PM 2013, S. 65.

Abbildg. 4.5 Projektvorschlag erstellen

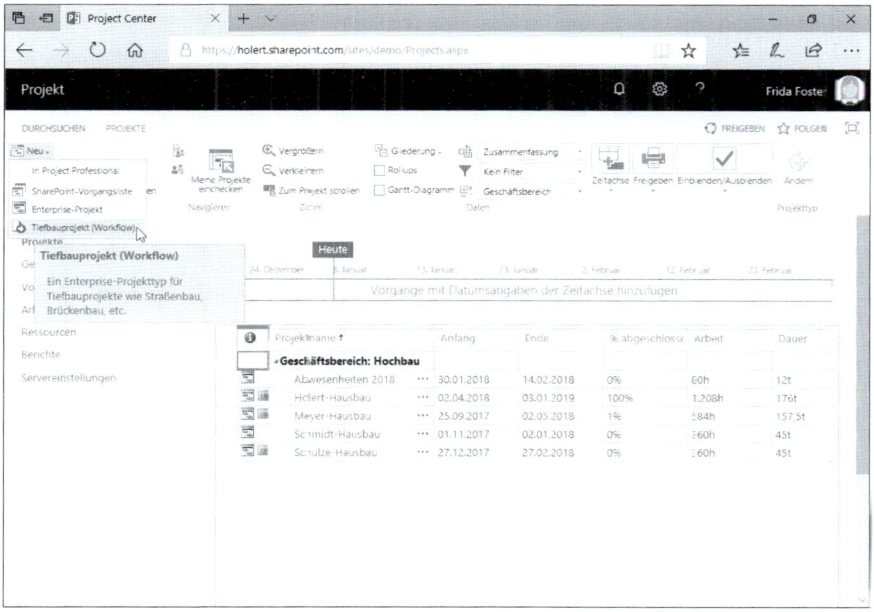

3. Klicken Sie im Menüband auf der Registerkarte *Projekte* in der Gruppe *Projekt* auf das Dropdown-Listenfeld *Neu* und wählen Sie den Eintrag *Tiefbauprojekt (Workflow)* aus.

Abbildg. 4.6 Abfrage der wichtigsten Projektstammdaten während der Projektanlage

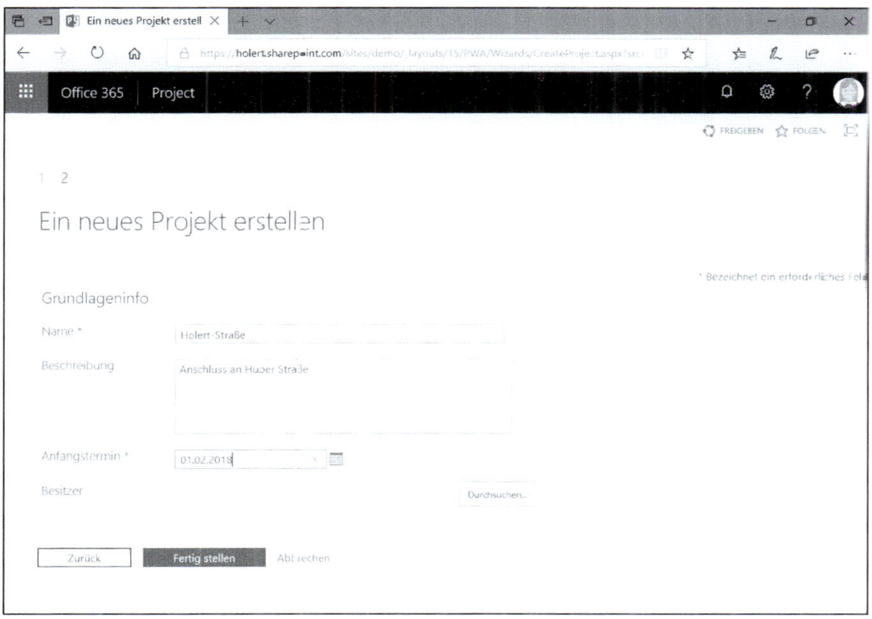

4. Geben Sie im Feld *Name* einen Projektnamen ein. Geben Sie zusätzlich im Feld *Beschreibung* eine kurze Projektbeschreibung und im gleichnamigen Feld einen *Anfangstermin* für das Projekt ein.
5. Füllen Sie ggf. weitere Felder aus.

HINWEIS Achten Sie bei der Eingabe darauf, dass Sie alle Pflichtfelder ausfüllen, bevor Sie auf die Schaltfläche *Fertig stellen* klicken. Pflichtfelder sind durch ein rotes Sternchen hinter dem Feldnamen gekennzeichnet (Abbildung 4.6).

6. Bei Bedarf können Sie auch den Projektvorschlag einem anderen *Besitzer* zuweisen, sodass dieser ihn weiterbearbeiten kann. Klicken Sie hierzu auf die Schaltfläche *Durchsuchen* und wählen Sie den gewünschten Benutzer aus.
7. Klicken Sie auf die Schaltfläche *Fertig stellen*.

Abbildg. 4.7 Der Projektvorschlag wird im Hintergrund erstellt

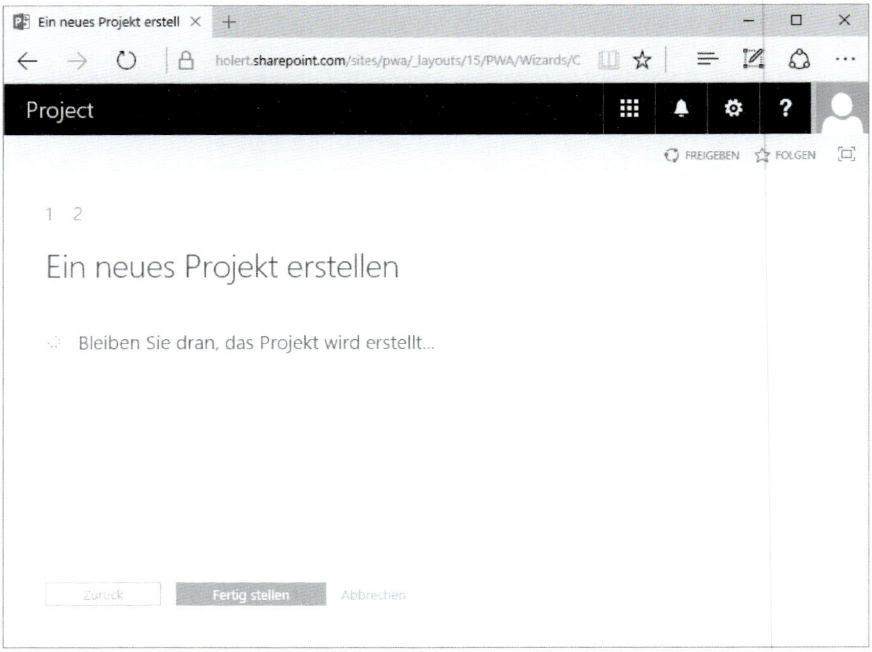

Nachdem Sie auf die Schaltfläche *Fertig stellen* geklickt haben, wird im Hintergrund der Projektvorschlag erstellt. Der jeweilige Schritt des Hintergrundprozesses wird im rechten oberen Bereich eingeblendet (Der Projektvorschlag wird im Hintergrund erstellt).

Nachdem der Projektvorschlag erfolgreich erstellt wurde, sehen Sie die Seite *Workflowstatus*. Diese gibt Ihnen in den Abschnitten einen Überblick über die aktuelle Workflowstufe, den Status der Workflowstufen und die für diese Stufe auszufüllenden Projektdetailseiten (hier als *abzuschließende Abschnitte* bezeichnet).

Abbildg. 4.8 Das Projekt wurde erfolgreich erstellt

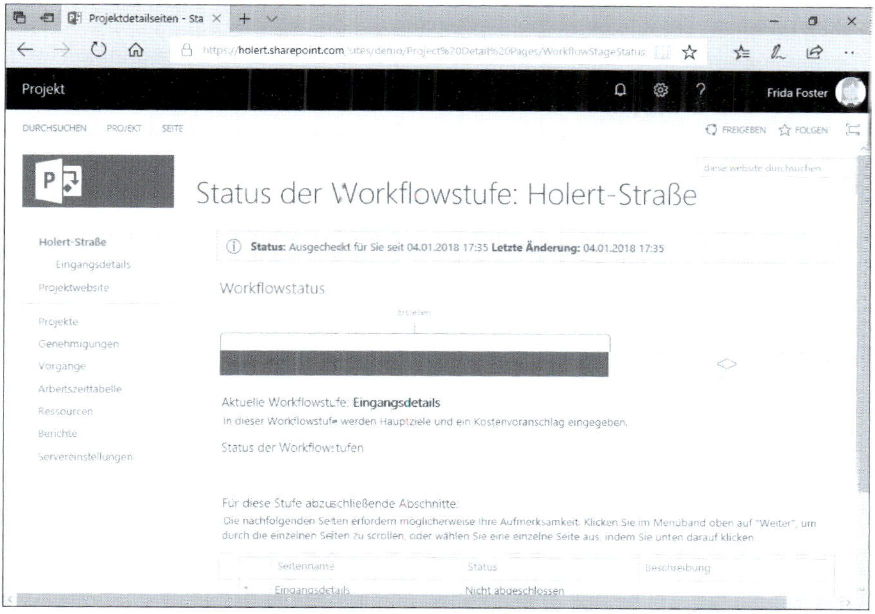

TIPP Wenn Sie einen Bildlauf weiter nach unten durchführen, erscheint ein weiterer Abschnitt mit dem Namen *Alle Workflowstufen*. Wenn Sie diesen erweitern, sehen Sie zudem den Überblick über den gesamten Ablauf.

Abbildg. 4.9 Alle Workflowstufen

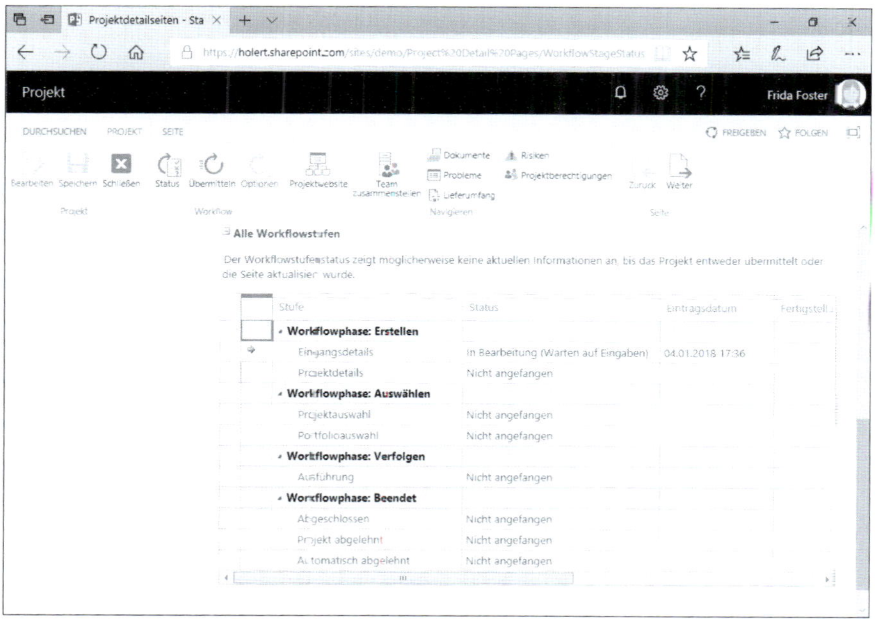

TIPP Sie können jederzeit den aktuellen Workflowstatus für ein Projekt bzw. einen Projektvorschlag ermitteln. Wählen Sie dazu in der PWA im Project Center das entsprechende Projekt bzw. den Projektvorschlag aus, klicken auf dessen Namen und rufen im Menüband den Befehl *Projekt/Workflow/Status auf.*

Um die Erfassung fortzusetzen, führen Sie folgende Schritte aus:

1. Klicken Sie auf die Verknüpfung *Eingangsdetails* (Abbildung 4.8), um die fehlenden Informationen auf der Projektdetailseite *Eingangsdetails* zu ergänzen.

Abbildg. 4.10 Projektdetailseite *Eingangsdetails*

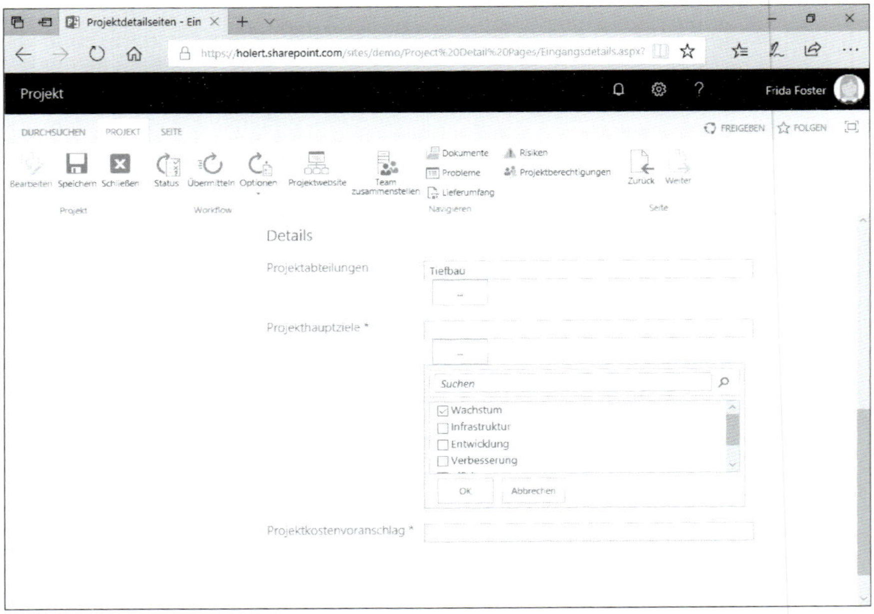

HINWEIS Die Projektdetailseite *Eingangsdetails* besteht aus den Abschnitten *Grundlageninfo* und *Details*. Der Abschnitt *Grundlageninfo* enthält die zuvor erfassten Daten.

2. Scrollen Sie die Bildschirmseite bis zum Abschnitt *Details* (Abbildung 4.10).
3. Klicken Sie auf die Schaltfläche unter dem Feld *Projektabteilungen* und wählen Sie im zugehörigen Dropdown-Listenfeld den Eintrag *Tiefbau* aus.
4. Verfahren Sie genauso mit dem Feld *Projekthauptziele* und wählen Sie hier *Wachstum*.
5. Geben Sie in das Feld *Projektkostenvoranschlag* den Wert »950000« ein. Die Währungsformatierung wird automatisch vorgenommen.

ACHTUNG Bei unserem Beispiel-Workflow werden alle Projektanträge, deren *Projektkostenvoranschlag* > 1.000.000 € ist, automatisch vom System abgelehnt.

6. Klicken Sie im Menüband auf *Projekt/Projekt/Speichern.*
7. Klicken Sie im Menüband auf *Projekt/Workflow/Übermitteln*, um die nächste Workflowstufe zu erreichen.

Abbildg. 4.11 Projektvorschlag übermitteln

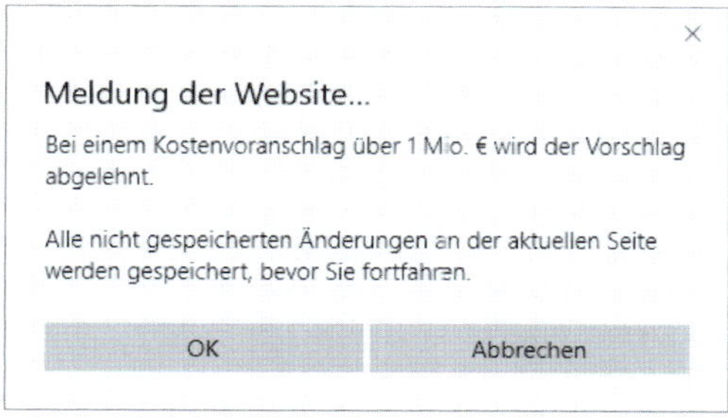

8. Bestätigen Sie die in Abbildung 4.11 gezeigte Meldung, indem Sie auf die Schaltfläche *OK* klicken.
9. Die nächste Workflowstufe *Projektdetails* wurde nun erreicht. Klicken Sie im Menüband auf *Projekt/Projekt/Schließen*, um das aktuelle Projekt zu schließen. Bestätigen Sie die Abfrage, ob Ihr Projekt eingecheckt werden soll, mit *OK*.

Da der *Projektkostenvoranschlag* weniger als 1 Mio. € beträgt, wurde automatisch die Workflowstufe *Projektdetails* erreicht.

Komponenten kategorisieren und bewerten

Um letztlich geeignete Komponenten auszuwählen, müssen alle erfassten Komponenten auf einheitliche Art und Weise kategorisiert und bewertet werden. Als ersten Teil der Kategorisierung wurde bereits im vorangegangenen Abschnitt eine Zuordnung zu den Projekthauptzielen vorgenommen. Daneben können Sie auf der Projektdetailseite *Strategiedetails* weitere Beschreibungen ergänzen und Bewertung nach Business-Treibern vornehmen sowie auf der Projektdetailseite *Terminplan* Vorgänge und Meilensteine erstellen. Gehen Sie dazu folgendermaßen vor:

1. Klicken Sie in der Schnellstartleiste der PWA auf *Projekte.*
2. Klicken Sie auf das Projekt *Holert-Straße.*

Abbildg. 4.12 Weitere Projektdetailseiten werden eingeblendet

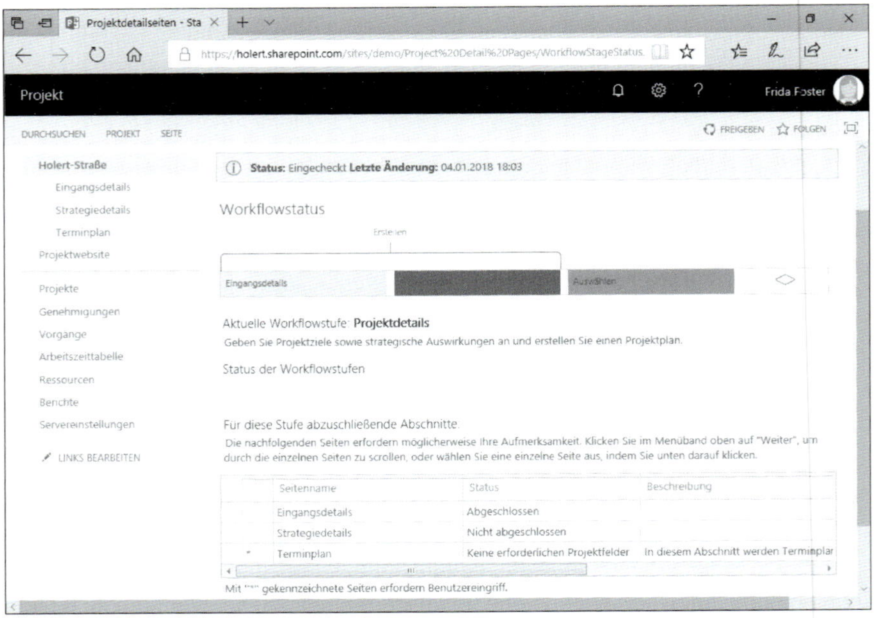

Die Seite *Workflowstatus* zeigt, dass die folgenden Projektdetailseiten zur Bearbeitung zu Verfügung stehen (Abbildung 4.12):

- Strategiedetails
- Terminplan

Strategiedetails

Um die Projektdetailseite *Strategiedetails* zu bearbeiten, führen Sie folgende Schritte aus:

1. Klicken Sie auf die Verknüpfung *Strategiedetails*.
2. Klicken Sie im Menüband auf *Projekt/Projekt/Bearbeiten*.
3. Geben Sie in das Feld *Projektziele* messbare Ziele des Projektes wie »Entlastung der Huber-Straße um 20.000 Autos Durchgangsverkehr pro Tag« ein.
4. Als *Projektrahmenbedingungen* geben Sie im gleichnamigen Feld äußere Rahmenbedingungen wie z.B. »Anlage von Fußgängerüberwegen vorsehen, da sich im Bereich Schulen befinden« ein.

Abbildg. 4.13 Projektdetailseite *Strategiedetails*

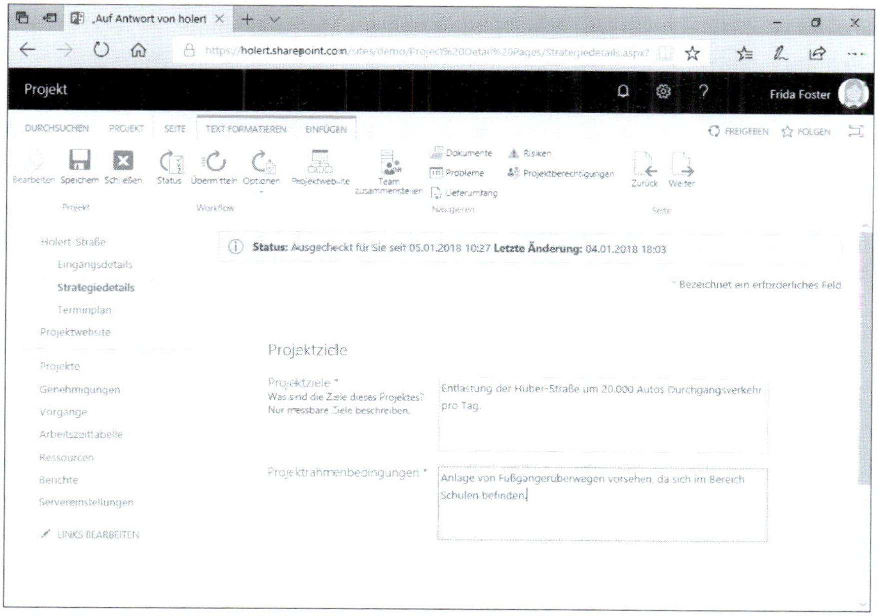

5. Klicken Sie im Menüband auf *Projekt/Seite/Weiter*, um zu der nächsten Projektdetailseite *Terminplan des Vorschlags* zu gelangen.

HINWEIS Im Abschnitt *Strategische Projektauswirkungen* der Projektdetailseite *Strategiedetails* können Sie bereits hier eine Bewertung des Projektvorschlags mit seinem Beitrag zu den strategischen Zielen des Unternehmens durchführen. Voraussetzung hier ist, dass die Business-Treiber hierfür bereits angelegt wurden. Wir beschreiben die Anlage der Business-Treiber im Abschnitt »Portfolioanalyse erstellen«. Daher stellen wir auch dort die Bewertung dar.

Terminplan

Auf der Projektdetailseite *Terminplan* können Sie in diesem frühen Stadium erste Phasen und Meilensteine definieren. Später können Sie den Projektplan darauf aufbauend weiter verfeinern.

Um den Terminplan in der Project Web App zu bearbeiten, gehen Sie wie folgt vor:

1. Geben Sie in der Spalte *Vorgangsname* neue Vorgänge ein. Gehen Sie dazu analog zur Vorgehensweise vor, die für die Planungsprozesse in beschrieben ist.
2. Anschließend klicken Sie im Menüband auf *Projekt/Projekt/Speichern*, um Ihre Eingaben zu speichern.

Abbildg. 4.14 Projektdetailseite Terminplan

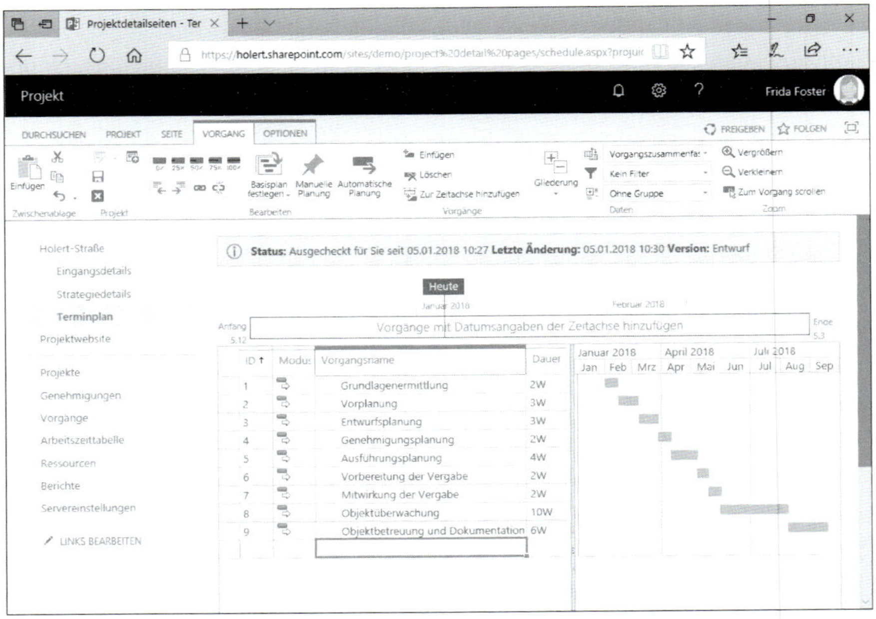

3. Nachdem Sie alle Eingaben vollständig erfasst haben, klicken Sie im Menüband auf *Projekt/Workflow/Übermitteln*, um die nächste Workflowstufe zu überführen.

Abbildg. 4.15 Projektvorschlag zur nächsten Workflowstufe überführen

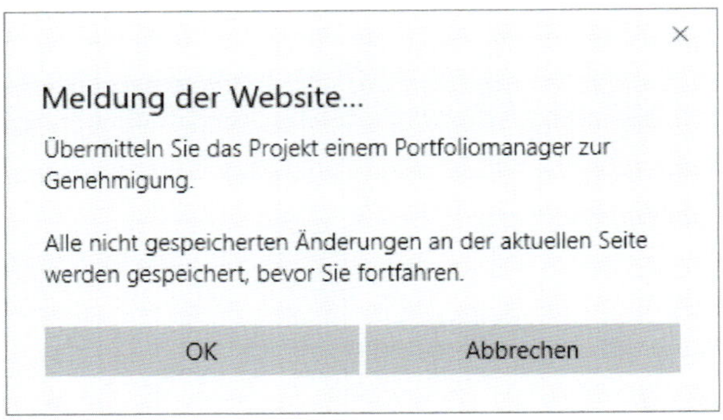

4. Bestätigen Sie das folgende Dialogfeld mit der Schaltfläche *OK*.

Hiermit haben Sie den Projektvorschlag mit allen Stammdaten (Key descriptors) inkl. der Kategorisierung eingereicht und in die Workflowphase *Auswählen* überführt. Ein Portfolio Manager kann in der Workflowstufe *Projektauswahl* prüfen, ob dieser Projektvorschlag den Strategien und Auswahlkriterien entspricht. In diesem Fall würde er genehmigt und stünde dann für die Aufnahme in das Portfolio bereit (Workflowstufe *Portfolioauswahl*).

Komponenten auswählen

Als Portfoliomanager treffen Sie nun die Entscheidung, ob der betreffende Projektvorschlag ein Kandidat für das Portfolio ist (Workflowphase *Auswählen*). Um den Antrag durch eine manuelle Genehmigung in die Workflowstufe *Portfolioauswahl* zu überführen, gehen Sie folgendermaßen vor:

1. Klicken Sie innerhalb PWA in der Schnellstartleiste auf die Verknüpfung *Genehmigungen*.

Abbildg. 4.16 Workflowgenehmigungen

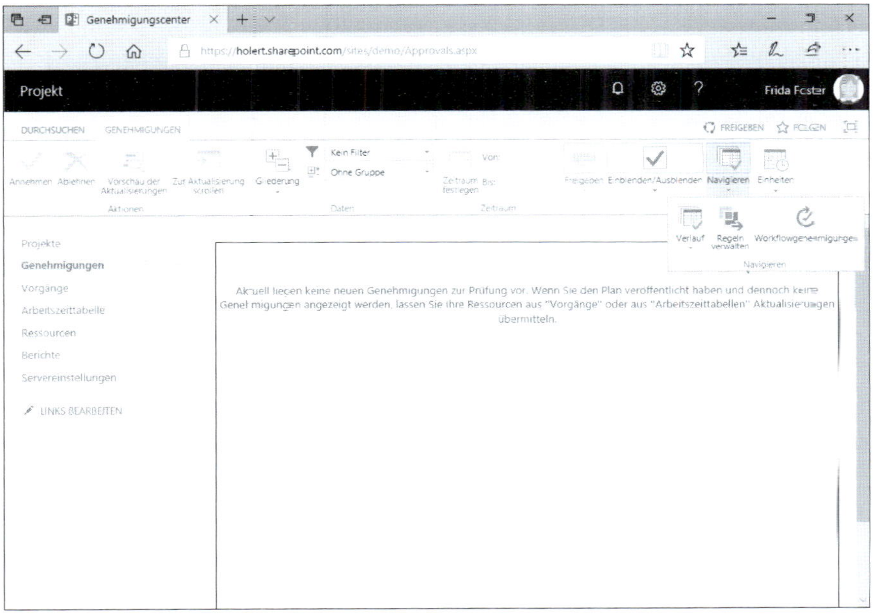

2. Über *Genehmigungen/Navigieren/Workflowgenehmigungen* gelangen Sie in die Übersicht der Workflowgenehmigungen.

ACHTUNG Diese Übersicht zeigt standardmäßig die Liste der verspäteten Vorgänge.

3. Um alle Vorgänge, die Ihrer Genehmigung bedürfen, anzuzeigen, klicken Sie auf die Verknüpfung *Alle Vorgänge*.

Abbildg. 4.17 Übersicht der Workflowvorgänge

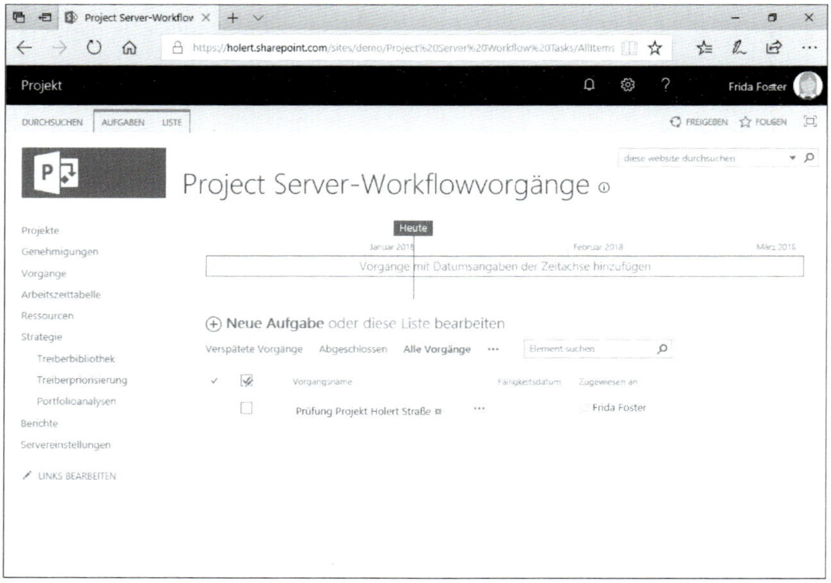

4. Markieren Sie den Prüfungsvorgang *Prüfung Projekt Holert-Straße*, indem Sie die betreffende Zeile auswählen.

Abbildg. 4.18 Projektvorschlag genehmigen: Schritt 1

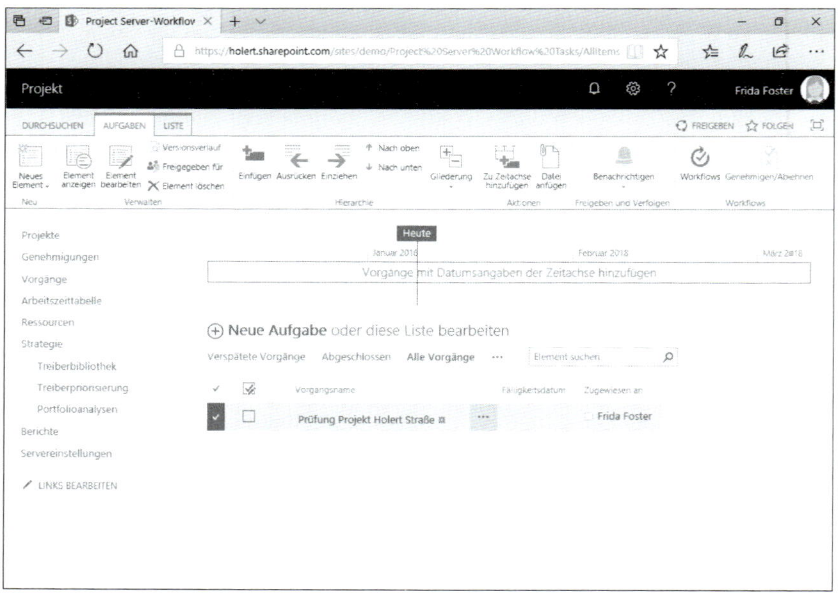

5. Klicken im Menüband *Aufgaben* in der Befehlsgruppe *Verwalten* auf den Befehl *Element bearbeiten.*

Abbildg. 4.19 Projektvorschlag genehmigen: Schritt 2

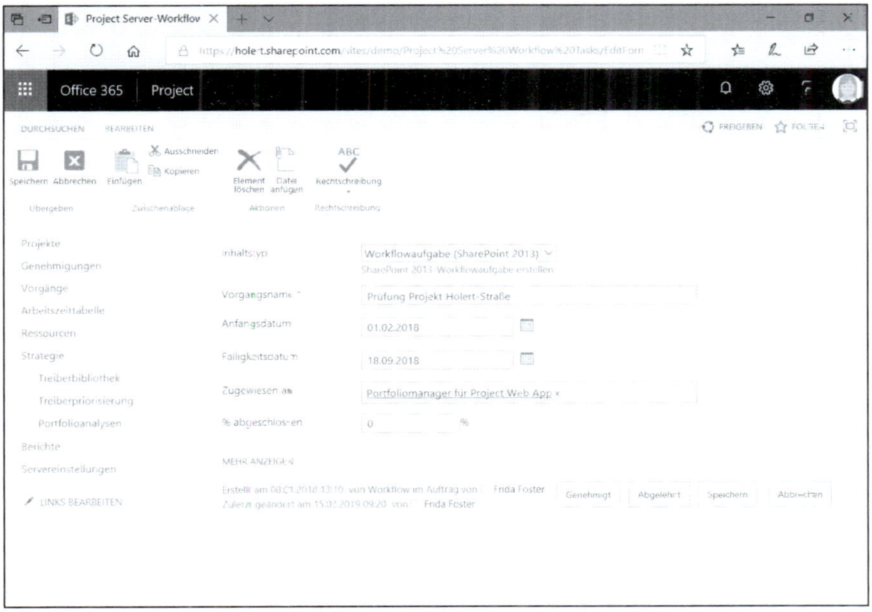

6. Klicken Sie mit gedrückter `Strg`-Taste auf die Verknüpfung *Projekte* in der Schnellstartleiste, um eine zusätzliche Registerkarte zur Durchsicht/Kontrolle der Projektangaben zu eröffnen. Wählen Sie das Projekt aus und prüfen Sie alle Projektdetailseiten wie zuvor beschrieben.
7. Genehmigen Sie das Projekt, indem Sie auf die Schaltfläche *Genehmigt* im ursprünglichen Bearbeitungsfenster klicken.

Führen Sie diese Erfassung für alle weiteren Komponenten (laufende Projekte und Projektvorschläge) durch, sodass Sie am Ende eine vollständige Liste aller ausgewählten Komponenten einschließlich deren Beschreibung, Kategorisierung und Bewertung vorliegen haben. Alle genehmigten Komponenten sind damit in die Workflowstufe *Portfolioauswahl* überführt worden.

Optimize Portfolio

Ziel des Prozesses *Optimize Portfolio* (Portfolio optimieren) ist es, aus allen zuvor ausgewählten Komponenten den optimalen Mix zusammenzustellen.[10] Hierfür können Sie verschiedene weitere Methoden einsetzen wie Kompetenz- und Kapazitätsanalysen, gewichtete Rangfolgen und Bewertungstechniken, Quantitative und Qualitative Analysen sowie grafisch-analytische Methoden.

Ergebnis ist ein aktualisiertes Portfolio, das die Liste der aufgenommenen und ausgeschlossenen Komponenten sowie der festgelegten Ressourcenverwendung enthält.

[10] PPM 2013, S. 71–77.

Project Server bietet Kompetenz- und Kapazitätsanalysen für Arbeits- und Finanzressourcen (Ressourcen- und Kostenanalyse). Daneben verfügt die Software über gewichtete Rangfolgen und Bewertungstechniken, z.B. als Priorisierung aller Projekte auf Basis von gewichteten Business-Treibern. Zudem stehen Ihnen als quantitative und qualitative Analyse die Szenarioanalyse sowie als grafisch-analytische Methode in der Kostenanalyse ein Punktdiagramm zur Verfügung. Alle diese Methoden und Techniken sind unter der Funktion *Portfolioanalyse* zusammengefasst bzw. verwenden diese.

Wir gehen im Nachfolgenden davon aus, dass wir einen Finanzrahmen von insgesamt 1,25 Mio. € haben und wir anstreben, die Projekte innerhalb der geplanten Laufzeit umzusetzen. Dazu führen wir folgende Schritte aus:

- Vorbereitungen
  - Business-Treiber definieren
  - Treiberpriorisierung erstellen
- Portfolioanalyse
  - Portfolioanalyse erstellen
  - Bewertung der Komponenten prüfen
  - Priorisierung
  - Kosten analysieren
  - Ressourcen analysieren
- Szenarioanalyse
  - Szenario 1: Finanzrahmen 1,25 Mio. €, Automatische Auswahl, Keine Ressourcenanalyse
  - Szenario 2: Finanzrahmen 1,25 Mio. €, Manuelle Auswahl, Holert-Straße, Keine Ressourcenanalyse
  - Szenario 3: Finanzrahmen 1,25 Mio. €, Automatische Auswahl, Huber-Straße verschoben
  - Szenario 4: Finanzrahmen 1,25 Mio. €, Automatische Auswahl, zusätzliche Ressourcen

Vorbereitungen

Im Rahmen der Portfolioanalyse soll eine Gesamtbewertung aller Komponenten durchgeführt werden, sodass eine Rangfolge (Priorisierung) dieser erstellt werden kann. Hier benötigen Sie Bewertungskriterien. Die Bewertungskriterien sollen den Beitrag zu den strategischen Geschäftszielen (*Business-Treiber*) widerspiegeln und eine Vergleichbarkeit der Komponenten herstellen. Dazu gehört es auch, Bewertungsmodelle (*Treiberpriorisierung*) anzuwenden, die die einzelnen Kriterien zueinander gewichten, sodass eine Gesamtbewertung möglich wird.

Um die Bewertung durchführen zu können, müssen Sie in der Project Web App zunächst in der *Treiberbibliothek* die Business-Treiber anlegen und deren Ausprägung in fünf Stufen (Keine, Niedrig, Mittel, Stark, Extrem) festlegen. Diese Ausprägungen werden als *Projektauswirkungsanweisungen* in Project bezeichnet. Im Anschluss können Sie die Business-

Treiber in einer Matrix zueinander ins Verhältnis stellen (*Treiberpriorisierung*). Danach können im Rahmen einer Portfolioanalyse die einzelnen Komponenten bewertet bzw. die bestehende Bewertung geprüft und angepasst werden. Auf dieser Basis kann der Project Server dann eine Rangfolge der Projekte erstellen. Nachfolgend beschreiben wir die Vorbereitung in zwei Abschnitten:

- Business-Treiber definieren
- Treiberpriorisierung erstellen

Business-Treiber definieren

Um die Business-Treiber zu definieren, führen Sie folgende Schritte aus:

1. Klicken Sie in der Schnellstartleiste der PWA unter *Strategie* auf die Verknüpfung *Treiberbibliothek*.
2. Legen Sie einen Business-Treiber an, indem Sie auf die Schaltfläche *Faktor/Faktor/Neu* klicken.

Abbildg. 4.20 Business-Treiber anlegen

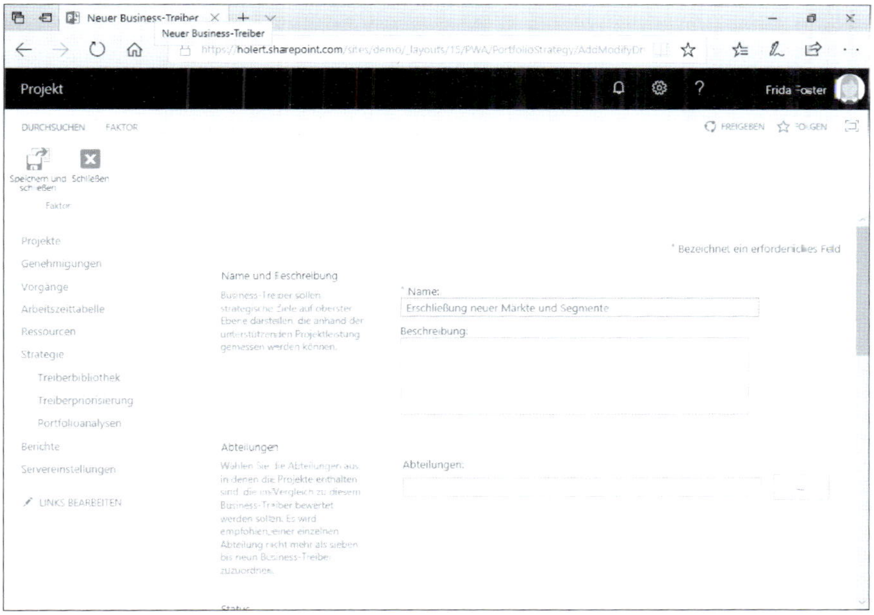

3. Geben Sie im Abschnitt *Name und Beschreibung* im Feld *Name* die Bezeichnung des Business-Treibers ein.
4. Ergänzen Sie im gleichnamigen Feld eine kurze Beschreibung, falls erforderlich.
5. Falls der Business-Treiber nur für Projektvorschläge einer Abteilung sichtbar sein soll, wählen Sie im Feld *Abteilungen* den entsprechenden Wert aus.
6. Belassen Sie das Feld *Status* auf dem Wert *Aktiv*. Dadurch wird es während der Erstellung des Projektvorschlags und der späteren Bewertung angezeigt.

Abbildg. 4.21 Auswirkungen auf das Geschäftsziel definieren

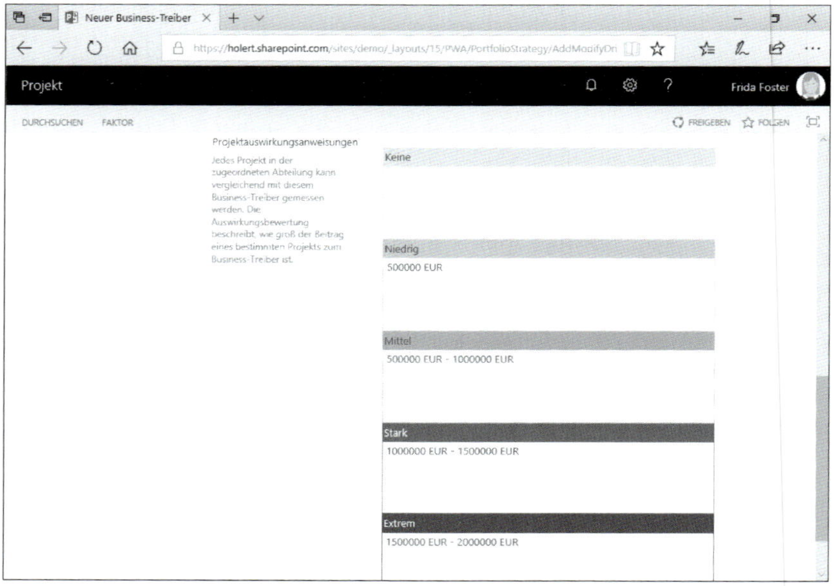

7. Geben Sie die Auswirkung auf das Geschäftsziel im Abschnitt *Projektauswirkungsanweisungen* an. Definieren Sie dazu in den Feldern *Keine*, *Niedrig*, *Mittel*, *Stark* und *Extrem* möglichst objektive Kriterien.

Abbildg. 4.22 Vollständige Liste der zur Verfügung stehenden Business-Treiber

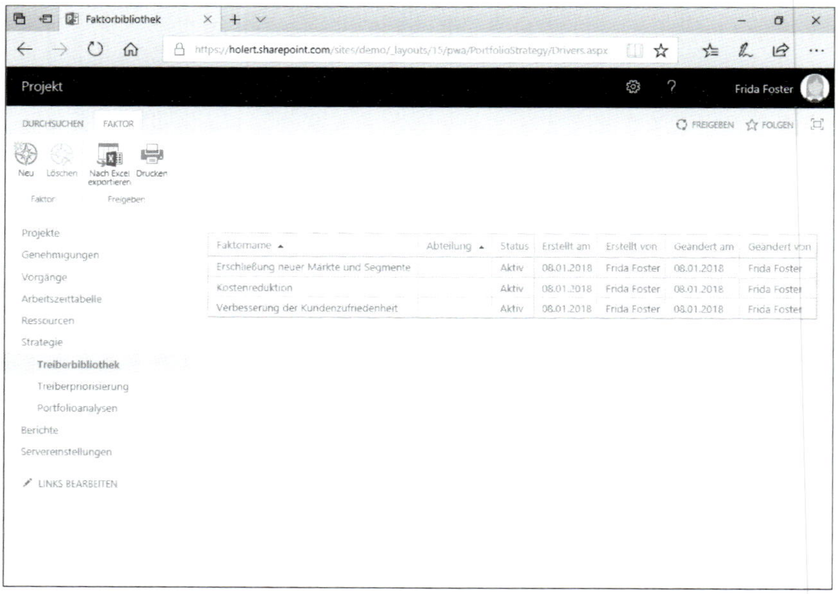

8. Nachdem Sie alle Werte eingegeben haben, klicken Sie anschließend im Menüband auf *Faktor/Faktor/Speichern und schließen.*

9. Wiederholen Sie diese Schritte für alle in Abbildung 4.22 gezeigten Business-Treiber.

Treiberpriorisierung erstellen

Um später für jede Komponente eine Gesamtbewertung zu errechnen, benötigen Sie ein Bewertungsmodell (*Treiberpriorisierung*), das die Gewichtung der strategischen Geschäftsziele (*Business-Treiber*) zueinander festlegt. Ergebnis ist dann eine Rangfolge der Treiber. Bei der Festlegung kann es dazu kommen, dass sich Widersprüche ergeben. Project Server drückt dies nach der Festlegung in Form eines *Konsistenzfaktors* aus.

HINWEIS Für jeden Personenkreis, der an der Portfoliobewertung mitwirkt, können Sie ein eigenes Bewertungsmodell, also eine eigene *Treiberpriorisierung* erstellen, die dann für separate Bewertungen herangezogen werden kann.

Um eine Treiberpriorisierung zu erstellen, gehen Sie folgendermaßen vor:

1. Klicken Sie in der Project Web App in der Schnellstartleiste unter *Strategie* auf die Verknüpfung *Treiberpriorisierung*.
2. Klicken Sie anschließend im Menüband auf *Priorisierungen/Priorisierungen/Neu*.

Abbildg. 4.23 Neue Treiberpriorisierung erstellen

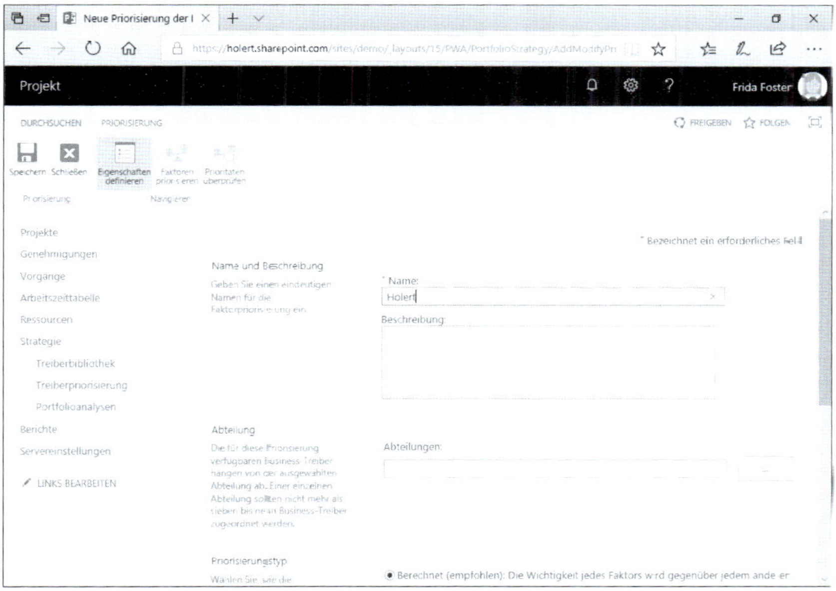

3. Geben Sie im Abschnitt *Name und Beschreibung* »Holert« ein.
4. Geben Sie die Organisationseinheit im Feld *Abteilung* an, falls die Treiberpriorisierung nur dort eingesetzt werden soll.
5. Stellen Sie sicher, dass im Abschnitt *Priorisierungstyp* das Optionsfeld *Berechnet* ausgewählt ist.
6. Im Abschnitt *Die folgenden Faktoren priorisieren* wählen Sie unter *Verfügbare Faktoren* alle Business-Treiber aus und klicken Sie anschließend auf die Schaltfläche >> (Abbildung 4.24).

Abbildg. 4.24 Faktoren priorisieren

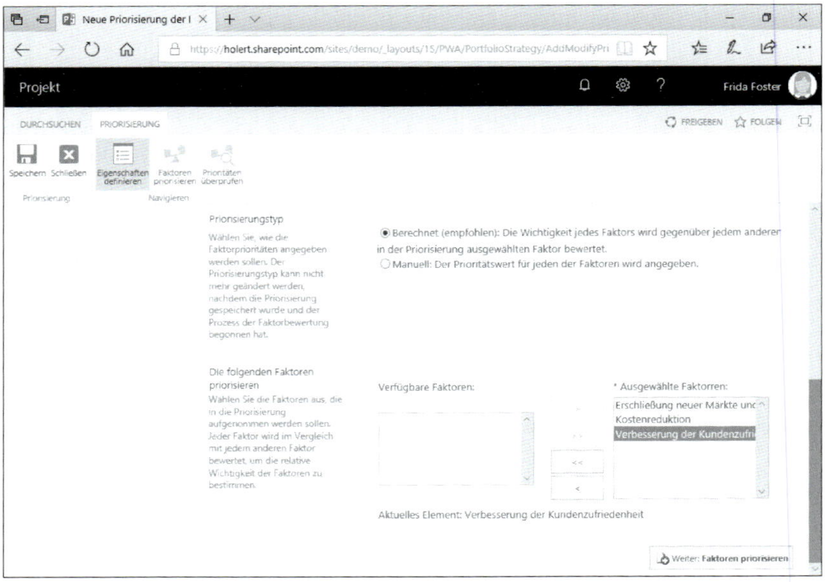

7. Klicken Sie nun auf die Schaltfläche *Weiter: Faktoren priorisieren.*

Abbildg. 4.25 Priorisierung der Business-Treiber: Schritt 1

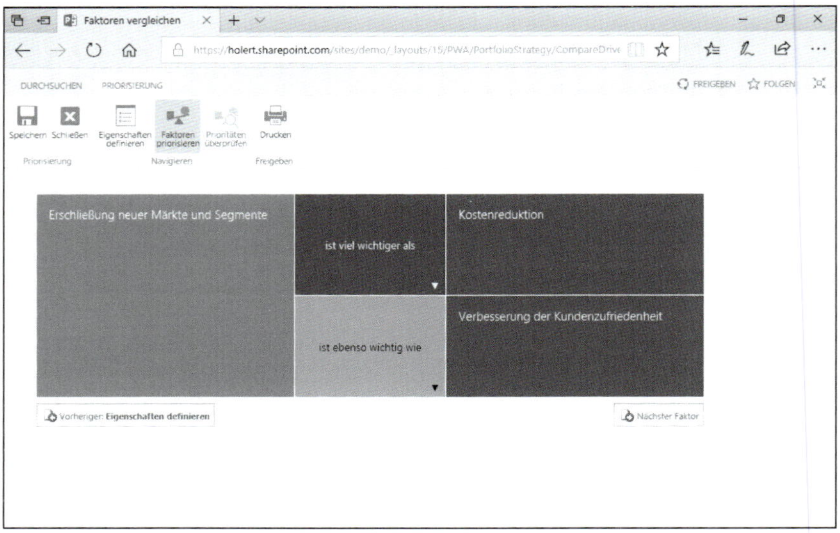

8. Definieren Sie von links nach rechts die Gewichtung der einzelnen Business-Treiber untereinander, indem Sie im Dropdown-Listenfeld die jeweilige Gewichtung auswählen (Abbildung 4.25).

9. Klicken Sie auf die Schaltfläche *Nächster Faktor.*

Abbildg. 4.26 Priorisierung der Business-Treiber: Schritt 2

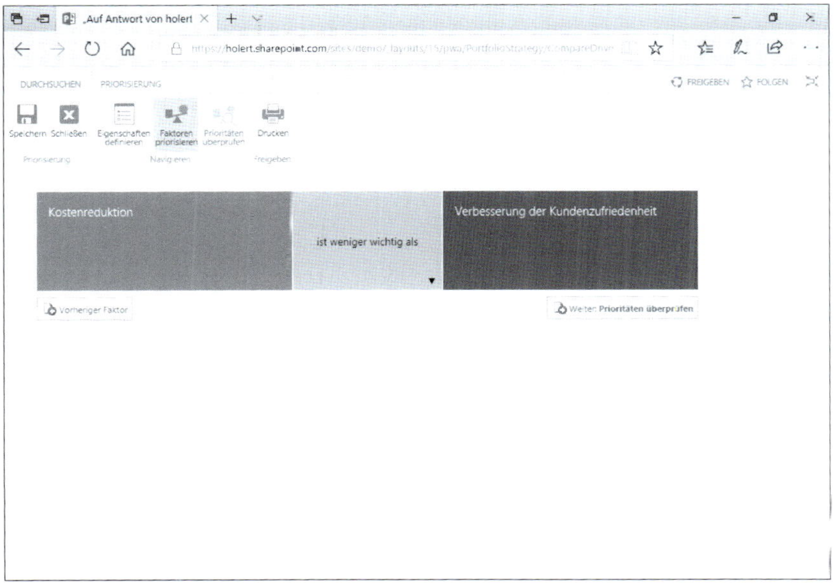

10. Setzen Sie die Gewichtung fort, bis Sie diese für alle Faktoren fertiggestellt haben.
11. Klicken Sie nun auf die Schaltfläche *Weiter: Prioritäten überprüfen*.

Abbildg. 4.27 Priorität der Business-Treiber

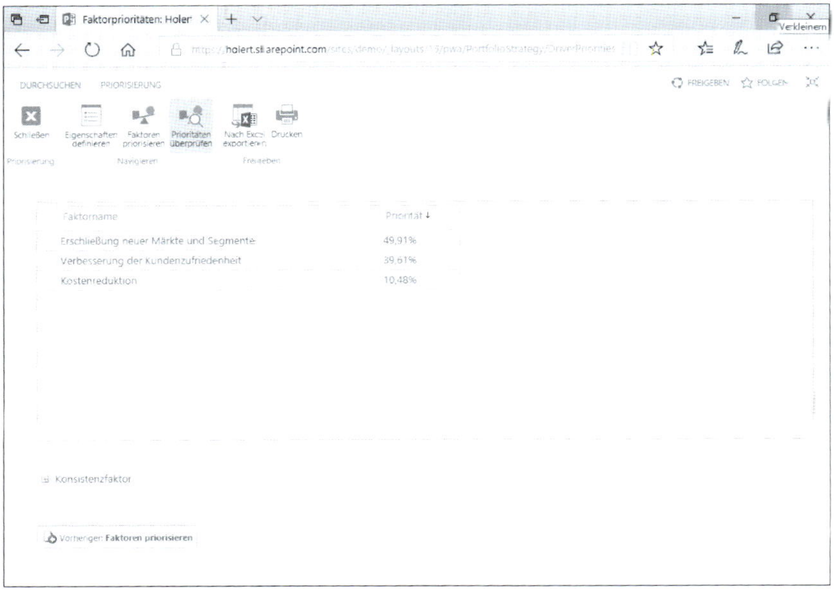

12. Klicken Sie auf das mit *Konsistenzfaktor* beschriftete Plussymbol.

Abbildg. 4.28 Priorität der Business-Treiber und Konsistenzfaktor

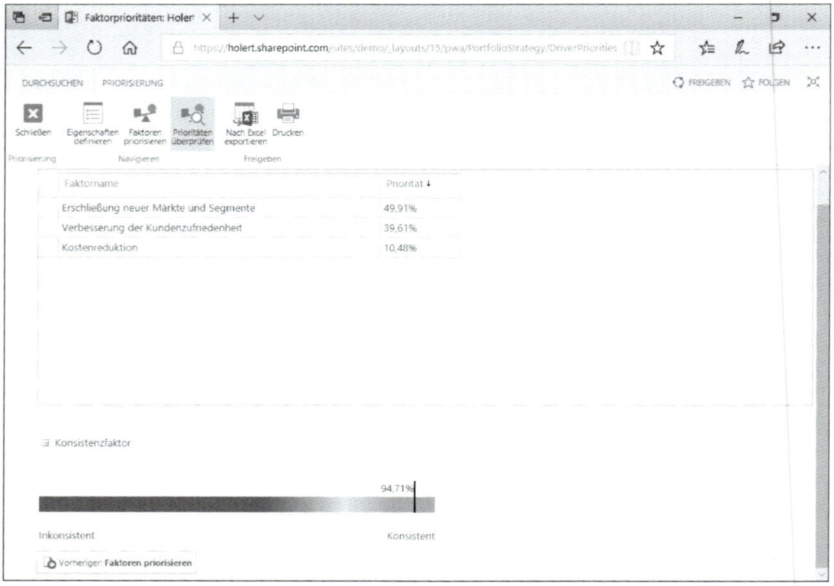

Project Server zeigt Ihnen die sich aus der Bewertung der Business-Treiber untereinander ergebende absolute Rangfolge an. Etwaige Widersprüche werden durch einen geringen Konsistenzfaktor (<70 %) signalisiert. Prüfen Sie in diesem Fall die Festlegung und führen Sie die Gewichtung erneut durch.

13. Klicken Sie nun im Menüband auf *Priorisierung/Priorisierung/Schließen.*

Abbildg. 4.29 Übersicht der vorhandenen Treiberpriorisierungen

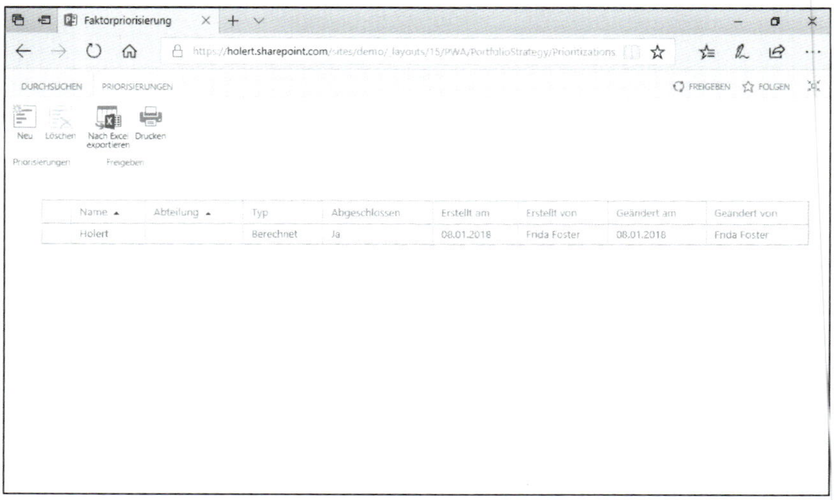

Hiermit haben Sie die Vorbereitungen für die Portfolioanalyse abgeschlossen.

Portfolioanalyse

Eine vollständige Ausführung der Portfolioanalyse gliedert sich in die folgenden Schritte:

- Portfolioanalyse erstellen
- Bewertung der Komponenten prüfen
- Priorisierung
- Kosten analysieren
- Ressourcen analysieren

Portfolioanalyse erstellen

Um die Portfolioanalyse zu erstellen, gehen Sie folgendermaßen vor:

1. Klicken Sie in der Project Web App in der Schnellstartleiste im Bereich *Strategie* auf die Verknüpfung *Portfolioanalysen*.

2. Anschließend klicken Sie im Menüband auf *Analysen/Analyse/Neu*, um eine neue Analyse zu erstellen.

Abbildg. 4.30 Name und Beschreibung der Analyse

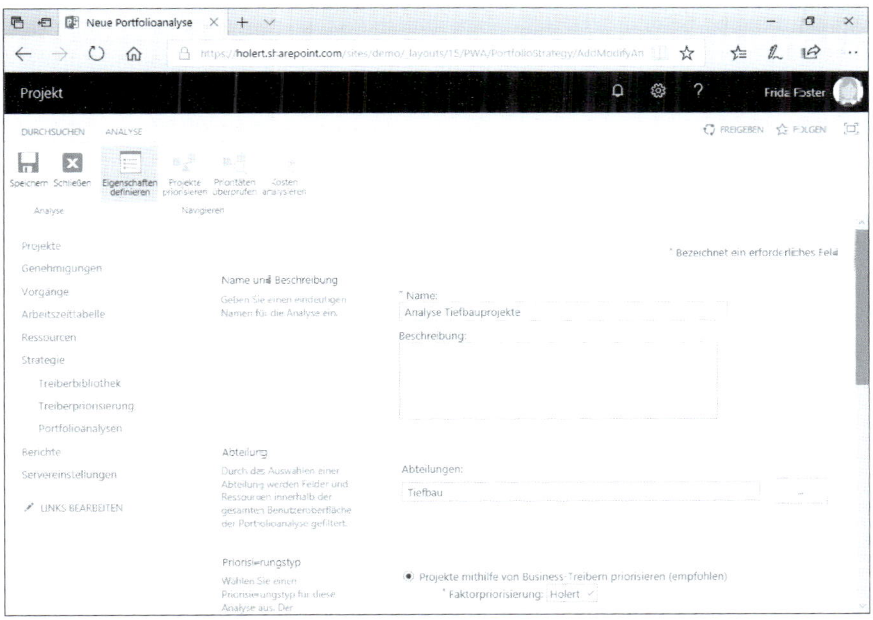

3. Geben Sie im Abschnitt *Name und Beschreibung* im Feld *Name* »Analyse Tiefbauprojekte« ein.
4. Wählen Sie im Abschnitt *Abteilung* im Feld *Abteilungen* den Wert *Tiefbau* aus.
5. Im Abschnitt *Priorisierungstyp* aktivieren Sie das Optionsfeld *Projekte mithilfe von Business-Treibern priorisieren (empfohlen)* und wählen Sie im Dropdown-Listenfeld *Faktorpriorisierung* die zuvor erstellte Treiberpriorisierung *Holert* aus.

Abbildg. 4.31 Diese Projekte priorisieren: Projekte auswählen

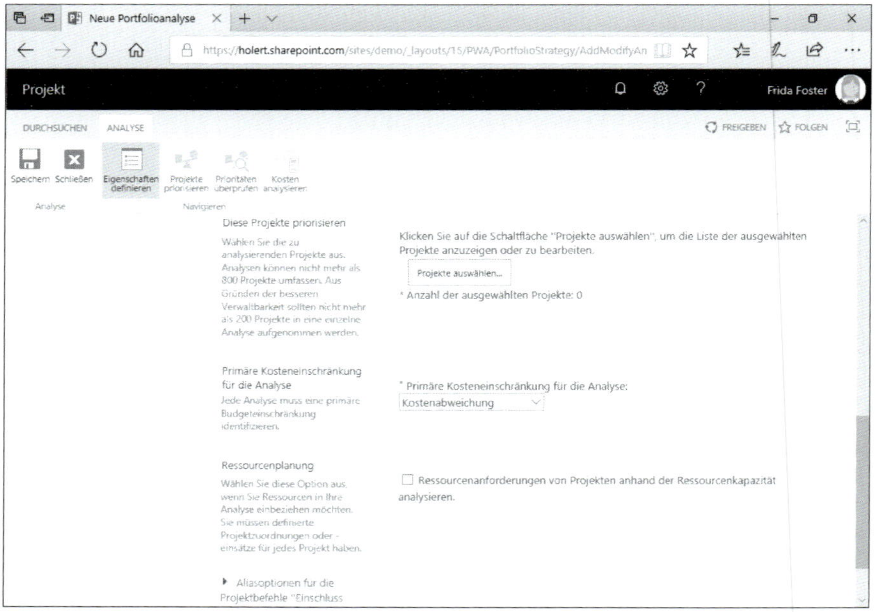

6. Klicken Sie im Abschnitt *Diese Projekte priorisieren* auf die Schaltfläche *Projekte auswählen*.

Abbildg. 4.32 Projekte auswählen: *Ansicht: PPM Projektauswahl*

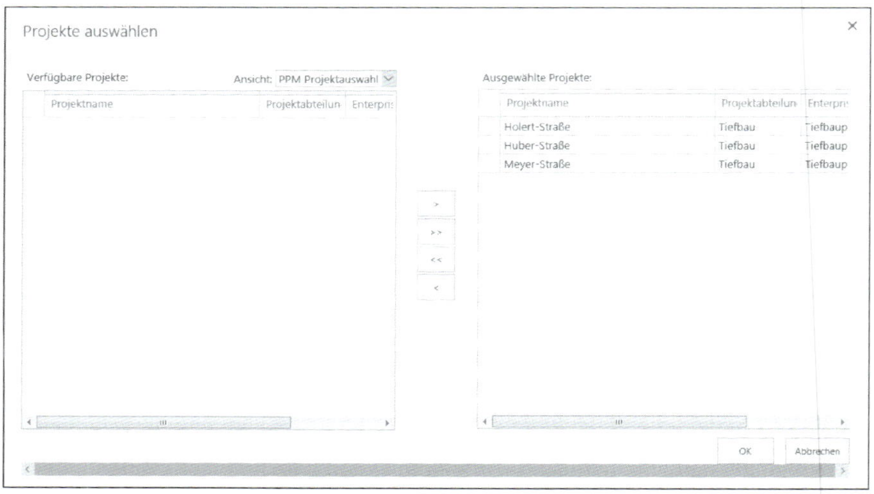

7. Prüfen Sie, dass im Fenster *Projekte auswählen* die Ansicht *PPM Projektauswahl* ausgewählt ist. Diese Ansicht zeigt ungefiltert alle Projekte der Workflowstufe *Projektauswahl.*

HINWEIS Die Ansicht *PPM Projektauswahl* ist nicht standardmäßig in Project vorhanden und muss vom Administrator erstellt werden.

8. Übernehmen Sie alle Projekte in *Ausgewählte Projekte*, indem Sie auf die Schaltfläche mit den zwei nach rechts zeigenden Doppelpfeilen klicken.
9. Klicken Sie anschließend auf die Schaltfläche *OK*.

Abbildg. 4.33 Festlegung weiterer Parameter für die Portfolioanalyse

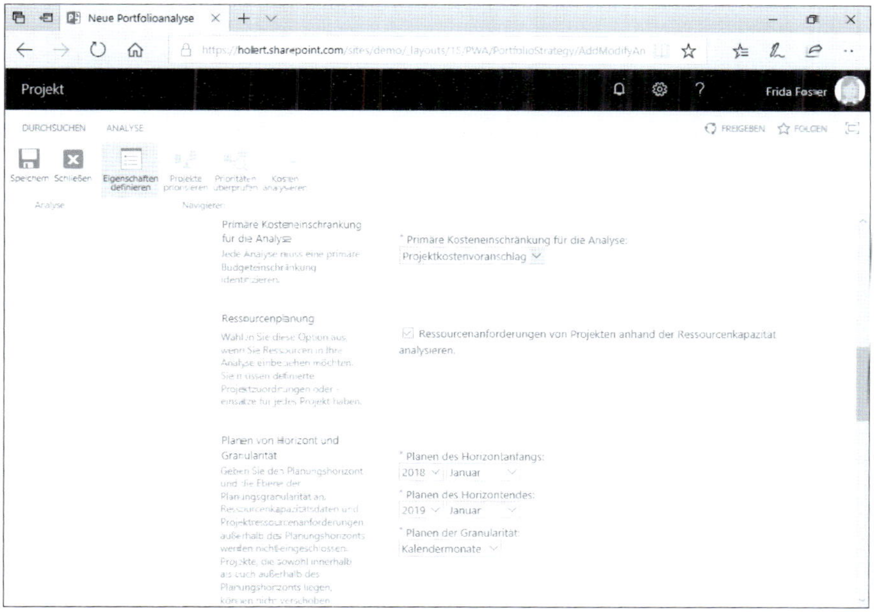

10. Im Abschnitt *Primäre Kosteneinschränkungen für die Analyse* wählen Sie im Dropdown-Listenfeld *Primäre Kosteneinschränkung für die Analyse* den Eintrag *Projektkostenvoranschlag* aus.
11. Stellen Sie sicher, dass im Abschnitt *Ressourcenplanung* das Kontrollkästchen *Ressourcenanforderungen von Projekten anhand der Ressourcenkapazität analysieren* aktiviert ist (siehe Hinweis im Kasten).

Kapazitätseinschränkungen bei Portfolioanalysen berücksichtigen

Wenn Sie das Kontrollkästchen *Ressourcenanforderungen von Projekten anhand der Ressourcenkapazität analysieren* im Abschnitt *Ressourcenplanung* aktivieren, können Sie Kapazitätseinschränkungen bei Portfolioanalysen berücksichtigen. Sie können dann bei der Analyse entscheiden, ob Sie den Ressourcenengpässen mit Verschiebung der Projekte oder Erweiterung der Kapazität begegnen.

Voraussetzungen hierfür sind, dass Sie den Ressourcenbedarf in Form von Zuordnungen innerhalb des jeweiligen Projekts auf der Projektdetailseite *Terminplan* erfasst haben (siehe den Prozess *Ressourcen für Vorgänge schätzen* in). Des Weiteren müssen Sie festlegen, welches benutzerdefiniertes Feld für die Gliederung der Ressourcen auf Portfolioebene verwendet werden soll (*Benutzerdefiniertes Rollenfeld*, siehe Abbildung 4.34), welcher Planungszeitraum für die Ressourcen berücksichtigt werden muss und ob nur zugesicherte oder auch vorgesehene Ressourcenzuordnungen innerhalb dieses Prozesses berücksichtigt werden sollen.

12. Geben Sie die Einstellungen für Planungshorizontanfang und -ende und Granularität an.

Abbildg. 4.34 Einstellungen für Ressourcenanalyse

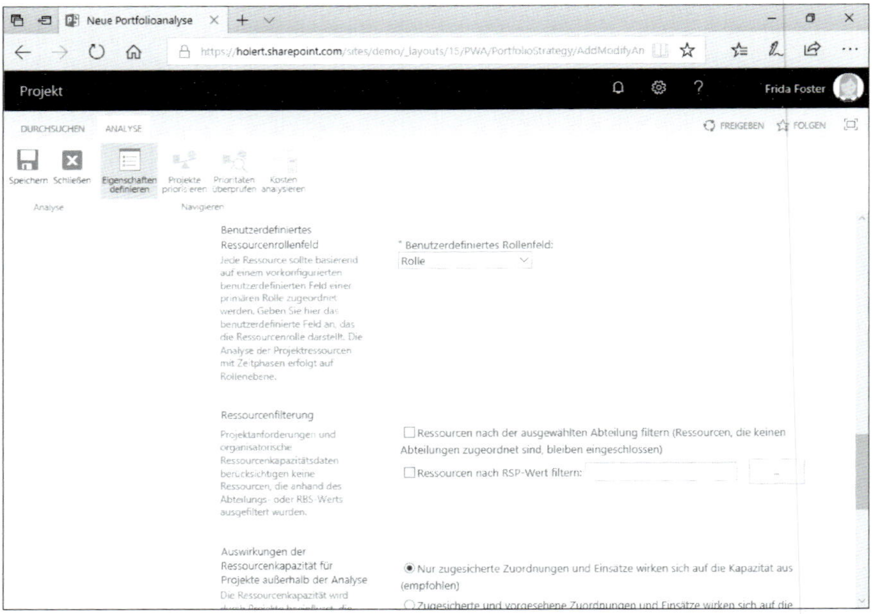

13. Wählen Sie das *Benutzerdefinierte Rollenfeld* »Rolle«, die übrigen Einstellungen auf dieser Seite belassen Sie bei den Standardeinstellungen.
14. Belassen Sie die *Aliasoptionen* zugeklappt, da zu diesem Zeitpunkt im Prozess noch nicht entschieden werden kann, welche Projekte zwingend ein- oder ausgeschlossen werden sollen.
15. Klicken Sie anschließend auf die Schaltfläche *Weiter: Projekte priorisieren.*

Bewertung der Komponenten prüfen

Um die Bewertung aller Komponenten hinsichtlich ihres Beitrags zu den Geschäftszielen zu prüfen, gehen Sie folgendermaßen vor:

1. Wählen Sie die erste Zeile mit dem ersten Projektvorschlag aus.
2. Prüfen und überschreiben Sie ggf. den Beitrag zu den Geschäftszielen in der jeweiligen Spalte.

Abbildung 4.35 Bewertung aller Komponenten nach ihrem Beitrag zur den Geschäftszielen

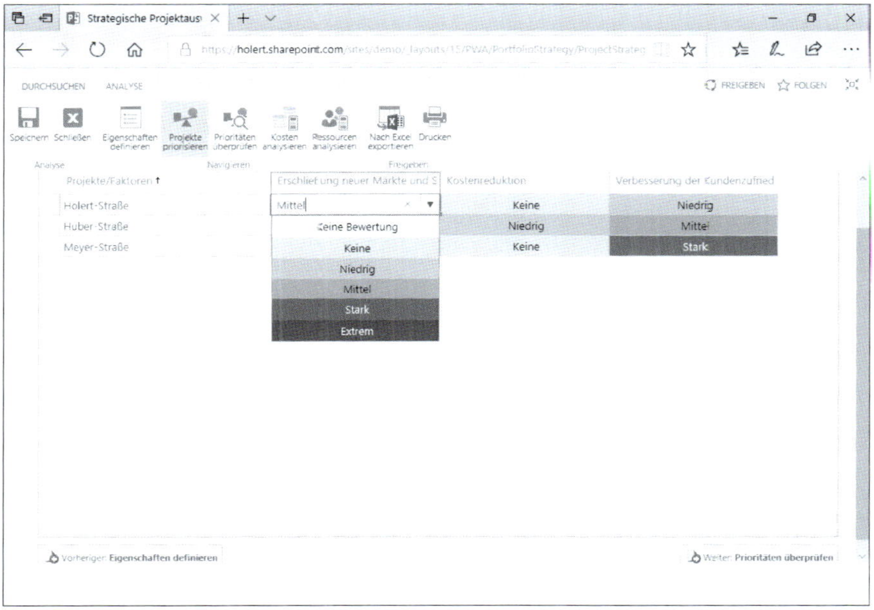

3. Wiederholen Sie die Schritte für jede weitere Komponente/Zeile.
4. Klicken Sie abschließend auf die Schaltfläche *Weiter: Prioritäten überprüfen*.

Priorisierung

Project Server zeigt jetzt die Rangfolge der Projektvorschläge auf Basis der zuvor erstellten und gewählten Treiberpriorisierung und der Einzelbewertung der Projektvorschläge (Abbildung 4.36) an.

Diese Rangfolge hilft Ihnen, im Folgenden u.a. unter Berücksichtigung von Kosten- und Ressourceneinschränkungen, die Projekte auszuwählen, deren Beitrag zur Erfüllung der Geschäftsziele am höchsten ist.

Abbildg. 4.36 Liste der vorausgewählten Projekte sortiert nach Priorität

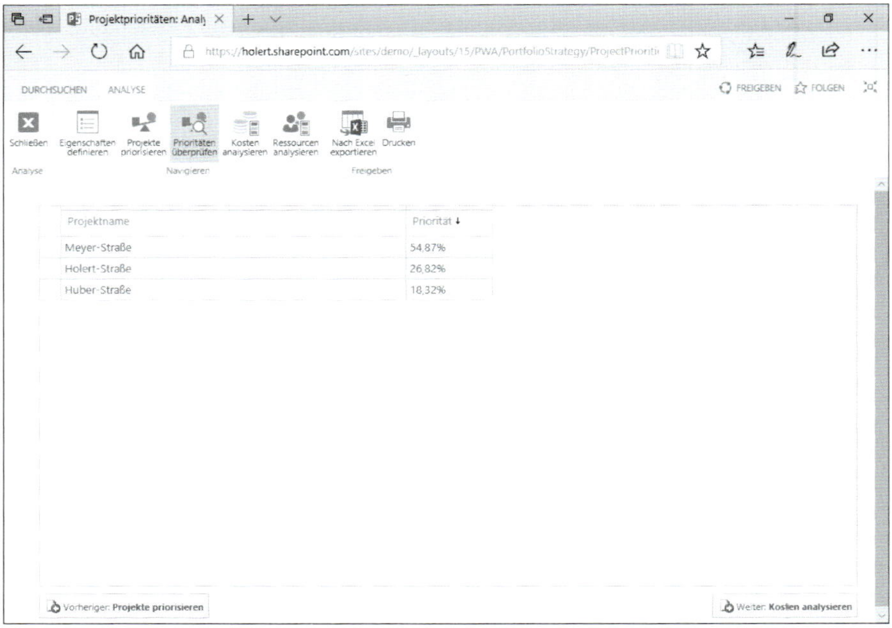

Kosten analysieren

Zur Durchführung der Kostenanalyse gehen Sie folgendermaßen vor:

1. Klicken Sie auf die Schaltfläche *Weiter: Kosten analysieren.*

Abbildg. 4.37 Finanzbedarf aller Komponenten

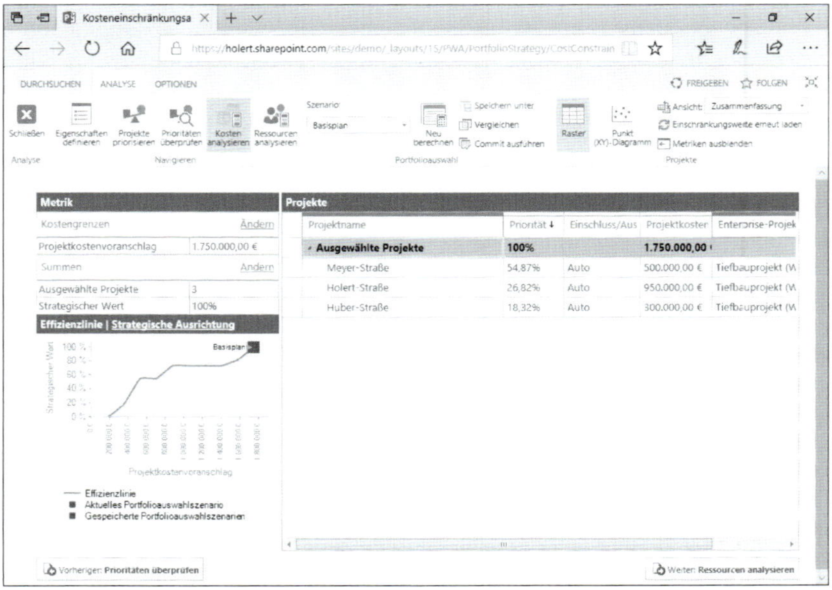

2. Lesen Sie den Finanzbedarf aller Komponenten in der Tabelle *Projekte* in der Spalte *Projektkosten* der Gruppierungszeile *Ausgewählte Projekte* ab.

In unserem Beispiel ist der Finanzbedarf 1,75 Mio. € für die Durchführung der geplanten Tiefbauprojekte, also 0,5 Mio. € oberhalb unseres gesetzten Finanzrahmens.

HINWEIS Die Ausführung aller Projekte wird in Project Server als Szenario *Basisplan* (siehe im Menüband *Analyse/Portfolioauswahl/Szenario*) bezeichnet.

Betrachten wir nun zunächst unabhängig von finanziellen Restriktionen, ob wir ausreichend Ressourcen haben, um alle Projekte wie derzeit geplant durchführen zu können.

Ressourcen analysieren

Um die Ressourcen zu analysieren, führen Sie folgende Schritte aus:

1. Prüfen Sie, dass das Szenario *Basisplan* ausgewählt ist (*Analyse/Portfolioauswahl/Szenario/Basisplan*).
2. Klicken Sie auf *Analyse/Navigieren/Ressourcen analysieren* (vgl. Abbildung 4.38).

Abbildg. 4.38 Ressourcenbedarf aller Komponenten

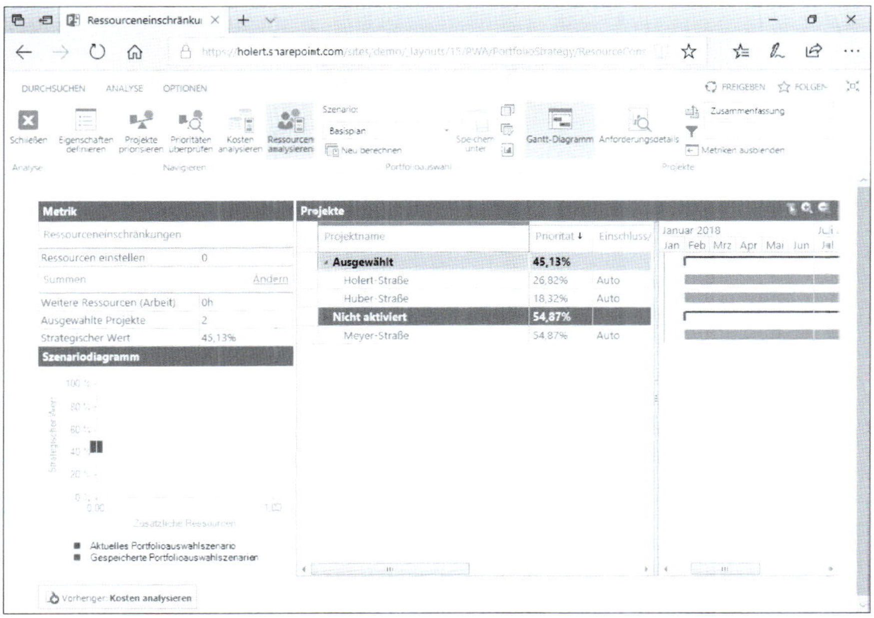

Es werden nur die Projekte als *Ausgewählt* anzeigt, die mit den bestehenden Ressourcen umgesetzt werden können (Abbildung 4.38). In unserem Beispiel sind das zwei Projekte. Ausgerechnet das Tiefbauprojekt »Meyer-Straße« mit dem höchsten strategischen Wert wird nicht ausgewählt, weil die benötigten Ressourcen nicht vorhanden sind. Der strategische Wert des gewählten Portfolios sinkt daher auf ca. 45 %.

Szenarioanalyse

Im Rahmen der Szenarioanalyse soll nun ermittelt werden, welche Projekte im Rahmen der zu Beginn des Abschnitts »Optimize Portfolio« genannten Einschränkungen hinsichtlich der Kosten und Ressourcen umgesetzt werden können sowie welche Wahlmöglichkeiten hier bestehen. In unserem Beispielunternehmen prüfen wir zunächst, welche Projekte im Rahmen der 1,25 Mio. € umsetzbar sind. Wir entscheiden uns dann für zwei Projekte und prüfen dann, wie wir die Projekte mit den gegebenen Ressourcen verschieben müssen. Im Anschluss ermitteln wir dann, wie viele zusätzliche Ressourcen wir benötigen, um die Projekte im gegebenen Zeitrahmen ausführen zu können. Hieraus ergeben sich folgende vier Szenarien:

- Szenario 1: Finanzrahmen 1,25 Mio. €, Automatische Auswahl, Keine Ressourcenanalyse
- Szenario 2: Finanzrahmen 1,25 Mio. €, Manuelle Auswahl, Holert-Straße, Keine Ressourcenanalyse
- Szenario 3: Finanzrahmen 1,25 Mio. €, Automatische Auswahl, Huber-Straße verschoben
- Szenario 4: Finanzrahmen 1,25 Mio. €, Automatische Auswahl, zusätzliche Ressourcen

Szenario 1: Finanzrahmen 1,25 Mio. €, Automatische Auswahl, Keine Ressourcenanalyse

Im ersten Szenario ermitteln wir, welche Projekte wir mit einem Finanzrahmen von 1,25 Mio. € umsetzen können. Als Ausgangssituation dient das Kostenszenario *Basisplan*, das im vorangegangenen Abschnitt erstellt wurde. Gehen Sie dazu folgendermaßen vor:

1. Wechseln Sie dazu über *Analyse/Navigieren/Kosten analysieren* in die Kostenanalyse.

Abbildg. 4.39 Kostenanalyse

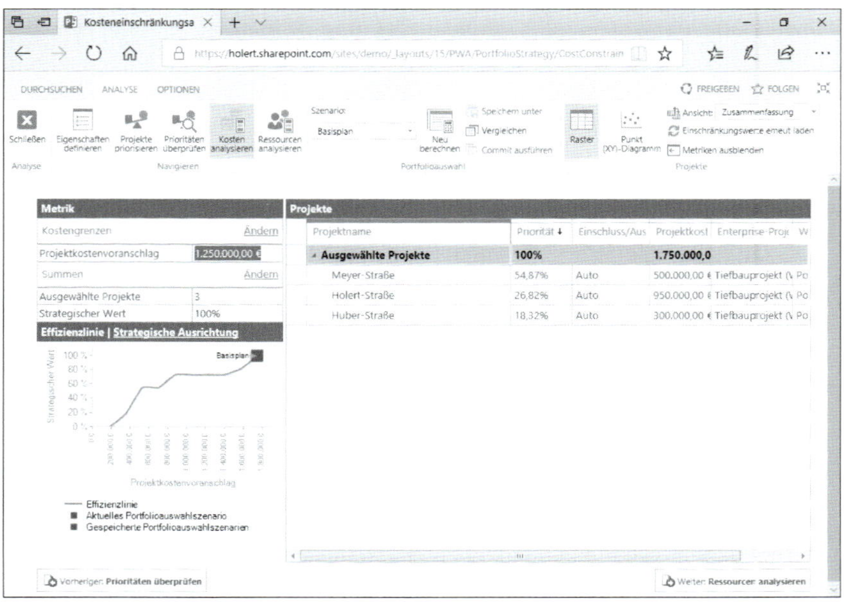

2. Zur besseren Übersichtlichkeit können Sie hier zur Vollbilddarstellung wechseln, indem Sie das Symbol in der rechten oberen Ecke des Fensters anklicken.
3. Geben Sie den Betrag von 1,25 Mio. € in der Tabelle *Metrik* in der Zeile *Projektkostenvoranschlag* ein.
4. Klicken Sie im Menüband auf den Befehl *Analyse/Portfolioauswahl/Neu berechnen.*

Abbildung 4.40 Ausgewählte Projekte bei gegebenen Finanzrahmen

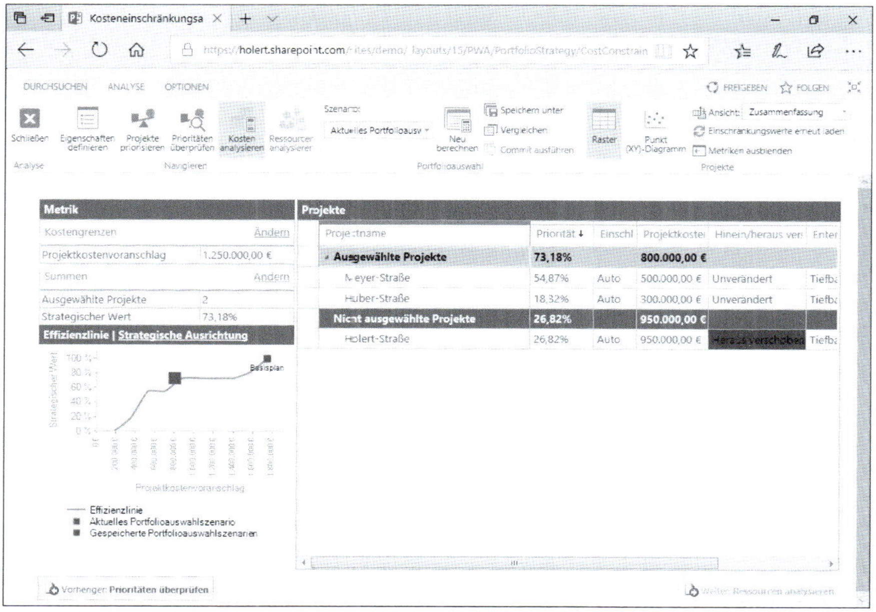

Das Ergebnis der Berechnung ist, dass Ihnen Project Server für den gegebenen Finanzrahmen vorschlägt, nur die Projekte *Meyer-Straße* und *Huber-Straße* ausführen. Das, obwohl rein rechnerisch auch die Ausführung der Projekte *Huber-Straße* und *Holert-Straße* mit dem vorgegebenen Finanzrahmen möglich gewesen wäre. Die Empfehlung beruht auf dem zuvor erstellten Bewertungsmodell (*Treiberpriorisierung*) und der gewählten Bewertung der Projektvorschläge (Abbildung 4.40). In konkreten Fall hat das Projekt *Meyer-Straße* die höchste Priorität (siehe Spalte *Priorität*) und wird deshalb ausgewählt. Das Projekt *Holert-Straße* hätte zwar die zweitgrößte Priorität, ist aber aus Kostengründen nicht umsetzbar, daher wurde das Projekt *Huber-Straße* als zweites Projekt ausgewählt.

Die sogenannte *Effizienzlinie* verdeutlicht die Gesamtsituation. Diese wurde unter Berücksichtigung des strategischen Nutzens (*Strategischer Wert*) auf der Y-Achse und den Kosten auf der X-Achse (*Projektkostenvoranschlag*) erstellt. Sie können der Abbildung entnehmen, dass Sie alle Projekte (100 %) mit einem finanziellen Aufwand in Höhe von 1,75 Mio. € realisieren könnten. Aufgrund der finanziellen Beschränkung in Höhe von 1,25 Mio. € können Sie nur einen *Strategischer Wert* von ca. 73 % realisieren.

HINWEIS Diese Betrachtung wird als *Aktuelles Portfolioauswahlszenario* bezeichnet (siehe im Menüband *Analyse/Portfolioauswahl/Szenario*).

5. Klicken Sie auf *Analyse/Portfolioauswahl/Speichern unter.*

Abbildg. 4.41 Portfolioauswahlszenario speichern

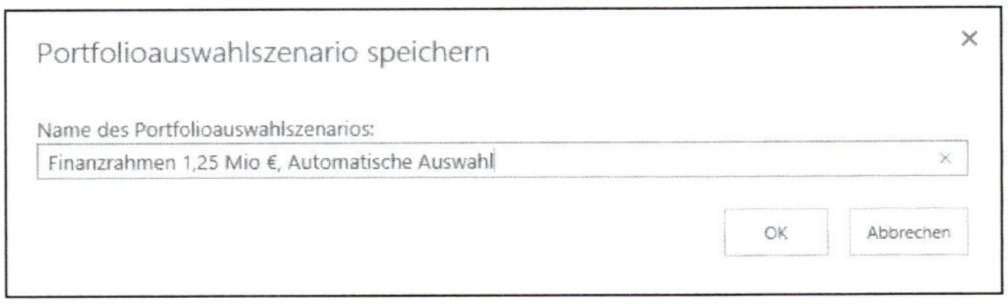

6. Speichern Sie das Portfolioauswahlszenario unter dem Namen »Finanzrahmen 1,25 Mio. €, Automatische Auswahl«.

Das Szenario ist nun in dieser Portfolioanalyse gespeichert, die Auswahl ohne Kosteneinschränkung bleibt unter dem Namen *Basisplan* erhalten.

Szenario 2: Finanzrahmen 1,25 Mio. €, Manuelle Auswahl, Holert-Straße, Keine Ressourcenanalyse

Sie möchten nun entgegen der Empfehlung von Project das Projekt »Holert-Straße« trotzdem umsetzen. Um dieses Szenario zu analysieren, gehen Sie folgendermaßen vor:

1. Wechseln Sie über *Analyse/Navigieren/Kosten analysieren* zurück in die Kostenanalyse.

Abbildg. 4.42 Kostenanalyse Finanzrahmen 1,25 Mio. €

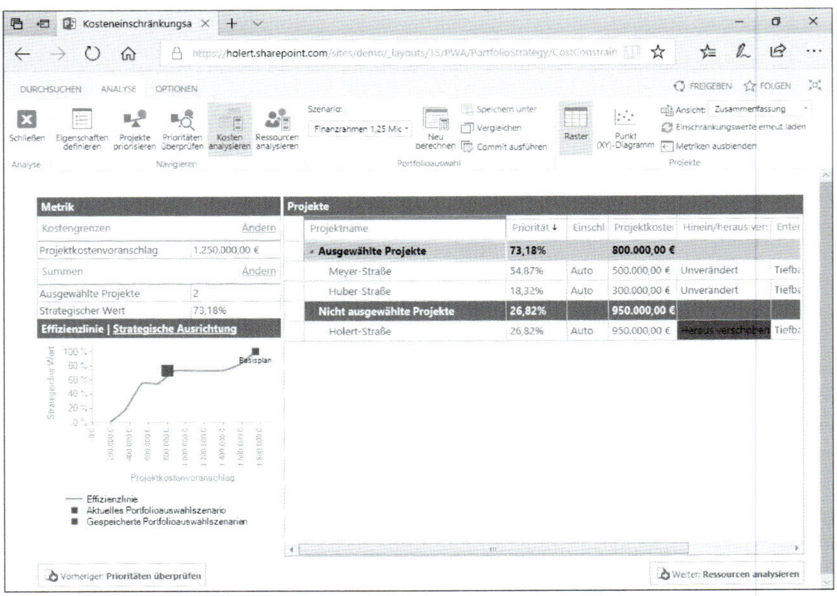

2. Wählen Sie unter der Gruppierungszeile *Nicht ausgewählten Projekte* das Projekt *Holert-Straße* aus.

Abbildg. 4.43 Bestimmte Projekte selektiv mit in das Portfolio aufnehmen

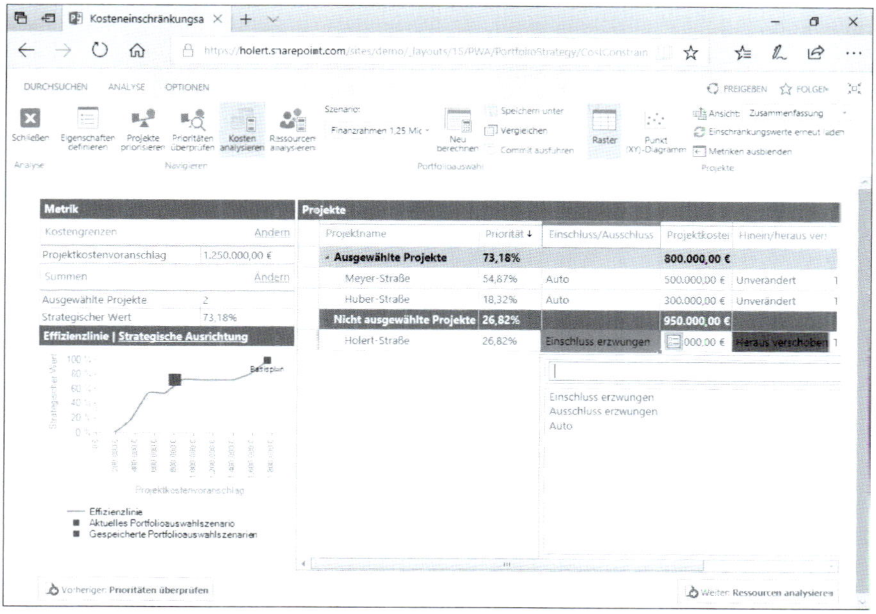

3. Klicken Sie in der Zeile des Projekts hinter der Spalte *Einschluss/Ausschluss* auf die *Schaltfläche* und wählen Sie im Dropdown-Listenfeld den Eintrag *Einschluss erzwungen* aus.

Abbildg. 4.44 Neue Berechnung des Portfolios

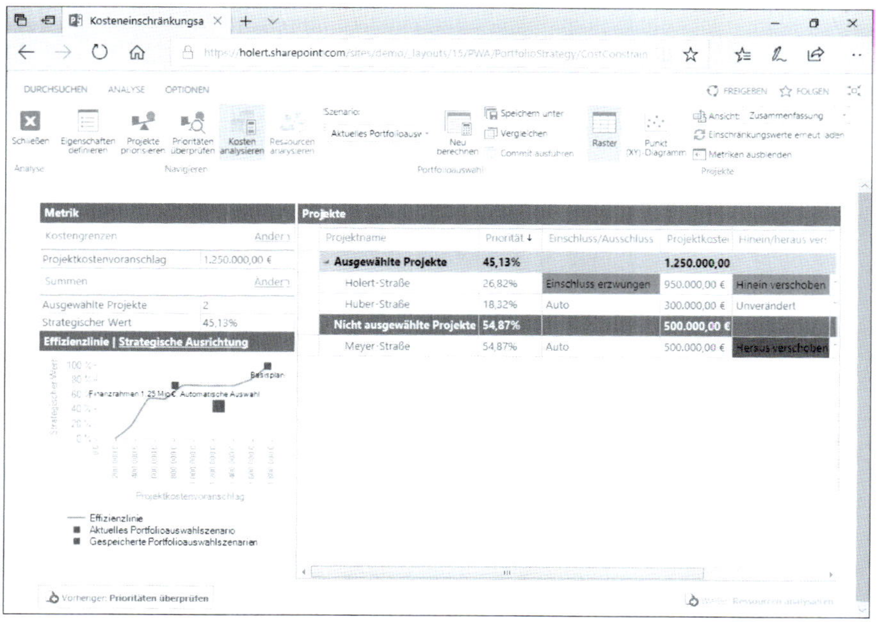

4. Anschließend klicken Sie im Menüband auf *Analyse/Portfolioauswahl/Neu berechnen*, um die Berechnung zu starten.

5. Rufen Sie danach den Befehl *Speichern unter* auf und speichern Sie das Szenario unter dem Namen »Finanzrahmen 1,25 Mio. €, Holert erzwungen« wie zuvor beschrieben.

Wie Sie obiger Abbildung 4.44 entnehmen können, wurde das Projekt *Holert-Straße* wunschgemäß mit in das Portfolio aufgenommen. Allerdings wurde aufgrund dessen das Projekt *Meyer-Straße* aus dem Portfolio ausgeschlossen. Dadurch ist der *Strategische Wert* von ca. 69 % auf 45 % gesunken und die Gesamtkosten von 0,8 Mio. € auf 1,25 Mio. € angestiegen (*Projektkostenvoranschlag*). Aus diesem Grund verfolgen wir dieses Szenario nicht weiter. Wir behalten die automatische Auswahl bei und analysieren jetzt zwei mögliche Szenarien in Bezug auf den Ressourceneinsatz (Verschieben/Mehr Ressourcen).

Szenario 3: Finanzrahmen 1,25 Mio. €, Automatische Auswahl, Huber-Straße verschoben

Im nächsten Szenario überprüfen Sie zunächst, ob Sie für die zwei automatisch ausgewählten Projekte (Szenario 1) über ausreichend Ressourcen verfügen. Für den Fall, dass das nicht der Fall ist, ermitteln Sie, wie Sie den Ressourcenengpass durch Verschiebung beseitigen können. Gehen Sie folgendermaßen vor:

1. Wählen Sie in der Registerkarte *Analyse* im Bereich *Portfolioauswahl* unter *Szenario* die Version *Finanzrahmen 1,25 Mio. €, Automatische Auswahl.*

Abbildg. 4.45 Analyse der Ressourcen

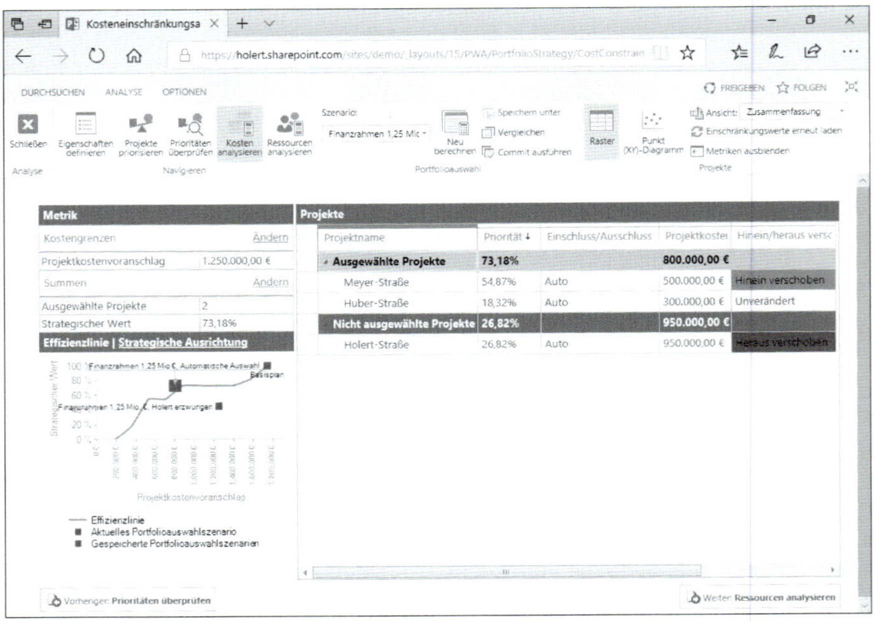

2. Rufen Sie auf der Registerkarte *Analyse* in der Befehlsgruppe *Navigieren* auf den Befehl *Ressourcen analysieren* auf.

Abbildg. 4.46 Ressourcenanalyse

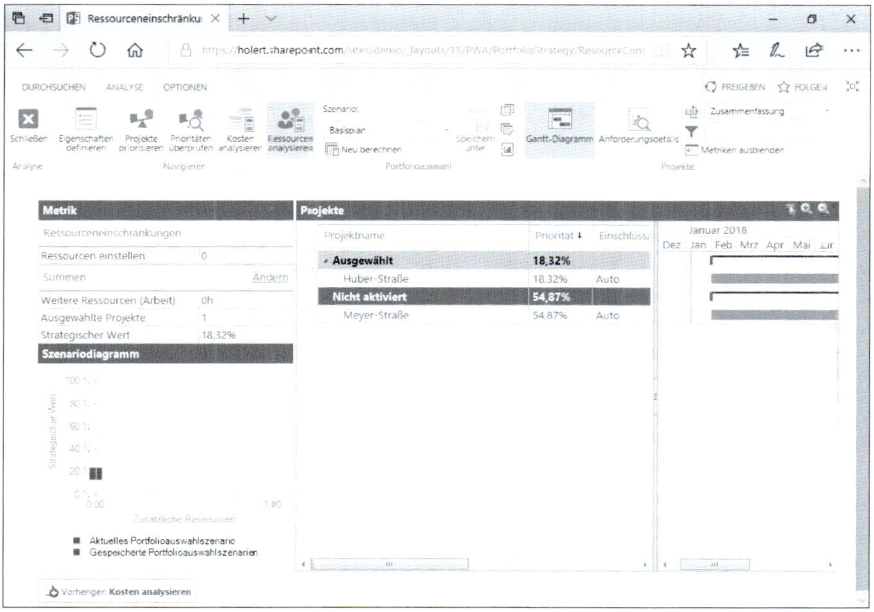

Die Project Web App zeigt Ihnen an, dass mit den bestehenden Ressourcen nur innerhalb des geplanten Zeitraums nur das Projekt *Huber-Straße* umsetzt werden kann. Dies ist daran zu erkennen, dass in der Tabelle *Projekte* unter *Ausgewählt* nur das Projekt *Huber-Straße* angezeigt wird. Der strategische Wert Ihres Portfolios sinkt dabei im Vergleich von Szenario 1 von 73 % auf 18 %.

Jetzt gilt es, herauszufinden, warum nur eines der beiden Projekte aktiviert ist und wie eine Aktivierung beider Projekte erreicht werden kann. Gehen Sie dazu folgendermaßen vor:

1. Stellen Sie den Ressourcenbedarf dar (*Analyse/Projekte/Anforderungsdetails*).
2. Ermitteln Sie in der Tabelle *Projektanforderungen* in der Zeile *Nicht aktiviert* die Perioden, die rosafarben hinterlegt sind.

Unter *Projektanforderungen* sehen Sie unter *Meyer-Straße* in der Zeile *Ingenieur*, dass für April ca. 14 % des Vollzeitäquivalents einer Ressource dieser Qualifikation fehlen.

In der Tabelle *Ressourcenverfügbarkeit* sehen Sie in der Zeile *Ingenieur* für *April* die Zahl 0. Das bedeutet, dass nach der Auswahl des Projektes *Huber-Straße* für *April* kein *Ingenieur* verfügbar ist. Zudem sehen Sie im Juni die Zahl 0,48, d.h. dass im Juni ungefähr die Hälfte des Vollzeitäquivalents eines Ingenieurs frei ist, also erst vier Monate später.

Abbildg. 4.47 Ressourcenbedarf darstellen

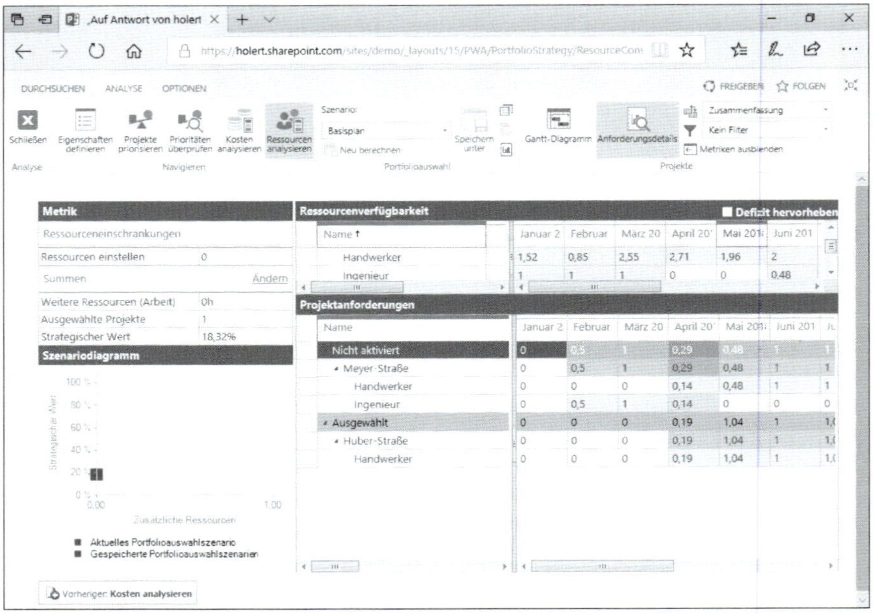

TIPP Eine detaillierte Darstellung der fehlenden Ressourcen sehen Sie im Bericht *Defizit und Überschuss* in Abbildung 4.48, welchen Sie über *Analyse/Portfolioauswahl/Berichte/Defizit und Überschuss* aufrufen können.

Abbildg. 4.48 Defizit und Überschuss der Ressourcenanalyse

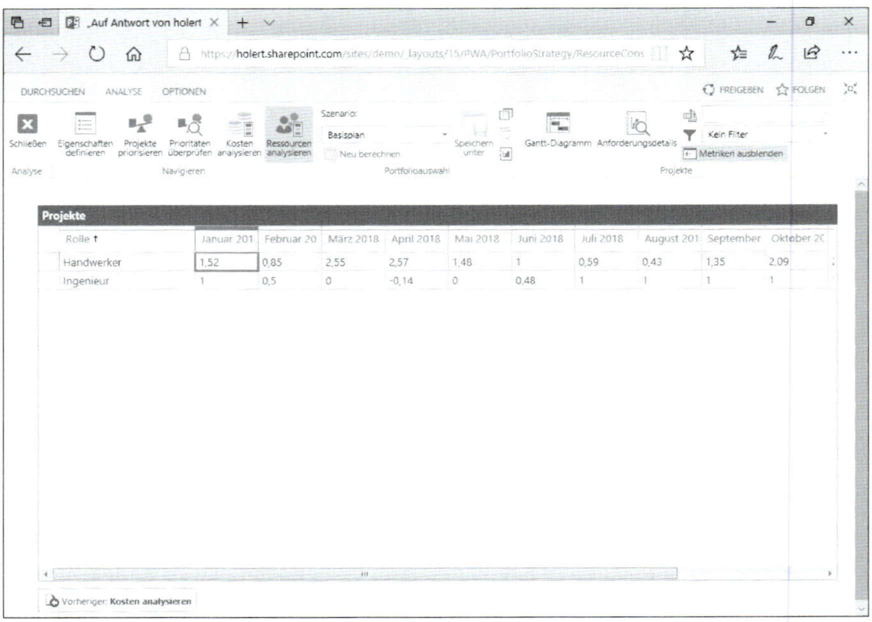

Unter *Projekte* sehen Sie monatsweise für jede Rolle, ob zu viele oder zu wenige Ressourcen zur Verfügung stehen. Dabei stellen positive Werte Überschüsse, negative Werte Defizite dar. In diesem Fall ergibt sich für April für die Rolle *Ingenieur* ein Defizit. Ansonsten ergibt sich ein Überschuss.

Wie eingangs beschrieben, lässt sich ein Ressourcenkonflikt mit einer Verschiebung des geplanten Projekts oder zusätzlichen Ressourcen beseitigen. In diesem Abschnitt betrachten wir die Verschiebung. Wir hatten bereits erkannt, dass eine Verschiebung von vier Monaten den anfänglichen Engpass bei den Ingenieuren auflösen könnte. Um dieses Szenario zu prüfen, gehen Sie dazu folgendermaßen vor:

Abbildg. 4.49 Verschieben von Projektanfangsterminen in der Ressourcenanalyse

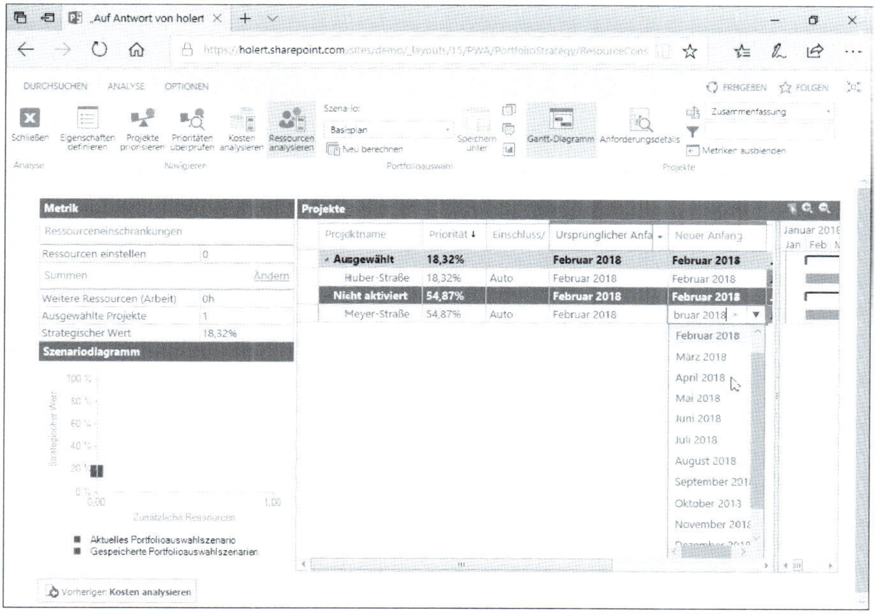

1. Zeigen Sie das Gantt-Diagramm an (*Analyse/Projekte/Gantt-Diagramm*).
2. Verschieben Sie Projektanfangstermin für das Projekt *Meyer-Straße*, indem Sie in der Zeile *Meyer-Straße* in der Spalte *Neuer Anfang* den Wert von *Februar 2018* auf *Juni 2018* ändern.

3. Wählen Sie danach *Analyse/Portfolioauswahl/Neu berechnen*.

Abbildg. 4.50 Ressourcenanalyse: Projekte verschieben

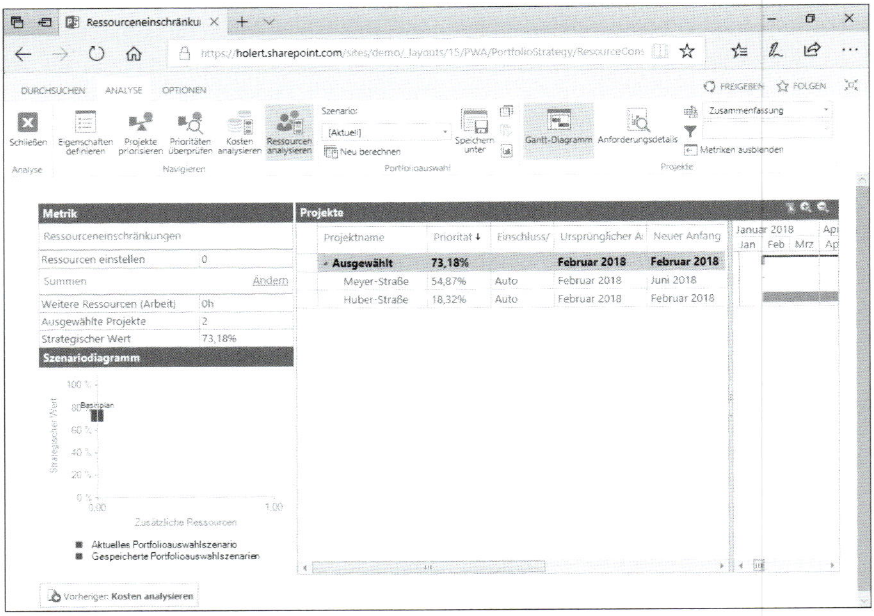

4. Stellen Sie fest, dass jetzt das Projekt *Meyer-Straße* ebenfalls ausgewählt ist.

5. Speichern Sie das Szenario unter dem Namen »Finanzrahmen 1,25 Mio. €, Maier-Straße verschoben« (*Analyse/Portfolioauswahl/Speichern unter*).

Die Projekte sind im gegebenen Finanzrahmen mit den vorhandenen Ressourcen umsetzbar, jedoch geht das mit einem verspäteten Start zu Lasten des Projekts *Meyer-Straße* einher. Hier kann der Einsatz zusätzlicher Ressourcen die Lösung bringen.

Szenario 4: Finanzrahmen 1,25 Mio. €, Automatische Auswahl, zusätzliche Ressourcen

6. Als letztes Szenario gleichen wir das Ressourcendefizit durch Einsatz zusätzlicher Ressourcen aus. Konkret versuchen wir, die beiden Projekte *Meyer-Straße* und *Huber-Straße* zu aktivieren und dabei den Projektstart für beide Projekte auf dem ursprünglichen Wert zu belassen. Dazu stellen wir eine zusätzliche Ressource ein, um das bereits erkannte Defizit für den Monat April ausgleichen zu können. Gehen Sie dazu folgendermaßen vor:

1. Wählen Sie unter *Analyse/Portfolioauswahl/Szenario* Ihren Basisplan als Ausgangssituation für Ihre Analyse.
2. Geben Sie in der Tabelle *Metrik* unter *Ressourceneinschränkungen* im Feld *Ressourcen einstellen* die gewünschte Anzahl zusätzlicher Ressourcen ein, hier »1«.

Abbildg. 4.51 Szenario *Zusätzliche Ressourcen*

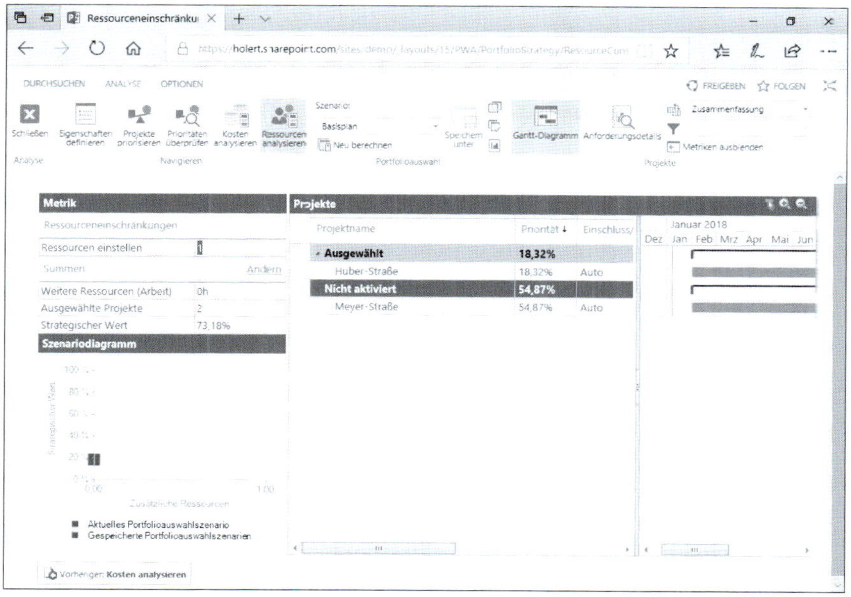

3. Klicken Sie *Analyse/Portfolioauswahl/Neu berechnen*. Gegenüber dem Basisplan (Abbildung 4.51) sind jetzt beide Projekte ausgewählt (Abbildung 4.52).

Abbildg. 4.52 Ressourcenanalyse mit zusätzlichen Ressourcen

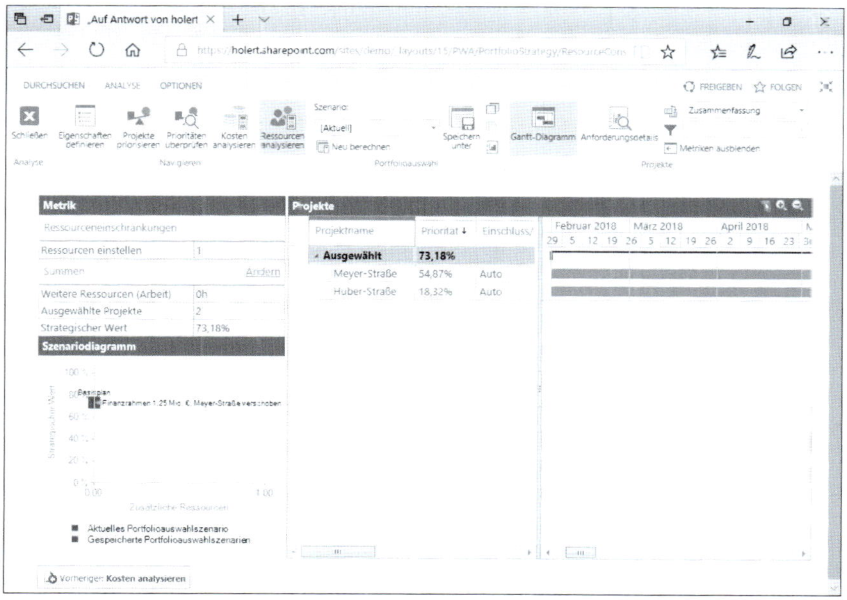

4. Stellen Sie sicher, dass jetzt das Projekt *Meyer-Straße* ausgewählt ist.

5. Speichern Sie dieses Szenario unter *Analyse/Portfolioauswahl/Speichern unter* mit dem Namen »Finanzrahmen 1,25 Mio. €, zusätzliche Ressourcen«.

In diesem Szenario können somit im gegebenen Finanzrahmen ohne Verschiebung die Projekte »Meyer-Straße« und »Huber-Straße« umgesetzt werden. Jedoch muss hierfür die Ressourcenkapazität um einen Ingenieur aufgestockt werden.

In Vorbereitung auf eine Portfolioentscheidung kann Ihnen Project helfen, die erarbeiteten Szenarien übersichtlich darzustellen.

Szenariovergleich

Die Project Web App bietet den Vergleich der Szenarien nach Kosten und nach Ressourcen an. In unserem Beispiel vergleichen wir zunächst die drei Kostenszenarien:

- Alle Projekte (*Basisplan*),
- *Finanzrahmen 1,25 Mio. € Automatische Auswahl* und
- *Finanzrahmen 1,25 Mio. €, Holert erzwungen*

und dann für das Kostenszenario *Finanzrahmen 1,25 Mio. € Automatische Auswahl* die drei Ressourcenszenarien:

- *Basisplan,*
- *Huber-Straße verschoben* und
- *zusätzliche Ressourcen.*

Gehen Sie dazu folgendermaßen vor:

1. Klicken Sie im Menüband auf *Analyse/Navigieren/Kosten analysieren.*
2. Klicken Sie auf *Analyse/Portfolioauswahl/Vergleichen.*

Abbildg. 4.53 Vergleich Kostenszenarien

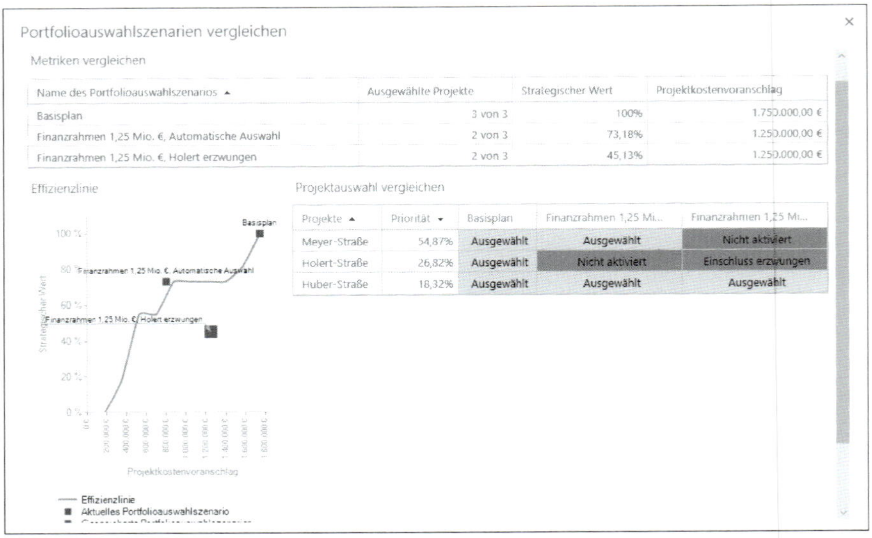

Die Darstellung zeigt für jedes Kostenszenario, wie viele Projekte ausgewählt wurden, welcher *Strategische Wert*, also welcher Beitrag zu den Geschäftszielen, geleistet wird und wie hoch der Projektkostenvoranschlag ist. In der grafischen Darstellung können Sie die Szenarien anhand der Effizienzlinie vergleichen. Damit besitzen Sie eine Entscheidungsgrundlage, welche Projekte in der Ressourcenanalyse weiter untersucht werden sollen. In diesem Fall sehen Sie, dass das Szenario »Finanzrahmen 1,25 Mio. €, Automatische Auswahl« aufgrund seines höheren *Strategischen Wertes* bei gleichzeitiger Einhaltung des Finanzrahmens dem Szenario »Finanzrahmen 1,25 Mio. €, Holert erzwungen« vorzuziehen ist.

Als Nächstes werden die Szenarien der Ressourcenanalyse verglichen. Dazu gehen Sie folgendermaßen vor:

1. Schließen Sie den Vergleich der Kostenszenarien über die Schaltfläche *Schließen* am unteren Rand des Dialogfelds.
2. Wählen Sie im Menüband *Analyse/Navigieren/Ressourcen analysieren.*

Abbildg. 4.54 Vergleich der Ressourcenszenarien

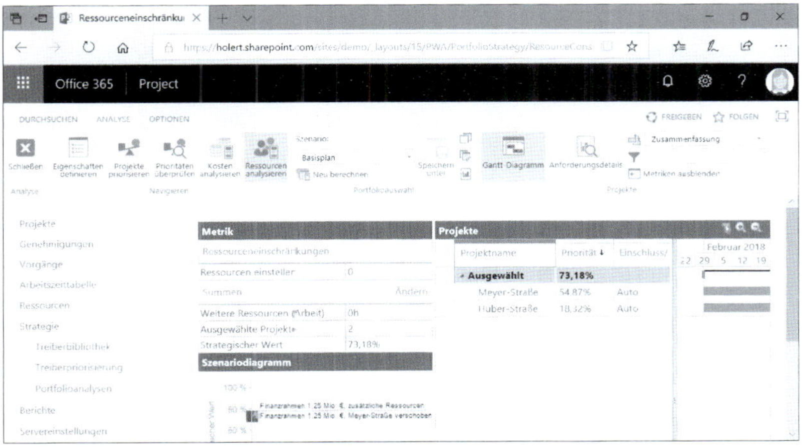

3. Wählen Sie *Analyse/Portfolioauswahl/Vergleichen.*

Abbildg. 4.55 Portfolioauswahlszenarien vergleichen: Ressourcen

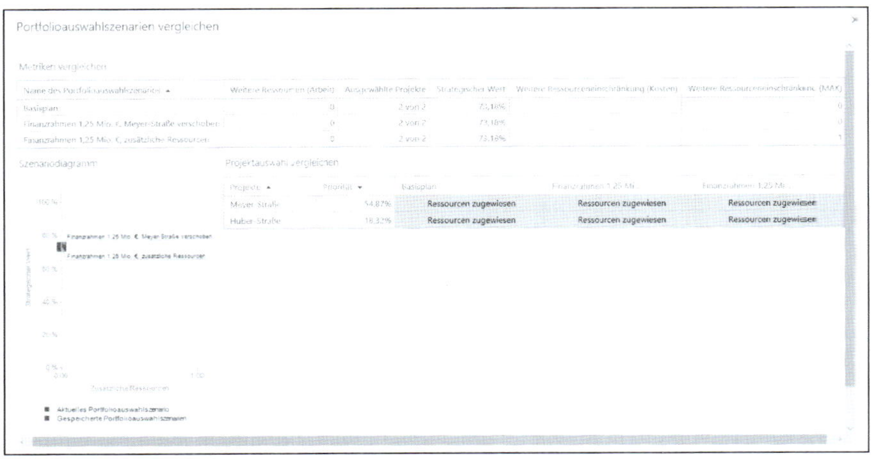

Die Darstellung zeigt in der oberen Tabelle u.a. für jedes Szenario, wie viele Projekte ausgewählt werden (*Ausgewählte Projekte*), welcher *Strategische Wert* erzielt wird und wie viele zusätzliche Ressourcen (*Weitere Ressourceneinschränkungen (MAK)*) benötigt werden. Daneben gibt es eine grafische Darstellung des strategischen Werts in Bezug auf zusätzlich einzustellende Ressourcen und eine detaillierte Darstellung der jeweils ausgewählten Projekte.

Damit haben Sie den Prozess *Optimize Portfolio* abgeschlossen und das Ergebnis kann an alle Beteiligten (Stakeholders) kommuniziert werden (Prozess *Manage Portfolio Information*). Im Anschluss daran folgt die formelle Autorisierung des favorisierten Szenarios.

Authorize Portfolio

Ziel des Prozesses *Authorize Portfolio* (Portfolio autorisieren) ist es, alle Ressourcen formell für die Umsetzung der Projekte zuzuweisen und damit den Projektauftrag zu erteilen.[11] Hierzu gehört auch, Komponenten, die nicht mehr im Projektportfolio enthalten sind, die Ressourcen zu entziehen und die Entscheidungen inkl. der zu erwarteten Ergebnisse zu kommunizieren.

In Project Server ist dies der Übergang von der Workflowstufe *Portfolioauswahl* der Workflowphase *Auswählen* in die Workflowstufe *Ausführen* der Workflowphase *Verfolgen.*

In unserem Beispiel haben wir uns für das Szenario *Finanzrahmen 1,25 Mio. €, Maier-Straße verschoben* entschieden, da es ohne zusätzliche Ressourcen umgesetzt werden kann. Um es zu autorisieren, gehen Sie wie folgt vor:

1. Öffnen Sie das Szenario *Finanzrahmen 1,25 Mio. €, Meyer-Straße verschoben* über *Analyse/Portfolioauswahl/Szenario.*

Abbildg. 4.56 Szenario *Finanzrahmen 1,25 Mio. €, Meyer-Straße verschoben* autorisieren

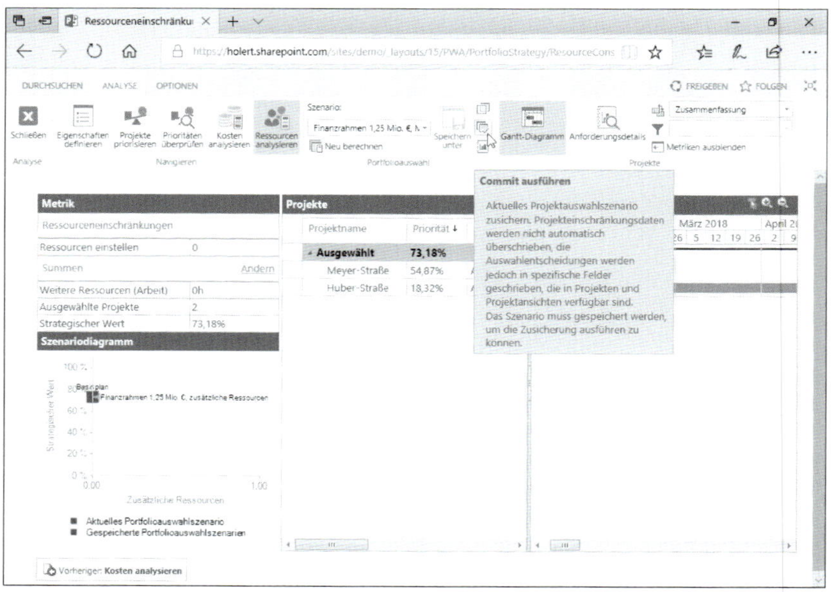

[11] PPM 2013, S. 77–80.

2. Klicken Sie im Menüband auf *Analyse/Portfolioauswahl/Commit ausführen.*

HINWEIS Mit der Autorisierung des Portfolios ist die Workflowstufe *Portfolioauswahl* abgeschlossen und die Workflowstufe *Ausführen* in der Workflowphase *Verfolgen* erreicht.

Abbildg. 4.57 Für die ausgewählten Projekte wird die nächste Workflowstufe angestoßen

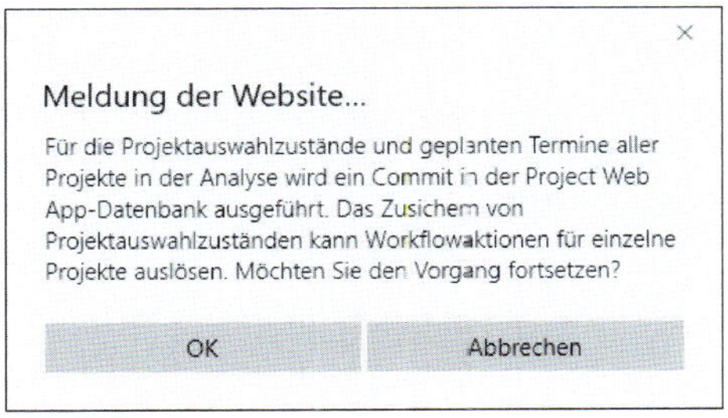

3. Bestätigen Sie die Meldung, dass nun die nächste Workflowstufe erreicht wird, indem Sie auf die Schaltfläche *OK* klicken (Abbildung 4.57).

Damit ist der Prozess *Authorize Portfolio* abgeschlossen. Es schließen sich jetzt die Projektmanagementprozesse auf Einzelprojektebene entsprechend analog zum PMBOK Guide an. Auf Ebene der Portfoliomanagementprozesse schließt sich der Prozess *Provide Portfolio Oversight* an.

Provide Portfolio Oversight

Ziel des Prozesses *Provide Portfolio Oversight* ist es, das Portfolio dahingehend zu überwachen, dass es mit der Strategie und den Zielen der Organisation einhergeht und Entscheidungen zur Gegensteuerung bei Abweichungen herbeizuführen.[12]

Eingangswerte hierfür sind Portfolio-Berichte, die im Rahmen von Portfolio-Status-Besprechungen eingesetzt werden können. Ausgangswerte sind Aktualisierungen des Portfolios, die auf Basis der Gegenmaßnahmen getroffen werden.

Da die Informationen über die laufenden Projekte im Rahmen des Einzelprojektmanagementprozesses *Projektarbeit überwachen und steuern* (4.4. Monitor and Control Project Work) aktualisiert werden (vgl.), stehen in der Project Web App stets aktuelle Berichte über den Status des Portfolios zu Verfügung. Nachfolgend stellen wir dar, wie Sie eine Abweichungsanalyse durch Management des Fertigstellungswerts (Earned Value Management) auswerten können.[13] Ziel der Abweichungsanalyse ist es, Zielabweichungen zu erkennen und deren Ursachen hierfür zu ermitteln.

HINWEIS Dies bedeutet nicht ausschließlich, Abweichungen gegenüber den ursprünglichen Planwerten zu ermitteln, sondern auch zu überprüfen, ob eventuell die Zielsetzung aufgrund geänderter Rahmenbedingungen angepasst werden muss. Beispielsweise kann es sinnvoll sein, ein Projekt mit höheren Kosten abzuschließen, wenn

[12] PPM 2013, S. 80–84.

[13] In Project wurde der Begriff »Earned Value« mit »Ertragswert« übersetzt.

dafür das Projektergebnis früher fertig gestellt wird und dadurch Pionierrenditen abgeschöpft werden können.[14] Zu geänderten Rahmenbedingungen gehören auch Änderungen an den Geschäftszielen infolge von Strategieänderungen.

Abweichungen lassen sich an *Kennzahlen* ablesen. Wichtige Kennzahlen lassen sich aus den Projektgrößen Leistung, Termine und Kosten ableiten. Oft lassen sich in diesen »harten« Kennzahlen jedoch erst Abweichungen erkennen, wenn bereits Schaden eingetreten ist. Um anbahnende Abweichungen frühzeitiger zu erkennen, können auch »weiche« Kennzahlen, wie z.B. Kundenzufriedenheit, Mitarbeiterzufriedenzeit oder Zufriedenheit mit den Lieferanten untersucht werden (*Frühindikatoren*). Ziel ist es, einen möglichst ausgewogenen Kennzahlenmix (*Balanced Scorecard*) zusammenzustellen, anhand dessen Sie dann das gesamte Portfolio steuern können.[15]

Abweichungsanalysen können sich auf unterschiedliche Termine (Zeitpunkte) und Objekte beziehen. Als *Termine* kommen der Kontrollzeitpunkt oder der Fertigstellungszeitpunkt in Frage. Kontrollzeitpunkte sind z.B. das aktuelle Datum, turnusmäßige Inspektionstermine oder wichtige Meilensteine. Die zeitpunktbezogene Analyse schafft die Grundlage für die Integration des Projektcontrollings in das Unternehmenscontrolling, da dieses ja periodenorientiert arbeitet. *Objekte* der Untersuchung können z.B. alle Projekte, ein einzelnes Projekt oder Teile hieraus, wie z.B. Arbeitspakete, sein (Kostenträger). Daneben können auch Untersuchungen nach Ressourcen (Kostenstellen) oder Kostenarten durchgeführt werden.

HINWEIS Voraussetzung für Abweichungsanalysen ist, dass Sie zu jedem Projekt einen Basisplan zum Vergleichszeitpunkt speichern (siehe in Kapitel 1 den Abschnitt »Terminplan entwickeln«).

Wir beschreiben nachfolgend, wie Abweichungsanalysen in Project und Project Server dargestellt werden. Die Komponenten befinden sich hierbei in der Workflowphase *Verfolgen* auf der Workflowstufe *Ausführen*. Im Einzelnen sind das folgende Abweichungsanalysen:

- Abweichungsanalyse zum Kontrollzeitpunkt
  - Gesamtabweichung zum Kontrollzeitpunkt (Plan-Ist-Vergleich))
  - Leistungsabweichung zum Kontrollzeitpunkt (Plan-Soll-Vergleich)
  - Kostenabweichung zum Kontrollzeitpunkt (Soll-Ist-Vergleich)
  - Sonstige Abweichungen zum Kontrollzeitpunkt
- Abweichungsanalyse zum Fertigstellungszeitpunkt
  - Kostenabweichung bei Fertigstellung
  - Kostenabweichung bei Fertigstellung (aggregiert)
  - Terminabweichung bei Fertigstellung

---

[14] Vgl. zum Thema *Zielcontrolling*: Michel 1993, S. 15–16.

[15] Der Begriff »Balanced Scorecard« geht zurück auf Robert S. Kaplan und David P. Norton (vgl. Kaplan/Norton 1997, S. 230–234).

Abweichungsanalyse zum Kontrollzeitpunkt

Zweck der Abweichungsanalyse ist es, zu einem Kontrollzeitpunkt, also beispielsweise dem aktuellen Datum oder einem Statusdatum, eine Aussage über den Fortschritt zu treffen.

Gesamtabweichung zum Kontrollzeitpunkt (Plan-Ist-Vergleich)

Die Gesamtabweichung auf Projektebene zum Kontrollzeitpunkt vergleicht die für diesen Zeitpunkt kumulierten budgetierten Kosten (*Plan-Kosten*) mit den kumulierten tatsächlich angefallenen Kosten (*Ist-Kosten*). Dieser Plan-Ist-Vergleich drückt also aus, ob zu dem Kontrollzeitpunkt mehr oder weniger Kosten angefallen sind als geplant. Der *Plan-Ist-Vergleich* wird auch *Budgetanalyse* genannt.[16] Sofern die Ist-Kosten die Plan-Kosten übersteigen, kann dies darauf hindeuten, dass die Leistung teurer als geplant erstellt wurde (*Kostenabweichung*). Für einfachere Überwachung können Toleranzschwellen definiert werden, bei deren Überschreitung ein Ampelindikator beispielsweise auf Gelb oder Rot gesetzt wird. Die Untersuchung der Gesamtabweichung bietet einen Einstieg in die weitere Analyse des betroffenen Projekts (Abbildung 4.58).

HINWEIS *Plan-Kosten* = *Soll-Kosten der berechneten Arbeit* (*SKBA*) = Planned Value = Budgeted Cost of Work Scheduled (BCWS)

Ist-Kosten = *Ist-Kosten bereits abgeschlossener Arbeit* (*IKAA*) = Actual Cost = Actual Cost of Work Performed (ACWP)

Abbildg. 4.58 Gesamt-, Kosten- und Leistungsabweichung

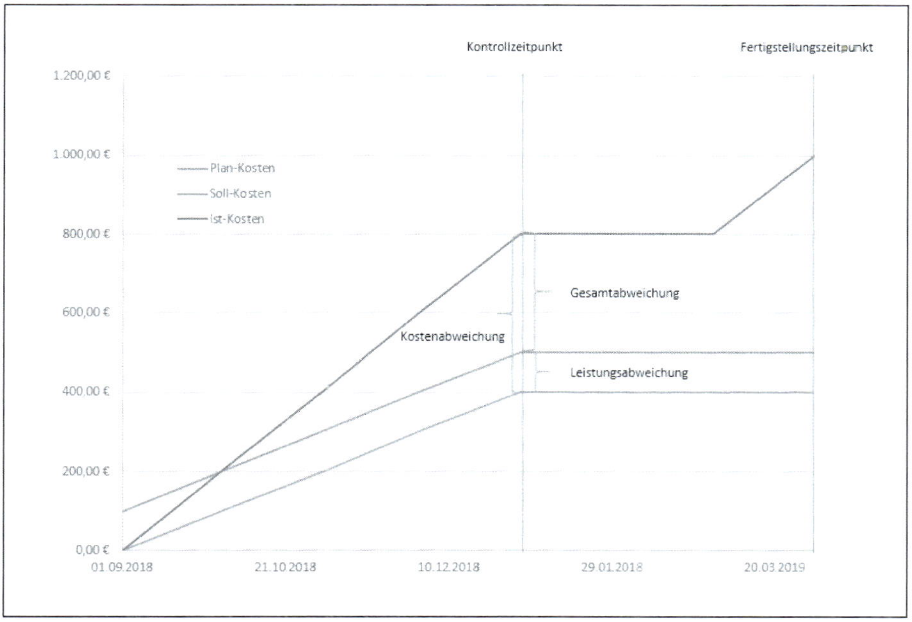

[16] Vgl. Coenenberg 1999, S. 433–435.

Die Gesamtabweichung untersucht nicht die tatsächliche Projektleistung (*Fortschritt*).[17] Für höhere Kosten zum Kontrollzeitpunkt kann auch unplanmäßige Mehrleistung die Ursache sein, die positiv zu bewerten ist. Niedrige Kosten sind nicht automatisch positiv zu bewerten, da die Ist-Leistung unter der Plan-Leistung für diesen Zeitpunkt liegen kann (Minderleistung). Für den Spezialfall, dass die Ist-Leistung geringer als die Plan-Leistung ist, jedoch zu Plan-Kosten erbracht wurde, handelt es sich um eine reine *Leistungsabweichung* ohne Kostenabweichung. Aus diesem Grunde ist die Berücksichtigung der Ist-Leistung für die Abweichungsanalyse in Form einer integrierten Kosten- und Leistungsrechnung (Earned Value Analysis/Analyse des Fertigstellungswertes/Leistungswertanalyse) von Bedeutung.

Tabelle 4.3 Zuordnung der deutschen, englischen und von Project verwendeten Begriffe

Deutsch	Englisch	Project
Ist-Kosten	Actual Cost (ACWP)	*Aktuelle Kosten* = Ist-Kosten bereits abgeschlossener Arbeit (*IKAA*)
Soll-Kosten, Fertigstellungswert	Earned Value (BCWP)	Soll-Kosten bereits abgeschlossener Arbeit (*SKAA*)
Plan-Kosten	Planned Value (BCWS)	Soll-Kosten der berechneten Arbeit (*SKBA*)
Leistungsabweichung	Schedule Variance (SV)	Planabweichung (*PA*)
Kostenabweichung	Cost Variance (CV)	Kostenabweichung (*KA*)

Die Gesamtabweichung spaltet sich dann in die Bestandteile Kosten- und Leistungsabweichung auf, zu deren Ermittlung als Hilfsgröße die *Soll-Kosten* erforderlich sind. Die Soll-Kosten werden in Project als *Soll-Kosten der bereits abgeschlossenen Arbeit* (*SKAA*) bezeichnet. Synonyme Begriffe sind Budgeted Cost of Work Performed (BCWP), Earned Value, Fertigstellungswert und Leistungswert. Die Soll-Kosten sind die Plan-Kosten der Ist-Leistung im Kontrollzeitpunkt.

Abbildg. 4.59 Plan-, Soll- und Ist-Kosten sowie Leistungs- und Kostenabweichung

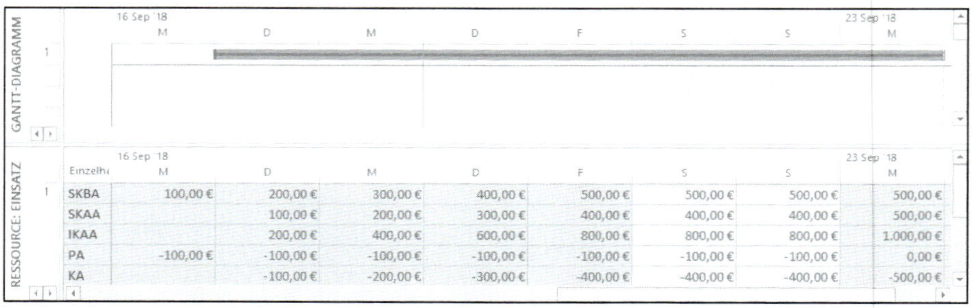

Einzelh	M	D	M	D	F	S	S	M
SKBA	100,00 €	200,00 €	300,00 €	400,00 €	500,00 €	500,00 €	500,00 €	500,00 €
SKAA		100,00 €	200,00 €	300,00 €	400,00 €	400,00 €	400,00 €	500,00 €
IKAA		200,00 €	400,00 €	600,00 €	800,00 €	800,00 €	800,00 €	1.000,00 €
PA	-100,00 €	-100,00 €	-100,00 €	-100,00 €	-100,00 €	-100,00 €	-100,00 €	0,00 €
KA		-100,00 €	-200,00 €	-300,00 €	-400,00 €	-400,00 €	-400,00 €	-500,00 €

Als vereinfachendes Beispiel ist in Abbildung 4.59 ein Projekt dargestellt, das nur aus einem Vorgang mit der Dauer von fünf Tagen besteht, der einen Tag später als geplant beginnt und dessen Ressource statt des planmäßigen Tagessatzes von 100 € den doppelten Tagessatz in Höhe von 200 € bekommt. Hierauf bezieht sich auch die Abbildung 4.58.

[17] Leistungsfortschritt = Realisierungsgrad (RG) = Fortschrittsgrad. Der Feldname in Project ist hierfür *Physisch % Abgeschlossen*.

Im Beispiel beträgt zum Kontrollzeitpunkt (Fr. 20.09.2018) die *Gesamtabweichung:*

Ist-Kosten (IKAA) – Plan-Kosten (SKBA) = 800 € – 500 € = **300 €**

Leistungsabweichung zum Kontrollzeitpunkt (Plan-Soll-Vergleich)

Die Leistungsabweichung zum Kontrollzeitpunkt (Abbildung 4.59) ist die Differenz der Soll-Kosten abzüglich der Plan-Kosten (*Plan-Soll-Vergleich*), d.h. die Differenz der Ist- zur Plan-Leistung bewertet zu Plan-Kosten. Die Leistungsabweichung entspricht der Schedule Variance (Earned Value – Planned Value). Ist die Leistungsabweichung negativ, bedeutet dies, dass Leistungen zu diesem Wert zum Kontrollzeitpunkt gegenüber dem Plan nicht erbracht wurden (Minderleistung). Ist der Wert positiv, bedeutet dies, dass zu diesem Zeitpunkt mehr Leistung als geplant erbracht wurde (Mehrleistung[18]).

Im Beispiel beträgt zum Kontrollzeitpunkt (Fr. 20.09.2018) die *Leistungsabweichung* (*PA*):

Soll-Kosten (*SKAA*) – Plan-Kosten (*SKBA*) = 400 € – 500 € = **–100 €** (absolut)

Dies entspricht einer prozentualen Leistungsabweichung (*PAP*) von –20 %.

HINWEIS Project verwendet als Übersetzung der Schedule Variance (SV) den Begriff *Planabweichung* (*PA*). In der deutschen Literatur wird dieser Begriff auch mit *Leistungsabweichung*[19] oder *Terminplanabweichung*[20] bezeichnet.

Kostenabweichung zum Kontrollzeitpunkt (Soll-Ist-Vergleich)

Die Kostenabweichung zum Kontrollzeitpunkt ist die Differenz aus den Ist-Kosten abzüglich der Soll-Kosten (*Soll-Ist-Vergleich*). Die Kostenabweichung entspricht der Cost Variance (Earned Value – Actual Costs).[21] Sie vergleicht also die Ist-Kosten der Ist-Leistung mit den Plan-Kosten der Ist-Leistung. Ist der Wert negativ, wurde die Ist-Leistung teurer als geplant erbracht (Mehrkosten); ist der Wert positiv, wurde die Ist-Leistung günstiger als geplant erstellt (Minderkosten).

Im Beispiel beträgt zum Kontrollzeitpunkt (Fr. 20.09.2018) die *Kostenabweichung* (*KA*):

Ist-Kosten (*IKAA*) – Soll-Kosten (*SKAA*) = 800 € – 400 € = **400 €**

Dies entspricht einer prozentualen Kostenabweichung (*KAP*) von 100 %.

HINWEIS Die Ermittlung der Soll-Kosten setzt die Kenntnis über den *Leistungsfortschritt* voraus. Die Ermittlung kann z.B. in Forschungs- und Entwicklungsprojekten recht schwierig sein. Es hat sich in der Praxis bewährt, näherungsweise den Fortschritt durch die Schätzung der Rest-Kosten zu ermitteln. Der Fortschritt ist dann 100 % abzüglich des Quotienten aus (geschätzten) Rest-Kosten und voraussichtlichen Gesamtkosten. Die voraussichtlichen Gesamtkosten sind die Summe der Ist-Kosten und der geschätzten Rest-Kosten.

[18] Vgl. Fiedler (2010), S. 190ff.
[19] Vgl. Fiedler (2010), S. 190ff.
[20] Vgl. PMBOK 2017, S. 222.
[21] Vgl. PMBOK 2017, S. 222.

Sonstige Abweichungen zum Kontrollzeitpunkt

Neben den Abweichungen an den finanziellen Kennzahlen können Sie Abweichungen auch an nicht finanziellen Kennzahlen, wie z.B. der *Fehlerquote* als Maßzahl für die *Qualitätsabweichungen* oder der Zufriedenheit der Kunden oder Mitarbeiter sowie der Zufriedenheit der Mitarbeiter mit den Zulieferern ablesen. Diese können z.B. in Audits ermittelt werden und dann im Projektplan hinterlegt werden (z.B. als *Enterprise-Felder* oder *Business-Treiber*). Siehe dazu auch den Abschnitt »Business-Treiber definieren«

ACHTUNG Trennen Sie den Personenkreis, der die Leistung erstellt, von demjenigen, der die Abweichungen ermittelt. Es ist menschlich, dass derjenige, der die Leistung erstellt bzw. daran mitwirkt, diese nicht objektiv beurteilen kann. Eine Person, die jedoch ausschließlich mit der Abweichungsanalyse beauftragt ist, hat sogar von sich aus ein Interesse, Abweichungen zu finden.

In der Project Web App können Sie die Abweichungen im *Project Center* darstellen. In Abbildung 4.60 sind als Beispiel neben der Kosten- und Leistungsabweichung auch die Kunden- und Mitarbeiterzufriedenheit sowie die Zufriedenheit mit den Zulieferern dargestellt.

Alle Felder sind als Ampelindikatoren dargestellt. Im Falle der »harten« Kennzahlen bedeutet eine grüne Ampel eine Kosten bzw. Leistungsabweichung von kleiner oder gleich Null, eine gelbe Ampel erlaubt eine Abweichung bis 10 % und alles darüber wird durch eine rote Ampel signalisiert. Project berechnet diese Werte automatisch, sodass Sie manuell nichts unternehmen müssen. Die Schwellwerte können Sie selbst festlegen. Bei den »weichen« Kennzahlen werden die Zustände qualitativ durch Ampeln bewertet. Als Erhebungsform kann hierbei z.B. eine Befragung herangezogen werden. Die eigentlichen Werte werden dann manuell im Projektplan erfasst und im *Project Center* zusammenfassend dargestellt.

Abbildg. 4.60 Balanced Scorecard

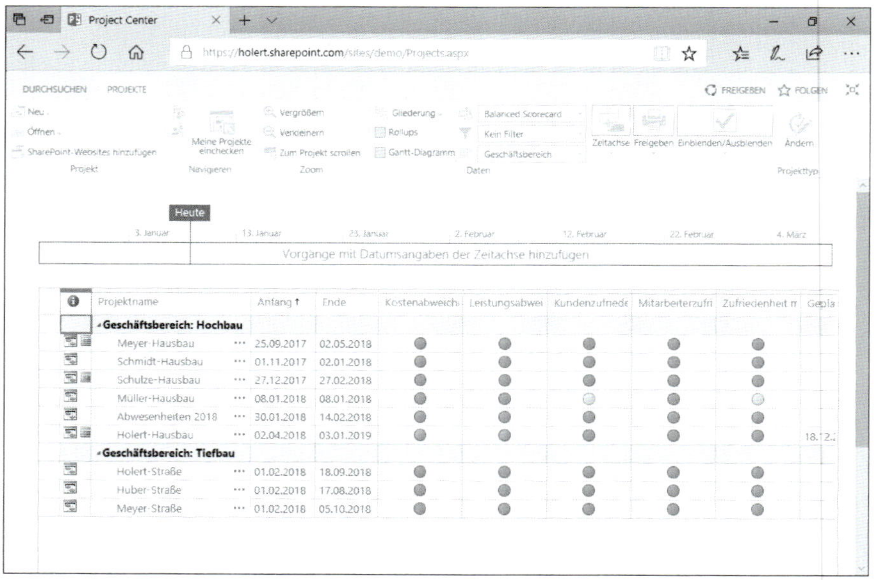

Abweichungsanalyse zum Fertigstellungszeitpunkt

Ziel der Abweichungsanalyse zum Fertigstellungszeitpunkt ist es, eine Prognose zu erstellen, wie die Abweichung zum Projektende aussehen wird.

Kostenabweichung bei Fertigstellung

Die Kostenabweichung bei Fertigstellung (*Abweichung Kosten*) bildet die Differenz aus den geplanten Gesamtkosten (*Geplante Kosten*) und den voraussichtlichen Gesamtkosten (*berechnete Kosten*). Sie entspricht der Gesamtabweichung bei Fertigstellung, da zu diesem Zeitpunkt keine Leistungsabweichung mehr vorhanden ist. Voraussetzung für die Ermittlung der Kostenabweichung bei Fertigstellung ist die Schätzung der Rest-Kosten.

HINWEIS Project berechnet die Rest-Kosten (*Restkosten*) automatisch auf Basis der aktuellen Definition der variablen und fixen Kosten. Die variablen Kosten werden automatisch aus dem Ressourceneinsatz ermittelt. Im Falle von Arbeitsressourcen (Projektmitarbeiter oder Maschinen) über deren Kostensätze, im Falle von Materialressourcen über den Mengenpreis. Seitens der Ressourcen muss also nur die geschätzte Rest-Arbeit bzw. Rest-Menge angegeben werden.

Abbildg. 4.61 Kostenabweichung bei Fertigstellung

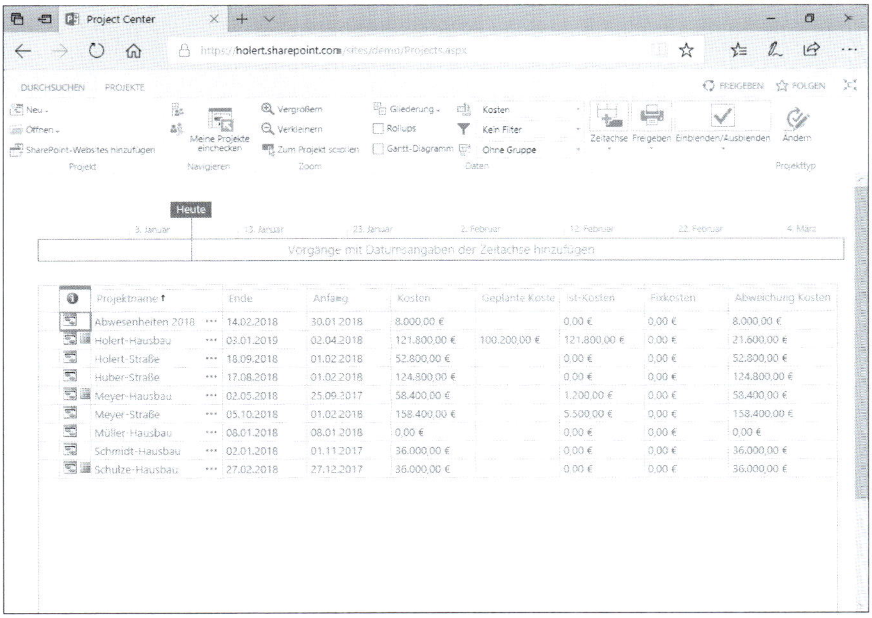

Um die Kostenabweichung bei Fertigstellung zu ermitteln, führen Sie folgende Schritte aus:

1. Wechseln Sie zum Project Center (Abbildung 4.61).
2. Wählen Sie im Feld *Ansicht* die Ansicht *Kosten*.

3. Lesen Sie die Kostenabweichung bei Fertigstellung in der Spalte *Abweichung Kosten* ab.

Um die Ursache innerhalb des Projekts zu ermitteln, gehen Sie folgendermaßen vor:

1. Klicken Sie auf den als Hyperlink dargestellten Projektnamen.

Abbildg. 4.62 Kostenabweichung innerhalb des Projekts

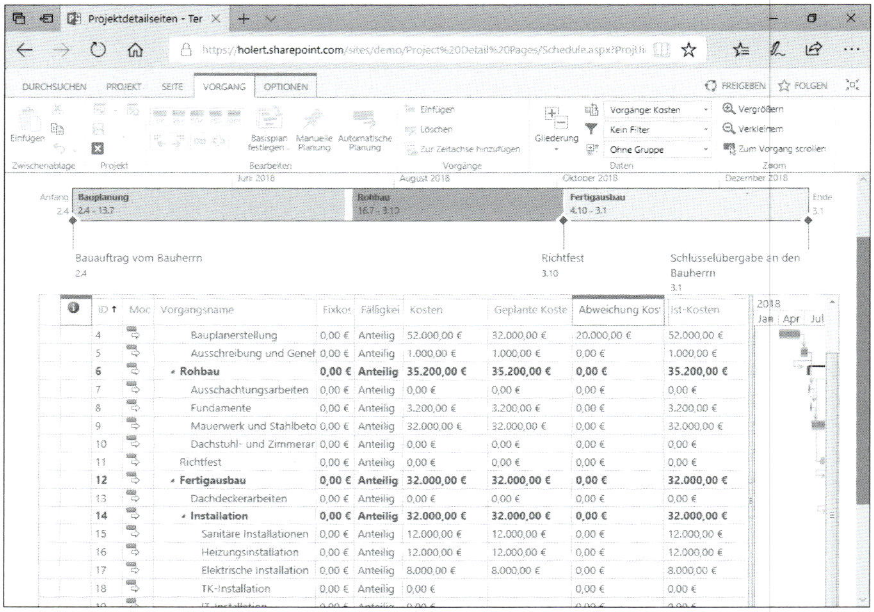

2. Wählen Sie die Projektdetailseite *Terminplan* aus.

3. Wählen Sie in der Gruppe Daten im Auswahllistenfeld *Ansicht* die Ansicht *Vorgänge: Kosten.*
4. Lesen Sie die Kostenabweichung bei Fertigstellung in der Spalte *Abweichung Kosten* ab (Abbildung 4.62).

Kostenabweichung bei Fertigstellung (aggregiert)

Um einen Überblick zu bekommen, welche Auswirkungen die Einzelabweichungen der Projekte auf die Gesamtabweichung aller Projekte haben, können Sie die Abweichungen aggregieren.

Sie können für die Analyse den BI Center der Project Web App einsetzen. Um die Kostenabweichung anzuzeigen, gehen Sie folgendermaßen vor:

1. Klicken Sie in der Schnellstartleiste der Project Web App auf die Verknüpfung *Berichte.*
2. Im daraufhin geöffneten Business Intelligence Center wählen Sie in der Schnellstartleiste *Berichte* aus.
3. Wählen Sie den Ordner *Deutsch (Deutschland)* aus.

4. Klicken Sie auf den Bericht *Kostenabweichung aller Projekte* (nicht im Standardumfang enthalten).

Abbildg. 4.63 Kostenabweichung über alle Projekte nach Quartalen

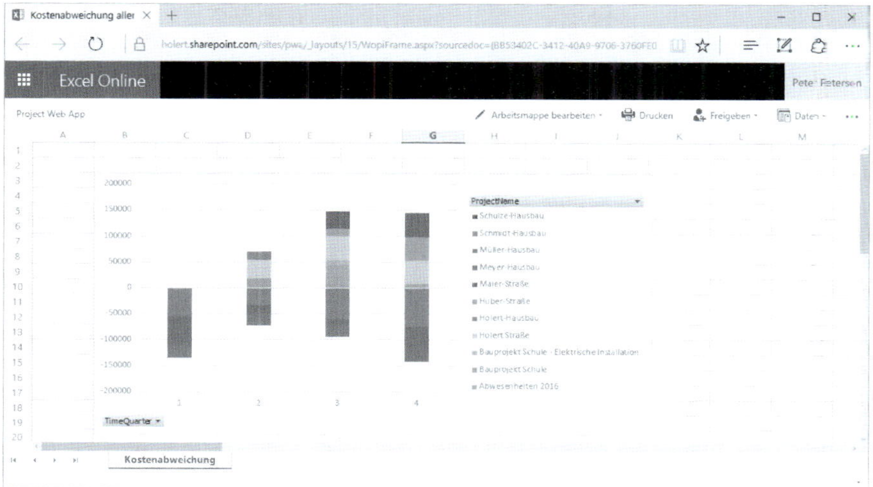

Sie sehen die Kostenabweichungen (*AbwKosten*) grafisch nach Quartalen dargestellt aus (Abbildung 4.63).

Terminabweichung bei Fertigstellung

Die Terminabweichung (*Abweichung Ende*) bei Fertigstellung beschreibt die Abweichung zwischen geplantem und voraussichtlichem Fertigstellungstermin (*geplantes* bzw. *berechnetes Ende*). Der voraussichtliche Fertigstellungstermin wird beginnend vom Starttermin des Projekts über die voraussichtliche Dauer[22] des Projekts bestimmt. Die voraussichtliche Dauer ist die Summe der Ist- und Rest-Dauer (*Ist-Dauer* bzw. *Restdauer*[23]). Sofern die Dauer nicht manuell angegeben wird, wird sie auf der Grundlage der Eingaben der Ressourcen in der Zeiterfassung (Bereich *Vorgänge*) für jeden Vorgang einzeln berechnet und dann entsprechend der Vorgangsabhängigkeiten ermittelt.

Um die Terminabweichung bei Fertigstellung anzuzeigen, führen Sie folgende Schritte aus:

1. Rufen Sie in der Project Web das Project Center auf.
2. Wählen Sie im Menüband in der Gruppe *Daten* im Dropdown-Listenfeld *Ansicht* den Eintrag *Nachverfolgung* aus.

[22] Time-at-Completion.
[23] Time-to-Completion.

Abbildg. 4.64 Terminabweichung bei Fertigstellung

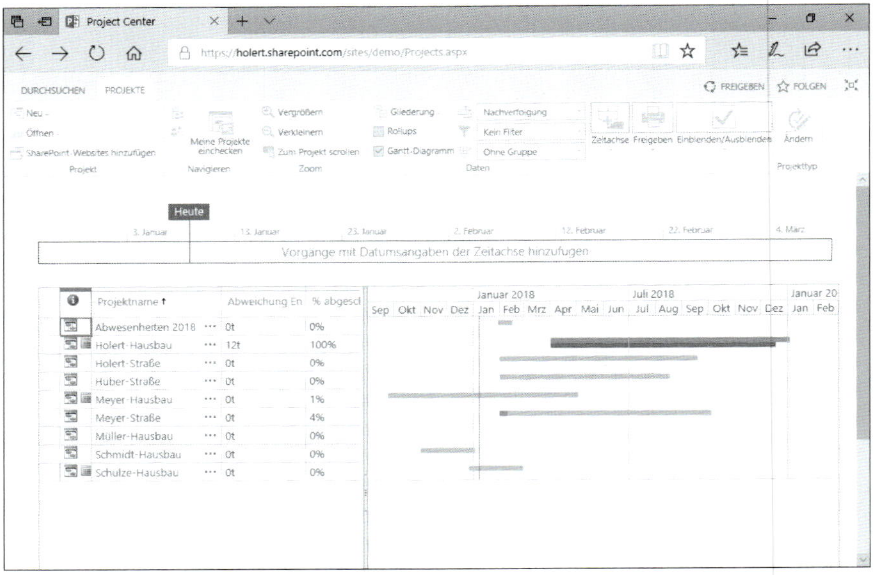

Das Feld *Abweichung Ende* zeigt die Differenz zwischen dem geplanten Endtermin und dem voraussichtlichen (berechneten) *Ende*.

Auf Basis der Abweichungsanalyse können Sie die Ansatzpunkte für eine Gegensteuerung bei einzelnen Projekten bzw. Teilen ermitteln und hieraus Anweisungen an die Projekt- oder Programm-Manager sowie Empfehlungen für die Optimierung des Portfolios ableiten. Damit ist der Prozess *Provide Portfolio Oversight* abgeschlossen.

Einzelne Projekte bleiben bis zum Abschluss in der Workflowphase *Verfolgen*, danach werden sie in die Workflowphase *Beendet* überführt.

Kapitel 5

Lösungen zu speziellen Fragestellungen

In diesem Kapitel:

Dieses Kapitel richtet sich u.a. an Projektleiter, Ressourcenmanager und Führungskräfte. Es werden spezielle Fragestellungen außerhalb der in den anderen Kapiteln beschriebenen Standardprozesse behandelt. Viele dieser Fragestellungen stammen aus eigener Erfahrung in Kundenprojekten, Seminaren und unser Online Community.

Wir beginnen mit einem Abschnitt mit sehr speziellen Fragestellungen für Projektleiter mit Bezug auf das Terminmanagement. Es schließt daran ein Abschnitt für Projektleiter und Ressourcenmanager an. Hier wird neben ähnlich gelagerten Fragestellungen für Projektleiter auch der Ressourcenverhandlungsprozess zwischen Projektleiter und Ressourcenmanager gezeigt. Der Abschnitt zum Kostenmanagement fokussiert wieder den Projektleiter mit Fragen zur Budgetierung und Deckungsbeitragsrechnung. Im Abschnitt Multiprojektmanagement zeigen wir Lösungsansätze für die Darstellung von Haupt- und Teilprojekten. Abschließend erläutern wir die Möglichkeiten der Reporterstellung von Microsoft Project und anderen Reporting-Technologien.

Terminmanagement

In diesem Abschnitt fassen wir Lösungen zu Fragestellungen aus dem Terminmanagement zusammen. Im Einzelnen sind dies:

- Vorgänge im ISO-Datumsformat darstellen und gruppieren
- Kalenderwochen für Vorgänge anzeigen
- Einfache zeitlich angeordnete Netzplanansicht erstellen
- Geschätzte Dauer für Vorgänge verwenden
- Stichtage und Pufferzeiten von Vorgängen darstellen
- Vorgänge von Hand kritisch darstellen
- Vorgänge komplett verschieben
- Vorgänge ohne Verknüpfung filtern
- Vorgänge von heute oder nächster Woche filtern
- Formeln für Fortschrittskontrolle von Vorgängen
- Formeln für den Vergleich von Datumswerten von Vorgängen
- Codes mit der Switch-Funktion automatisch berechnen lassen
- »Hammock Tasks« (Hängemattenvorgänge) einfügen
- Projektversionen vergleichen
- Zeitachse verwenden

Vorgänge im ISO-Datumsformat darstellen und gruppieren

Eine häufige Fragestellung ist, ob Project das Datumsformat *YYYY-MM-DD*, z.B. 2019-03-01 für den 1. März 2019 darstellen kann. In vielen Unternehmen wird diese Schreibweise von Datumswerten im Zusammenhang mit der Norm DIN EN ISO 8601 in der Terminplanung vorausgesetzt. Im Vergleich zu Project ist diese Darstellung in der deutschsprachigen Excel Version über den benutzerdefinierten Formattyp *JJJJ-MM-TT* kein Problem. Project verfügt jedoch nicht über die Möglichkeit, eigene Formattypen für Datumswerte zu definieren, sondern orientiert sich stets an den Regionaleinstellungen des Systems des aktuellen Benutzers. Für die Darstellung kann jedoch ein zusätzliches benutzerdefiniertes Feld verwendet werden. Dafür muss der Feldtyp *Text* verwendet werden, da nur dieser benutzerdefinierte Formate unabhängig von anderen Einstellungen korrekt interpretieren und darstellen kann. Die Feldtypen *Datum*, *Anfang* und *Ende* können somit nicht verwendet werden, da sie ebenfalls die obigen Systemeinstellungen verwenden.

Abbildg. 5.1 Textfelder für die Darstellung des Datumsformats *YYYY-MM-DD*

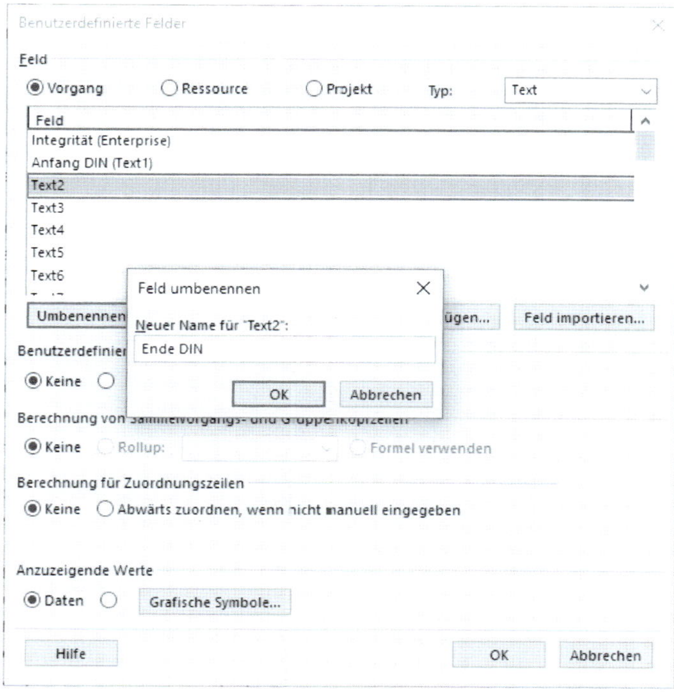

Um Datumswerte im Format *YYYY-MM-DD* darzustellen, gehen Sie folgendermaßen vor:

1. Erstellen Sie ein neues benutzerdefiniertes Feld, indem Sie im Menüband auf *Projekt/Eigenschaften/Benutzerdefinierte Felder* klicken.
2. Fügen Sie zwei neue Spalten *Text1* und *Text2* ein und benennen diese z.B. in *Anfang DIN* und *Ende DIN* um, wie in Abbildung 5.1 dargestellt.

Abbildg. 5.2 Format-Funktion für die Darstellungen von Datumswerten

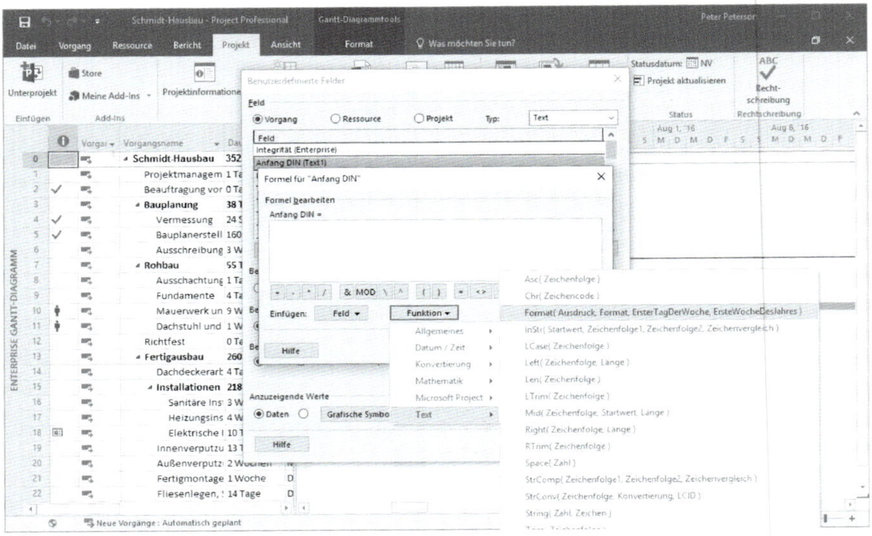

3. Klicken Sie auf die Schaltfläche *Formel* und fügen anschließend die Textfunktion *Format* im Dialogfeld *Formel für* über das Dropdown-Listenfeld *Funktionen* ein. Die Textfunktion *Format* gibt einen String-Datentyp zurück, der mit eigenen benutzerdefinierten Typen formatiert wird. Sie können hier alle bekannten Formattypen verwenden, die auch aus Excel bekannt sind. Beachten Sie jedoch, dass Sie immer die englischsprachigen Bezeichnungen für die verschiedenen Formattypen verwenden, da Project nur diese korrekt interpretieren kann.

Abbildg. 5.3 Feldname *Anfang* in die Formel einfügen

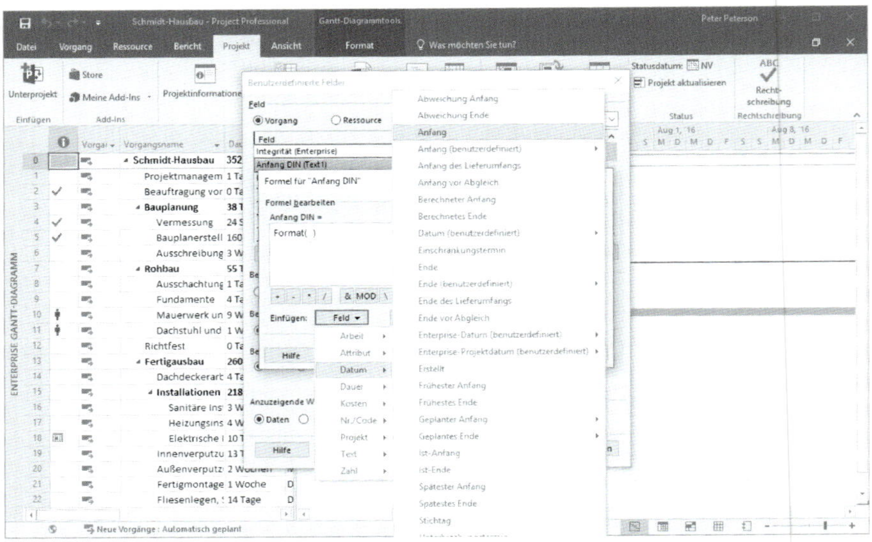

4. Fügen Sie in der *Format*-Funktion für das Argument *Ausdruck* das Feld *Anfang* ein. Geben Sie dazu manuell über die Tastatur *[Anfang]* ein und achten Sie darauf, dass das Feld *[Anfang]* in eckigen Klammern geschrieben wird. Sie können das Feld *[Anfang]* auch aus der Liste der verfügbaren Felder auswählen. Markieren Sie dazu das Argument *Ausdruck* per Doppelklick und fügen Sie, wie in Abbildung 5.2 dargestellt, das Feld *Anfang* aus der Feldkategorie *Anfang* ein.

Abbildg. 5.4 Vollständige Formel für die Darstellung von Datumswerten im Format *YYYY-MM-DD*

5. Ändern Sie danach noch das Formelargument *Format* in *"YYYY-MM-DD"* ab und entfernen Sie die optionalen Argumente für *ErsterTagDerWoche* und *ErsteWocheDesJahres*. Achten Sie bei der Entfernung nicht benötigter Argumente darauf, dass Sie auch die nicht benötigten Listentrennzeichen (Semikolon bei deutschen und Komma bei englischen Regionaleinstellungen) entfernen, jedoch die notwendigen Klammern beibehalten. Die vollständige Formel lautet dann:

```
Format([Anfang];"YYYY-MM-DD")
```

6. Schließen Sie das Dialogfeld *Formel für "Anfang DIN"* (Abbildung 5.4), indem Sie auf die Schaltfläche *OK* klicken.

Abbildg. 5.5 Warnung, dass die vorherigen Werte des Felds *Anfang DIN* überschrieben werden

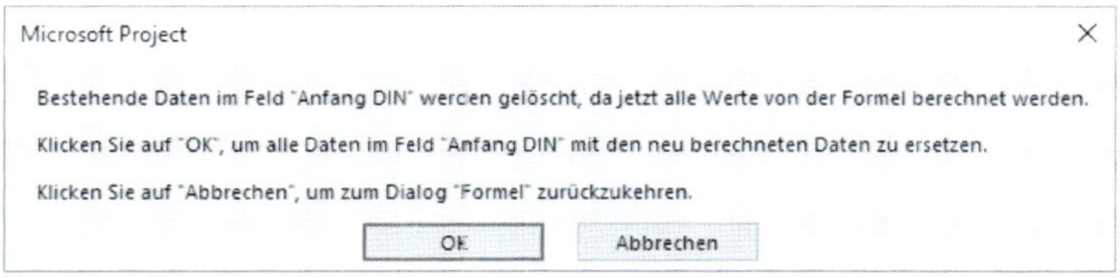

7. Bestätigen Sie das nächste Dialogfeld (Abbildung 5.5), indem Sie auf die Schaltfläche *OK* klicken.

TIPP Um Anpassungen in den Formeln für eingeblendete Spalten vorzunehmen, können Sie die zu bearbeitenden Spalten markieren und über das Kontextmenü schnell auf den Befehl *Benutzerdefinierte Felder* zugreifen. Für die Berechnung von Sammelvorgangs- und Gruppenkopfzeilen können Sie die gleichen Formeln verwenden. Aktivieren Sie dazu auch die entsprechende Option im Dialogfeld *Benutzerdefinierte Felder*.

Ergänzen Sie anschließend noch das Feld *Ende DIN* mit der Formel:

```
Format([Ende];"YYYY-MM-DD")
```

In der Ansicht *Gantt-Diagramm* sieht die Lösung dann wie in Abbildung 5.6 dargestellt aus.

Abbildg. 5.6 Darstellung von benutzerdefinierten Datumsformaten im Gant-Diagramm

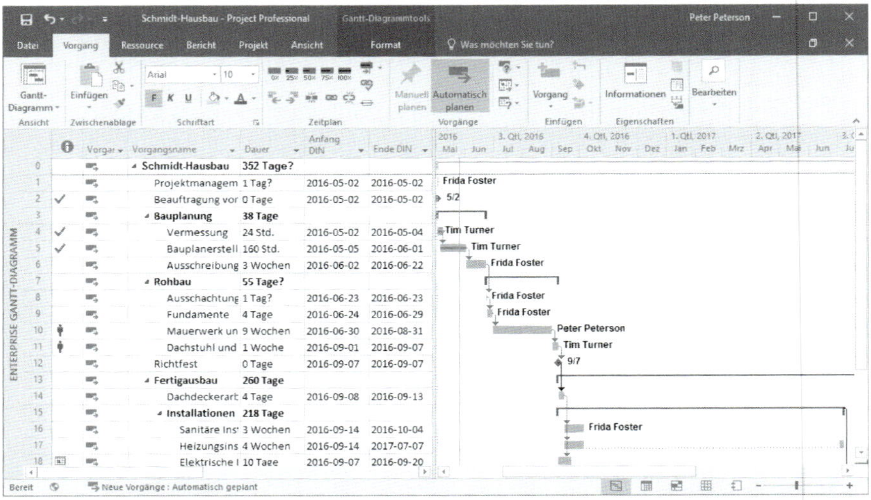

Das Feld *Text1* (*Anfang DIN*) können Sie auch dazu verwenden, um die Vorgänge z.B. nach ihrem Anfangsdatum und Monaten zu gruppieren.

1. Rufen Sie dazu im Menüband den Befehl *Ansicht/Daten/Gruppieren nach* auf und wählen Sie den Eintrag *Neue Gruppe nach* aus.
2. Geben Sie im folgenden Dialogfeld *Gruppendefinition* einen Namen für die Gruppierung ein.
3. Wählen Sie unter *Gruppieren nach* den Feldnamen *Anfang DIN* aus.
4. Definieren Sie das Gruppenintervall in der Schrittweite 7 und der Einstellung Option *Gruppieren nach Präfixzeichen.* Die Schrittweite 7 führt nach jedem siebten Zeichen (nach der Angabe des Monats) eine Gruppierung aus (Abbildung 5.7).
5. Bestätigen Sie die Eingabe, indem Sie auf die Schaltfläche *OK* klicken.

Abbildg. 5.7 Benutzerdefinierte Gruppierung nach Gruppenintervallen in Monaten mit Präfixzeichen

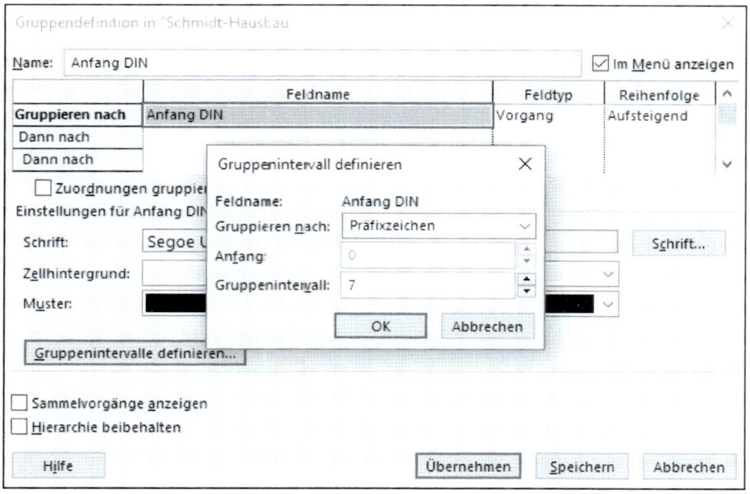

6. Klicken Sie anschließend auf die Schaltfläche *Übernehmen*.

Abbildg. 5.8 Nach Monaten gruppierte Ansicht

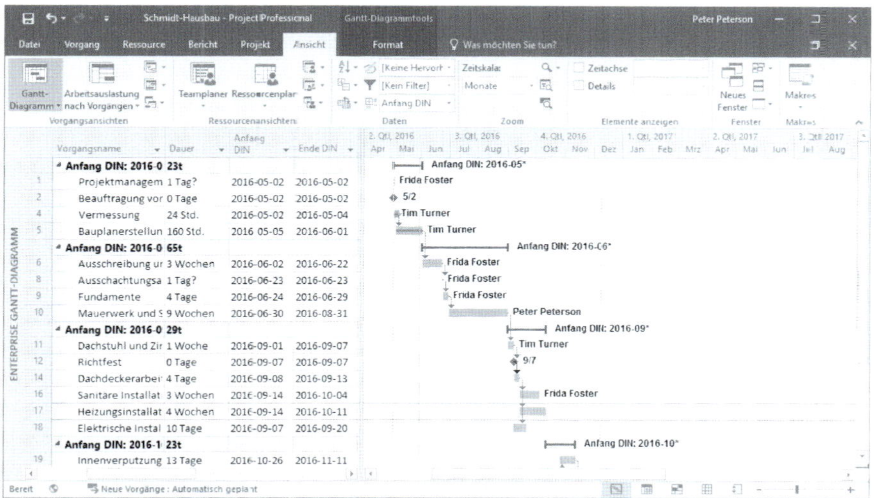

Wenn Sie die Gruppierung anwenden, sehen Sie die nach Monatsbeginn gruppierte Darstellung des Projektplans (Abbildung 5.8).

TIPP Die Felder *Text1* und *Text2* können mit der Formel nur für die Anzeige der Datumswerte der Felder *Anfang* und *Ende* verwendet werden. Über die Textfelder kann keine Eingabe von Datumswerten im Format *YYYY-MM-DD* erfolgen. Alternativ zum Kalender, der sich bei jedem Datumsfeld in Project als Auswahlliste aufrufen lässt, können Sie folgende Eingabeverfahren wählen:

1. Für den aktuellen Tag geben Sie *heute* in das Datumsfeld ein.

2. Für den nächsten Tag geben Sie *morgen* ein.
3. Bei einem Termin des aktuellen Monats und Jahres brauchen Sie lediglich für den Tag die Zahl einzutippen (z.B. für den 10.05.2016 die Ziffer 10, wenn der aktuelle Monat der Mai ist und das Jahr 2016).
4. Geben Sie die Zahl für Monat und Jahr jeweils mit »,«, ».« oder »–« getrennt ein, wenn der Monat oder das Jahr noch in der Zukunft liegt (z.B. 10.03.2017).

Sie können diese Methode für alle Datumsfelder (z.B. *Anfang*, *Ende*, *Anfang1*, *Ist-Anfang*, *Datum1*, *Stichtag* oder Felder in der *Projektinfo*) verwenden. Für weit in der Zukunft liegende Termine sparen Sie sich damit das Klicken durch den Kalender.

Kalenderwochen für Vorgänge anzeigen

Neben der Darstellung von benutzerdefinierten Datumswerten für Vorgänge ist auch die Anzeige der zugehörigen Kalenderwoche für den Starttermin eines Vorgangs interessant. Wie können Kalenderwochen als Datumsformat in der Tabelle dargestellt werden? Project unterstützt zwar die Kalenderwochenformate *5.W05* und *3.W05.09 12:33*, die Vorgänge als Tag in der Kalenderwoche darstellen. Dieses Format hat sich jedoch als nicht praxisnah herausgestellt und wird selten von Project-Anwendern verwendet.

Die Lösung hierzu liegt wieder bei einem benutzerdefinierten Text-Feld und der Format-Funktion, die auch Kalenderwochen von beliebigen Datumswerten berechnen kann.

1. Fügen Sie dazu ein neues Text-Feld, z.B. *Text3*, in die Tabellen in der Ansicht *Gantt-Diagramm* ein und benennen dieses in *KW Anfang* um. In diesem Beispiel wird nur die zugehörige Kalenderwoche des Anfangsdatums aller Vorgänge berechnet. Optional könnte auch noch die Kalenderwoche des Endtermins in einem weiteren Textfeld berechnet werden.

Abbildg. 5.9 Formel für die Darstellung von Kalenderwochen in einem Textfeld

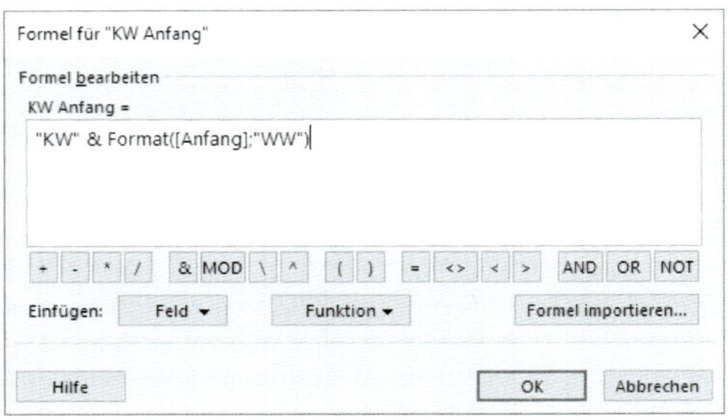

2. Geben Sie wie in Abbildung 5.9 dargestellt für das Feld *Text3 (KW)* die folgende Formel ein:

   ```
   Format([Anfang];"WW")
   ```

   Um noch zusätzlich den Text »KW« hinzuzufügen, ändern Sie die Formel wie folgt ab:

   ```
   "KW" & Format([Anfang];"WW")
   ```

Abbildg. 5.10 Benutzerdefinierte Gruppierung nach KW definieren

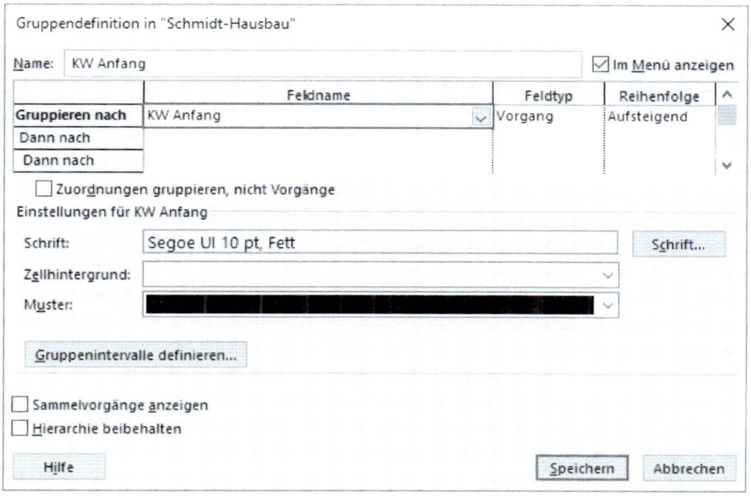

3. Wählen Sie den Befehl *Ansicht/Daten/Gruppieren nach*. Innerhalb des Dropdown-Listenfeld klicken Sie auf *Weitere Gruppen*.
4. Klicken Sie im Dialogfeld *Weitere Gruppen* auf die Schaltfläche *Neu*. Definieren Sie eine neue Gruppierung (z.B. »KW Anfang«), damit Sie schnell benutzerdefinierte Anpassungen wiedererkennen können.
5. Wählen Sie die neu erstellte Gruppierung aus und klicken Sie anschließend auf die Schaltfläche *Anwenden*.

Abbildg. 5.11 Gruppierung nach Kalenderwochen in der Ansicht *Gantt-Diagramm*

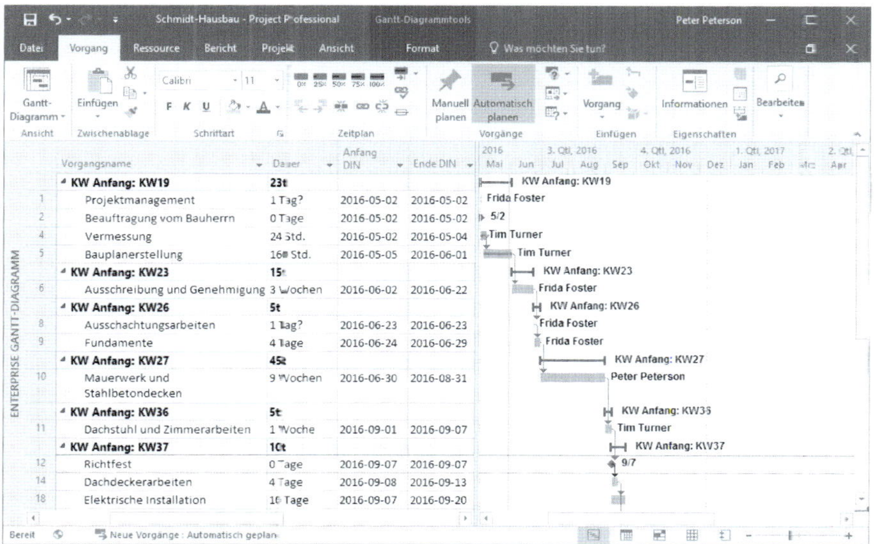

Eine benutzerdefinierte Gruppierung nach Kalenderwochen in der Ansicht *Gantt-Diagramm* bringt, wie in Abbildung 5.1 dargestellt, eine Einsatzübersicht aller Vorgänge nach Kalenderwochen.

Einfache zeitlich angeordnete Netzplanansicht erstellen

Die Fortsetzung des vorherigen Beispiels der Kalenderwochen für Vorgänge wird anhand einer zeitlich angeordneten einfachen Ansicht für ein Netzplandiagramm erläutert. Project-Anwender monieren häufig, dass die Standardansicht für das Netzplandiagramm zu unübersichtlich sei. Ursache dafür ist die sehr große Darstellung der Knotenelemente für die Vorgänge.

Rufen Sie die Netzplanansicht auf, indem Sie im Menüband auf *Vorgang/Ansicht/Weitere Ansichten/Netzplandiagramm* klicken. Eine erste Lösung könnte die Darstellung nur der Vorgangsnummern jedes Vorgangs sein. Die Abbildung 5.12 zeigt die verkleinerte Darstellung von Vorgangsknoten im Netzplan. Rufen Sie dazu in der Ansicht *Netzplandiagramm* das Kontextmenü auf und wählen dort den Befehl *Felder reduzieren.*

Abbildg. 5.12 Verkleinerte Darstellung im Netzplan mit Vorgangsnummern

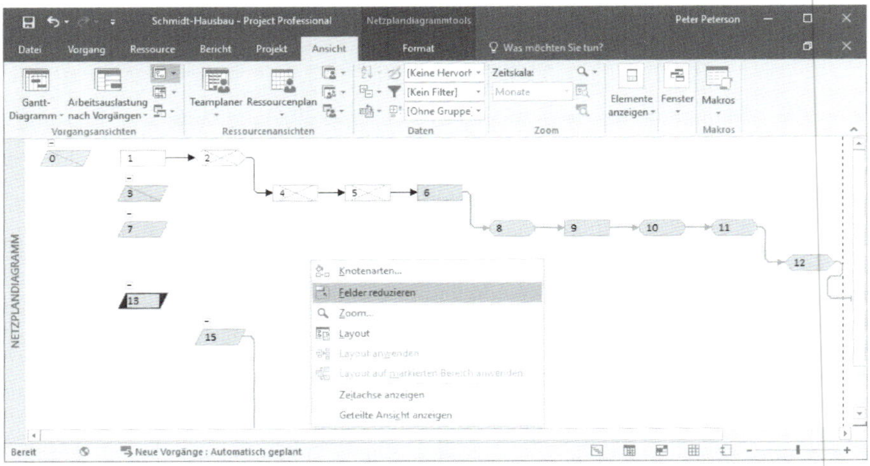

Um eine neue benutzerdefinierte Ansicht für Netzplandiagramme zu erstellen, müssen Sie zunächst eine Vorlage erstellen, auf der alle Knotendarstellungen, z.B. für *Normale Vorgänge, Sammelvorgänge* oder *Meilensteine*, basieren. Gehen Sie dazu folgendermaßen vor:

1. Rufen Sie dazu über das Kontextmenü den Befehl *Knotenarten* aus und klicken Sie auf die Schaltfläche *Weitere Vorlagen.*

Abbildg. 5.13 Dialogfeld *Knotenarten*

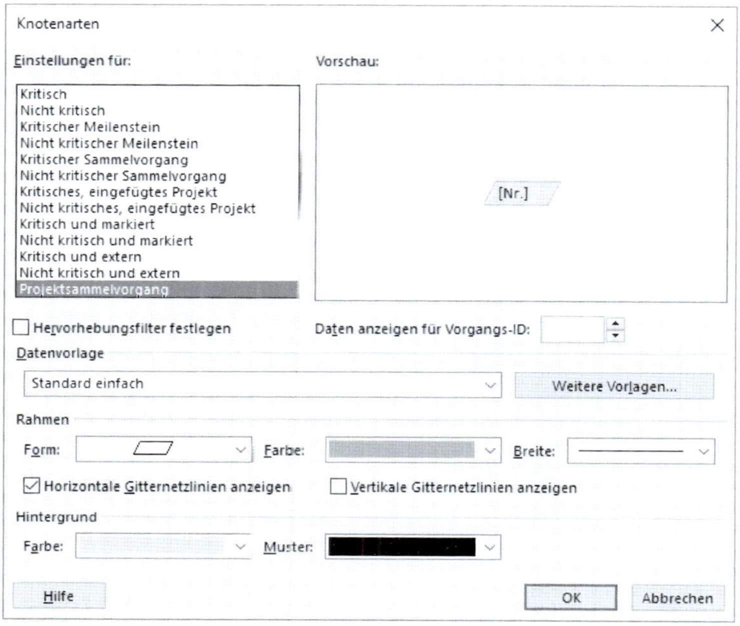

2. Erstellen Sie nun eine neue Vorlage, indem Sie auf die Schaltfläche *Neu* im Dialogfeld *Datenvorlagen* klicken.

Abbildg. 5.14 Dialogfeld *Datenvorlagen* für Netzplanknoten

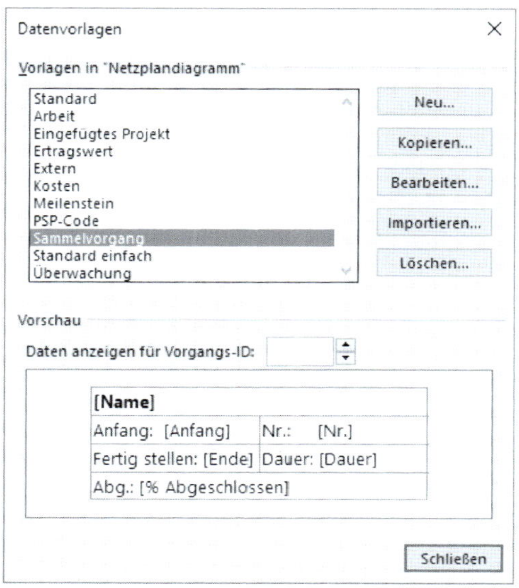

Abbildg. 5.15 Dialogfeld *Datenvorlage definieren*

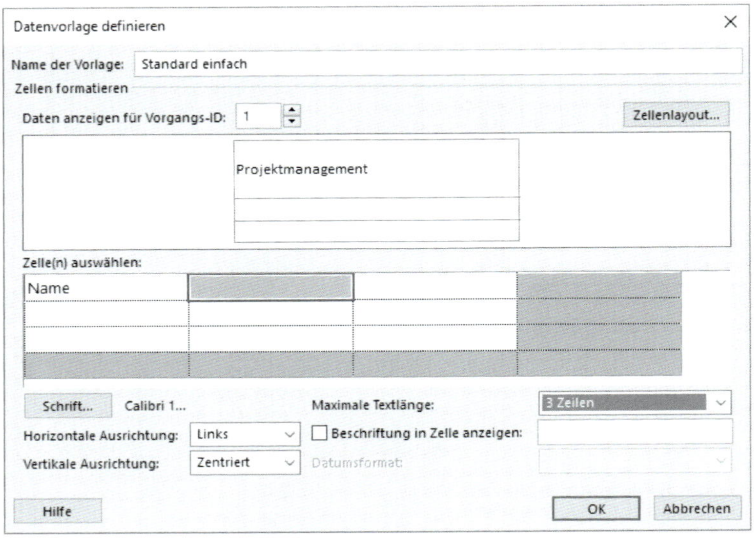

3. Vergeben Sie unter *Name der Vorlage* die Bezeichnung »Standard einfach«. Tragen Sie in der ersten Spalte unter *Zellen(n) auswählen* das Feld *Name* ein. Wählen Sie im Listenfeld *Maximale Textlänge* den Eintrag *3 Zeilen* aus.

Abbildg. 5.16 Anpassen des Zellenlayouts über das gleichnamige Dialogfeld

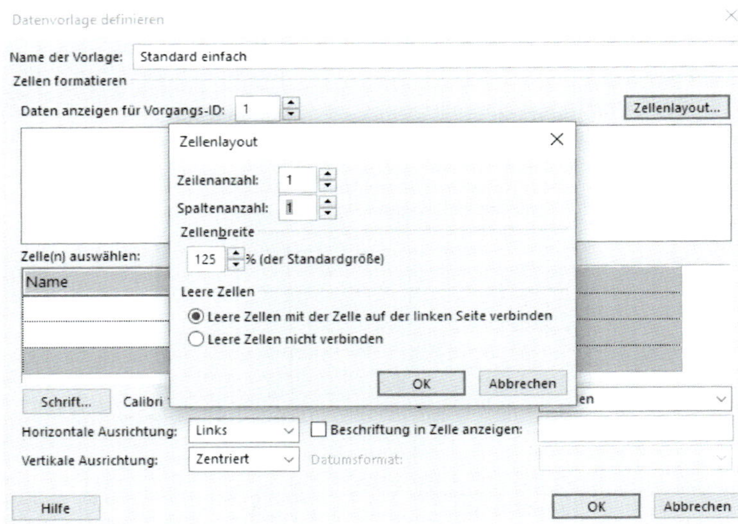

4. Klicken Sie auf die Schaltfläche *Zellenlayout* mit dem Zellenlayout *1 Zeile, 1 Spalte* und *125%* der Standardgröße. Bestätigen Sie die Festlegungen anschließend per Klick auf die Schaltfläche *OK* und einem erneuten Klick auf die Schaltfläche *OK*. Schließen Sie das Fenster *Datenvorlagen* mit *Schließen*.

Abbildg. 5.17 Zuweisung einer eigenen Vorlage für die Gestaltung der Knoten im Netzplandiagramm

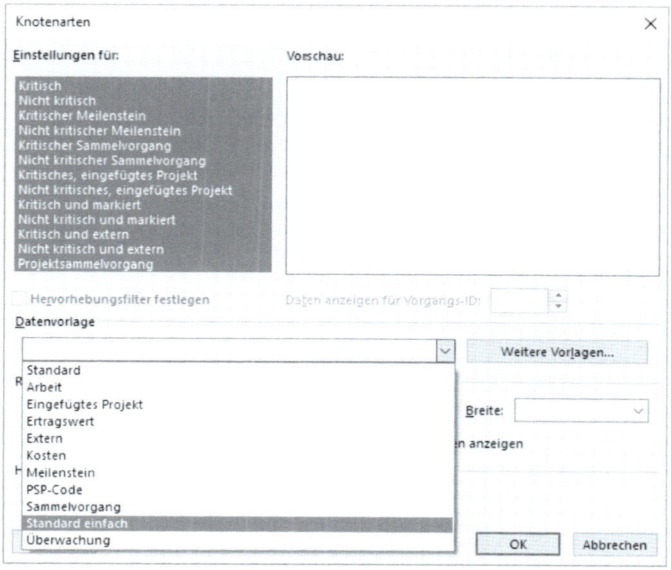

5. Selektieren Sie alle Knotenformen in der Selektionsliste bei *Einstellungen für* und wählen Sie die zuvor erstellte Datenvorlage aus. Nehmen Sie keine weiteren Änderungen in Form, Farbe, Muster oder Breite vor, damit die individuellen Layouts aller Knotenformen erhalten bleiben, z.B. ein rotes Rechteck für kritische Vorgänge und ein blaues Rechteck mit hellblauer Hintergrundfarbe für normale nicht kritische Vorgänge.

Abbildg. 5.18 Einfache, übersichtlichere Netzplandiagrammansicht

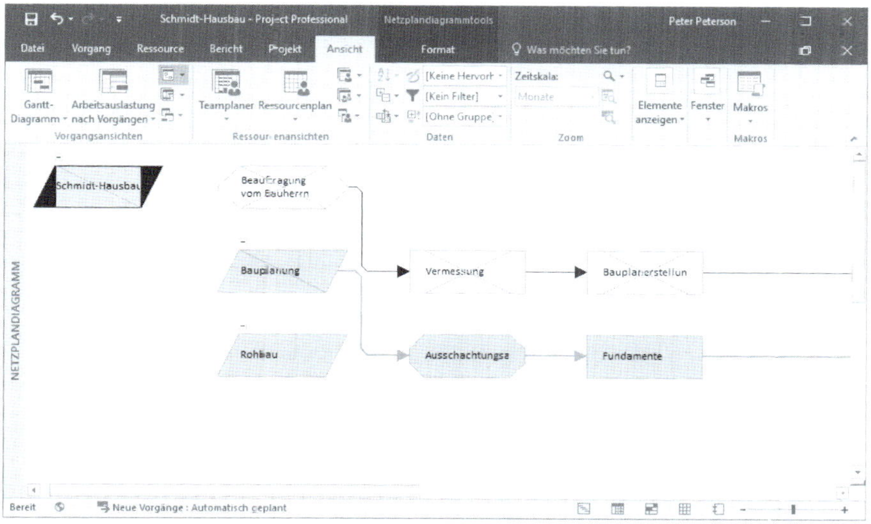

6. Die neu erstellte Ansicht sollte noch unter einem individuellen Namen (z.B. »Enterprise-Netzplandiagramm«) abgespeichert werden.

Abbildg. 5.19 Nach Kalenderwochen zeitlich gruppiertes Netzplandiagramm

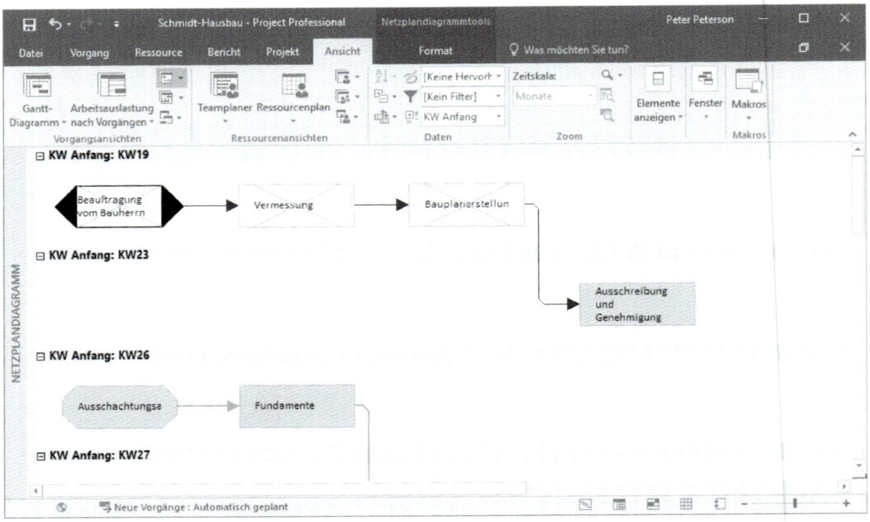

Die Abbildung 5.19 stellt ein nach Kalenderwochen zeitlich gruppiertes Netzplandiagramm dar. Hier verwenden wir die vorher erstellte Gruppierung nach Kalenderwochen (siehe den Abschnitt »Kalenderwochen für Vorgänge anzeigen«). Der Vorteil dieser Darstellungsform ist, dass zu jedem Zeitpunkt im Projektverlauf die Gruppierungen ein- oder ausgeblendet werden können. Sie haben somit jederzeit die Möglichkeit, eine aktuelle Selektion der gerade zeitlich relevanten Vorgänge als Knoten vorzunehmen. Zusätzlich können Sie einen Filter erstellen, der auch in der Ansicht *Netzplandiagramm* zur weiteren Selektion aktiviert werden kann.

Abbildg. 5.20 Weitere Anpassungen sind über das Dialogfeld *Layout* möglich

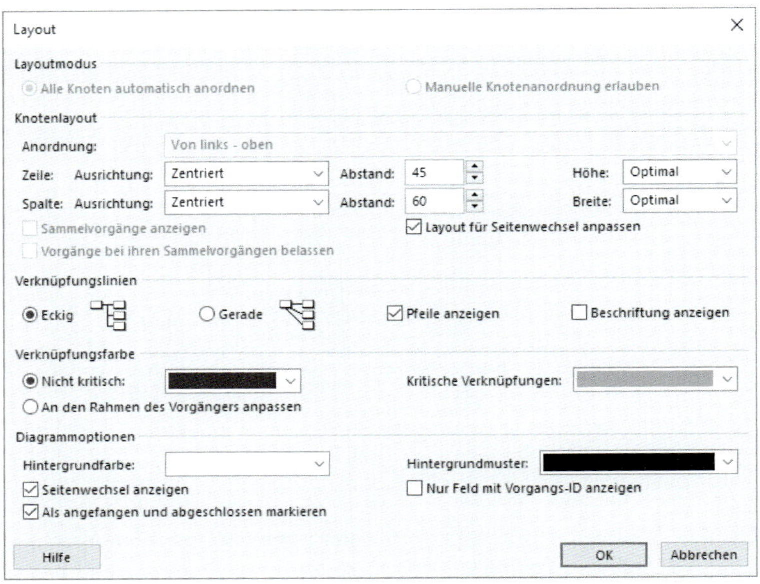

Über das Kontextmenü *Layout* können Sie in der Netzplanansicht weitere Nachbearbeitungen vornehmen. Klicken Sie hierzu innerhalb der Netzplanansicht einfach auf die rechte Maustaste und wählen im Kontextmenü *Layout* aus.

Geschätzte Dauer für Vorgänge verwenden

Die Funktion der geschätzten Dauer in Project wird auch als »vorläufige Dauer« bezeichnet, da in der Projektplanung eigentlich alle Zeitdauern zunächst geschätzt sind. Durch das Fragezeichen in der Spalte *Dauer* werden Sie darauf hingewiesen, dass die Angabe noch nicht konkret erfolgte. Sie können diese Angabe mit einem für den Vorgang realistischen Wert überschreiben. Dadurch wird das Fragezeichen automatisch entfernt. Der Vorteil bei der Arbeit mit einer geschätzten Dauer ist, dass Sie durch die Verwendung der Filters *Vorgänge mit geschätzter Dauer* jederzeit schnell erkennen können, welche Vorgänge noch in einer vorläufigen »geschätzten« Planung sind.

Abbildg. 5.21 Filter für Vorgänge mit geschätzter Dauer

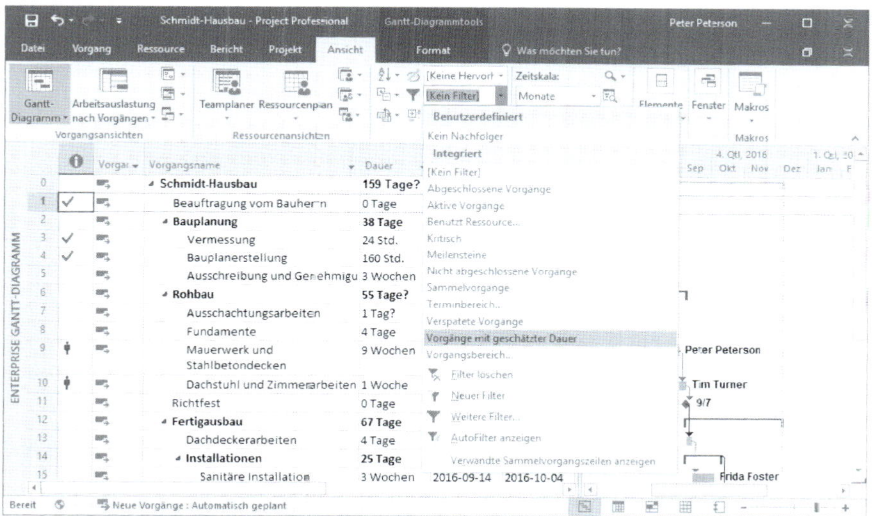

Um diesen Filter zu aktivieren, gehen Sie im Menüband auf *Ansicht/Daten/Filter*. Wählen Sie im Dropdown-Listenfeld *Vorgänge mit geschätzter Dauer* aus.

Nachdem Sie den Filter aktiviert haben, zeigt die Abbildung 5.22 die gefilterten Vorgänge.

Abbildg. 5.22 Gefilterte Vorgänge mit Filter *Vorgänge mit geschätzter Dauer*

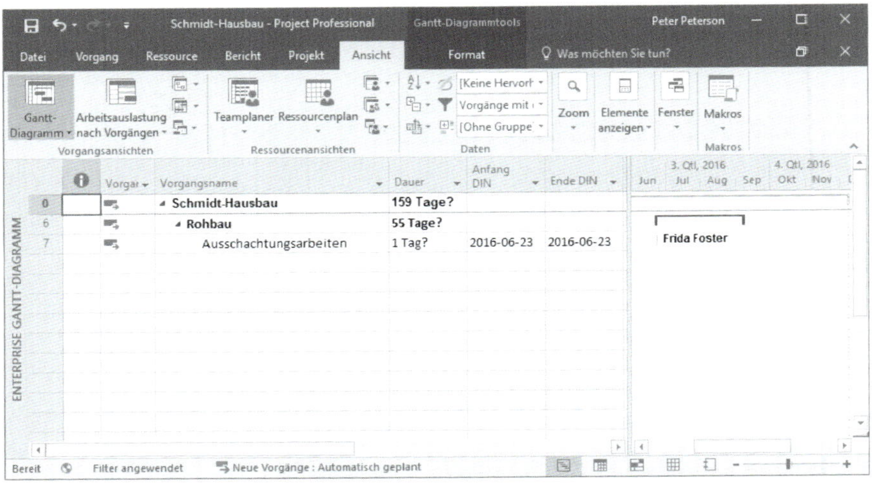

Überschreiben Sie die Werte in der Spalte *Dauer*, um das Fragezeichen zu entfernen. Alternativ können Sie in den *Informationen zum Vorgang* (Doppelklick auf den Vorgang) auf der Registerkarte *Erweitert* auch die Dauer mit dem Kontrollkästchen *Geschätzt* deaktivieren.

HINWEIS Bitte beachten Sie, dass bei Vorgängen mit dem *Vorgangsmodus* »Manuell geplant« u.U. keinen Wert in dem Feld *Dauer* enthalten ist, sondern ein Text, wie z.B. »Rücksprache mit Tim Turner«. Somit können Sie nicht anhand des Fragezeichens erkennen, ob es sich hierbei um eine geschätzte Dauer handelt oder nicht. Sobald Sie zu einem Vorgang einen numerischen Wert im Feld *Dauer* eingeben, wird das Kästchen des Felds *Geschätzt* deaktiviert.

Stichtage und Pufferzeiten von Vorgängen darstellen

Häufig existieren in Projekten extern vorgegebene feste Termine (Deadlines) zu Vorgängen. Dies sind in der Regel auch die Schnittstellen zu anderen Teilprojekten. Diese Deadlines werden in der deutschen Version von Project mit *Stichtag* übersetzt (Kapitel 1). Mithilfe des Stichtags kann ergänzend zu den Einschränkungsterminen in Project eine grafische Abbildung des Stichtagdatums im *Gantt-Diagramm* erfolgen.

Bei Überschreitung des Enddatums eines Vorgangs über den Stichtag hinaus warnt zusätzlich ein grafischer Indikator (rote Raute mit Ausrufungszeichen) in der Vorgangstabelle und macht so auf den Konflikt aufmerksam.

Stichtage haben keinen Einfluss auf die automatische Berechnung von Vorgangsterminen, wie es bei Einschränkungsterminen der Fall ist. Sie werden aber bei der Berechnung der Pufferzeiten von Vorgängen und damit bei der Berechnung des kritischen Wegs berücksichtigt.

Bei der Pufferzeit unterscheidet Project zwischen den beiden Werten *Gesamte Pufferzeit* und *Freie Pufferzeit*. Die *Gesamte Pufferzeit* eines Vorgangs gibt diejenige Zeitspanne an, um die sich der Endtermin eines Vorgangs verzögern kann, ohne den Projektendtermin zu verschieben oder Stichtage zu überschreiten. Analog entspricht eine negative *Gesamte Pufferzeit* der Zeitspanne, um die ein Vorgang beschleunigt werden muss, um alle Stichtage und Termineinschränkungen erfüllen zu können. Standardmäßig werden für die *Gesamte Pufferzeit* nur Stichtage bis zum Projektendtermin beachtet. Mit der Option *Datei/Optionen/Erweitert/Berechnungsmethoden für dieses Projekt:/Mehrere kritische Wege berechnen* fließt zusätzlich die Bedingung ein, dass sich die Endtermine aller Vorgänge ohne Nachfolger nicht verschieben dürfen.

Die *Freie Pufferzeit* gibt im Gegensatz dazu die diejenige Zeitspanne an, um die sich der Endtermin eines Vorgangs verzögern kann, ohne den Starttermin der Nachfolger zu verschieben.

Kritische Vorgänge ermittelt Project anhand des Felds *Gesamte Pufferzeit*. Standardmäßig wird ein Vorgang in Project genau dann als kritisch ermittelt, wenn seine *Gesamte Pufferzeit* kleiner als oder gleich null ist. Diese Einstellung lässt sich in Project über den Befehl *Datei/Optionen/Erweitert/Berechnungsmethoden für dieses Projekt:/Vorgänge sind kritisch, falls Puffer kleiner oder gleich* individuell pro Projekt ändern, um auch weitere Vorgänge als kritisch festzulegen, deren Puffer größer als Null, aber kleiner als der definierte Wert ist. Alle kritischen Vorgänge im Projektplan ergeben den sogenannten kritischen Weg.

Wechseln Sie nun in die Ansicht *Gantt-Diagramm: Überwachung*.

Abbildg. 5.23 Freie Pufferzeit für einen Vorgang ohne Stichtag

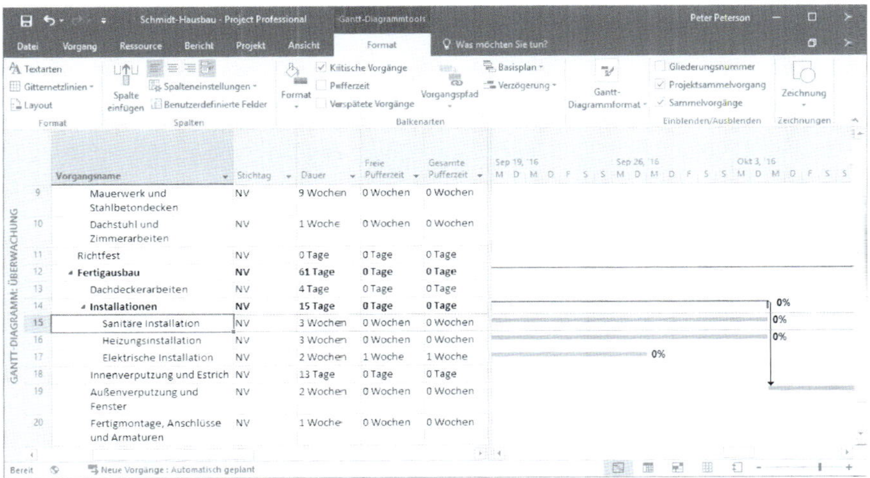

Die Abbildung 5.23 zeigt die Darstellung des Vorgangs 16 ohne Pufferzeit und des parallelen Vorgangs 17 mit einer freien Pufferzeit von 1 Woche. Beide Vorgänge haben denselben indirekten Nachfolger über ihren gemeinsamen Sammelvorgang. Vorgang 17 wird aufgrund seiner Pufferzeit als nicht kritisch dargestellt.

Der Vorgang 17 erhält im Beispiel Abbildung 5.24 einen Stichtag (z.B. 30.10.2016), der innerhalb der Pufferzeit liegt. Project verkürzt die Pufferzeit, von *1 Woche* auf *0,6 Wochen*, bis zum Stichtag. Das heißt, dass der Stichtag zwar keinen Einfluss auf die Planung und

Berechnung der Start- und Endtermine hat, jedoch die Berechnung und Darstellung der Pufferzeiten von Vorgängen beeinflusst. Der Vorgang 17 wird jedoch nicht als kritischer Vorgang dargestellt, da die Pufferzeit noch größer als null ist.

Abbildg. 5.24 Verkürzte Pufferzeit für einen Vorgang mit Stichtag

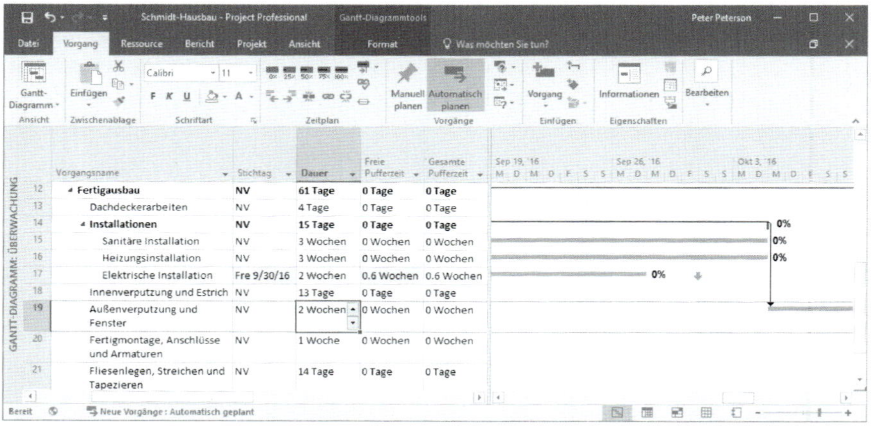

Wir nehmen an, dass der Vorgang 17 nicht innerhalb der kalkulierten Dauer (2 Wochen) durchgeführt werden kann. Wenn sich z.B. die Dauer des Vorgangs von 10 Tagen auf 14 Tage erhöht und damit den zuvor eingegebenen Stichtag überschreitet, wird der Vorgang komplett kritisch dargestellt. Die gesamte Pufferzeit wäre damit auch um einen Werktag negativ, da der Vorgang nicht innerhalb des gesetzten Stichtags abgeschlossen werden kann (Abbildung 5.25).

Abbildg. 5.25 Negative gesamte Pufferzeit für einen Vorgang mit überschrittenem Stichtag

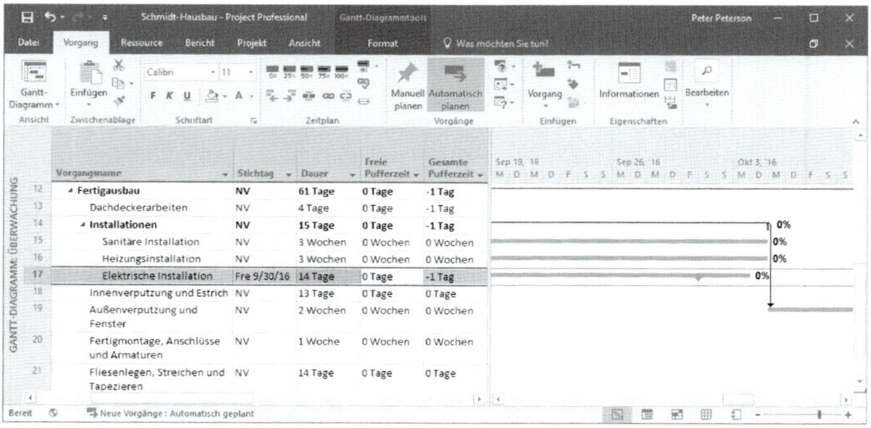

Dieses Symbol in der Indikatorenspalte signalisiert, dass es sich hier um eine Überschreitung des Stichtags handelt (Abbildung 5.26). Sobald Sie mit der Maus auf das Symbol gehen, erscheint ein Hinweisfeld, das Ihnen nähere Auskünfte über die Stichtagsüberschreitung gibt. Dieses Feld ist insbesondere dann sinnvoll, wenn das Feld *Stichtag* nicht eingeblendet ist.

Abbildg. 5.26 Information über die Stichtagsüberschreitung

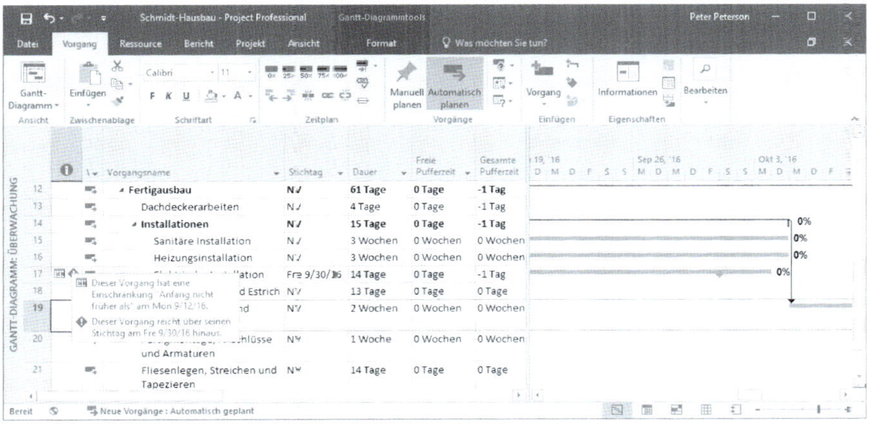

Vorgänge von Hand kritisch darstellen

In Project können Pufferzeiten nicht manuell eingegeben werden, da diese aufgrund von Verknüpfungen immer mit der *Critical Path Method (CPM)* automatisch berechnet werden. Vorgänge mit der Einschränkungsart *Muss anfangen am* oder *Muss enden am* werden in Project jedoch als kritische Vorgänge dargestellt. Es ist damit indirekt möglich, einen Vorgang manuell als kritischen Vorgang unabhängig von seiner Pufferzeit zu setzen. Das Setzen dieser Einschränkungsart hat jedoch auch Konsequenzen und führt zu Einschränkungen in der Terminplanberechnung. In unserem Beispiel haben wir im *Gantt-Diagramm: Überwachung* zusätzlich die beiden Felder *Kritisch*, *Einschränkungstermin* und *Einschränkungsart* eingeblendet.

Gehen Sie folgendermaßen vor, um eine Einschränkungsart für den Vorgang zu vergeben:

1. Per Doppelklick auf den gewünschten Vorgang erhalten Sie das Dialogfeld *Informationen zum Vorgang* angezeigt.

Abbildg. 5.27 Nicht kritischer Vorgang

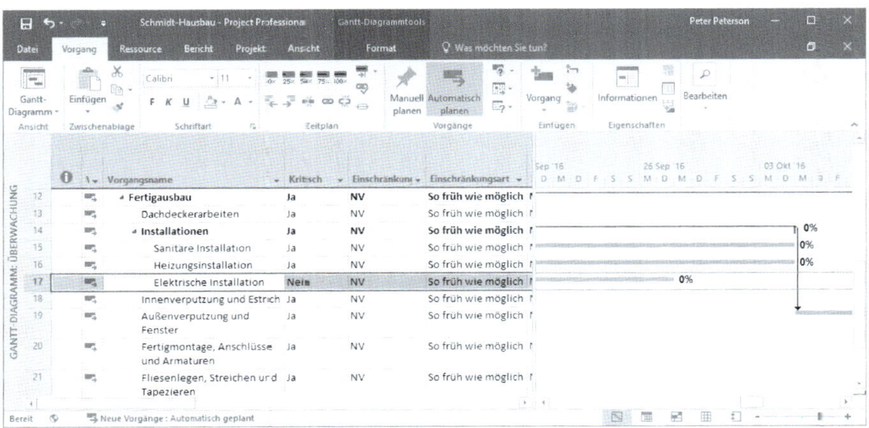

2. Wechseln Sie zur Registerkarte *Erweitert.*

Abbildg. 5.28 Dialogfeld *Informationen zum Vorgang*

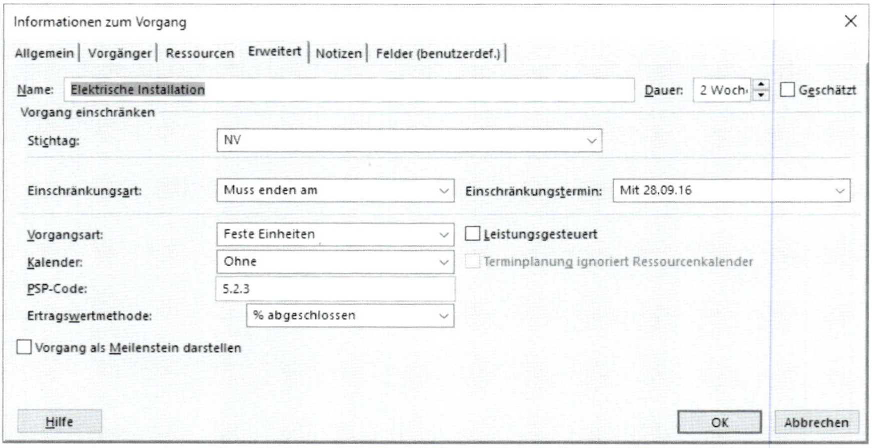

3. Im Feld *Einschränkungsart* geben Sie *Muss anfangen am* oder *Muss enden am* sowie im Feld *Einschränkungstermin* das entsprechende Datum ein. Bestätigen Sie per Klick auf die Schaltfläche *OK*.

Abbildg. 5.29 Kritischer Vorgang

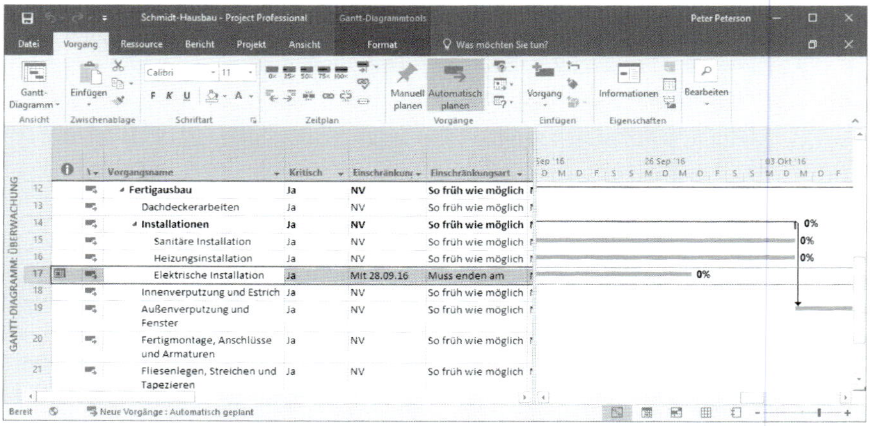

4. Der Vorgang wird jetzt als kritisch angezeigt. Zusätzlich finden Sie das entsprechende Symbol für die Termineinschränkung *Muss anfangen am* in der Indikatorenspalte (Abbildung 5.29).

TIPP Die Änderungen in *Einschränkungsart* und *Einschränkungstermin* können auch direkt in der Tabelle vorgenommen werden.

Vorgänge komplett verschieben

Eine häufige Fehlerursache bei der Verschiebung von Vorgängen, Sammelvorgängen oder Ressourcen ist die falsche Verwendung der Ziehen & Ablegen (Drag & Drop)-Funktion in Project, da diese häufig mit derselben Funktion in Excel gleichgesetzt wird. Dadurch kann es passieren, dass statt des gesamten Vorgangs nur eine Spalte eines Vorgangs markiert wird. Der Wert dieser Spalte wird verschoben und nicht der gesamte Vorgang. Wenn Vorgänge ausgeschnitten und neu eingefügt werden, so werden sie ohne Ist-Aufwände erstellt und erhalten neue IDs.

Um einen oder mehrere Vorgänge korrekt als komplette Datensätze in Project zu verschieben, ist es zwingend notwendig, die *gesamten* Zeilen zu markieren und danach per Drag & Drop an einen neuen Ort zu verschieben.

Abbildg. 5.30 Verschieben von kompletten Zellinhalten per Drag & Drop

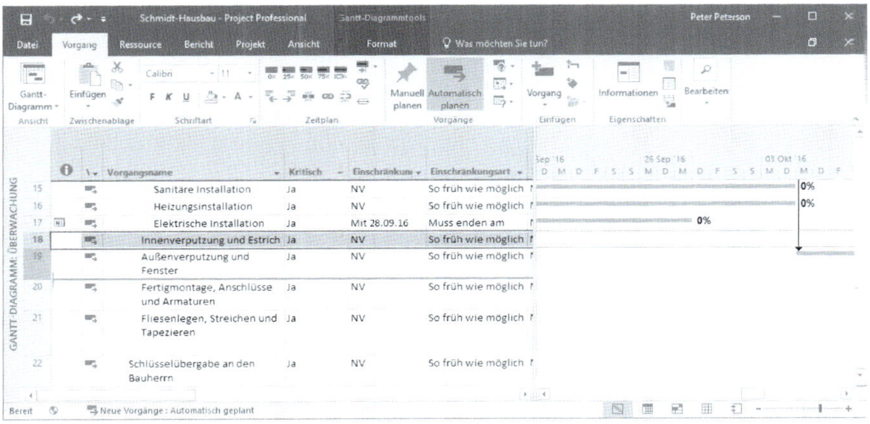

1. Markieren Sie durch Klicken auf den Zeilentitel mit den Vorgangsnummern diejenigen Vorgangs-, Sammelvorgangs- oder Ressourcenzeilen, die Sie verschieben möchten.
2. Klicken Sie anschließend nochmals auf den Zeilentitel und ziehen Sie die markierten Zeilen per Drag & Drop (linke Maustaste beim Verschieben gedrückt halten) auf die gewünschte Zeilenposition (nun Maustaste loslassen).

Auf diese Weise werden die gesamten Inhalte der Vorgänge und zugehörigen Zuordnungen verschoben, also auch alle unsichtbaren Felder. So lässt sich auch nachträglich die Reihenfolge von Vorgängen leicht verändern. Komplette Sammelvorgänge oder auch eingefügte Teilprojekte können mit der gleichen Vorgehensweise in der Reihenfolge der Darstellung verschoben werden.

ACHTUNG Wir empfehlen vor dem Verschieben, die Terminplanoption *Eingefügte oder verschobene Vorgänge automatisch verknüpfen* zu deaktivieren, andernfalls werden beim Verschieben die bestehenden Verknüpfungen neu erstellt.

Vorgänge ohne Verknüpfung filtern

Je nach Planungsphilosophie kann eine Anforderung darin bestehen, dass jeder Vorgang immer einen explizit verknüpften Nachfolger hat. Um dieses Prinzip zu prüfen, stellt sich die Frage, wie Vorgänge ohne Nachfolger ermittelt werden können. Gehen Sie dazu folgendermaßen vor:

1. Klicken Sie im Menüband auf *Ansicht/Daten/Filter* und wählen Sie im Dropdown-Listenfeld den Eintrag *Neuer Filter* aus.

Abbildg. 5.31 Filter, um Vorgänge mit fehlenden Nachfolgern zu finden

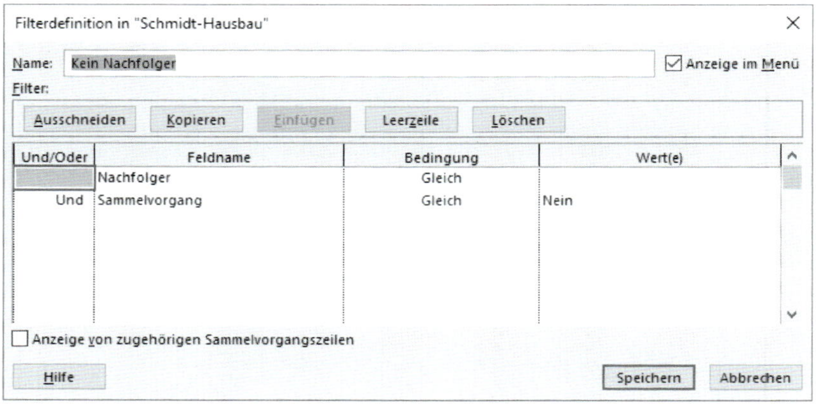

2. Weisen Sie einen Namen zu (z.B. »Kein Nachfolger«) und geben Sie, wie in Abbildung 5.31 dargestellt, die Argumente für den Filter ein. Aktivieren Sie rechts oben das Kästchen *Anzeige im Menü*, damit Sie diesen Filter später im Menüband unter *Ansicht/Daten/Filter* im Abschnitt *Benutzerdefiniert* aufrufen können.

Abbildg. 5.32 Vorgänge ohne Nachfolger

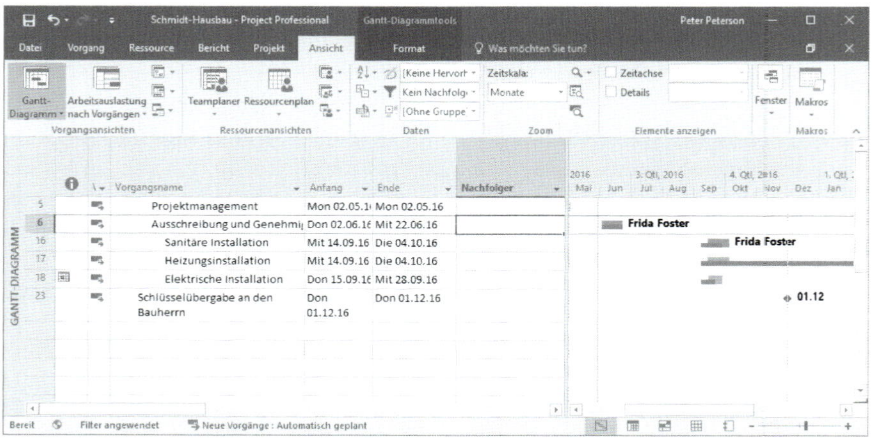

Project selektiert nach der Anwendung des Filters alle »Nicht Sammelvorgänge«, also alle Vorgängen oder Meilensteine, die keinen Eintrag in der Spalte *Nachfolger* enthalten. Sie bekommen somit einen Überblick über alle nicht explizit verknüpften Vorgänge.

ACHTUNG Der Filter »Kein Nachfolger« zeigt auch Vorgänge an, die einen impliziten Nachfolger haben, der sich aufgrund der Zugehörigkeit zu einem Sammelvorgang mit Verknüpfungen ergibt.

Vorgänge von heute oder nächster Woche filtern

Im Projektverlauf möchte der Projektleiter häufig eine Liste oder Ansicht mit allen Vorgängen von heute, dieser Woche, der nächsten Woche, aus diesem Monat oder dem nächsten Monat erstellen (siehe Kapitel 1). Da das aktuelle Datum kein statischer Wert ist, sondern sich täglich ändert, sollte diese Liste der aktuellen Vorgänge auch immer möglichst dynamisch angepasst und in einer oder mehreren Ansichten als Bericht schnell aufrufbar sein.

Abbildg. 5.33 Darstellung des Monats Mai 2016 zur besseren Orientierung (aus Outlook 2016)

Mai 2016						
MO	DI	MI	DO	FR	SA	SO
25	26	27	28	29	30	1
2	3	4	5	6	7	8
9	10	11	12	13	14	15
16	17	18	19	20	21	22
23	24	25	26	27	28	29
30	31	1	2	3	4	5

Damit Sie unser Beispiel einfacher nachvollziehen können, haben wir die Kalenderansicht für den Monat Mai 2016 abgebildet (Abbildung 5.33).

Abbildg. 5.34 Ausgangslage für das Filtern von Vorgängen der aktuellen Woche

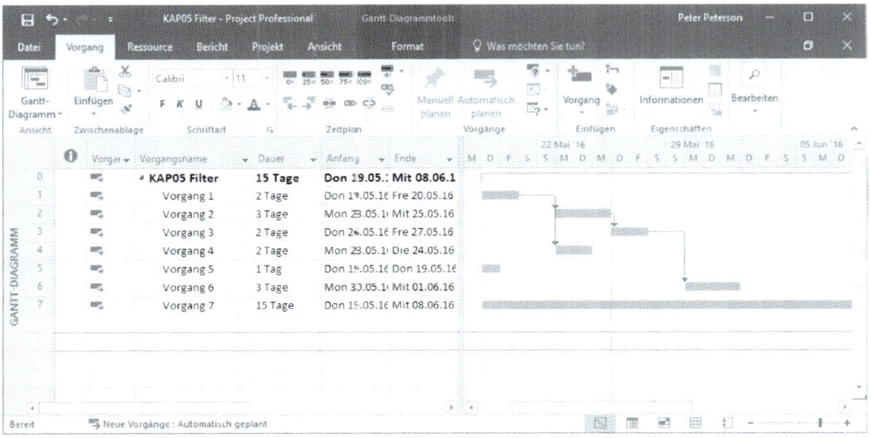

Die Abbildung 5.34 zeigt die Ausgangslage für dieses kurze Beispiel. Das aktuelle Datum in diesem Beispiel ist der 30.05.2016. In einer Gantt-Diagramm-Ansicht wird das aktuelle Datum als grüne Linie dargestellt. Diese Formatierung kann über das Menüband mit *Format/Format/Gitternetzlinien/Gitternetzlinien* angepasst werden. Ziel ist es, mit einem Filter schnell diejenigen Vorgänge herauszufiltern, an denen in der aktuellen Woche vom 30.05 bis 03.06.2016 gearbeitet wird.

Wir zeigen hierzu zunächst die Einschränkungen bei der Filterung über einen *AutoFilter* auf die Spalte *Anfang* oder *Ende* und beschreiben dann deren Überwindung mit einem benutzerdefinierten Filter.

Aktuelle Vorgänge mit AutoFilter ermitteln

Project bietet zur Filterung der aktuellen Vorgänge einen *AutoFilter* eine erste Hilfe. Über die Aktivierung der *AutoFilter* kann in den Spalten *Anfang* oder *Ende* nach Vorgängen von *Heute*, *Morgen* und *Diese Woche* gefiltert werden.

Abbildg. 5.35 AutoFilter für *Anfang* auf die aktuelle Woche (*Diese Woche*) setzen

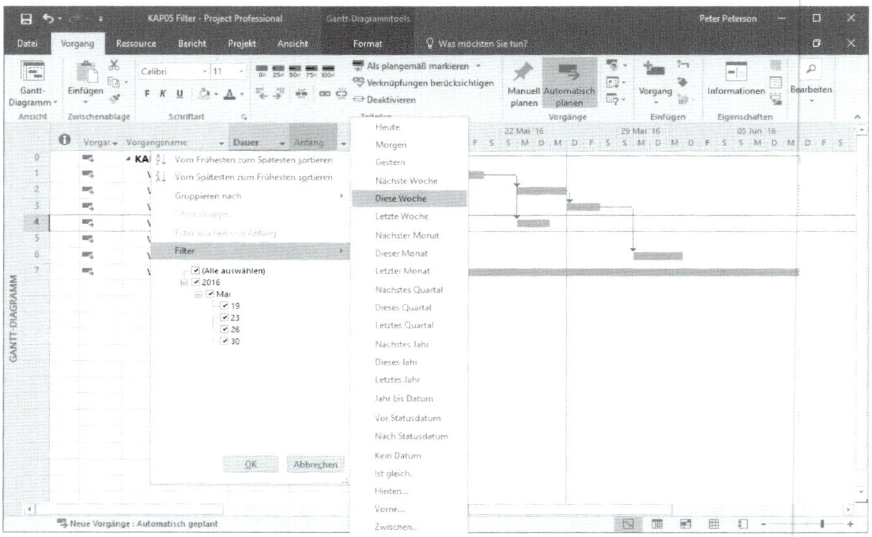

Selektieren Sie in der Spalte *Anfang* über den Filter *Diese Woche*, sehen Sie als Ergebnis eine Selektion der Vorgänge 2, 3 und 4 (Abbildung 5.36).

Abbildg. 5.36 Ergebnis der Filterung für die aktuelle Woche (Diese Woche)

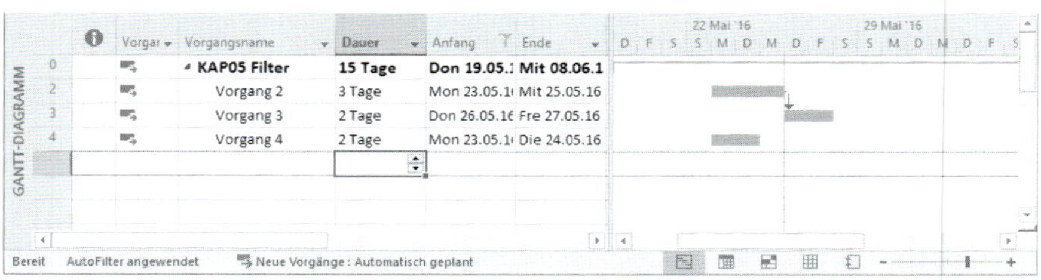

ACHTUNG Die Selektion beinhaltet den Vorgang 7 nicht, der ja auch in der aktuellen Woche stattfindet. Die Ursache liegt bei genauerer Betrachtung in der Definition der Filter, die über die Funktion der *AutoFilter* gebildet werden. Gehen Sie dazu in der Auswahlliste der *AutoFilter* auf den Eintrag *Benutzerdefiniert*. Dort erkennen Sie, dass Project einen Filter mit dem Anfangs- und Endtermin der aktuellen Woche (30.05.2016 bis 03.06.2016) definiert und alle Vorgänge mit Anfangsterminen in diesem Bereich filtert.

Besser filtern mit Feldern für das aktuelle Datum

Eine Abhilfe schafft dabei nur die Erstellung eines eigenen benutzerdefinierten Filters. Daneben werden wir noch zeigen, wie man Filter für die Vorgänge des aktuellen (heutigen) Tags und der nächsten Woche erstellt.

Um die Filter zu erstellen, legen Sie zunächst die in Tabelle 5.1 dargestellten benutzerdefinierten Felder über das Menüband *Format/Spalten/Benutzerdefinierte Felder* an.

Tabelle 5.1 Feldnamen und Formeln für benutzerdefinierte Felder

Ursprünglicher Feldname	Umbenannter Feldname	Formel
Zahl1	KW Anfang	Format([Anfang];"WW")
Zahl2	KW diese Woche	Format(Date();"WW")
Zahl3	KW nächste Woche	Format(Date();"WW")+1
Zahl4	KW Ende	Format([Ende];"WW")
Datum1	Heute	ProjDateAdd(Date();240)

Im Feld *KW Anfang (Zahl1)* wird, wie zuvor in diesem Kapitel schon beschrieben, mithilfe der Format-Funktion per Formel die Kalenderwoche des Anfangstermins von jedem Vorgang berechnet. Im Feld *KW diese Woche (Zahl2)* wird die Kalenderwoche der aktuellen Woche berechnet und im Feld *KW nächste Woche (Zahl3)* die Kalenderwoche der folgenden Woche (+1 Woche). Im Feld *KW Ende (Zahl4)* wird die Kalenderwoche des Endtermins von jedem Vorgang berechnet.

Zuletzt wird noch im Feld *Heute (Datum1)* das aktuelle Datum berechnet. Wir verwenden hierfür die Funktion *Date()*, die das aktuelle Systemdatum enthält. Auf diese Weise ist sichergestellt, dass Sie auch Vorgänge sehen, die am aktuellen Tag beginnen oder begonnen haben. Hintergrund ist, dass Project durch die Standardkalender für jeden Vorgang die Laufzeit von 08:00 bis 17:00 Uhr berechnet. Es kann somit der Fall auftreten, dass Sie von Project um 07:00 Uhr morgens eine Übersicht aller zu erledigenden Vorgänge des aktuellen Tags filtern möchten und die heute erst beginnende Vorgänge nicht finden, da diese erst um 08:00 Uhr laut Project-Standardkalender beginnen.

Die Lösung liegt in der Funktion *ProjDateAdd(Datum; Dauer; Kalender)*. Diese Funktion fügt einem Termin eine Dauer hinzu und gibt den neuen Termin zurück. In diesem Beispiel verwenden wir die Funktion, um das aktuelle Systemdatum um 12:00 Uhr mittags herauszufinden. Die Funktion *Date()* liefert das aktuelle Systemdatum um 00:00 Uhr Mitternacht. Die Project-Funktion *ProjDateAdd()* addiert zu einem vorgegebenen Datum eine anzugebende Dauer in Minuten, dabei wird jedoch nur die Zeit während der Arbeitszeiten des angegebenen Kalenders berücksichtigt. Im Standardkalender sind die Arbeitszeiten 08:00 bis 12:00 und 13:00 bis 17:00 Uhr. *Date()* liefert stets 00:00 Uhr zurück, im Kalender beginnt die Arbeitszeit 08:00 Uhr. Unsere Formel addiert 240 Minuten (4h) und liefert damit 12:00 Uhr.

Mithilfe dieser Felder können Sie neue benutzerdefinierte Filter erstellen, um die Vorgänge von heute, dieser und der nächsten Woche zu filtern. Diese Filter beschrieben wir in Folge. Die Gestaltung der Filter kann natürlich nach weiteren beliebigen Kriterien erweitert und ergänzt werden, um z.B. Vorgänge dieses Monats oder des nächsten Monats herauszufiltern.

Abbildg. 5.37 Inhalte der erstellten Felder

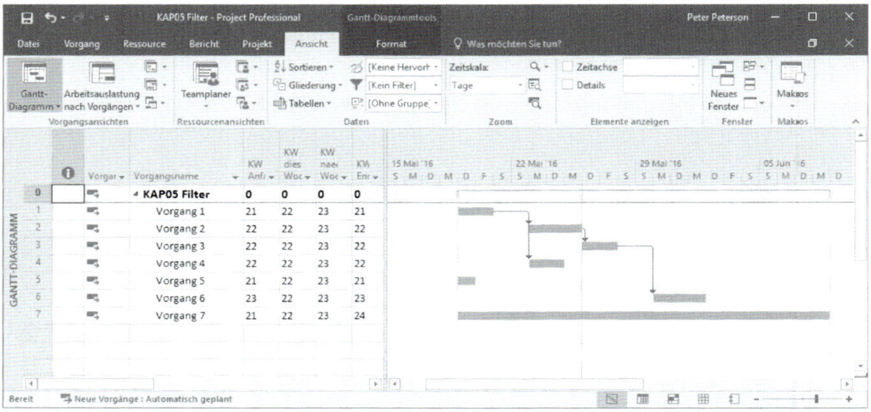

Zum besseren Verständnis zeigt die Abbildung 5.37 die soeben erstellten Felder, damit Sie leichter nachvollziehen können, wie Filter arbeiten.

Abbildg. 5.38 Filter für Vorgänge der aktuellen Woche

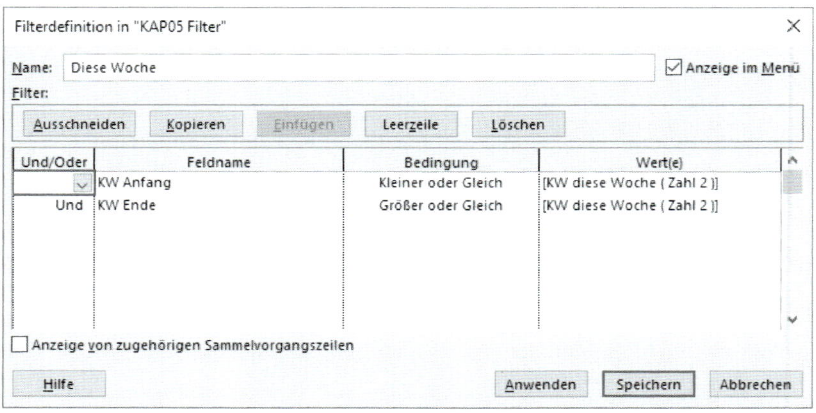

Wählen Sie dazu im Menüband *Ansicht/Daten/Filter/Neuer Filter* aus und erstellen Sie zunächst, wie in Abbildung 5.38 dargestellt, einen Filter für die Vorgänge der aktuellen Woche (*Diese Woche*). Damit werden alle Vorgänge gefiltert, die spätestens in der aktuellen

Woche beginnen und frühestens in der aktuellen Woche enden, also in der aktuellen Woche aktiv sind. Die Abbildung 5.39 zeigt das entsprechende Ergebnis.

Abbildg. 5.39 Gefilterte Vorgänge der aktuellen Woche

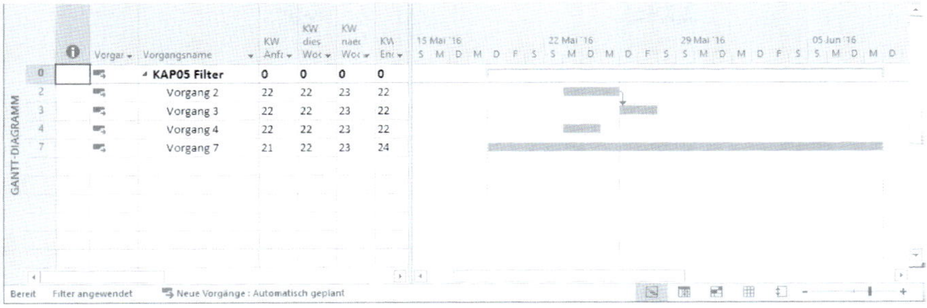

Der Trick besteht darin, dass die berechneten Kalenderwochen der Anfangs- und Endtermine der Vorgänge mit der berechneten Kalenderwoche des aktuellen Datums verglichen werden.

Um die Vorgänge der nächsten Woche zu ermitteln, erstellen Sie analog einen Filter mit dem Vergleich von *KW Anfang* und *KW Ende* mit dem Feld *KW nächste Woche.*

ACHTUNG Diese Filter funktionieren nur, wenn die Kalenderwochen innerhalb des Projekts eindeutig sind. Für eine allgemeingültige Funktion muss der Filter um die Jahresinformation erweitert werden.

Um alle Vorgänge des heutigen Tags zu ermitteln, vergleichen Sie die Felder *Anfang* und *Ende* mit dem zuvor definierten Feld *Heute*, wie in Abbildung 5.40 dargestellt.

ACHTUNG Bei der Filterdefinition ist darauf zu achten, dass das Feld *Heute* bzw. andere benutzerdefinierte Felder nur in der Spalte *Feldname* und nicht in der Spalte *Wert(e)* verwendet werden können.

Abbildg. 5.40 Filter für Vorgänge des aktuellen Tags

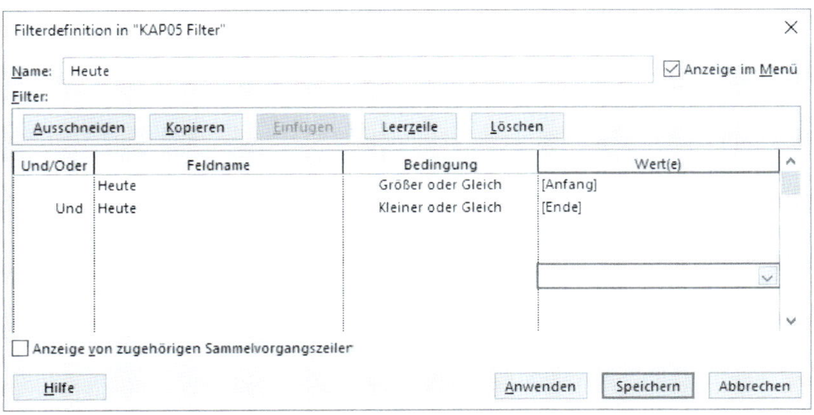

In Abbildung 5.41 sehen Sie als Ergebnis die Vorgänge des heutigen Tags.

Abbildg. 5.41 Gefilterte Vorgänge des aktuellen Tags

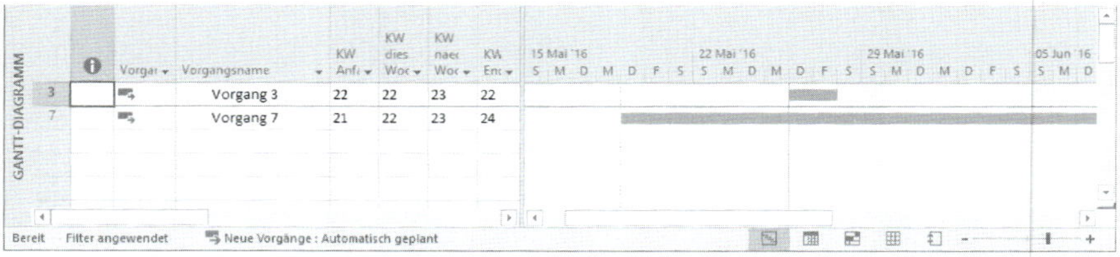

Formeln für Fortschrittskontrolle von Vorgängen

Um den Fortschritt eines Vorgangs besser beurteilen zu können, ist es hilfreich, das Datum der letzten Bearbeitung zu kennen und dieses mit dem aktuellen Datum zu vergleichen. Ist die Bearbeitung im Rückstand, weist die Differenz zwischen den beiden Daten den Verzug des Vorgangs aus.

HINWEIS Im Vergleich zum Feld *Status* ist das Feld *Verzug* unabhängig vom Statusdatum und weist die Verspätung quantitativ als Dauer aus. Damit können Sie einfach zwischen kleinen Verspätungen innerhalb eines Tags und großen Verspätungen von mehreren Tagen unterscheiden. Gegenüber der Leistungsabweichung (Feld *PA*) ist kein Basisplanwert nötig und das Statusdatum wird ebenfalls nicht berücksichtigt (vgl. Kapitel 4).

Datum der letzten Bearbeitung ermitteln

Das Datum der letzten Bearbeitung wird zwar in grafischen Vorgangsbalken dargestellt und ist auch in der Definition der Balken als Feld *Fortgeschritten bis* auswählbar, jedoch ist es nicht als normales Vorgangsfeld verfügbar und kann demzufolge auch nicht in einer Vorgangstabelle angezeigt werden.

Abbildg. 5.42 Formel für das benutzerdefinierte Feld *Fortschritt*

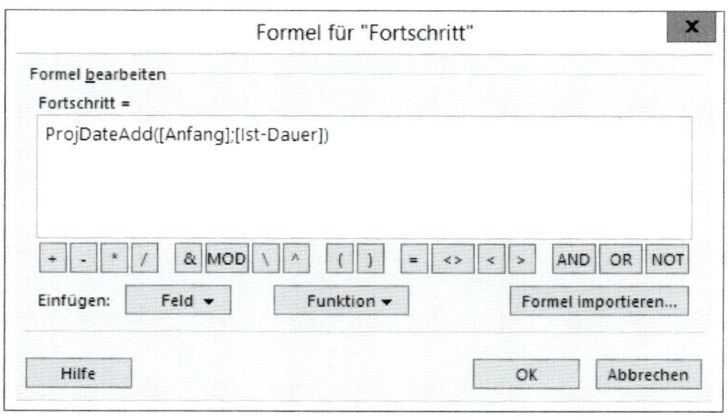

Die Lösung liegt wiederum in einem neuen benutzerdefinierten Feld, das aus dem Anfangsdatum und der *Ist-Dauer* des Terminfortschritts berechnet wird. Benennen Sie z.B. das Feld *Datum1* in *Fortschritt* um und weisen Sie ihm folgende Formel zu:

```
ProjDateAdd([Anfang];[Ist-Dauer])
```

ACHTUNG Verwenden Sie nicht eine einfache Formel wie z.B. *[Anfang]+[Ist-Dauer]*, da dabei der Kalender nicht berücksichtigt wird und beispielsweise die arbeitsfreien Tage an Wochenenden oder Feiertagen mit eingerechnet werden. Zudem sind die Einheiten nicht kompatibel, da ein Datum in Tagen und eine Dauer in Minuten gemessen wird. Vermeiden Sie außerdem beim Umbenennen der Felder in Project verwendete Begriffe wie eben exakt *Fortgeschritten bis*.

Abbildg. 5.43 Anzeige des Datums der letzten Bearbeitung im Feld *Fortschritt*

In der Abbildung 5.43 sehen Sie im Feld *Fortschritt* den numerischen Wert, der das Ende des ausgefüllten Vorgangsbalkens numerisch ausdrückt.

Verzugszeit in Tagen berechnen

Um die genaue Abweichung des Fortschrittsdatums vom aktuellen Datum zu berechnen, gehen Sie folgendermaßen vor:

1. Erstellen Sie ein benutzerdefiniertes Feld *Datum2* mit dem Namen *Heute* und der Formel:

   ```
   ProjDateValue(Date())
   ```

2. Benennen Sie das Feld *Text1* in *In Verzug* um und geben Sie die folgende Formel ein:

   ```
   IIf(([% Abgeschlossen]<100) AND
   (ProjDateDiff([Datum1];[Datum2])>0);Format(ProjDateDiff([Datum1];[Datum2])/
   480;"0")&"t";"")
   ```

Die Formel berechnet mit einer *Wenn-Dann*-Funktion

```
IIf(Ausdruck; True-Teil; False-Teil)
```

zunächst, ob der Vorgang zu 100 % abgeschlossen ist (*False-Teil* gleich Null »0«) und damit nicht weiterverfolgt werden muss. Wenn der Fortschritt kleiner 100 % ist, wird mithilfe der Datumsfunktion

```
ProjDateDiff([Datum1];[Datum2])
```

die Differenz in Minuten zwischen dem Fortschrittstag und dem heutigen Datum berechnet und anschließend durch 480 (60min x 8h) geteilt, um das Ergebnis in Tagen zu erhalten. Zuletzt wird mithilfe der *Format*-Funktion

```
Format(Ausdruck;"0")&"t"
```

der berechnete Wert der Datumsdifferenz aus Gründen der Übersichtlichkeit auf ganze Zahlen gerundet und mit einem Textzeichen »t« durch ein kaufmännisches und (&) als Text verknüpft.

Abbildg. 5.44 Gantt-Diagramm) mit berechneten Feldern für *Fortschritt* (als Datum) und *In Verzug* (in Tagen)

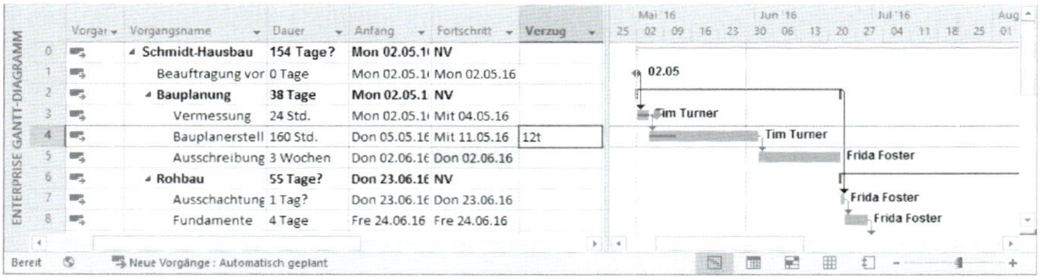

Die Darstellung in den berechneten Spalten für die zusätzlichen Felder *Fortschritt* als Datum und *In Verzug* in Tagen erkennen Sie in Abbildung 5.44 im Gantt-Diagramm.

Formeln für den Vergleich von Datumswerten von Vorgängen

In den letzten Abschnitten haben Sie einige Grundlagen für die Erstellung von Formeln und die Verwendung der Project-Funktionen kennengelernt. Wenn Sie sich weiter mit der Erstellung von Datumsformeln befassen, werden Sie mit hoher Wahrscheinlichkeit auch auf die Problematik stoßen, Datumswerte mit dem Wert NV (= Nicht verfügbar) vergleichen zu müssen.

Problematik beim Vergleich von Datumswerten mit »NV«

Im folgenden Beispiel sollen nicht begonnene Vorgänge ermittelt werden, die in der Vergangenheit liegen. Hierzu wird in einem benutzerdefinierten Attributfeld *Nicht begonnen (Attribut1)* geprüft, ob das Feld *Ist-Anfang* gleich *NV* ist. Wenn ja, wird geprüft, ob das Feld *Anfang* kleiner als das aktuelle Datum ist.

Lösung zum Vergleich von Datumswerten mit »NV«

Datumsfelder in Project werden im Datentypformat *Double* und nicht als Datum direkt abgespeichert. Genauer gesagt, speichert Project pro Datum sehr große Zahlen inklusive weiterer Bruchteile von Zusatzwerten. Dies sind z.B. Angaben zur Uhrzeit von Datumswerten.

Die korrekte Zahl für den Wert »NV« ist die Zahl **4.294.967.295** (2 hoch 32 minus 1), wie uns vom Entwicklungsteam in Redmond bestätigt wurde.

Die Formel muss damit folgendermaßen aufgebaut werden:

```
IIf([Ist-Anfang]=4294967295; True-Teil; False-Teil)
```

Der erste Teil prüft, ob das Feld *Ist-Anfang* gleich *NV* ist. Wenn ja, muss die Formel prüfen, ob der Anfangstermin des Vorgangs vor dem aktuellen Datum liegt. Die Formel wird damit wie folgt ergänzt:

```
IIf([Anfang]<ProjDateValue(Date());"Ja";"Nein")
```

Abbildg. 5.45 Formel zur Prüfung von NV-Werten in Datumsfeldern mit der Zahl 4294967295

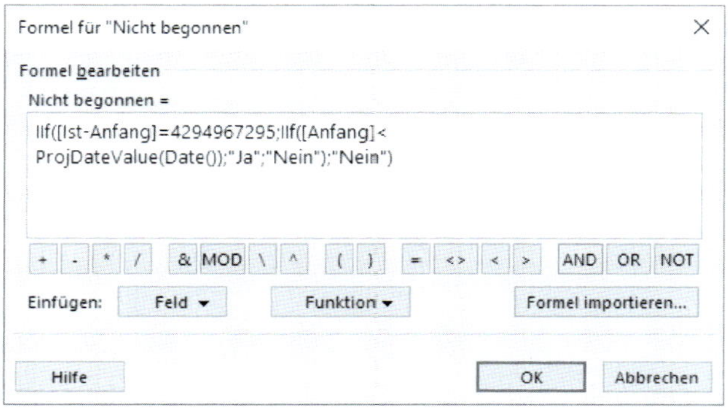

Die komplette Formel für das Feld *Attribut1* lautet somit:

```
IIf([Ist-Anfang]=4294967295;IIf([Anfang]<
ProjDateValue(Date());"Ja";"Nein');"Nein")
```

Die beiden »False-Teile« der `IIf`-Funktionen bringen jeweils Feldwert *Nein*, wenn der Termin in der Zukunft liegt oder in der Vergangenheit bereits begonnen wurde. Damit steht das Feld genau dann auf *Ja*, wenn der Vorgang in der Vergangenheit hätte beginnen sollen, aber noch keinen Fortschritt im Sinne von Ist-Stunden hat und somit verspätet ist.

TIPP Sie können sich diesen Wert auch durch grafische Indikatoren anzeigen lassen.

Abbildg. 5.46 Nicht begonnene und verspätete Vorgänge mit grafischen Symbolen

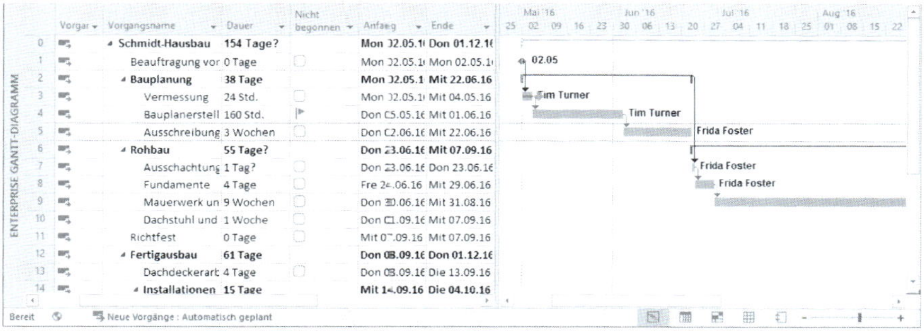

Die Abbildung 5.46 zeigt die Darstellung des Felds *Nicht begonnen* mit einem roten Fähnchen als Indikator.

Codes mit der Switch-Funktion automatisch berechnen lassen

Einige unserer Kunden zeigen uns bei Beratungsterminen oder in Schulungen, wie sie mit Excel automatisch Codes zu Vorgängen berechnen lassen. Dieses Verfahren wird häufig im Bereich der Produktion und auch in der Logistik verwendet, wo Project für die Ablauf- und Fertigungsplanung eingesetzt wird. Anhand verschiedener Parameter (z.B. Maschinenart, Ort, Ausführungsjahr oder -monat) muss dann automatisch ein eindeutiger Vorgangs-Code errechnet werden. Die Abbildung 5.47 zeigt ein Beispiel für die Berechnung eines solchen Codes. Der Code wird zusammengesetzt aus Abkürzungen der Felder *Labor*, *Ort*, *Jahr* und der einmaligen Vorgangsnummer im dreistelligen Format.

Abbildg. 5.47 Automatische Berechnung von Vorgangscodes

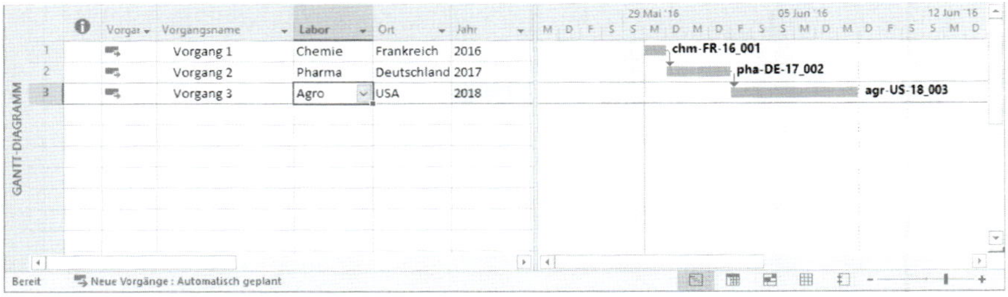

Die Zusammensetzung von Feldern mit verschiedenen Inhalten erfolgt über die Funktion *Switch(Ausdruck1; Wert1; Ausdruck2; Wert2; ...)*. Die *Switch*-Funktion wertet eine Liste von Ausdrücken aus und gibt einen Wert vom Datentyp *Variant* oder einen Ausdruck zurück, der mit dem ersten Ausdruck in der Liste verknüpft ist, der *True* ist. Diese Funktion ist der Funktion *SVERWEIS()* in Excel sehr ähnlich. Die *Switch*-Funktion bietet damit die Möglichkeit, nach der Selektion von Werten in einem benutzerdefinierten Feld, z.B. *Labor*, einen Rückgabewert in ein anderes benutzerdefiniertes Feld, z.B. *(Code)*, zu schreiben. In dem dargestellten Beispiel wird durch die Zusammensetzung von verschiedenen Selektionen eine Verknüpfung von drei *Switch*-Funktionen mit der einmaligen Nummer des Vorgangs vorgenommen.

Um die Felder zu erzeugen, gehen Sie wie folgt vor:

1. Legen Sie vier neue Textfelder für *Labor*, *Ort*, *Jahr* und *Code* an (Abbildung 5.48).
2. Um die erste Werteliste für das Feld *Labor* (*Text1*) zu erstellen, klicken Sie auf die Schaltfläche *Suchen* und geben analog der Tabelle 5.2 und der Abbildung 5.49 die entsprechenden Werte ein.

Abbildg. 5.48 Vier neue Textfelder erstellen

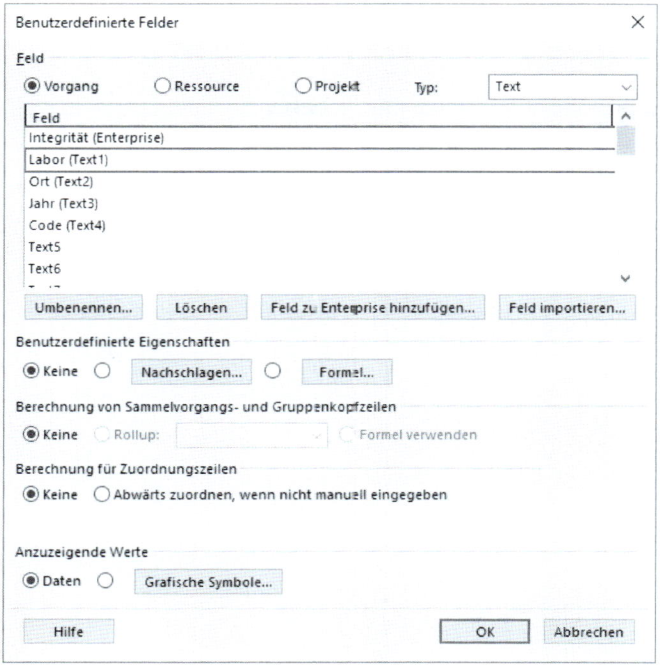

Abbildg. 5.49 Wertelisten für die Textfelder erstellen

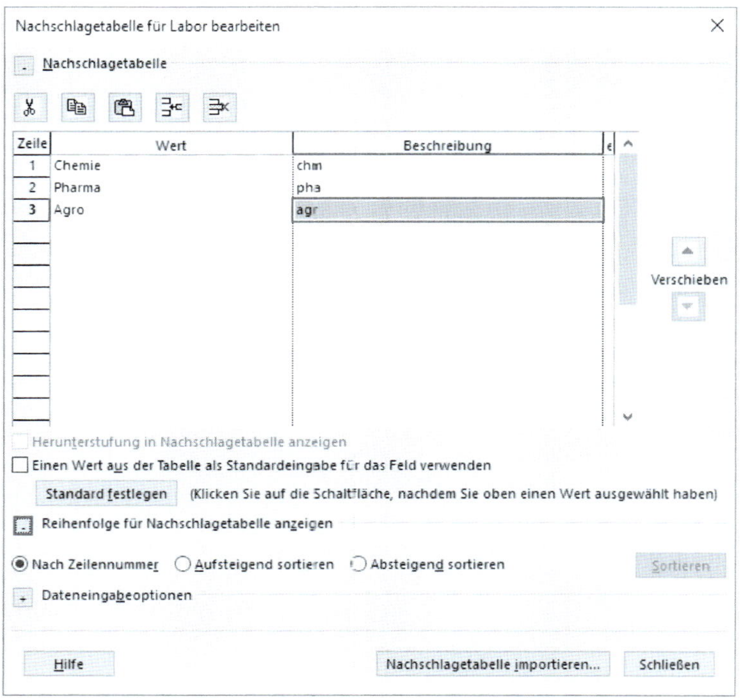

3. Erstellen Sie für die restlichen Felder *Text2* bis *Text3* ebenfalls die Wertelisten, wie sie in Tabelle 5.2 dargestellt sind.

Tabelle 5.2 Wertelisten für die Felder *Text1* bis *Text3*

Feld	Wert	Beschreibung
Text1	Chemie	chm
Text1	Pharma	pha
Text1	Agro	agr
Text2	Deutschland	DE
Text2	Schweiz	CH
Text2	Frankreich	FR
Text2	USA	US
Text3	2016	16
Text3	2017	17
Text3	2018	18
Text3	2019	19

4. Blenden Sie alle drei Textfelder zusammen in der Ansicht *Gantt-Diagramm* oder einer anderen Ansicht Ihrer Wahl ein.
5. Setzen Sie im Feld *Text4 (Code)* die folgenden *Switch*-Funktionen zusammen:

```
Switch([Text1]="Chemie";"chm";[Text1]="Pharma";"pha";[Text1]="Agro";"agr";)
Switch([Text2]="Deutschland";"DE";[Text2]="Schweiz";"CH";[Text2]="Frankreich";"
FR";[Text2]="USA";"US";)
Switch([Text3]="2016";"16";[Text3]="2017";"17";[Text3]="2018";"18";[Text3]="201
9";"19")
```

HINWEIS Sie können z.B. statt des Felds *[Text1]* auch die vergebene Feldbezeichnung, z.B. *[Labor]*, verwenden. Diese wird jedoch, sobald Sie auf die Schaltfläche *OK* im Dialogfeld *Formel für "Code"* klicken, wieder in die interne Feldbezeichnung *[Text1]* konvertiert.

6. Erstellen Sie noch die *Format*-Funktion für die Bestimmung der einmaligen Nummer im Format »000«: `Format([Einmalige Nr.];"000")`
7. Zum Schluss verbinden Sie alle *Switch*-Funktionen mit der Zeichenkette »`& "-" &`« sowie die *Format*-Funktion mit der Zeichenkette »`& "_" &`«. Die komplette Formel sieht dann folgendermaßen aus (Abbildung 5.50):

```
Switch([Text1]="Chemie";"chm";[Text1]="Pharma";"pha";[Text1]="Agro";"agr") & "-
" &
Switch([Text2]="Deutschland";"DE";[Text2]="Schweiz";"CH";[Text2]="Frankreich";"
FR";[Text2]="USA";"US") & "-" &
Switch([Text3]="2016";"16";[Text3]="2017";"17";[Text3]="2018";"18";[Text3]="201
9";"19") & "_" & Format([Einmalige Nr.];"000")
```

Abbildg. 5.50 Zusammengesetzte *Switch*-Funktion zur Ermittlung eines eindeutigen Codes für Vorgänge

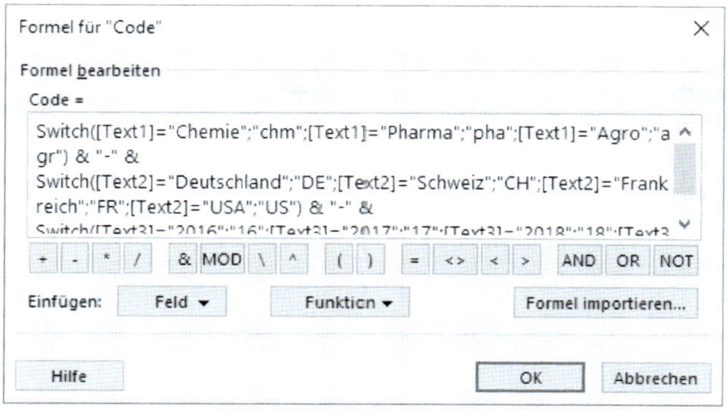

TIPP Die Übersichtlichkeit bei der *Switch*-Funktion kann durch die mögliche Komplexität beim Füllen mit Daten sehr schnell verloren gehen. Es ist daher möglich, auch in einzelnen Textfeldern Zwischenwerte von *Switch*-Funktionen zu speichern und diese dann zum Schluss in einem Vorgangscode zusammenzusetzen.

Damit die neue Codebezeichnung in der Ansicht *Gantt-Diagramm* bei den Vorgängen erscheint (Abbildung 5.47), gehen Sie wie folgt vor:

1. Drücken Sie in der Ansicht *Gantt-Diagramm* die rechte Maustaste.

Abbildg. 5.51 Aufruf des Dialogfelds *Balkenarten* im Kontextmenü *Gantt-Diagramm*

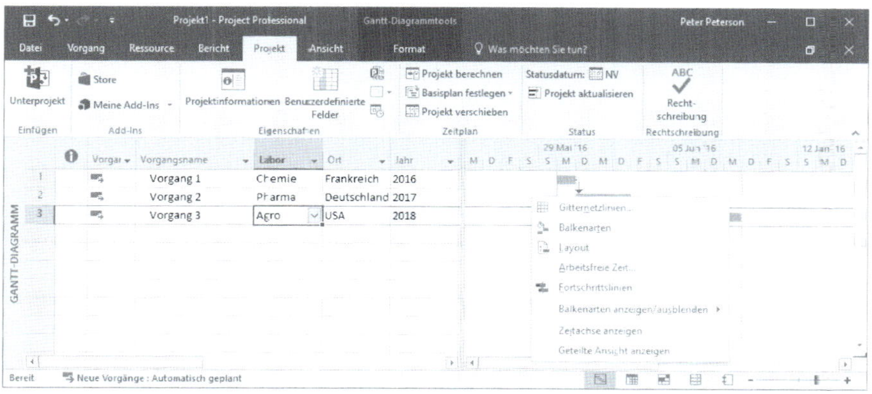

2. Im Kontextmenü klicken Sie auf den Eintrag *Balkenarten*.
3. Wählen Sie im Dialogfeld *Balkenarten* oben die Zeile *Vorgang* aus, wechseln Sie unten auf die Registerkarte *Text* und wählen Sie in der Zeile *Rechts* das Feld *Code (Text4)* aus. Anschließend klicken Sie auf die Schaltfläche *OK*.

Abbildg. 5.52 Dialogfeld *Balkenarten*: Zuweisung des Felds *Code (Text4)*

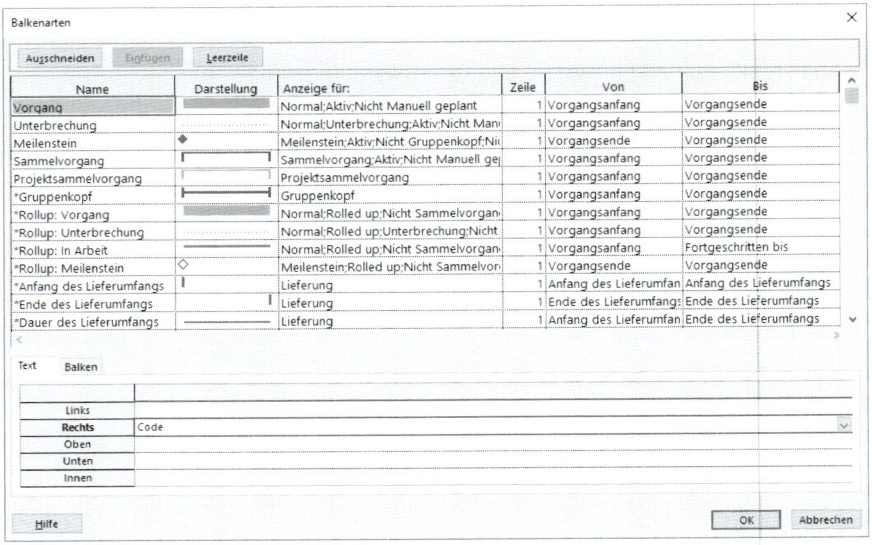

Danach wird der Code hinter den Vorgangsbalken anzeigt, wie in Abbildung 5.47 zu sehen.

»Hammock Tasks« (Hängemattenvorgänge) einfügen

Projektleiter möchten häufig einen Vorgang *Projektmanagement* einfügen, der sich immer an der Dauer des Gesamtprojekts oder eines Sammelvorgangs orientiert. Wird also das Projekt verlängert, verlängert sich automatisch auch der Vorgang *Projektmanagement*; verkürzt sich das Projekt, wird auch dieser Vorgang verkürzt. Die Arbeit soll immer mit einer Ressourcenzuordnung von 20 % berechnet werden. Wie müssen Sie bei der Erstellung dieses in der englischen Sprache »Hammock Task« genannten »Hängemattenvorgangs« vorgehen?

Hammock Tasks sind abhängig von externen Daten. Der Anfangs- und Endtermin eines Hammock Tasks wird von anderen Vorgängen und nicht durch die eigene Dauer gesteuert. Der übersetzte Begriff »Hängematte« stellt die bildhafte Abhängigkeit einer Hängematte dar, die z.B. nur zwischen zwei Bäume (Start- und Endtermin) gespannt werden kann und nicht durch ihre eigene Festigkeit (Dauer) von alleine steht.

Abbildg. 5.53 Vorgang *Projektmanagement* als zukünftigen Hammock Task einfügen

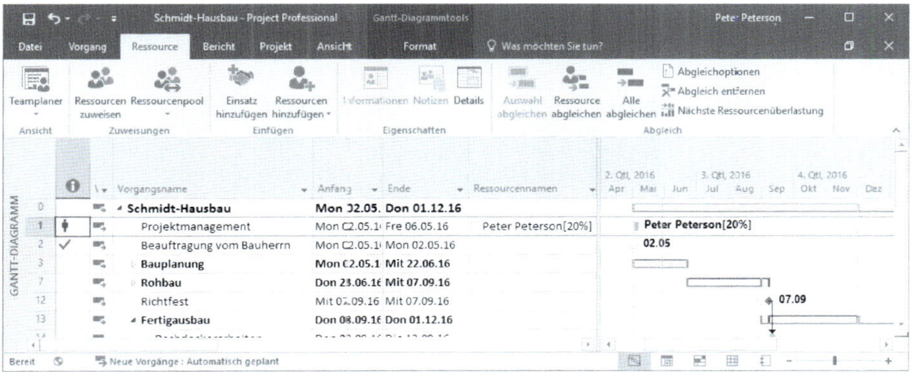

1. Legen Sie in Ihrem Projekt einen Vorgang mit dem Namen *Projektmanagement* an und ordnen Sie sich selbst als Ressource mit 20 % hinzu (Abbildung 5.53).

Abbildg. 5.54 Zelle *Anfang* kopieren

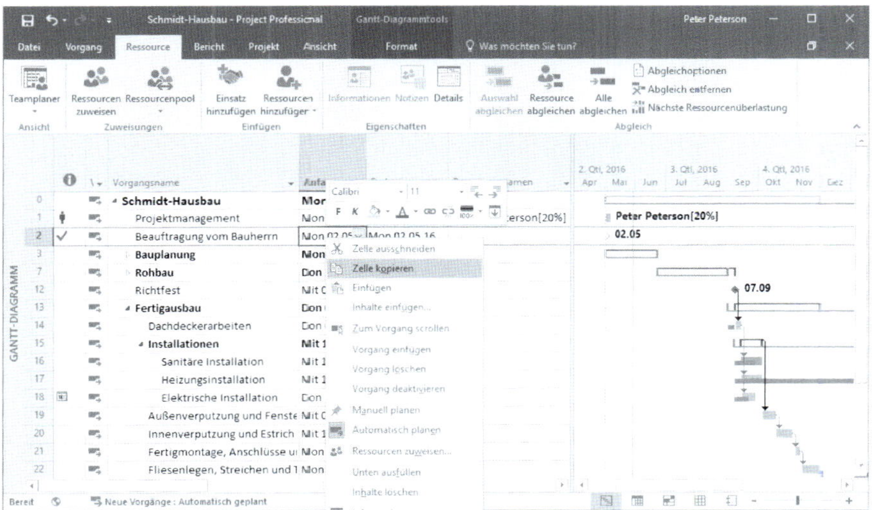

2. Kopieren Sie den Inhalt der Spalte *Anfang* des Meilensteins *Bauauftrag vom Bauherrn* in die Zwischenablage.

Abbildg. 5.55 Inhalte einfügen

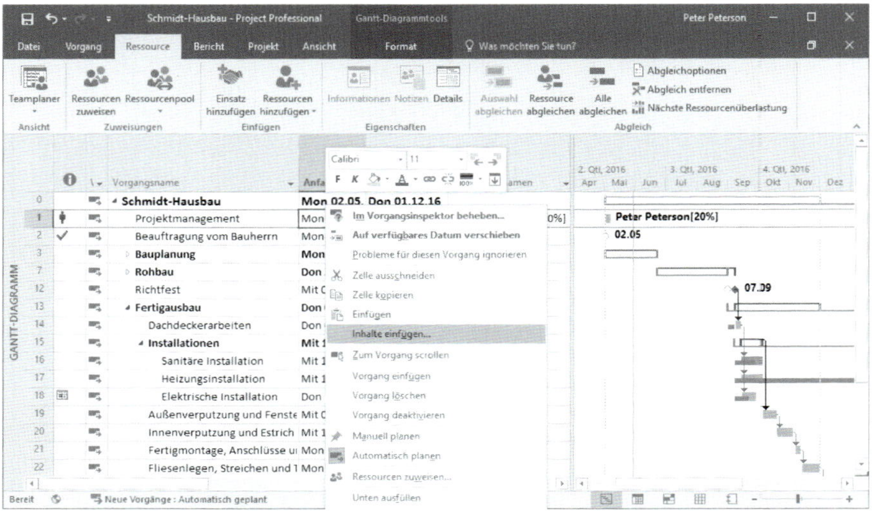

3. Klicken Sie mit der rechten Maustaste die Spalte *Anfang* des Vorgangs *Projektmanagement* an und wählen Sie im Kontextmenü den Eintrag *Inhalte einfügen* aus (Abbildung 5.55).

Abbildg. 5.56 Verknüpfungen einfügen

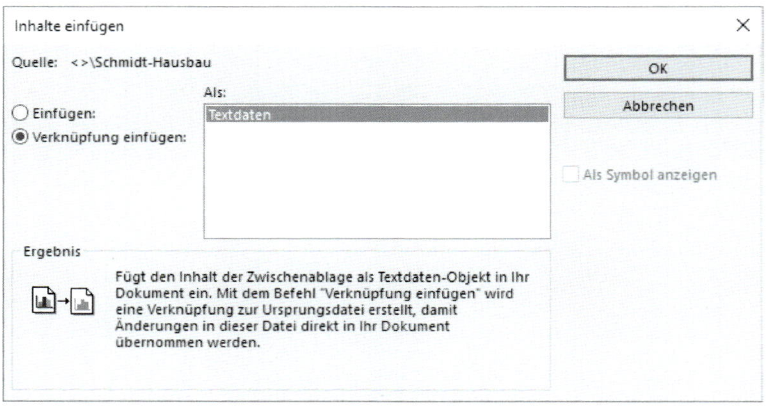

4. Wählen Sie im folgenden Dialogfeld *Inhalte einfügen* das Optionsfeld *Verknüpfung einfügen* und im Feld *Als:* den Eintrag *Textdaten* (Abbildung 5.56). Anhand des kleinen grauen Dreiecks in der rechten unteren Ecke des Felds sehen Sie, dass es sich um einen verknüpften Wert handelt.

Abbildg. 5.57 Verknüpfter Hammock Task als Phase *Projektmanagement*

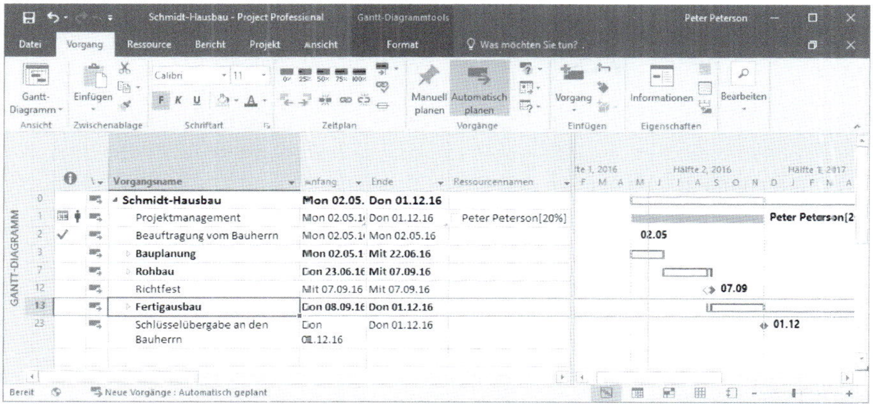

5. Gehen Sie analog für das Feld *Ende* des Vorgangs *Projektmanagement* vor, indem Sie es mit dem Inhalt des Felds *Ende* des Meilensteins *Schlüsselübergabe an den Bauherrn* verknüpfen. In der Folge davon verlängert sich der Vorgang *Projektmanagement* auf 149 Tage (Abbildung 5.57).

Testen Sie aus, ob sich der Vorgang *Projektmanagement* durch Verlängerung des Projekts selbstständig verlängert, indem Sie die *Dauer* der folgenden verknüpften Vorgänge verlängern. Sie sehen, dass sich die Dauer des Vorgangs *Projektmanagement* automatisch erhöht.

HINWEIS Eine partielle Ressourcenzuordnung wie im Beispiel mit 20 % führt dazu, dass der Mitarbeiter während der gesamten Projektlaufzeit nur zu 80 % für andere Aufgaben verfügbar ist. Damit führt jede Zuweisung zu einer Aufgabe mit 100 % dazu, dass die Ressource als überlastet betrachtet wird. Bei der Verwendung des Kapazitätsabgleichs führt dies dazu, dass einer der Vorgänge komplett verschoben wird. Zur Vermeidung von Überlastung sollte diese Ressource im weiteren Projektverlauf nur zu 80 % in anderen Aufgaben eingeplant werden.

Alternativ zum Hammock Task kann man pro Phase einen Vorgang anlegen, der dann über den Kapazitätsabgleich unterbrochen wird, sodass sich rechnerisch die gleiche prozentuale Zuordnung ergibt. Weitere Informationen zur Ressourcenplanung und zum Kapazitätsabgleich finden Sie in Kapitel 1 und in Kapitel 3.

Projektversionen vergleichen

Mit der Funktion *Projekte vergleichen* können Sie einen Vergleich zwischen zwei verschiedenen Versionsständen eines Projekts durchführen und die Ergebnisse in einem detaillierten, benutzerdefinierbaren Bericht anzeigen.

Einen Vergleich können Sie auch über Basispläne durchführen, indem Sie den aktuellen Stand des Projekts mit einem der zuvor festgelegten Basispläne vergleichen. Diese Form des Vergleichs und der Auswertung ist im Kapitel 1 beschrieben.

HINWEIS Des Weiteren ist es möglich, unterschiedliche Szenarien von eingereichten Projektvorschlägen im Rahmen der Portfolioanalyse zu vergleichen. Eine Beschreibung der Portfolioanalyse finden Sie in Kapitel 4.

Die Funktion *Projekte vergleichen* verwenden Sie, wenn Sie verschiedene Dateien eines Projektplans miteinander vergleichen möchten, die beispielsweise von verschiedenen Projektleitern bearbeitet wurden oder wenn sich ein Plan in der Struktur so sehr verändert hat, dass ein Vergleich mit dem Basisplan allein nicht mehr ausreichend ist.

Um den Vergleich der Versionen durchzuführen, führen Sie folgende Schritte aus:

1. Öffnen Sie die ältere Version des Projektplans.
2. Öffnen Sie die neuere Version des Projektplans, z.B. die in Project Server gespeicherte Version.

HINWEIS In Project können Sie stets nur eine Instanz eines einmaligen Projekts öffnen. Wenn Sie also die Entwurfsversion eines Projekts geöffnet haben, so können Sie die veröffentlichte Version nicht direkt parallel öffnen. Diese Beschränkung können Sie umgehen, indem Sie eine lokale Kopie der veröffentlichten Version speichern und öffnen.

3. Rufen Sie im Menüband auf der Registerkarte *Bericht* in der Gruppe *Projekt* den Befehl *Projekte vergleichen* auf.

Abbildg. 5.58 Auswahl der zu vergleichenden Projektversionen

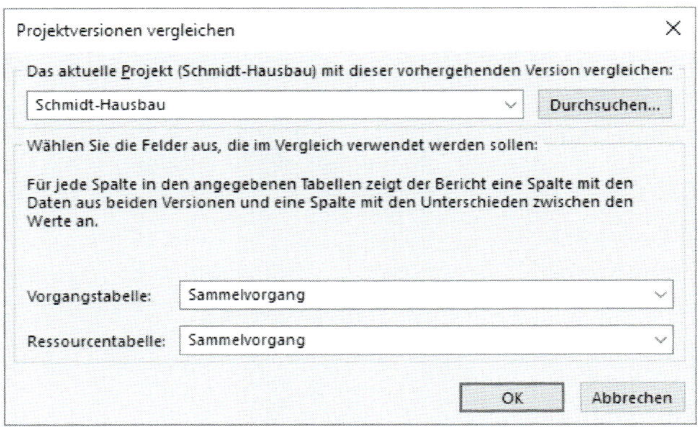

4. Überprüfen Sie im folgenden Dialogfeld, ob die chronologische Reihenfolge der beiden Projektversionen stimmt und passen Sie diese ggf. an.
5. Sie können hier außerdem die Vorgangstabellen zum Vergleich auswählen. Möchten Sie z.B. die zwei Projektversionen terminlich vergleichen, wählen Sie die Vorgangstabelle *Eingabe* aus. Möchten Sie einen Kostenvergleich für beide Projektversionen haben, können Sie die Vorgangstabelle *Kosten* wählen. Bestätigen Sie anschließend mit der Schaltfläche *OK*, um den Vergleich durchzuführen.

Abbildg. 5.59 Vergleichsbericht

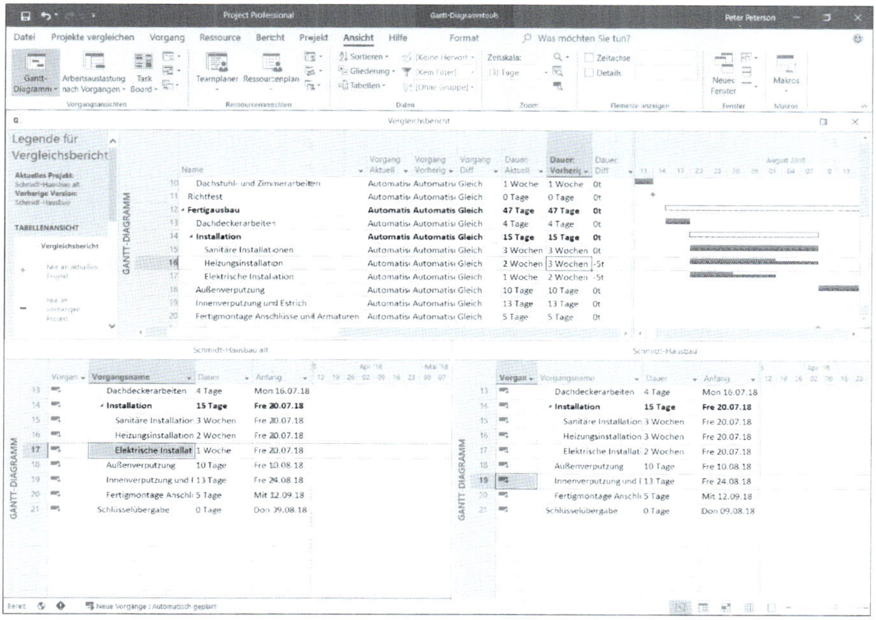

Project erstellt im Anschluss für den Projektvergleich ein temporäres Projekt mit den Daten beider Projektversionen. Außerdem wird das Menüband angepasst, indem eine weitere Registerkarte *Projekte vergleichen* eingeblendet wird.

Der Vergleichsbericht zeigt in der Ansicht *Gantt-Diagramm* eine angepasste Tabelle mit dem Namen *Vergleichsbericht: Vorgang – Alle Spalten*. Das neue Projekt zeigt Ihnen die genauen Unterschiede zwischen den beiden Versionen. Im Menüband können Sie unter *Projekte vergleichen/Anzeigen/Spalten* auswählen, ob Sie in der Tabelle des Vergleichsberichts die Daten beider Projekte ansehen möchten oder nur die Unterschiede. Sie erkennen die neuen oder gelöschten Vorgänge in der Tabelle und im Gantt-Diagramm an den Symbolen und Farben wie in der Legende dargestellt (Abbildung 5.60).

6. Um Änderungen bei den Ressourcen anzuzeigen, rufen Sie in der Befehlsgruppe *Ansicht* den Befehl *Ressourcenvergleich* auf.

Abbildg. 5.60 Legende für den Vergleichsbericht

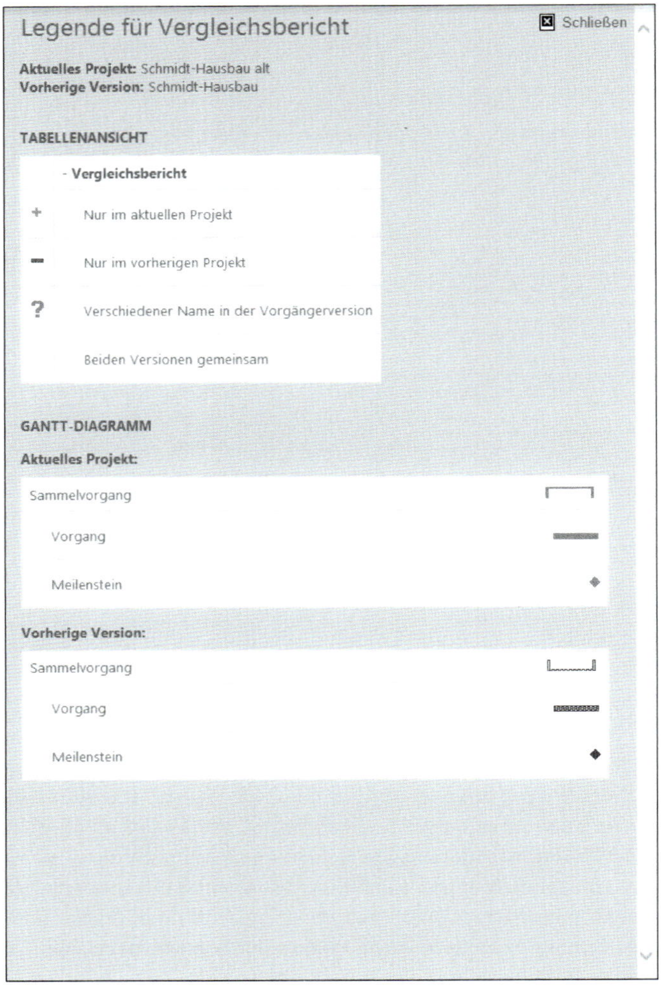

7. Wenn Sie fertig mit der Analyse sind, klicken Sie *in der Befehlsgruppe Vergleichen* auf den Befehl *Vergleich schließen.*

TIPP Verkleinern Sie die Spaltenbreiten der dargestellten Felder mit der Maus oder über die Definition der Tabelle und erhöhen Sie die Höhe für die Kopfzeile der Feldnamen, damit Sie auf einer normalen Bildschirmauslösung, z.B. 1.024 x 768, und einem normalen DIN A4-Ausdruck im Querformat alle Vergleichsspalten und einen Ausschnitt vom *Gantt-Diagramm* erkennen können.

Sie können die automatisch eingeblendeten AutoFilter in den Kopfzeilen der Feldnamen verwenden, um schnell die in den einzelnen Projektdateien hinzugefügten, geänderten oder gelöschten Vorgänge herauszufiltern.

Zeitachse verwenden

BESSER IN 2016

Mit der Zeitachse können Sie den gesamten Projektverlauf auf einem Zeitstrahl visualisieren. Sie können die Zeitachse zum Beispiel oberhalb des Gantt-Diagramms oder auf dem gesamten Bildschirm anzeigen lassen. Neu in Microsoft Project 2016 ist es, dass Sie mehrere Zeitachsen pro Projekt anlegen können. So können Sie beispielsweise eine Zeitachse erstellen, die Ihnen die übergeordneten Phasen Ihres Projekts anzeigt und eine weitere, die Ihnen eine Phase detaillierter darstellt. Gehen Sie dazu wie folgt vor.

1. Falls Sie die Zeitachse noch nicht aktiviert haben, aktivieren Sie sie im Menüband auf der Registerkarte *Ansicht* in der Gruppe *Elemente anzeigen*, indem Sie das Kontrollkästchen *Zeitachse* aktivieren.
2. Klicken Sie die Zeitachse an.

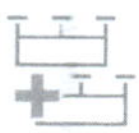

3. Wählen Sie im Menüband die Registerkarte *Format* aus und klicken Sie in der Gruppe *Einfügen* auf die Schaltfläche *Zeitachsenbalken hinzufügen.*

Abbildg. 5.61 Vorgänge zur Zeitachse hinzufügen

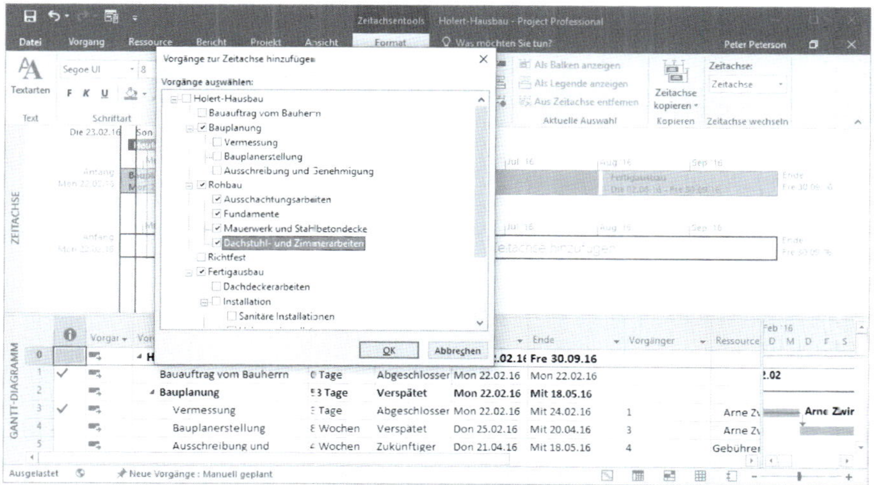

4. Um Vorgänge zur Zeitachse hinzuzufügen, klicken Sie doppelt auf die neue Zeitachse und wählen Sie im Dialogfeld *Vorgänge zur Zeitachse hinzufügen* die gewünschten Vorgänge aus und bestätigen Sie mit der Schaltfläche *OK.*

TIPP Um die Zeitachse auf dem gesamten Bildschirm darzustellen, wechseln Sie in die Ansicht *Zeitachse.* Diese finden Sie in der Registerkarte *Ansicht* in der Gruppe *Vorgangsansichten* im Listenfeld *Gantt-Diagramm* unter *Weitere Ansichten.* Wählen Sie im sich öffnenden Dialogfeld die Ansicht *Zeitachse* aus und klicken Sie auf die Schaltfläche *Auswahl.*

Standardmäßig verwenden alle Zeitachsen das gleiche Anfangs- und Enddatum. Neu in Microsoft Project 2016 ist, dass Sie diese Datumsgrenzen für jede Zeitachse anpassen können. Um für die untere, detailliertere Zeitachse das Anfangs- und Enddatum anzupassen, führen Sie folgende Schritte durch:

1. Wählen Sie die Zeitachse aus.

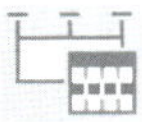

2. Klicken Sie im Menüband auf der Registerkarte *Format* in der Gruppe *Einblenden/Ausblenden* auf den Befehl *Datumsbereich.*

Abbildg. 5.62 Zeitachse mit geänderten Datumsgrenzen

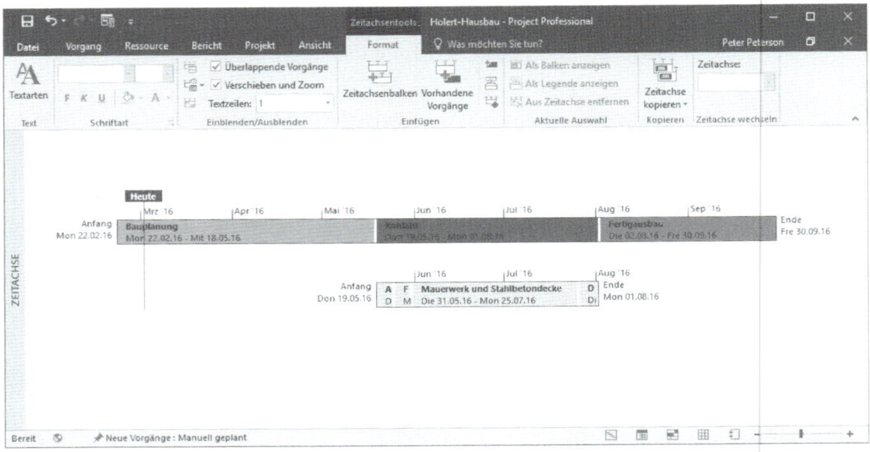

3. Wählen Sie die Option *Benutzerdefinierte Daten festlegen* und tragen Sie z.B. das Anfangs- und Enddatum der detailliert dargestellten Phase ein. Bestätigen Sie mit der Schaltfläche *OK.*

Ressourcenmanagement

Die Thematik des Ressourcenmanagements wird grundlegend in Kapitel 3 behandelt, das sich primär an diejenigen Personen richtet, die im Unternehmen projektübergreifend für die Ressourcen verantwortlich sind, also z.B. Ressourcenmanager oder Abteilungsleiter. In diesem Abschnitt geht es vor allem um spezielle Fragestellungen von Projektleitern und Ressourcenmanagern sowie um Tipps im Hinblick auf den Umgang von Project mit Ressourcen. Im Einzelnen sind dies:

- Einsatzplanung
  - Grundeinstellungen für die Einsatzplanung
  - Einsatz einer Ressource durch den Projektleiter anfordern
  - Einsatzanforderung durch Ressourcenmanager bearbeiten
  - Einsatzgenehmigung durch den Projektleiter bearbeiten

Einsatzplanung

NEU IN 2016

Die Einsatzplanung ist eine neu in Project Server 2016 bzw. Project Online eingeführte Funktion, um zusätzlich oder alternativ zur Vorgangsplanung die Ressourcenauslastung zu managen.[1] Im Wesentlichen führt sie eine zusätzliche vorgangsunabhängig Datenschicht ein, die Ressourcenbelegung widerspiegeln kann.

Diese kann genutzt werden, um völlig unabhängig von der Vorgangsplanung die Zuteilung der Ressourcen im zeitlichen Verlauf zu Projekten abzubilden und/oder eine zusätzliche Genehmigung für den Einsatz von bestimmten Ressourcen einzuholen.

NEU IN 2016

Standardmäßig wird die Ressourcenauslastung anhand der Zuordnung der Ressourcen zu Vorgängen dargestellt. Neu hinzugekommen ist in der PWA die Ansicht *Kapazitäts- und Einsatzwärmebild*, auch in der angelsächsischen Literatur als Resource Heatmap bezeichnet. In dieser Ansicht wird die Ressourcenauslastung immer nur anhand der Einsatzplanung, also den sogenannten *Einsätzen* dargestellt.

Es kann jetzt frei gewählt werden, ob in den anderen Ansichten die Ressourcenauslastung weiterhin anhand der Vorgangszuordnungen angezeigt wird oder nur auf Basis der Einsätze. Wählt man diese Option, passt sich z.B. in Project die Ansicht *Ressourcen: Einsatz* dahingehend an, dass unter *Weitere Projekte und Zusicherungen* nur die Einsätze aus anderen Projekten angezeigt werden, nicht aber die Zuordnung der Ressourcen zu Vorgängen in diesen Projekten. Ferner zeigt u.a. im PWA das Ressourcenhistogramm (Ansicht *Ressourcenverwendung*) auch nur noch die Ressourcenbelegung aus den Einsätzen und ebenso keine Vorgangszuordnungen.

Es empfiehlt sich eine Grundsatzentscheidung für das Unternehmen zu treffen, ob die Ressourcenauslastung anhand von Vorgängen oder sogenannten *Einsätzen* ermittelt werden soll. Für unser Beispielunternehmen nehmen wir – abweichend vom Rest des Buchs – für diesen Abschnitt an, dass wir ausschließlich die Ressourcenauslastung anhand der Einsätze ermitteln möchten.

Der zweite Aspekt ist, dass man als Unternehmen für die Abstimmung zwischen Projektleiter und Ressourcenmanager einen Genehmigungslauf nutzen kann und dass Project dem Projektleiter anzeigen kann, ob er in der Vorgangsplanung die zugesagten Einsatzzeiten einhält. Konkret kann der Projektleiter aus Project heraus Einsatzzeiten anfragen (*Einsätze* erstellen) und der Ressourcenmanager kann diese so oder angepasst genehmigen oder ablehnen. Der Projektleiter kann in einer frühen Phase diese Einsätze erstellen, ohne dass er überhaupt eine Vorgangsplanung gemacht hat oder er kann die Einsätze in Project anhand der bestehenden Vorgangsplanung erstellen. Ist für eine Ressource definiert, dass diese eine entsprechende Genehmigung erfordert, dann werden etwaige Konflikte in Project angezeigt, sodass der Projektleiter in Project leicht erkennen kann, wenn seine Planung von der durch den Ressourcenmanager genehmigten abweicht.

Auch hier empfiehlt es sich, eine Grundsatzentscheidung zu treffen, ob formell in Project diese Genehmigung gegeben werden muss. In unserem Beispielunternehmen nehmen wir für diesen Abschnitt an, dass diese Einsatzgenehmigung für alle Ressourcen erforderlich ist.

Die Funktion Einsatzplanung zielt in erster Linie auf eine Multiprojektumgebung mit Matrixorganisation. Hier ist oft in der Praxis anzutreffen, dass die Abteilungs- oder Grup-

[1] Auch in der Dokumentation von Project als *Ressourcenvereinbarung* bezeichnet.

penleiter unabhängig von der Planung der Projektleiter eine vereinfachte Ressourcenplanung erstellen, um festzulegen, welches Projekt, welche Ressourcen in welchem Umfang zu welcher Zeit zugeteilt bekommt. Der Vorteil der neuen Funktion in Project liegt darin, dass hier beide Planungen abgebildet und integriert werden können, sodass der sonst sehr aufwendige manuelle Vergleich entfällt. Risiken liegen darin, dass die Umsetzung im Vergleich zu einer autonomen Planung z.B. in Form von separaten Kapazitätsplaner-Werkzeugen oder Excel basierter Lösungen ein gewisses Maß an Mitwirkung in der PWA erfordert. Oft hat gerade die Zielgruppe Abteilungs- und Gruppenleiter oft wenig Zeit für administrative Arbeiten, da diese oft als Teilprojektleiter arbeiten und zudem noch Leitungsaufgaben wahrnehmen müssen. Darum ist eine losgelöste Ressourcenmanager-Rolle tendenziell eher geeignet, diese Aufgaben wie nachfolgend dargestellt zu übernehmen.

Im Nachfolgenden zeigen wir, wie Sie die Einsatzplanung in Project umsetzen:

- Grundeinstellungen für die Einsatzplanung
- Einsatz einer Ressource durch den Projektleiter anfordern
- Einsatzanforderung durch Ressourcenmanager bearbeiten
- Einsatzgenehmigung durch den Projektleiter bearbeiten

Grundeinstellungen für die Einsatzplanung

Um nun in Project festzulegen, dass die Auslastung der Ressourcen anhand der Einsatzplanung berechnet werden soll und zudem, dass alle Einsätze der Ressourcen eine Genehmigung erfordern, gehen Sie wie folgt vor:

1. Starten Sie Project und öffnen Sie das erste Projekt.
2. Klicken Sie im Menüband auf der Registerkarte *Projekt* in der Befehlsgruppe *Eigenschaften* auf den Befehl *Projektinformationen.*

Abbildg. 5.63 Ressourcenauslastung anhand von Einsätzen berechnen

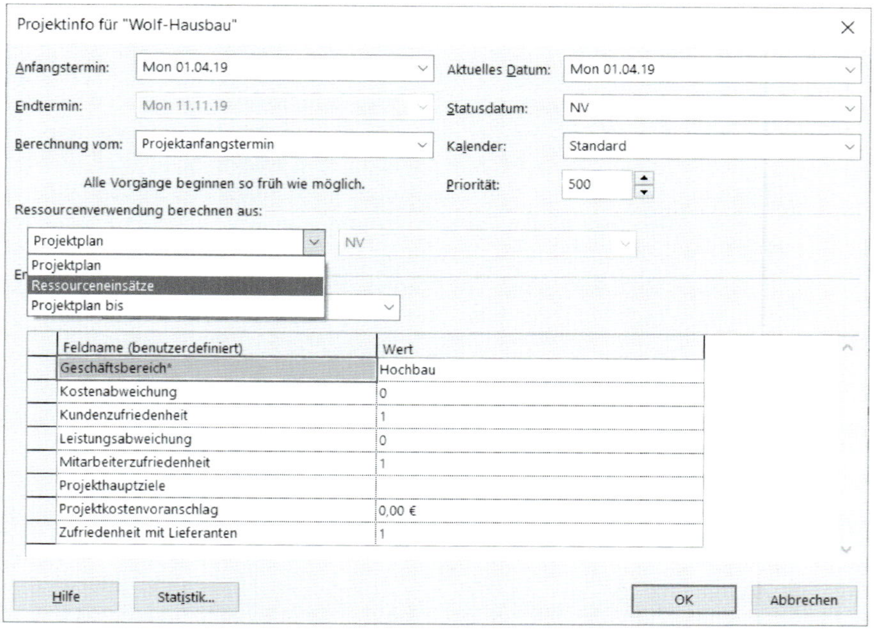

3. Wählen sie im Dropdown-Listenfeld *Ressourcenverwendung berechnen aus* den Eintrag *Ressourceneinsätze* aus.
4. Klicken Sie auf *OK*, speichern, veröffentlichen und schließen Sie das Projekt.
5. Wiederholen Sie diese Schritte für alle aktiven Projekte.

HINWEIS Mischformen wie z.B. zeitliche Abgrenzung innerhalb eines Projektplanes (*Projektplan bis*) oder auch die Verplanung einer Ressource in Projekten, die das unterschiedlich handhaben, sind komplexer und damit nicht empfohlen.

6. Wechseln Sie in den PWA und klicken in der Schnellstartleiste auf *Ressourcen*.

Abbildg. 5.64 Ressource für die Einsatzplanung auswählen

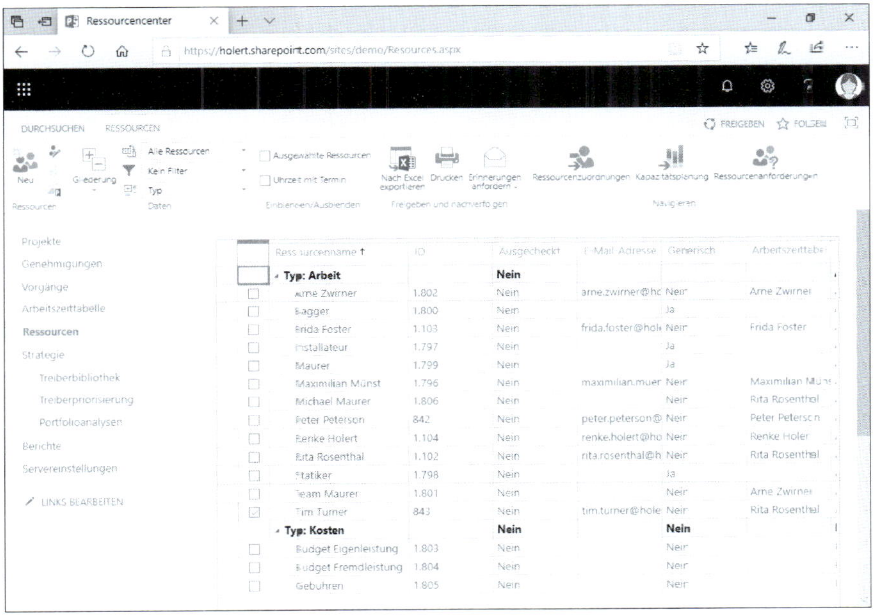

7. Aktivieren Sie das Kontrollkästchen vor dem ersten Ressourcennamen.
8. Klicken Sie auf der Registerkarte *Ressourcen* in der Befehlsgruppe *Ressource* auf den Befehl *Bearbeiten*.

Abbildg. 5.65 Festlegen, dass Einsätze durch den Ressourcenmanager genehmigt werden müssen

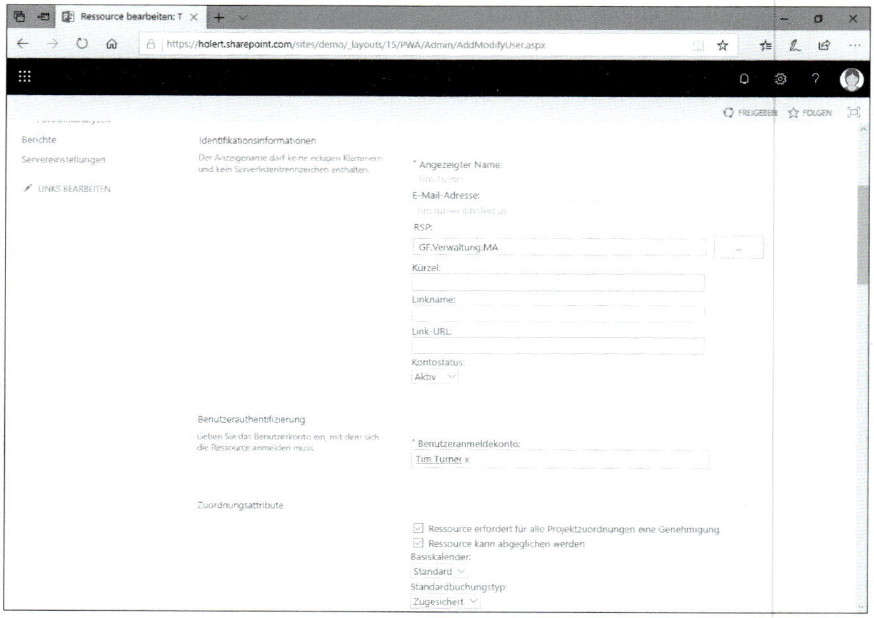

9. Aktivieren Sie das Kontrollkästchen *Ressource erfordert für alle Projektzuordnungen eine Genehmigung*.
10. Klicken Sie auf die Schaltfläche *Speichern*.

HINWEIS *Ressource erfordert für alle Projektzuordnungen eine Genehmigung* setzt im PWA das Feld *Erfordert Verhandlung*. Dieses Feld wird in Project als *Erfordert Einsätze?* bezeichnet. Eine Übersicht über alle Begriffe, die im Zusammenhang mit Einsätzen verwendet werden, finden Sie in der Tabelle 5.3.

11. Wiederholen Sie die letzten Schritte für alle Ressourcen.

TIPP Sie können diese Eigenschaft mit wenig Aufwand für alle Ressourcen setzen. Wähen Sie dazu alle Ressourcen aus, indem Sie in der Spaltenüberschrift über den Kontrollkästchen im Kontextmenü *Alles Markieren* auswählen. Klicken Sie dann im Menüband auf den Befehl *Öffnen* und setzen Sie dann das Feld *Erfordert Einsätze?* in Project entsprechend.

Einsatz einer Ressource durch den Projektleiter anfordern

Wir gehen davon aus, dass der Projektleiter bereits wie in Kapitel 1 beschrieben eine Vorgangsplanung erstellt hat und nun den Prozess *Ressourcen für Vorgänge schätzen* ausführt. Um nun eine Einsatzgenehmigung für diese Ressource einzuholen, gehen Sie wie folgt vor:

1. Wählen Sie den Vorgang oder die Vorgänge aus, der bzw. die die Ressource übernehmen soll.

Abbildg. 5.66 Ressourcen für Vorgänge schätzen

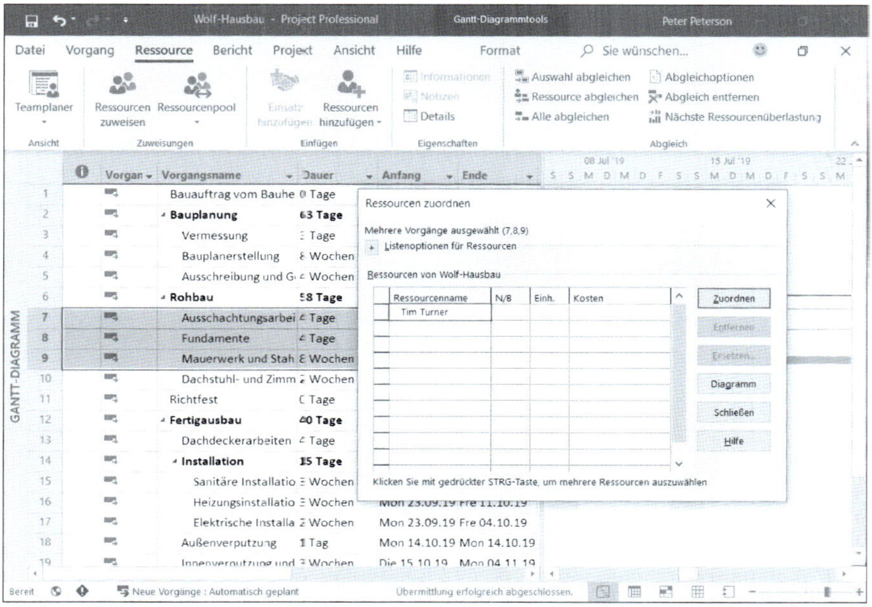

2. Klicken Sie im Menüband auf *Ressource/Zuweisungen/Ressourcen zuweisen.*
3. Wählen Sie die Ressource aus und klicken Sie auf *Zuordnen.*

Abbildg. 5.67 Genehmigter Einsatz in ausreichendem Umfang für die Ressourcenzuordnung zum Vorgang fehlt vom Ressourcenmanager (Einsatzkonflikt)

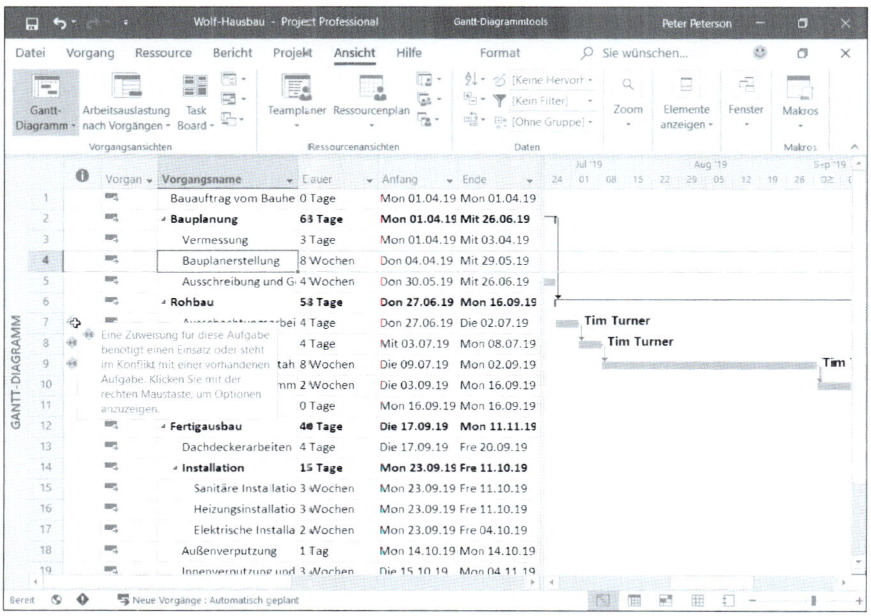

4. Bewegen Sie den Mauszeiger in die Indikatorspalte des ersten Vorgangs, der das in der Marginalspalte abgebildete Symbol eines Einsatzkonflikts zeigt, bis die QuickInfo *Eine Zuweisung für diese Aufgabe benötigt einen Einsatz oder steht im Konflikt mit einer vorhandene Aufgabe.*[2] *Klicken Sie mit der rechten Maustaste, um Optionen anzuzeigen.*[3] zu lesen ist.

Abbildg. 5.68 Ursache für Einsatzkonflikt ermitteln

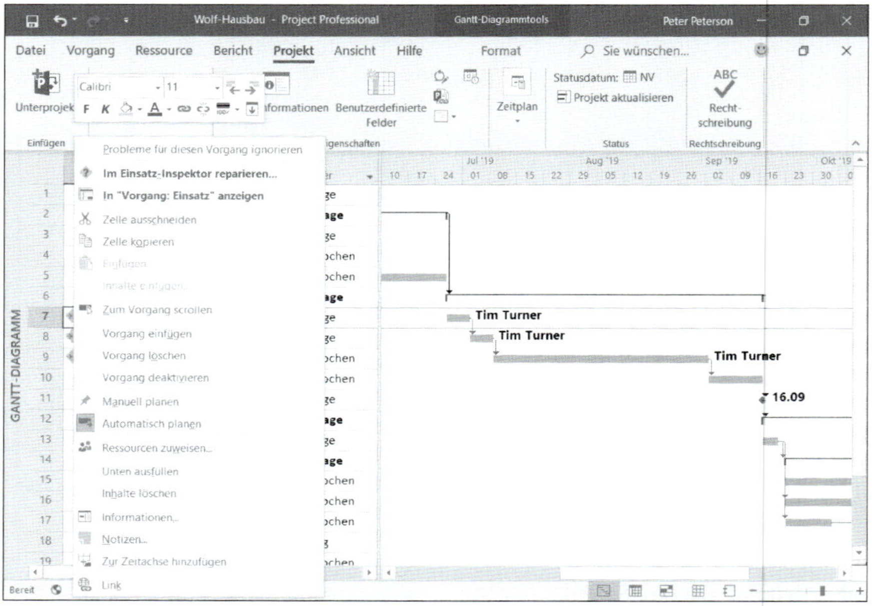

5. Klicken Sie mit der rechten Maustaste auf den Vorgang
6. Wählen Sie im Kontextmenü den Eintrag *Im Einsatz-Inspektor reparieren* aus.

---

2 Hier wurde entgegen der üblichen Übersetzung des englischen Begriffs *Task* die deutsche Übersetzung *Aufgabe* statt *Vorgang* gewählt. *Assignment* wurde hier mit *Zuweisung* statt *Zuordnung* übersetzt. Die Zuordnung wird an anderer Stelle auch als *Vorgangszuordnung* bezeichnet (*Task Assignment*).

3 In Project wird *Usage* üblicherweise mit *Einsatz* übersetzt. Hier ist jedoch *Einsatz* als Übersetzung von *Engagement* gewählt worden (*Resource Engagement*).

Abbildg. 5.69 Einsatzkonflikt im Einsatz-Inspektor analysieren

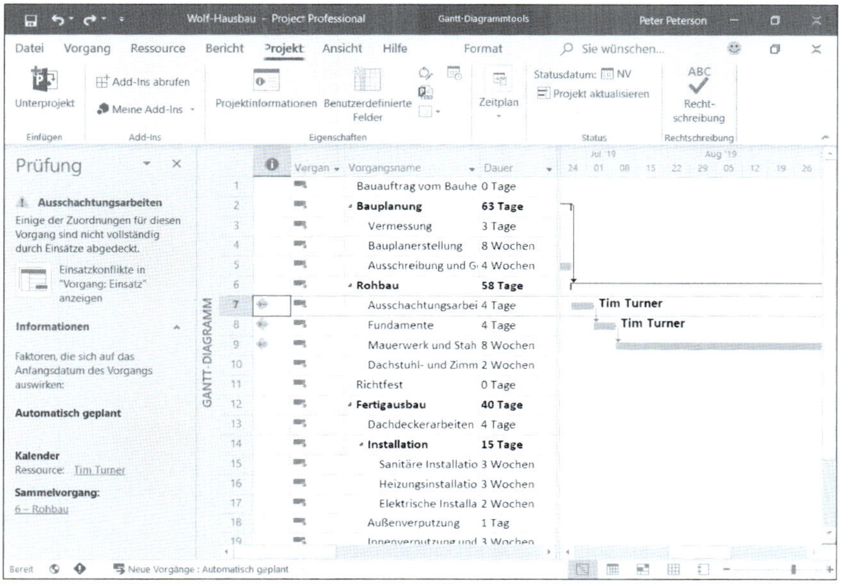

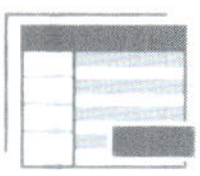

7. Klicken Sie im Einsatzinspektor auf die Schaltfläche *Einsatzkonflikt in "Vorgang: Einsatz" anzeigen.*

Abbildg. 5.70 Neuen Einsatz erstellen

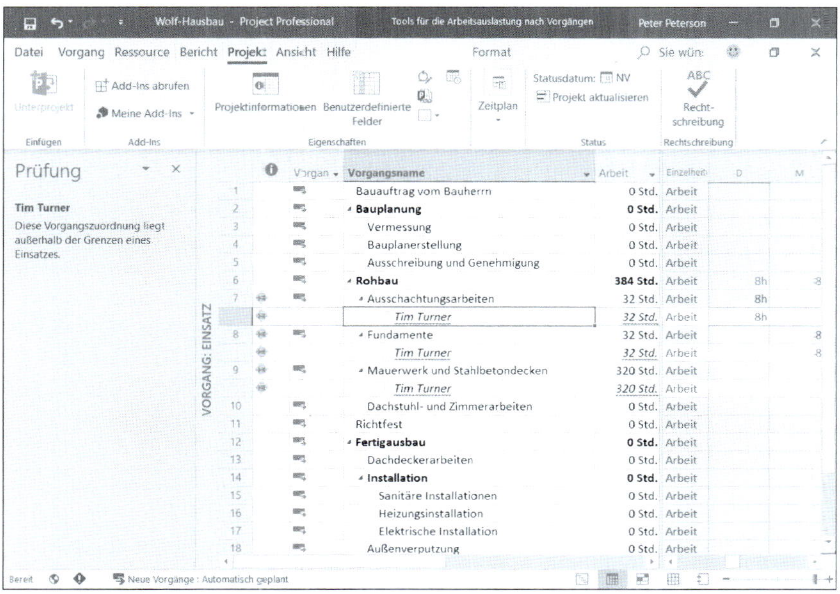

8. Klicken Sie mit der rechten Maustaste auf die unterschlängelnde rote Linie und wählen Sie im Kontextmenü den Eintrag *Neuen Einsatz erstellen* aus.

Abbildg. 5.71 Einsatzinformationen

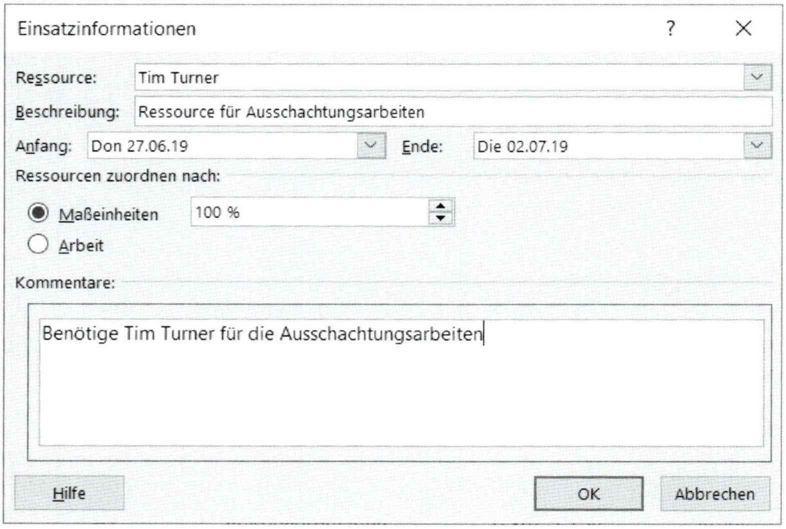

9. Geben Sie im Feld *Beschreibung* z.B. den Namen des Vorgangs ein.

HINWEIS Da in der Einsatzliste in der PWA in der Regel nur wenig Platz ist, formulieren Sie die *Beschreibung* knapp. Der Projektname muss nicht angegeben werden, da dieser über eine separate Spalte durch den Ressourcenmanager dargestellt werden kann. Eine sinnvolle Beschreibung ist z.B. der Vorgangsname oder, wenn Sie mehrere Vorgänge zusammenfassen, eine entsprechende zusammenfassende Beschreibung der Arbeit.

Anfang und *Ende* des Einsatzes sowie die *Einheiten*[4] werden automatisch gesetzt.

Ein sinnvoller *Kommentar* ist z.B. eine spezielle Qualifikation oder sonstige Eigenschaft, die benötigt wird oder ein Verweis auf eine bereits mündlich getroffene Absprache.

Wiederholen Sie die letzten Schritte für alle weiteren Vorgänge mit Einsatzkonflikten.

TIPP Sie müssen nicht für jede Vorgangszuordnung einer Ressource einzeln einen Einsatz erstellen, sondern Sie können einen Einsatz auch manuell beliebig erweitern. Bei vorhandenen Zuordnungen ist das am einfachsten, wenn Sie in die Einsatzliste wechseln (Ansicht *Ressourcenplan*), die Werte aus der Zeile *Arbeit* auf Ebene des Ressourcensammelvorgangs in die Zeile *Vorgeschlagene Arbeit* des Einsatzes kopieren. In der Praxis empfiehlt sich dieses Vorgehen, um den Aufwand gering zu halten. Idealerweise hat man pro Projekt und Ressource nur einen *Einsatz*.

10. Klicken Sie auf *OK*.

11. Bewegen Sie die Maustaste über das in der Marginalspalte abgebildete Symbol, bis die QuickInfo den Text *Diese Zuordnung wird von einem Einsatz im Entwurfszustand abgedeckt. Klicken Sie mit der rechten Maustaste, um Optionen anzuzeigen wird.* anzeigt.

[4] *Units* wird hier in Project seltsamerweise als *Maßeinheiten* übersetzt.

Abbildg. 5.72 Einsatzentwurf

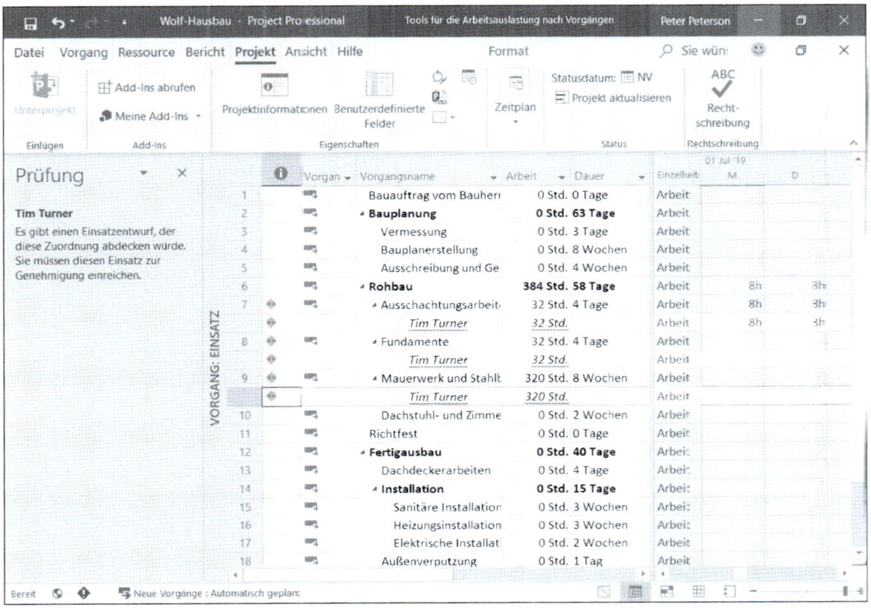

HINWEIS In der Einsatzliste (Ansicht *Ressourcenplan*) steht in der Spalte *Einsatzstatus* jetzt *Entwurf*.

Abbildg. 5.73 Einsatz absenden

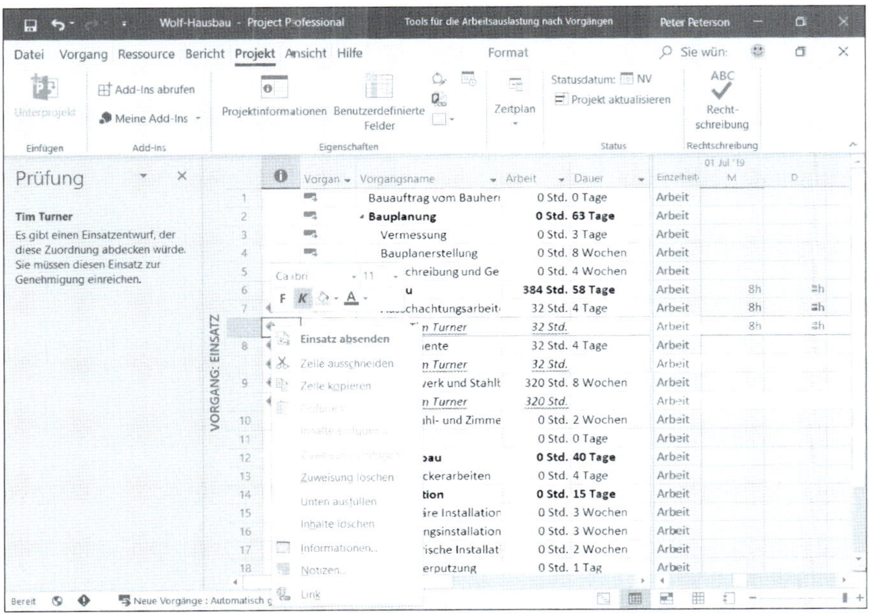

12. Klicken Sie mit der rechten Maustaste auf den Vorgang und wählen Sie im Kontextmenü den Eintrag *Einsatz absenden* aus.

HINWEIS In der Einsatzliste (Ansicht *Ressourcenplan*) steht in der Spalte *Einsatzstatus* jetzt *Vorgesehen*.

13. Wiederholen Sie die letzten Schritte für alle Vorgänge mit Einsätzen im Entwurfsstatus.

TIPP Sie können in der Einsatzliste (Ansicht *Ressourcenplan*) auf der Registerkarte *Einsätze* in der Befehlsgruppe *Einsätze* über *Senden/Alle Einsätze senden* auch mehrere Einsätze gleichzeitig absenden.

14. Klicken Sie mit der rechten Maustaste auf den linken Fensterrand und wählen Sie die Ansicht *Ressourcenplan* aus.

Abbildg. 5.74 Einsätze warten auf Genehmigung

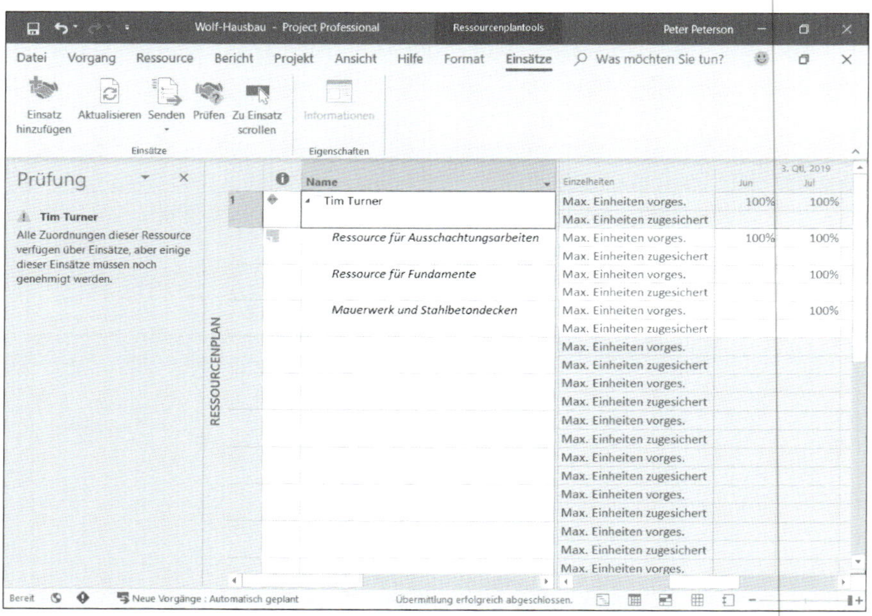

15. Beachten Sie den Hinweis im linken Seitenbereich (*Einsatz-Inspektor*) und dass Sie die angefragten Werte des Einsatzes periodenbezogen in der Zeile *Max. Einheiten vorges.(ehen)* bzw. *Vorgeschlagene Arbeit* ablesen können.[5]

16. Schließen Sie den Seitenbereich, indem Sie auf das X am oberen rechten Rand klicken.

[5] In der deutschsprachigen Version wird *Proposed* mal mit *Vorgeschlagen* und mal mit *Vorgesehen* übersetzt sowie *Committed* mit *Zugesichert* und mal mit *Zugesagt*.

Tabelle 5.3 Begriffsübersicht Einsatzplanung

Deutsch	Englisch	Kommentar
Einsatz	(Resource) Engagement	Ressourceneinsatz
Einsatz-Inspektor[a]	Engagement Inspector	Linker Seitenbereich in Project, der Details zum Einsatz enthält und nächste Schritte anbietet
Einsatzinformationen	Engagement Information	Eigenschaften des Einsatzes, u.a. *Ressource, Projekt, Anfang, Ende, Einheiten/Arbeit*
Erfordert Einsätze?[b]	Requires Engagements	Hier findet eine Prüfung statt, ob die Genehmigung des Ressourcenmanagers innerhalb der in Project auf Vorgänge verplanten Arbeit der entsprechenden Ressource liegen
Einsatzkonflikt[c]	Engagement Conflict	Konflikt zwischen der Einsatz- und Vorgangsplanung
Einsatzentwurf	Engagement in Draft State	Ein Einsatz, der in Project erstellt ist, aber noch nicht zum PWA zur Genehmigung durch einen Ressourcenmanager gesendet wurde (*Einsatzstatus = Entwurf*)
Einsatzstatus[d]	Engagement Status	Nicht abgesendet (*Entwurf*), angefragt (*Vorgesehen*), genehmigt (*Zugesichert*) oder *Abgelehnt*.
Einsatzliste	Resource Requests, Resource Plan	Liste der Einsätze im PWA als *Ressourcenanforderungen* und Project als *Ressourcenplan* bezeichnet
Kapazitäts- und Einsatzwärmebild	Capacity and Engagements Heatmap	Farbliche Darstellung der Einsatzsummen pro Ressource nach Perioden und Auslastungsgrad
Ressourcenauslastung[e]	Resource Utilization	Kapazitätsauslastung

a Die Überschrift im linken Seitenbereich wird in Project als *Prüfung* bezeichnet.
b In der deutschsprachigen Oberfläche der PWA heißt das Feld *Erfordert Verhandlung*. Die Beschreibung des Felds im Ressourcendialog lautet: *Ressource erfordert für alle Projektzuweisungen eine Genehmigung.*
c Auch
d In der deutschsprachigen Oberfläche der PWA heißt das Feld *Zustand*.
e Auch in der deutschsprachigen Oberfläche von Project und PA als Ressourcenverwendung, als Ressourcenverfügbarkeit, als Ressourcenzuteilung oder teilsynonym als (Ressourcen-)Zusicherungen bezeichnet.

Tabelle 5.4 Symbole in der Indikatorspalte in Einsatzliste in Project (Ansicht: *Ressourcenplan*)

Symbol	Deutsch	Englisch	Kommentar
	Gelöscht	Deleted	Ein Einsatz wurde durch den Ressourcenmanager im PWA gelöscht
	Bearbeitet	Edited	Die vom Projektleiter angefragten und vom Ressourcenmanager genehmigten Werte laufen auseinander (in Umfang und zeitlicher Verteilung)

Tabelle 5.5 Aktionen im Kontextmenü in der Einsatzliste in Project (Ansicht *Ressourcenplan*)

Symbol	Deutsch	Englisch	Kommentar
	Im Einsatz-Inspektor reparieren	Fix in Engagement Inspector	Ruft den linken Seitenbereich *Prüfung* (Inspektor) auf
	Auf Grundlage dieses Einsatzes einen neuen erstellen	Create a new engagement based on this one	Neuen Einsatz als Kopie des gelöschten Einsatzes erstellen
	Diesen Einsatz aus dem Projekt entfernen	Remove this Engagement from the Project	Gelöschten Einsatz auch aus Project löschen
	Im Ressourceneinsatz anzeigen	View in Resource Usage	In die Zuordnungsansicht *Ressource: Einsatz* wechseln

Aktionen werden nur in der Einsatzliste (*Ressoucenplan*) in Project angezeigt und nur, wenn der Projektplan ausgecheckt ist.[6]

Tabelle 5.6 Symbole in der Indikatorspalte in den Vorgangs- und Zuordnungsansichten in Project

Symbol	Deutsch	Englisch	Kommentar
	Einsatzkonflikt	Engagement Conflict	Konflikt zwischen der Einsatz- und Vorgangsplanung
	Einsatzstatus *Entwurf* und *Vorgesehen*	Engagement Status *Draft* and *Proposed*	Einsatz, der nicht abgesendet wurde oder abgesendet, aber noch nicht genehmigt wurde

Tabelle 5.7 Aktionen im Kontextmenü in den Zuordnungsansichten

Symbol	Deutsch	Englisch	Kommentar
	Im Einsatz-Inspektor reparieren	Fix in Engagement Inspector	Ruft den linken Seitenbereich *Prüfung* auf
	Verstoß verursachende Zuweisung anzeigen	View Assignment Causing Violation	Springt zu einer Zuordnung mit Einsatzkonflikt
	Neuen Einsatz erstellen	Create New Engagement	Neuen Einsatz auf Basis der ausgewählten Zuordnung erstellen
	Ressource ersetzen	Replace Resource	Ruft den Zuordnungsdialog, auf, um die Ressource ersetzen zu können
	Einsatz absenden	Submit Engagement	Sendet den im Projektplan vorhandenen Einsatz zum PWA

Aktionen werden nur in den Zuordnungsansichten *Vorgang: Einsatz* und *Ressourcen: Einsatz* in Project angezeigt und nur, wenn der Projektplan ausgecheckt ist.

[6] Daneben gibt es noch ohne Symbol die Einträge *Einsatz einfügen* und *Einsatz löschen*.

Abbildg. 5.75 Einsätze warten auf Genehmigung

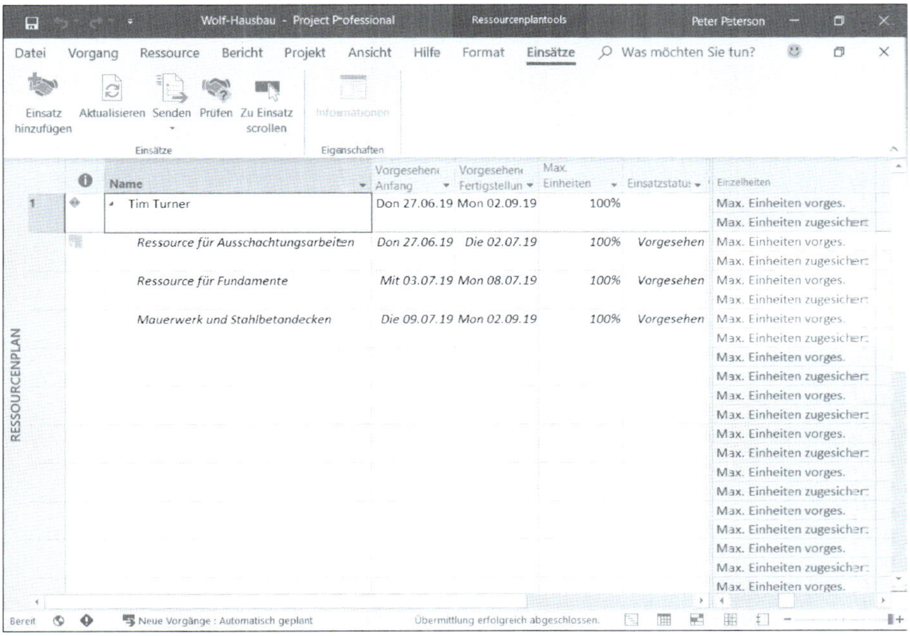

17. Lesen Sie den Genehmigungsstatus in der Spalte *Einsatzstatus* ab.

Damit ist jetzt der Ressourcenmanager an der Reihe.

Einsatzanforderung durch Ressourcenmanager bearbeiten

Als Ressourcenmanager ist es jetzt Ihre Aufgabe zu prüfen, welche Einsätze von den Projektleitern angefragt wurden. Zudem zu prüfen, ob und wie diese Einsätze erfüllt werden können, diese ggf. entsprechend anzupassen und eine Rückmeldung an den Projektleiter zu geben. Gehen Sie dazu wie folgt vor:

1. Öffnen Sie den PWA und klicken Sie in der Schnellstartleiste auf *Ressourcen*.
2. Wählen Sie im Ressourcencenter Ihre Ressourcen aus, indem Sie das Kontrollkästchen vor den Ressourcennamen aktivieren (hier *Tim Turner* und *Michael Mauer*).
3. Klicken Sie im Menüband auf der Registerkarte *Ressourcen* in der Befehlsgruppe *Navigieren* auf den Befehl *Ressourcenanforderungen*, um die Einsatzliste für diese Ressourcen aufzurufen.

Abbildg. 5.76 Ressourcen für die Einsatzliste auswählen

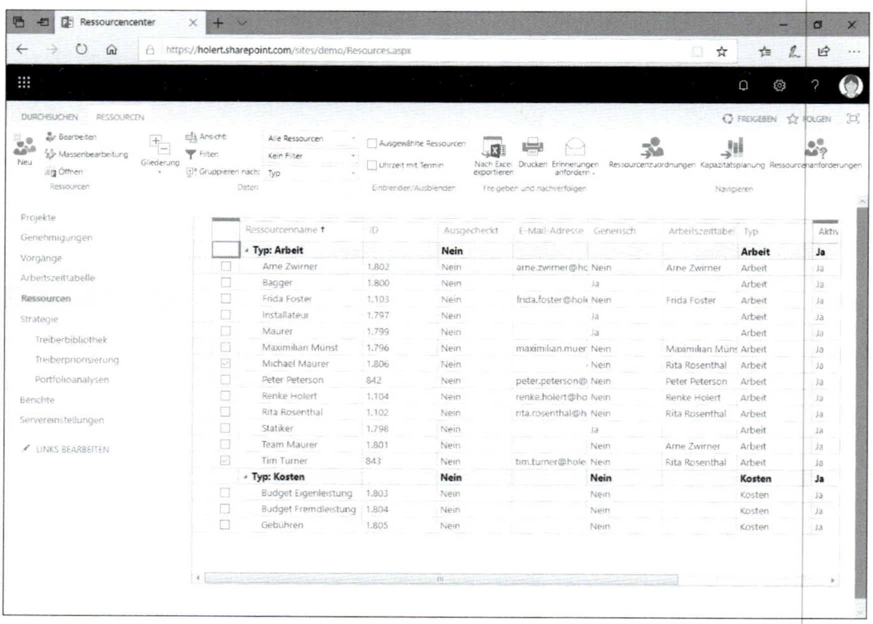

4. Wählen Sie im Menüband auf der Registerkarte *Einsätze* in der Befehlsgruppe *Daten* die Ansicht *Einsatzdetails* aus.

Abbildg. 5.77 Einsatzliste (Ressourcenanforderungen) anzeigen

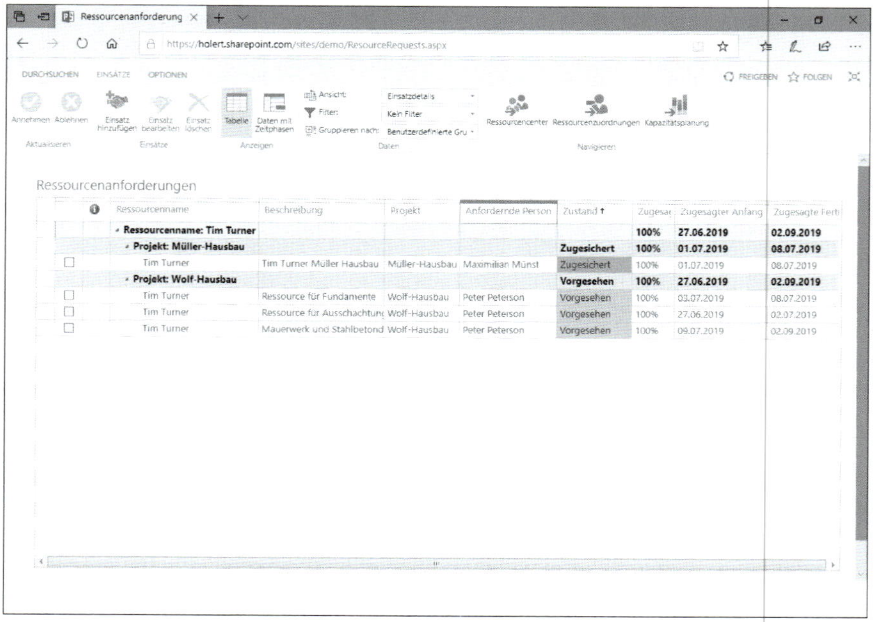

5. Sie erkennen alle noch nicht von Ihnen genehmigten Einsätze am Einsatzstatus *Vorgesehen* (Spalte *Zustand*).

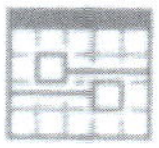

6. Klicken Sie im Menüband auf die Registerkarte *Optionen* und wählen Sie in der Befehlsgruppe *Zeitraum* den Befehl *Zeitraum festlegen* aus.

Abbildg. 5.78 Zeitraum für die grafische Darstellung der Ressourcenverfügbarkeit anpassen

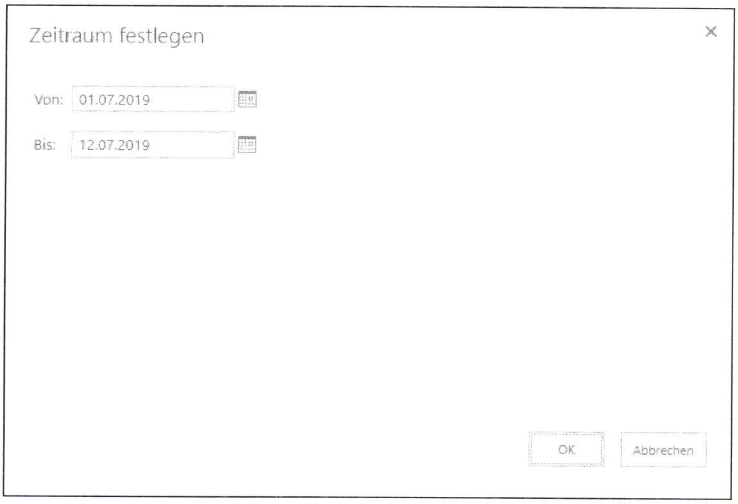

7. Passen Sie den Zeitraum entsprechend des betrachteten Vorgangs an.

HINWEIS Zum Zeitpunkt der Anfrage sind die vom Projektleiter (*Vorgeschlagen/Vorgesehen*) und Ressourcenmanager (*Zugesagt*) gesetzten Werte im PWA identisch. In Project sind jedoch die Felder für die genehmigten Werte (*Zugesichert*) zu diesem Zeitpunkt leer.

8. Prüfen Sie, dass durch die Anfrage zu keinem Zeitpunkt auf Ebene des Ressourcennamens in der Zeile *Zugesagte Arbeit* die Kapazitätsgrenze überschritten wird.
9. Suchen Sie ggf. Ressourcen, die im angefragten Zeitraum ausreichend Kapazität haben.
10. Um die Analyse zu erleichtern, klicken Sie im Menüband auf der Registerkarte *Einsätze* in der Befehlsgruppe *Navigieren* auf den Befehl *Kapazitätsplanung*.
11. Wählen Sie auf der Registerkarte *Verfügbarkeit* in der Befehlsgruppe *Ansichten* die Ansicht *Restverfügbarkeit*.

Abbildg. 5.79 Ressourcenverfügbarkeit ohne vorgesehene Einsätze grafisch anzeigen

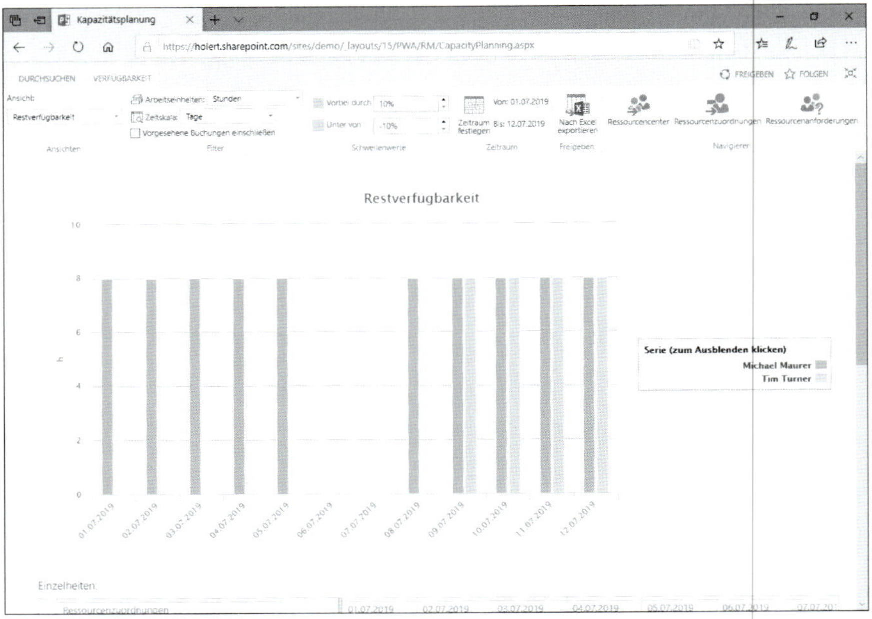

12. Aktivieren Sie in der Befehlsgruppe *Filter* das Kontrollkästchen *Vorgesehene Buchungen einschließen*, um die angefragten Werte auch anzuzeigen.

Abbildg. 5.80 Ressourcenverfügbarkeit mit vorgesehenen Einsätzen grafisch anzeigen

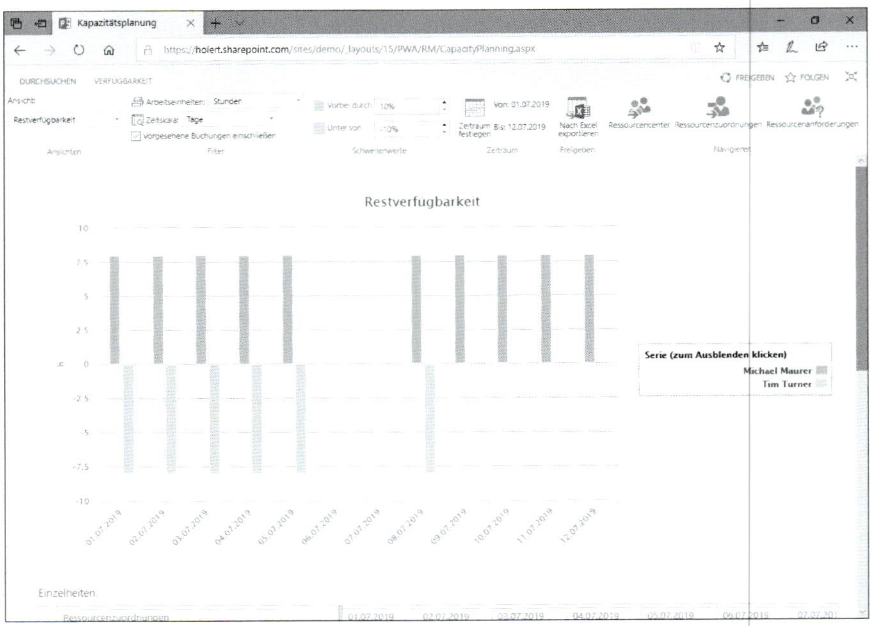

13. Balken, die die x-Achse nach unten durchstoßen und negative Werte haben sind Überlastungen, hier konkret ist *Tim Turner* vom 1.7.2019 bis 8.7.2019 mit jeweils 8 Stunden überlastet. *Michael Maurer* hat im gleichen Zeitraum jedoch eine ebenso große Unterlast.

14. Führen Sie einen Bildlauf zum unteren Teil der Seite durch, sodass Sie die Tabelle *Einzelheiten* sehen.

Abbildg. 5.81 Ressourcenverfügbarkeit mit vorgesehenen Einsätzen numerisch anzeigen

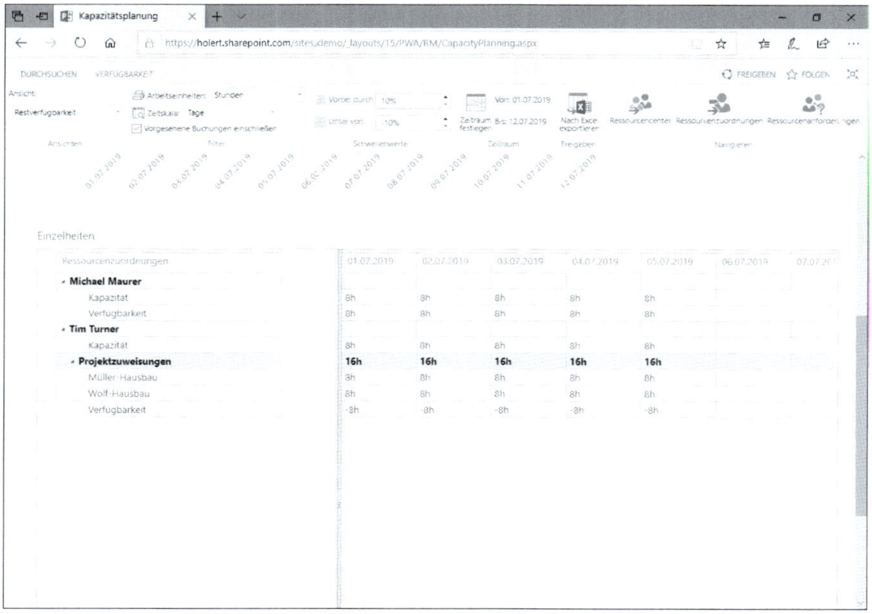

15. Hier erkennen Sie, dass die Überlastung vom 1.7.2019 bis 8.7.2019 für Tim Turner aus den Projekten *Müller-Hausbau* und *Wolf-Hausbau* herrührt. Man erkennt allerdings hier den Einsatzstatus nicht.

16. Wenn Sie eine große Anzahl von Ressourcen betrachten möchten, wählen Sie im Feld *Ansicht* den Eintrag *Kapazitäts- und Einsatzwärmebild* aus.

17. Suchen Sie auch hier nach Auslastungslücken. In unserem Beispiel erkennen wir dieselbe Überlastung vom 1.7.2019 bis 8.7.2019 für *Tim Turner* in den Projekten *Müller-Hausbau* und *Wolf-Hausbau*.

HINWEIS Da wir alle Projekte so umgestellt haben, dass die Ressourcenauslastung nur anhand der Einsätze berechnet wird, gibt es hier keine Diskrepanz zwischen dem Wärmebild und anderen Ansichten.

Abbildg. 5.82 Ressourcenverfügbarkeit mit vorgesehenen Einsätzen grafisch und numerisch im Kapazitäts- und Einsatzwärmebild anzeigen

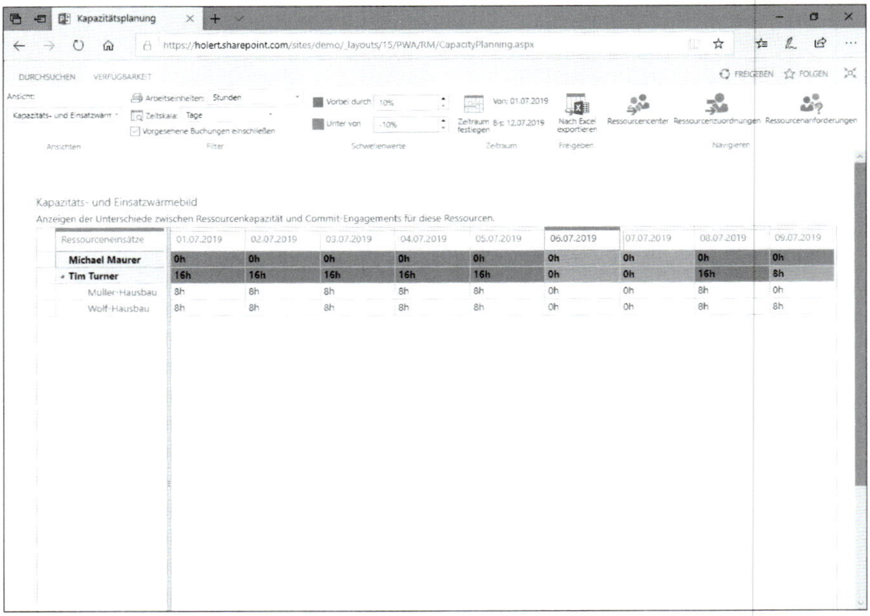

18. Um nun die Überlastung zu beseitigen und die Anfrage des Projektleiters bedienen zu können, wechseln Sie zurück in die Einsatzliste (*Verfügbarkeit/Navigieren/Ressourcenanforderungen*)

Abbildg. 5.83 Einsatz *Fundamente* aus Wolf-Hausbau auswählen

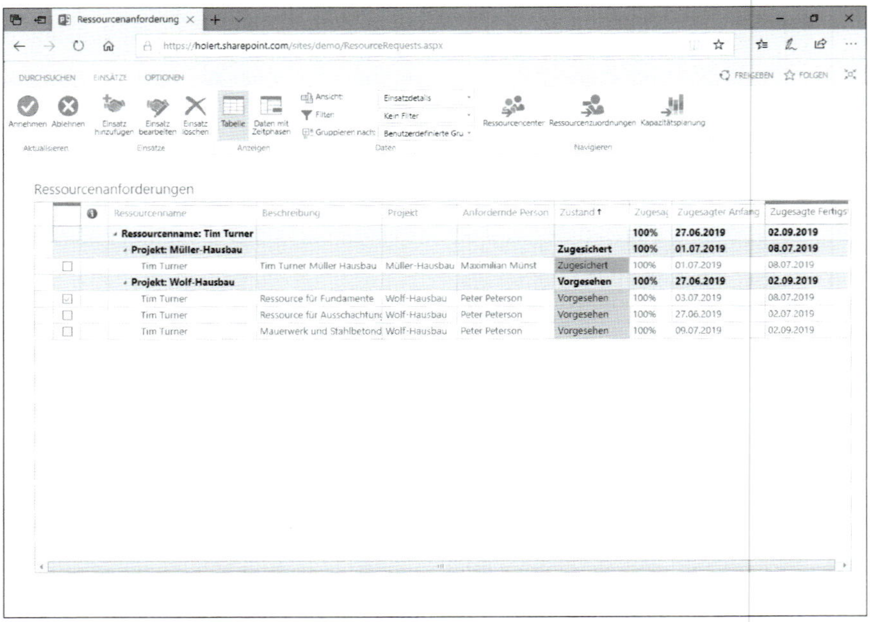

19. Lösungsmöglichkeit ist nun, den angefragten Einsatz *Fundamente* aus dem *Wolf-Hausbau*-Projekt auf *Michael Maurer* umbuchen. Aktivieren Sie dazu das Kontrollkästchen vor dem entsprechenden Einsatz.

20. Klicken Sie im Menüband auf *Einsätze/Einsätze/Einsatz bearbeiten.*

Abbildg. 5.84 Ressource für den Einsatz durch eine andere ersetzen

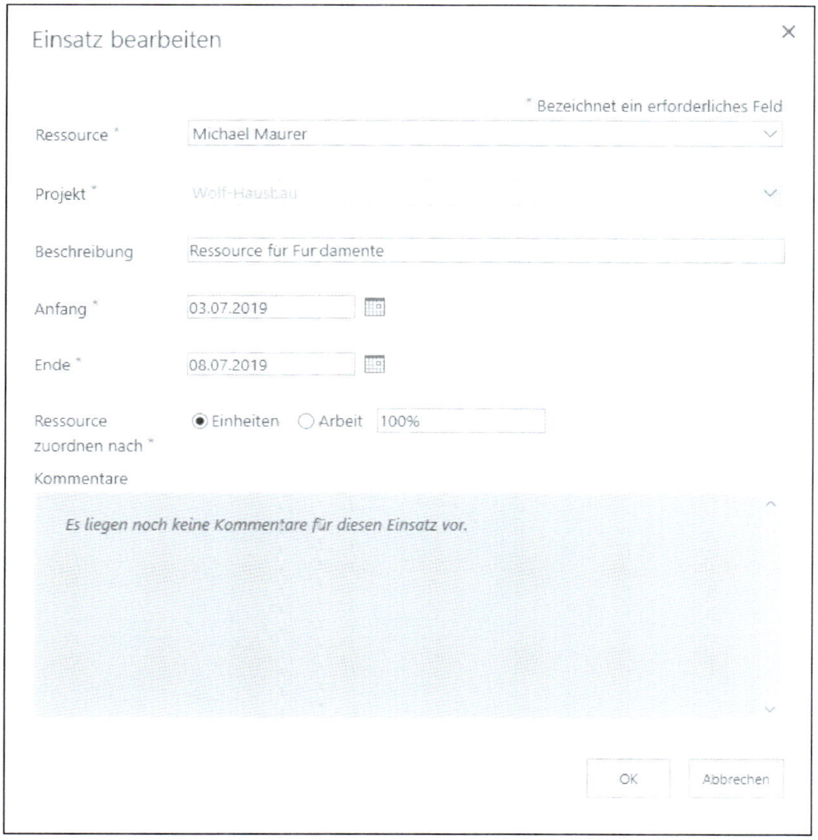

21. Wählen Sie im Dropdown-Listenfeld *Ressource* den Eintrag *Michal Maurer* und klicken Sie auf *OK*.

22. Wählen Sie den Einsatz *Fundamente* in der Einsatzliste aus und klicken Sie im Menüband auf *Annehmen*, um den Einsatz zu genehmigen.

Abbildg. 5.85 Kommentare zur Einsatzänderung eingeben

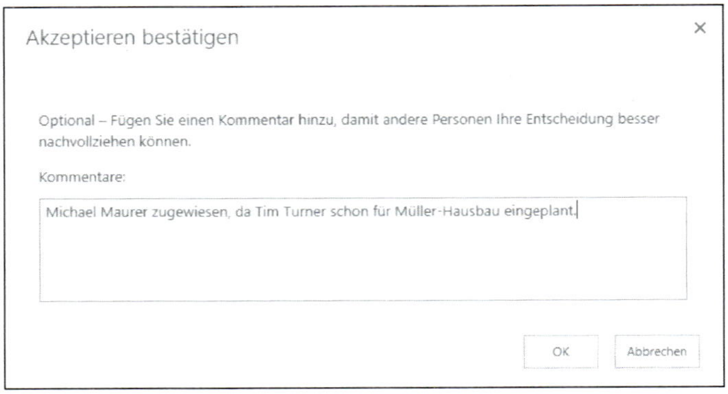

23. Geben Sie im Dialogfeld *Akzeptieren bestätigen* als *Kommentar* ggf. die Ursache der Umbuchung an und klicken Sie auf *OK*.

Abbildg. 5.86 Genehmigter Einsatz mit dem Einsatzstatus *Zugesichert*

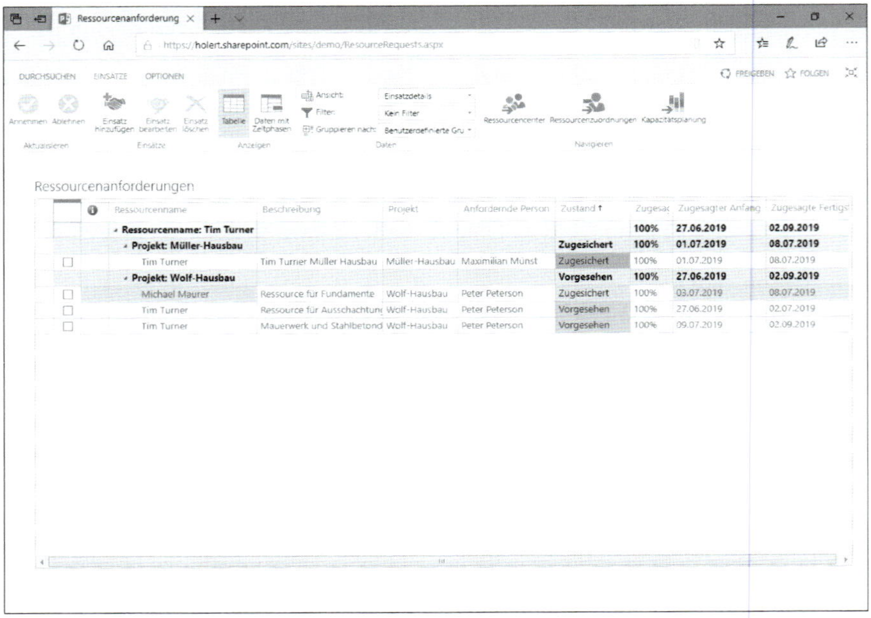

24. Wiederholen Sie die Schritte für etwaige weitere Einsätze, hier: *Ausschachtungsarbeiten* sowie *Mauerwerk- und Stahlbetondecken*.

25. Damit haben Sie alle Anfragen bearbeitet.

Einsatzgenehmigung durch den Projektleiter bearbeiten

Als Projektleiter müssen Sie sicherstellen, dass Ihnen möglichst alle Einsatzanfragen zeitnah und vollumfänglich genehmigt werden und ggf. Ihre Vorgangsplanung bei Abweichungen anpassen. Gehen Sie dazu folgendermaßen vor:

1. Öffnen Sie mit Project Ihren Projektplan.

Abbildg. 5.87 Mitteilung an den Projektleiter in Project Professional, dass Einsätze genehmigt wurden

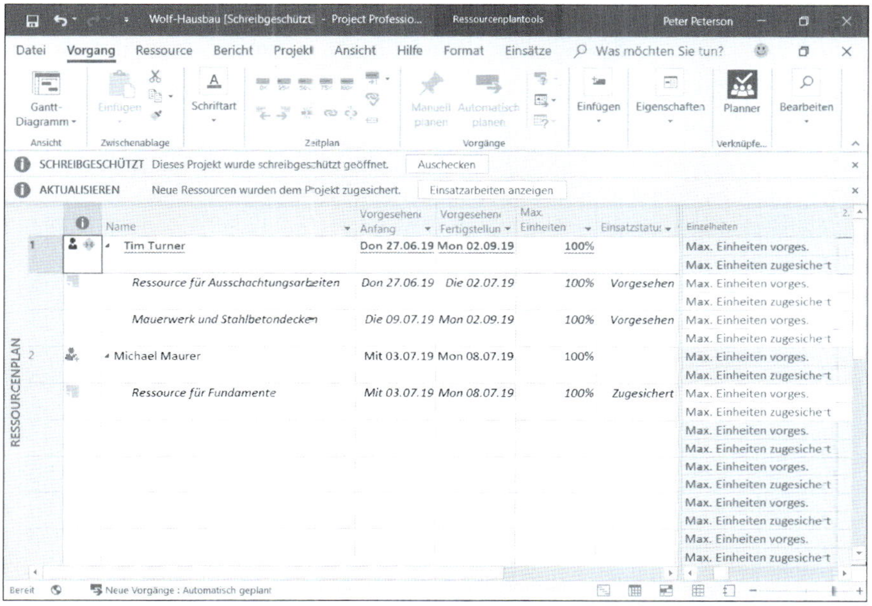

2. Klicken Sie in der Statusleiste auf *Einsatzarbeiten anzeigen*.

Abbildg. 5.88 Neue Enterprise Ressource als Ersatz für den Einsatz zum Projektteam hinzugefügt

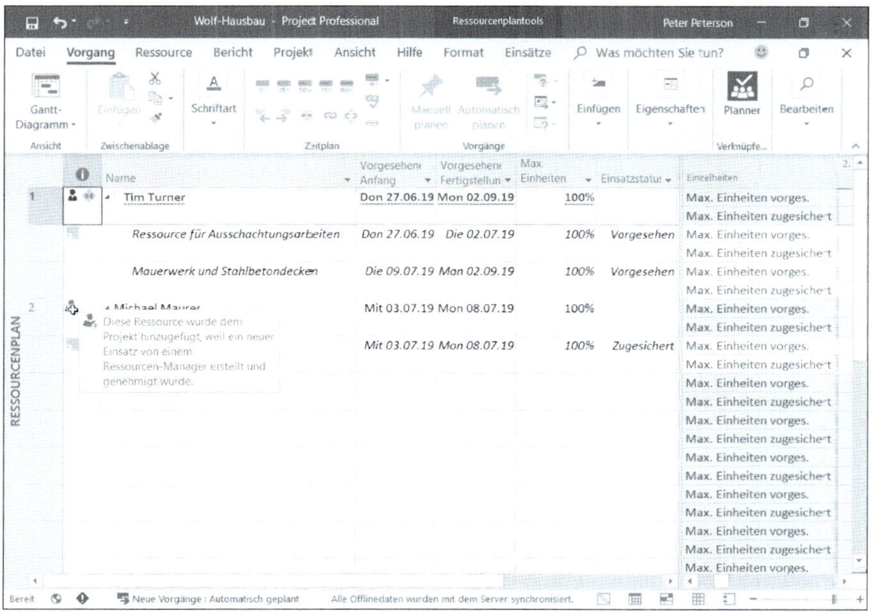

3. Betrachten Sie die Vorgänge, bei denen in der Spalte *Einsatzstatus Zugesichert* steht.

4. Prüfen Sie für diese die Indikatorenspalte. Im Beispiel wurde die neue Ressource dem Projektteam hinzugefügt.
5. Prüfen Sie die Spalten mit anfragten und genehmigten Werten auf Differenzen (*Vorgeschlagen/Vorgesehen* im Vergleich zu *Zugesichert*).

6. Wählen Sie ggf. abweichende Einsätze aus und führen Sie einen Bildlauf durch (*Einsätze/Einsätze/Zum Einsatz scrollen*).
7. Prüfen Sie periodengenau die Zeilen mit anfragten und genehmigten Werten auf Differenzen (*Vorgeschlagen/Vorgesehen* im Vergleich zu *Zugesichert/Ausgef. Arbeit*).
8. Doppelklicken Sie auf eine Einsatzzeile, um die Einsatzinformationen anzuzeigen.

Abbildg. 5.89 Kommentar vom Ressourcenmanager zur Ressourcenersetzung

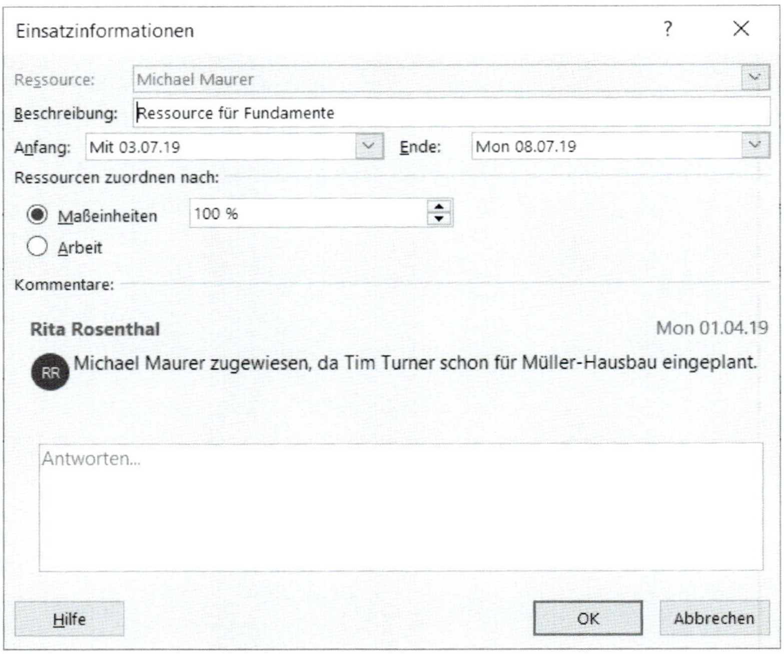

9. Lesen Sie sich den Kommentar durch, geben Sie ggf. eine Antwort ein, und klicken Sie auf *OK*.

Abbildg. 5.90 Umplanung der Vorgangszuordnung auf die Ersatzressource

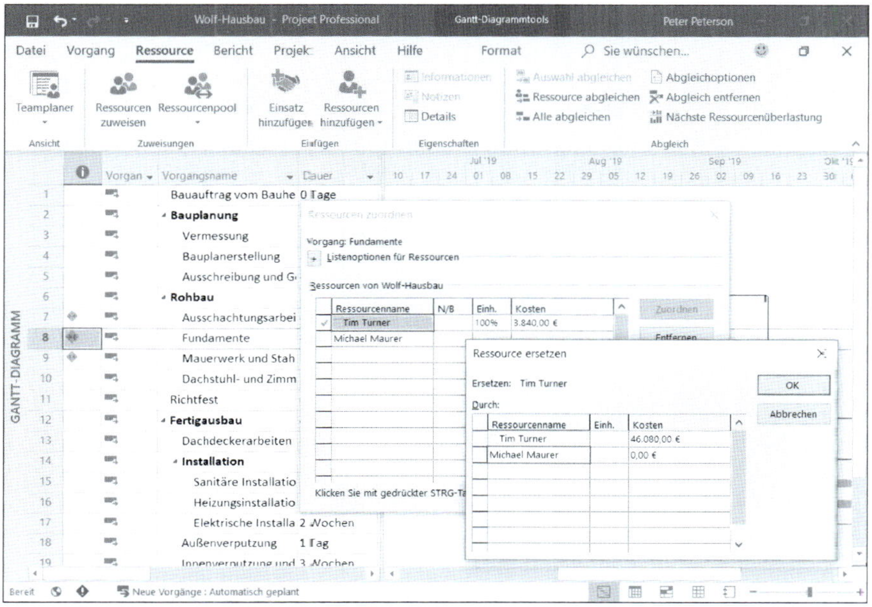

10. Beachten Sie, dass in der Indikatorenspalte noch der Einsatzkonflikt besteht.
11. Planen Sie entsprechend der genehmigten Werte die Vorgänge in Project um, hier die Ressource *Tim Turner* durch *Michael Maurer* ersetzen (siehe Kapitel 1).

Abbildg. 5.91 Einsatzkonflikt behoben

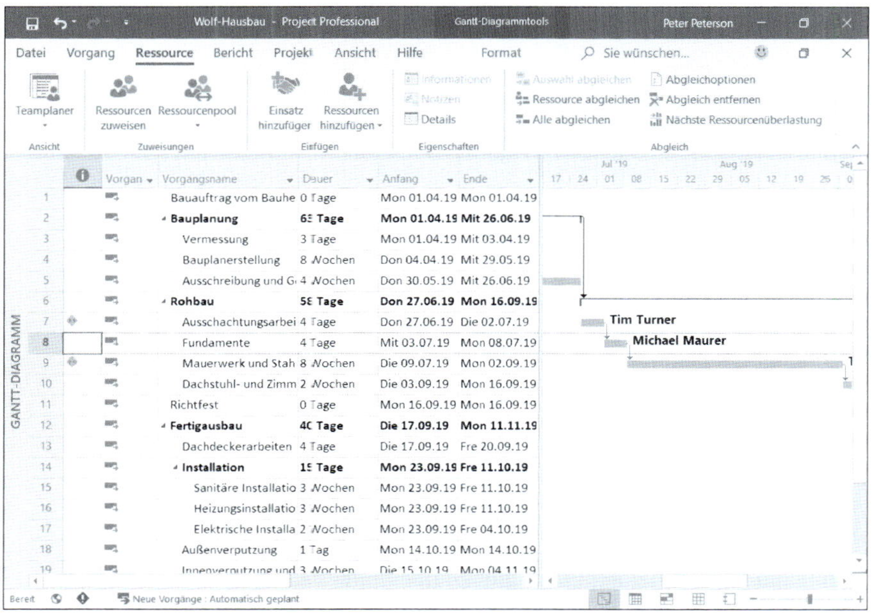

12. Beachten Sie, dass die Indikatorenspalte für den Vorgang jetzt leer ist.
13. Wiederholen Sie die Schritte für etwaige weitere Vorgänge.

Damit haben Sie sichergestellt, dass für alle Vorgänge ausreichend Ressourcenkapazität reserviert ist.

Gruppierte Auswahllisten mit Verantwortlichen zuordnen

Häufig kommt von Anwendern die Frage, ob Project auch ein Feld *Verantwortung* für zuständige Personen oder Teams neben dem eigentlichen *Ressourcennamen*-Feld verwalten kann. Dies kann durch einen Vorgangs-*Gliederungscode* abgebildet werden, der in Vorgangsansichten, wie z.B. *Gantt-Diagramm*, verwendet werden kann.

Es gibt in Project Client zehn Vorgangs-Gliederungscodes. Die Felder *Gliederungscode1* bis *Gliederungscode10* dienen in Project dazu, Werte (wie in Textfeldern) als gegliederte Listen einzugeben. Diese können sehr gut zur Auswahl in verschiedenen Ebenen und zum Gruppieren verwendet werden. Ziel des Gliederungscodes ist die Darstellung einer vom Projektstrukturplan (*PSP-Code*) unabhängigen Gliederungsstruktur nach alternativen, benutzerdefinierten Merkmalen (z.B. verantwortliche Personen oder Teams).

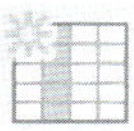

1. Erstellen Sie ein neues benutzerdefiniertes Feld, und wählen Sie im Listenfeld *Typ* den Eintrag *Gliederungscode* aus.

Abbildg. 5.92 Gliederungscode für verantwortliche Personen zu Vorgängen

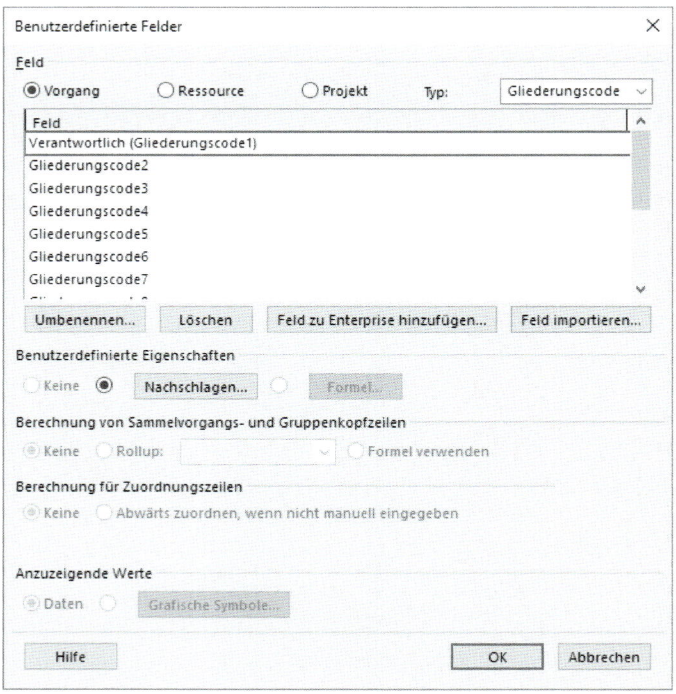

2. Wählen Sie *Gliederungscode1* aus, klicken Sie auf die Schaltfläche *Umbenennen* und benennen Sie das Feld in *Verantwortlich* um. Klicken anschließend Sie auf die Schaltfläche *OK*, um das Dialogfeld zu verlassen.
3. Klicken Sie auf die Schaltfläche *Nachschlagen...*, um das Dialogfeld *Nachschlagetabelle für Verantwortlich bearbeiten* aufzurufen.

Abbildg. 5.93 Dialogfeld für Gliederungscodedefinition aufrufen

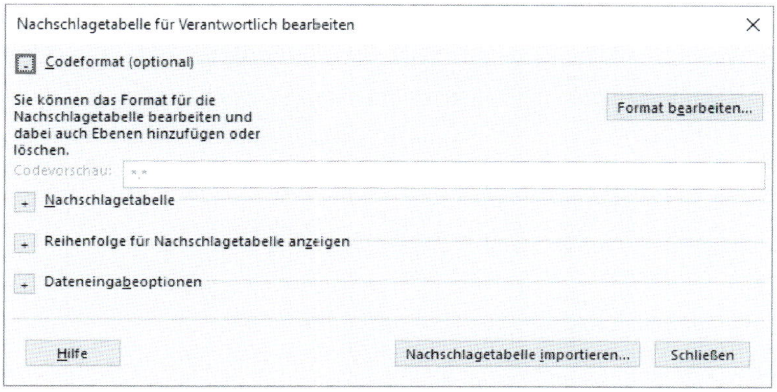

4. Klappen Sie anschließend den Abschnitt *Codeformat* auf, indem Sie auf das Pluszeichen neben *Codeformat (optional)* klicken. Klicken Sie danach auf die Schaltfläche *Format bearbeiten.*

Abbildg. 5.94 Gliederungscodedefinition

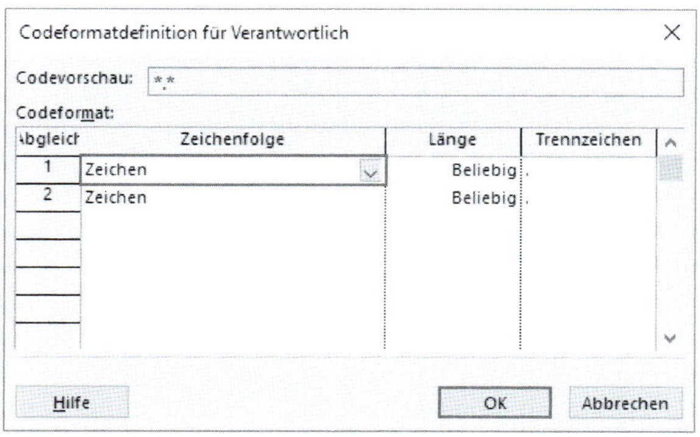

5. Erweitern Sie jetzt das Codeformat auf zwei Ebenen, indem Sie in der zweiten Zeile ebenfalls *Zeichen* auswählen. Lassen Sie *Länge* und *Trennzeichen* im Codeformat unverändert. Klicken Sie danach auf die Schaltfläche *OK* (Abbildung 5.94).

Abbildg. 5.95 Gliederungsstruktur für verantwortlich beteiligte Personen und Teams

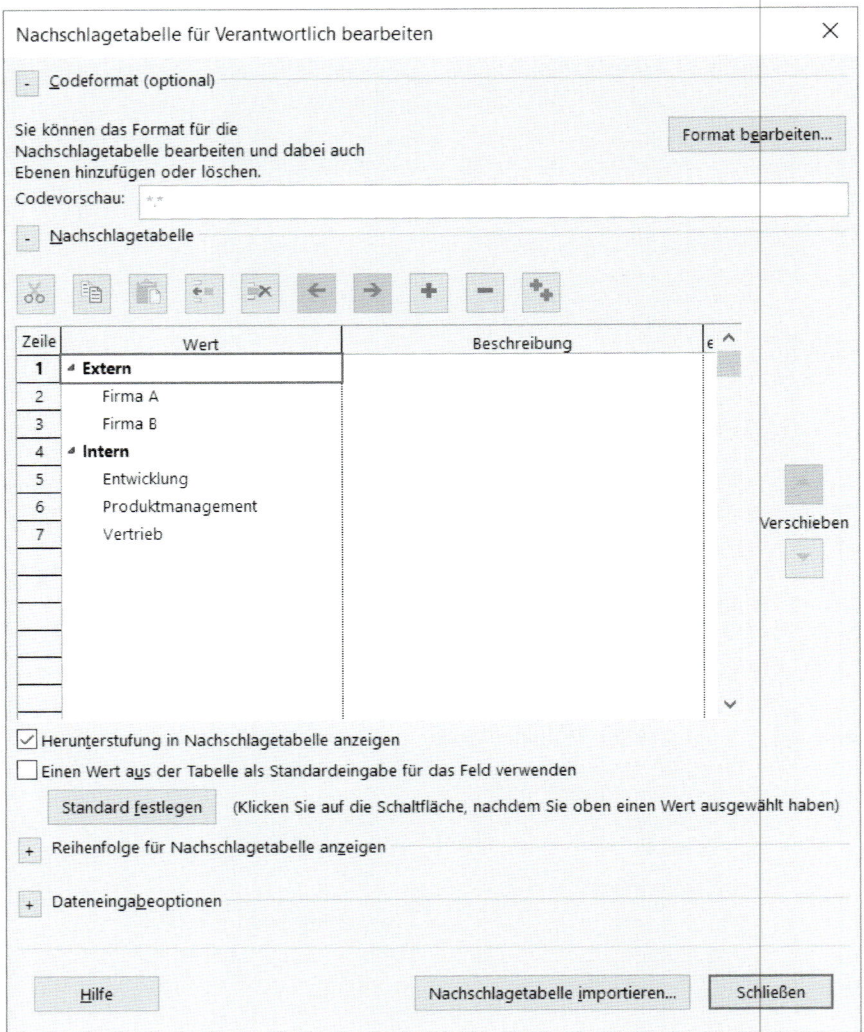

6. Geben Sie nun die Werte mit ihrer Struktur wie in Abbildung 5.95 ein. Sie können die zweite Gliederungsebene, z.B. Firma B, definieren, indem Sie die zweite Zeile markieren und auf die Schaltfläche *Tiefer stufen* (Pfeil nach links, siehe nebenstehendes Symbol) klicken.
7. Fügen Sie in der Ansicht *Gantt-Diagramm* die Spalte *Verantwortlich (Gliederungscode1)* ein.

8. Weisen Sie in einer Gantt-Diagramm-Ansicht den Vorgängen die verantwortlichen Personen oder Teams zu.

Abbildg. 5.96 Nach verantwortlichen Teams gruppiertes Gantt-Diagramm

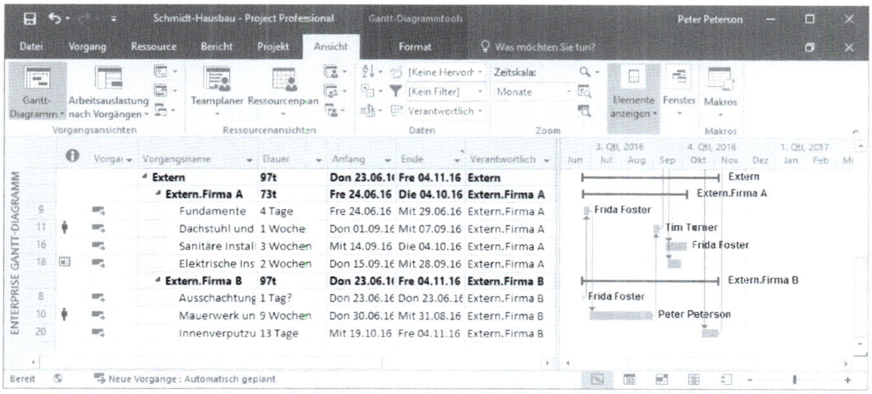

9. Erstellen Sie abschließend, eine benutzerdefinierte Gruppierung nach dem neuen Feld *Verantwortlich* und gruppieren Sie danach die Ansicht zur besseren Übersicht (Abbildung 5.96).

Externe Vorgänge in einer anderen Schriftfarbe darstellen

Unter Umständen ist es sinnvoll, externe Ressourcen zu Vorgängen in der Spalte *Kontaktperson* oder (wie zuvor beschrieben) in einem Gliederungscode-Feld mit aufzunehmen. Die Darstellung aller externen Vorgänge mit externen Beteiligten ist deshalb an dieser Stelle sehr hilfreich.

Sie können dazu das Feld *Markiert* verwenden. Dieses Feld bietet sich an, da es als einziges, zu änderndes *Ja/Nein*-Feld im Auswahlfeld im Menüband unter *Format/Format/Textarten* steht.

HINWEIS Die Textarten sind für die generelle Formatierung aller Schriftarten, z.B. normale oder kritische Vorgänge, Sammelvorgänge, Spalten- und Zeilenüberschriften usw. in einer Ansicht zuständig.

1. Blenden Sie in einem ersten Schritt das Feld *Markiert* in der Ansicht *Gantt-Diagramm: Überwachung* ein (Abbildung 5.97).
2. Wählen Sie im Menüband *Format/Format/Textarten* aus und wählen Sie, wie in Abbildung 5.98 im Dropdown-Listenfeld dargestellt, den Eintrag *Markierte Vorgänge*.

Abbildg. 5.97 Feld *Markiert* zur Eingabe einblenden

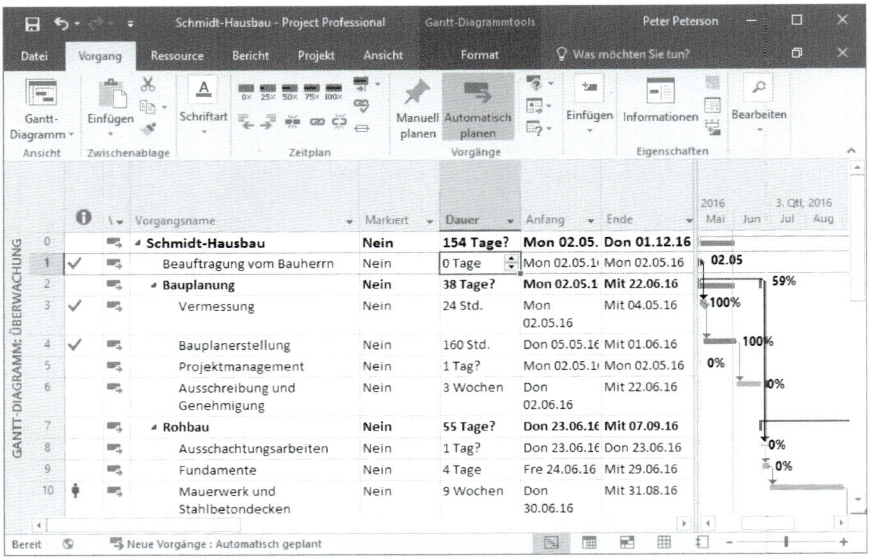

Abbildg. 5.98 Markierte Vorgänge in Textarten formatieren

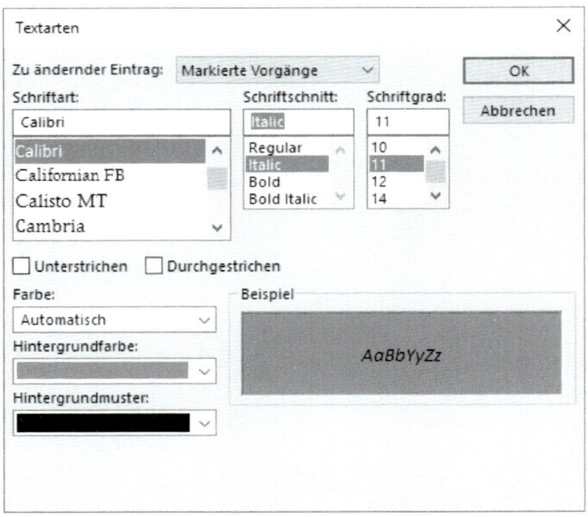

3. Weisen Sie der Darstellung der markierten externen Vorgänge eine Formatierung zu, z.B. kursiver Schriftschnitt mit grüner Hintergrundfarbe. Beachten Sie dabei, dass diese Formatierung nur für Schrift auf der linken Tabellenseite angewendet wird. Wie Sie die gesamten Balken im Gantt-Diagramm in Abhängigkeit von externen Ressourcen formatieren können, wird im nächsten Abschnitt beschrieben.
4. Bestätigen Sie das Dialogfeld mit der Schaltfläche *OK*.

Abbildg. 5.99 Feld *Markiert* einzelnen Vorgängen zuweisen

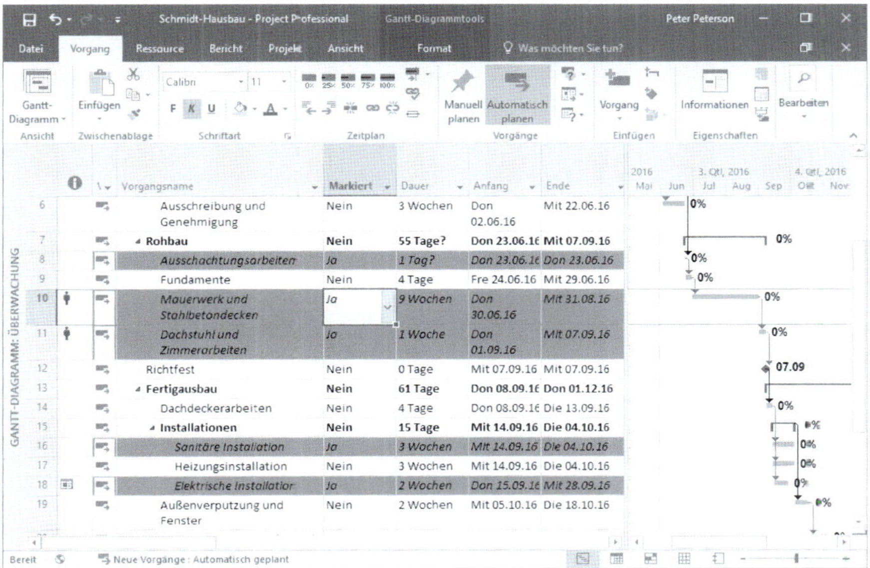

5. Setzen Sie nun für alle hervorzuhebenden, externen Vorgänge den Wert im Feld *Markiert* auf den Eintrag *Ja*.

Sie erkennen nun die farbliche Unterscheidung in Abhängigkeit des Felds *Markiert* auf der linken Tabellenseite. Wie erwähnt, ist das Feld *Markiert* das einzige Feld, mit dem die Formatierung von Schriften über Konfiguration angepasst werden kann. Anspruchsvollere Aufgabenstellungen sind z.B. über eine Programmierung in Form eines Makros oder eines Add-Ins umsetzbar.

Bitte beachten Sie, dass die individuelle Formatierung der markierten Vorgänge pro Ansichtsdefinition gespeichert wird. Dies bedeutet, dass Ihre angepassten Formatierungen in der Ansicht *Gantt-Diagramm: Überwachung* nicht automatisch in die Ansicht *Gantt-Diagramm* übernommen werden. Dies hat den Vorteil, dass Sie Ansichten mit unterschiedlichen Formatierungen erstellen und individuell pro Ansicht abspeichern können. Der Nachteil ist, dass Sie pro Ansicht immer wieder die gleichen Formatierungen durchführen müssen, wenn alle Gantt-Diagramm-Ansichten das gleiche Layout verwenden sollen. Auch diese Herausforderung kann ggf. über eine Programmierung gelöst werden.

Ressourcen farblich unterschiedlich darstellen

Für unterschiedliche Ressourcenzuweisungen zu Vorgängen sollen in einer Gantt-Diagramm-Ansicht unterschiedliche Balkenfarben vergeben werden, damit die Vorgänge der Ressourcen im Gantt-Diagramm besser und schneller erkannt werden können. Eine ähnliche Fragestellung könnte auch sein, ob externe und interne Ressourcen farblich unterschiedliche Gantt-Diagramm-Darstellungen annehmen können, wie im Beispiel zuvor anhand der markierten Vorgänge beschrieben.

HINWEIS In Project existieren neben Text-, Kosten-, Datumsfeldern usw. auch sogenannte Attribut-Felder, die den Wert *Ja* oder *Nein* annehmen können. Diese gehören zum Datentyp ***Boolean (True*** oder ***False)***.

Damit eignet sich die hier im Folgenden beschriebene Lösung für kleinere Ressourcenmengen und ist leichter anzuwenden, wenn nur eine Ressource pro Vorgang zugewiesen wird. Falls Sie die farbliche Unterscheidung nach Ressourcen für einen größeren Ressourcenpool vornehmen möchten, stellen wir Ihnen ein Marko gerne kostenlos zur Verfügung.

1. Blenden Sie für die Darstellung der Ressourcenfarben im Gantt-Diagramm für jede Ressource je ein *Attribut*-Feld in der Tabelle im Gantt-Diagramm ein. Es stehen maximal 20 Attribut-Felder für Vorgänge zur Verfügung.

Abbildg. 5.100 Attribute *Felder* für verschiedene Ressourcen

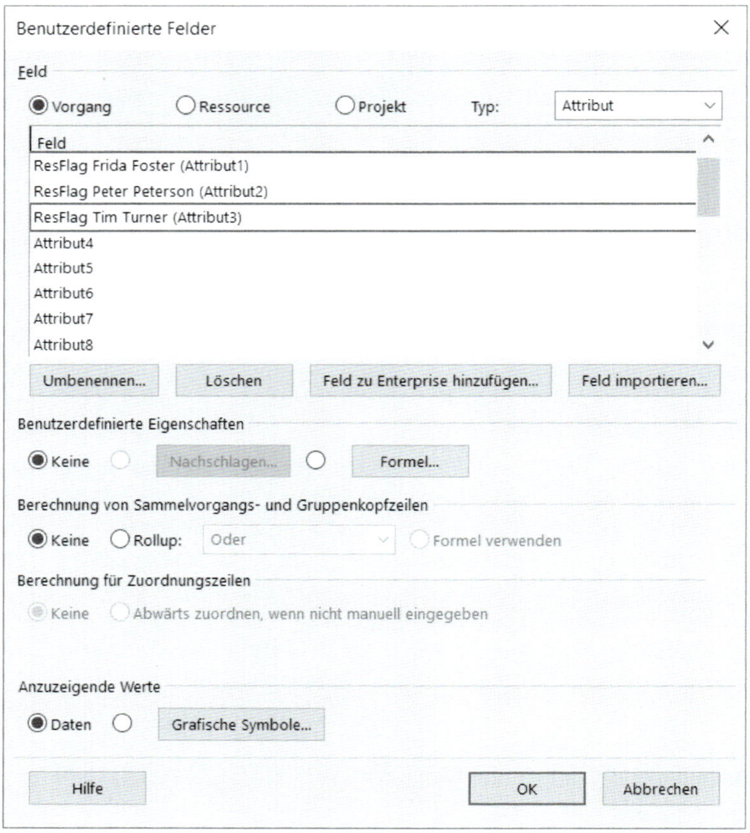

2. Benennen Sie die Attribut-Felder sinngemäß für jeden Ressourcennamen um (Abbildung 5.100).

3. Vergeben Sie für den Feldnamen nicht nur den Namen der Ressourcen, sondern setzen Sie den Feldnamen z.B. mit *ResFlag Ressourcenname* zusammen, damit Sie später in der Liste der Feldnamen alle Attribute pro Ressource untereinander sortiert haben. Außerdem beschreibt es den Kontext dieser Attributfelder zur Wiedererkennung.
4. Ergänzen Sie die Definition der Balkenfarben über den Befehl *Format/Balkenarten/ Format/Balkenarten* im Menüband um die Anzahl der erstellten Attributfelder. Wählen Sie dazu die oberste Balkenart *Vorgang* aus, klicken auf die Schaltfläche *Ausschneiden* und dann viermal auf *Einfügen*.
5. Vergeben Sie als Name für die Balken die verwendeten Ressourcennamen und wählen Sie in der Darstellung Form, Muster und Farbe Ihrer Wahl.

Abbildg. 5.101 Balkenarten für unterschiedliche Ressourcen und Attribute

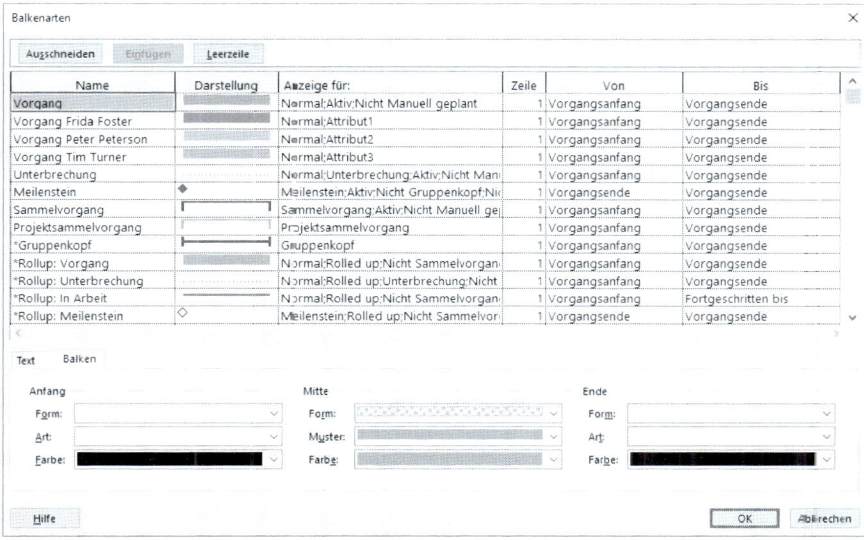

6. Vergeben Sie im Feld *Anzeige für* die Einträge *Normal* und *Attribut#* für die verwendete Ressource (Abbildung 5.101), getrennt durch ein Semikolon als Listentrennzeichen.

Abbildg. 5.102 Darstellung der Attribute und Balkenarten im Gantt-Diagramm

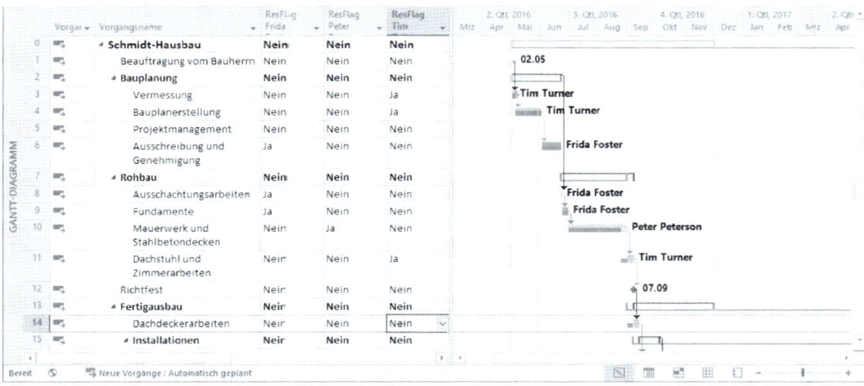

7. Vergeben Sie anschließend entsprechend der Abbildung 5.102 per Hand pro Ressource in den angezeigten Ressourcenspalten der Attribute den Wert *Ja*, wenn die Ressource am Vorgang zugewiesen ist.

Die Fehleranfälligkeit ist für die manuelle Zuweisung der Ressource pro Vorgang natürlich recht hoch, sodass es sich lohnt, an dieser Stelle über eine erste Automatisierung mithilfe von Formeln nachzudenken. Pro Ressourcenattribut-Spalte wird immer nur nach einer Ressource in der Spalte *Ressourcenname* geschaut, bei mehreren Ressourcen oder einer prozentualen Zuordnung wird das Attribut nicht gesetzt. Diesen einfachen Algorithmus kann auch eine *Wenn-Dann-Formel* übernehmen.

Abbildg. 5.103 Wenn-Dann-Formel zur automatischen Zuweisung der Attribute pro Ressource

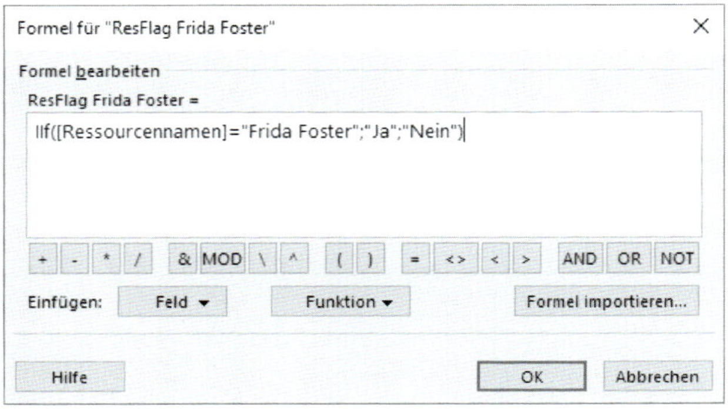

1. Vergeben Sie für eine Ressourcenattribut-Spalte (im Beispiel in der Abbildung 5.103 für das Feld *ResFlag Frida Foster*) die Formel:

   ```
   IIf([Ressourcennamen]="Frida Foster";"Ja";"Nein")
   ```

2. Wiederholen Sie diese Einträge in jeder der Attributspalten pro Ressource und ändern Sie jeweils die Prüfung nach dem Ressourcennamen ab.

Kostenmanagement

Im nachfolgenden Abschnitt beschreiben wir Lösungswege für Projektbudgetierung und Projektdeckungsbeitragsermittlung.

Budgetierung

Mithilfe von Budgetressourcen ist es möglich, eine Budgetierung auf Projektebene durchzuführen. Budgetressourcen können Sie für jede Ressourcenart, also Arbeit, Material und Kosten erstellen und z.B. nach Kostenart mit dem Enterprise-Feld *Kostentyp* differenzieren.

HINWEIS Wenn Sie Budgets nur innerhalb eines Projektplans verwalten möchten, können Sie Budgetressourcen auch als lokale Ressourcen in Project anlegen.

Wir verwenden zwei Budgetressourcen vom Typ *Kosten* namens *Budget Eigenleistung* und *Budget Fremdleistung*, die wir im Ressourcenpool erstellt haben. Um dem Projekt die beiden Budgets zuzuordnen, gehen Sie wie folgt vor:

HINWEIS Sie können Budgetressourcen nur dem Projektsammelvorgang zuordnen. Stellen Sie sicher, dass im Menüband unter *Format/Einblenden/Ausblenden* das Kästchen bei *Projektsammelvorgang* aktiviert ist.

1. Wechseln Sie über das Menüband *Vorgang/Ansicht* zur Ansicht *Vorgang: Einsatz.*

Abbildg. 5.104 Budgetressourcen dem Projekt zuweisen

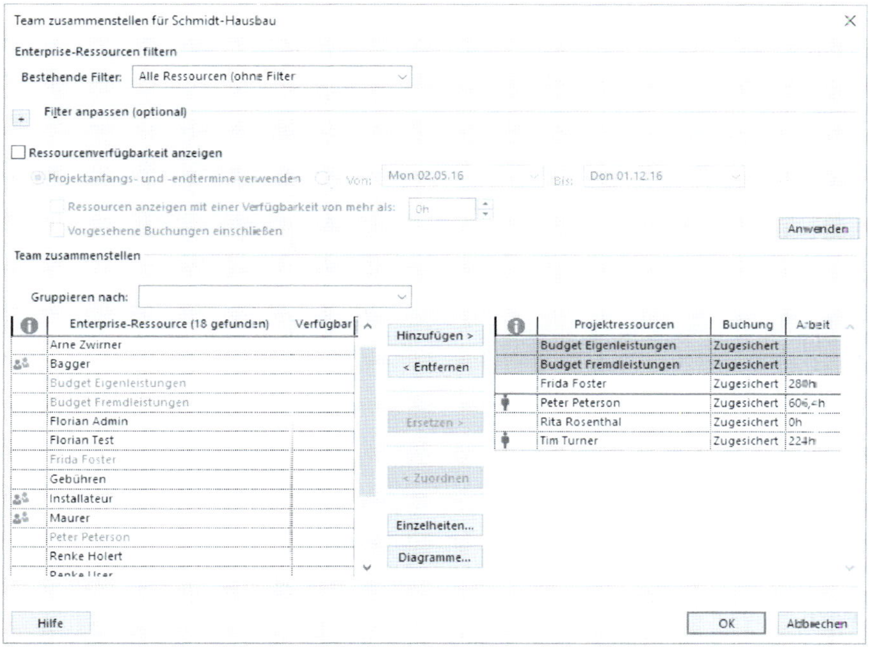

2. Fügen Sie dem Projekt über die Funktion *Team zusammenstellen* (Menüband: *Ressource/Einfügen/Ressourcen hinzufügen/Team aus Unternehmensmitarbeitern zusammenstellen*) die Budgetressourcen *Budget Eigenleistung* sowie *Budget Fremdleistung* zu (Abbildung 5.104).
3. Wechseln Sie zur Tabelle *Kosten*, indem Sie im Menüband den Befehl *Ansicht/Daten/Tabellen/Kosten* wählen.

Abbildg. 5.105 Spalte *Kostenbudget* der Kostentabelle hinzufügen

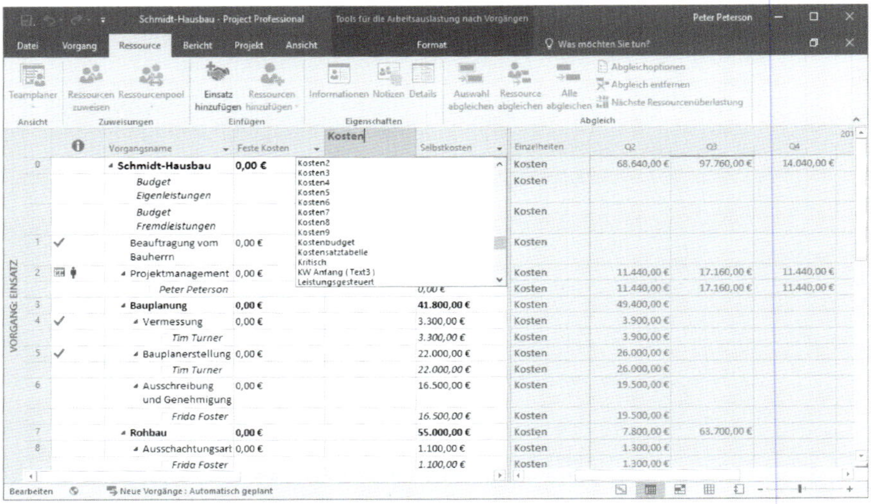

4. Fügen Sie die Spalte *Kostenbudget* ein. Klicken Sie hierzu mit der rechten Maustaste auf eine Spalte, wählen Sie im Kontextmenü den Eintrag *Spalte einfügen* und im folgenden Dropdownmenü – wie in der Abbildung 5.105 gezeigt – den Eintrag *Kostenbudget*.

Abbildg. 5.106 Budgetressourcen dem Projektsammelvorgang zuordnen

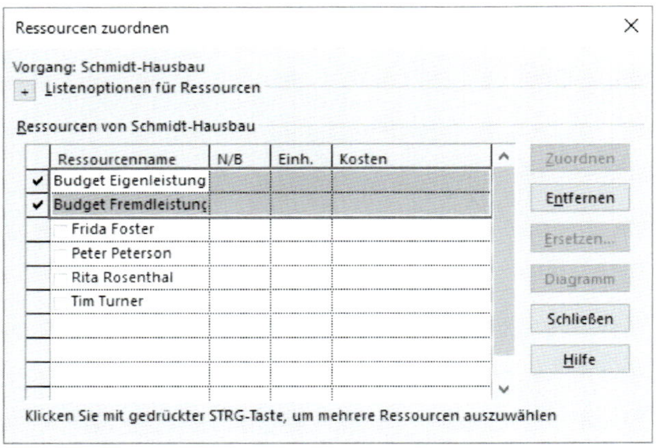

5. Um dem Projektsammelvorgang (Vorgangsnummer 0) die Budgetressourcen zuzuordnen, markieren Sie den Projektsammelvorgang und rufen anschließend das in der Abbildung 5.106 gezeigte Dialogfeld über das Menüband den Befehl *Ressourcen/Ressourcen zuweisen* auf.
6. Als nächsten Schritt markieren Sie im Dialogfeld *Ressourcen zuordnen* die Budgetressourcen und klicken anschließend auf die Schaltfläche *Zuordnen*.
7. Klicken Sie auf die Schaltfläche *Schließen*, um das Dialogfeld zu verlassen. Die Budgetressourcen stehen nun unterhalb des Projektsammelvorgangs zur Verfügung.

Abbildg. 5.107 Dialogfeld *Einzelheitenarten* über das Kontextmenü aufrufen

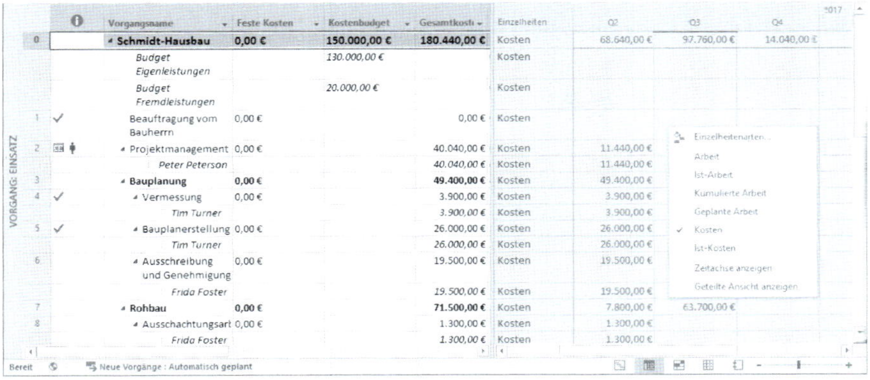

8. Klicken Sie mit der rechten Maustaste rechts in den Bereich *Einzelheiten*, um das Kontextmenü anzuzeigen. Wählen Sie nun den Eintrag *Einzelheitenarten* aus.

Abbildg. 5.108 Feld *Kostenbudget* einblenden

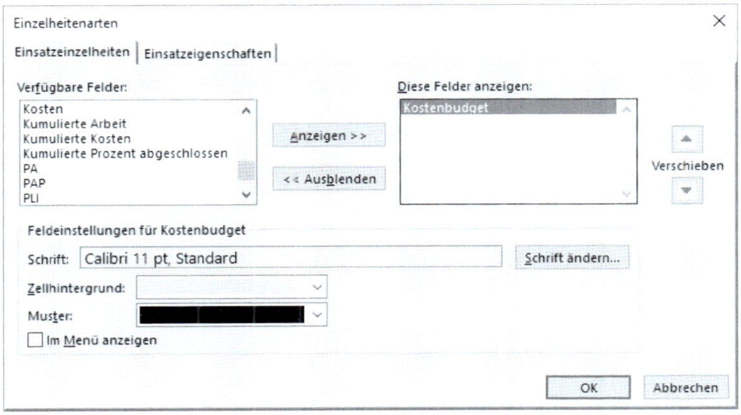

9. Wählen Sie unter *Verfügbare Felder* das Feld *Kostenbudget* aus und klicken anschließend auf die Schaltfläche *Anzeigen*. Blenden Sie die anderen Felder aus und klicken Sie auf die Schaltfläche *OK*, um das Dialogfeld zu verlassen.

Abbildg. 5.109 Verteilung des Budgets nach Eigen- und Fremdleistung

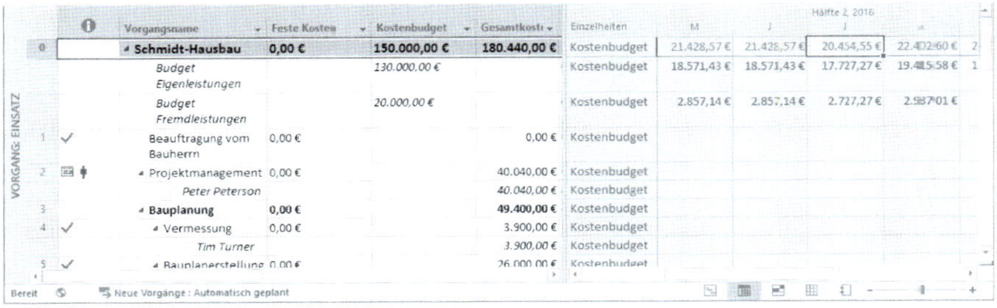

10. Verteilen Sie nun das Budget in Höhe von 150.000,00 EUR auf die zwei Bereiche (Eigenleistungen, Fremdleistungen), wie in der Abbildung 5.109 angegeben. Geben Sie hierzu die Beträge (in diesem Fall je Monat) in der Spalte *Kostenbudget* ein. In der rechten Übersicht *Einzelheiten* können Sie in der Zeile *Kostenbudget* erkennen, dass das jeweilige Budget automatisch entsprechend der gesamten Projektlaufzeit gleichmäßig verteilt wurde.

HINWEIS Alternativ dazu können Sie auch im rechten Bereich (*Einzelheiten*) in der Zeile *Kostenbudget* die Budgetierung vornehmen, sofern Sie periodengerecht die entsprechenden Budgetbeträge festlegen möchten. Sobald Sie hier Werte eingeben bzw. ändern, wird automatisch die Spalte *Kostenbudget* auf der linken Seite angepasst. In diesem Zusammenhang empfehlen wir Ihnen, eigene Ansichten für die Budgetierung zu erstellen.

Deckungsbeitrag für das Projekt ermitteln

Eine häufige Fragestellung ist, ob Project Kostensätze pro Ressource und Projekt bzw. Vorgang unterscheiden kann, um z.B. durch Gegenüberstellung von Selbstkosten und Umsatz den Deckungsbeitrag für ein Projekt zu errechnen. Die Aufgabenstellung lautet also, wie man gleichzeitig Selbstkosten, also den Kostensatz, den man selbst für die Ressource bezahlt und den Umsatz, also den Betrag, dem man den Kunden für die Ressource abrechnet, nebeneinander darstellt.

Wie in Kapitel 3 dargestellt, unterstützt Project pro Ressource die Vergabe von Standardsätzen für Kosten pro Zeiteinheit, z.B. 100 €/h. Dieser Kostensatz kann durch Einschränkungen mit einem effektiven Datum auch zeitlich unterschiedlich hoch sein, um z.B. jährliche Kostensteigerungen abzubilden. Daneben verwaltet Project insgesamt fünf Kostensatztabellen pro Ressource. Die Auswahl der Kostensatztabelle kann jedoch nur auf Vorgangsebene, bzw. genauer auf Zuordnungsebene, aber nicht auf Projektebene erfolgen. Zudem kann einem Vorgang nur ein Kostensatz zugeordnet werden.

Damit ist es notwendig, durch zwei Szenarien die Kosten zu errechnen und dann in benutzerdefinierten Feldern abzuspeichern. Möglichkeiten, diese Aufgabenstellung über eine Formel abzubilden, bestehen leider nicht, da Formeln nicht auf Zuordnungsfelder von Ressourcen und Vorgängen zugreifen können, sondern nur Formeloperationen – entweder für Vorgänge in Vorgangsansichten oder Ressourcen in Ressourcenansichten – durchgeführt werden können. Aus diesem Grund wird in diesem Kapitel nur eine Methode per Hand durch *Kopieren* und *Einfügen* dargestellt, die für den herkömmlichen Gebrauch ausreicht.

Im Folgenden gehen wir davon aus, dass der Kostensatz A den Umsatz widerspiegelt und dass über einen zusätzlichen Kostensatz B die Selbstkosten errechnet werden sollen. Führen Sie dazu folgende Schritte aus:

1. Öffnen Sie den Enterprise-Ressourcenpool, öffnen Sie das Dialogfeld *Informationen zur Ressource* und legen Sie als fakturierbaren Kostensatz für die Ressource (Umsatz) in der Kostensatztabelle *A* den Standardsatz in Höhe von *€ 1.300/Tag* fest.

Abbildg. 5.110 Fakturierbaren Kostensatz (Umsatz) festlegen

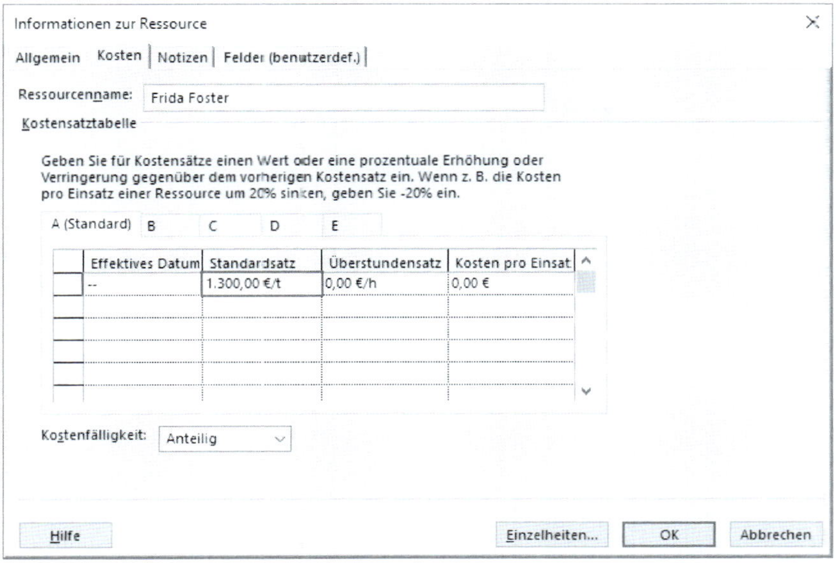

ACHTUNG Achten Sie darauf, den Kostensatz explizit pro Tag zu spezifizieren, Eingaben ohne Zeitangaben werden ggf. als pro Stunde interpretiert.

Abbildg. 5.111 Selbstkostensatz festlegen

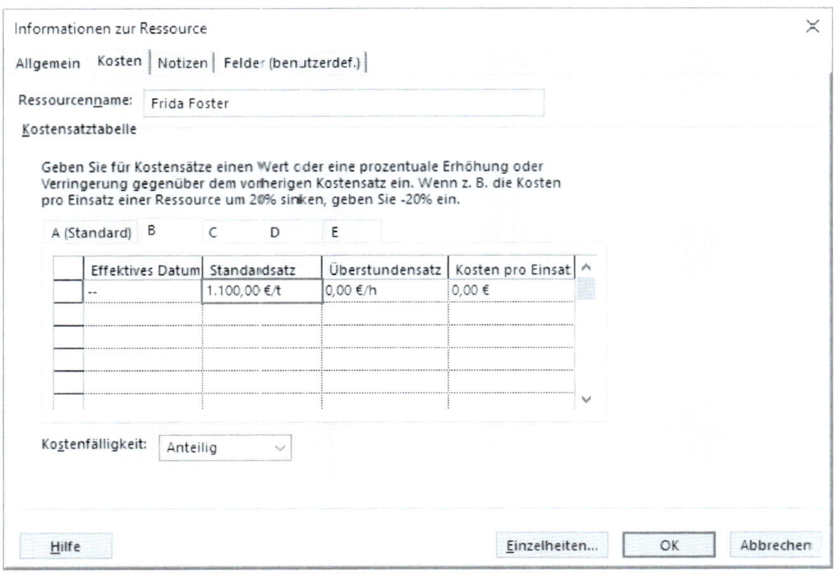

2. Wechseln Sie zur Registerkarte *B* und legen Sie für die Kostensatztabelle *B* als Selbstkostensatz den Standardsatz in Höhe von *€ 1.100/Tag* fest.

3. Schließen Sie das Dialogfeld und wiederholen Sie diese Schritte für alle Ressourcen, die am Projekt beteiligt sind. Speichern Sie anschließend den Ressourcenpool.

Abbildg. 5.112 Umbenennen des Kostenfelds für die Selbstkosten

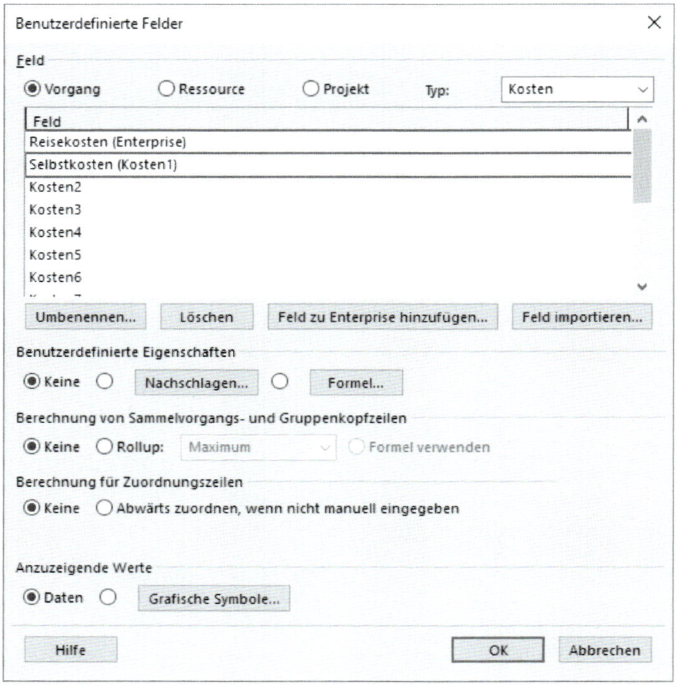

4. Öffnen Sie nun Ihr Projekt und benennen Sie das benutzerdefinierte Vorgangskostenfeld *Kosten1* in »Selbstkosten« um.

Abbildg. 5.113 Darstellung der Kosten (=Umsatz) und Selbstkosten in einer Vorgangseinsatzansicht

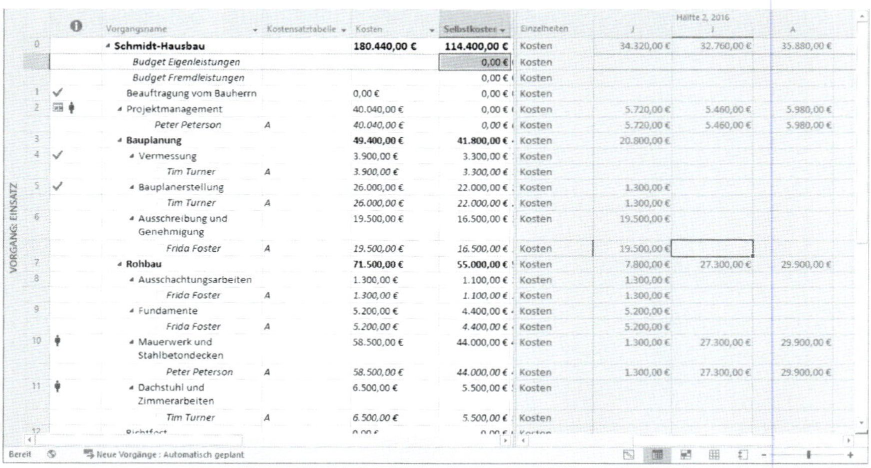

5. Erstellen Sie, wie in Abbildung 5.113 dargestellt, in der Ansicht *Vorgang: Einsatz* eine neue Tabelle und blenden Sie die dargestellten Felder *Kostensatztabelle*, *Kosten* und *Selbstkosten* ein.

Abbildg. 5.114 Festlegen des Selbstkostensatzes

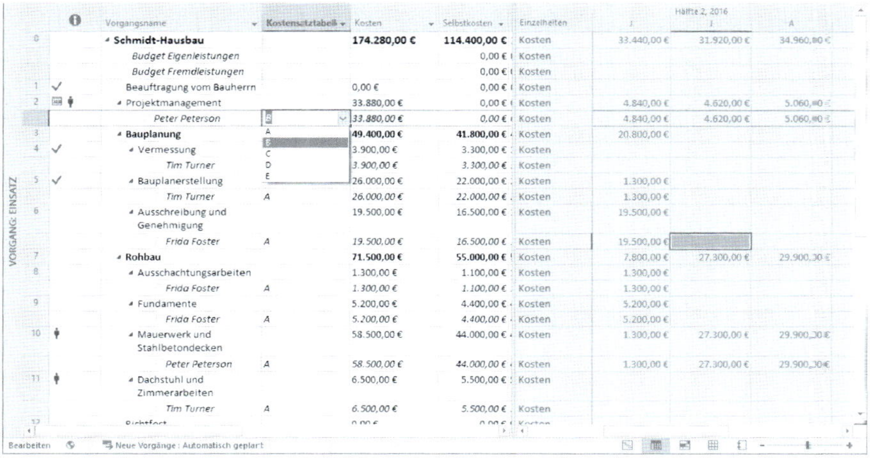

6. Legen Sie nun vorübergehend den Selbstkostensatz (Kostensatztabelle *B*) für alle Ressourcenzuweisungen fest.

Abbildg. 5.115 Kopieren der Selbstkosten

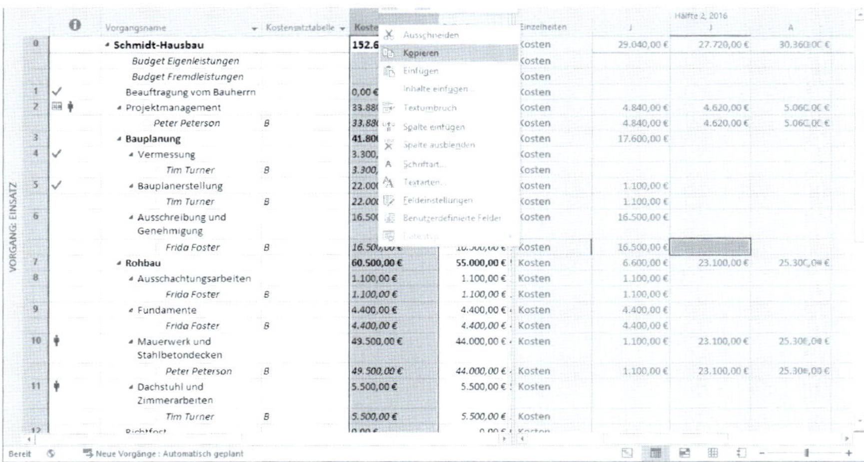

7. Markieren und kopieren Sie die vollständige Spalte *Kosten*, die nun die berechneten Selbstkosten enthält.

Abbildg. 5.116 Einfügen der Selbstkosten

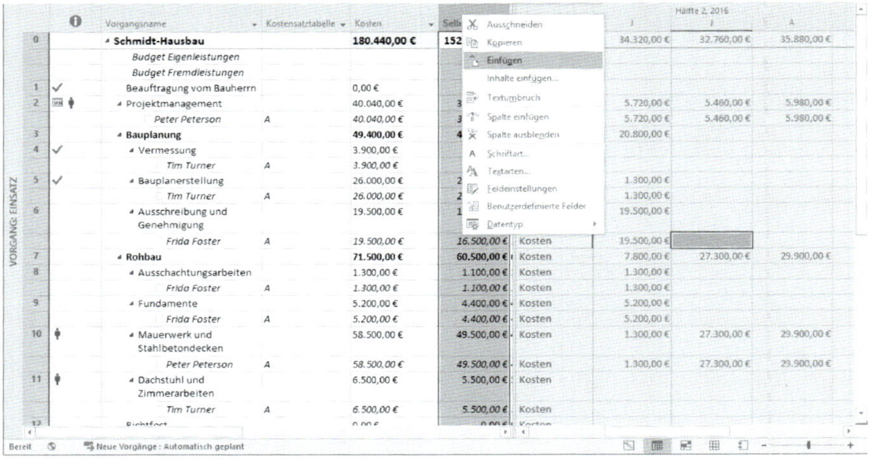

8. Markieren Sie die vorbereitete Spalte *Selbstkosten* und fügen Sie dort die kopierten Selbstkosten ein.
9. Setzen Sie nun die Kostensatztabelle wieder auf den ursprünglichen Wert zurück.

Abbildg. 5.117 Zurückstellen auf den fakturierbaren Kostensatz

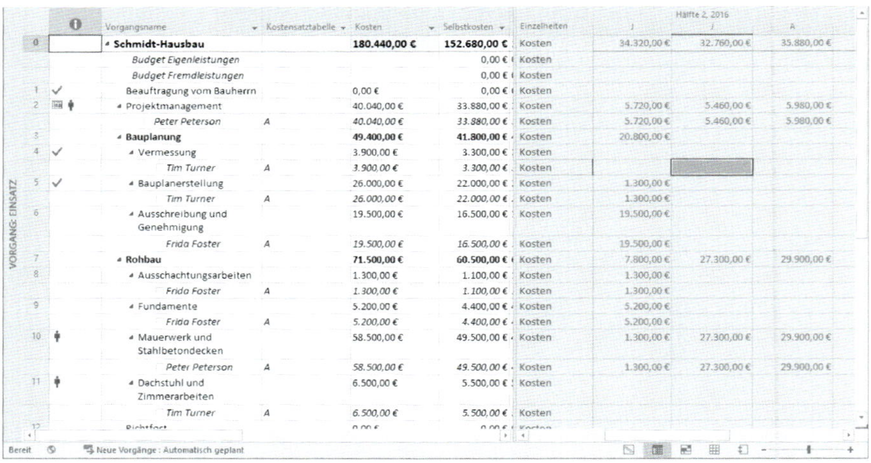

Sie sehen jetzt in der Gegenüberstellung den Umsatz (Kosten) und die Selbstkosten.

TIPP Über eine Formel können Sie den Deckungsbeitrag als Differenz der beiden Kostensätze errechnen.

HINWEIS Im Rahmen der Portfolioanalyse können Sie unterschiedliche Kostenszenarien für Projektvorschläge untersuchen. Weitere Informationen finden Sie in Kapitel 4.

Multiprojektmanagement

In diesem Abschnitt beleuchten wir Lösungsansätze für die Darstellung von Haupt- und Teilprojekten sowie Abbildung von Abhängigkeiten zwischen Projekten.[7] Im Einzelnen sind das:

- Projekte in einer Multiprojektübersicht zusammenführen
- Teilprojekt in ein bestehendes Hauptprojekt einfügen
- Lieferumfänge (Deliverables) und Abhängigkeiten

Projekte in einer Multiprojektübersicht zusammenführen

Für eine schnelle Zusammenführung von mehreren Projekten in einer Multiprojektsicht benötigen Sie nur wenige Handgriffe.

1. Öffnen Sie die entsprechenden Projektdateien, die zusammengeführt werden sollen, und wählen Sie im Menüband den Befehl *Ansicht/Fenster/Neues Fenster.*

Abbildg. 5.118 Projekte für das Hauptprojekt auswählen

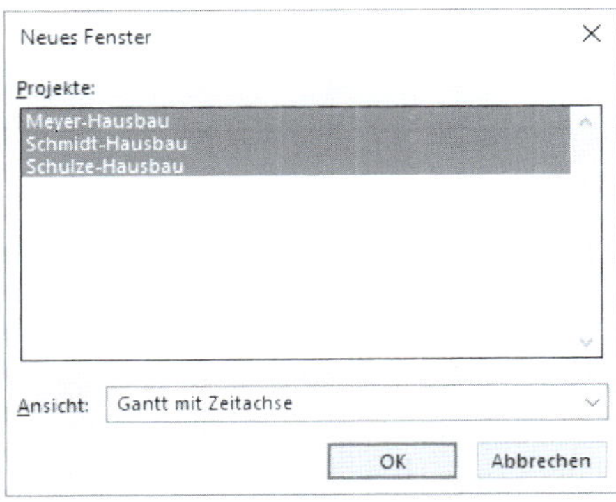

2. Im Dialogfeld *Neues Fenster* wählen Sie aus der Projektliste die Projekte mithilfe der Maus und der `Strg`-Taste aus.
3. Legen Sie die gewünschte Ansicht fest und klicken Sie auf die Schaltfläche *OK.*

[7] Synonyme für Hauptprojekt sind Gesamtprojekt und konsolidiertes Projekt. Ein Teilprojekt wird auch als Unterprojekt oder eingefügtes Projekt bezeichnet. Die englischsprachigen Bezeichnungen sind Master- und Subproject.

Abbildg. 5.119 Multiprojektansicht im Hauptprojekt

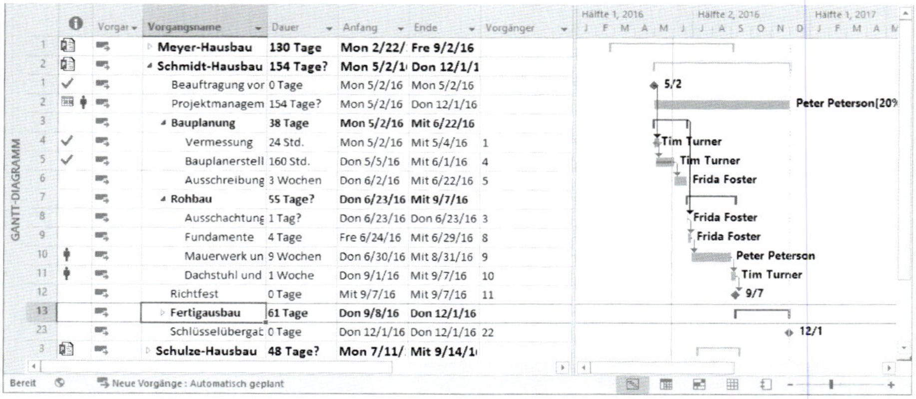

Project hat ein neues temporäres Projekt erstellt. Für jedes eingefügte Projekt wird ein Projektsammelvorgang erstellt. Die zusammengeführten Projekte nennt man *Hauptprojekt.*

Abbildg. 5.120 Eigenschaften des Teilprojekts festlegen

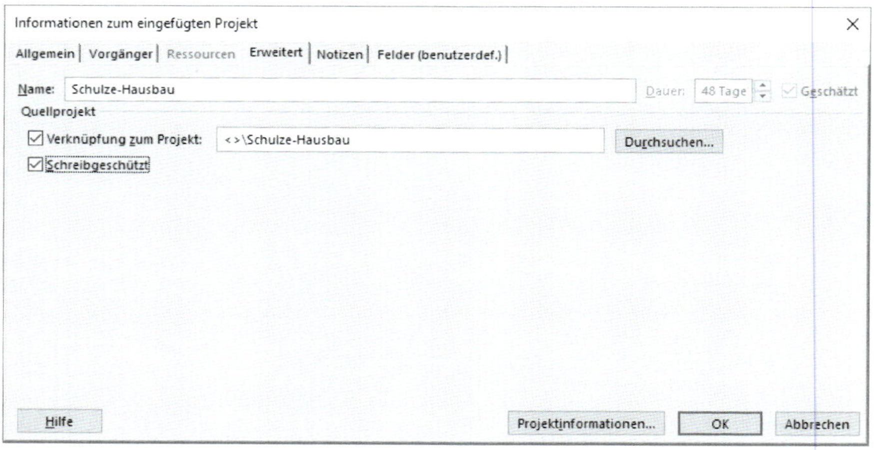

ACHTUNG Beachten Sie, dass die Teilprojekte im Hauptprojekt eine direkte Darstellung der Original-Teilprojekte sind. Das Hauptprojekt ist nur eine Hülle für die Teilprojekte, die Vorgänge in der Multiprojektansicht sind tatsächlich die Vorgänge in den Teilprojekten. Jede Änderung, die Sie in der Multiprojektansicht vornehmen, wird beim Speichern im Original-Teilprojekt gespeichert. Wenn Sie dieses Verhalten für ein oder mehrere Teilprojekte ändern möchten, so führen Sie einen Doppelklick auf den entsprechenden Projektsammelvorgang aus und aktivieren Sie auf der Registerkarte *Erweitert* das Kontrollkästchen *Schreibgeschützt* (Abbildung 5.120).

Sie können Hauptprojekte genau wie »normale« Projekte speichern und veröffentlichen, diese werden dann auch in Project Web App angezeigt.

Abbildg. 5.121 Project Center-Ansicht: *Hauptprojekte* sind durch ein eigenes Symbol gekennzeichnet

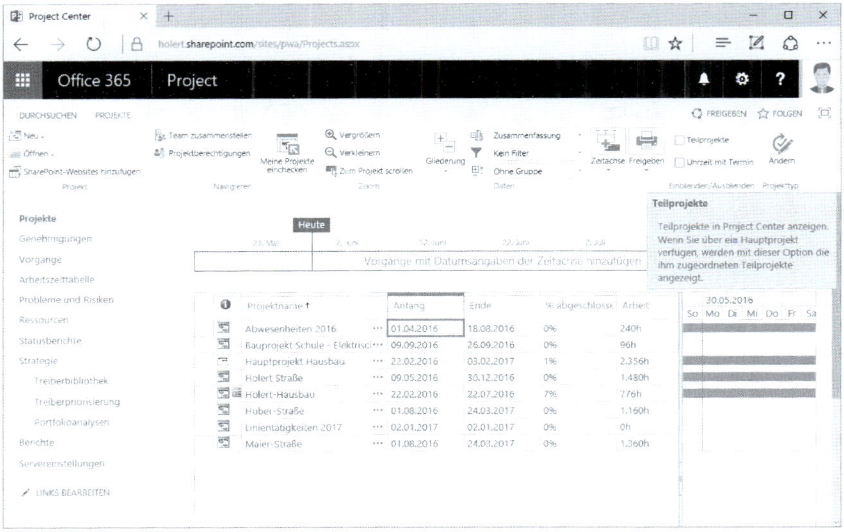

In der Project Center-Ansicht erkennen Sie Hauptprojekte am nebenstehend dargestellten Symbol.

HINWEIS Im Project Center werden standardmäßig keine Teilprojekte angezeigt da sie ja innerhalb der Hauptprojekte angezeigt werden. Um Teilprojekte im Project Center einzublenden, klicken Sie im Menüband auf die Schaltfläche *Projekte/Einblenden/Ausblenden* und aktivieren das Kontrollkästchen *Teilprojekte*.

Abbildg. 5.122 Ansicht der Projektdetails des Hauptprojekts

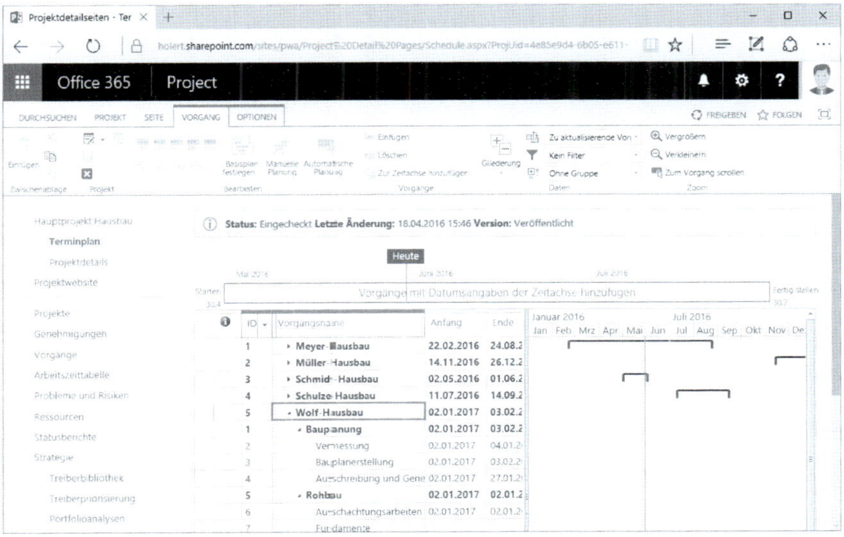

Sobald Sie auf ein Hauptprojekt wie »Gesamtprojektübersicht Hausbau« klicken, werden Ihnen analog zu der Ansicht in Project die dazugehörigen Teilprojekte angezeigt.

Abbildg. 5.123 Bearbeitung des Projektplans von Hauptprojekten ist in PWA im Browser nicht möglich

HINWEIS Wenn Sie ein Hauptprojekt in Project Web App bearbeiten möchten, erhalten Sie die obige Warnung (Abbildung 5.123). Sie können zwar die Projektstammdaten (Besitzer und Enterprise-Felder) bearbeiten, den Projektplan aber nur ansehen und nicht bearbeiten. Die einzelnen Teilprojekte können jedoch individuell in Project Web App geöffnet und bearbeitet werden.

Teilprojekt in ein bestehendes Hauptprojekt einfügen

Sie können nachträglich Teilprojekte in das Hauptprojekt über das Menüband *Projekt/Einfügen/Unterprojekt* einfügen. Achten Sie darauf, das Teilprojekt auf der obersten Gliederungsebene (Ebene 1) einzufügen, da sich ein bereits auf einer niedrigeren Stufe eingefügtes Teilprojekt im Nachhinein nicht mehr höherstufen lässt. Um diesen Effekt zu vermeiden, gehen Sie folgendermaßen vor:

1. Wählen Sie im Menüband den Befehl *Ansicht/Daten/Gliederung/Ebene 1*.

Abbildg. 5.124 Korrektes Einfügen von Teilprojekten bei der Darstellung der ersten Gliederungsebene im Hauptprojekt

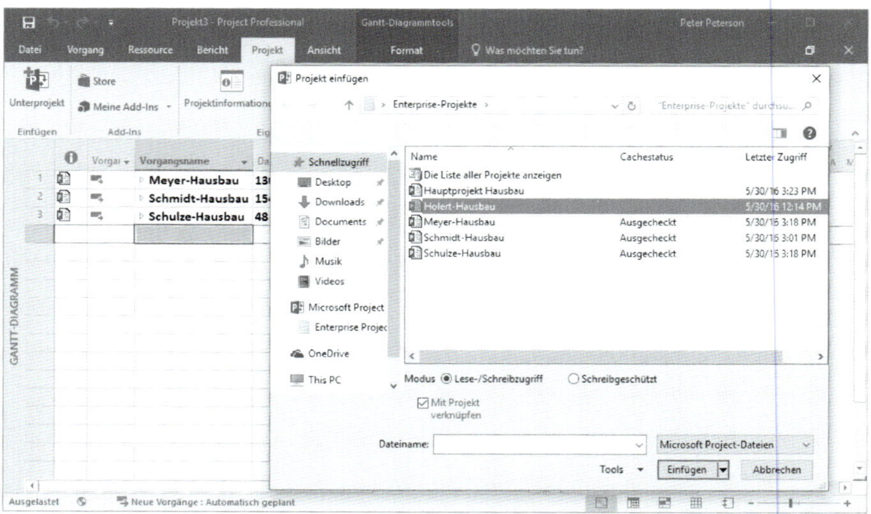

2. Klicken Sie auf die Vorgangszeile unterhalb des sichtbaren Vorgangs, bei dem das eingefügte Projekt platziert werden soll.
3. Wählen Sie im Menüband den Befehl *Projekt/Einfügen/Unterprojekt* und dann die entsprechende Projektdatei aus (Abbildung 5.124).
4. Prüfen Sie das Kontrollkästchen *Mit Projekt verknüpfen*, wenn Sie eine dauerhafte Verknüpfung mit dem Ursprungsprojekt beibehalten möchten, und klicken Sie anschließend auf *Einfügen*.

HINWEIS Ein Projekt kann technisch in verschiedenen Hauptprojekten als Unterprojekt eingefügt werden, allerdings darf nur eines der Hauptprojekte veröffentlicht sein. Zur Vermeidung von Mehrdeutigkeiten in der Projekthierarchie raten wir davon ab.

Lieferumfänge (Deliverables) und Abhängigkeiten

Projektübergreifende Vorgangsbeziehungen können in Project so abgebildet werden, dass sich der Nachfolger automatisch verschiebt (Hard link) oder dass nur angezeigt wird, dass es einen Konflikt gibt, der aufgelöst werden muss (Soft Link). Mit projektübergreifenden Verknüpfungen lassen sich je nach Konfiguration sowohl Hard wie auch Soft Links abbilden (*Datei/Optionen/Erweitert/Projektübergreifende Verknüpfungsoptionen*). Mit OLE-Verknüpfungen lassen sich darüber hinaus auch innerhalb eines Projektplanes Soft Links realisieren. Mit beiden Funktionen können jedoch weder alle projektübergreifenden Abhängigkeiten in Project grafisch angezeigt werden, in der Projektwebsite als Liste dargestellt werden und somit auch E-Mail-Benachrichtigungen bei genehmigten Verschiebungen ausgelöst werden.

Diese und andere Vorteile bieten Lieferumfänge (Deliverables) für die Abbildung von Soft Links.

HINWEIS Lieferumfänge sind nur für Projekte mit einer Projektwebsite verfügbar. D.h., das Projekt darf keine lokale .mpp-Datei sein, sondern muss auf Project Server oder Project Online gespeichert und veröffentlicht sein. Zudem muss bei der Veröffentlichung eine Projektwebsite erzeugt worden sein (vgl. Kapitel 1), da Lieferumfänge in einer eigenen Liste in der Projektwebseite verwaltet werden.

In unserem Beispiel verwenden wir das zentrale Projekt »Bauprojekt Schule« und das abhängige Projekt »Bauprojekt Schule – Elektrische Installation«. Die Abhängigkeit stellen wir über einen *Lieferumfang* dar, der im zentralen Projekt erstellt wird und mit dem gleichnamigen Sammelvorgang im abhängigen Projekt verknüpft wird.

HINWEIS *Lieferumfänge* (*Deliverables*) werden in der deutschen Ausgabe des PMBOK Guide als *Liefergegenstände* übersetzt (vgl. Kapitel 1).[8]

[8] PMBOK 2017, S. 262.

Lieferumfang im zentralen Projekt definieren

Wir nehmen an, dass von einem zentralen Projekt eine Leistung geliefert werden soll, von dem ein Vorgang in einem anderen Projekt abhängt. Um diesen Lieferumfang nach außen für andere Projekte sichtbar zu machen, gehen Sie wie folgt vor:

1. Öffnen Sie in Project das zentrale Projekt, hier »Bauprojekt Schule«.

Abbildg. 5.125 Lieferumfänge in einem Projekt verwalten

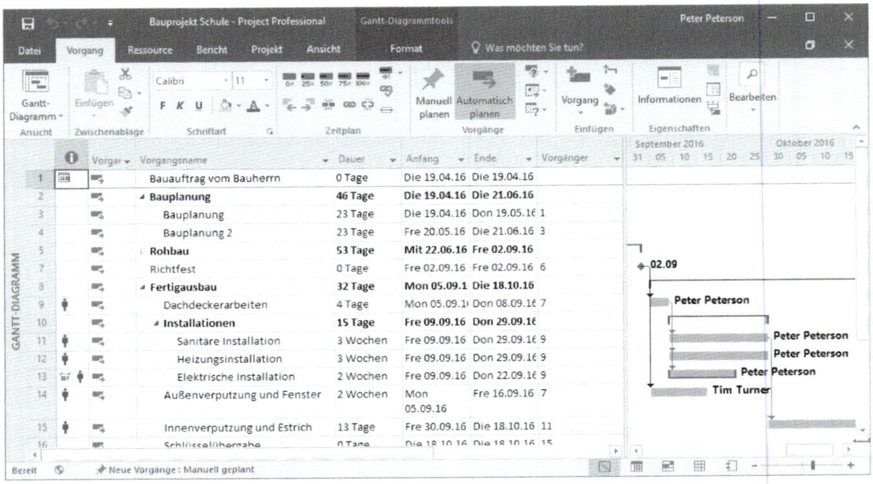

2. Klicken Sie im Menüband auf den Befehl *Vorgang/Einfügen/Lieferumfang verwalten* (Abbildung 5.125).
3. Im links eingeblendeten Dialogfeld *Lieferumfang* klicken Sie auf den Hyperlink *Neuen Lieferumfang hinzufügen*. Es wird das Dialogfeld *Lieferumfang hinzufügen* geöffnet.

HINWEIS Sie können im Menüband auch direkt *Vorgang/Einfügen/Lieferumfang erstellen* verwenden, um einen Lieferumfang zum ausgewählten Vorgang zu erstellen oder entfernen. Allerdings können Sie dabei keine Anpassungen in Namen oder Datum vornehmen.

4. Klicken Sie auf den Vorgang *Elektrische Installation* und aktivieren Sie im Dialogfeld *Lieferumfang hinzufügen* das Kontrollkästchen *Mit ausgewähltem Vorgang verknüpfen*. Klicken Sie danach auf die als Hyperlink hinterlegte Verknüpfung *Fertig* (Abbildung 5.126).

Abbildg. 5.126 Verknüpfung mit dem Projektvorgang *Elektrische Installation*

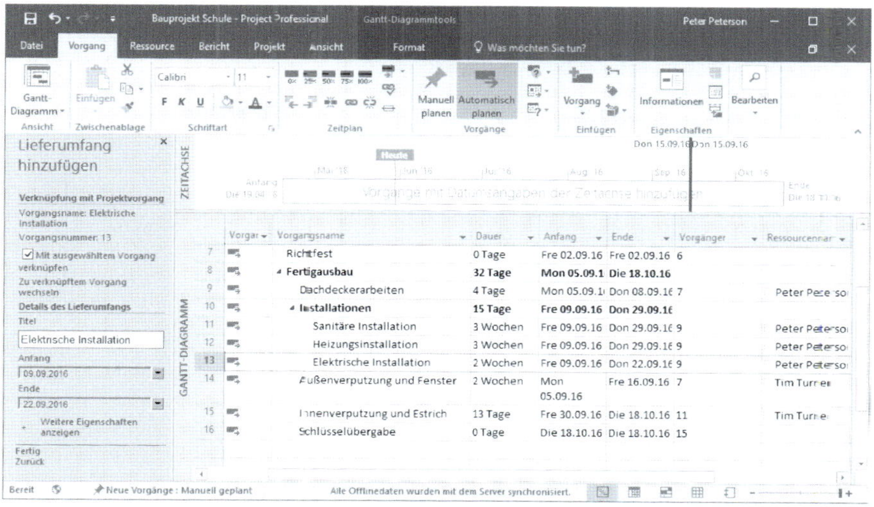

Danach erscheint in der Indikatorenspalte das nebenstehende Symbol, um einen definierten Lieferumfang für den Vorgang »Elektrische Installation« anzuzeigen. Wie Sie in Abbildung 5.127 erkennen können, wird in der Ansicht *Gantt-Diagramm* der Zeitraum des Lieferumfangs als violettfarbene Klammer dargestellt, die den Vorgangsbalken von unten umschließt.

Abbildg. 5.127 Lieferumfang wird im zentralen Projekt in der Ansicht *Gantt-Diagramm* angezeigt

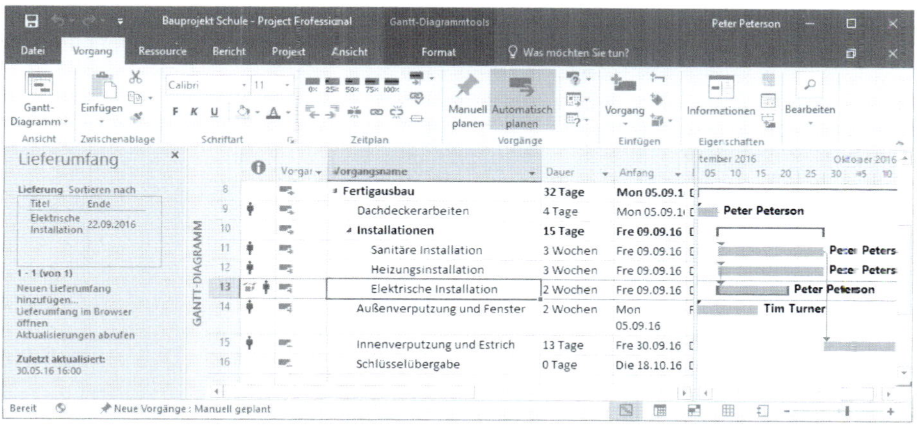

Lieferumfang aus dem zentralen Projekt mit dem Vorgang im abhängigen Projekt verknüpfen

1. Öffnen Sie das abhängige Projekt »Bauprojekt Schule – Elektrische Installation«.
2. Klicken Sie im Menüband auf den Befehl *Vorgang/Einfügen/Abhängigkeiten/Lieferungen verwalten*.
3. Im Dialogfeld *Abhängigkeit* klicken Sie auf den Hyperlink *Neue Abhängigkeit hinzufügen*. Es wird das Dialogfeld *Abhängigkeit hinzufügen* geöffnet.

Abbildg. 5.128 Zentrales Projekt im Aufgabenbereich *Abhängigkeit hinzufügen* auswählen

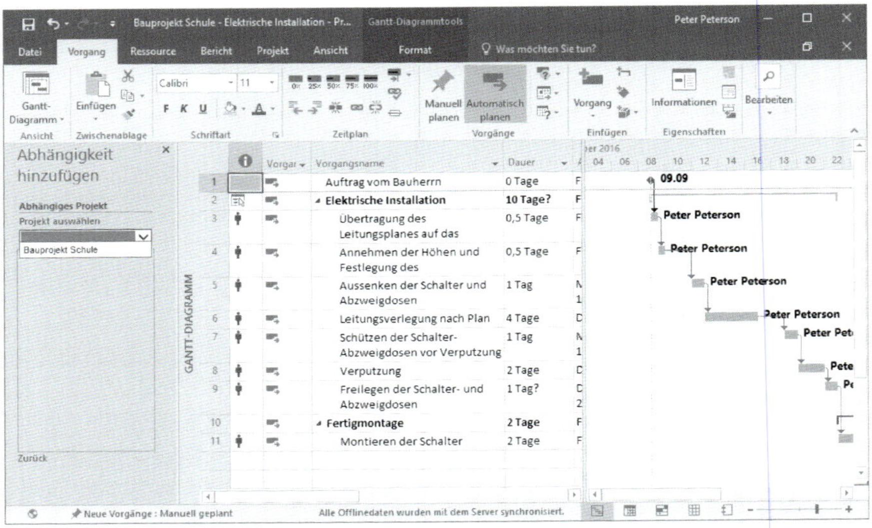

4. Wählen Sie im Aufgabenbereich *Abhängigkeiten hinzufügen* unter *Projekt auswählen* das zentrale Projekt »Bauprojekt Schule« aus.

Abbildg. 5.129 Lieferumfang aus dem zentralen Projekt mit dem Vorgang im abhängigen Projekt verknüpfen

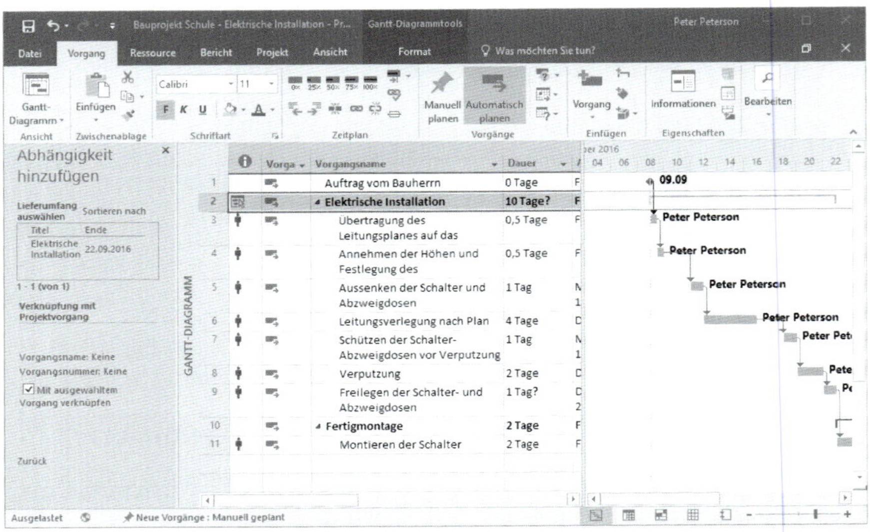

5. Markieren Sie sowohl den Lieferumfang »Elektrische Installation« im Dialogfeld *Abhängigkeit hinzufügen* als auch den Vorgang »Elektrische Installation« im Projektplan des abhängigen Projekts, den Sie mit dem Lieferumfang (Deliverable) verknüpfen möchten. Danach aktivieren Sie das Kontrollkästchen *Mit ausgewählten Vorgang verknüpfen*. Klicken Sie anschließend auf die Verknüpfung *Fertig* (Abbildung 5.129).

Abbildg. 5.130 Lieferumfänge werden in der Ansicht *Gantt-Diagramm* grafisch dargestellt

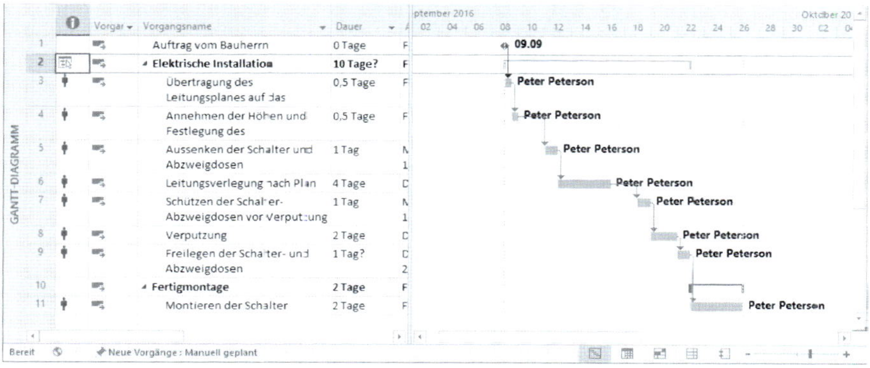

6. Die Lieferumfänge werden grafisch in der Ansicht *Gantt-Diagramm)* dargestellt. In der Indikatorenspalte können Sie anhand des nebenstehenden Symbols erkennen, dass der Vorgang mit einem Lieferumfang verknüpft wurde. Der Zeitraum des Lieferumfangs wird als orangefarbene Klammer dargestellt, die den Vorgangsbalken von oben umschließt. Der Projektleiter kann jetzt bei Abweichungen daraus ableiten, wie der eigene Projektplan angepasst werden muss, um die reibungslose Zusammenarbeit mit dem zentralen Projekt oder anderen Projekten zu gewährleisten.

Abbildg. 5.131 Lieferumfang in SharePoint im Browser anzeigen

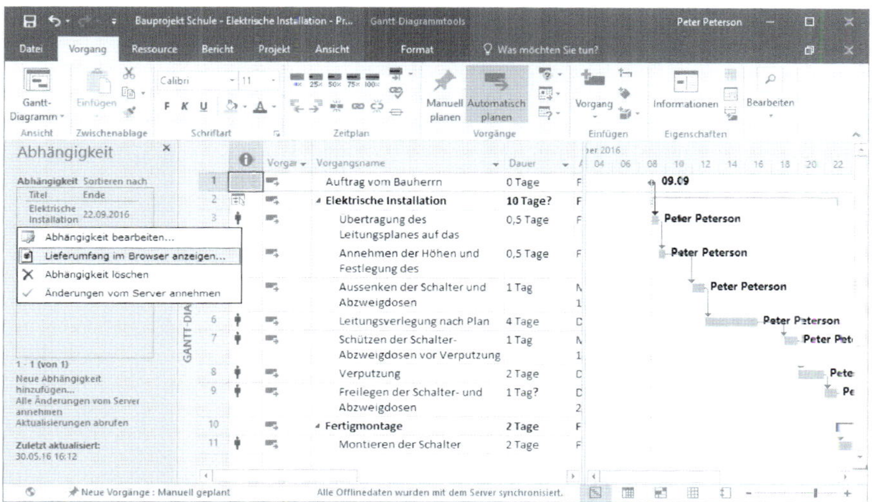

Den Lieferumfängen können Sie beliebige Dokumente und weiterführende Informationen bzgl. der Abhängigkeit anhängen, diese Details werden in der SharePoint-Liste *Lieferumfänge* in der Projektwebsite verwaltet. Klicken Sie im Dialogfeld *Abhängigkeit* auf den Eintrag *Elektrische Installation* im Dropdown-Listenfeld und wählen Sie den Eintrag *Lieferumfänge im Browser anzeigen*.

Abbildg. 5.132 Lieferumfänge werden in einer SharePoint-Listen verwaltet

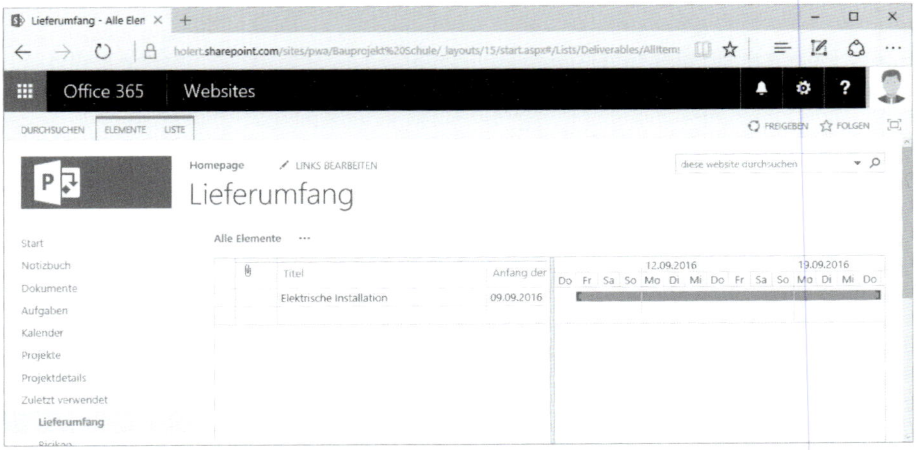

Sie können sich nun die Lieferumfänge in der SharePoint-Liste anzeigen lassen (zum Beispiel mit dem der Projektplanung zugrunde liegenden Vertrag abgleichen), bearbeiten, in Webparts auf der Projektwebsite anzeigen, in einem Übersichtswebpart aggregieren, E-Mail-Benachrichtigungen definieren oder mit anderen Werkzeugen für SharePoint den Benutzern zur Verfügung stellen (Abbildung 5.132).

Berichtswesen

In diesem Abschnitt beschreiben wir, wie Sie Berichte z.B. für die Prozesse »Projektarbeit überwachen und steuern« aus Kapitel 1 sowie »Provide Portfolio Oversight« aus Kapitel 4 erstellen. Darüber hinaus stellen wir Ihnen sowohl die mitgelieferten Berichte als auch weitere eigene Beispiele vor.

Bevor wir die Erstellung der Berichte beschreiben, geben wir einen Kurzüberblick über das clientseitige Berichtswesen von Project und das serverseitige Berichtswesen der Project Web App.

In Project können Sie auf die Funktionen *Berichte*, *Grafische Berichte* und die *Projekte vergleichen* zurückgreifen. Seit Project 2013 wurden die in den Vorversionen enthaltenen Funktionen der klassischen Berichte ersetzt. In der aktuellen Version werden Berichte mit einer freien Kombination von Tabellen, Diagrammen und Texten ermöglicht. Die grafischen Berichte basieren auf einer lokal erstellten OLAP-Datenbank und damit können entweder Excel oder Visio für die Auswertung und Darstellung verwenden werden. Die Berichte und die grafischen Berichte stehen standardmäßig jedem Projektleiter zur Verfügung und bilden stets die Daten des geöffneten Projekts ab. Projektübergreifende Berichte sind damit nur über Haupt- und Teilprojekte möglich, indem die auszuwertenden Projekte wie im Abschnitt »Multiprojektmanagement« in ein Hauptprojekt zusammengeführt werden. Die Funktion *Projekte vergleichen* haben wir zuvor im Abschnitt »Projektversionen vergleichen« beschrieben.

In der Project Web App ist das Berichtswesen in den *PWA-Berichten* zusammengefasst. Diese erreichen Sie in der Project Web App über die Verknüpfung *Berichte* in der Schnellstartleiste. Technologisch basiert dieses Berichtswesen auf mehreren SharePoint Server-Dienstanwendungen und SQL Server-Diensten. Project Server setzt hierauf auf und stellt als Datenquelle ein Berichtsdatenbankschema mit Projekt- und Ressourcendaten in der relationalen Datenbank jeder PWA-Instanz bereit. Zudem kann Project Server standardmäßig multidimensionale OLAP-Datenbanken mit vorkonfigurierten Cubes erzeugen, um die Daten des Berichtdatenbankschemas für höhere Leistung vorzuaggregieren. Darüber hinaus bringt Project Server für Excel Services verschiedene Berichte und Vorlagen mit, die sowohl direkt auf das Berichtsdatenbankschema als auch auf die OLAP-Datenbanken zugreifen. Zusätzlich kann Microsoft Power BI verwendet werden, um Berichte zu erstellen und auf verschiedenen Endgeräten zu betrachten. Bei Verwendung von Microsoft Power BI fallen zusätzliche Kosten an.

Die PWA-Berichte eignen sich für serverweite und projektübergreifende Berichte, während Berichte im Project Client stets auf die Daten im geöffneten Projekt beschränkt sind. Der Zugriff auf die Berichte hängt von verschiedenen Faktoren ab. Die Anzeige des Links in der Schnellstartleiste wird über die Berechtigungen von Project Web App gesteuert, die Zugriffsrechte auf die PWA-Berichte-Website variieren je nach Berechtigungsmodus und können von Administratoren bearbeitet werden, der Zugriff auf Daten in den Berichten kann noch einmal separat je Bericht und sogar je Datenverbindung gesteuert werden.

Das Berichtswesen beschreiben wir in folgender Reihenfolge:

- Berichtswesen für Einzelprojekte mit integrierten Berichten von Project
- Berichtswesen für Einzelprojekte mit grafischen Berichten von Project
- Projektübergreifendes Berichtswesen mit den PWA-Berichten der Project Web App
- Projektübergreifendes Berichtswesen mit Microsoft Power BI

Berichtswesen für Einzelprojekte mit integrierten Berichten von Project

Die Basis der integrierten Berichte bilden Tabellen und Diagramme, in denen beliebige Felder des Projekts angezeigt werden können. In einem Bericht können dann mehrere Tabellen und Diagramme zusammengestellt und durch Freitext, Grafiken und Bilder ergänzt werden. Die Anzeige der Berichte findet direkt in Project statt, es sind keine zusätzlichen Programme notwendig. Sie können die mitgelieferten Berichte anpassen oder neu erstellen.

Die integrierten Berichte stehen unabhängig von Project Server und weiteren Produkten allen Benutzern von Project zur Verfügung, die damit alle Daten aus dem Projektplan des aktuellen Projekts auswerten können. Eine Auswertung über mehrere Projekte ist nur möglich, wenn diese zuvor in einem Haupt- bzw. Gesamtprojekt aggregiert werden, sodass der Bericht dieses Hauptprojekts die Daten all seiner Teilprojekte umfasst. Mit Project werden 16 Standardberichte ausgeliefert, die angepasst oder um eigene Berichte erweitert werden können. Die nachfolgenden Abschnitte sind:

- Übersicht der in Project enthaltenen, integrierten Berichte
- Erstellung des Project-Berichts *Projektarbeitsfortschritt*

Übersicht der in Project enthaltenen, integrierten Berichte

In Project sind 16 Berichte enthalten, die in Tabelle 5.8 zusammengefasst sind. Da die meisten Berichte mehrere Tabellen bzw. Diagramme enthalten, haben wir uns in der Beschreibung auf die Kerndaten der Berichte beschränkt.

Tabelle 5.8 In Project enthaltene integrierte Berichte

Name	Typ	Beschreibung
Anstehende Vorgänge	Dashboards	*Anfang, Ende, Arbeit, % Abgeschlossen* anstehender Vorgänge
Arbeitsübersicht	Dashboards	*Ist-, Rest-, Geplante Arbeit* als Burndown und Absolutwert auf Ebene 1
Burndown	Dashboards	*Ist-, Rest-* und *Geplante Arbeit* sowie *Vorgänge* als Burndown
Kostenübersicht	Dashboards	*Ist-, Rest-, Geplante Kosten* und *% Abgeschlossen* auf Ebene 1 und kumuliert
Projektübersicht	Dashboards	*Anstehende Meilensteine* und *% Abgeschlossen* auf Ebene 1 und für verspätete Vorgänge
Ressourcen (Übersicht)	Ressourcen	*Ist-, Rest-, Geplante Arbeit* und *% Arbeit Abgeschlossen* nach Ressource
Überlastete Ressourcen	Ressourcen	*Ist-* und *Restarbeit* sowie *Überlastung* nach überlasteten Ressourcen
Ertragswertbericht[a][b]	Kosten	*BK, IKAA, SKAA, SKBA, KA, PA* nach Zeitperiode
Kostenüberschreitungen	Kosten	*Geplante* und *Abweichung Kosten* auf Ebene 1 und nach Ressourcen
Ressourcenkosten (Übersicht)	Kosten	*Ist-, Rest-, Geplante Kosten, Ist-Arbeit, Standardsatz* nach Ressource
Vorgangskosten	Kosten	*Ist-, Rest-, Kosten, IKAA, SKAA, SKBA* auf Ebene 1
Vorgangskosten (Übersicht)	Kosten	*Ist-, Rest-, Geplante, Abweichung* und *Kosten* auf Ebene 1 und nach Status
Kritische Vorgänge	In Bearbeitung	*Anfang, Ende, % Abgeschlossen, Restarbeit* und *Ressourcennamen* kritischer Vorgänge
Meilensteinbericht	In Bearbeitung	Meilensteine mit *Ende* nach Status, *Ist-* und *Vorgänge* als Burndown
Verspätete Vorgänge	In Bearbeitung	*Anfang, Ende, % Abgeschlossen, Restarbeit* und *Ressourcennamen* verspäteter Vorgänge
Verzögerte Vorgänge	In Bearbeitung	*Anfang, Ende, % Abgeschlossen, Restarbeit* und *Ressourcennamen* verzögerter Vorgänge

a Leistungswertanalyse

b Fertigstellungswert pro Periode

Viele dieser Berichte enthalten mehrere Tabellen oder Diagramme, in der Übersicht wurden die Werte herausgearbeitet, die den Charakter des Berichts prägen. Die Berichte werten dabei stets die aktuellen Daten des Projekts aus, bei Änderungen im Projekt werden auch die Berichte aktualisiert.

Die integrierten Berichte eignen sich dazu, Schlüsseldaten bereit- und gegenüberzustellen. Beispielsweise können Sie ein Dashboard oder Cockpit zusammenstellen, in dem Sie die Kerndaten auf der obersten Gliederungsebene als Tabelle, die monatliche Arbeit pro Abteilung in einem Diagramm und den Ist- sowie Restaufwand je Kostenstelle in einem weiteren Diagramm anzeigen. Mit der Möglichkeit, die Filter und Gruppierungen von Project auch in den Berichten zu verwenden, können Sie auch verzögerte und termingerechte anstehende Aufgaben in separaten Tabellen gegenüberzustellen und die Aufwände in einem Diagramm vergleichen.

Die Erstellung des Berichts *Projektarbeitsfortschritt* in Abbildung 5.133 beschreiben wir Schritt für Schritt im nachfolgenden Abschnitt.

Abbildg. 5.133 Fertiggestellten Bericht zum Versand kopieren

Über den Befehl *Bericht kopieren (Berichtstools/Entwurf/Bericht/Bericht kopieren)* können Sie einen Bericht zum Beispiel in eine E-Mail, ein Textdokument oder eine Präsentation kopieren. Auf diese Weise können Sie den Bericht auch Projektbeteiligten zugänglich machen, die nicht über Project 2013 verfügen, oder in der Projektwebsite archivieren.

Erstellung des Project-Berichts *Projektarbeitsfortschritt*

Im Folgenden beschreiben wir, wie Sie den mitgelieferten integrierten Bericht *Projektübersicht* anpassen können, um den Bericht *Projektarbeitsfortschritt* zu erhalten. Dieser beinhalt den Status des Projekts und der Meilensteine als Tabelle, die Ist- und Restarbeit auf Gliederungsebene 1 als Diagramm sowie die kumulierte Ist-Arbeit, Geplante Arbeit und Arbeit pro Monat ebenfalls als Diagramm. Führen Sie folgende Schritte aus, um den Bericht *Projektarbeitsfortschritt* zu erstellen:

1. Rufen Sie im Menüband über *Bericht/Berichte anzeigen/Dashboards/Projektübersicht* den Bericht *Projektübersicht* auf.

Abbildg. 5.134 Dashboardbericht *Projektübersicht* aufrufen

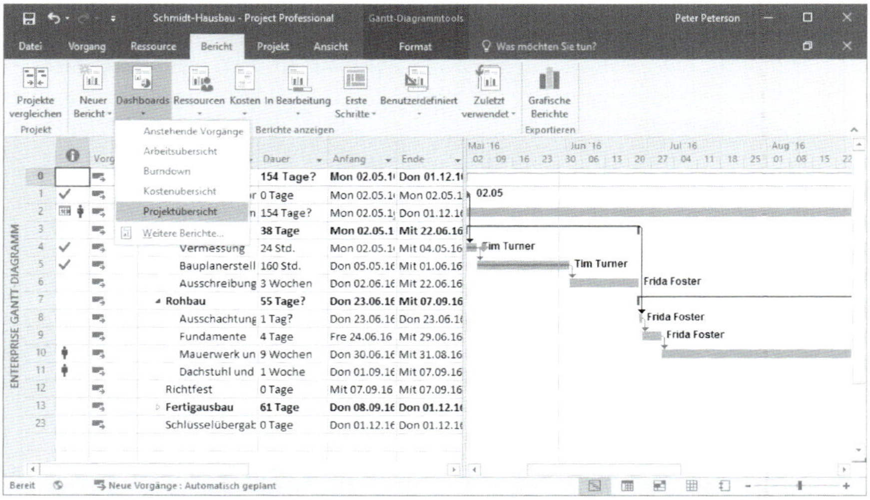

Abbildg. 5.135 Bericht *Projektübersicht* umbenennen

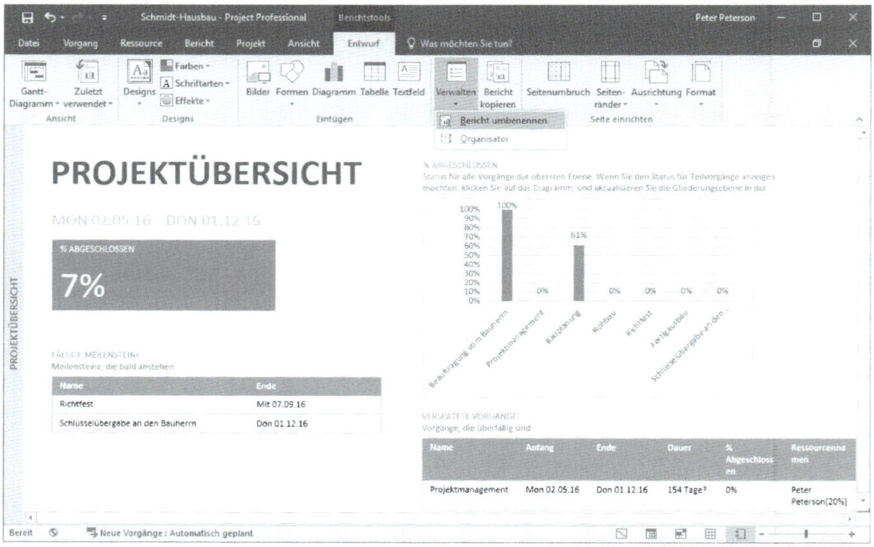

2. Benennen Sie den Bericht über den Befehl *Berichtstools/Entwurf/Bericht/Verwalten/Bericht umbenennen* im Menüband um.

Abbildg. 5.136 Dialogfeld *Umbenennen* für Berichte

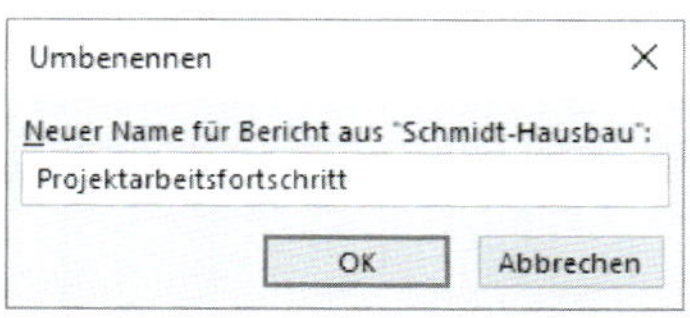

3. Wählen Sie den neuen Namen *Projektarbeitsfortschritt* aus.

Abbildg. 5.137 Bericht *Projektarbeitsfortschritt* unter benutzerdefinierten Berichten

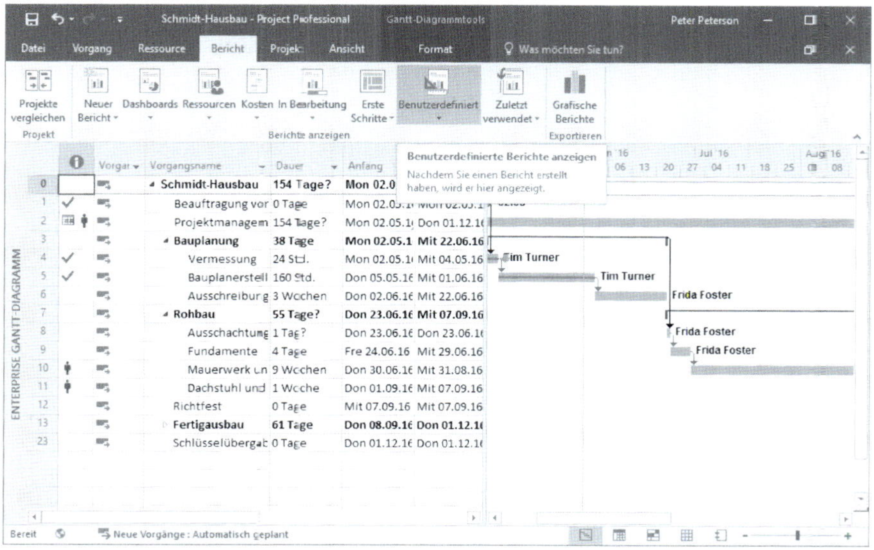

4. Wechseln Sie zurück in eine Projektansicht wie *Gantt-Diagramm* und anschließend über *Bericht/Berichte anzeigen/Benutzerdefiniert/Projektarbeitsfortschritt* zurück zum neuen Bericht.

Abbildg. 5.138 Spalten und Überschrift der Tabelle *Meilensteine* anpassen

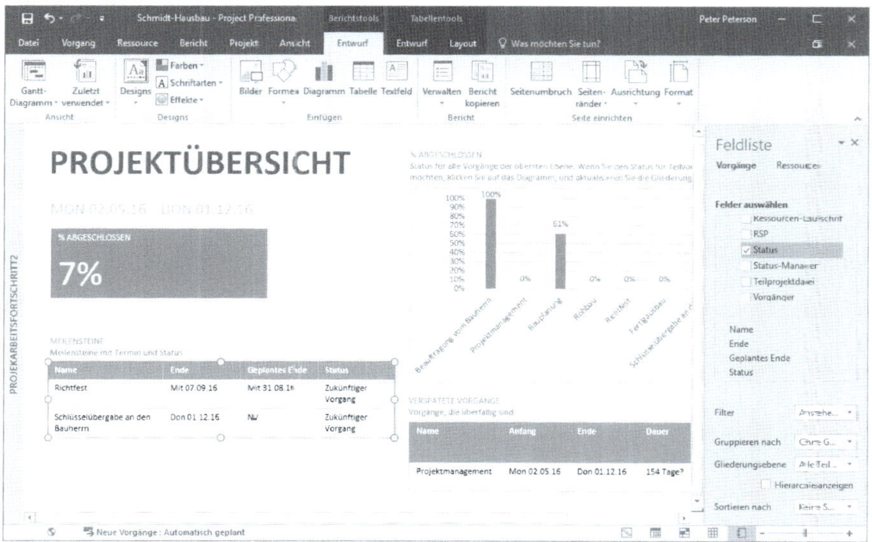

5. Ändern Sie die Überschrift des Textfelds *Fällige Meilensteine* in *Meilensteine* und den Inhalt in *Meilensteine mit Termin und Status*.

6. Klicken Sie auf die Tabelle der Meilensteine, fügen Sie über die Schaltfläche *Feldliste* unter *Felder auswählen* die Felder *Datum/Basisplan/Geplantes Ende* und *Andere Felder/Status* hinzu, ändern Sie den Filter in *Meilensteine* und *Sortieren nach* in *Ende*.

Abbildg. 5.139 Diagramm *Arbeitsübersicht* neu erstellen

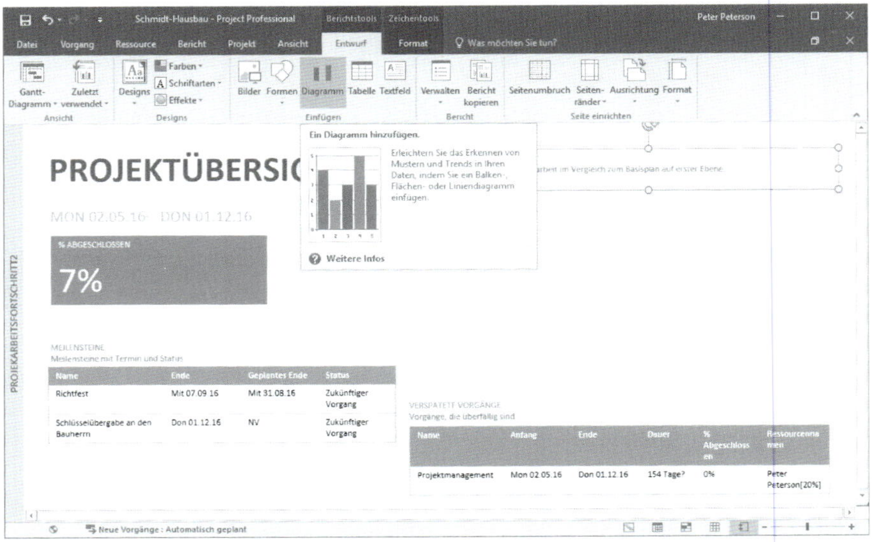

7. Ändern Sie die Überschrift des Textfelds *% Abgeschlossen* in *Arbeitsübersicht* und den Text in *Ist-Arbeit und Restarbeit im Vergleich zum Basisplan auf erster Ebene.*

8. Löschen Sie das Diagramm darunter und erstellen Sie über *Berichtstools/Entwurf/Einfügen/Diagramm* ein beliebig formatiertes Diagramm, z.B. gruppierte Säulen wie in Abbildung 5.140.

Abbildg. 5.140 Daten des Diagramms *Arbeitsübersicht* konfigurieren

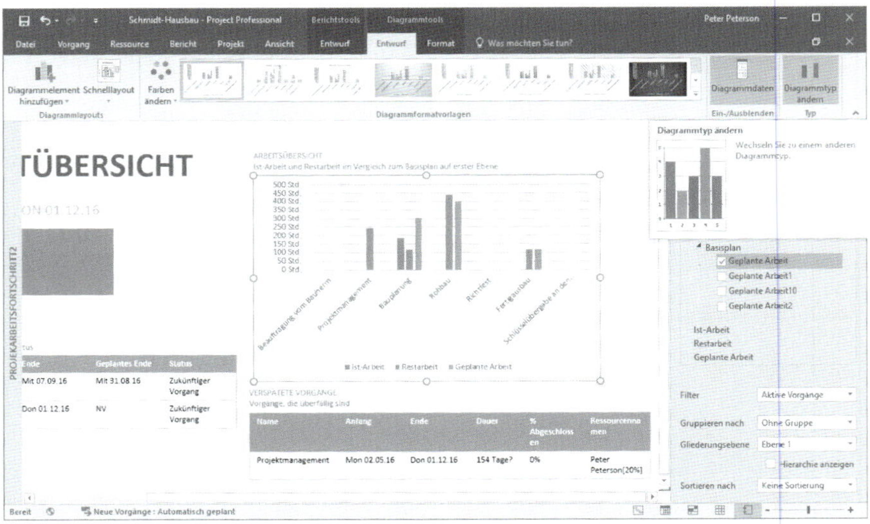

9. Wählen Sie die Kategorie *Name*, die Felder *Ist-Arbeit*, *Restarbeit* und *geplante Arbeit* in dieser Reihenfolge und als Gliederungsebene *Ebene 1* aus, führen Sie dann im Menüband *Diagrammtools/Entwurf/Typ/Diagrammtyp ändern* aus.

Abbildg. 5.141 Diagrammtyp *Verbund* für die gegebenen Kennzahlen konfigurieren

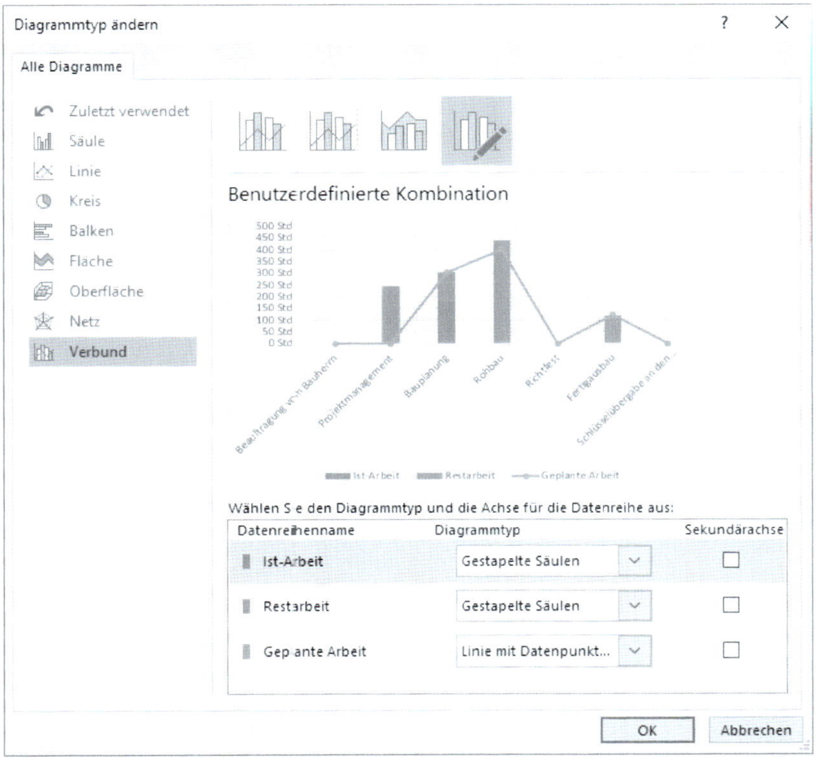

10. Wählen Sie als Diagrammtyp *Verbund* aus mit *Ist-Arbeit* und *Restarbeit* als *gestapelte Säulen* und *geplanter Arbeit* als *Linie mit Datenpunkten.*

11. Ändern Sie die Überschrift des Textfelds *Verspätete Vorgänge* in *Kumulierte Arbeit* und den Text in *Kumulierte Ist-, berechnete und geplante Arbeit auf Monatsebene.*

Abbildg. 5.142 Diagramm *Kumulierte Arbeit* erstellen

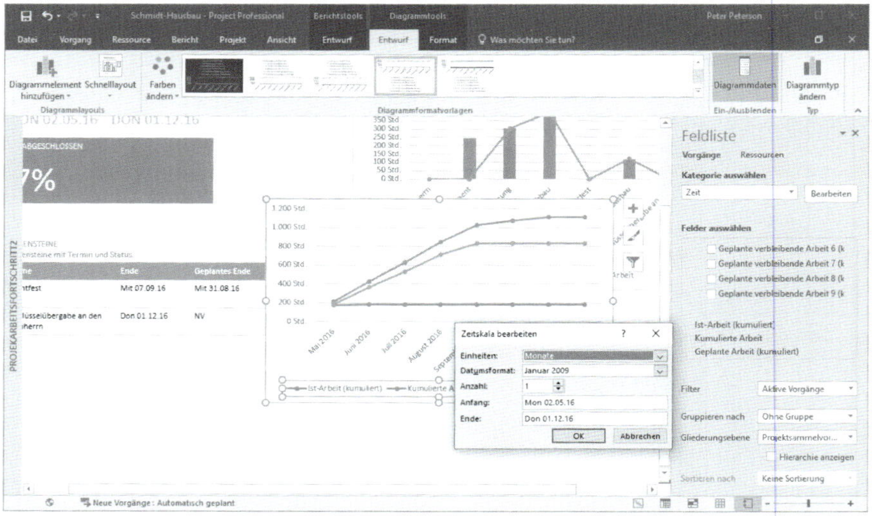

12. Löschen Sie die Tabelle darunter und erstellen Sie über *Berichtstools/Entwurf/Einfügen/ Diagramm* ein *Liniendiagramm mit Datenpunkten* mit der Kategorie *Zeit*, Zeitskala *Monate* und den Feldern *Ist-Arbeit (kumuliert)*, *Kumulierte Arbeit*, *Geplante Arbeit (kumuliert)*.

Abbildg. 5.143 Finales Arrangement des Berichts *Projektarbeitsfortschritt*

13. Ändern Sie die Überschrift des Berichts in *Projektarbeitsfortschritt* und adjustieren Sie Größe, Spaltenbreit und Arrangement der Tabelle und Diagramme, um einen übersichtlichen Bericht zum *Projektarbeitsfortschritt* wie in Abbildung 5.143 zu erhalten.

Abbildg. 5.144 Ergebnis des Berichts *Projektarbeitsfortschritt* für ein anderes Projekt

Den fertiggestellten Bericht können Sie mit dem *Organisator* auch anderen Projekten, Ihrer lokalen *GLOBAL.MPT* oder der *Enterprise Global* hinzufügen, so können Sie ihn wie in Abbildung 5.144 auch für andere Projekte aufrufen.

Damit schließen wir die Beschreibung und Erstellung der Project-Berichte ab. Im nächsten Abschnitt stellen wir Ihnen die grafischen Berichte von Project vor, dabei legen wir den Fokus auf Excel-Berichte. Während die Project-Berichte stets einen Überblick über den aktuellen Projektstatus geben, können Sie mit Excel-Berichten eigene Pivottabellen und -berichte erstellen, die Sie und die Endbenutzer mit dem vollen Funktionsumfang von Excel analysieren und auswerten können.

Berichtswesen für Einzelprojekte mit grafischen Berichten von Project

Die grafischen Berichte stehen wie die integrierten Berichte ebenfalls unabhängig von Project Server jedem Benutzer von Project zur Verfügung, setzen allerdings Excel bzw. Visio Professional voraus. Wie bei den integrierten Berichten erfolgt eine Auswertung der Daten des aktuellen Projekts, über mehrere Projekte ist dies wieder nur mittels Aggregation in ein Hauptprojekt möglich. Mit Project werden zehn Standardberichte für Excel und sechs Standardberichte für Visio geliefert, die angepasst oder um eigene Berichte erweitert werden können. Die nachfolgenden Abschnitte sind:

- Übersicht der in Project enthaltenen grafischen Berichte
- Erstellung des grafischen Berichts *Kostenbudgetvergleich*

Übersicht der in Project enthaltenen grafischen Berichte

Im Lieferumfang von Project sind die Berichtsvorlagen für Excel und Visio enthalten, die in Tabelle 5.9 und Tabelle 5.10 zusammengefasst sind.

HoNWEIS Für den Einsatz aller grafischen Berichte benötigen Sie Excel bzw. Visio Professional in der Version 2007 oder höher.

Tabelle 5.9 In Project enthaltene grafische Berichtsvorlagen für Excel

Name	Beschreibung
Bericht: Arbeitsbudget	*Arbeitsbudget, Geplante Arbeit, Arbeit, Ist-Arbeit* nach Quartalen
Bericht: Ertragswert über einen Zeitraum[a]	*Ertragswert, Geplanter Wert, IK* nach Quartalen
Bericht: Geplante Arbeit	*Geplante Arbeit, Arbeit* und *Ist-Arbeit* nach Vorgängen auf der obersten Gliederungsebene
Bericht: Geplante Kosten	*Geplante Kosten, Kosten* und *Ist-Kosten* nach Vorgängen auf der obersten Gliederungsebene
Bericht: Kostenbudget	*Kostenbudget, Geplante Kosten, Kosten* und *Ist-Kosten* nach Quartalen
Bericht: Verbleibende Arbeit pro Ressource	*Ist-Arbeit* und *Restarbeit* nach Ressourcen
Bericht: Verfügbare Arbeitszeit pro Ressource	*Verfügbare Arbeitszeit, Arbeit, Restverfügbarkeit* nach Quartalen
Bericht: Vorgangskosten	*Kosten* und *Kumulierte Kosten* nach Quartalen
Zusammenfassung: Arbeit pro Ressource	*Verfügbare Arbeitszeit, Arbeit, Restverfügbarkeit* und *Ist-Arbeit* nach Ressourcen
Zusammenfassung: Ressourcenkosten	*Kosten* nach *Art* der Ressourcen

a Fertigstellungswert pro Periode

Tabelle 5.10 In Project enthaltene grafische Berichtsvorlagen für Visio

Name	Beschreibung
Aufgabenstatusbericht[a]	*Arbeit, Kosten* und *% Abgeschlossen* nach Vorgängen auf oberster Ebene
Cashflowbericht	*Kosten* und *Ist-Kosten* nach Quartalen und *Art* der Ressourcen
Grundlinienbericht[b]	*Geplante Arbeit, Arbeit, Geplante Kosten* und *Kosten* nach Quartalen und Vorgängen auf oberster Ebene
Ressourcenstatusbericht	*Arbeit* und *Kosten* nach Ressourcen
Ressourcenverfügbarkeitsbericht	*Arbeit* und *Restverfügbarkeit* nach *Art* der Ressourcen und Ressourcen
Statusbericht kritischer Aufgaben	*Arbeit, Restarbeit* und *% Abgeschlossen* nach *Kritisch* und Vorgängen auf oberster Ebene

a Vorgangsstatusbericht
b Basisplanbericht

ACHTUNG In den deutschsprachigen Berichtsvorlagen für Excel sind die Felder mit neuen deutschen Übersetzungen nicht korrekt aktualisiert. Die zum Bericht gehörenden Felder sind in Tabelle 5.9 unter Beschreibung aufgelistet, Sie müssen diese in den Berichten dann manuell zu den Tabellen bzw. Diagrammen hinzufügen. Die notwendigen Schritte dazu entnehmen Sie den Beschreibungen zur Anpassung von Berichten im nachfolgenden Abschnitt.

Für die Berichte erzeugt Project einen lokalen OLAP-Cube, der von Visio bzw. Excel als Datenquelle für einen Pivot-Bericht verwendet wird. Die Visualisierung erfolgt in Excel mit einem PivotChart und einer PivotTable. In Visio wird hierfür ein PivotChart eingesetzt, das die Daten in einem Organisationdiagramm darstellt.

Eine spätere Aktualisierung eines bestehenden Berichts mit neuen Projektdaten ist nicht möglich, Sie können die Berichte jedoch als Vorlagen speichern, sodass diese jederzeit neu erstellt werden können.

Erstellung des grafischen Berichts *Kostenbudgetvergleich*

Im Folgenden beschreiben wir, wie Sie den grafischen Bericht verwenden und anpassen können. Die Basis bildet der mitgelieferte grafische Bericht *Bericht: Kostenbudget*, der zum aktuellen Projekt die Werte für *Kostenbudget*, *Geplante Kosten*, *Kosten* und *Ist-Kosten* pro Quartal anzeigt. Den Bericht werden Sie dahingehend anpassen, dass er statt des aktuellen Budgets (*Kostenbudget*) das Budget aus dem Basisplan (*Geplantes Kostenbudget*) verwendet, die Währungen passend anzeigt und ein farbliches Design erhält (Details zum Budget finden Sie im Abschnitt »Kostenmanagement«). Gehen Sie dazu folgendermaßen vor:

Abbildg. 5.145 Grafische Berichte zum Exportieren aufrufen

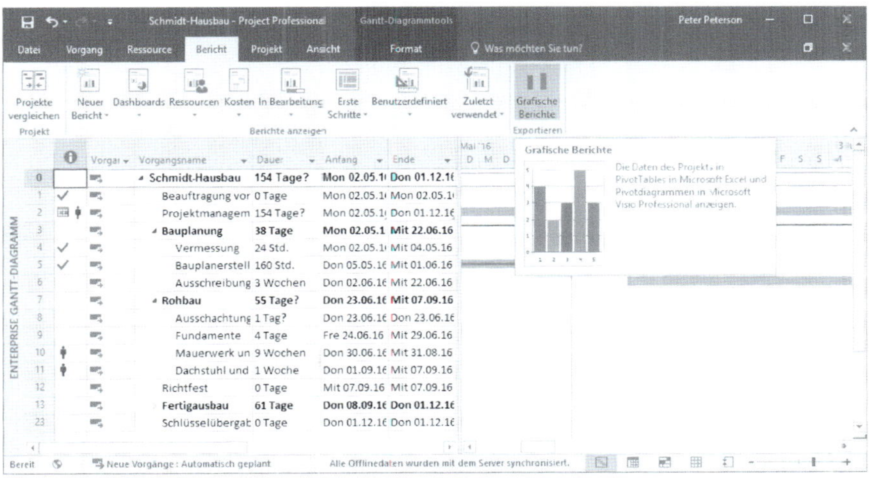

1. Rufen Sie im Menüband den Befehl *Projekt/Bericht/Exportieren/Grafische Berichte* (Abbildung 5.145) auf.
2. Im Dropdown-Listenfeld *Ebene der Verwendungsdaten auswählen, die im Bericht eingeschlossen sein sollen* wählen Sie den Eintrag »*Tage*« aus, um später in der Zeitskala bei Bedarf zwischen Quartalen, Monaten, Wochen und Tagen wechseln zu können (Abbildung 5.146).

Abbildg. 5.146 Dialogfeld *Grafische Berichte – Bericht erstellen*

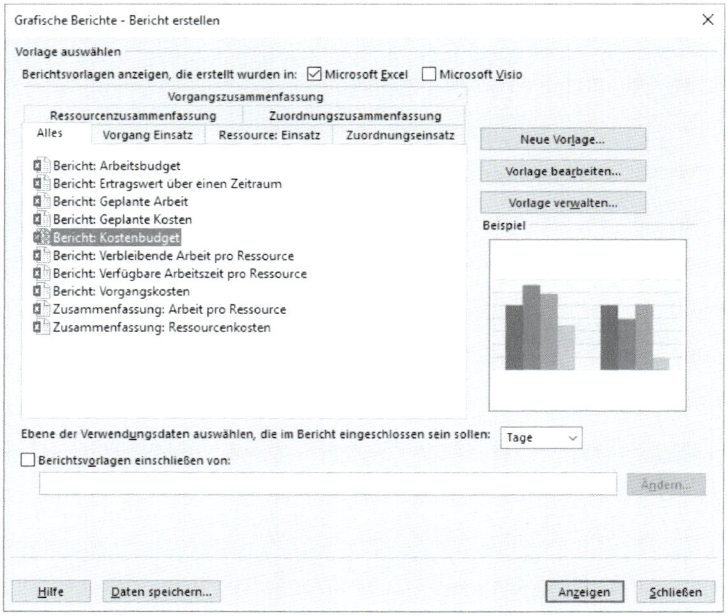

3. Wählen Sie auf der Registerkarte *Alles* den Eintrag *Bericht: Kostenbudget* aus.
4. Klicken Sie auf die Schaltfläche *Anzeigen*, um den ausgewählten Bericht zu erstellen.

Abbildg. 5.147 Excel-Tabellenblatt: Zuordnungseinsatz

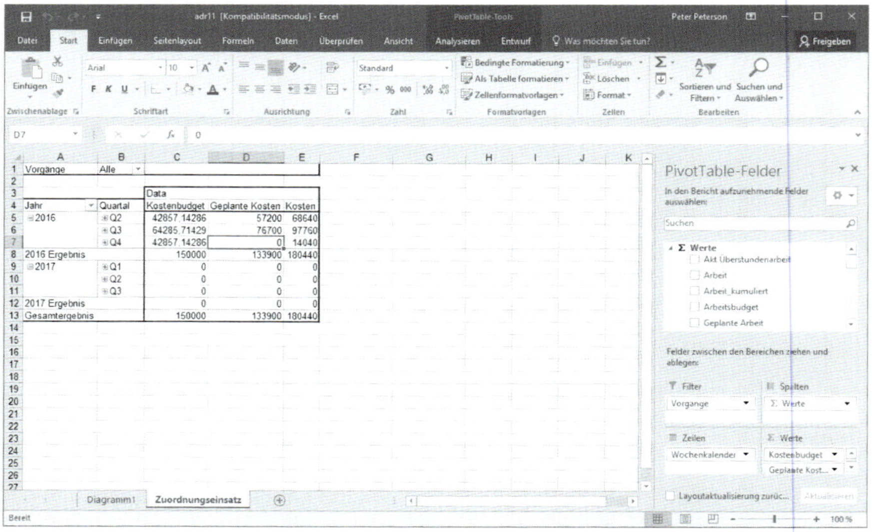

5. Nachdem Excel gestartet wurde, wird Ihnen das Diagrammblatt *Diagramm1* angezeigt. Klicken Sie unten auf das Arbeitsblattregister *Zuordnungseinsatz*, damit die PivotTable angezeigt wird.

Abbildg. 5.148 In den PivotTable-Feldern die anzuzeigenden Werte anpassen

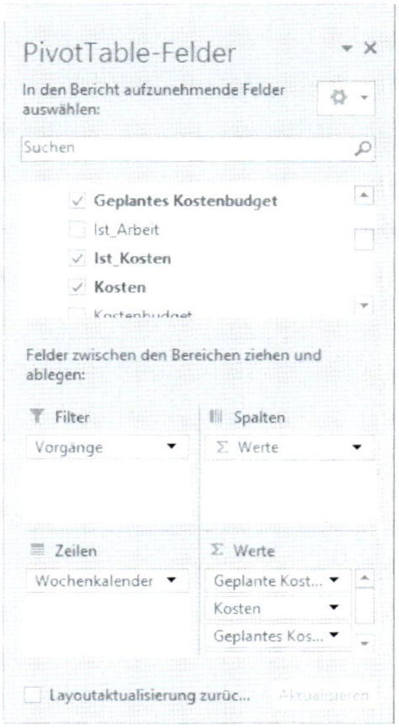

6. Entfernen Sie im Aufgabenbereich *PivotTable-Felder* das Häkchen bei *Kostenbudget* und setzen Sie neue Häkchen bei *Geplantes Kostenbudget* und *Ist_Kosten*. Diese Felder werden am Ende der PivotTable eingefügt.

Abbildg. 5.149 Im Aufgabenbereich *PivotTable-Felder das* Kontextmenü *Zum Anfang bewegen* für das Feld *Geplantes Kostenbudget* aufrufen

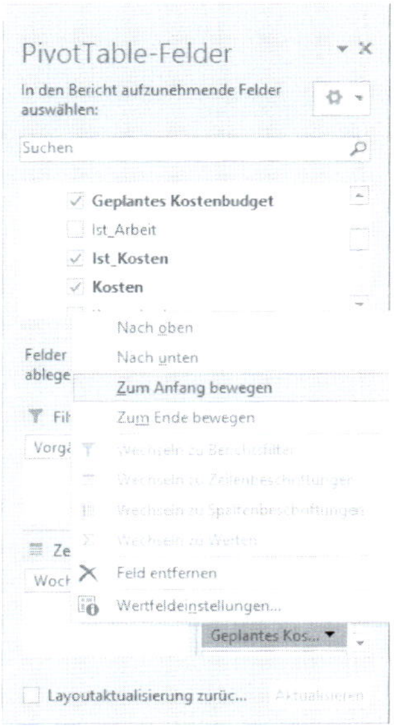

7. Klicken Sie im Aufgabenbereich *PivotTable-Felder* unter *Werte* (rechts unten) auf den Eintrag *Geplantes Kostenbudget*, öffnen Sie mit dem Dreieckssymbol das Dropdown-

menü und klicken Sie auf *Zum Anfang bewegen*. Somit erscheint das Feld *Geplantes Kostenbudget* in der ersten Spalte im Datenbereich.

Abbildg. 5.150 Dialogfeld *Wertfeldeinstellungen* über das Kontextmenü aufrufen

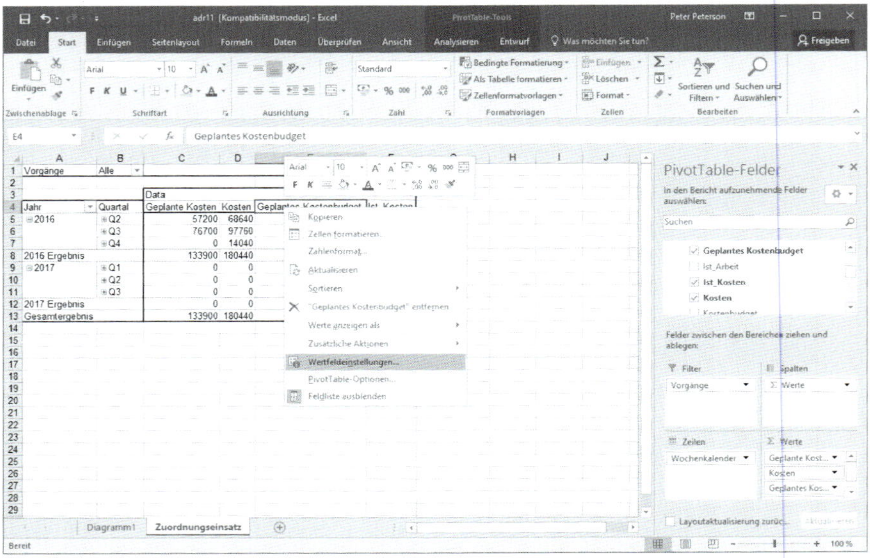

8. Markieren innerhalb der PivotTable die Spaltenüberschrift *Geplantes Kostenbudget* und rufen Sie mit der rechten Maustaste das Kontextmenü auf. Danach wählen Sie den Menüpunkt *Wertfeldeinstellungen* aus (Abbildung 5.150).

Abbildg. 5.151 Dialogfeld *Zellen formatieren*

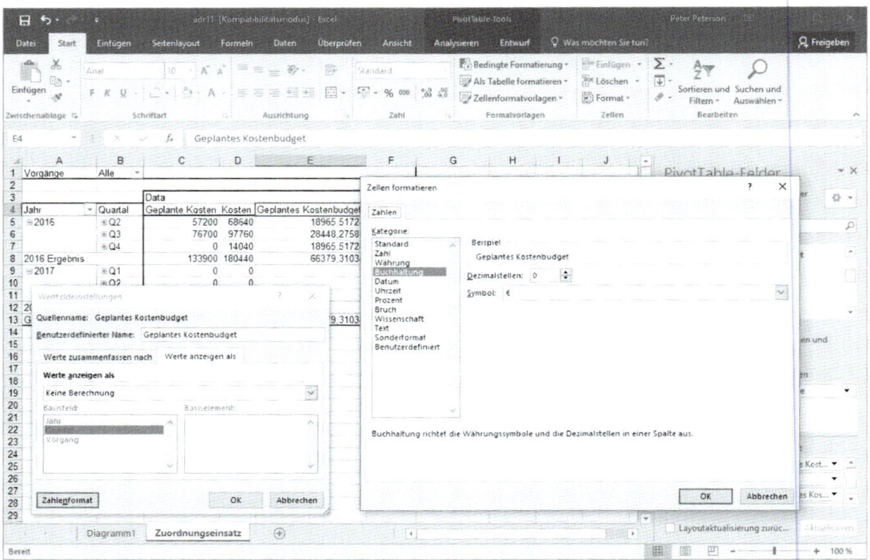

9. Klicken Sie im Dialogfeld *Wertfeldeinstellungen* auf die Schaltfläche *Zahlenformat*. Wählen Sie im Dialogfeld *Zellen formatieren* auf der Registerkarte *Zahlen* innerhalb der Kategorie den Wert *Buchhaltung* mit €-Zeichen und ohne Dezimalstellen aus (Abbildung 5.151).
10. Wiederholen Sie diese Schritte für die anderen Kostenfelder in der PivotTable.

Abbildg. 5.152 PivotTable formatieren

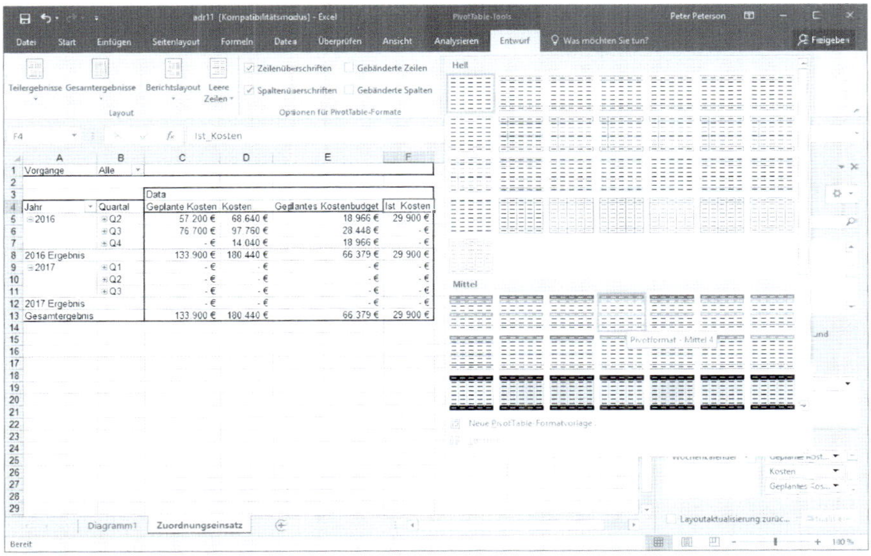

11. Wählen Sie im Menüband über den Befehl *Entwurf/PivotTable-Formate* eine Formatierung aus, z.B. *Pivotformat – Mittel 4* (Abbildung 5.152).

Abbildg. 5.153 Fertige PivotTable

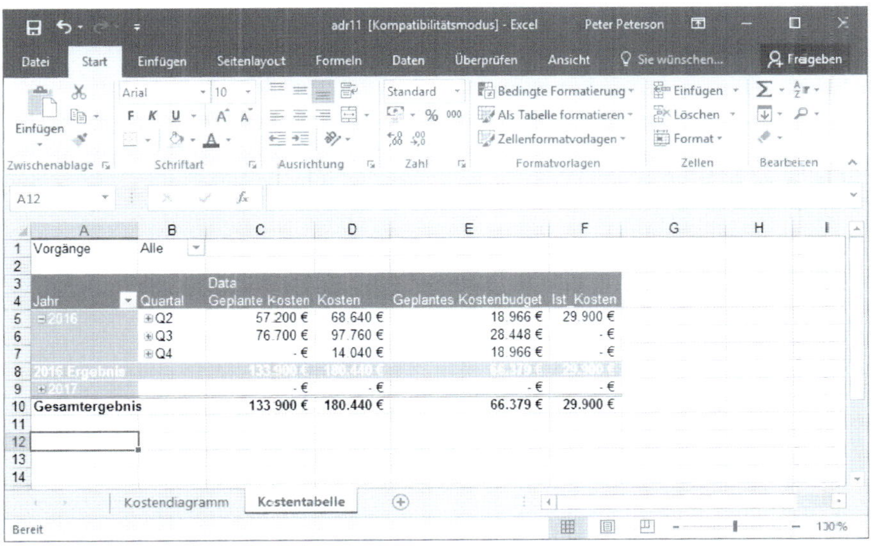

12. Klicken Sie auf ein Feld außerhalb der PivotTable, damit der Aufgabenbereich *PivotTable-Feldliste* ausgeblendet wird. Benennen Sie abschließend die Tabellenblätter um, z.B. in *Kostendiagramm* und *Kostentabelle*.

Abbildg. 5.154 Die Werte im PivotChart werden synchron mit der PivotTable angepasst

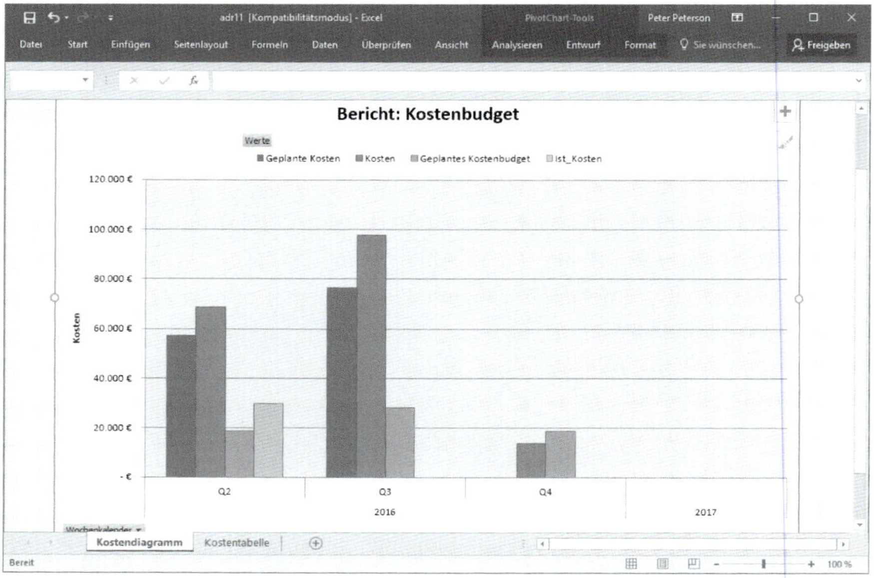

13. Öffnen Sie das Tabellenblatt *Kostendiagramm*, das PivotChart wird automatisch den Änderungen in der PivotTable angepasst.

Damit haben Sie einen Excel-Bericht mit tabellarischen und grafischen Daten, den Sie zur Dokumentation, für Auswertungen und Präsentationen verwenden können.

Projektübergreifendes Berichtswesen mit den PWA-Berichten der Project Web App

In den PWA-Berichten der Project Web App (ehemals Project BI Center) können Sie projektübergreifende Berichte erstellen. Wir beschreiben in Folge das Berichtswesen der Project Web App, wie es bei Betrieb des Servers in Ihrer Umgebung eingesetzt werden kann (On-Premises) und stellen dann im Abschnitt »Berichte in den PWA-Berichten mit Project Online« die Unterschiede in den Voraussetzungen und der Vorgehensweise bei Nutzung einer Instanz in einem der Rechenzentren von Microsoft heraus (Cloud). Im Einzelnen lesen Sie:

- Übersicht über Musterberichte und Vorlagen
- Bericht *Kostenabweichungen nach Projekten* erstellen
- Berichte mit Excel Services im Browser auswerten
- Berichte in den PWA-Berichten mit Project Online
- Weitere Beispiele für Berichte

HINWEIS Die Zugriffsrechte auf das Project BI Center als Website sind vom Berechtigungsmodus der Project Web App abhängig.

Im Project Server-Berechtigungsmodus haben die vier automatisch verwalteten SharePoint-Gruppen mit *(mit Project Web App synchronisiert)* im Namen jeweils ihre gleichnamigen Berechtigungsstufen. Die Rechte sind damit im Project BI Center dieselben wie in der PWA selbst: Webadministratoren haben Vollzugriff, Projektmanager können Bibliotheken und Berichte verwalten, Teammitglieder können Berichte verwalten und Leser können Berichte nur anzeigen und herunterladen.

Im SharePoint-Berechtigungsmodus haben Administratoren Vollzugriff, Portfoliomanager und Portfolioviewer können Bibliotheken und Berichte verwalten, Projekt- und Ressourcenmanager können Berichte nur anzeigen und herunterladen, Teamleiter und -mitglieder haben keinen Zugriff.

Die Rechte können in beiden Fällen von Administratoren an Ihre Anforderungen angepasst werden.

Der Zugriff auf die Projektdaten zur Anzeige in den Berichten ist von den Zugriffsrechten auf das Project BI Center unabhängig, die Berechtigungen zur Anzeige der Daten können separat und berichtsabhängig gesetzt werden.

Sie können projektübergreifende Berichten mit Excel, Excel Services, Excel Web App, den weiteren SharePoint Server-Dienstanwendungen PerformancePoint Services und Visio Services sowie die SQL Server Reporting Services und Power BI erstellen. In Excel stehen Ihnen hierzu auch PowerPivot und Power View zur Verfügung. Als Datenquelle für alle Anwendungen können Sie das Berichtsschema einer Project Web App-Datenbank, die *OData*-Feeds des *ProjectData*-Webservices und die Cubes der multidimensionalen OLAP-Datenbank verwenden. Im Folgenden beschränken wir uns auf Berichte mit Excel mit Excel Services. Alles Nachfolgende gilt jedoch auch für die Excel Web App.

Excel-Berichte können Sie auch ohne Excel direkt im Browser ansehen. In Pivottabellen und -diagrammen können Sie die angezeigten Werte auswerten und die Auswahl der Felder im Rahmen der Verfügbarkeit in der unterliegenden Datenquelle anpassen. Die Darstellung der Berichte erfolgt dabei durch die Excel Services von SharePoint Server mit den aktuellen Daten der Project Server Datenbanken. Der Secure Store Service stellt sicher, dass die Daten nur autorisierten Benutzern zur Verfügung gestellt werden, die Endbenutzer benötigen daher zu keinem Zeitpunkt direkten Zugriff auf die Datenbanken.

Excel-Berichte speichern Sie in einer SharePoint-Bibliothek im Project Server BI Center. Zur Erstellung und Bearbeitung benötigen Sie Excel 2007 oder höher. Zur Verwendung von OData-Feeds, wie sie in Project Online erforderlich sind, benötigen Sie Excel 2013. Zum Erstellen und Bearbeiten von Power View benötigt Sie mindestens Excel 2013 aus Office Professional Plus 2013 und Silverlight 5.0.

HINWEIS Für die Nutzung der nachfolgenden Berichte im Project Business Intelligence Center müssen Sie in Project Server On-Premises zunächst die Excel Services und den Secure Store Service konfigurieren und für den Beispielbericht mindestens eine OLAP-Datenbank erstellen.

Das Berichtsdatenbankschema der Project Web App-Datenbank kann nicht nur über direkte SQL-Abfragen, sondern auch über Abfragen der *OData*-Feeds des *ProjectData*-Webservices von Project Web App ausgelesen werden. Dabei wird die Abfrage vom Benutzer an den Project Server gesandt; die eigentliche Datenbankabfrage wird im Hintergrund vom Project Server ausgeführt. Hierfür benötigen weder Ersteller noch Benutzer einen direkten Datenbankzugriff.

In der Standardkonfiguration von Project Web App haben nur Administratoren, Portfoliomanager und Portfoliobetrachter Zugriff auf die OData-Feeds. Der Zugriff kann über die globale Berechtigung *Auf den Project Server-Berichtsdienst zugreifen* gesteuert werden.

Zum Erstellen, Öffnen, Aktualisierung und Speichern von Berichten mit *OData*-Abfragen benötigen Sie Excel in der Version 2013 oder höher.

Übersicht über Musterberichte und Vorlagen

Microsoft liefert mit der Installation der Project Web App im Project BI Center Muster und Vorlagen für Excel-Berichte mit.

Nachfolgend geben wir Ihnen einen Überblick über die Musterberichte und Vorlagen. Die Berichte greifen entsprechend der Beschreibung direkt bzw. über *OData*-Feeds auf das Berichtsdatenbankschema der Project Web App zu. Die Vorlagen greifen auf die aggregierten Daten in den Cubes der OLAP-Datenbanken zu (OLAP-Vorlagen). Die Musterberichte finden Sie im BI Center (*PWA/Berichte*) in der Schnellstartleiste unter *Berichte*, die Vorlagen sind standardmäßig ausgeblendet und in der Schnellstartleiste über *Websiteinhalte/Vorlagen* erreichbar.

Tabelle 5.11 Musterberichte

Name	Beschreibung
Projektübersicht	Übersicht aller Projekte mit *% abgeschlossen*, Anzahl der *Vorgänge* und *Zuordnungen* sowie *Problemen* und *Risiken*. Verwendet *OData*-Abfragen.
Projektübersichts-Dashboard	Übersicht aller Projekte mit *Arbeit*, *Ist-Arbeit*, und *% abgeschlossen*. Verwendet *Power View*-Ansicht mit *OData*-Abfragen.
Ressourcenübersicht	Übersicht aller Ressourcen mit *Arbeit*, *Ist-Arbeit* und Anzahl der *Vorgänge*. Verwendet *OData*-Abfragen.

Die Musterberichte sind in Tabelle 5.11 zusammengefasst. All diesen Berichten ist gemein, dass sie den letzten veröffentlichen Stand eines Projektplanes anzeigen. Dieser wird nach dem Veröffentlichungsvorgang von Project Server für das Berichtsdatenbankschema aufbereitet. Je nach Auslastung des Servers und Projektumfang kann hierbei ein Nachlauf von einigen Minuten entstehen.

Der Bericht *Projektübersichts-Dashboard* verwendet Power View, dies ermöglicht Ihnen eine interaktive dynamische Filterung oder Hervorhebung aller angezeigten Werte, die Sie auch simultan tabellenübergreifend durch visuelle Selektion vornehmen können. Power View basiert auf Daten, die in einem mehrdimensionalen PowerPivot-Datenmodell im Excel-Bericht aggregiert werden.

Tabelle 5.12 Vorlagen im Project BI Center

Name	Beschreibung
AbhängigeProjekte	Daten aller Lieferumfänge und Abhängigkeiten
Arbeitszeittabelle	Daten aller Arbeitszeittabellen
Probleme	Daten aller Problemlisten der Projektwebsites
ProjekteUndVorgänge	Daten aller Projektpläne auf Vorgangsebene
ProjekteUndZuordnungen	Daten aller Projektpläne auf Zuordnungsebene
Ressourcen	Daten aller Ressourcen
Risiken	Daten aller Risikolisten der Projektwebsites

Die Vorlagen in Tabelle 5.12 sind Excel-Vorlagedateien, die eine Pivottabelle mit einem Verweis auf eine Office-Datenverbindung (ODC-Datei) enthalten. Aus diesen Vorlagen können Sie in Excel ohne technisches Detailwissen eigene Berichte mit ausgewählten Feldern und Filtern erstellen, die Darstellung erfolgt nach Wahl als Tabelle, Diagramm oder Kombination von beidem. Die Datenverbindungen sind dabei schon vorkonfiguriert, es handelt sich um direkte SQL-Abfragen auf das Berichtsschema der Project Web App-Datenbank. Die Aktualisierung der Berichte erfolgt wie bei den Musterberichten in SharePoint durch Excel Services mit den im Secure Store Service gespeicherten Anmeldedaten.

Tabelle 5.13 OLAP-Vorlagen im Project BI Center

Name	Beschreibung
OlapArbeitszeittabelle	Daten aller Arbeitszeittabellen inkl. administrativer Zeiten mit historischen Projekt-, Vorgangs-, Ressourcennamen
OlapEpmZeittabelle	Daten aller Arbeitszeittabellen mit Bezug zu Vorgängen und aktuellen Projekt-, Vorgangs-, Ressourcennamen
OlapLieferumfänge	Daten der Lieferumfänge aller Projektwebsites
OlapPortfolioAnalysierer	Zusammenfassung der taggenauen Daten aller Zuordnungen und aller Ressourcen
OlapProbleme	Daten der projektbezogenen Probleme aller Projektwebsites
OlapProjectSharePoint	Zusammenfassung aller Daten der projektbezogenen Probleme, Risiken und Lieferumfänge
OlapProjektArbeitszeittabelle	Zusammenfassung der taggenauen Daten aller Zuordnungen, aller Ressourcen und aller vorgangsbezogenen Arbeitszeittabellen
OlapProjektOhneZeitphasen	Zeitraumunabhängige Daten aller Projekte auf Projektebene
OlapRessourceMitZeitphasen	Taggenaue Daten aller Ressourcen aus dem Enterprise-Ressourcenpool
OlapRessourceOhneZeitphasen	Zeitraumunabhängige Daten aller Ressourcen aus dem Enterprise-Ressourcenpool
OlapRisiken	Daten der projektbezogenen Risiken aller Projektwebsites
OlapVorgangOhneZeitphasen	Zeitraumunabhängige Daten aller Vorgänge aller Projekte

Tabelle 5.13 OLAP-Vorlagen im Project BI Center *(Fortsetzung)*

Name	Beschreibung
OlapZuordnungMitZeitphasen	Taggenaue Daten aller Zuordnungen aller Projekte
OlapZuordnungOhneZeitphasen	Zeitraumunabhängige Daten aller Zuordnungen aller Projekte

Die OLAP-Vorlagen sind ebenfalls Excel-Vorlagedateien mit Pivottabellen, deren Datenverbindung jedoch nicht die relationale Project Server-Datenbank, sondern jeweils den gleichnamigen Cube der multidimensionalen OLAP-Datenbank verwendet. Die Erstellung der OLAP-Datenbank erfolgt durch den Administrator, Project Server erstellt für jede OLAP-Datenbank automatisch einen gleichnamigen Ordner mit den in Tabelle 5.13 gelisteten OLAP-Vorlagen. In den Cubes der OLAP-Datenbank werden die ausgewählten Measures bereits nach festgelegten Dimensionen voraggregiert, sodass in den Auswertungen nur noch wenige Berechnungen zur Laufzeit durchgeführt werden müssen, um auch bei sehr großen Datenmengen eine schnelle Anzeige und Analyse zu ermöglichen.

Hervorzuheben sind die drei Vorlagen *OlapPortfolioAnalysierer*, *OlapProjektArbeitszeittabelle*, *OlapProjectSharePoint* und *OlapProjektArbeitszeittabelle*, diese umfassen die Inhalte mehrerer anderer Vorlagen. Technisch greifen diese Vorlagen auf jeweils einen Cube zu, der die Daten mehrerer anderer Cubes über verknüpfte Measuregruppen beinhaltet. Sie können den Cubes benutzerdefinierte Dimensionen, Measures und Filter hinzufügen.

HINWEIS Die Daten der Arbeitszeittabelle werden zum Zeitpunkt des Absendens eingefroren und können nachträglich nicht geändert werden. Etwaige Umplanungen durch den Projektleiter ändern jedoch die Daten im Projektplan. Dadurch können sich Arbeitszeittabellendaten im Cube *EPM-Arbeitszeittabelle* von den Projektplandaten im Cube *Zuordnung mit Zeitphasen* unterscheiden. Die Vorlage *OlapProjektArbeitszeittabelle* greift auf den Cube *MSP-Projekt-Arbeitszeittabelle* zu, der beide Daten enthält, sodass Sie sowohl die *Fakturierbare Ist-Arbeit* aus der Measuregruppe *EPM-Arbeitszeittabelle* als auch die *Ist-Arbeit* aus der Measuregruppe *Zuordnung mit Zeitphasen* auslesen und gegenüberstellen können.

Der Cube *MSP-Projekt-Arbeitszeittabelle* enthält die Projektdaten, Ressourcendaten und Arbeitszeittabellendaten mit Zeitphasen, sodass Sie für die meisten Berichte diesen Cube als Datenquelle verwenden können.[9] Im nachfolgenden Beispiel zeigen wir, wie Sie mit diesem Cube auf Basis der Vorlage *OlapProjektArbeitszeittabelle* einen eigenen Bericht erstellen. Die Erstellung von Berichten auf Basis von OData-Feeds beschreiben wir im Abschnitt »Berichte in den PWA-Berichten mit Project Online«.

Bericht *Kostenabweichungen nach Projekten* erstellen

In diesem Abschnitt erstellen Sie den Beispielbericht *Kostenabweichungen nach Projekten*. Dieser listet alle Projekte auf und zeigt ihre geplanten Kosten aus dem Basisplan, ihre berechneten Kosten aus dem Projektplan sowie als Differenz die Abweichung in einer Pivot-Tabelle und einem Balkendiagramm. Ein Datenschnitt ermöglicht die Einschränkung auf Projekte einzelner Geschäftsbereiche, um die Übersicht zu wahren.

9 In der OLAP-Datenbank Konfiguration auch bezeichnet als Virtuelles Projekt und Arbeitszeittabelle.

Dadurch erhalten Sie einen Überblick, welche Projekte wie viel kosten und wie stark sie von der ursprünglichen Planung abweichen.

Den fertigen Bericht können Sie dann genau wie die Endanwender stets mit den Daten zum Zeitpunkt der letzten Cubeerstellung im Browser einsehen. In der Berichtsanzeige können Sie zwischen den verschiedenen Tabellen und Diagrammen des Berichts auswählen, die Auswahl der angezeigten Felder ändern und einzelne Werte als Drilldown nach weiteren Feldern analysieren.

Als Datenquelle verwenden Sie den OLAP-Cube *MSP-Projekt-Arbeitszeittabelle*, damit können Sie diesen Bericht nur in Project Server On-Premises und nicht in Project Online erstellen. Für die Erstellung des Berichts benötigen Sie Excel mindestens in der Version 2007. Die Verwendung des Datenschnitts ist optional und erfordert Excel 2010 oder höher, die Verwendung der Zeitachse wie in weiteren Berichtsbeispielen erfordert Excel 2013 oder höher.

HINWEIS Standardmäßig ist das Feld ***Abweichung Kosten*** nicht im OLAP-Cube vorhanden. Dieses Feld haben wir serverseitig im Cube ***MSP-Projekt-Arbeitszeittabelle*** als berechnetes Measure erstellt.

Um die Auswertung *Kostenabweichung nach Projekten* zu erstellen, gehen Sie folgendermaßen vor:

1. Navigieren Sie in der Schnellstartleiste von Project Web App auf *Berichte/Websiteinhalte/Vorlagen/Deutsch (Deutschland)*.

Abbildg. 5.155 Übersicht der Vorlagen und der zur Verfügung stehenden OLAP-Cubes

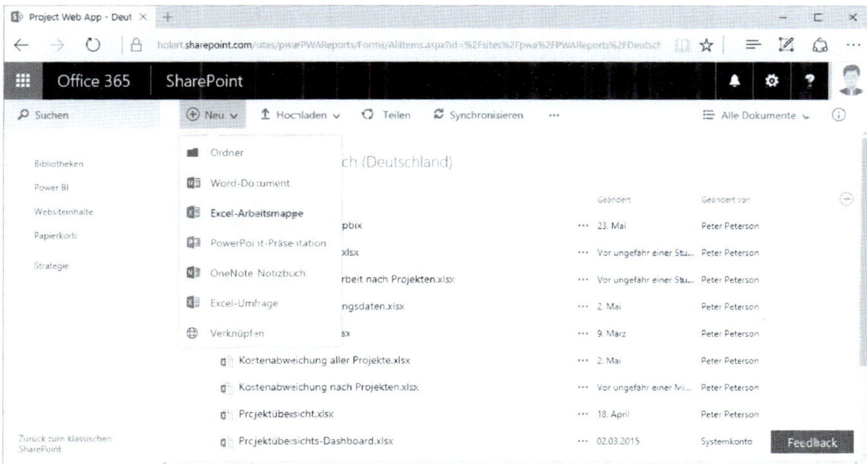

2. Klicken Sie auf den Ordner *Servername – OLAP Cube Name*, in unserem Beispiel *V62 – OLAP_PWA*.

Abbildg. 5.156 Vorlage *OlapProjektArbeitszeittabelle*

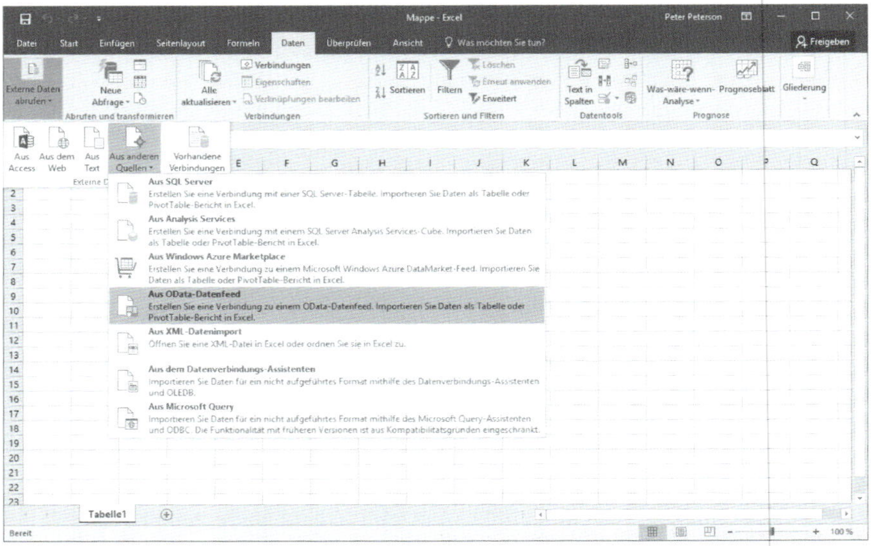

3. Öffnen Sie die Vorlage *OlapProjektArbeitszeittabelle* (Abbildung 5.156).

Abbildg. 5.157 Hinzufügen der Kostenfelder

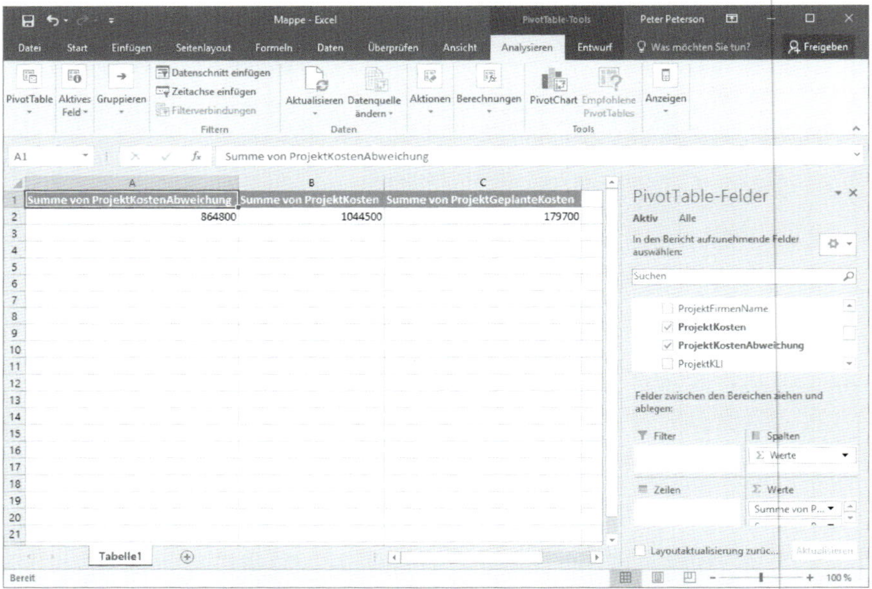

4. Wählen Sie im Aufgabenbereich *PivotTable-Felder* aus der Gruppe *Werte* das Feld *Abweichung Kosten* und aus der Gruppe *Zuordnung mit Zeitphasen* die Felder *Kosten* und *Geplante Kosten* aus.

Abbildg. 5.158 Dimension *Projekte* einfügen

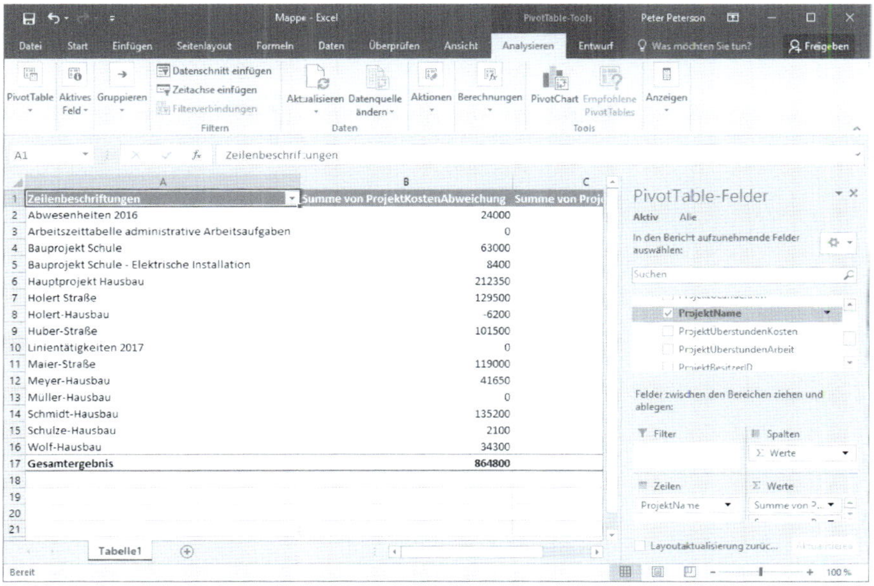

5. Zeigen Sie die Dimension *Projektliste* an, indem Sie das Feld *Projektliste* in den Bereich *Zeilen* ziehen.

Abbildg. 5.159 Formatierung der PivotTable

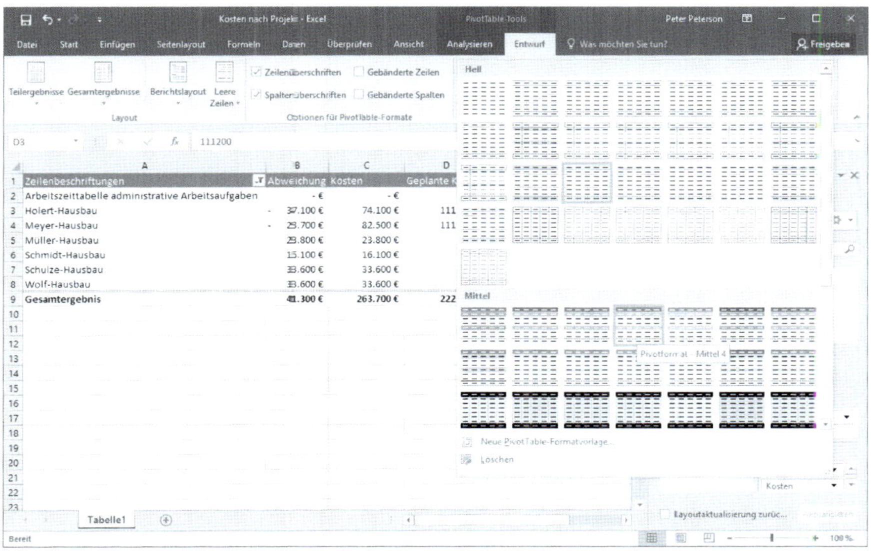

6. Markieren Sie die Pivottabelle und klicken Sie im Menüband auf den Befehl *PivotTable-Tools/Entwurf/PivotTable-Formate/Pivotformat – Mittel 4*.

Abbildg. 5.160 Bearbeiten der Wertfeldeinstellungen des Felds *Abweichung Kosten*

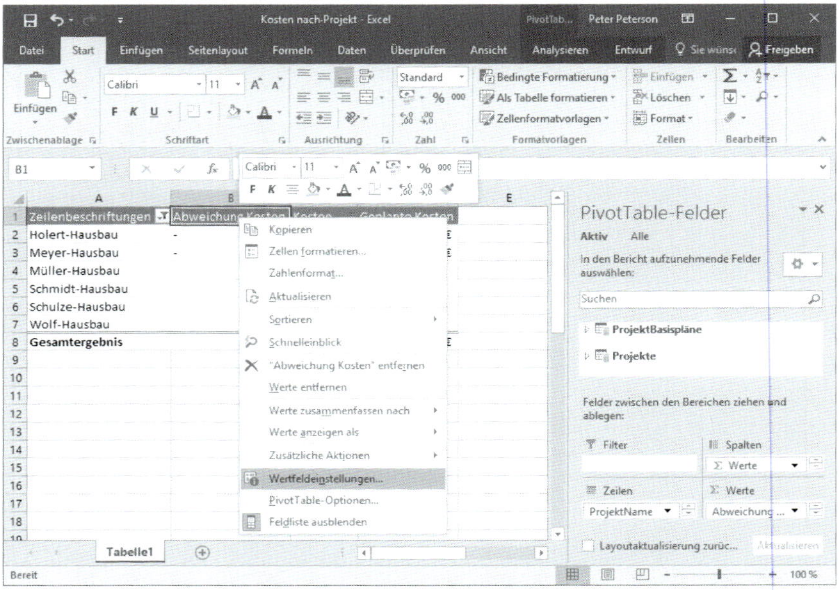

7. Formatieren Sie die Kostenfelder im *Buchhaltungszahlenformat* (EUR). Klicken Sie hierzu mit der rechten Maustaste auf die Überschrift der Spalte *Abweichung Kosten* und wählen die Option *Wertfeldeinstellungen* aus.

Abbildg. 5.161 Kostenfelder mit *Buchhaltungszahlenformat* formatieren

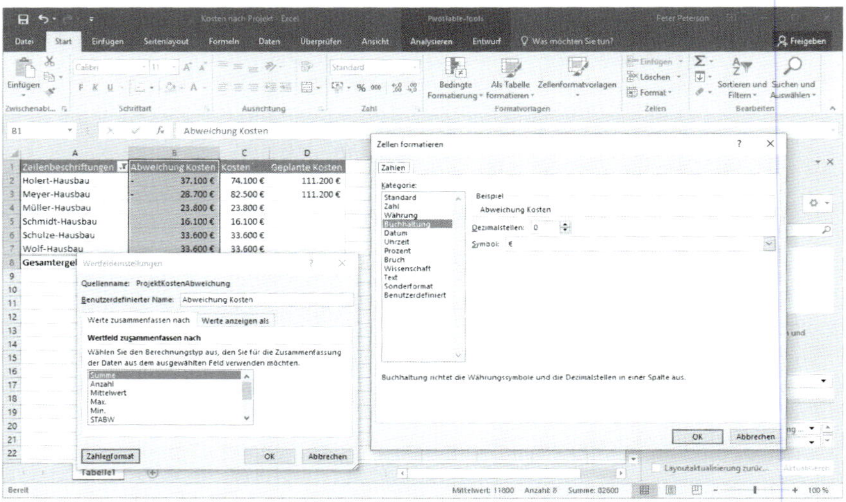

8. Klicken Sie im Dialogfeld *Wertfeldeinstellungen* auf *Zahlenfeld* und wählen Sie anschließend unter *Kategorie* den Eintrag *Buchhaltung* mit €-Zeichen und ohne Dezimalstellen aus. Bestätigen Sie mit *OK* und wiederholen Sie diese Schritte für die Spalten *Kosten* und *Geplante Kosten*.

9. Überschreiben Sie in der Zelle *A1* die Bezeichnung *Zeilenbeschriftungen* mit *Projektliste*.

Abbildg. 5.162 PivotTable – Namen vergeben

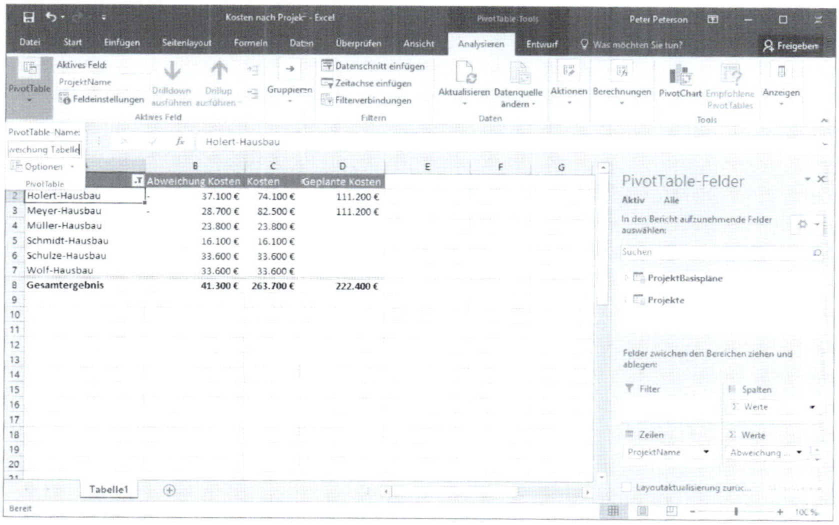

10. Vergeben Sie für die Pivottabelle einen Namen. Hierzu wählen Sie im Menüband in den *PivotTable-Tools* den Befehl *Analysieren/PivotTable* aus. Tragen Sie in das Feld *PivotTable-Name* den Text *Kostenabweichung Tabelle* ein (Abbildung 5.162).

Abbildg. 5.163 Diagramm einfügen – 2D Säule – Gruppierte Säule

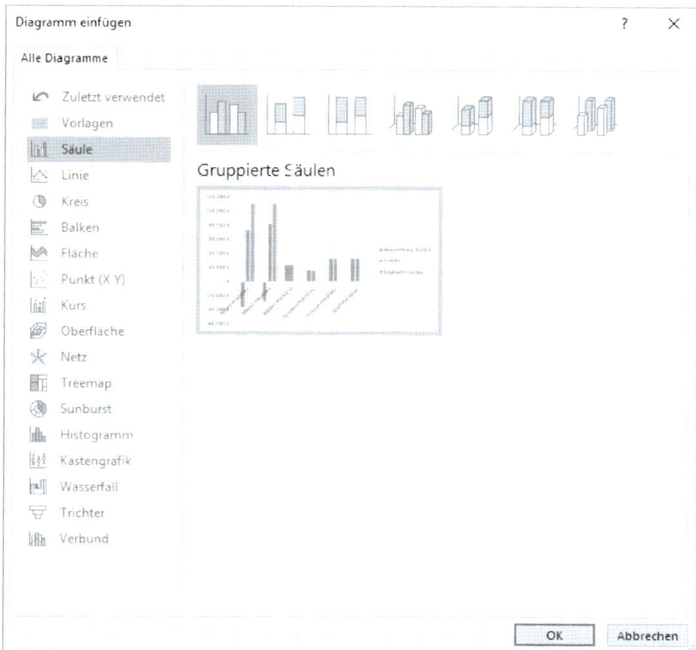

11. Erstellen Sie zu dieser Kostentabelle ein Diagramm. Hierzu markieren Sie eine beliebige Zelle innerhalb der Tabelle und rufen anschließend im Menüband den Befehl *Einfügen/Diagramme/Empfohlene Diagramme* auf. Wählen Sie dort das Diagramm *Gruppierte Säulen* aus (Abbildung 5.163).
12. Verschieben Sie das Diagramm in einen Freiraum im Tabellenblatt und passen Sie seine Größe so an, dass der gesamte Bildschirm ausgenutzt wird.

Abbildg. 5.164 Diagramm anpassen und Diagrammnamen vergeben

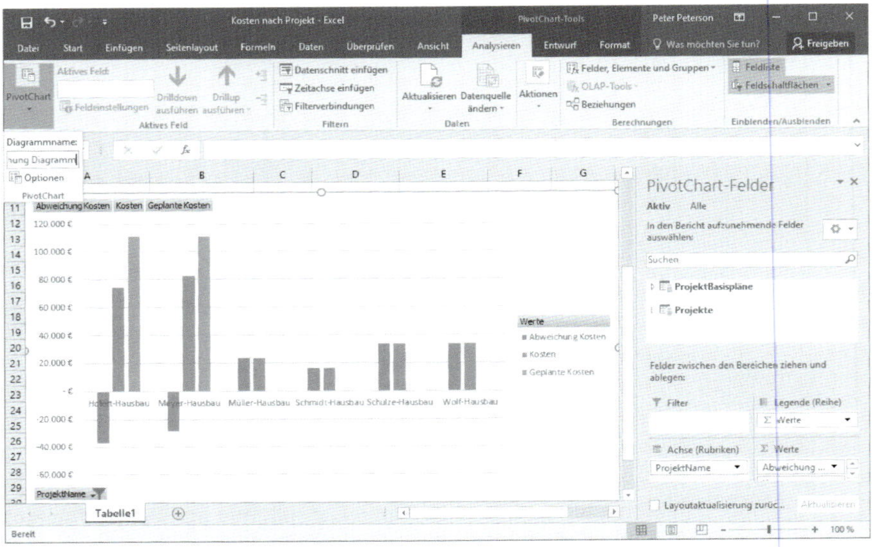

13. Vergeben Sie für das Diagramm analog zur Tabelle ebenfalls einen Namen. Hierzu wählen Sie im Menüband in den *PivotChart-Tools* den Befehl *Analysieren/PivotChart* aus. Tragen Sie in das Feld *Diagrammname* den Text »Kostenabweichung Diagramm« ein (Abbildung 5.164).

Abbildg. 5.165 Datenschnitt für *Geschäftsbereich* erstellen

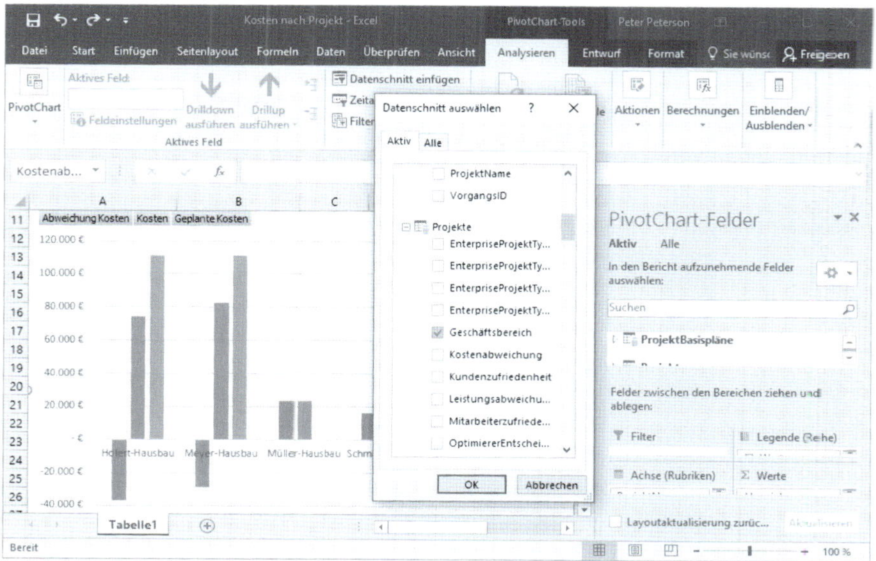

14. Erstellen Sie anschließend einen *Datenschnitt* (*Slicer*) für die Dimension *Geschäftsbereich* in unserem Bericht. Wählen Sie Tabelle oder Diagramm aus, gehen Sie im Menüband auf *PivotChart-Tools/Analysieren/Filtern/Datenschnitt einfügen* und wählen Sie aus dem Dialogfeld das Feld *Geschäftsbereich_Projekt* aus.

Abbildg. 5.166 Datenschnittbeschriftung anpassen

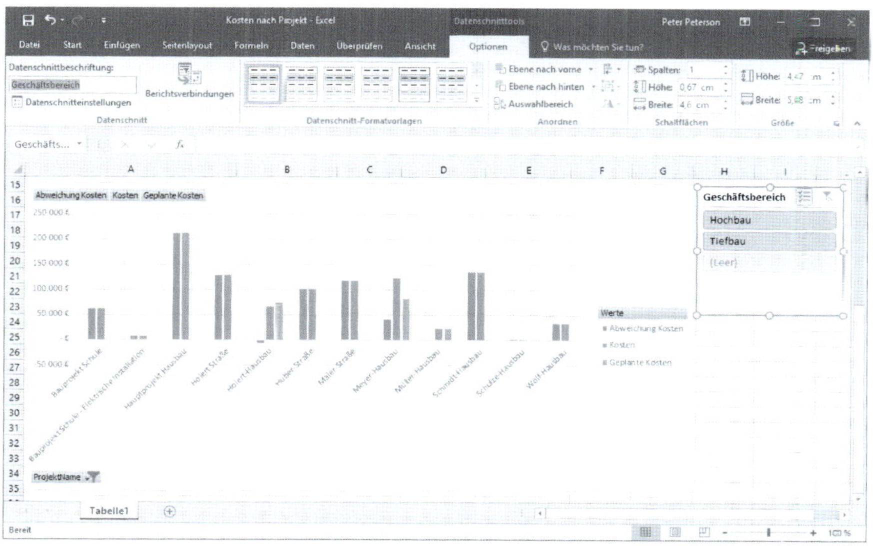

15. Ziehen Sie den Datenschnitt in einen freien Bereich und verkürzen Sie im Menüband unter *Datenschnitttools/Optionen/Datenschnitt* die Datenschnittbeschriftung auf *Geschäftsbereich.*

HINWEIS Für eine zeitliche Filterung in Ihren eigenen Berichten empfehlen wir in Excel 2013 oder höher die neue Funktion der Zeitachse über den Befehl *PivotChart-Tools/Analysieren/Filtern/Zeitachse einfügen* zu verwenden.

Abbildg. 5.167 Optionen für Excel Services

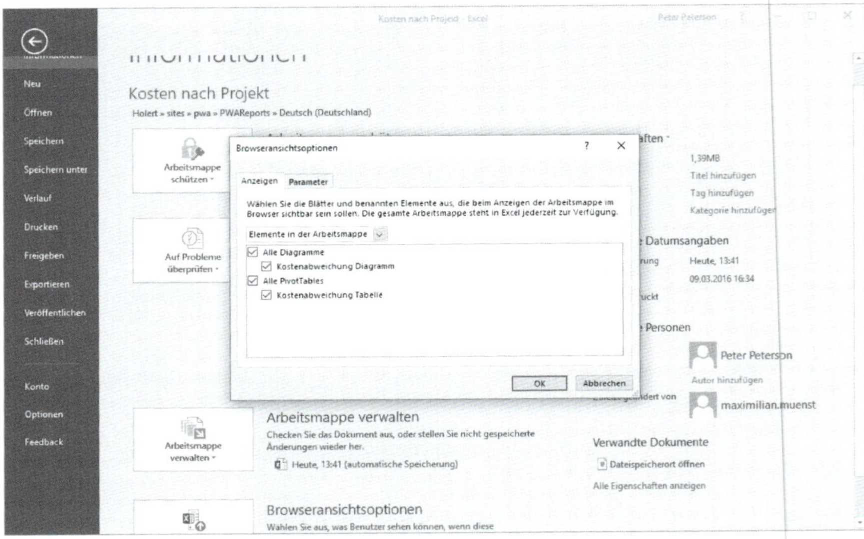

16. Klicken Sie im Menüband auf den Befehl *Datei/Informationen/Browseransichtsoptionen*. Im Dialogfeld *Browseransichtsoptionen* wählen Sie die Registerkarte *Anzeigen* aus. Wählen Sie im Dropdown-Listenfeld den Eintrag *Elemente in der Arbeitsmappe* aus. Anschließend aktivieren Sie die Kontrollkästchen für die zuvor erstellte Tabelle und das zuvor erstellte Diagramm (Abbildung 5.167). Dadurch können Sie beim Anzeigen zwischen Tabelle und Diagramm auswählen.

Abbildg. 5.168 Schaltfläche *Speichern unter*

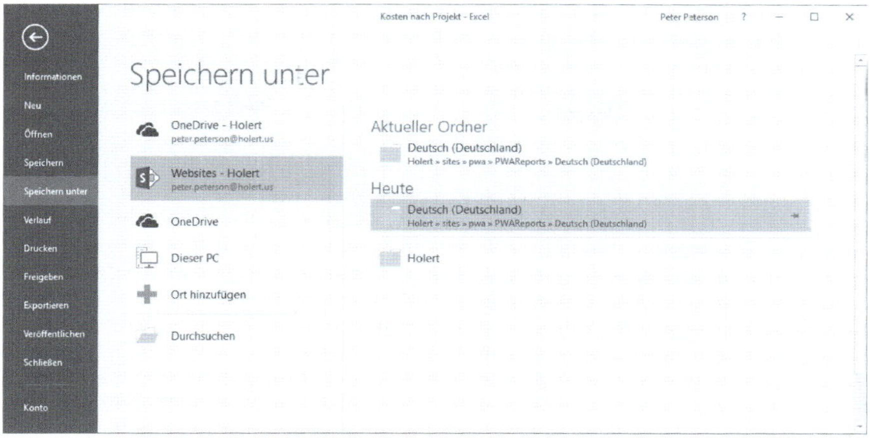

17. Klicken Sie in der Backstage-Ansicht auf *Speichern unter/SharePoint*. Wählen Sie als Speicherort innerhalb des Project BI Centers im Ordner *Musterberichte* den Unterordner *Deutsch (Deutschland)* (Abbildung 5.168).

Abbildg. 5.169 Bericht in SharePoint für Excel Services speichern

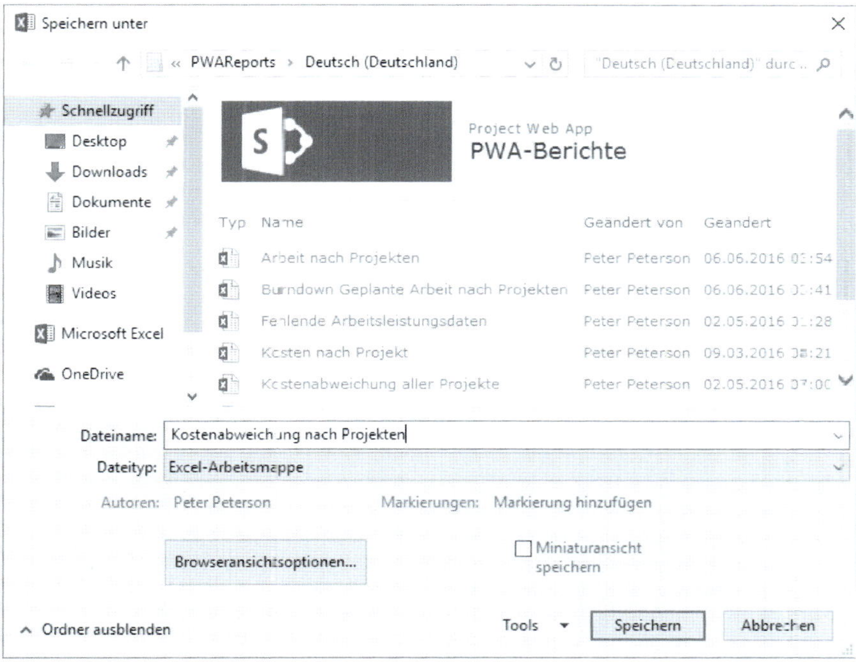

18. Prüfen Sie den Speicherort, ändern Sie den *Dateityp* von *Excel-Vorlage* in *Excel-Arbeitsmappe*, benennen Sie die Datei in »Kostenabweichung nach Projekten« um und klicken Sie auf die Schaltfläche *Speichern*.

Damit ist die Erstellung des Berichts *Kostenabweichung nach Projekten* abgeschlossen, der Bericht kann nun vom berechtigten Personenkreis im BI Center aufgerufen werden, die Daten werden aus dem aktuell berechneten OLAP-Cube geladen.

Berichte mit Excel Services im Browser auswerten

Nachdem Sie im vorherigen Abschnitt den Bericht *Kostenabweichungen nach Projekten* erstellt haben, können Ihre Projektleiter und Führungskräfte nun diesen Bericht verwenden, um die Kosten und Kostenabweichungen Ihrer Projekte auswerten zu können.

Dazu zeigen wir Ihnen, wie Sie den soeben erstellten Bericht im Browser öffnen und die Funktionen von Excel Services zur Auswertung verwenden können. Die Funktionalität der Excel Services für die Berichtsdarstellung wurde in SharePoint Server 2013 stark erweitert, um den Endbenutzern viele hilfreiche Funktionen zur Analyse bereitzustellen. Sie können jetzt weitere Felder aus der unterliegenden Datenquelle den Berichten hinzufügen, die Felder in den Berichten zwischen Zeilen und Spalten tauschen (pivotieren), den Bericht nach weiteren Feldern filtern und einzelne Werte in den Berichten per Drilldown nach weiteren Feldern analysieren. Im Folgenden beschreiben wir, wie Sie den Bericht öffnen, zwischen Tabellen- und Diagrammdarstellung wechseln, den Bericht um die *Ist-Kosten* erweitern, auf die Projekte des Geschäftsbereichs *Hochbau Nord* filtern und die Daten vom *Bauprojekt Schule* nach *Ressourcen* auswerten. Zur Durchführung der Analyse gehen Sie wie folgt vor:

1. Navigieren Sie in den PWA-Berichten zur Berichtsbibliothek und dort in den Unterordner *Deutsch (Deutschland)*.
2. Öffnen Sie den zuvor erstellten Excel-Bericht *Kostenabweichungen nach Projekten* im Browser.

Abbildg. 5.170 Excel Services-Bericht: Kostenabweichung nach Projekten – PivotChart

3. Sie sehen die PivotChart-Ansicht *Kostenabweichung Diagramm*. In der rechten Navigationsleiste werden die Vorschaubilder der beiden Ansichten angezeigt. Um die PivotTable-Ansicht anzuzeigen, klicken Sie in der Navigationsleiste am rechten Bildschirmrand auf *Kostenabweichung Tabelle*.

HINWEIS Beim Laden des Berichts im Internet Explorer werden im Hintergrund die Berichtsdaten aus den Datenbanken aktualisiert. Die Anmeldedaten zum Datenbankzugriff sind dabei von SharePoint verschlüsselt im Secure Store gespeichert. Ein Sicherheitskonzept sorgt dafür, dass die Berichtsdaten nur für bestimmte autorisierte Mitarbeiter zugänglich gemacht werden.

Abbildg. 5.171 Excel Services-Bericht: Kostenabweichung nach Projekten – PivotTable

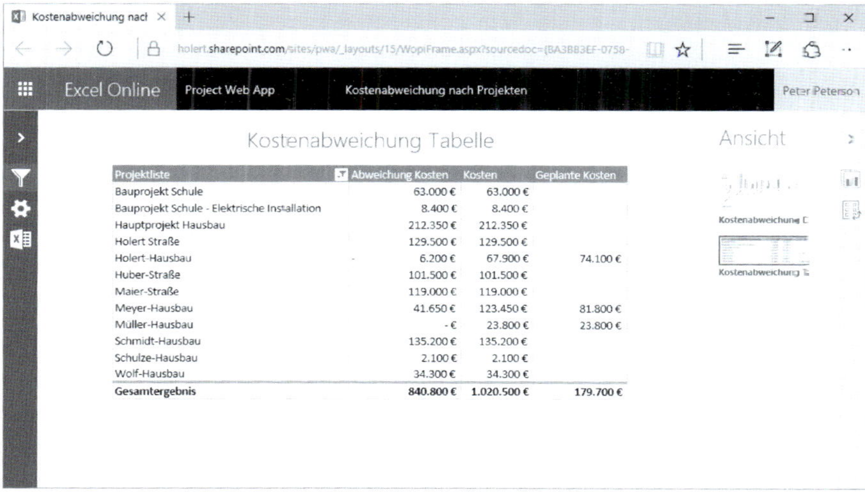

4. Klicken Sie in der linken Navigationsleiste auf das Filtersymbol.

Abbildg. 5.172 Filter über Datenschnitte und Zeitachse steuern

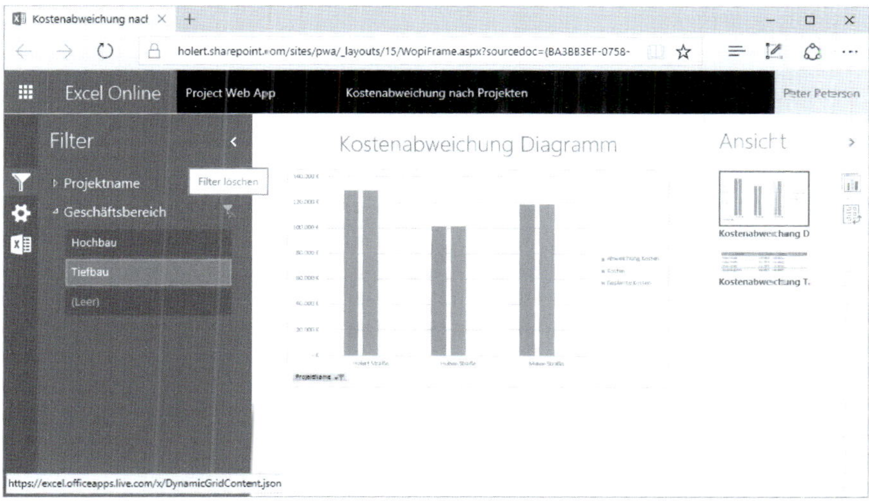

5. Schränken Sie nun die Auswahl der Daten ein. In unserem Beispiel filtern Sie nach dem Projektfeld *Geschäftsbereich* auf *Tiefbau*.

TIPP Mit den Tasten [⇧] und [Strg] können Sie mehrere Einträge auswählen.

Abbildg. 5.173 Feldliste anzeigen und Berichte interaktiv um *Ist-Kosten* erweitern

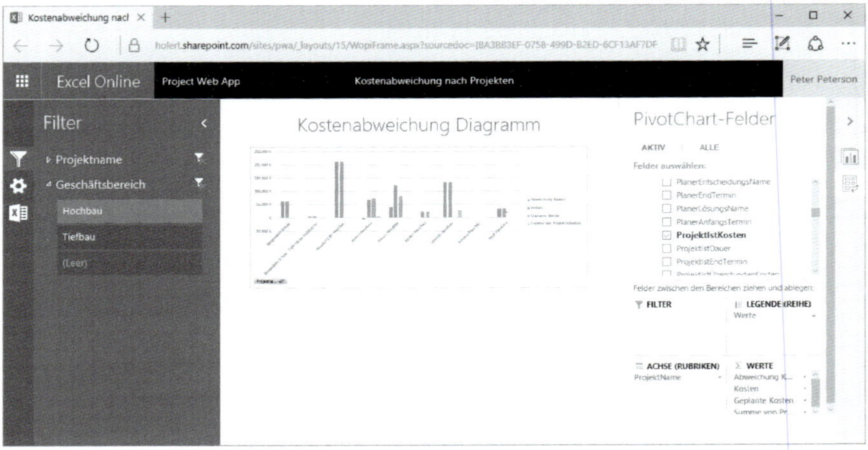

6. Rufen Sie in der rechten Navigationsleiste die Feldliste auf und wählen Sie das Feld *Ist-Kosten* aus.

HINWEIS Beim Wechsel zwischen Tabellen- und Diagrammansichten bleibt diese Auswahl erhalten. Die Berichtsdatei selbst wird allerdings nicht verändert. Sie können also beliebige Änderungen für Ihre Analyse vornehmen. Mit einem Neuaufruf der Seite im Browser werden alle Änderungen zurückgesetzt.

7. Deaktivieren Sie die Auswahl des Felds *Ist-Kosten*.

Abbildg. 5.174 Drilldown eines Datenwerts mit *Schnelleinblick* bzw. *Durchsuchen*

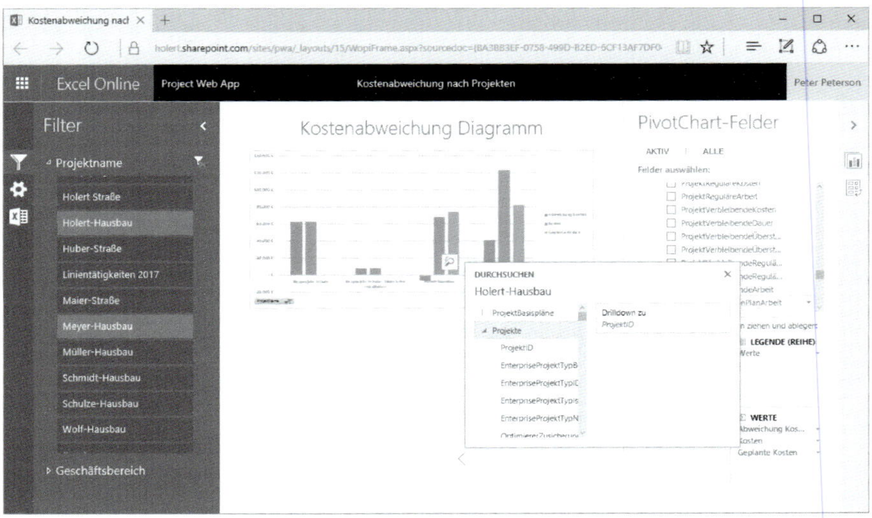

8. Wie in Excel haben Sie mit der Funktion *Schnelleinblick* die Möglichkeit, einzelne Datenwerte mit einem Drilldown auszuwerten. Wählen Sie dazu eine Zelle bzw. ein Diagrammelement aus und danach die gewünschte Dimension, hier *Bauprojekt Schule* und dann *Ressourcenliste*.

Abbildg. 5.175 Drilldown vom *Bauprojekt Schule* nach der Dimension *Ressourcenliste*

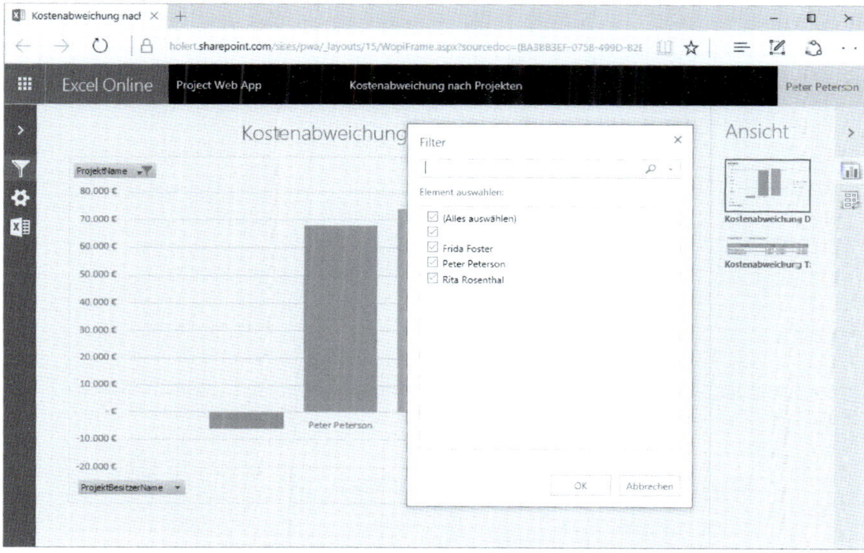

9. Da Diagramm stellt jetzt die Daten differenziert nach den Ressourcen des Projekts dar. Um die Filterkriterien anzuzeigen, klicken Sie auf das Filtersymbol.

10. Wechseln Sie zur Ansicht *Kostenabweichung Tabelle* und klicken Sie in der linken Navigationsleiste auf das Zahnradsymbol, um weitere Optionen anzuzeigen.

Als Optionen bietet Ihnen die Excel Services u.a. das Speichern, Drucken, Suchen, Berechnen und Aktualisieren der Arbeitsmappe. Falls der Funktionsumfang nicht ausreicht, können Sie über das Excel Symbol in der Navigationsleiste die Windows Anwendung öffnen.

Im nachfolgenden Abschnitt lesen Sie, welche Unterschiede Sie für Berichte im BI Center in Project Online beachten müssen. Im Abschnitt danach stellen wir Ihnen weitere Berichtsbeispiele vor.

Abbildg. 5.176 Excel Services-Bericht: Schaltfläche *Optionen*

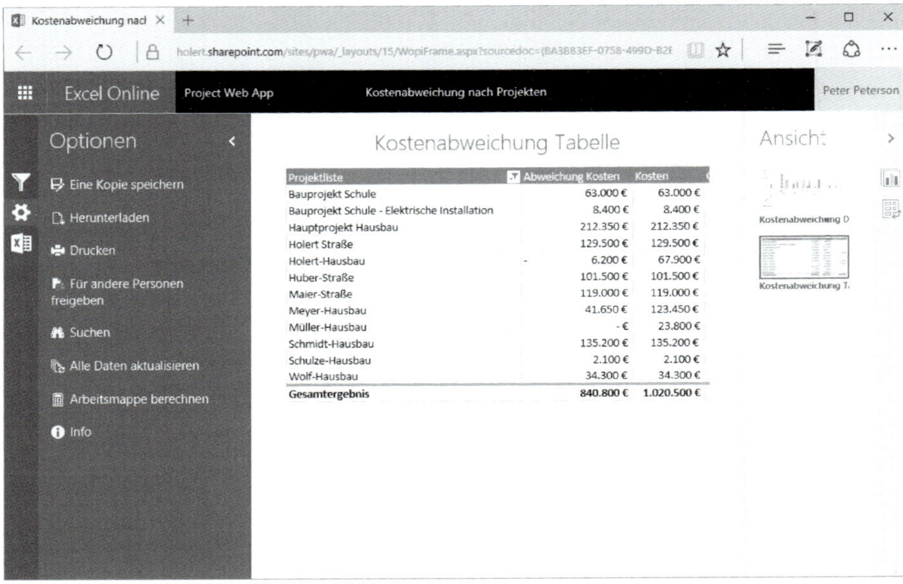

Berichte in den PWA-Berichten mit Project Online

In diesem Abschnitt beschreiben wir, welche Unterschiede Sie bei den Berichten von Project Online beachten müssen und wie Sie einen Bericht auf Basis von OData-Feeds erstellen können. Zur Erstellung projektübergreifender Berichte im Business Intelligence Center folgen Sie in Project Online der prinzipiellen Vorgehensweise wie in Project Server On-Premises: Wählen Sie eine Datenquelle bzw. Vorlage aus, erstellen Sie einen Excel-Bericht und speichern Sie ihn bei den Project Berichten, um ihn den Endbenutzern zur Verfügung zu stellen.

In Project Online gibt es keinen direkten Zugriff auf die PWA-Datenbank und keine OLAP-Datenbanken, damit können Sie für Berichte keine direkten Datenbankabfragen und keine OLAP-Cubes verwenden. Stattdessen können Sie den *ProjectData*-Webservice verwenden, um die Daten aus dem Berichtsdatenbankschema als *OData*-Feeds auszulesen und in einem Excel-Bericht darzustellen.

HINWEIS In Project Online enthält das BI Center nur diejenigen Berichte und Vorlagen zur Verfügung, die OData-Verbindungen verwenden.

Die OData-Feeds im ProjectData-Webservice können Sie einsehen, indem Sie die Adresse von Project Web App um */_api/ProjectData/* ergänzen, in unserem Fall also *https://holert.sharepoint.com/sites/pwa/_api/ProjectData/*. Zugriff auf diese Daten haben mit den Standardberechtigungen alle Administratoren, Portfoliomanager und Portfoliobetrachter einer Project Web App-Instanz, anpassen können Sie dies durch die Vergabe der globalen Berechtigung *Auf den Project Server-Berichtsdienst zugreifen*.

Abbildg. 5.177 Auflistung der *OData*-Feeds im *ProjectData*-Webservice

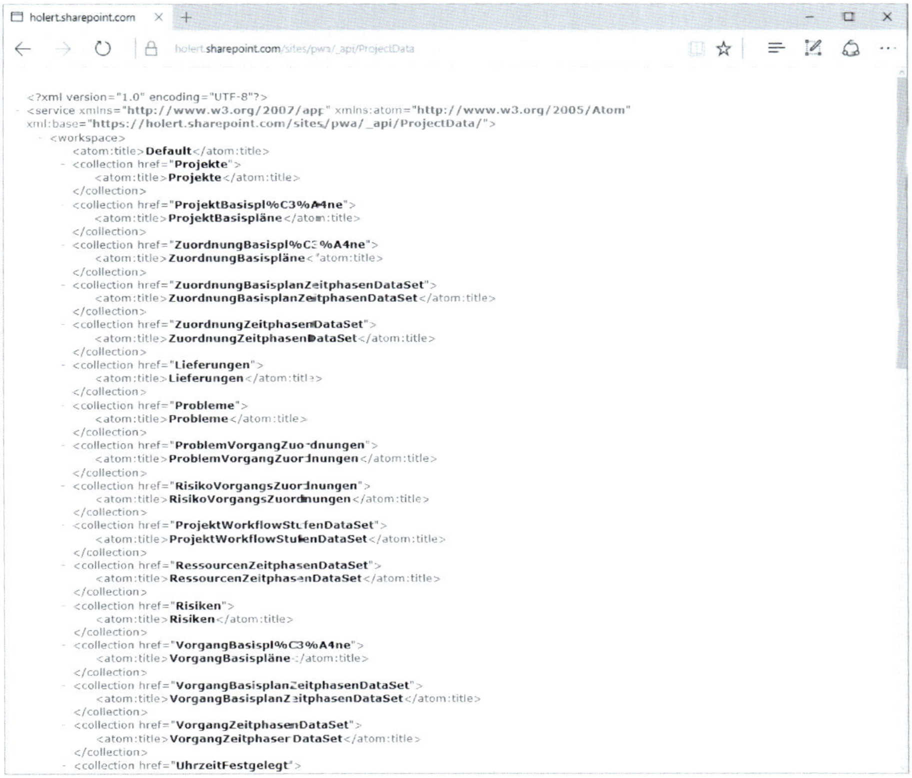

Mit dem Aufruf des ProjectData-Webservices erhalten Sie eine Auflistung aller OData-Feeds. Jeder Feed entspricht einer Sicht des Berichtsdatenbankschemas und liefert beispielsweise eine Liste aller Projekte, Vorgänge oder Ressourcen. Bei der Abfrage für Berichte ist eine Einschränkung der Spalten und Filterung der Zeilen zur Datenreduktion für Performancezwecke sinnvoll.

ACHTUNG In mehrsprachigen installierten Umgebungen wie Project Online wird die Ausgabe des OData-Feeds stets der Sprache des aktuellen Benutzers angepasst. Um sicherzustellen, dass unabhängig von Benutzer und System stets dieselben Feldnamen verwendet werden, sollten Sie die Adresse des OData-Webservices um den Sprachcode wie /[de-DE] oder /[en-US] erweitern.

Beachten Sie außerdem, dass der ProjectData-Webservice zwischen Groß- und Kleinschreibung unterscheidet. Die Projektdaten erhalten Sie nur unter */Projekte*, andere Schreibweisen wie /projekte oder /PROJEKTE sind nicht zulässig.

Um in einem Excel-Bericht Datenverbindungen zu OData-Feeds zu erstellen, müssen Sie Excel 2013 oder höher einsetzen. Zur Zusammenführung und Verknüpfung der Daten verschiedener OData-Feeds in Excel empfehlen wir PowerPivot. Diese erlauben auch bei größeren Datenmengen eine schnelle Aggregation der Daten. Darüber hinaus können Sie dann mit Power View die Daten dynamisch anpassen und visualisieren.

Im Folgenden erfahren Sie, wie Sie analog zum zuvor beschrieben Bericht *Kostenabweichung nach Projekten* den Bericht *Kosten nach Projekten* auf Basis des OData-Feeds *Projekte* neu erstellen. Gehen Sie dazu folgendermaßen vor:

1. Starten Sie Microsoft Excel und öffnen Sie eine leere Arbeitsmappe.

Abbildg. 5.178 In Excel mit einem OData-Datenfeed verbinden

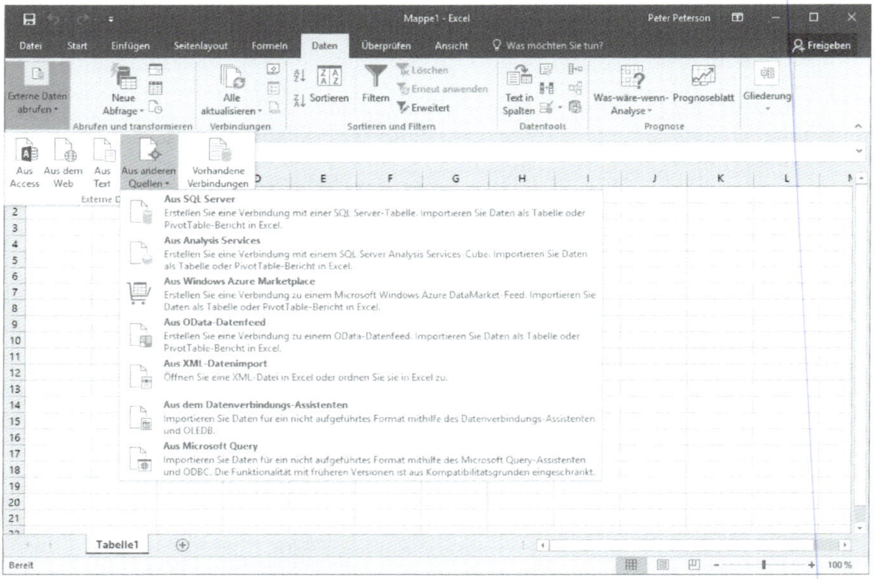

2. Klicken Sie im Menüband auf den Befehl *Daten/Verbindungen/Externe Daten abrufen/ Aus anderen Quellen/Aus OData-Datenfeed.*

Abbildg. 5.179 Aus dem deutschsprachigen *ProjectData*-Webservice den *Projekte*-Feed adressieren

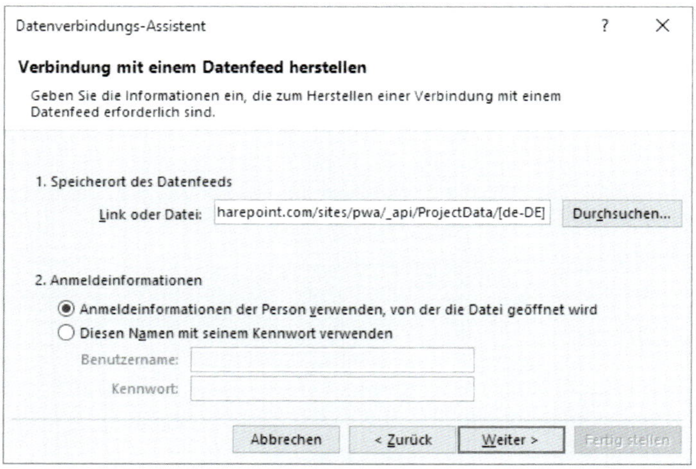

Geben Sie als Speicherort des Datenfeeds die Adresse *https://servername/PWA/_api/ProjectData/[de-DE]* an.

Abbildg. 5.180 Tabelle *Projekte* und *Projektbasispläne* aus dem OData-Feed *Projekte* auswählen

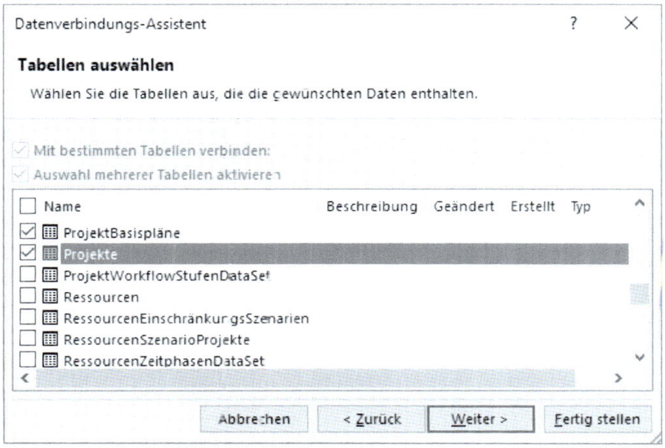

3. Wählen Sie die Tabellen *Projekte* und *Projektbasispläne* aus und klicken Sie auf *Fertig stellen.*

Abbildg. 5.181 Projektdaten als PivotTable-Bericht einfügen

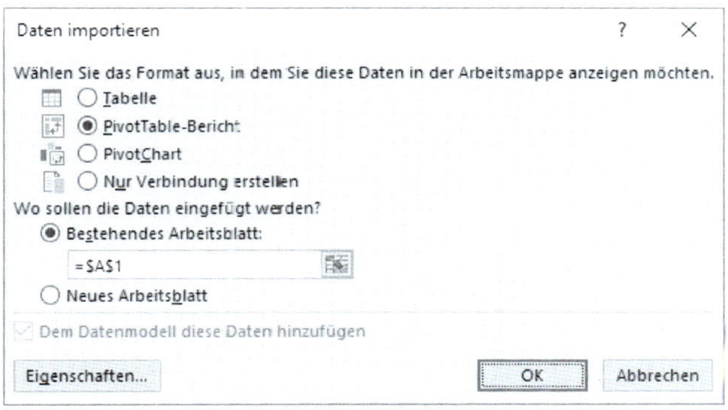

4. Fügen Sie die Daten als PivotTable-Bericht im bestehenden Arbeitsblatt ein.

5. Klicken Sie im Menüband auf den Befehl *Daten/Datentools/Beziehungen.*

Abbildg. 5.182 Im Dialogfeld *Beziehungen verwalten* eine neue Tabellenbeziehung erstellen

6. Klicken Sie im Dialogfeld *Beziehungen verwalten* auf *Neu*.

Abbildg. 5.183 Beziehung von Tabelle *ProjektBasispläne* zu Tabelle *Projekte* über Primärschlüssel *ProjektID*

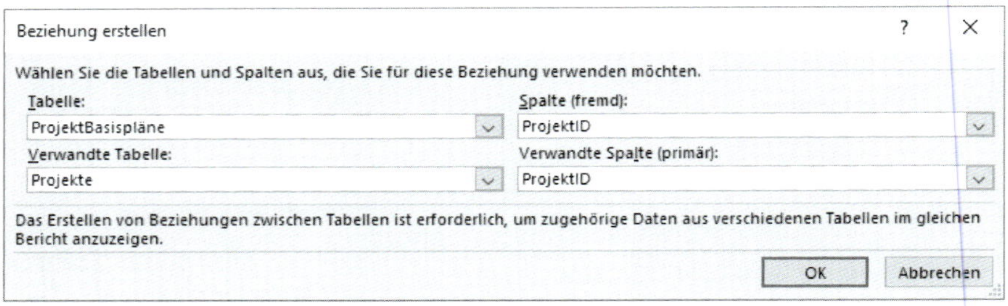

7. Erstellen Sie eine Beziehung von Tabelle *ProjektBasispläne* mit Fremdspalte *ProjektID* zu Tabelle *Projekte* mit Primärspalte *ProjektID*.

Abbildg. 5.184 Projektname und Projektkostenfelder aus der Tabelle *Projekte* hinzufügen

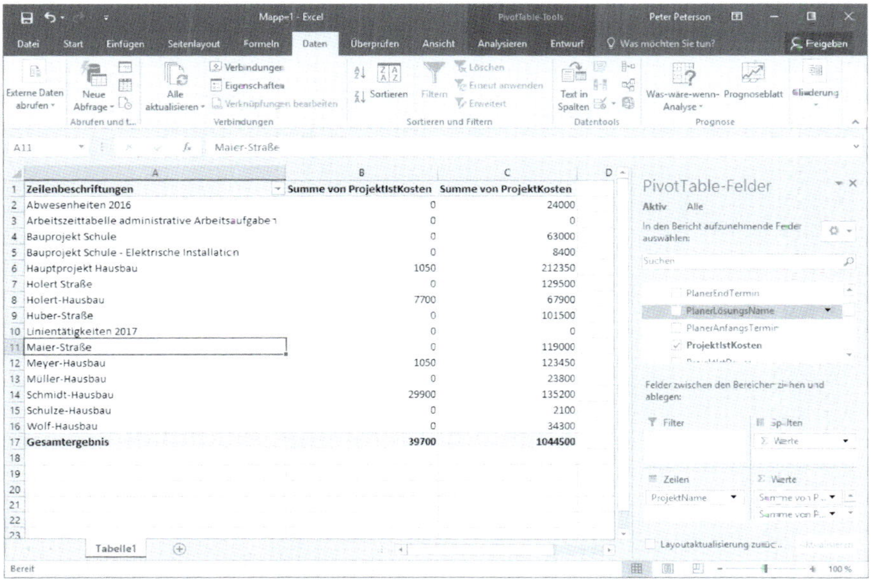

8. Verwenden Sie die Schaltfläche *PivotTable-Felder*, um aus der Tabelle *Projekte* die Felder *ProjektName*, *ProjektIstKosten* und *ProjektKosten* hinzuzufügen.

Abbildg. 5.185 Projektfeld *Geplante Kosten* aus der Tabelle *ProjektBasispläne* hinzufügen

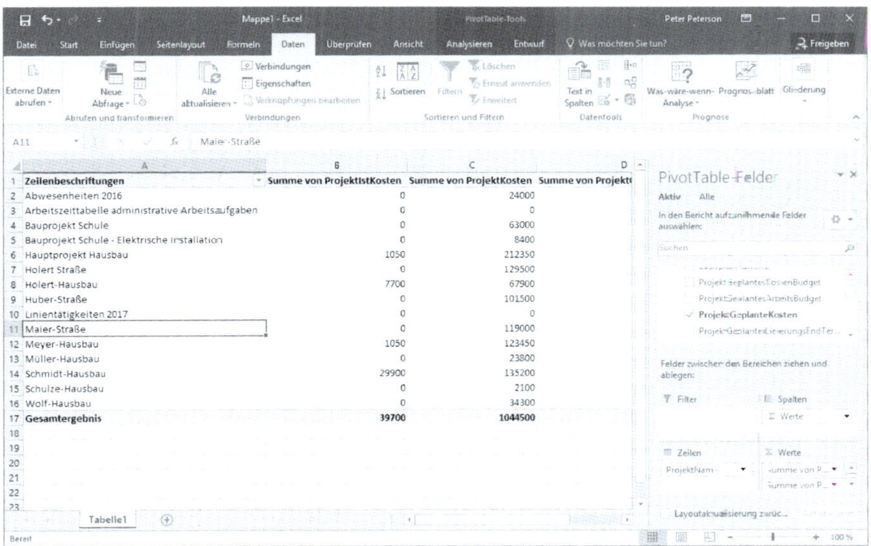

9. Fügen Sie aus der verknüpften Tabelle *ProjektBasispläne* das Feld *ProjektGeplanteKosten* hinzu.

Abbildg. 5.186 Administrative Arbeitszeittabelleneinträge aus der Tabelle entfernen

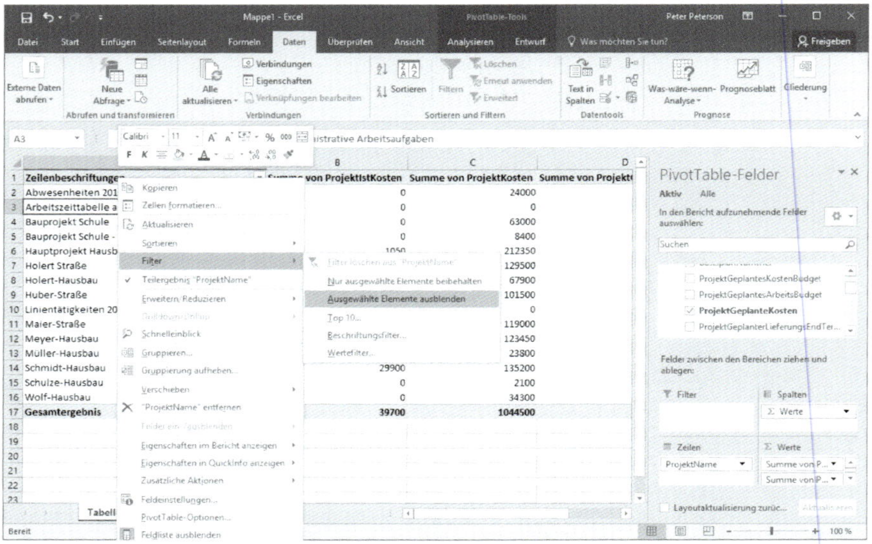

10. Öffnen Sie mit einem Rechtsklick das Kontextmenü des Projektnamens *Arbeitszeittabelle administrative Arbeitsaufgaben* und wählen Sie den Befehl *Filter/Ausgewählte Elemente ausblenden.*

Abbildg. 5.187 Finalisierung des Berichts *Kosten nach Projekten* mit Tabelle und Diagramm

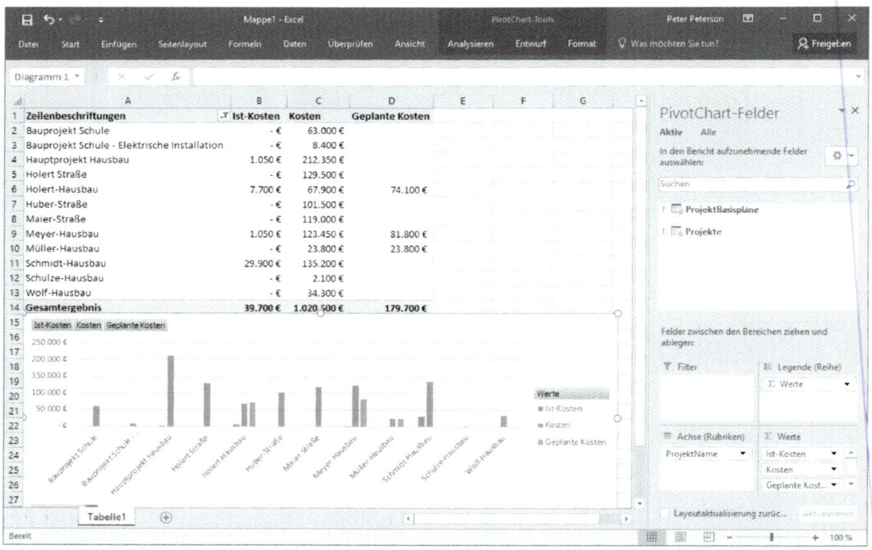

11. Finalisieren Sie den Bericht *Kosten nach Projekten* analog zum Bericht *Kostenabweichung nach Projekten* wie im Abschnitt »Bericht *Kostenabweichungen nach Projekten* erstellen« beschrieben ist.

Abbildg. 5.188 Bericht *Kosten nach Projekten* im Browser aufgerufen

12. Speichern Sie den Bericht nach Fertigstellung in der Berichtsbibliothek von Project Online ab und prüfen Sie seine Darstellung im Browser.

Der Bericht kann nun von den dazu berechtigten Mitarbeitern im Browser aufgerufen werden, in Project Online erfolgt die Darstellung durch Excel Web App und die Projektdaten werden automatisch durch den BI Azure Service aktualisiert. Die Aktualisierung setzt hier voraus, dass der aktuell angemeldete Benutzer Zugriffsrechte auf die Daten der OData-Feeds hat.

Weitere Beispiele für Berichte

Ergänzend zu dem zuvor ausführlich beschriebenen Bericht *Kostenabweichungen nach Projekten* auf Basis der Excel Services stellen wir im Folgenden einige weitere Beispiele als Anregungen vor, die Sie auf analoge Art und Weise erstellen können. Zudem verweisen wir auf unsere Community für weitere Beispiele auch auf Basis anderer Technologien, die zum Lieferumfang von Project Server gehören:

- Arbeit nach Projekten
- Kostenabweichung über alle Projekte
- Burndown Geplante Arbeit nach Projekten
- Fehlende Arbeitsleistungsdaten
- Weitere Berichtsbeispiele anderer Technologien

Arbeit nach Projekten

Der Bericht *Arbeit nach Projekten* gibt einen Überblick, in welchem Quartal für welche Projekte in welchem Umfang Arbeit geleistet wurde.

Abbildg. 5.189 Arbeit nach Projekten

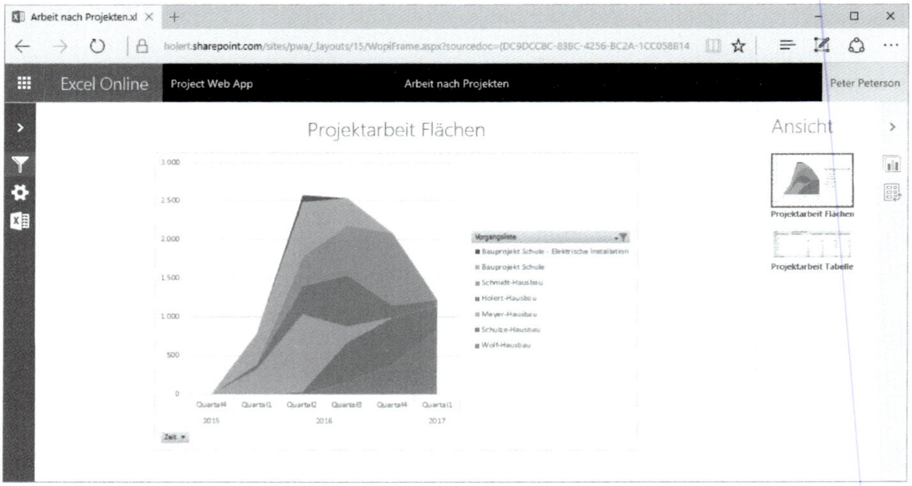

Kostenabweichung über alle Projekte

Der Bericht *Kostenabweichung über alle Projekte* stellt die absolute Kostenabweichung nach Quartalen differenziert nach Projekten grafisch dar.

Abbildg. 5.190 Kostenabweichung über alle Projekte

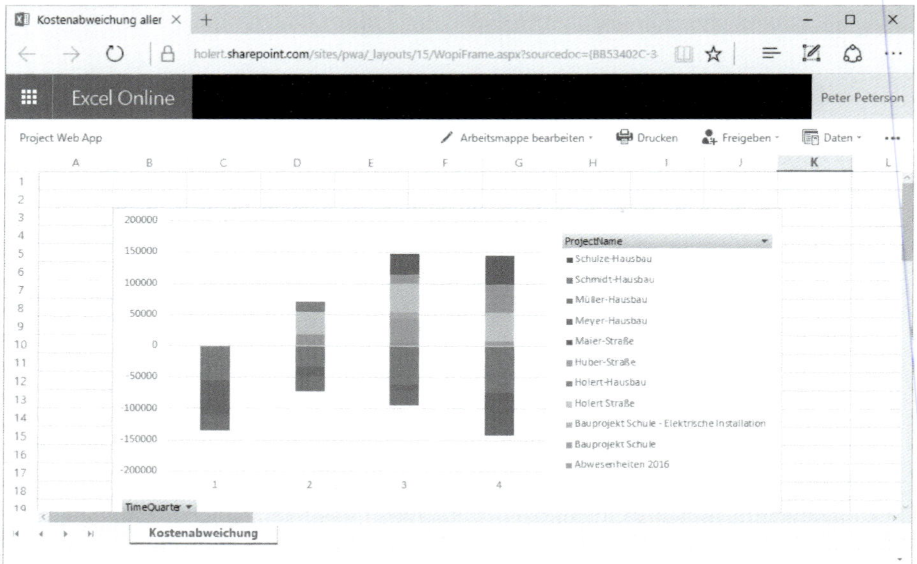

Burndown Geplante Arbeit nach Projekten

Der Bericht *Burndown Geplante Arbeit nach Projekten* stellt den Burndown der Arbeitsstunden dar, dabei werden der Burndown gemäß Basisplan, gemäß gegenwärtiger Planung und der Burndown abgeschlossener Arbeit jeweils als eine Line dargestellt.

Abbildg. 5.191 Burndown *Geplante Arbeit* nach Projekten

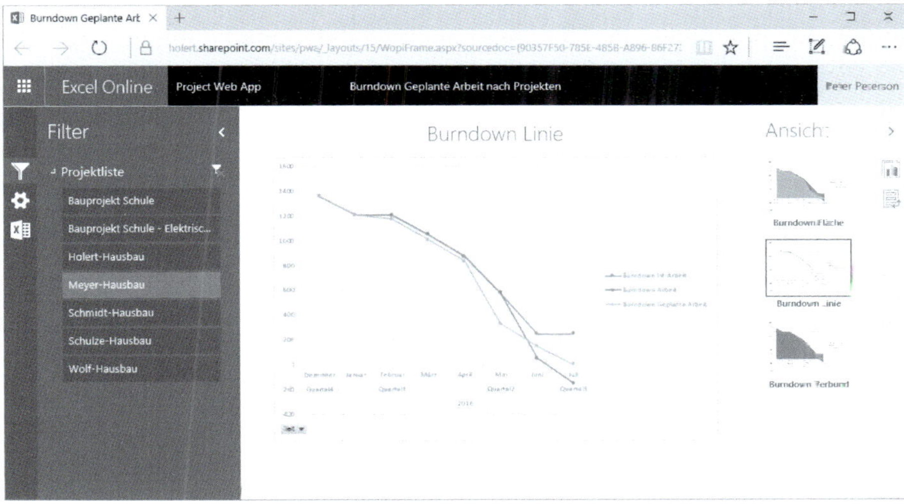

Fehlende Arbeitsleistungsdaten

Der Bericht *Fehlende Arbeitsleistungsdaten* stellt die Ist-Arbeit und Kapazität je Ressource und Woche gegenüber.

Abbildg. 5.192 Fehlende Arbeitsleistungsdaten

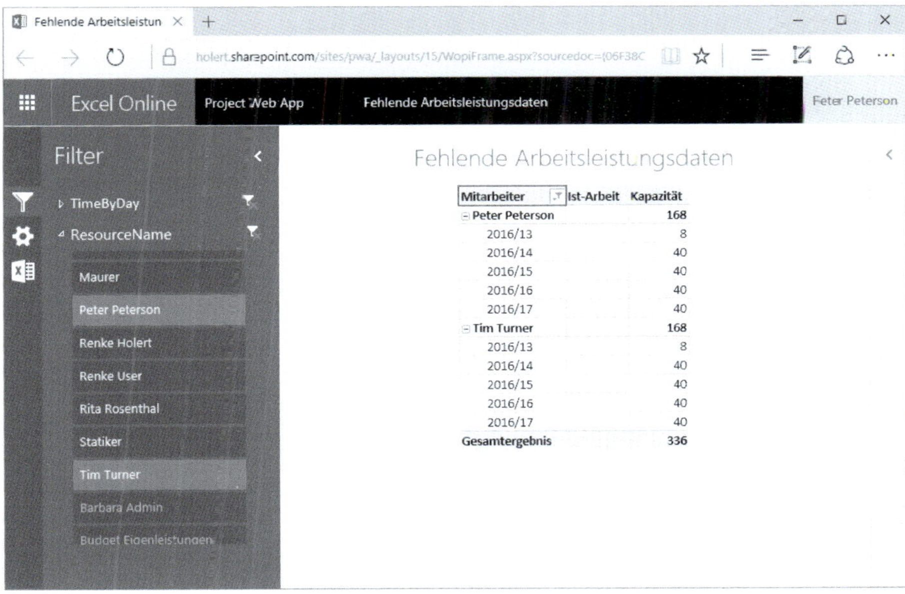

Bei Vollzeiterfassung bedeutet eine Differenz zwischen den Werten *Ist-Arbeit* und *Kapazität*, dass der Mitarbeiter seine Stunden nicht vollständig erfasst hat.

Weitere Berichtsbeispiele anderer Technologien

Weitere Berichtsbeispiele auf technologischer Basis von SharePoint Server und SQL Server finden Sie auf unserer Website. Hierzu gehören u.a. Statuslisten, Dashboards, Scorecards und Analysebäume der PerformancePoint Services, aber auch Visio-Webzeichnungen der Visio Services und Berichte der Reporting Services. Unsere Website erreichen Sie unter *http://www.holert.com.*

Projektübergreifendes Berichtswesen mit Microsoft Power BI

Als weiteres Berichtswerkzeug können Sie Power BI einsetzen. Im Folgenden wird dies und die Verwendung vordefinierter Berichte in Verbindung mit Project Online beschrieben. Microsoft bietet hierzu ein Power BI Content Pack an.

Wie Sie dieses bekommen und verwenden können wird im Folgenden beschrieben.

1. Klicken Sie in den Project Berichten in der Seitenleiste auf *Power BI.*

Abbildg. 5.193 PWA-Berichte mit Schaltfläche *Power BI*

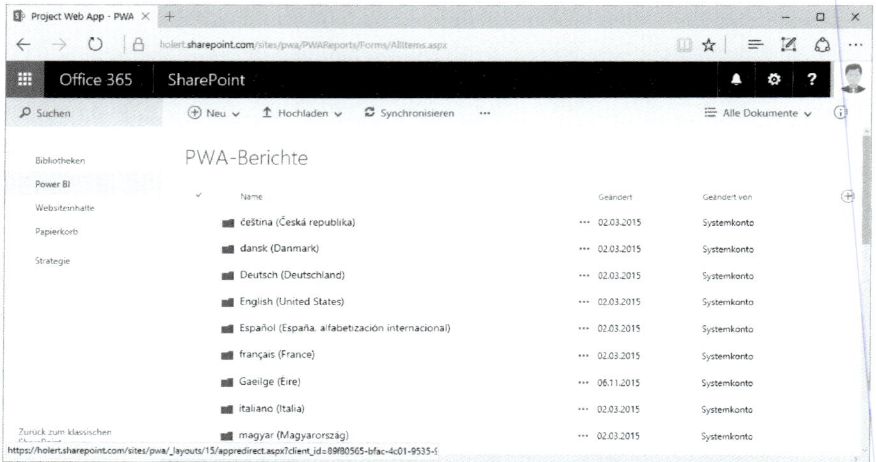

2. Nun öffnet sich die Power BI-Weboberfläche. Hier sehen Sie Ihre Berichte. Dort können Sie mit einem Klick auf das nebenstehend gezeigte Pfeilsymbol die Power BI-Software herunterladen.

Abbildg. 5.194 Einstiegsbildschirm der Power BI-Weboberfläche

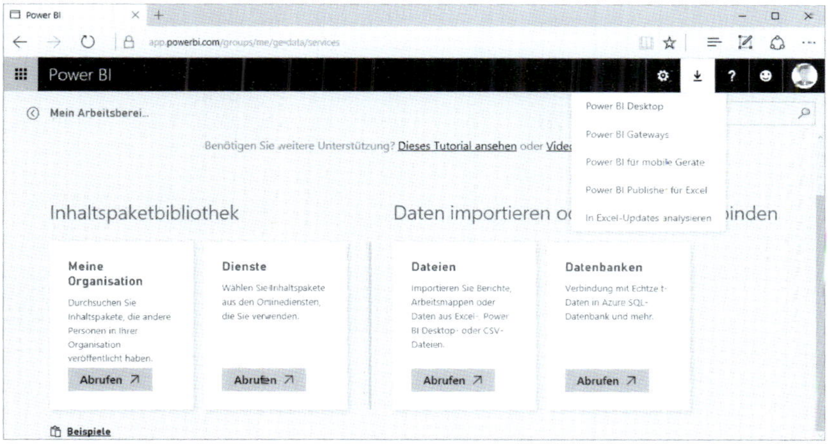

Microsoft Project-Inhaltspaket verwenden

Inhaltspakete werden in Power BI dazu verwendet, um zu bestimmten Diensten Verbindungen herzustellen. Es wird aus den Daten ein Power BI-Dashboard und eine Reihe von Power-BI-Berichten erstellt. Sie können auch eigene Inhaltspakete in Ihrem Unternehmen bereitstellen.

Im Folgenden wird das Inhaltspaket für Microsoft Project zu Power BI hinzugefügt und verwendet.

Berichte des Microsoft Project Inhaltspakets

1. Um das Project Online-Inhaltspaket abzurufen, klicken Sie im Bereich *Inhaltspaketbibliothek* im Feld *Dienste* auf die Schaltfläche *Abrufen*.

Abbildg. 5.195 Power BI

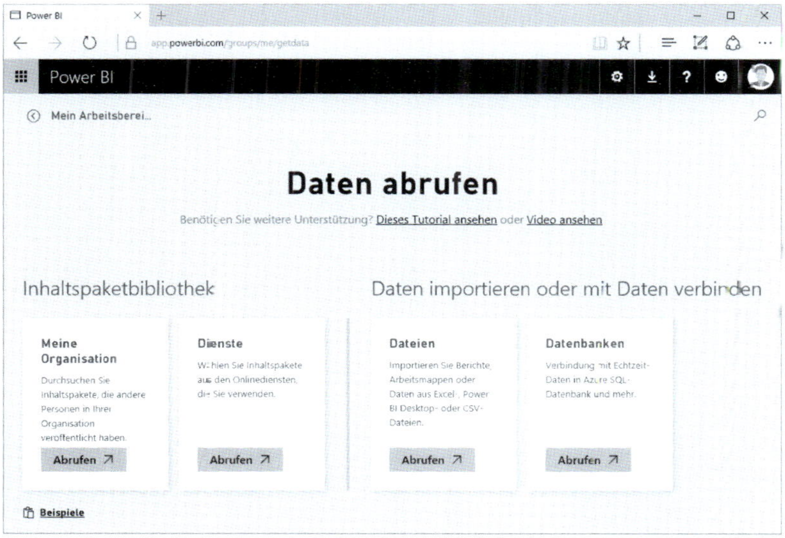

HINWEIS Das Project Online-Inhaltspaket ermöglicht es, Ihre Projektdaten mit vordefinierten Metriken wie Portfoliostatus und Projekt-Compliance zu erkunden.

2. Darauf öffnet sich das Dialogfeld *Inhaltspakete für Power BI*. Suchen Sie dort nach Project Online. Klicken Sie beim Inhaltspaket *Microsoft Project Online* auf *Abrufen*.

Abbildg. 5.196 Dialogfeld *Inhaltspakete für Power BI*

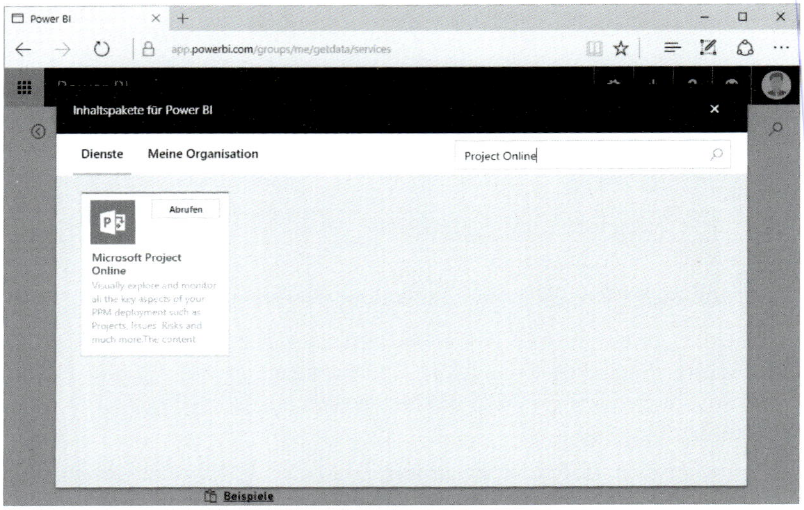

3. Geben Sie im nächsten Dialogfeld Ihre PWA-Url ein. In unserem Fall *https://holert.sharepoint.com/sites/pwa*. Melden Sie sich mit Ihrer Authentifizierungsmetode an und betätigen Sie die Schaltfläche *Anmelden*.

Abbildg. 5.197 Eingabe der PWA-Url

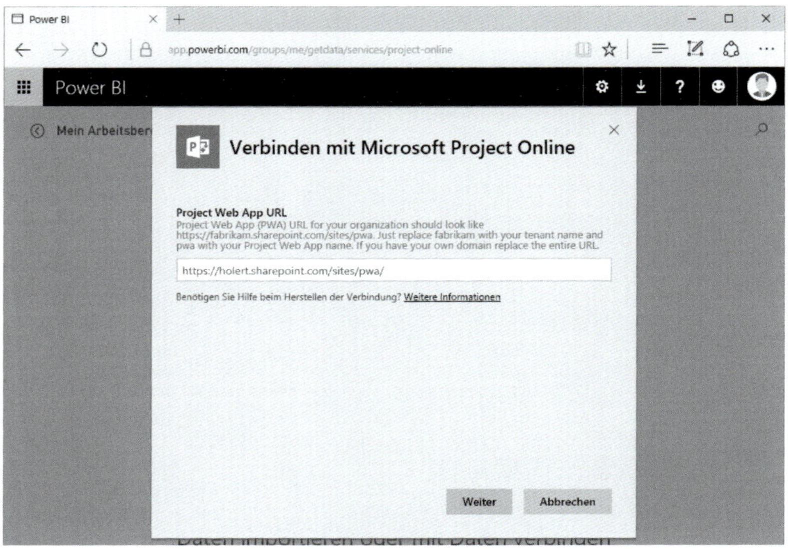

4. Das Inhaltspaket wurde nun hinzugefügt. Klicken Sie auf in der Seitenleiste auf das Hamburger-Menü-Symbol und wählen Sie unter *Berichte* den Eintrag *Microsoft Project* aus. Nun öffnen sich die Berichte, die vom Inhaltspaket bereitgestellt werden.

Abbildg. 5.198 Bericht *Portfolio Status* des Microsoft Project-Inhaltspakets

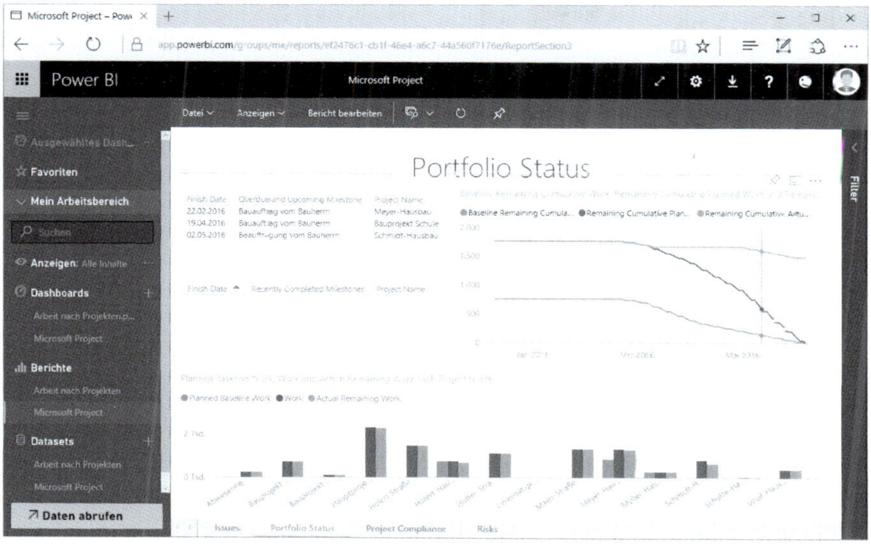

5. Klicken Sie im Bericht *Portfolio Status* im Balkendiagramm auf *Fokusmodus* und betrachten Sie die Grafik genauer. Nach dem Betrachten können Sie mit einem Klick auf *Zurück zum Bericht* zum Bericht zurückkehren.

Abbildg. 5.199 Detailansicht des Balkendiagramms in Power BI

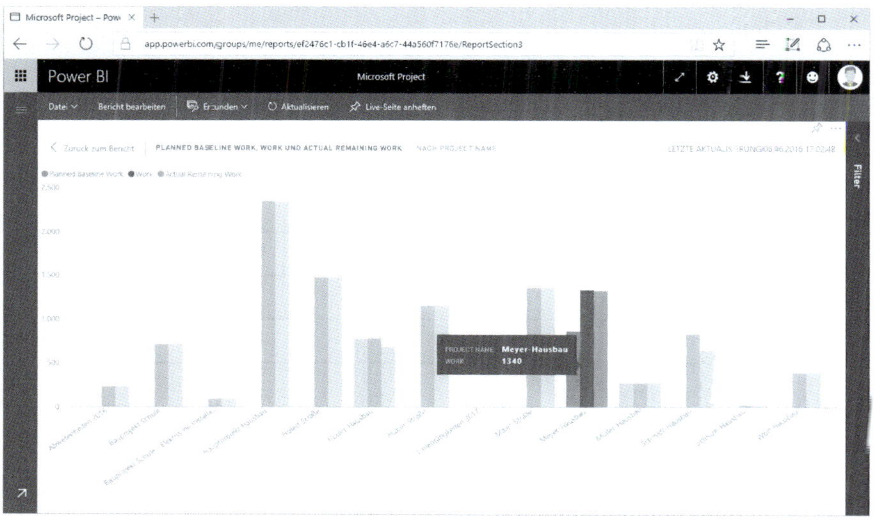

Dashboards des Microsoft Project-Inhaltspakets

Im Microsoft Project-Inhaltspaket ist zusätzlich zu den Berichten noch ein Dashboard enthalten. Sie können es über die *Seitenleiste* aufrufen, indem Sie unter Dashboards auf *Microsoft Project* klicken. Dort sehen Sie eine Übersicht über die Berichte.

Abbildg. 5.200 Dashboard *Microsoft Project*

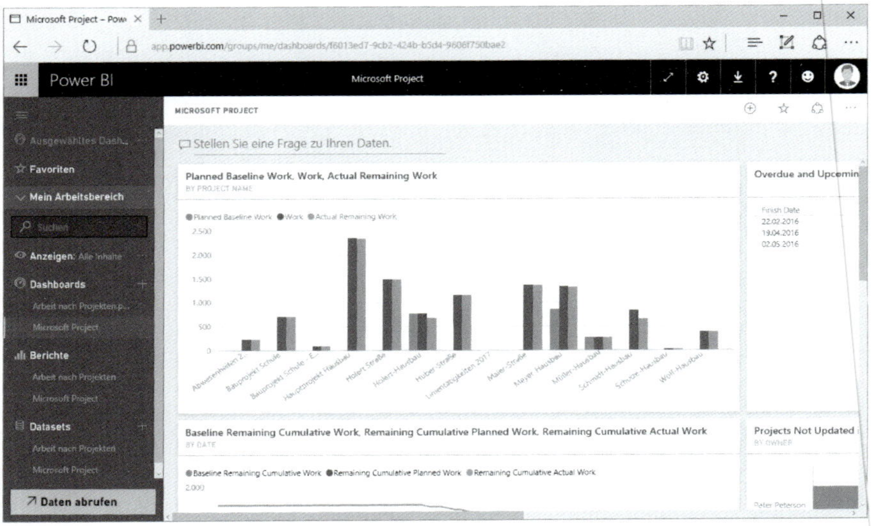

Zum Erstellen eines eigenen Dashboards gehen Sie wie folgt vor:

1. Klicken Sie in der *Seitenleiste* unter *Dashboards* auf die Schaltfläche *Dashboard erstellen.*

Abbildg. 5.201 Neues Dashboard erstellen

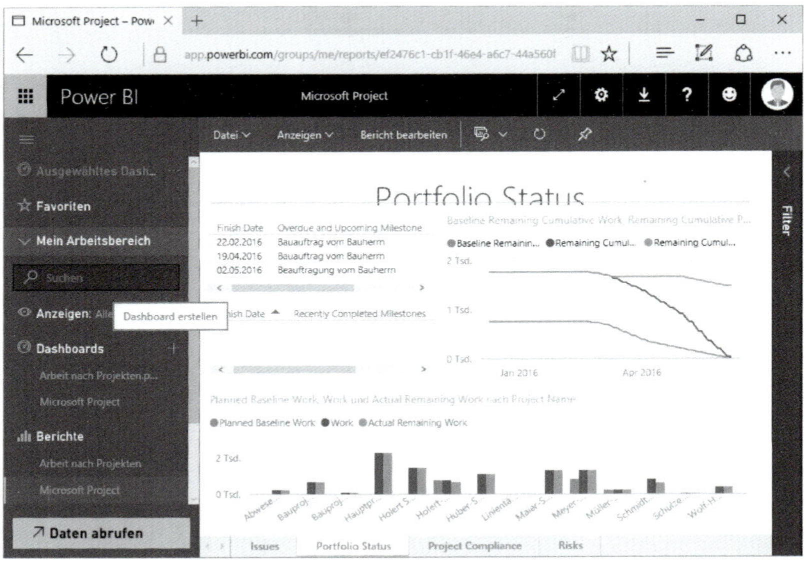

2. Geben Sie einen Namen für das Dashboard ein, wie z.B. *Probleme und Risiken.*

Abbildg. 5.202 Umbenennen des Dashboards

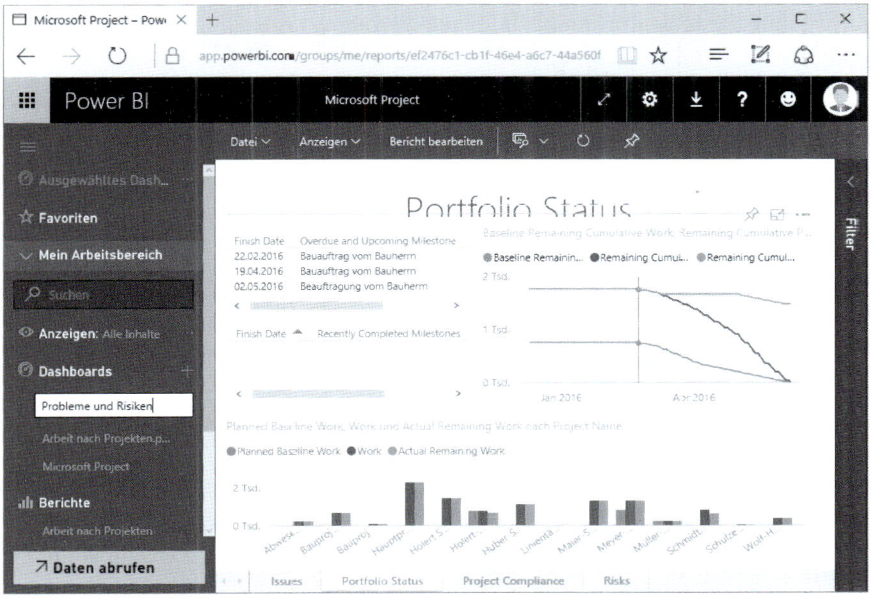

3. Wenn Sie auf die Schaltfläche *Kachel hinzufügen* klicken, könnten Sie dort Inhalte wie Bilder, Videos und Webinhalte einfügen.

Abbildg. 5.203 Hinzufügen einer Kachel

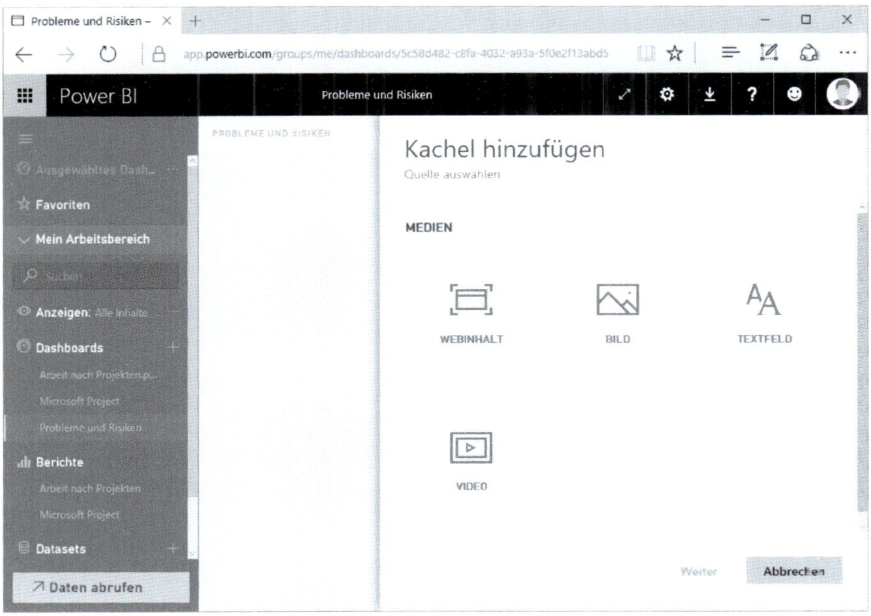

4. Wechseln Sie zurück zum Bericht *Microsoft Project* und wählen Sie die Registerkarte *Issues* aus.

Abbildg. 5.204 Bericht *Issues*

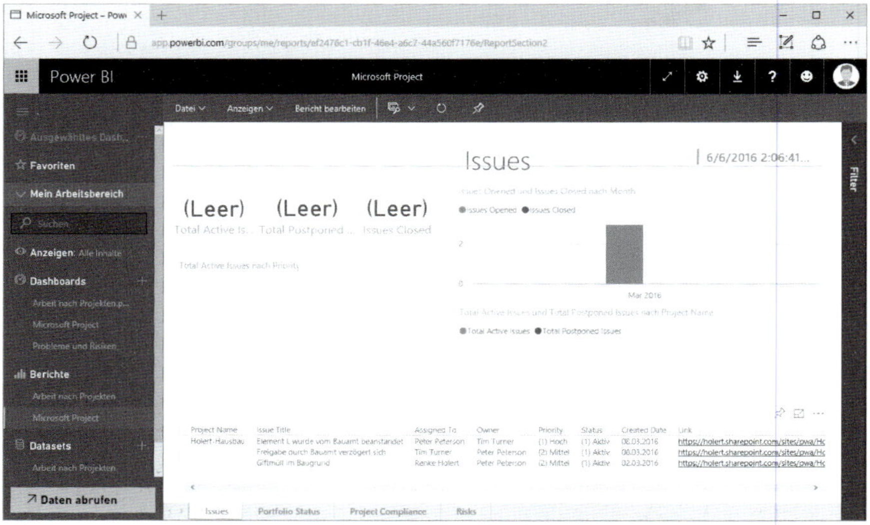

5. Klicken Sie dort auf die Schaltfläche *Visualisierung anheften*. Wählen Sie im Dialogfeld die Option *Vorhandenes Dashboard* und das Dashboard *Probleme und Risiken* aus. Jetzt wurde die Visualisierung angeheftet. Wiederholen Sie diesen Schritt mit allen Visualisierungen, die Sie anheften möchten.

Abbildg. 5.205 Dialogfeld *An das Dashboard anheften*

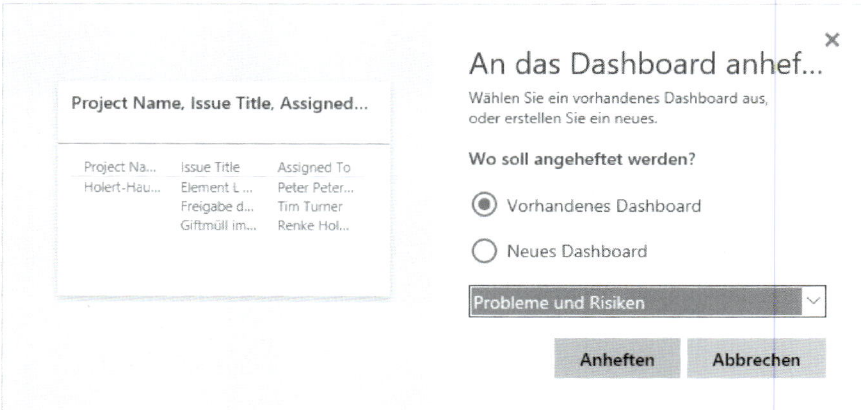

6. Fügen Sie wie gezeigt weitere Berichte zum Dashboard *Probleme und Risiken* hinzu. Zum Betrachten des Dashboards klicken Sie unter *Dashboards* auf *Probleme und Risiken*.

Abbildg. 5.206 Dashboard *Probleme und Risiken* mit hinzugefügten Berichten

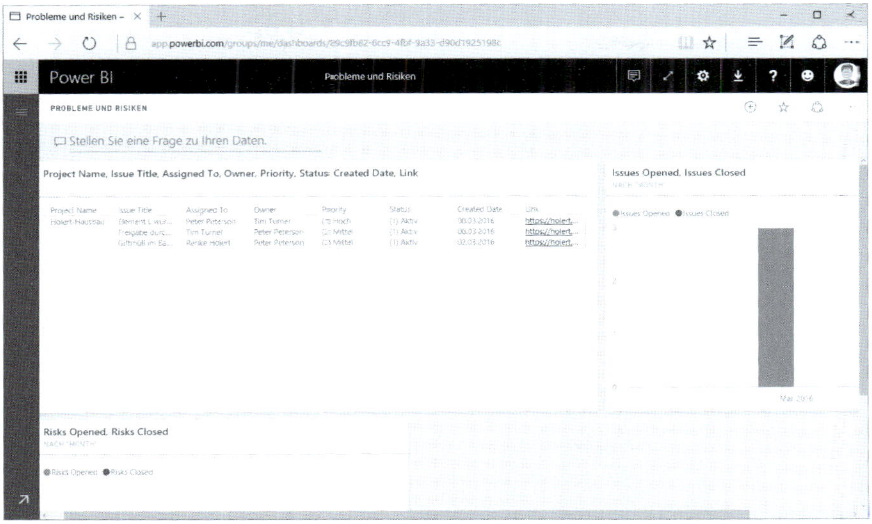

Kapitel 6

Erweiterungen

In diesem Kapitel:

In diesem Kapitel beschreiben wir ergänzende Software für das Projektmanagement mit Microsoft Project. Weitere Produkte finden Sie auf unserer Website unter *http://www.holert.com*. In diesem Kapitel stellen wir Ihnen die folgenden zwei Erweiterungen vor:

- *Allocatus*
- *WBS Chart Pro*

Allocatus

Allocatus überträgt Vorgänge aus Project zu Microsoft Outlook oder Lotus Notes. Vorgänge können im Kalender oder der Aufgabenliste des jeweiligen Mitarbeiters angelegt werden, und zwar je nach Wunsch als ganztätige Ereignisse, als Termine oder als Aufgaben. Zudem kann Allocatus Änderungen durch den Mitarbeiter verwerfen oder zurück zu Project synchronisieren (»WriteBack«-Modus).

Nachfolgend ist die Synchronisation eines Vorgangs in den Outlook- Kalender dargestellt.

Abbildg. 6.1 Rückmeldung von Ist-Aufwand im Outlook-Kalender

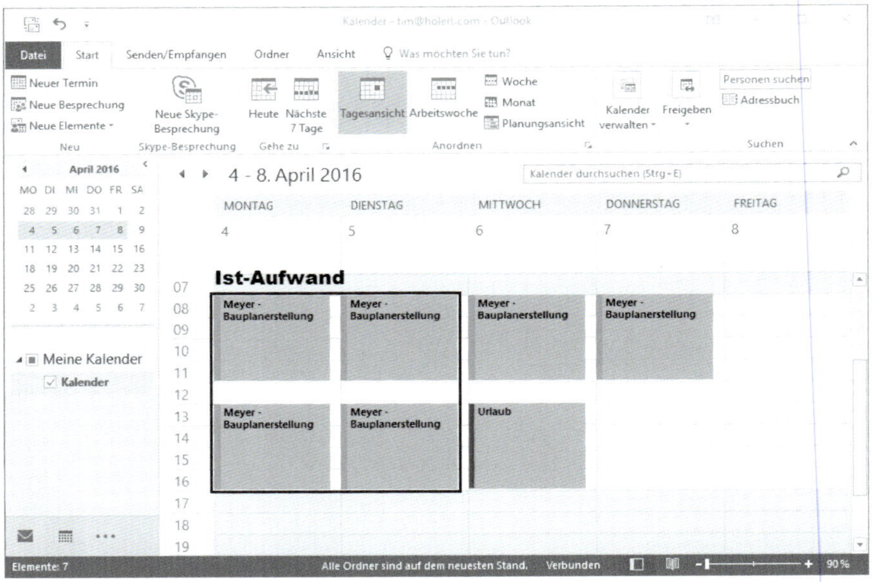

Wenn Vorgänge als Termine erstellt werden, erscheinen die Vorgänge im Kalender aufgeteilt nach der tatsächlich verplanten Arbeit (berechnete Arbeit aus Project), sodass der Mitarbeiter genau den geplanten Aufwand erkennen kann und somit Überplanungen leicht aufgedeckt werden können.

Abbildg. 6.2 Rückmeldung von Rest-Aufwand im Outlook-Kalender

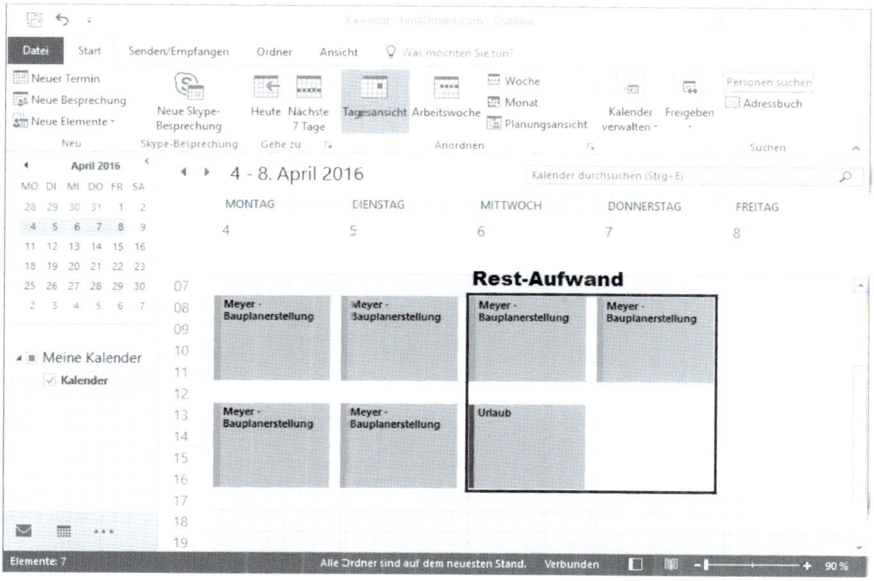

Nimmt der Mitarbeiter Änderungen vor, werden diese standardmäßig verworfen. Ist der »WriteBack«-Modus aktiviert und ein Mitarbeiter löscht, verschiebt oder dupliziert einen Termin, so wird die Änderung entsprechen der Dauer des Termins und der Lage des Termins als Ist-Aufwand oder Rest-Aufwand zu Project übermittelt. Termine in der Vergangenheit (gestern oder früher) werden dabei als Ist-Aufwand (*Ist-Arbeit*) und Termine in der Zukunft (heute oder später) als Rest-Aufwand (*Restarbeit*) zurück übermittelt. Da zusätzliche Termine durch Duplizierung leicht erzeugt werden können, ist eine manuelle Zuordnung zu Vorgängen aus Project in der Regel nicht erforderlich. Duplikate kann man durch Kopieren und Einfügen oder in Outlook per Ziehen & Ablegen mit gedrückter `Strg`-Taste besonders schnell erzeugen. Darüber hinaus können auch neue Termine über eine zusätzliche Schaltfläche (*Link to Project*) manuell auf Vorgänge in Project gebucht werden.

Mehr Informationen finden Sie unter *http://www.holert.com/allocatus.*

WBS Chart Pro

WBS Chart Pro eignet sich für die Erstellung und Darstellung eines Projektstrukturplans (siehe den Abschnitt. »Inhalt und Umfang definieren sowie Projektstrukturplan erstellen« in Kapitel 1).

Mit WBS Chart Pro können Sie auf intuitive Art und Weise einen Projektstrukturplan (Work Breakdown Structure) auf Basis einer Vorlage durch Unterteilung der Liefergegenstände (Deliverables) erstellen.

Abbildg. 6.3 Projektstrukturplan dargestellt mit WBS Chart Pro

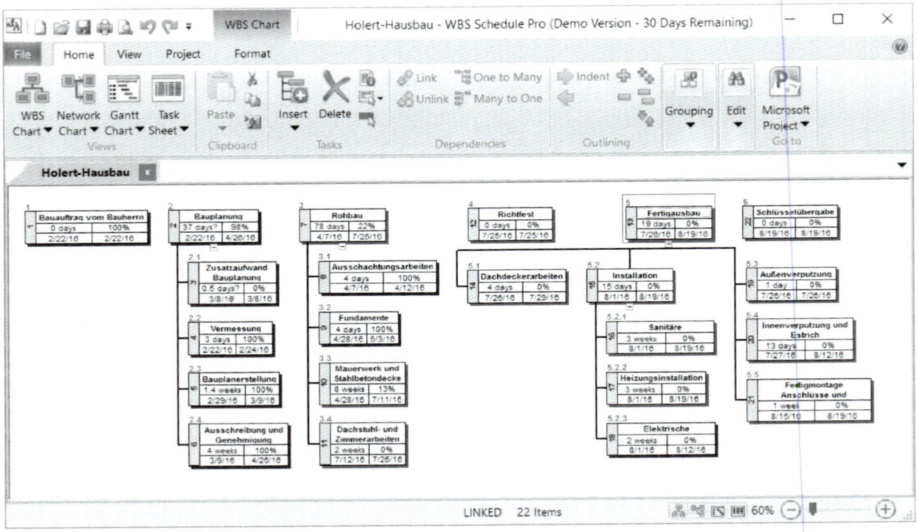

Nach Fertigstellung können Sie die Struktur nach Project übernehmen oder auch aus einem bestehenden Projektplan eine grafische Darstellung erzeugen. Änderungen werden dabei zwischen Project und WBS Chart Pro automatisch abgeglichen.

Über die Druckfunktion kann der Projektstrukturplan in übersichtlicher Form ausgedruckt werden. Daneben wird der Export in eine Webseite und das Speichern als Bild unterstützt.

Mehr Informationen zu WBS Chart Pro finden Sie unter *http://www.holert.com/wbschart-pro*.

Literaturverzeichnis

Baetge, Jörg (2005): Überwachung, in: Bitz, Michael/Dellmann, Klaus/Domsch, Michel/Egner, Henning (Hrsg.): Vahlens Kompendium der Betriebswirtschaftslehre, Bd. 2, 5. Aufl., München

Coenenberg, Adolf (1999): Kostenrechnung und Kostenanalyse, 4. akt. Aufl., Landsberg/Lech

Dellmann, Klaus (2005): Kosten- und Leistungsrechnung, in: Bitz, Michael/Dellmann, Klaus/Domsch, Michel/Egner, Henning (Hrsg.): Vahlens Kompendium der Betriebswirtschaftslehre, Bd. 2, 5. Aufl., München

DIN 69 901

Dreyer, Andreas/Lesser, Christoph/Scheder, Joachim (2010): Wie Sie Ihren Unternehmensalltag effektiver gestalten, Unterschleißheim

Fiedler, Rudolf (2009): Controlling von Projekten. Projektplanung, Projektsteuerung und Projektkontrolle, 5. Aufl., Wiesbaden

Lomnitz, Gero (2008): Multiprojektmanagement, Projekte planen, vernetzen und steuern, 3. Auflage, München

Hilb, Martin (2011): Integriertes Personal-Management. Ziele – Strategien – Instrumente, 20. Auflage, Neuwied/St. Gallen

Hirschsteiner, Günter (2006): Einkaufs- und Beschaffungsmanagement, 2. Auflage, Ludwigshafen

Hirzel, Matthias/Kühn, Frank/Wollmann, Peter (2009): Projektportfolio-Management: Strategisches und operatives Multi-Projektmanagement in der Praxis, 2. Auflage, Frankfurt

HOAI (2009): Verordnung über die Honorare der Architekten- und Ingenieurleistungen: Honorarordnung für Architekten und Ingenieure, G. Recht, 2009

Holert, Renke/Zwirner, Arne (2013): Einführung in die Projektarbeit mit Microsoft Project 2013 und Project Web App. Trainingsbuch für Projektleiter und Projektmitarbeiter für Project Professional, Project Server und Project Online, Unterschleißheim

Kaplan, Robert S./Norton, David P. (1997), S. 230–234

Lachnit, Laurenz (1995): Controllingkonzeption für Unternehmen mit Projektleistungstätigkeit. Modell zur systemgestützten Unternehmensführung bei auftragsbezogener Einzelfertigung, Großanlagenbau und Dienstleistungsgroßaufträgen, München

Michel, Reiner (1993): Taschenbuch Projektcontrolling. Know-how der Just-in-time-Steuerung, Heidelberg

PMBOK (2017): Project Management Institute, A guide to the project management body of knowledge: PMBOK® Guide – Sechste Auflage, Newtown Square, Pennsylvania, USA

PPM (2013): The Standard for Portfolio Management, Project Management Institute, The Standard for Portfolio Management – Fifth Edition, Newtown Square, Pennsylvania, USA

Practice Standard for Work Breakdown Structure, Project Management Institute – Second Edition, Newton Square, Pennsylvania, USA

Stichwortverzeichnis

A

B

E

L

M

N

O

P

Q

R

S

T

U